中国环境宏观战略研究
综合报告卷

（上）

中国工程院
环境保护部 编

中国环境科学出版社·北京

图书在版编目（CIP）数据

中国环境宏观战略研究. 综合报告卷/中国工程院，环境保护部编. —北京：中国环境科学出版社，2011.3
ISBN 978-7-5111-0197-6

Ⅰ. ①中… Ⅱ. ①中… ②环… Ⅲ. ①环境管理：宏观管理—研究报告—中国 Ⅳ. ①X321.2

中国版本图书馆 CIP 数据核字（2010）第 028927 号

审图号：GS（2010）122 号

责任编辑 李恩军 季苏园
责任校对 扣志红
封面设计 玄石至上

出版发行 中国环境科学出版社
（100062 北京东城区广渠门内大街 16 号）
网 址：http://www.cesp.com.cn
联系电话：010-67112765（总编室）
发行热线：010-67125803，010-67113405（传真）
印 刷 北京中科印刷有限公司
经 销 各地新华书店
版 次 2011 年 3 月第 1 版
印 次 2011 年 3 月第 1 次印刷
开 本 880×1230 1/16
印 张 63.5 插页 8
字 数 1320 千字
定 价 210.00 元

中国环境宏观战略研究机构名单

领导小组

组　长：徐匡迪

副组长：周生贤　潘云鹤　祝光耀　丁仲礼

成　员（按姓氏笔画排序）：

王　飞　仇保兴　江泽慧　刘燕华　何亚非　汪　民　张少春

张　穹　张桃林　陈啸宏　胡四一　倪岳峰　黄浩涛　蒋耀平

解学智　解振华

专家领导小组

组　长：沈国舫

副组长：旭日干　刘鸿亮　陈吉宁

项目办公室

主　任：祝光耀

副主任：杨朝飞　石立英　夏　光　王振海　彭近新　冯仁国

成　员：原庆丹　安耀辉　冯　燕　韩　雪　沈晓悦　殷培红　韩孝成

吴玉萍　陈　赛

总审核人：祝光耀　沈国舫

总统稿人：杨朝飞　石立英

中国环境宏观战略研究
成果要点及综合报告卷统稿组

总审核人： 祝光耀　沈国舫

总统稿人： 杨朝飞　石立英

统稿人员： 夏　光　原庆丹　殷培红　韩孝成　胡　涛　杨小明　蒋火华
席北斗　吴舜泽　冯　燕　董文福　陈邵峰　宋国君　陈敏鹏
朱德明　乔淑芳　张　锋

李克强副总理出席会议

2007 年 5 月 11 日，曾培炎副总理出席中国环境宏观战略研究启动会

2007 年 11 月 5 日，徐匡迪副主席听取中国环境宏观战略研究工作进行情况汇报

2010 年 12 月 20 日，李克强副总理参观中国环境宏观战略研究成果展示

2010 年 12 月 20 日，李克强副总理参观中国环境宏观战略研究成果展示

2009 年 7 月 21 日，李克强副总理出席环境宏观战略研究座谈会

2007 年 5 月 11 日，曾培炎副总理出席环境宏观战略研究启动会

2007年5月11日，召开中国环境宏观战略研究启动会

2009年2月4日，召开领导小组联络员会议

2007 年 5 月 11 日，召开环境宏观战略研究领导小组第一次会议

2009 年 3 月 16 日，召开中国环境宏观战略研究领导小组第二次会议

中国环境宏观战略研究成果应用座谈会

序　言

徐匡迪

党的十六大以来，以胡锦涛同志为总书记的党中央提出以人为本、全面协调可持续的科学发展观，这是马克思主义中国化的最新成果，是统领我国经济社会发展的最高纲领和重大战略思想。党的十七大明确将生态文明建设作为实现全面建设小康社会奋斗目标的新要求，十七届四中全会进一步将生态文明建设提升到与政治建设、经济建设、社会建设、文化建设并列的高度，作为建设中国特色社会主义伟大事业总体布局中的重要内容，为我国可持续发展指明了方向。这些重大决策都要求我们对环境保护做出宏观上的综合分析和战略部署。

一、在资源环境方面我国经济社会发展面临巨大挑战又充满希望

1. 我国经济社会发展取得巨大成就

改革开放以来，我国经济社会发展取得了举世瞩目的成就，综合国力显著增强，国家发展面貌日新月异，经济总量已经位居世界前列，社会主义市场经济体制逐步完善，科学决策、民主决策、依法决策的水平不断提高，引领科学发展的体制机制开始形成，党的建设全面加强，亿万人民分享了改革开放带来的发展成果。通过实施科教兴国战略、人才强国战略，努力建设创新型国家，极大地激发了我国人民实现中华民族伟大复兴的爱国热情。同时，坚持资源节约和环境保护的基本国策，实施可持续发展战略，在积极探索符合国情的经济发展和环境保护道路方面也取得了积极进

展，积累了有益的经验。

2．我国经济社会发展面临着巨大挑战

我国经济社会发展也面临着很大的挑战，特别是在资源环境方面，形势还相当严峻。一些地方将发展单纯归结为物质产品的积累，偏重于物质财富的增长，以牺牲环境换取经济发展。胡锦涛总书记在十七大报告中指出，我国在经济增长中资源环境代价过大。在发展方式上，产业结构不合理，经济增长方式粗放，能源资源消耗比较高。在消费方式上，一些超前、奢侈、过度和浪费性消费等不可持续的消费行为还比较盛行，全社会的资源节约、环境友好意识有待加强。在体制机制方面，长期以来部门封锁、地方保护主义等顽疾仍然不同程度存在，在一些地方甚至严重影响国家发展大局和整体利益。个别地方政府甚至成为企业环境违法行为的保护伞，一些地方“以权代法”、“以言代法”的现象时有发生。我国人口众多、资源相对不足、环境容量有限，又处在工业化、信息化、城镇化、市场化、国际化加速发展的历史进程中，资源环境面临的压力比世界上任何国家都大，资源环境问题比任何国家都要突出，解决起来也比任何国家都要困难。

3．我国在应对环境资源挑战方面也充满了希望

面对这些挑战，党和国家采取了坚决的措施，提出了以人为本、全面协调可持续的科学发展观，不断加大经济结构战略性调整力度，努力转变发展方式，从源头上减少污染，避免不必要的事后治理；坚持依法治国，加快建设社会主义法治国家，使环境保护法制建设不断推进；不断完善社会主义市场经济体制，运用经济手段和市场机制解决环境问题，出台了一批有利于节约资源保护环境的环境经济政策；随着国家经济实力不断增强，对环境保护的投入和经济支持力度显著增强，环境保护机构规格不断提升，资源节约、环境保护观念逐步成为社会共识，各地已经涌现出许多经济与环境保护协调发展的典型；积极应对全球性环境问题挑战，呵护人类共同家园，以和平发展为核心，推动国际环保合作，建设和谐世界。

二、推进经济发展与环境保护相协调，努力建设生态文明

1. 人类社会发展史就是一部文明进化的历史

每一种人类文明都代表着不同特征的社会生产能力和生产方式，反映了不同的人与自然和人与人的关系状态。人类迄今为止经历了原始文明、农业文明和工业文明，正迈向生态文明。原始文明时期是人类崇拜自然、敬畏自然的早期文明阶段。农业文明时期人类对自然敬畏的成分渐渐消失，驾驭自然的能力逐步增强。这个阶段人类改造自然、占有自然的盲目性和随意性的后果已经开始显现。从世界范围看，尼罗河、底格里斯和幼发拉底河、印度河和恒河流域的人类文明也都曾因生态环境良好而兴旺，随生态环境恶化而衰败。我国古代楼兰王国的迁都，宋朝时期北方游牧民族不断向南侵袭，也与当时自然环境的异常改变有着千丝万缕的关系。作为西方启蒙运动孕育的产物，发源于西欧并源源不断地向世界其他地方扩展的工业文明是一种无视自然、主宰自然、征服自然的文明形态。20 世纪中叶开始，人类社会进入一个大变革的时期。人类的工业文明达到它的鼎盛时期，而与工业文明成就相伴随的是，环境污染和生态破坏第一次成为全球性问题全面凸显出来。犹如农业文明替代原始文明、工业文明替代农业文明一样，以一种新的生产能力和生产方式为动力、以一种新的人与自然关系及其人与人的关系为核心、以解决工业文明所固有的环境与发展矛盾为目的的新的文明形态必然要登上人类历史的舞台，这就是生态文明，它代表了人类文明演替的发展方向。

2. 生态文明是人类道德伦理的新境界

生态文明是人类道德境界的提升，是人类新的责任担当。世界是一个“人—社会—自然”复合生态系统，是一个活的有机整体。只有尊重和维护自然，保持“人—社会—自然”复合生态系统平衡，人类社会才能更加和谐，才能实现真正意义上的可持续发展。

生态文明作为一种新的社会形态，在精神层次上，要转变价值观牢固树立生态文明观念；在制度层次上，要确立公正平等的社会关系和制度；在发展层次上，要变革生产方式和生活方式，发展低碳经济、绿色经济、循环经

济和简朴的绿色生活方式，建设人与自然和谐的可持续发展的绿色社会。

党的十七大提出建设生态文明的新要求，这是我们党第一次把它作为一项战略任务明确提出来，为进一步提高我们党的执政能力开辟了新的领域，为有效推进国家可持续发展带来了机遇，为全社会节约资源、保护环境提供了理论和价值观基础。

3. 建设生态文明的关键是要转变经济增长方式

建设生态文明的本质是要协调经济发展与环境保护的关系。在处理经济发展与环境保护的关系问题上，有几种观点，一是主张走“先污染、后治理”的老路，认为只有在经济增长的基础上，才能有资金投入到环境治理和保护中去，实际上，这种观点是不正确的，先污染后治理的成本代价大，得不偿失。二是主张为了保护环境而停止发展经济，这是因噎废食的认识，没有从整体上认清我们党和国家所处的历史方位。三是一些地方说一套做一套，心怀单纯追求经济增长的内在冲动，仍然认同“边污染、边治理”的做法，没有真正认识经济与环境关系的本质，实际上是把环境保护摆在了经济增长的对立面。

环境问题说到底是发展问题。在社会主义初级阶段，发展是执政兴国的第一要务，中国一切问题的解决，从根本上讲都要靠发展。要聚精会神搞建设、一心一意谋发展，必须紧紧抓住21世纪头20年的重要战略机遇期，推动又好又快发展。环境问题是在发展中产生的，也应当在发展中解决。著名的库兹涅茨曲线反映了经济增长与环境状况之间的关系，是一条倒“U”型曲线。就是说在人均国内生产总值（GDP）比较低时，环境污染程度较轻，随着经济发展、工业化进程、人均收入的增加，环境污染由低趋高，环境恶化程度随经济的增长而加剧，到人均 8 000～10 000 美元时达到顶点，过了这个顶点，随着人均收入的进一步增加，环境污染又由高趋低，环境污染程度逐渐减缓，大概在人均 20 000 美元时，人们生活比较富裕，环境质量逐渐得到改善。中国走不通这样的道路，我们必须“穿越”环境高山，在我国人均还达不到发达国家那么高的时候就开始改善环境，这就需要我们优化经济增长模式，走新型工业化道路，在发展中保护环境，在保护中推动发展，推进经济发展与环境保护相协调，努力实现清洁发展、节约发展、安全发展和可持续发展。

三、中国环境宏观战略研究要继续深化

我国环境问题的成因非常复杂，与经济、社会、政治、文化、科技、国际等息息相关，这些因素又相互交叉、相互影响，因此，解决我国环境问题就事论事是行不通的，必须从宏观和战略层面加强研究，为此，2007 年，经国务院批准，中国工程院和原国家环保总局牵头，组织开展了中国环境宏观战略研究。

国务院对开展中国环境宏观战略研究高度重视。2007 年 2 月，温家宝总理、曾培炎副总理批准开展中国环境宏观战略研究，并做了重要批示。2007 年 5 月，曾培炎副总理参加了环境宏观战略研究启动会并讲话，为宏观战略研究指明了方向。2009 年 7 月，李克强副总理听取了环境宏观战略研究汇报，指出环境问题是最大的民生问题之一，要注重统筹国际国内两个大局，把保护环境与调整结构有机结合起来。

中国环境宏观战略研究是一项总结过去、指导现在、谋划未来的重大工程，涉及多部门、多学科，层次高、综合性强，时间跨度大，研究任务重，质量要求高。为了做好研究，成立了包括全国人大、全国政协及国务院 17 个部门为成员的项目领导小组，设立了 4 个课题组和 29 个专题组，动员了环保、工程、科技、经济、社会、贸易、法律、能源、外交等领域的 50 多名院士、数百位专家学者和研究人员参与研究，另有 7 个省区也开展了本地的环境战略研究。项目领导小组召开了两次会议，中国工程院和环境保护部党组分别听取了汇报，项目办公室先后组织召开了各类会议数十次，对研究中的重点、难点和关键性问题反复研讨。在 4 个课题、29 个专题研究成果的基础上，又起草了给国务院的“汇报要点”稿和综合报告，这些工作保障了中国环境宏观战略研究层次高、质量好、成果丰硕。

中国环境宏观战略研究取得了丰硕成果。今天的研究成果是在当前我国经济社会条件和国际背景下取得的，是对 30 年环保发展历程的回顾与总结，是对环境战略的阶段性升华与展望。发展无止境，认识无止境，研究无止境。随着实践的发展和认识的提高，环境宏观战略研究不能永远停留在一个固定的水平上，还需要进行不断的探讨，需要进一步拓展研究的深度和广度。在一个永无止境的探讨过程中，不断把环境宏观战略研究引向与时俱进的新境界。

在中国环境宏观战略研究工作结束之际，我对为这项研究付出辛勤劳动的各位院士、有关专家和工作人员，对积极参与并大力支持此次战略研究工作的有关部门表示衷心的感谢！

前　言

周生贤

中国环境宏观战略研究是我国环境保护领域的一项重要基础性工程，其标志性成果是提出了中国环境保护新道路的命题。这个命题是在回顾和总结我国 30 多年环境保护经验教训的基础上，根据未来国内国际发展大趋势，对环境保护形势进行综合分析和研究而提出来的，意义重大。我们今后的任务，就是要努力去开拓和发展这条道路，经过持续不断的努力，解决我国的环境问题。

对于开拓和发展中国环境保护新道路，我们需要采用科学的思维方法。马克思主义哲学是唯一科学的世界观和方法论，是我们认识世界和改造世界的强大思想武器。运用马克思主义哲学的基本原理来思考和分析中国环境保护新道路，将会进一步廓清我们对这条新道路的认识，从而更自觉地在今后的实践中探索它、发展它、推动它。

一、中国环境保护新道路是实践和理论的有机统一

马克思主义认识论的原理告诉我们，人类的认识遵循实践、认识、再实践、再认识的辩证规律。进一步说，人类的认识是随着社会实践不断由低级到高级，由浅入深，由片面到全面。中国环境保护新道路就是在中国环境保护实践、认识的辩证发展的具体过程中，不断从实践到认识、再从认识到实践，循环往复，每一次循环都进到高一级的程度，从而我们对环境保护规律的认识更加全面、更加深刻。中国环境保护新道路是中国环境保护实践和理

论具体的历史的有机统一。

1. 辩证唯物主义认为，物质是第一性的，意识是第二性的，意识依赖物质。同时意识对物质并不是消极被动，它一经产生，就对物质发挥积极的能动作用，这种作用是通过认识对实践的指导来实现的。党和国家对环境保护的认识对我国环境保护实践发挥了重要作用。

改革开放前，周恩来总理等老一代革命家就已开始注意环境问题，为发展中国环境保护事业打下了基础。改革开放后，邓小平同志非常重视绿化造林和保护自然环境问题，强调自然环境保护很重要。20 世纪 70 年代末通过了我国第一部环境保护法，随后 80 年代初把环境保护确立为一项基本国策，对环境保护事业发展影响深远。江泽民同志主持中央工作以后，陆续提出实施可持续发展战略，必须正确处理经济建设与人口、资源、环境的关系，保护环境就是保护生产力等论断，指导并促进了我国环境保护不断发展。进入 21 世纪，特别是以胡锦涛同志为总书记的党中央提出以人为本、全面协调可持续的科学发展观以来，我国环境保护工作和实践面貌焕然一新。在党的十七大上胡锦涛同志又提出建设生态文明的新要求。建设资源节约型、环境友好型社会写入了十七大通过的新党章。这些都标志着环境保护作为基本国策已成为全党意志，环境保护进入了国家政治经济社会生活的主干线、主战场、大舞台。上述党和国家对环境保护事业的认识，有力地推动了我国环境保护实践的发展。

2. 马克思主义哲学认为，实践是认识的来源和动力，是检验认识真理性的标准，是认识的目的。我国环境保护事业历经 30 多年、几代人的艰苦奋斗，从无到有、逐步发展，具有了比较丰富的实践，中国环境保护新道路是对这些实践经验的升华。

1973 年第一次全国环保会议提出了三十二字方针、20 世纪 80 年代明确提出三大政策体系、20 世纪 90 年代又提出污染防治和生态保护并重等思想和行动都是那个时期环境保护实践的认识成果。“十一五”以来，我国环境保护事业确立了全面推进、重点突破的工作思路，提出从国家宏观战略层面解决环境问题，从再生产全过程制定环境经济政策，让不堪重负的江河湖泊休养生息，努力促进环境与经济的高度融合，环境保护显示了新气象，这些实践有待升华为新的认识。

唯物辩证法承认两点论，反对一点论，认为分析事物要一分为二，要从正反两个方面看，不能仅仅从正面或者反面做分析，否则就片面了。必须承认，30 多年来我国环境保护还处于边治理、边污染的状况，一些地方甚至重蹈先污染、后治理的覆辙，特别是发生了沱江污染、松花江水污染、无锡太湖蓝藻暴发等重大污染事件。中国环境保护新道路正是我国环境保护事业 30 多年来正反两方面实践和认识的升华，目的是更好地促进我国环境保护事业大发展。

3. 历史唯物主义认为，作为社会物质生产过程的社会存在决定社会精神生活的社会意识，社会意识反映社会存在。环境问题是一定阶段社会物质生产过程的产物，是一种社会客观存在，对环境问题的认识也必然随着环境问题这个社会客观存在的变化而发展。

我国环境客观形势的现实表明，原来的道路、旧的范式越来越不适应环境形势发展的客观实际，中国环境保护新道路就是环境客观形势不断严峻下的社会意识发展，属于新的范式。

环境保护在取得很大成绩的同时，我国环境形势依然十分严峻。一是 2008 年我国地表水 746 个国控断面，Ⅰ—Ⅲ类水的比例为 47.7%，Ⅴ类或劣Ⅴ类水占 23%。二是大气污染严重。可吸入颗粒物成为城市空气的主要污染物。全国酸雨面积已扩大到 150 万 km^2。三是固体废物、噪声污染有增无减，电子垃圾的高峰已经来临。四是农村环境面临千家万户的污水排放、垃圾收集和处理、农业面源污染和畜禽养殖污染等问题，令人堪忧。五是水土流失、沙化等生态破坏仍然严重。传统的环境问题尚未解决，新的环境问题接踵而至。六是国际压力明显加大。我国宣布到 2020 年单位 GDP 二氧化碳排放量比 2005 年降低 40%～45%。这些日益突出的作为社会客观现实存在的环境问题，必然会引发我们对产生这些环境问题的反思。新的社会存在要求新的社会意识反映。只有超越对环境问题的以往认识，才能更好地解决问题。中国环境保护新道路是对我国十分严峻的环境形势这种社会客观存在的能动反映和认识发展。

二、中国环境保护新道路坚持辩证唯物主义基本要求

辩证唯物主义认为，世界是物质的，物质决定意识，意识能动地作用于物质。物质世界是普遍联系和永恒发展着的，事物运动发展是有规律的。唯物辩证法包括了联系和发展两大原则，对立统一、质量互变、否定之否定三大规律，以及本质与现象、内容与形式、原因和结果等基本范畴。其中对立统一规律是唯物辩证法最根本的规律，是认识世界和改造世界的根本方法。辩证唯物主义的基本原理和规律为认识和发展中国环境保护新道路提供了思想基础，开拓新道路提供了根本指南。中国环境保护新道路的实践进一步证实了辩证唯物主义的真理性。

1. 辩证唯物论的对立统一规律认为，矛盾的普遍性和特殊性的关系就是共性和个性、绝对和相对的关系，共性只能存在于个性之中，个性离不开共性，个性也有自己的特点。科学发展观与环境保护历史性转变是普遍性和特殊性的辩证关系。只有把矛盾的普遍性和特殊性、共性和个性结合起来，具体说就是把落实科学发展观和推动历史性转变相结合起来，才能更好地推动中国环境保护事业发展。

科学发展观对中国特色社会主义事业具有普遍性、共性，它是无条件的，因而是绝对的。科学发展观作为党的三代中央领导集体关于发展的重要思想的继承和发展，是马克思主义关于发展的世界观和方法论的集中体现，是同马克思列宁主义、毛泽东思想、邓小平理论和“三个代表”重要思想既一脉相承又与时俱进的科学理论，是我国经济社会发展的重要指导方针，是发展中国特色社会主义必须坚持和贯彻的重大战略思想。

历史性转变对中国特色社会主义事业具有特殊性、个性，它是有条件的，因而是相对的。第六次全国环境保护大会确定了历史性转变思想。温家宝总

理在这次环保大会上提出了“三个转变”：一是从重经济增长轻环境保护转变为保护环境与经济增长并重，在保护环境中求发展。二是从环境保护滞后于经济发展转变为环境保护和经济发展同步，努力做到不欠新账，多还旧账，改变先污染后治理、边治理边破坏的状况。三是从主要用行政办法保护环境转变为综合运用法律、经济、技术和必要的行政办法解决环境问题，自觉遵循经济规律和自然规律，提高环境保护工作水平。“同步、并重、综合”这“三个转变”具有战略性、全局性和方向性，成为我国环境保护的历史性转变。它是环境保护领域中实践和落实科学发展观的结合点和着力点。

历史性转变不是毕其功于一役，是一个相当长的矛盾、转变，再矛盾、再转变的过程。因此，历史性转变指导下的中国环境保护新道路就呈现了长期性、阶段性、针对性和艰巨性的鲜明特点。长期性表现在两方面：一方面，从客观上讲，当前我国环境形势十分严峻，解决起来不可能一蹴而就；另一方面，从马克思主义认识论的角度看，对复杂问题的认识，往往要经过实践和认识的多次反复，甚至曲折反复，需要一个相当长的过程，才能逐步达到主观和客观的统一。解决复杂问题也需要一个过程。认识问题和解决问题就是实践论的范畴了。我们要按照实践永无止境的要求，坚持继承与创新，一代接一代环保人坚持不懈地探索下去。阶段性就是要根据工业化和城镇化进程中的不同特征，找到特定阶段的突出问题，及时调整探索重点。针对性就是要敢于面对错综复杂的局面，善于抓住主要矛盾，采取有的放矢的措施。艰巨性就是要充分认识解决我国压缩型、结构型、复合型环境问题的难度，不为任何困难所惑，不为任何风险所惧，始终保持清醒头脑，努力在实践中探索，在探索中实践。

概言之，科学发展观的普遍性、共性存在于历史性转变的特殊性、个性之中，历史性转变体现科学发展观的普遍性、共性。历史性转变也具有自身的特点，这就是对经济发展与环境保护关系的根本性调整，是环境保护根本方式的转变。就经济发展与环境保护这对矛盾来说，历史性转变是在一定条件下，经济发展与环境保护这对矛盾地位的改变，此消彼长，既斗争又转化。

我们必须把落实科学发展观和推动历史性转变相结合起来，才能更好地推动中国环境保护新道路的发展。

2. 辩证唯物论的对立统一规律认为，矛盾的基本属性是既对立又同一。一切矛盾着的事物，互相联系着，共同处于一个统一体中，在一定条件下互相转化。科学发展本质上是经济、环境、资源的对立统一体，不能绝对地把经济发展、环境保护、资源节约三者静止地、机械地对立起来，在一定条件下它们相互贯通、相互影响，可以实现良性发展。

发展在某种意义上就是燃烧。烧掉的是资源，留下的是污染，产生的是GDP。科学发展就是烧掉的资源越少越好，产生的污染越小越好，最好是零排放。前者是“资源节约”，后者是“环境友好”，总括起来就是又好又快。烧掉的资源少，留下的污染小，GDP 能搞多少算多少，搞得快比搞得慢好，搞得代价小比代价大好，这就是良性发展，就是科学发展，也是又好又快的发展。

3. 唯物辩证法是关于联系和发展的科学，认为事物是普遍联系和永恒发展的。普遍联系是事物固有的辩证本性，这是客观的，不以人的意志为转移的。而且任何事物只有在一定的联系中才能存在和发展。环境保护作为物质世界的事物，具有普遍联系的本性，这也是不以人的意志为转移的。环境保护只有在一定的联系中才能存在和发展。

从普遍联系的观点看，环境保护不仅存在着与经济、政治、文化、社会等方面的普遍联系，也存在着中央与地方、各部门之间的多层次联系，以及水体、大气、土壤、固体废物等各项治理工程和管理工作之间的复杂联系。因此，环境保护是一个多层次、多维度、多因素、非线性的复杂问题。它绝不是简单的污染防治问题，应该说它本质上是一个发展方式问题、经济结构问题和消费方式问题。其中最重要的联系是环境与经济关系，两者相互关联、相互呼应、相互影响。环境保护是经济发展的应有之义，离开经济发展谈环境保护那是缘木求鱼。一部环境保护发展的历史就是一部经济发展的历史。正确的经济政策就是正确的环境保护政策，正确的环境保护政策也是正确的经济政策。我们过去几十年的教训就是，把经济与环境保护搞成两张皮，联系不到一块，机械地把环境保护放在经济发展的对立面，这样推进环境保护工作的难度就很大。

就普遍联系的观点看，本质和现象是揭示事物内部联系和外部表现的一对哲学范畴，认识事物不能停留在表面现象，而必须透过现象，把握本质。十七大报告提出粗放型增长方式尚未根本改变，要大力推进经济结构战略性调整。认识到粗放型增长方式这个现象是解决资源环境代价过大问题的必要前提，但还远远不够，不能停留在对现象的认识上。我们都知道金刚石、石墨这两种物质，它们都是由碳原子构成的，一个是世界上无色透明天然最硬的物质，一个是世界上有色不透明最软的物质，关键是它们内部分子结构的性质不同，一个是碳原子呈层状排列结构，一个是碳原子呈空间连续的骨架结构，结构的性质决定不同的功能，显现出不同的现象。要真想改变它们的物质性能必须改变结构性质，而改变结构性质，需要高温高压外加催化剂那样的外界条件才能由石墨变金刚石。

改变粗放型增长方式看起来主要是提高环境门槛，制定严格的环境经济政策，加强综合执法力度等，本质上是调整经济结构，是改变经济结构性质，实现经济与环境协调融合，使环境保护不再是经济发展的排斥因素。如果仅仅只注意到了提高环境门槛这些现象，认识不到调整经济结构才是本质，就没有很好地掌握现象和本质的辩证关系，最终也抓不住关键，不知道从哪方面下大力气解决问题。调整经济结构，改变经济结构性质，关键是力度大小，必须有一个强大的外力才行。一般性的措施不行，很难奏效。现在看，世界金融危机这个强大的外力，给我们调整经济结构带来了良好机遇，坏事可以变好。

4. 唯物辩证法认为，内因是变化的根据，外因是变化的条件，外因通过内因而起作用。我国环境保护事业要立足自身、立足国情这个内因，学习和借鉴国际环境保护领域的经验和做法，以我为主，为我所用。

中国环保新道路最根本上是中国所处发展阶段、中国国情与环境保护实际相结合这个内因促成的，是内因在发挥作用。国际环境保护领域经验和做法这个外因只有通过吸收这个环节为内因提供变化条件，加速甚至延缓内因的发展和变化，具体看就是我国环境保护事业曾吸收过许多国际环保的有益做法和理念，促进了环保事业发展，今后仍要坚持这样做下去。坚持内因决定论的唯物辩证法原理，我国环境保护事业发展必须一要立足自身，二要立足国情。立足自身就是中国环境保护事业发展的立足点在于依靠自身的实践发展和理论进步，立足于中国环境保护自身的实践与认识，不断总结这些实践和认识的内在规律，结合中国具体的国情吸收外部的成功经验，不断开拓和探索中国环境保护新道路。立足国情就是侧重于思考我国是处于并将长期处于社会主义初级阶段的中国特色社会主义，中华民族具有几千年处理人与自然关系的智慧和文明，当前国家正面对生态环境脆弱、人口多、发展方式粗放、工业化快速发展，要立足于这些基本国情，推进中国环境保护新道路建设。

西方发达国家走过了先污染后治理、以牺牲环境换取经济增长的老路，对这条老路造成的环境危害，甚至无法弥补的损失，曾进行过批判和反思，对它们的环境问题也实践出了比较有效的做法：一是采取严厉的环境保护措施，二是建设完善的环境基础设施，三是加快调整产业结构，四是实行符合国家经济大局的政策法规标准体系。发达国家的这些有益尝试为中国环境保护新道路发展提供了一定的外部条件。因为这些做法是人类文明共同的成果，人类为此付出过惨痛的代价。譬如震惊世界的 20 世纪 40 年代初美国洛杉矶烟雾事件、1952 年英国伦敦烟雾、1953 年日本水俣病等八大公害，人类就付出了很多沉重的生命代价。我国 2005 年发生的松花江水污染事件也进入了世界环境保护史。学习借鉴人类文明的共同成果，为我所用，可以少走弯路，少付代价。

内因是变化根据，外因必须通过内因而起作用的原理也要求我们，对国际环境保护经验要坚持拿来主义，而不能照抄照搬，搞克隆主义、复制主义，也绝不能搞洋教条。中国环境保护新道路一定要坚持并自觉运用内因决定论这个科学的马克思主义哲学原理作指导，不断独立自主地开拓前进。

5. 辩证唯物主义认为，全局是由局部构成，局部是全局的一个部分、一个发展阶段，没有局部就没有全局。全局不是局部的简单相加，而是统率局部，对事物起决定性作用。正确处理全局和局部的关系就要统筹兼顾。

围绕中国环境保护新道路这个全局，就是要正确处理经济发展与环境保护、当前与长远、政府主导与市场推进、中央与地方、城市与农村以及区域之间环境保护六大关系，统筹兼顾这些关系。这六大关系，都是不协调和冲突，也是矛盾。矛盾构成了整个世界，世界每天发生多少矛盾和冲突，如恒河 数。世界一刻也少不了矛盾，离开矛盾就没有这个世界。旧矛盾解决了，新矛盾还会出现。六大关系、六大矛盾、六大问题是不断发展变化的，结合新的实际和情况，加以解决和转化。

中国环境保护新道路坚持全面推进重点突破的总体思路，是做好新形势下环境保护工作的重要保证，体现了全局与局部的辩证原理。实施全面推进重点突破，就是把保障群众饮水安全作为首要任务，把防治水、空气和土壤污染作为重中之重，把污染减排作为当前环境保护的中心工作，大力建设先进的环境监测预警体系和完备的执法监督体系，认真执行环境影响评价、污染物排放总量控制、环境目标责任制三项制度，积极加强环境政策法制、宣传教育、科学技术、国际合作四项工作，全面开展思想、作风、组织、业务、制度“五大建设”。全面推进重点突破的整体思路，不是回到过去环境保护工作思路的原点，而是环境保护工作螺旋式上升、否定之否定中发生的质的飞跃。

综上所述，中国环境保护新道路就是要在落实科学发展观中，加快环保历史性转变，在转变中改革，在改革中继承，在继承中创新，在创新中实践，在实践中协调，在协调中发展，有所作为，努力实现人与自然和谐。

三、中国环境保护新道路体现历史唯物主义基本原理

历史唯物主义是关于人类社会发展的一般规律的科学。它的基本原理主

要包括，认为社会存在决定社会意识，社会意识反映社会存在。认为人民群众是历史的创造者，是创造人类历史的真正动力。认为人类社会是在生产力与生产关系、经济基础与上层建筑的矛盾推动下，不断从简单到复杂、从低级到高级发展的。历史唯物主义和辩证唯物主义一起构成了马克思主义哲学严密的科学体系和完整的世界观。中国环境保护新道路不仅体现了马克思主义哲学的基本精神，并在中国环境保护实践中坚持它、丰富它、发展它。

1. 历史唯物主义认为，人民群众是历史的创造者。以人为本是马克思哲学关于人民主体性的具体体现。环境保护工作始终要心中想着老百姓，服务人民群众，发展依靠人民群众。真正做到发展为了人民，发展依靠人民，发展成果由人民共享。

胡锦涛同志指出，相信谁、依靠谁、为了谁，是否始终站在最广大人民的立场上，是区分唯物史观和唯心史观的分水岭，也是判断马克思主义政党的试金石。坚持人民主体性观点，以人为本，一方面，环境保护工作就要以最广大人民利益为环境保护工作的出发点和落脚点，关爱最广大人民的生命健康，服务最广大人民，解决最广大人民最关心、最直接、最现实的环境问题，解决人民群众反映迫切的现实环境问题——饮用水污染、空气污染、噪声污染、土壤污染等，是我们环境保护工作义不容辞的责任。另一方面，环境保护就要依靠最广大人民，尊重人民群众的主体地位，充分发挥人民群众的创造力和主动性，建立健全公众参与的体制和机制，推动公众参与环境保护不断深入。以民为本、公众参与是环境保护的重要方针。

2. 历史唯物主义认为，一定的生产方式制约着自然环境对社会发展的作用，主要受社会制度、生产力发展水平和发展方式的制约。自然环境是人类社会存在和发展的不可缺少的物质条件。现阶段，要充分发挥自然环境作用，必须尊重自然规律，最关键的是协调经济发展与环境保护两者之间的关系。

自然环境也叫自然力。从宏观上看，只有有效地保护自然环境，使自然力更大限度地持久地变为现实的生产力，才可能更好地借助自然界，来满足人类自身的发展需要，经济才能稳定持续发展。人类和自然环境之间的物质转化规律是人类生存和发展必须遵守的客观规律，人们只能认识规律，而不能消灭规律。经济发展是人类生活水平高低的问题，保护自然环境则是能否生存的问题。自然环境与经济发展的核心，首先是经济发展，在社会主义初级阶段不可能用停止发展的方式来保护自然环境，但社会主义初级阶段也绝不能宽容污染自然环境。

自然环境对人类社会来说，它自身是具有净化功能的，具有自我恢复、自我调节、自我修复、自我发展的自组织功能。进一步说，自然环境系统在人类减少污染和破坏的情况下，是可以恢复自身强大的净化功能的，恢复自然自身的生态平衡。这是自然的规律，破坏自然规律，必然遭受自然规律的惩罚。尊重自然规律，用人文关怀来善待自然环境，在利用工程技术手段的同时，要充分发挥自然的净化能力、自我修复能力、自我调节能力、自我发展能力。对环境保护工作来说，这是成本低、效率高，长远看更加科学合理的途径。目前尊重自然规律，发挥自然净化功能、修复功能、调节能力的主要手段和方式是“休养生息”和“扬汤止沸、釜底抽薪”。

胡锦涛同志在安徽视察淮河的时候向全国发出了号召，要让全国的江河湖泊“休养生息”。“休养生息”就是要给水环境以必要的时间和空间，发挥水生态系统的自我修复、自我调节、自我更新功能，使生态生产力得以恢复、发展，使生态系统由严重“失衡”走向“平衡”，进入良性循环，实现人与自然和谐发展。对不堪重负的江河湖泊给予人文关怀实施“休养生息”，看似无为，实则是一种由无为而达到无不为境界的有效路径。

蓝藻出现了，进行人工打捞，就像水开了，倒上冷水，叫“扬汤止沸”。截住造成蓝藻产生的污染源头，就像抽掉锅底下呼呼燃烧的薪柴那样，叫“釜底抽薪”。“扬汤止沸”是治标措施，它重点解决眼前问题，见效快，是暂时措施，并不能从根本上改变环境质量；“釜底抽薪”是治本措施，它围绕长远抓住关键，见效慢，周期长，是长远措施，将从根本上彻底地改善环境质量。环保既要着眼于眼前行动，又要考虑到长远举措，既要把眼前的一些矛盾问题解决好，又要围绕长远从根本上改善环境质量，所以在环境保护措施上既要治标又要治本。

四、在实践中探索中国环境保护新道路

实践的观点是马克思主义认识论首要的和基本的观点。实践是人们有目的地改造客观世界的物质活动，是人类社会特有的存在方式。一切从实际出发，解放思想，实事求是，与时俱进，在实践中检验真理和发展真理，这是马克思主义的思想路线。

1. 实践是检验和发展真理的主要环节，是探索中国环境保护新道路的根本途径。

马克思主义哲学认为，实践是检验真理的唯一标准，实践既具有认识论意义，又具有世界观意义。人的正确思想从哪里来？只能从社会实践中来。实践高于认识，因为它不但具有普遍性的品格而且还有直接现实性的品格。

马克思在《关于费尔巴哈的提纲》中说，哲学家们只是用不同的方式解释世界，问题在于改变世界。改变世界的根本途径是社会实践，目的是达到主观与客观、认识与实践的具体的历史的统一。通过实践、认识、再实践、再认识的辩证过程，每一次认识的循环往复，都使我们进一步接近了真理，从相对真理走向绝对真理。必然王国是人们由于对规律无知或知之甚少，受规律束缚的一种状态。自由王国是人们摆脱盲目必然性的奴役状态，随着人的能动性的不断发挥和自由的不断发展，成为自然界的自觉主人这样一种状态。譬如对于资源节约型、环境友好型社会建设，通过实践，我们就会从没有经验到有经验，从有较少的经验到有较多的经验，从建设“两型社会”这个未被认识的必然王国，到逐步地克服盲目性、认识客观规律，从而获得自由，在认识上出现一个飞跃，到达自由王国，从而会把“两型社会”建设推向一个新的阶段。人类历史就是通过实践活动不断从必然王国到自由王国的演进过程。

2. 解放思想、实事求是、与时俱进，勇于变革、勇于创新，永不僵化、

永不停滞，探索中国环境保护新道路。

解放思想是指在马克思主义指导下打破习惯势力和主观偏见的束缚，研究新情况，解决新问题，使思想和实际相符合，使主观和客观相符合，就是实事求是。与时俱进就是要有一种时不我待、奋发有为、奋起直追的精神，勇于变革、敢于创新，就要理论创新、制度创新、实践创新。

创新是发展的基因。人类社会发展史表明，每个时代都有不同的矛盾和挑战。人类社会就是在不断探索新的发展理念、发展路径、发展方式，解决各种难题中创新前行。积极探索中国环保新道路，就是创新的产物，并将在创新的进程中迸发出生机和活力。探索中国环保新道路，继承是基础，创新是动力，每一次创新都是对环保实践的总结、升华和推动。

在探索中国环境保护新道路中，要创新实践，采用新办法，才有探索的价值。解放思想，要大胆地试、大胆地闯，允许犯错误，但不允许犯同样的错误。尤其是对于像资源节约型、环境友好型试验区探索来说，试验区过去没有，现在的办法又不行，又不能畏首畏尾、丧失发展机遇，就要不断试验，不断实践，试验就可能出错。西方现代哲学家波普尔认为自然科学理论中都包含着潜在的错误，自然科学就是在不断发现错误中、不断在被证伪中永无止境地发展的。有了错误不要紧，那是向前发展的动力。探索新道路付出一定的代价是应该的，因为没有人走过。错误是引向真理的路标，重复犯错是通往泥潭的死路。尊重基层科技人员和基层干部群众的首创精神，这是探索中国环境保护新道路的必备条件。

3. 建设生态文明，统筹人与自然关系，积极探索中国环境保护新道路。

当前人与自然的矛盾十分尖锐，落实科学发展观、统筹人与自然的关系十分迫切。十七大报告指出我国经济社会发展存在的主要矛盾中重要的一条，就是经济增长的资源环境代价过大，提出了建设生态文明的奋斗目标。这个代价过大的问题要靠建设生态文明解决，体现在积极探索中国环境保护新道路的进程中。

人类历史就是文明进化的历史。农耕文明时期人类主要处于敬畏自然、依赖自然，同时改造自然的时期。总体上由于生产力水平低，科学技术不发达，社会经济发展总量小、层次低，自然生态环境自我修复能力还很强，人与自然的关系整体上还是协调的。工业文明以来，随着生产力的不断发展和科学技术的进步，人类改造自然的能力空前强大，人们对自然的认识由畏惧、依赖向无视、主宰转变，无视自然生态规律，盲目征服自然、榨取自然，急功近利成为社会主流，由此带来了严重的生态环境问题。

生态文明是以尊重和维护自然为前提，以人与人、人与自然、人与社会和谐共生为宗旨，以建立可持续的生产方式和消费方式为内涵，引导人们走上持续、和谐、发展的文明之路。它强调人与自然的相互依从、相互促进、共生共荣，追求人与生态和谐。人与自然要平等相处、和谐相处、友好相处。生态文明不同于传统意义上的污染控制和生态恢复，是对工业文明弊端的扬弃，是不断探索建设资源节约型、环境友好型社会的过程。中国环境保护新道路就是按照生态文明建设的要求，建立全防全控的防范体系、高效的环境治理体系、完善的环境政策法规标准制度体系、完备的环境管理体系，努力形成生态文明建设要求的生产方式和消费方式，推进可持续发展的体制机制，大力发展循环经济，重点抓好重点流域水污染治理，让江河湖泊休养生息，恢复生机。归根结底，中国环境保护新道路就是建设生态文明，形成资源节约型、环境友好型社会，人与自然关系和谐的文明道路。

总之，我们要积极探索环保新道路，用新的理念进一步深化对环境保护的认识，用新的视野把握好环境保护事业发展的机遇，用新的实践推动环境保护取得更大的实际成效，用新的体制机制保障环境保护的持续推进，用新的思路谋划环境保护的未来，以环境保护优化经济发展，以环境友好促进社会和谐，以环境文化丰富精神文明，为经济社会全面协调可持续发展做出更大贡献。

目　录

中央领导批示

中央及部领导讲话

中国环境宏观战略研究成果要点

中国环境宏观战略研究综合报告

课题组综述报告

第一课题组各专题研究报告

中央领导批示

温家宝总理关于
中国环境宏观战略研究的重要批示

同意培炎同志批示。温家宝 二月十八日

关于组织开展中国环境宏观战略研究的请示

培炎副总理：

您在《全面贯彻落实科学发展观开创环境保护工作新局面》一文中指出："环境保护涉及经济社会生活的方方面面，需要通盘考虑，从各个环节加大工作力度"，"只有建立起覆盖经济社会发展的防控体系，才能控制住环境恶化的趋势"。遵照您的指示，我们对英国、美国、德国、日本、韩国、新加坡等国家的经济发展与环

2007 年 2 月 18 日，温家宝总理在周生贤部长《关于组织开展中国环境宏观战略研究的请示》上批示："同意培炎同志批示。"（2007 年 2 月 17 日，曾培炎同志批示："赞成开展中国环境宏观战略研究工作。请匡迪同志担任组长，报家宝同志批示。"）

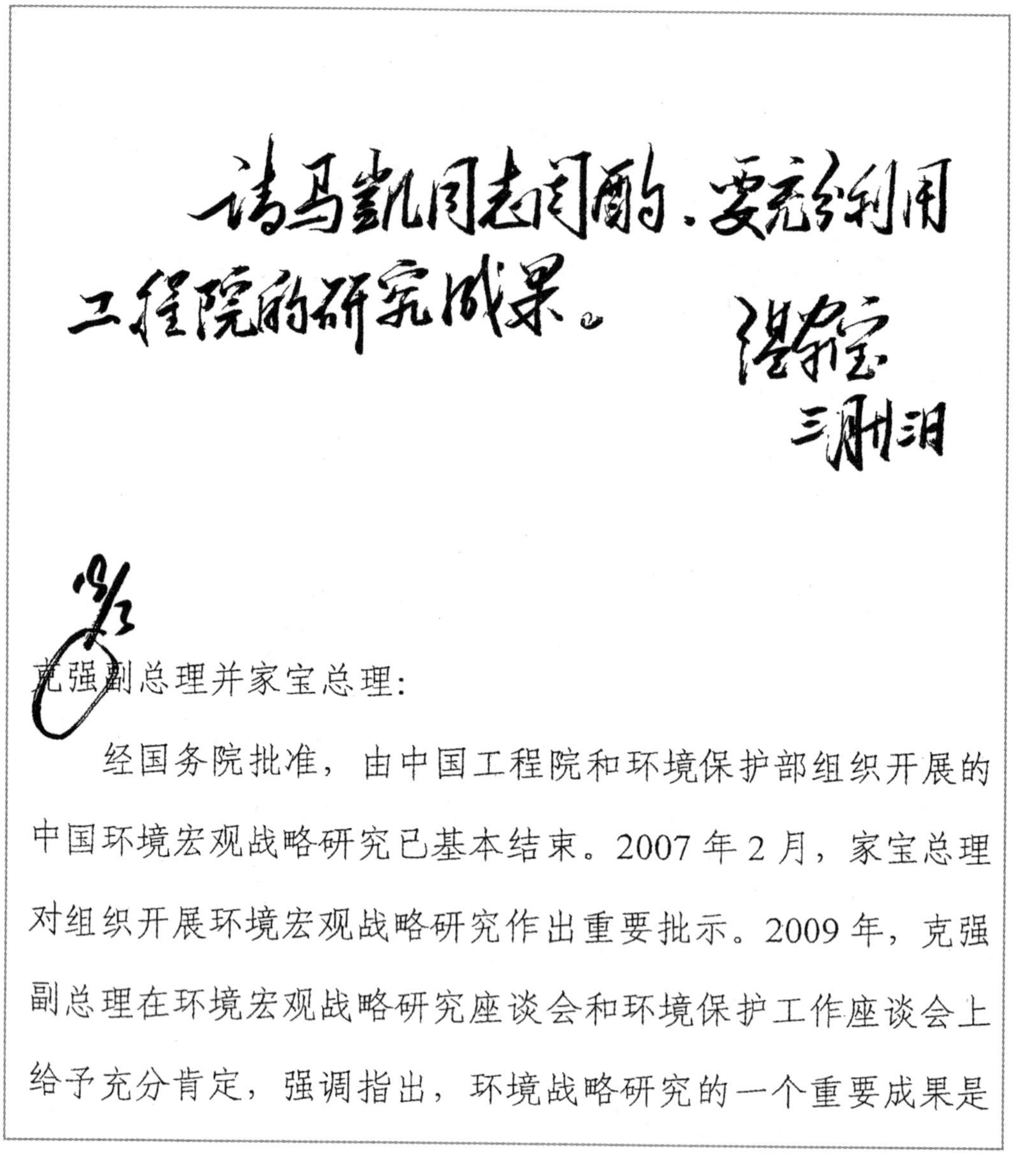

请马凯同志阅酌。要充分利用工程院的研究成果。

温家宝

克强副总理并家宝总理：

经国务院批准，由中国工程院和环境保护部组织开展的中国环境宏观战略研究已基本结束。2007年2月，家宝总理对组织开展环境宏观战略研究作出重要批示。2009年，克强副总理在环境宏观战略研究座谈会和环境保护工作座谈会上给予充分肯定，强调指出，环境战略研究的一个重要成果是

2010年3月23日，温家宝总理在徐匡迪院士上报的中国环境宏观战略研究成果要点汇报上批示：“请马凯同志阅酌。要充分利用工程院的研究成果。”

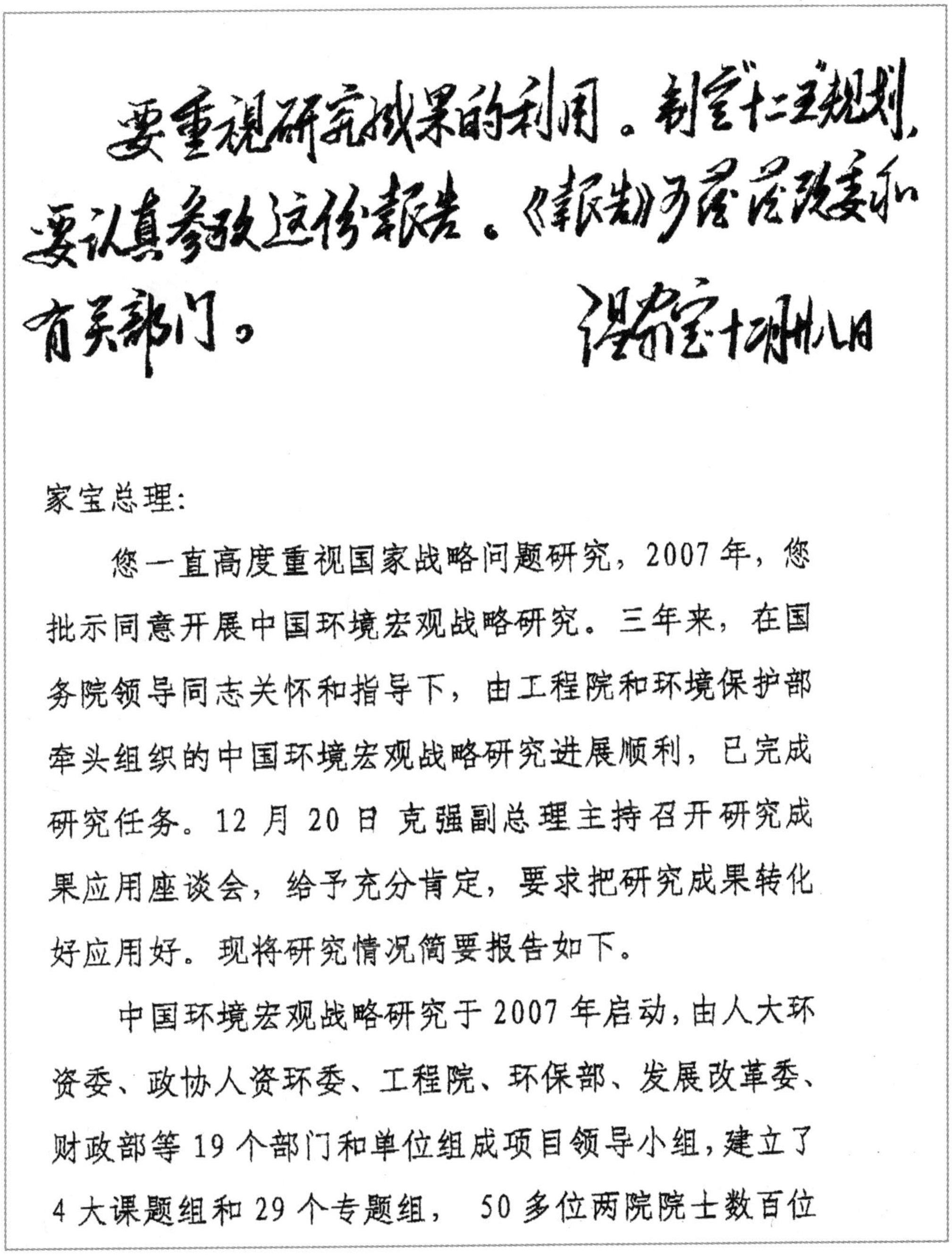

要重视研究成果的利用。制定十二五规划，要认真参考这份报告。《报告》可发发改委和有关部门。温家宝 十二月廿八日

家宝总理：

您一直高度重视国家战略问题研究，2007 年，您批示同意开展中国环境宏观战略研究。三年来，在国务院领导同志关怀和指导下，由工程院和环境保护部牵头组织的中国环境宏观战略研究进展顺利，已完成研究任务。12 月 20 日 克强副总理主持召开研究成果应用座谈会，给予充分肯定，要求把研究成果转化好应用好。现将研究情况简要报告如下。

中国环境宏观战略研究于 2007 年启动，由人大环资委、政协人资环委、工程院、环保部、发展改革委、财政部等 19 个部门和单位组成项目领导小组，建立了 4 大课题组和 29 个专题组， 50 多位两院院士数百位

2010 年 12 月 28 日，温家宝总理在徐匡迪院士和周生贤部长关于中国环境宏观战略研究情况的简要报告上批示：“要重视研究成果的利用。制定‘十二五’规划，要认真参考这份报告。《报告》可发发改委和有关部门。”

中央及部领导讲话

李克强同志在中国环境宏观战略研究座谈会上的讲话

（2009年7月21日）

今天我和国务院有关部门负责同志一起到工程院来，主要是听取环境宏观战略研究成果的汇报。开展环境宏观战略研究，是国务院批准的一项重要任务，也是环保研究领域的一件大事。两年来，工程院和环保部做了大量组织工作，各位院士、专家围绕环保领域重大战略问题进行了深入系统的研究，形成了一系列重要成果。这些成果，是跨部门、跨领域、多学科合作的结晶，是各位院士、专家心血和智慧的结晶，具有很强的宏观性、战略性和政策性，所提出的建议很有决策参考价值。借此机会，我向参加研究的各位院士专家、向支持战略研究的各有关部门表示衷心感谢。

刚才，徐匡迪同志介绍了环境宏观战略研究取得的重要成果，周生贤同志汇报了战略研究和环保工作的有关问题及下一步工作打算，王淀佐、刘德培、沈国舫、丁一汇、陈吉宁、郛贺铨、丁仲礼等七位专家就加强环境保护发了言，大家言简意赅，听了很受启发。下面，我讲几点意见，与同志们一起探讨。

一、进一步提高对环境保护重要性的认识

保护环境是我们的基本国策，实施可持续发展是国家战略，建设生态文

明是党的十七大确定的推动科学发展的重要任务。改革开放以来，我国经济社会发展取得了举世瞩目的成就，但现在面临着发展方式转变、经济转型的紧迫任务。我国的基本国情是人口多、底子薄、发展不平衡，同时资源相对不足、环境容量有限，目前又处于工业化、城镇化加速发展的进程中，这就使得资源环境的压力更加凸显。这次战略研究对当前我国环境形势作出的判断是，局部有所改善，总体尚未遏制，形势依然严峻，压力继续加大。深入贯彻落实科学发展观，促进可持续发展，必须切实加强环境保护，建设生态文明。这关系经济社会发展全局，关系全面建设小康社会，关系建设富强、民主、文明、和谐的社会主义现代化国家，必须坚持不懈地加以推进。

当前，国际金融危机尚未平息，实体经济仍在经受冲击。但西方发达国家在应对危机中，已经开始筹谋如何在世界经济复苏中占领制高点，推动实行绿色新政，发展绿色产业、绿色经济，并在应对气候变化问题上提出一些新的主张，需要引起高度重视。促进我国经济长期平稳较快发展，必须加快转变发展方式，通过强化环境保护、建设生态文明，推动国内需求扩大，推动产业结构调整升级，推动新能源、节能环保、循环经济等战略性新兴产业发展壮大，增强发展的后劲，抢占国际产业新高地。目前，我国外贸进出口相当于国内生产总值的比重超过 60%，经济的对外依存度相当高。应对国际挑战，必须把环境保护放在经济社会发展的战略层面加以推进。这次环境宏观战略研究恰逢其时，研究的成果对推动新时期环保事业发展，对促进经济社会又好又快发展，都将产生重要作用。

还要看到，经过多年努力特别是改革开放 30 年发展，人民群众的温饱问题已基本解决，生活水平有了大幅度提高，对改善生活质量也有了更多的期盼。而生活质量不仅包括衣食住行的满足，而且包括良好的环境条件和健康状况。因此，环境问题直接关系人民安居乐业，关系社会和谐稳定，关系发展的根本目的，是一个重大民生问题。近年来，一些地区污染严重，影响到老百姓身体健康与生产生活，损害了人民群众根本利益。针对这些问题，必须坚持环保为民，下大力气解决好环境问题，这不仅是人民群众的强烈愿望，也是人民政府义不容辞的职责。

二、建设生态文明，探索中国特色环境保护道路

这次环境宏观战略研究的重要成果之一，就是提出了探索中国特色环境保护道路。这既是一个环境保护问题，也是一个发展方式问题。改革开放以来，我们开辟了中国特色社会主义道路，形成了中国特色社会主义理论体系。建设中国特色社会主义，关键是发展。发展是第一要务，中国一切问题的解决从根本上讲要靠发展。但发展有一个如何发展的问题，需要实现可持续发展。这就要求我们树立历史眼光、战略思维和全球视野，立足基本国情，借鉴国际做法，坚持走出一条新型工业化、城镇化道路，在发展中保护环境，在保护中推动发展，努力实现清洁发展、节约发展、安全发展和可持续发展。探索中国特色环境保护道路，推进环保工作，提高可持续发展能力，应重点关注以下几个方面的问题。

一是统筹国际国内两个大局。推动科学发展、解决资源环境问题，需要充分利用两个市场、两种资源，尤其是要坚持立足国内、以我为主，合理开发国内资源。我们走的是和平发展道路、科学发展道路，不能走“先污染，后治理”甚至掠夺别国资源的老路。在环境保护方面，要与国际社会积极开展合作，借鉴先进经验和理念，引进先进技术和装备，增强我国环境保护的能力；积极参与国际环境事务，应对全球环境挑战，维护我国和发展中国家的合理发展权益，树立我国负责任大国的形象。在气候变化问题上，应深入进行研究，维护国家利益。

二是处理好资源节约与环境保护的关系。环境问题和资源问题是紧密相连的，节约资源和保护环境都是我们的基本国策。正如介绍和汇报中所指出，

目前我国面临的环境压力很大，资源供求矛盾突出。环境保护离不开节约资源，必须把二者有机结合起来，共同推动可持续发展。要坚持节约优先，提高资源综合利用效率，大力降低资源消耗，打牢环境保护的基础。

三是把保护环境与调整结构有机结合起来。保持经济平稳较快发展，增强经济发展后劲，需要对经济结构进行战略性调整，形成消费、投资、出口协调拉动经济增长的格局，形成有利于可持续发展的消费模式、工业化模式、城镇化模式，推动产业结构优化升级。当前，要把节能减排作为调整经济结构、淘汰落后产能的重要手段和硬抓手。防治结合是对发达国家经验教训的总结，也是被我国实践证明的有效办法。要加快结构调整步伐，从源头上减少污染，以避免不必要的事后治理，达到事半功倍的效果。

四是着力解决关系民生的突出环境问题。以人为本是科学发展观的核心，也是探索中国特色环境保护道路必须坚持的战略思想。要着力解决与人民利益息息相关、群众反映突出的环境问题，重点整治水、大气、土壤等污染，让城乡居民切身感觉到环境在逐步变好。把保障饮水安全作为首要任务，抓好重点流域水环境综合整治，让江河湖泊休养生息、恢复生机。推广奥运环境质量保障经验，不断改善重点城市和区域空气质量。统筹城乡环境保护，建设清洁家园、清洁田园、清洁水源，保障食品安全。

五是积极应对新的环境问题。在应对气候变化、适应和减缓温室气体排放问题上，要有所准备，考虑对降低碳排放强度提出要求。现在各地发展核电的积极性很高，要务必牢记安全是核电的生命线，严格核电站运营的管理和核辐射源的监管，确保万无一失。一些城市噪声污染、光污染等干扰居民正常生活，这方面的管控工作应当加强。对于沙尘暴、海洋污染、生物多样性减少等环境问题，也需要积极应对。

三、为环境保护战略措施的落实提供有力保障

这次环境宏观战略研究，提出了一系列加强环境保护的政策措施建议。在此基础上，要进一步探索新思路、新办法，把已形成共识的政策措施落到实处，促进环保事业不断发展。

（一）**健全环境保护工作机制**。要从国家战略层面审视环保工作，在发展规划和重大政策制定中，充分考虑环境保护的要求。继续发挥规划环评在宏观调控中的重要作用，把环境标准作为结构调整、市场准入、投资信贷等工作的重要依据。有关部门要各司其职，协调配合，增强环境监管的协调性和整体性。

（二）**完善环境政策法规**。要发挥财税政策的杠杆作用，加大对节能环保产品推广应用的支持力度。更多地采用差别电价等办法，限制高污染、高能耗产业发展。推进资源税改革，建立生态补偿机制，调动各方面保护环境、节约资源的积极性。加强环境法规建设，把那些经过实践证明的好做法肯定下来，健全法律法规，用法制的办法推进环境保护。

（三）**增强环境科技支撑**。加强环境保护必须依靠科技创新。要把环保技术作为科技发展的重点领域，切实提高我国环保的科技含量。现在国际上提出了“智慧地球”、“云计算”等设想，并开始采取具体行动，以寻求新技术的突破。这些创新一旦实现，对于提高节能环保效益有着重要作用。在包括节能环保在内的一些高技术领域，我国与发达国家基本上站在同一起跑线上。要加快技术研发攻关的进程，力争在国际上增强话语权，并掌握一定主动权。

这次环境宏观战略研究历时两年，工程院集中各方面力量，对发展道路、发展模式、资源环境制约因素、加强环境保护的政策、应对全球环境挑战的措施等影响全局的重大问题进行了研究，取得了重要成果。国务院有关部门

要充分吸收战略研究的成果，充分发挥这些成果在研究制定国民经济和社会发展“十二五”规划工作中的基础支撑作用。还要采取多种方式，通过多种途径，积极宣传推广研究成果，指导和促进各方面更好地开展环保工作。

长期以来，各位院士、专家履行自身职责，发扬奉献精神，在重大问题研究中提出了许多具有真知灼见的意见，对党中央、国务院有关决策起到了重要支撑作用。希望大家一如既往地关心决策、支持决策，为促进经济长期平稳较快发展、建设资源节约型环境友好型社会作出更大贡献。

李克强同志在中国环境宏观战略研究成果应用座谈会上的讲话

（2010 年 12 月 20 日）

今天，我们再次召开座谈会，听取中国环境宏观战略研究成果的汇报。刚才，徐匡迪同志简要介绍了环境宏观战略研究工作的有关情况，周济同志和周生贤同志谈了研究成果转化应用的打算，江苏省负责同志和两位专家院士就成果应用提出了很好的建议。听了同志们的发言，很受启发。

中国环境宏观战略研究历时三年，凝聚了广大专家、学者、环保工作者和有关方面同志的心血和智慧。研究报告共 600 多万字，数字、资料翔实，有的同志称之为当前我国环保工作和环境问题研究的百科全书。更为重要的是，这次战略研究成果的形成，正值“十二五”规划纲要（草案）编制工作的冲刺阶段和关键时期，恰逢其时，对于“十二五”规划编制可以起到重要作用。在此，我代表党中央、国务院向为环境宏观战略研究付出心血和智慧的专家学者、环保工作者和有关方面的同志们表示衷心感谢！

下面，我讲几点意见，与同志们一起交流讨论。

一、深刻把握新的历史条件下我国环境保护面临的新形势新任务

今年是“十一五”规划实施的最后一年，规划提出的主要指标特别是约束性指标预计能够基本完成，其中大家比较关注的也是规划制定之初担心较难完成的环保指标也已如期完成，2010 年二氧化硫、化学需氧量排放量预计

分别比 2005 年下降 14%、12%。这集中反映出近五年来我国环保工作取得新的积极进展。对广大环保工作者和有关方面所付出的辛勤劳动，应当给予充分肯定和高度评价。

但也要看到，当前我国环境形势依然十分严峻。我国有 13 亿多人口，比发达国家 11 亿人口的总和还多出两亿。改革开放 30 多年来，我国经济社会发展取得举世瞩目的成就。同时，随着我国进入工业化、城镇化快速发展阶段，发达国家两三百年出现的环境问题，在我国已集中显现。尽管我们的环保工作取得很大成绩，但环境问题依然是我国发展的瓶颈制约。这次战略研究得出的一个重要结论是，我国环境状况局部有所改善，但总体形势依然严峻。特别是在我们这样一个有着十几亿人口的发展中大国推进现代化建设，人类历史上没有先例，我国面临的环境压力比世界上任何国家都大。我们必须继续坚持走中国特色社会主义道路，深化改革，扩大开放，不断创新发展理念，转变发展方式，创新发展模式。

党的十七届五中全会审议通过的中央关于制定“十二五”规划的建议，对今后五年我国经济社会发展作出了总体部署，确定了科学发展的主题和加快转变经济发展方式的主线，明确要求把建设资源节约型、环境友好型社会作为加快转变经济发展方式的重要着力点，强调要树立绿色、低碳发展理念，提高生态文明水平，走可持续发展之路。中央经济工作会议也对 2011 年环境保护工作作出系统安排。中央对新时期环境保护的决策部署，是在全面分析国内外发展环境和环保形势的基础上作出的，是环保工作的新任务新要求。

首先，环境保护是衡量是否从根本上转变发展方式的重要标志。提高生态文明水平，推动经济发展方式转变，必须进一步加强环境保护。我国人口众多，环境承载能力相对不足，这是我们的基本国情。中国经济要保持长期平稳较快增长，必须坚持可持续发展。而即使一个地方实现了经济快速增长，但如果环境跟不上，与人们对蓝天、白云、清水、净土的期待还有差距，人民生活水平和质量就上不去，就不能说是实现了可持续发展。我们不能走先污染、后治理的老路，也不能仿效西方发达国家靠掠夺资源、转移污染来解决资源环境问题。因此，我们必须不断与时俱进，坚持不懈地打好环境保护的攻坚战和持久战。

第二，环境问题是重大民生问题。环境保护贯穿经济发展和社会建设两大领域，既是发展问题，也是民生问题；既是转变经济发展方式的需要，也是改善和保障民生的需要。随着居民收入水平的提高，群众对改善环境质量的要求越来越迫切。在环境这个重大问题上，处理得好，就可以实现经济发展、社会进步、民生改善的多赢；处理不好，就可能引发群体性事件，甚至影响社会稳定。现在，环境污染威胁和危害群众健康的现象在一些地方还比较突出。环境已成为群众信访的热点领域。这说明，人民群众越来越把环境质量作为生活质量的重要内容，对环境保护给予越来越多的关注，期望越来越高，诉求越来越多。对此，我们必须认真对待、有效解决。

第三，环境保护是应对外部挑战的必然要求。当前，国际上新的发展理念不断孕育涌现，新的发展举措层出不穷，绿色发展已经成为国家发展和国际竞争中的一个重要趋势，日渐成为一种发展的主流意识。各国都在围绕绿色发展进行科技创新和科技储备。一些发达国家试图通过建立绿色机制、绿色标准，把生态环保与贸易、发展等问题挂钩。应对气候变化问题、保护生物多样性问题等，已经成为环保领域的新热点，成为各国博弈的新焦点。我国在能源消耗、碳排放总量上排在世界前列，已被国际社会推到了前台。我们要推进现代化建设、实现民族复兴，必须积极参与国际市场竞争。但如果不解决好资源环境问题，不仅国内发展难以持续，而且在国际上也会遭受挤压，影响发展的外部空间。对此，我们要有清醒认识，及早谋划，提前应对。

二、把节能减排作为转方式调结构的重要抓手

加快转变经济发展方式，是科学发展的必由之路。这是一场广泛而深刻的变革，贯穿于经济社会发展全过程和各领域。要看到，转变经济发展方式与环境保护相辅相成，通过环境保护，可以促进各方面更新观念、调整结构、

提升水平，实现绿色清洁发展、节约集约发展。节约资源、保护环境是加快转变经济发展方式的重要测量仪和助推器。转变经济发展方式是否见到实效，一个基本的衡量标准，就是生态环保的力度有多大、发展的资源环境代价是否降低。这次战略研究提出，积极探索代价小、效益好、排放低、可持续的环境保护新道路，以环保优化发展，以环境容量优化区域布局、以环境管理优化产业结构、以环境成本优化生产方式，这是很有见地的。我们要坚持在保护中发展、在发展中保护，把节能减排作为转方式、调结构的重要抓手，努力构建有利于节约资源、保护环境的产业结构、生产方式和消费模式。“十二五”期间，推动经济发展方式加快转变，实现绿色发展，要在以下几个方面加以努力。

首先，要完善节能减排的指标体系。把单位国内生产总值二氧化碳减排列入约束性指标，把主要污染物减排扩大到氨氮、氮氧化物等，更加关注和重视影响群众身体健康的环境指标。应当看到，节能和减排是有机联系的，强化节能有利于促进减排。合理控制能源消耗总量，可以从源头上减少污染物排放总量。现在我国能源消费总量已接近 32 亿吨标准煤，其中煤炭消费占 70%左右。未来一段时间，我国能源消费总量还会增长，以煤炭为主的能源结构很难根本改变，发展清洁能源只能替代一小部分能源供应，能源安全问题十分突出。保证这么大规模的能源供应，既要加大能源开发的投入，又要确保能源运输通道的安全。依靠国际市场解决能源供应，风险大、代价也大。因此，我们始终把节能放在优先位置。

第二，要加大对“两高一资”落后产能的淘汰力度。这方面的任务相当繁重，必须继续淘汰落后产能。否则，仅靠提高发电绩效、实行脱硫及脱硝等手段减排，需要付出较高的经济成本。现在一些污染重的落后产能，有从城市向农村、从东部地区向中西部地区转移的现象。一些地方在招商引资中承接了落后产能，对环境造成的破坏触目惊心。要切实改变以牺牲环境换取经济增长的做法，坚持走新型工业化道路，防止污染转移，防止低水平重复建设。国家要对中西部地区实行差别化的产业政策，中西部地区也要发挥后发优势，避免走“先污染，后治理”的弯路。

第三，要把环保理念和措施体现到经济社会发展的各个方面。广泛推广节约环保的新技术、新产品，提高绿色产品的市场占有率。大力推进企业以节能减排为重点的技术改造，带动企业效益增加，促进产业结构优化。积极倡导绿色消费、适度消费，从需求侧减缓对资源和环境的压力。

第四，要培育壮大绿色产业。节能环保、新能源、低碳技术应用等绿色产业，属于战略性新兴产业，是有着巨大市场前景的产业。我们完全有条件把这些产业培育成新的经济增长点。要科学规划，加大政策扶持力度，把市场做大，把产业做强。

三、把环境保护作为惠民生促和谐的基本任务

好的环境是人们生活的基本需求，保护环境是政府公共服务的基本领域，也是我们党执政为民的具体体现。随着我国经济实力、财政实力的增强，现在已经到了有条件、有能力解决关系民生的突出环境问题的时候了。必须秉持发展为民、环保为民的理念，痛下决心，切实解决好影响人民群众生产生活和身体健康的环境问题。

人的生存离不开水和空气，食品安全与土壤紧密相关。水、空气、土壤的环境质量关系群众切身利益，是目前最主要的环境问题。这次环境宏观战略研究，把水、大气和土壤作为重点专题进行攻关，提出了综合治理的意见和建议。要认真总结过去的经验，坚持科学有效的做法，增加水和大气主要污染物控制指标，努力改善水环境和空气质量，特别要保障饮用水安全。目前，全国化学需氧量排放量近一半来自农业和农村污染，面源污染已经成为影响水环境的重要因素，农药等污染问题也影响食品安全，人民群众对此十分关注，要求治理污染、改善环境的诉求非常强烈。要采取“以奖促治”等一系列有力措施，着力解决农村面源污染等影响群众健康的突出环境问题。此外，近年来长期积累的重金属污染问题进一步显现。这些污染具有潜伏性、累积性、高危性等特点，风险隐患会长期存在，严重威胁群众健康，甚至影

响下一代。对此，我们绝不能等闲视之，必须采取有力措施妥善应对、综合施治，尽最大努力减少重金属污染危害。

环境安全是国家安全的重要组成部分，必须高度重视防范环境污染事件。近年来，一些地方发生了多起重特大环境污染事件，造成的影响和损失很大。这是一些地方和企业粗放型增长的必然结果，也是环境问题长期积累带来的破坏性释放。要切实加强事前预防，突出排查风险隐患，加大整改力度，健全应急预案，充实应急装备和物资储备。同时，要认真做好事中应对和处置、事后评估和修复等工作。

四、把完善机制作为深化环保工作的突破口

小智治事，大智立法。健全体制机制，是推动环保工作有效开展的重要保障。解决环境领域一些根本矛盾，必须从完善制度入手，这方面的潜力还很大。开展环境宏观战略研究，在制度建设上花了很大精力，形成了一系列好的建议，要抓紧论证吸收。

健全体制机制，有许多事情需要做。首先要切实落实地方政府责任。各级政府是辖区环境质量的责任者，也是环境保护工作的组织者。地方政府保一方平安，就应保一方生态环境，保一片蓝天、一汪清水、一方净土，这是政府应尽的责任。要按照科学发展观的要求，完善政绩评价体系，建立健全国家监察、地方监管、单位负责的环境监管体制，使地方政府切实做到责任到位、措施到位。刚才有专家谈到，现在环保体制不顺、人员不足、能力不强等问题还比较突出，一些地方还存在“废水靠看、废气靠闻、废渣靠摸、噪声靠听”的现象。各级政府要加大对治污设施建设和环保队伍建设的投入力度，努力提高环保投入占财政支出的比重，切实加强基层环保能力建设。

中国幅员辽阔，各地发展情况千差万别，一些企业守法意识薄弱，偷排漏排现象还比较突出，仅靠在线环境监测，难以有效防范环境违法行为。必须进一步加强环境法制建设，从根本上解决“违法成本低、守法成本高”的问题，严格执法，做到有法必依、违法必究。要推行有利于环境保护的经济

政策，建立有效的激励和约束机制，让守法的企业在经济上受益，违法的企业在经济上付出沉重代价。要深入研究“谁污染、谁付费”机制，加快推进资源税费改革，健全和完善生态补偿机制，调动社会各方面力量参与环保设施建设和污染治理，形成环境保护的强大动力和有利氛围。要通过深化改革，保障人民群众的生命健康，保障我国发展的可持续性。

五、把环境宏观战略研究的成果转化好应用好

新的时期，环境保护的任务紧迫而繁重，需要创新理念、创新思路、创新方式。这次环境宏观战略研究，汇集了多部门、多行业、多学科的力量，在总结国内外经验教训、吸收先进理念的基础上，从战略层面提出了一系列研究成果。研究的全局性、前瞻性、创新性很强，对环境形势、战略方针、目标任务、实施路径、政策措施等，有新的认识、新的突破。

研究的目的在于应用。要把研究提出的新理念、新战略切实转化为可操作的新举措、新政策，将有效的政策措施上升到法律层面。现在，各方面正在制定“十二五”规划，要充分吸收应用环境宏观战略研究的成果。在此基础上，研究提出进一步加强环境保护工作的举措。这是对专家学者们的尊重，更是对国家和民族的未来负责，是对广大人民群众尽心尽力的体现。

我相信，环境宏观战略研究成果在“十二五”规划中得到充分运用，将有力地推进“十二五”规划编制工作，充分体现科学发展的主题、加快转变经济发展方式的主线，推动经济社会全面协调可持续发展，提高人民生活水平和生活质量。

各位院士、专家长期致力于环保科研与实践，是环保领域的领军人物。希望大家把这次环境宏观战略研究作为新的起点，博采众长，创新求实，为党中央、国务院决策更好地发挥参谋咨询作用，向各有关部门提出更好更多有价值的建议，为我国环保事业和现代化建设做出新的更大贡献！

曾培炎同志在中国环境宏观战略研究启动会上的讲话

（2007年5月11日）

各位院士、专家，同志们：

很高兴来到中国工程院新址，参加中国环境宏观战略研究启动会议。首先借这个机会，祝贺工程院乔迁。刚才参观了工程院大楼，这个大楼集新设计、新工艺、新材料之大成，体现了以人为本，有着良好的工作环境，也处处体现了环保、节能、节材，在一定程度上反映了工程建设的高水平和高追求。

环境保护是我国的基本国策。遏制环境恶化趋势、逐步改善环境质量，是我们面临的一项重大而紧迫的任务。不久前，国务院召开了全国节能减排工作电视电话会议，温家宝总理发表了重要讲话，对进一步加强能源资源节约、减少污染排放作了动员和部署。经国务院批准，由工程院和环保总局牵头，组织一批专家开展中国环境宏观战略研究，深入探讨一些重大环境问题，提出应对方案及政策建议。这是工程科学和环境科学研究的一个重大课题，也是贯彻落实科学发展观和国务院节能减排工作部署的具体行动。经过前一阶段的准备，今天这项研究正式启动了。刚才，徐匡迪副主席介绍了项目研究的前期准备工作、研究内容和工作方案，听了很受启发。项目研究已经有了很好的基础和框架。下面，我讲几点意见，供各位院士、专家和同志们参考。

一、当前我国环境形势十分严峻

2002 年以来，我国经济进入新一轮的增长期。随着人均收入水平的提高，居民消费结构发生了很大变化。过去主要是解决吃穿的问题，而现在城市居民对住行的需求越来越迫切，要求也越来越高。这是 2002 年以后新一轮经济增长的一个非常明显的特征。由于消费结构的升级，促进了整个投资结构、产业结构的变化，工业化、城镇化步伐加快，重化工业有了迅速发展。现在，城镇人口每年增加 1 000 万～1 500 万人。同时随着经济全球化的加深，我国对外开放不断扩大，企业竞争力逐步提高，中国产品越来越多地走向全球。受这些因素的影响，过去四年经济快速增长，国内生产总值增速平均在 10%左右；经济效益稳步提高，企业利润和财政收入大幅增长；社会就业持续增加，每年新增就业 1 000 万人左右；物价基本稳定，没有出现明显的通货膨胀。今年一季度，这种好的势头得到延续和发展。国内生产总值增速超过 11%，财政收入增长 26.7%，城镇和农村居民收入实际增长 16.6%和 12.1%。物价涨幅稍高一些，一季度是 2.7%，1—4 月份是 2.8%。物价略高，主要还是 2006 年粮食产品价格上升引起的。总的看，当前整个经济形势是好的。

近年来，环境保护也做了大量的工作，加强了污染治理设施的建设，开展了环保专项行动，强化了环境监督管理和执法，使污染物排放的增幅明显低于国内生产总值增幅。对环保工作这几年所取得的成绩应该予以充分肯定。同时也必须看到，我国经济增长付出了沉重的资源环境代价。前些年能源消费增幅超过了国内生产总值增速，2006 年有所好转，单位国内生产总值能源消耗下降了 1.2 个百分点。电力装机每年快速增长，2006 年增加 1 亿千瓦，相当于欧洲一个大国的发电总量；2007 年电力装机增加可能还要超过 8 000 万千瓦。环境方面也代价不小，许多地方的污染物排放总量明显超出了环境容量。目前，我国江河水系 70%受到污染，其中 40%严重污染；1/3 的国土受到二氧化硫造成的酸雨威胁，1/5 的城市空气污染严重；一些持久性有机物、重金属、辐射、电子垃圾等新的污染在不断增多；土地沙化、水土流失在个别地方有所好转，但生态总体恶化的趋势还是在加剧。近年来，因环境问题引发的群体性事件，以年均 30%左右的速度递增。沱江、松花江等重大污染事故，严重影响了当地群众的生产生活，也造成了不好的社会影响。环境问题已经成为制约经济发展、危害群众健康、影响社会和谐的重要因素。人民群众对这个问题非常关注，在环境方面的维权意识也越来越高。2007 年“两会”期间，环境问题成为会议的热点议题，代表们提了许多很好的议案和提案。

十届人大四次会议通过的经济社会发展“十一五”规划，明确提出五年内单位 GDP 能源消耗降低 20%左右，主要污染物排放总量减少 10%。2006 年我们采取了不少措施，也分解了指标，对各地提出了要求，但由于种种原因，2006 年这两项指标没有完成。“十一五”节能减排指标，是必须完成的约束性指标，是党和政府向人民作出的庄严承诺。2007 年的政府工作报告，提出了节能减排八项措施，各个地方、各个部门都要进一步落实这八项措施，完成“十一五”节能减排指标。

2007 年一季度经济增长速度偏快，工业增长速度更快，特别是高耗能、高污染的重工业增长速度过快。电力、钢铁、有色、建材、石油、化工这六个行业，都是高耗能、高污染的行业，平均增长 20.6%，比 2006 年同期加快 6.6 个百分点；原煤产量、发电量分别增长了 14.8%和 15.5%，比 2006 年同期提高了 2.8 个百分点和 4.5 个百分点。这使得节能降耗、污染减排的压力有增无减。特别是一些高耗能、高污染行业的出口贸易，产品虽然走出了国门，但污染却留在了国内。过去我国是钢铁净进口国，现在是净出口国。2006 年年底，钢铁产能接近 5 亿吨，全年产量 4.2 亿吨，由于国内供过于求，加之在国际上还有利可图，出口 4 300 多万吨。2007 年钢铁出口快速增加，一季度达到 1 430 万吨，4 月份又出口 700 万吨。从国外大量进口铁矿砂，在国内进行生产加工，消耗了煤炭资源，增加了污染排放，得不偿失。对此我们采取了一些措施，降低或取消高耗能、高污染、资源型产品的出口退税。对这个问题要特别重视，因为能源不够还可以通过进口来弥补，但环境容量是无法进口的；解决中国的环境问题，必须切切实实地降低国内污染排放。

中国的环境问题，不仅我们高度重视，国际社会也十分关注。现在我国化学需氧量（COD）排放量、二氧化硫（SO_2）排放量都居世界第一，温室气体排放量据测算也已居世界第二。国际上提出所谓“中国威胁论”，很大一部分原因来自环境污染。环境问题也成为我国与周边国家发生环境摩擦的隐患。按照《京都议定书》的安排，我国作为一个发展中国家，在 2012 年前不承担温室气体减排任务。但目前西方主要国家对我们不断施压，要求今后承担减排任务。气候问题已经成为多边场合的主要议题。达沃斯世界经济论坛，本来是一个经济性质的会议，每年都在积雪很厚的瑞士达沃斯小山城里召开。2007 年年初论坛召开时，小山城里没有了雪，所以会议一开始就发表了一个《气候宣言》。3 月份我出访澳大利亚、新西兰和另外两个太平洋小国，主要是去商谈经贸合作，但见到这些国家的首脑，他们谈的主要问题就是气候变化，要求中国承担温室气体减排义务。一些小国特别是一些岛国，非常关心气候变化，因为气候变暖会导致海平面上升，缩小这些国家的陆地面积，甚至会淹没整个岛屿。这些问题是我们不可回避、必须面对的问题，一定要高度重视，认真研究，提出应对之策。

环境领域存在的一些突出矛盾和问题，有经济、社会、历史、体制等多方面原因，但在主观上确实有一个对环境保护战略研究不够、认识不深，从而导致决策盲目性的问题。比如，20 世纪 50 年代末“全民炼钢”，造成了严重的资源浪费和生态破坏。当前钢铁布局不合理、中小企业多、产业集中度低的问题，也与当年大炼钢铁有相当大的关系；60 年代中期“围湖造田”、“向荒山要粮”，致使许多生态问题至今难以恢复；80 年代乡镇企业“村村点火”、“处处冒烟”、“遍地开花”，导致环境污染由点到面、由城市向农村蔓延。现在看来这些做法，对生态环境保护、对资源节约集约利用，都是不利的。再比如，现在许多化工厂、污染严重的厂，建在了江、河、湖、海边，这方便了运输、取水等需求，但一旦发生环境事故，会产生很大的影响，甚至是国际影响。从环境角度来看，这种布局是否合理值得研究。总之，我们从战略层面上、从更高视野上看待环境问题还不够，对环境与发展更加深刻的内在关系的认识还不足。直到现在，一些地方还热衷于大发展高耗能、高污染行业，盲目扩大城市规模，给可持续发展带来很大压力。因此，缓解环境制约的矛盾，必须从宏观和战略层面上加强对环境问题的研究，进一步提高全社会特别是各级领导干部对环境保护重要性、紧迫性的认识，促进决策的科学化、民主化。

二、开展环境宏观战略研究需要深入研究的问题

搞好环境宏观战略研究，要以邓小平理论和“三个代表”重要思想为指导，全面贯彻落实科学发展观，以建设资源节约型和环境友好型社会为目标，总结国内外的经验教训，瞄准现实重大问题，面向未来发展需求，积极探索符合中国国情的环境与发展模式，深入研究环境保护的战略思想、战略目标、战略重点、战略对策和战略保障，着力破解前沿性环保课题，为党和国家决策提供支持。

项目研究的进度安排，应当与经济社会发展“十二五”规划的制定衔接起来，既要针对现实问题提出政策建议，指导当前的工作；又要从战略上考虑一些大问题，为制定“十二五”规划提出建议。这里，我提几个环境战略问题，请在研究中予以关注：

第一，深入研究经济发展与环境保护的关系

我国是一个发展中大国，正处在工业化、城镇化进程加快的阶段。发达国家的工业化、城镇化，花了上百年的时间。在发展与环境问题上，他们大多是“先污染、后治理”。我访问瑞士的时候了解到，瑞士过去手工业、机械加工、电镀等小作坊很多，工业废弃物污染问题相当突出，曾经一度也是污水横流，但后来通过几十年的治理，现在成了一个世界花园。伦敦过去因污染严重而成“雾都”，现在基本上也治理过来了。从这些国家的治理过程看，尽管环境恢复得很好，但付出了巨大的代价，有些环境污染因不可逆转至今还未完全修复。我们提出到 2020 年基本实现工业化，工业化过程压缩

得比较短，只有三四十年时间，各种环境问题不可避免地要集中呈现。但我国的国情跟其他国家也不一样，人口多、生态脆弱、环境容量十分有限。我们要吸取发达国家的经验教训，不走“先污染、后治理”的老路，走出我们自己的道路。因此，怎么处理好发展与环境的关系，怎么统筹好人与自然和谐发展，是需要我们认真研究对待的一个问题。在这个问题上，我们面临很多很大的矛盾：我国人均国内生产总值刚刚超过 2 000 美元，我们还得抓住机遇发展自己，今后还有十几年的工业化道路要走，但在这么一个发展阶段，污染物产生的强度还相当大；我国以煤为主的能源结构短期内不可能改变，提高核电、风电、太阳能等清洁能源的比重需要较长时期的过程；我国生产力发展不平衡，企业层次差异大，大企业可以发展循环经济实现污染“零排放”，但相当多的中小企业由于财力、技术跟不上，很难一下子实现达标排放。如何解决这些矛盾，从哪里切入，很现实、很具体。建议课题研究根据我国国情、借鉴国际经验，深入研究我国经济社会发展的趋势和环境的状况，研究经济发展和环境保护的内在关系，探索保护环境与经济增长并重的有效模式，探索在优化发展中保护环境的有效途径，探索从建设、生产、流通、消费各环节保护环境的有效措施。

第二，深入研究如何贯彻我国环境保护的战略方针

2006 年召开的第六次全国环保大会，提出了国家环境保护的重要方针，在宏观战略研究中要认真研究如何贯彻这些方针。如贯彻全面推进、综合治理的方针，需要协调工业、城市、农村的污染防治，组织东、中、西部地区共同行动，努力扭转生态环境恶化的趋势。回顾我们的环保实践，过去受国力、财力的限制，我们更注重突出重点，哪一个方面、哪一个地区污染严重，就抓哪一个方面、哪一个地区。比如治理江河，主要是“三河”即淮河、海河、辽河，“三湖”即滇池、巢湖、太湖，还有“一海”即渤海，后来又多了“一库”即三峡水库。现在看来，长江、黄河、珠江等一些主要河流，污染也在加重，自净能力也越来越弱。在这个问题上，如何把全面推进与突出重点结合好，需要研究。现在农村的面源污染也相当严重。如滇池治理，我们投入了很多资金，但是如果周边农村面源污染不能得到控制，滇池再怎么治理也很难治好。贯彻分类指导、突出重点的方针，要针对危害人民群众健康和严重影响可持续发展的环境问题，着力实施饮用水水源保护、危险废物处置、城市污水处理、燃煤电厂脱硫等重点工程，继续推进重点流域区域的污染治理，力求尽早取得突破。贯彻“不欠新账，多还旧账”的方针，要研究如何做到增产不增污、努力实现增产减污，研究如何解决好历史遗留的环境问题。希望专家们多提宝贵意见，针对当前的环境情况，深入研究环境保护的战略方针问题。

第三，深入研究有利于环保的技术政策和产业政策

建设环境友好型社会，必须实行有利于环保的产业政策和技术政策。在宏观战略研究中，要把环境保护和产业发展紧密结合起来，认真考虑如何开发有利于清洁、节约、安全发展的技术，比如清洁生产和循环经济技术、清洁煤技术、煤层气利用技术、核电技术等，有利于减少温室气体排放的“低碳经济”、“吸碳经济”的技术和产业；考虑如何开发和推广那些对节能环保有重大作用的产品，比如节能省地环保型住宅、节油环保型汽车、可再生能源、高效节能产品；考虑如何引导产业结构调整，如何鼓励发展资源消耗低、污染排放少的产业，如生产和生活性服务业、高技术产业、装备制造业、环保产业等；研究如何制定限制和改造高耗能、高污染行业的具体政策，如造纸、食品、化工、纺织四个行业排放的 COD 占全部工业的 70%以上，火电、水泥两个行业排放的 SO_2 占全部工业的 60%以上，就要研究怎么样突出重点、把节能减排的任务落实到产业政策上。还要研究如何巩固污染治理成果，使污染不反弹。过去治理淮河污染，关闭了一批企业，但后来又有所反弹。2007 年“五一”我到了洞庭湖，听地方同志介绍，由于洞庭湖里芦苇产量大，造纸原料丰富，曾经一段时间洞庭湖周边有 236 家造纸厂，绝大部分是 5 万吨左右甚至 5 万吨以下的小厂，搞得洞庭湖水又黑又臭。现在地方政府下了决心，采取断电等措施，妥善安排下岗工人，关掉了 234 家造纸厂，只剩下 2 家 10 万吨以上的大厂。采取这些措施后，洞庭湖水质发生了很大变化，周边是三级水质、中间是二级水质。但是我担心这个成效能否巩固，担心过一段时间小造纸厂又恢复生产，因为这里确实有一个湖区居民的生计问题。希望专家们在这些方面提供一些对策建议。

第四，深入研究区域环境承载能力问题

“十一五”规划提出我国区域发展的格局是，西部大开发、中部崛起、东北等老工业基地振兴、东部率先发展，对不同的发展地区给予一些不同的政策，这是发展的需要。从长远来看，还应从主体功能区来考虑优化发展的格局，有些地方应该禁止开发，有些地方应该限制开发，有些地方应该优化开发，有些能够承载更多人口的地方应该重点开发，这样可以更加合理地利用国家环境资源、自然资源，实现科学发展。环境因素是确立主体功能区的主要依据之一，今后哪些地方环境有容量，就应该鼓励发展；哪些地方环境容量已经到了极限，就应该限制、禁止一些产业的发展。要坚持从各地实际出发，比较分析不同地区的环境状况、环境容量、污染物排放量，研究确定各地的环境承载能力和发展潜力。对污染排放量已经大大超出环境容量的地方，要研究实行区域限批政策，首先不再恶化环境状况，然后逐步恢复环境平衡。昨天松花江污染治理现场会，提出 10 年之内不准再上排放重金属的项目，就是要“休养生息”。在一些有条件的地区，可以考虑建立清洁发展机制（CDM）。探索环境有偿使用和交易制度。财政部已经多次提出这个问题，国际上已经有排放贸易的经验，在这方面可以开展一些试点，深入进行研究，逐步建立机制。

第五，深入研究环境管理的体制机制问题

科学有效的机制和政策，是把环境保护变成各方面自觉行动的前提条件。环境保护单靠管、单靠执法是不够的，必须要有系统的机制导向。要研究如何制定有利于环境保护的价格、财税、土地、金融等政策；如何划分国家和地方环境保护的事权；如何建立流域上下游的生态环境补偿机制。举个例子，一般城市取水，取水口绝对不会设在流经城市河流的下游端，而是设在上游端，因为河水流过城区后污染会加重。因此，要研究不同地区之间怎么来承担环保责任；研究如何完善环境法律法规体系、着力解决“守法成本高、违法成本低”的问题，如何建立有利于环境保护的管理体制，提高管理效果。希望专家们深入研究一些体制、机制性问题，为建立一整套加强环境保护的长效机制提供科学依据。

当前，还要及时研究全球气候变化和温室气体排放等国际热点问题。这是我们必须面对的问题，而且应该以积极的态度去面对。青藏高原、西部地区雪线在上升，祁连山北麓雪线基本上没有了，值得忧虑。中央已经有了部署，我们正在组织力量专门对这个问题进行研究。希望战略研究课题从更高的层面进行探索，研究相关国际公约履约和谈判的趋势，以及可能对我国产生的影响，制订好应对方案，既树立负责任大国的形象，又避免承担与发展水平不相适应的国际义务。

上述问题，请大家考虑、研究、论证，有些可以纳入到这次宏观战略研究中，有些可以设一些专题，深入探讨。

三、努力提高环境宏观战略研究的水平

中国环境宏观战略研究，这么高层次的研究在我国还是第一次。这项研究得到了有关部门和国际组织的支持，集聚了一大批两院院士、众多知名专家学者，还有一些政府官员，集中了经济、社会、环境、科技、法律等方面的研究力量，应该说是可以大有作为的。这里，我对战略研究提几点要求：

第一，保证研究课题高起点

近年来，国内外研究机构开展了许多环境战略方面的研究。国务院、国家有关部门也组织力量，对我国水资源战略、林业战略、人口发展战略、能源战略等进行专题研究。这次开展国家环境宏观战略研究，课题组要充分发挥跨部门的优势，充分吸收现有的成果，站在前人的肩膀上，高起点地开展研究，提高战略研究的效率和效益。

第二，保证研究内容高水平

项目研究要突出宏观性、战略性和政策性，站得高、看得远，避免局部

之见、部门之见，敢于创新、敢于求实，努力提出一些综合集成的分析意见，得出一些具有全局意义的研究结论，形成一些操作性强的政策建议，提高对环境决策的影响力。研究完成后，研究成果要在一定层次上进行汇报，对国家决策应该是有影响力的。

第三，保证研究成果高质量

环境战略研究贵在理论联系实际。要从我国社会主义初级阶段的基本国情出发，关注国际上环境与发展事业的动态和趋势，坚持科学发展、和谐发展、和平发展的原则，充分发挥各方面专家的智慧，开展跨学科、交叉性研究，努力揭示环境保护领域的客观规律，起到总结过去、指导现在、谋划未来的作用。

第四，保证研究任务如期完成

这次环境宏观战略研究，到 2008 年年底要大体完成，以便与制定“十二五”规划相衔接。这项研究是一个非常复杂的系统工程，时间紧，任务重，参与人员多，要搞好组织协调。工程院、环保总局、中科院要加强组织领导和综合协调，领导小组各成员单位要积极参加和支持。有关部门要安排必要的研究资金，同时积极争取国际资金支持。要加强环境宏观战略研究的宣传，进一步增强全社会的环境危机意识和环保责任意识。

我就讲到这里，谢谢大家。

徐匡迪同志在中国环境宏观战略研究领导小组第一次会议上的总结讲话

（2007 年 5 月 11 日）

感谢大家对这个项目的支持和关心，同时也感谢大家提出了非常中肯的意见。下面，我先谈一下我对环境问题的几点看法。

第一，环境问题是一个综合性的问题，不开展跨部门的合作就不容易做好

同时，环境的影响及治理，需要较长时间，不可能以五年为限，那样的话，也就不是战略研究了。战略研究应该研究未来 10~40 年，也就是新中国成立一百周年我国的环境是什么样子，这是关系中华民族子孙后代的大事。

第二，关于环境与人口的问题

中国的环境问题与世界各国都不一样，中国的问题是人多地少。根据人口战略研究结果，我国人口分布极不均衡，从黑龙江的呼玛到云南的腾冲画一条线，这条线的东部，占国土面积的 40%左右，但人口却占 86%。13 亿人高度集中在珠三角、长三角、环渤海、武汉周围地区和成渝地区，高度密集的人的生产、生活，给环境带来了巨大压力。

第三，关于环境与经济的关系

经济高速发展是对环境的沉重负担。西方国家都在谈温室气体排放和气候变暖问题。昨天接待美国人，我就跟他们说了两个具体的数字。一是现在的温室气体 80%以上是 OECD 国家过去 200 年排放的；二是中国现在虽然二氧化碳排放量大，但每年对新增温室气体的贡献仅有 1%，这一点要讲清楚。

当然对外是这么讲，但我们也得考虑子孙后代的问题，也得对全人类负责。现在 OECD 国家人口不到世界人口的 12%，却消耗了地球 50%以上的资源，贡献的温室气体达 80%。如果现在 50%以上的发展中国家，包括中国、印度、巴西以及南非等一些发展比较快的国家，按发达国家走过的工业化、城市化模式发展，地球的承受力是有问题的。因此，必须在科学发展观的指导下，走新型工业化的道路。

新中国成立初期，中国工业的标准、工艺、设备很大程度上是学习苏联的模式。改革开放 25 年来，我们不断进行技术改造、升级换代，工业技术水平有了很大提高，但总体上还没有超越 20 世纪工业化国家走过的道路。中国发展高新技术产业，比如信息产业，在发达国家的基础上引进、消化、吸收的比较多，与发达国家还是有差距的，这个差距可能是 10 年左右的差距。这就带来了工业化对环境的压力的问题。

城市化也是一个很大的问题。如果按照现在 1%～1.5%的速度发展，城市化对环境保护的压力很大。农村虽然也有污染，但是农村居民住得比较分散，污染强度没有城市高，或者影响的面不是很大。城市污水、粪便的处理和交通等问题都比较突出。城市的发展要体现新型的城市化和环境保护的要求，特别是节约型社会和环保的要求。

第四，关于农村面源污染问题

我前一段时间看了一个材料，中国耕地面积仅占世界 9%，却要养活世界 22%的人口。因此，中国目前提高粮食产量主要依靠精耕细作和多施化肥。中国农田化肥量是世界平均水平的 4 倍，否则也生产不出 9 000 多亿斤的粮食。但这么多化肥施到农田，特别是在雨水比较充沛的粮食主产区，土壤里面的化肥流失到湖泊江河，这就产生了水体的面源污染。中国要保护 18 亿亩耕地，并作为不可逾越的红线。美国有 62 亿亩耕地，却只有 3 亿人，每年有三分之一的耕地种粮，有三分之一的耕地种草，有三分之一耕地什么也不种，就让它休养生息。这样三年一次轮作，肥料用得很少，草等有机质都翻进去了。解决农业面源污染是我们面临的一个大问题。

第五，关于税收对环境保护的导向和制约的关系

我在瑞典工作了很多年。瑞典钢铁业的技术与产品质量本来是世界第一，直到现在优质钢最好的还是在瑞典生产，但是瑞典的多数钢铁厂却自动关闭了。这是因为瑞典的税收是和污染物排放联系起来的，排放二氧化碳、污水都要缴税。排放的污染物越多，征收的税就越多，那些附加值低的产业就无利可图，就得关闭或者到别处开厂。中国淘汰落后产业的办法，大多采用行政手段来关闭。比如，规定要关闭 300 m^3 以下的高炉，企业就建 350 m^3 的高炉，这样企业又变成合法的了。采用这种措施不一定是有效的办法。如能通过环境保护的要求促进产业结构调整，对那些达不到环保标准的企业征收高额污染税可能更能引导企业自觉进行环保投入。

城市交通也有同样问题。燃油税迟迟不出台，因为这是个两难的问题。燃油税出台会影响到出租汽车司机、私人车主。但是燃油税不出台，私家车就会无节制地发展。一辆私人小汽车一年公路费和保养验车费，大致缴给地方政府 1 万元左右，1 万辆车税收就是 1 亿元。虽然轿车发展必然带来交通拥挤的问题，解决交通拥挤地方政府就要积极修路，修了路两边的地价会涨上去，这种利益导向是个很大的问题。涉及统一的社会经济政策的问题。

另外，刚才大家还讲到了很多，比如说工业生态链和环境整体系统的模型的考虑，深入开展环境教育，环境保护要从单纯的检查督促变成各行各业自觉的一种要求，这些确实都需要从总体上来考虑。

最后，我对会议作简要总结。

第一，我们特别感谢领导小组成员单位的同志在繁忙的工作中，抽出时间来参加会议，希望在下一阶段研究的过程中，我们分阶段地再向各位成员汇报，再听取大家的意见。

第二，会议对前一阶段战略研究的筹备工作，特别是国家环保总局综合各方面意见所做的准备工作予以肯定。

第三，会议原则通过战略研究总体框架和研究方案。刚才大家提的意见都很好，包括国际环境合作、地质环境保护、环境和资源的关系、重点海域环境保护、环境立法对策、治理农村面源污染等问题。会后，战略研究办公室要认真研究和采纳这些意见。

开展环境宏观战略研究是一个举国体制，希望各个部门团结协作，努力把这件利在当代、惠及千秋的事情做好。

谢谢大家。

徐匡迪同志在中国环境宏观战略研究领导小组第二次会议上的总结讲话

（2009 年 3 月 16 日）

刚才生贤部长、光耀同志、国舫院士对环境宏观战略研究工作和成果做了全面的回顾与总结，领导小组各成员也对研究成果要点提出了许多很好的意见和建议。

下面我讲四点意见。

第一，环境宏观战略研究取得了丰硕成果，完成了既定任务，达到了预期目标

中国环境宏观战略研究是一项“总结过去、指导现在、谋划未来”具有重要指导意义的工作，起点高、难度大。在项目领导小组和专家领导小组的组织领导下，特别是在光耀同志和国舫院士不辞辛劳的高效组织和积极推动下，各部门、各方面积极配合，共同努力，比较圆满地完成了项目既定任务，达到了预期目标。

研究从国家战略高度提出了以全面落实科学发展观为主线的环境宏观战略总体思路，创新性地提出了探索中国环境保护新道路，对环境形势进行了客观、准确的评价，对环境问题成因揭示透彻，提出的对策措施符合我国国情，并具有较强的针对性和可操作性，体现了科学发展观、资源节约型和环境友好型社会、可持续发展战略等国家发展战略的主体内容和理念。

第二，在实践中继续深入探索和完善中国环境保护新道路

这次环境宏观战略研究提出了探索中国环境保护新道路，在回顾和总结我国 30 年环境保护经验教训的基础上，明确了中国环境保护新道路的内涵和实质，这一重要成果的产生必将为当前和今后我国环境保护提供方向性和战略性的指导。探索中国环境保护新道路是一项长期而艰巨的任务，不能因为战略研究的结束而停止，我们应积极推动开展关于中国环境保护新道路的大讨论，通过不断实践探索和总结升华，使中国环境保护新道路的指导方针和思想内涵不断丰富和完善。

继续深入探索中国环境保护新道路，一是要紧密结合我国国情。我国正处于加速工业化的阶段，产业结构急剧转变，就业矛盾突出，资源环境问题复杂，为此需要高度重视和提出环境保护在新型工业化中的重要作用；二是要在中国特色社会主义理论指导下，同时兼顾政府宏观管理和市场机制在环境保护中的作用，既有别于计划经济体制的环境管理，也有别于完全市场化体制下的环境管理；三是立法、执法和群众自觉参与相结合，充分体现群众监督对环境保护工作的促进作用。

第三，要进一步认清我国面临的严峻环境形势，处理好环境保护与经济发展的关系

环境宏观战略事关我国发展的全局和长远。尽管我国环境状况局部有所改善，但环境形势总体恶化趋势没有得到根本遏制，环境形势严峻，环境压力继续加大。我们必须对这种严峻形势保持清醒的认识。

环境问题说到底是发展问题。环境问题是在发展中产生的，也应当在发展中得到解决。我国需要保持较高的经济发展速度，但我国环境承载力又是有限的，所以环境保护与经济发展的矛盾比较突出，同时，广大群众的温饱问题已经基本得到解决，进入全面建设小康社会的阶段，改善环境成为提高人民生活质量的迫切需要，其意义不在吃饭穿衣之下，因此，环境问题不能用停止发展的办法解决，只能在发展的过程中，走科学发展的道路来解决。

第四，积极应对全球金融危机挑战，在保增长、扩内需中，绝不以牺牲环境为代价

面对全球金融危机对我国经济的影响，中央适时提出了“保增长、调结构、扩内需”的重大举措，2008 年年底中央经济工作会议再次强调：“为加快发展方式转变，推进经济结构战略性调整，要全面加强节能、节水、节地、节材和资源综合利用工作，突出抓好节能减排、生态环境保护重点工程建设”。

党中央、国务院在这次应对金融危机中，始终将保护生态环境放在突出和重要的位置，明确提出在保持经济平稳较快增长的同时，绝不能以牺牲环境为代价，绝不降低环境要求。我们要把握和利用好国家“保增长、调结构、扩内需”所带来的难得机遇，强化监管手段和提高准入门槛，坚守污染防治和生态保护的底线不动摇。要通过产业结构调整和优化升级，淘汰环境污染严重的落后产能，大力培育和发展环保产业，使其成为国家新的经济增长点。

同志们!

环境宏观战略研究的主体工作已基本完成，下阶段我们要重点做好向国务院汇报的准备工作，现在我将有关工作部署通报如下:

一是争取在 2009 年 5 月或 6 月在克强副总理到工程院视察时，汇报宏观战略研究成果。

二是争取在 2009 年下半年向国务院常务会汇报研究成果。

三是将相关研究成果转化为国家决策。通过发布中央、国务院关于加强环境保护的文件等形式，将战略研究成果转化为实实在在的工作措施，在实际工作中真正做到环境保护与经济社会发展统筹考虑、统一安排、同时部署，使环保规划与产业规划、土地规划、城市规划等相协调、相统一，积极推进决策的科学化、民主化。

四是做好战略研究成果的宣传工作。要组织力量到相关部门及地方就环境宏观战略思想、方针、目标、任务、措施，以及中国环保新道路等重要内容进行宣讲，推动各地深入贯彻落实。要认真编辑出版研究成果，扩大影响，真正发挥环境宏观战略研究“指导现在、谋划未来”的重要作用。

另外，今天会上讨论的汇报要点，各成员单位若有书面意见也请尽快返回。对各单位提出的修改建议，请工程院和环保部认真做好协调工作，尽量形成一致的意见。

同志们！

开展中国环境宏观战略研究是国家赋予我们的一项重要任务，让我们以科学发展观为统领和指导，积极进取，开拓创新，不辱使命，继续探索中国环境保护新道路，将环境保护事业不断向前推进。

谢谢大家！

徐匡迪同志在中国环境宏观战略研究成果应用座谈会上的讲话

（2010 年 12 月 20 日）

在国务院领导的亲切关怀和指导下，中国环境宏观战略研究历时三年，目前已完成预期任务，圆满结束。我代表项目领导小组简要汇报一下研究工作情况和主要成果。

一、国务院领导高度重视环境宏观战略研究

中国环境宏观战略研究是国务院批准开展的一项重要工作。家宝总理、克强副总理和时任国务院副总理培炎同志都十分关心。2009 年 7 月，克强副总理出席环境宏观战略研究座谈会，对研究成果给予充分肯定，并强调指出，环境问题关系现代化建设全局和中华民族长远发展，在新的历史起点上加强环保工作，是一项具有开创性的事业，面对当今环境与发展问题，要以全球视野观察分析，用发展眼光把握处理，从战略层面谋划解决，积极探索中国环境保护新道路。

国务院领导重要指示为环境宏观战略研究指明了方向，也鞭策着参与战略研究的广大专家学者，不断探索、不断凝练，力求将战略研究打造成环境保护领域的一部精品之作。

二、课题组组织、协调，深入探讨，圆满完成研究任务

环境宏观战略研究是一项涉及多部门、多行业、多学科的高层次、综合性、系统性研究，从国家宏观战略层面出发而不是部门角度，对研究课题、专题任务和组织领导进行顶层设计是十分必要的。为保证研究工作顺利进行，成立了项目领导小组、专家领导小组和项目办公室，建立了 4 大课题组和 29 个专题组，确定了课题组长全面指导、专题责任专家组织保证、首席专家业务负责相结合的责任制度，环保部在整个研究过程中发挥了牵头作用。

战略研究吸纳了数百位高水平的专家参加，其中有两院院士 50 多位，课题组、专题组突破了专业界限，积极吸纳环境、经济、社会、法律、贸易、技术和外交等多领域的专家参与研究。大家以求真务实的态度、开拓创新的精神投入到研究中，努力使研究体现宏观性、战略性和高水平、高质量。

从 2008 年开始，在各课题组、专题组研究成果基础上，项目办公室开始组织撰写并凝练出了战略研究成果要点报告和战略研究综合报告。之后，又多次征求各部门意见，认真修改，反复凝练，字斟句酌，数易其稿，保证研究成果站位高、理念新、视野宽、措施实。

经过三年的努力，最终成稿达 600 多万字。战略研究系统回顾了我国 30 多年的环保工作历程，在对当前我国环境形势审慎评价、对我国环境成因深入分析的基础上，认真总结了我国环境保护工作的经验和教训，形成了一些较为深刻的共识，提出了环境保护的战略思想、方针、目标、任务和措施。研究成果主要体现了以下特点：

一是从国家战略高度提出了以全面落实科学发展观和建设生态文明为主线的环境宏观战略研究思路，提出了积极探索中国环境保护新道路的重大命题，形成了正确处理六大关系和建设六大体系为主要内容的框架体系。

二是明确了环保是国家战略而不是部门战略的较高定位，使整个研究以全方位、多视角、多层次来深刻揭示和剖析长期困扰我国环境保护事业发展的若干全局性、深层次矛盾和问题，从国家层次上综合考虑经济、社会、政

治、国际等各领域的发展和需求，提出解决当前和未来一段时期我国环境与发展问题的宏观战略思想、目标、措施和建议。

三是研究范围十分广泛，包括水、大气、噪声、固体废物、土壤、生态保护、物种资源、核与辐射等环境要素战略研究，城市、农村、工业、能源与温室气体、环境与健康、全球等领域环境战略研究，涉及法制、体制、区划、投入、环境经济政策、公众参与等保障战略以及七个地方区省环境战略研究。提出了一些具有创新性和前瞻性的任务、保障措施和重要建议。

四是坚持宏观与微观相结合、理论与实践相结合、历史经验与现实问题相结合、国内研究与国际研究成果相结合，针对当前环境保护的重点、热点、难点问题，充分讨论、反复论证。参与这项研究的专家学者本着对国家、民族、历史高度负责的精神，以科学的态度、以求真务实和脚踏实地地对待每个观点、每个数据，确保研究成果内容丰富、基础扎实、资料翔实，成果具有较高的可参考性和可操作性。

宏观战略研究取得丰硕成果，来之不易；进一步应用好这些成果，非常必要。研究成果对今后更好地协调我国经济社会与资源环境的关系，为党中央、国务院进行环境保护重大决策提供了相关依据。建议在中国环境宏观战略研究成果以及已有的其他重大成果的基础上，起草进一步加强环境保护的文件，以更好地指导“十二五”以及今后较长一段时期的环保工作。

周生贤同志在中国环境宏观战略研究领导小组第一次会议上的讲话

（2007 年 5 月 11 日）

尊敬的徐副主席，

尊敬的各位领导:

中国环境宏观战略研究是国务院批准启动的一项重要基础性工程。今年 2 月 17 日，曾培炎副总理在国家环保总局关于组织开展中国环境宏观战略研究的请示上批示，“赞成开展中国环境宏观战略研究工作，请匡迪同志担任组长”。温家宝总理作了批示，“同意培炎同志的意见”。今天我们召开中国环境宏观战略研究领导小组第一次会议，就是要研究落实国务院领导同志的批示，就战略研究的若干重要问题作出决策。

开展中国环境宏观战略研究是全面落实科学发展观，构建社会主义和谐社会的现实需要。当前，我国环境形势十分严峻，未来相当长的时间内我国人口将继续增加，工业化、城镇化速度加快，环境的压力不断增大，一些复合型污染将更加突出，而人民群众对环境质量的需求不断提高，国际环境保护的压力也持续加大，环境与经济、社会发展的矛盾日益突出。在这个时候，国务院批准开展环境宏观战略研究，表明了党中央、国务院对环境保护的高度重视，正如培炎副总理在《全面落实科学发展观，开创环境保护工作新局面》一文中指出的，“环境保护涉及经济、社会生活的方方面面，需要通盘考虑，从各个环节加大工作力度。只有建立起覆盖经济社会发展的防控体系，才能控制住环境恶化的趋势”。这些指示和要求告诉我们，在发展中解决环境问题，必须从宏观战略的层面体现环境保护的理念，渗透环境保护的政策，探索环境保护的路径。

做好中国环境宏观战略研究，必须紧紧围绕推动环境保护历史性转变这个主题来开展。温家宝总理在第六次全国环境保护大会上指出，做好新形势下的环保工作，关键是加快实现“三个转变”：一是从重经济增长轻环境保护转变为保护环境与经济增长并重；二是从环境保护滞后于经济发展转变为环境保护和经济发展同步；三是从主要用行政手段保护环境转变为综合运用法律、经济、技术和必要的行政手段解决环境问题。这个论述的核心是建立一种新型的经济与环境关系。这是具有战略性、根本性、历史性的转变，是科学发展观在环境保护领域的集中体现。

开展中国环境宏观战略研究，就是要探索如何在国家层面上推动这个历史性转变。为此，一是回顾和总结 30 多年来我国环境战略发展历程及其经验教训；二是客观描述我国环境形势并预测未来趋势，分析环境状况的变化和经济发展之间的联系；三是从生产、流通、分配、消费、再生产的全过程来分析环境问题产生的原因和对策；四是认真研究和借鉴世界各国在不同的经济发展阶段上认识和处理环境问题的经验，推动环境与经济关系转型的经验；五是提出具有超前性、实践性和可操作性的理论观点、目标、措施等意见和建议。

自国务院批准开展环境宏观战略研究以来，在徐副主席的领导下，各项筹备工作取得了积极进展。今年 3 月，我局向徐副主席及工程院领导汇报了战略研究的设想和安排；随后成立了项目领导小组，各部门给予了大力支持，有 19 个部门领导担任了领导小组的组长、副组长和成员；项目领导小组下设了专家领导小组，由中国工程院、中科院等资深专家负责，组织了一批环境与发展领域的专家，初步提出了环境宏观战略研究的方案，已经过专家领导小组组织进行的讨论，提交今天会议审议。我局正配合工程院积极筹备项目启动大会，将在领导小组会议以后立即召开，曾培炎副总理将亲临会议，并对战略研究作重要指示。这些准备工作为开展宏观战略研究奠定了重要基础。

总之，中国环境宏观战略研究是一项工作量很大的系统工程，任务十分艰巨。领导小组作为这项研究工作的指挥机构，也担负着重大的责任。为了很好地完成领导小组的使命，我提三点建议：第一，切实发挥领导和指导作用，对宏观战略研究的研究内容、研究方法、组织形式、专家人选等问题要畅所欲言、建言献策；第二，以国家利益为重，从国家战略的高度出发，确保宏观战略研究成为国家战略，而不是部门战略；第三，以宏观战略研究为契机，联合各方力量，建立最广泛的环境保护统一战线。古人云："人非人不进、马非马不走"。意思是一个人没有其他人的帮助就不可能成功。

这里，我表个态：国家环保总局将配合好中国工程院、中科院，做好战略研究的组织工作，为成员单位和各位专家服好务，做好后勤保障工作，及时沟通信息，充分反映大家的意见，力争研究成果能为各部门制定发展战略和政策所用。

我相信在我们的共同努力下，中国环境宏观战略研究一定能够取得圆满成功，成为跨部门、跨行业、跨学科合作的典范。

谢谢大家！

周生贤同志在中国环境宏观战略研究领导小组第二次会议上的讲话

（2009 年 3 月 16 日）

尊敬的匡迪院长，

各成员单位领导，各位专家，

同志们：

刚才听了同志们的发言，我很受启发。中国环境宏观战略研究是国务院批准开展的一项宏大工程。这样一个宏大工程要做到大家都很满意，不是一件容易的事，也对参与项目研究的同志提出了很高的要求。

下面，我讲三点意见。

一、贯彻落实培炎副总理和匡迪副主席在启动会上的要求，项目研究取得阶段性成果

在 2007 年 5 月 11 日启动会上，培炎副总理和匡迪副主席对开展环境宏观战略研究提出了明确要求。我也看了领导小组第一次会议纪要的要求，这些文件和领导讲话都特别强调了以下三个概念：

一是环境宏观战略研究是国家的战略，不是环保部门的战略。实践证明，解决环境问题不是环保部门一家就能做好的，必须动员全社会的力量。即便推行大部制，也很难容纳和解决所有的环境问题。有些职能在现阶段也是很难改变的，在理顺部门职责等方面，我们在建议部分要深入研究向国务院提出可操作性的意见。比如借鉴国际经验，成立生态环境委员会，加强部门间

的协调等。

二是要从宏观角度研究问题。对于环境问题的理解，有两个观点大家都达成了共识：一是环境问题没有国界；二是环境问题是世界问题的复杂体。为避免更多的争论，这次战略研究力求在宏观上统一思想认识，在具体做法上可以多样化的。要在宏观上进行概括，把本质的东西抽象概括出来，争取达成共识。

三是要从战略高度进行谋划。这次战略研究不侧重于技术指标，因此没有把一些具体的技术指标纳入进去。同时，战略研究提出了阶段性任务。根据匡迪院长的建议，项目突出研究了2020年前的目标和任务，2030年和2050年的任务和目标，主要是一个展望，向人们展示建党 100 周年、新中国成立 100 周年的发展远景。

当前我们还面临一个新的形势，就是国家在应对金融危机、保增长、调结构、扩内需过程中，对环境带来的影响。国家投入 4 万亿元拉动内需，将会对环境产生重要影响。我们在调查中发现了两个问题，一是有些小钢铁，特别是小造纸企业有死灰复燃的迹象；二是一些地方发生污染转移的现象。例如，太湖流域关了 2 000 多家小化工，当时太湖周围的旅馆几乎住满了，都是其他地区来招商引企的人，用各种优惠政策吸引这些被关闭的企业，在某种程度上导致污染转移。这些重大问题都需要我们深入研究，并向国家提出重大建议。

我们根据以上要求，深入开展环境宏观战略研究，取得了积极进展。在此，要特别感谢以匡迪同志为组长的领导小组，发挥了非常好的领导作用，特别是匡迪同志，德高望重，知识渊博，指导非常有力，我每一次向他汇报、交流都很受教育和启发。以沈国舫先生为代表的专家们，工作勤奋，积极参与，推动了项目研究的深入开展。还有光耀同志领导的项目办公室及其他工作人员也很辛苦，成效显著。

目前，整个项目进展贯彻落实了培炎同志和匡迪同志的要求，整个研究工作是健康的，按照既定的方针在进行，体现了领导小组当初确立的“总结过去，指导现在，谋划未来”的指导思想。对于阶段性成果可以用“指导思想明确，方法得当，成果丰硕”三句话来评价。从指导思想看，目前的项目研究把环境问题放在了整个国民经济发展的全局当中来研究，把环境问题放在全球经济的一体化进程中来研究，把环境问题放在一个动态发展的过程当中来研究。把环境问题看成一种发展道路、发展模式、经济结构、消费方式，提高到这样一个层次来研究，这是环境问题最真实的内容。环境问题绝不是一个简单的污染问题，而是一个发展道路问题，目前的研究成果已经在一定程度上达到了战略高度。

从研究方法看，这个项目从国家战略层面切入，从生产、流通、分配、消费再生产全过程展开研究，立足于从正确处理经济发展与环境保护的关系入手来解决环境问题。过去，我们对环境与经济的关系研究不透，人们总是把环境与经济看成对立面。初级阶段经济发展与环境保护的关系就好像学生对于考试，学生都不喜欢考试，但考试在一定程度上确实可以促进学生成绩提高。如果这样提出问题就体现了宏观战略上的要求，所以我觉得文字上如果再进一步推敲，环境宏观战略研究很有可能成为一个精品力作。

二、环境宏观战略研究的标志性成果是开创性地提出了探索中国环保新道路

这次战略研究的标志性成果是提出了探索中国环保新道路。这个新道路的提出很不容易。改革开放 30 多年来，我国经济社会迅速发展。改革开放 30 多年是我国环保事业大发展的 30 多年，也是不懈探索中国环保新道路的 30 多年。30 多年的探索历程表明，新道路具有长期性、阶段性、针对性和艰巨性的鲜明特点。长期性就是要按照实践永无止境的要求，坚持继承与创新，一代接一代环保人坚持不懈地探索下去；阶段性就是要根据工业化和城镇化进程中的不同特征，找到特定阶段的突出问题，及时调整探索重点；针对性就是要敢于面对错综复杂的局面，善于抓住主要矛盾，采取有的放矢的措施；艰巨性就是要充分认识解决我国压缩型、结构型、复合型环境问题的难度，

不为任何困难所惑，不为任何风险所惧，始终保持清醒头脑，努力在实践中探索，在探索中实践。提出环保新道路就是抓住了牛鼻子。如果这次环境宏观战略研究牵出一头牛的话，那么牛鼻子就是中国环保新道路。

三、研究成果要充分运用到指导“十二五”环境保护工作中去

战略研究成果要落实到国家的决策和政府各部门行动中，这个任务十分紧迫。2011 年就是“十二五”的第一年。环境宏观战略研究的成果，加上污染源普查、水专项等方面的研究成果，凝聚着上百名院士、几千名专家和十几万环保人的心血，要充分运用好这些得之不易的成果，作为谋划“十二五”环保工作思路的重要基础。比如我们讲局部有所改善，这是研究的结果，有具体数据支撑。我觉得沈国舫院士的汇报还是比较有说服力的。

下一步具体工作部署，根据匡迪院长的安排，我们先要向克强副总理作汇报，最后请国务院形成一个文件，指导“十二五”环保工作。

此外，为了营造做好“十二五”环保工作的舆论，项目办公室要及时做好项目的总结，以及项目总论等研究成果的发布，扩大社会影响。整个项目结束后，还要组织院士、专家到地方宣讲研究成果，这样上下结合，就能把环境战略研究的思想深入传播到各级政府领导和社会各界中。

谢谢大家！

周生贤同志在中国环境宏观战略研究工作会议上的讲话

（2007 年 11 月 15 日）

同志们:

听了四个课题组的汇报和几位院士的发言，讲得都很好。各个课题组要很好地吸纳这些意见，结合各自领域，认真研究，切实加以体现。

要驾驭中国环境宏观战略研究这样宏大的科研项目，对于一个部门、单位或者个人来说，都是比较困难的。好在有很多专家参与和支持，特别是项目领导小组组长徐匡迪副主席，他既是科学家，又是管理专家，有丰富的理论知识和实践经验；项目专家领导小组组长沈国舫院士，也是一个复合型的科学家。有他们的指导，我们感到比较踏实。

徐匡迪副主席非常关心课题的进展情况，前不久专门听取项目办公室的汇报。他讲了非常好、也非常重要的意见，从四个方面对下一步研究工作提出了指导意见。

第一，要认真学习十七大精神，并将其思想内涵和精神实质贯穿于宏观战略研究的各项工作中。十七大为环境宏观战略研究提供了坚实的政治基础，明确了战略研究的方向。高举中国特色社会主义伟大旗帜，落实在环境宏观战略研究层面，就是要提出具有中国特色的环境保护战略。十七大报告第一次提出建设生态文明，这对环境战略具有直接的指导作用。环境宏观战略研究中，要深刻阐述生态文明的思想内涵，并充分体现在战略思想、目标、方针和措施等方面。通过深入研究，把生态文明的内容具体化，变成老百姓听得懂，职能部门能好操作。

第二，要解放思想，开拓创新。宏观战略研究要立意高，视野宽，敢于揭示长期困扰环保事业发展的深层次矛盾和重大问题，敢于对一些传统思想提出挑战，从宏观战略层面进行思考和研究，从理论和实践上给出科学的回答，总结出一些带有全局性、根本性、规律性的结论和观点。

第三，要尊重科学，求真务实。宏观战略研究将成为当前及未来环境保护的行动指南。研究工作一定要有坚实的理论和科学依据。每一位参加人员都要以科学的态度，求真务实、严谨深入的作风，对待每一个数据，每一个观点；要听取多方面意见，重视不同意见，在争论中反复论证，反复讨论，获得思想的火花和灵感；要敢于揭露矛盾，不要怕说真话。

通过宏观战略研究，要形成两个机制和防止两种倾向。形成两个机制：一是形成环境立法、司法、执法、信息采集、各级监督、全社会参与的分工明确、运转协调的机制。二是形成国务院统筹管理、环保部门具体负责、各部门参与、地方政府负责的执行和落实机制。防止两种倾向：一是防止将科学发展观和生态文明当做政治口号，缺乏实际措施和行动。二是防止国家在制定战略和政策时，总体思路清晰，但各部门责任不清，甚至相互推诿扯皮。

第四，要确保高质量、高水平。宏观战略研究时间紧、任务重、难度大，国务院领导寄予厚望，社会各界广泛关注，这对我们提出了很高要求。研究要抓进度，尽早完成初稿，拿出成果。因为环境形势紧迫，不能再拖了，耽误一年，环境污染就会大大增加一年。但要保证研究的高质量和高水平，不能因为时间紧，而降低研究的水平和质量。通过环境宏观战略研究的高质量成果，使国家在环境保护方面下更大的决心。

下面，我就学习徐匡迪副主席的讲话精神，结合四个课题组的汇报和各位院士的发言，讲几点意见。

首先，环境宏观战略研究已经进入全面攻坚阶段，应继续深化研究。

听了项目进展情况介绍，可以看出各课题组大体上是按计划进行的，基本完成了总体设计和策划工作。总体设计非常重要。我们的原子弹是怎么搞出来的？钱学森同志回来后，首先成立一个总体设计部，由他当部长，统帅各方面的专家，各个环节去攻坚。这就是总体设计的问题。刚才钱易老师讲的也是总体设计问题。关于总体设计，我们恐怕有先入为主之嫌。但总体设计不是一成不变的，在研究中也有一个调整和逐步完善的过程。研究中发现总体设计有不太合适的地方，或者和事先的设计对不上号，都可以进行一些修改。在目前阶段有必要回头来看一看，研究与总体设计是否有相悖的地方，研究能不能切中要害。切忌研究完成之后被束之高阁，研究的是一套，干的是另一套。

宏观战略研究既要汹涌澎湃，又要涓涓细流。在我们这样一个十几亿人口的国家，研究环境问题反映了中国政府在环境保护方面的汹涌澎湃气势。研究既要有大手笔，也要有中观和微观的材料做支撑和铺垫，但总体上应该以宏观为主。环境宏观战略研究要正确处理与专项研究的关系，例如与正在进行的水专项与水环境保护宏观战略研究的关系。水专项也是大手笔，投入350 多亿，它突出了中观和微观技术方面。我认为宏观研究中要抓住最重要、最根本的问题，不一定涉及过于微观、太具体的问题。

我谈谈开展林业宏观战略研究的体会。中国林业宏观战略研究是温家宝总理亲自指导，也是最早进行的一项战略研究。沈国舫院士和冯宗炜院士都参加了。长期以来我们以木材生产为主发展林业，把林业作为产业，林业是专业经济部门，结果是 127 亿立方米的蓄积量，砍了 96 亿立方米。中国所有的树林几乎都砍了，50 多年砍了一遍。这在一定历史时期是对的。但现在看来再走这个路子就不对了，也走不下去了。通过研究，我们提出要从以木材生产为主转向以生态建设为主，重新定位了林业发展的宏观战略思路。建议上报给中央，中央采纳了。胡锦涛总书记讲了关于生态建设为主的林业发展战略，温家宝总理讲了林业发展的三个定位问题。中共中央、国务院发布了《关于加快林业发展的决定》，全面吸收了研究成果。同时启动了林业的六大工程，中央在十年内投入 5 000 亿元，一年 500 亿元。环境宏观战略研究就要研究这样的重大转变，研究如何扭转环境保护的局势。当然，语言表述也要讲究，意思说清楚了，用不同的语言表述，人们的接受程度是不一样的。环境宏观战略研究也要通过党中央、国务院发布加强环境保护的文件，把主要成果体现出来。当然，要经过程序报批。

回顾前一阶段工作，各课题组、专题组以起点高、视野宽、立意新为出发点，进行深入的研究和探索，体现不同的风格和特色。

总论课题组立足国家战略层面，注重思路创新。举办了中国环境宏观战略研究高层论坛，深入探讨了环境宏观战略思想。各专题针对环境形势进行反复讨论和斟酌，形成了对环境形势的准确判断。通过认真总结我国环境战略的经验教训，从经济、社会、政治、国际等多个角度分析环境问题产生的原因，并积极吸收已有成果，大胆创新，提出了对环境宏观战略的若干基本认识，初步提出了环境宏观战略思想、战略目标、战略任务和战略措施。我同意钱易老师的意见，在环境形势的判断上，我们曾经交过学费，现在更要清清楚楚、明明白白。

战略研究要解决现实问题。明年是环保机构设立 30 周年，要研究新世纪环境保护有一个什么样的机制问题。我同意沈国舫院士的意见。研究要有从上到下和从下到上的讨论过程，这是认识论的基本规律。战略目标、任务和措施的提出要有明确的路标。纵观世界和中国环境保护的历史，就是一部正确处理经济发展与环境保护关系的历史。整个研究工作的路标就是经济与环境的关系，要沿着这个路标去研究。

既然经济与环境是研究的路标，就要把它作为研究的切入点和主导思想，落实党中央、国务院提出的环境保护与经济社会发展“同步”、“并重”、“综合”三大历史性转变。历史性转变要研究透，已经有了一定基础。这个转变的问题不只是中国有，国外也有。各个国家叫法不一样。二战后的美国、德国、日本等国集中发展经济，带来了很多环境问题。但是后来这些国家通过法律和政策的调整，环境质量得到很大改善。我们现在也是这样，我们得树立信心。战略研究，就是要研究出中国人的志气和信心来。实事求是也是建立信心的基础。大家看战略研究的成果，看到问题的严重性，看到扭转这种严峻态势的决心。

关于目标问题，我们设立2020、2030和2050年目标是正确的，但是要分析不同阶段国家的经济状况，要利用和吸收经济方面研究的成果。在经济和环保方面，经济的研究是超前的，是“长腿”，而环境研究是“短腿”，我们不能为了适应“短腿”把“长腿”截掉半截，要做的是把环境这条“短腿”拉长来适应“长腿”，同时要符合科学规律和自然规律。要把经济方面的研究拿过来好好进行分析，这个分析太重要了！同样一些材料，里面隐含的信息非常多。比如研究能源，你不愁没有信息，关键是对信息的分析和判断。同样是工业研究这么多材料，拿来以后就可以从中发现环境问题。

总论课题组初步提出了三个阶段性目标，很有意义。十七大提出到2020年环境质量要明显改善，主要污染物得到有效控制，这是一个基点。那么2020年是一个什么概念呢？这需要研究。到2020年还有13年时间，那时环境状况是什么样子，要与全面实现小康相适应。2030年是什么概念呢？按照联合国提出的目标，就是要实现经济和环境的融合，基本完成环境保护历史性转变的任务。2050年是什么概念呢？2050年新中国成立超过100周年，应当给国家、民族一个说法。要根据经济社会发展的情况进行综合分析，至少要提出在2030年基础上，环境质量继续稳定改善，实现良性循环，生态文明的观念深入人心。

环境要素课题组针对突出环境问题挖掘研究深度。水环境保护战略专题提出要按照流域的自然特性、社会经济发展水平，加强水环境综合管理，从生态系统健康和水质安全理念出发，统筹总量控制与水质标准的关系，保障水质安全。大气环境保护战略提出了区域联合和多污染物协同控制的大气环境保护战略思想，以及分阶段的空气质量目标和大气污染减排目标。

关于水污染治理的问题。我刚从在河南召开的全国河流污染防治会赶回来。我对淮河的治理有些想法。我看了中原历史上一些厚重的文化底蕴，提出运用自然规律和经济社会规律、人文的理念来管理河流，让不堪重负的江河湖泊休养生息。休养生息是艺术的说法，作为有号召力的文字提炼，能起到旗帜的作用。让它去打头，人们就能接受，就能发动起来。所以，我觉得水战略要对这个问题进行研究。

环境领域课题组强调综合性和系统性，探索多领域解决环境问题的途径。工业污染防治战略邀请了一批院士担任专题首席专家，并参加研究。

现在国家非常重视环境保护问题。在十七大召开之前，很多议题都想上国务院常务会议讨论。最后，把环保“十一五”规划作为最重要的议题来研究。国家正在逐步加大对环保投入，从明年开始将以百亿元为单位增加环保投入。从今年财政超收的资金中，国家拿出 198 亿元给环保。我们就要研究这些钱投入的优先领域是哪些？要解决什么问题？宏观战略研究将对中国经济发展和环境保护产生长期影响。战略研究成果发布时正好是“十二五”规划起草中，“十二五”环保的基调就是这次宏观战略研究的基调。

环境与健康问题，这个题目挺好。最近，我与世界卫生组织总干事陈冯富珍女士谈了一个多小时。他们对环境与健康的问题非常关注，如果需要，他们会全力以赴支持。我们过去采取的一些办法具有明显的时代特征，在那种情况下，也只能如此。现在，我们采取的曝光、停批等措施，除此之外，还有没有新的平台？人们更接受的、更适宜于宣传的平台？比如，环境与健康的平台，以人为本的平台，关爱生命的平台，等等。今后若干年，民众跟政府的对抗性可能会集中反映在环境保护方面，环保部门在第一线，怎么改变这个平台的设置，大家要充分考虑。

环境战略保障课题紧密结合实际、注重机制创新。区划保障专题，提出了以维护国家生态安全为中心，制定保护区、重要生态功能区、环境容量过饱和与饱和区的分区方案。环境经济政策保障专题明确了环境经济政策的优先领域、重点方向和路线图。传统的环境经济政策主要针对生产领域，已经远远难以满足环境管理的需要了。我们必须从生产、流通、贸易、分配、消费、出口等全过程的各个环节来研究环境经济政策。

各课题组的总体设计，本身就是解放思想，要用全新的视角去研究。研究就是要找难题，找问题。例如，环境服务于经济发展这个说法究竟对不对？如果对了，我们就要坚持；如果不对，我们就不坚持了；或者说现在谈对不对还不到时候，各种矛盾和问题都还没有彻底暴露，可以再过三年、五年，甚至十年以后再看。这些都需要有明确的信息。再比如，污染者治理的问题，现在这样说就有局限性了。污染者没有治理的能力，但可以花钱让专业化的公司去治理。几十年来，我们遇到了很多难题，走过一些弯路，从中也吸取了教训。比如，今年是日本水俣病事件 51 周年，日本政府去年召开了 1 000 多人参加的水俣病 50 周年大会，来反省这个问题。日本当时没有污水处理，造成甲基汞中毒。事件发生后，日本在环境保护方面就比较果断了，强调从政策、法律上调整环境与经济的关系，注重从调整产业结构入手，力度很大。经过 20 多年的发展，现在环境保护已经完全融入于经济发展之中。我们提出到 2030 年的目标，就是完成历史性转变的任务。

这许多都涉及总论方面的内容。比如松花江污染问题，松花江污染以后，我带着技术人员，由孟伟挂帅，在冰盖上打洞，当时零下 30 度，松花江上的风特别大。环境保护的工作难度非常大。作为环保总局局长，环境保护做不好迟早要撤职，但有时也很艰难。我们要对这些事情进行深度思考，大胆提出建议，工作方式要发生转变，要改变环保行政方式。

其次，用足用好用活十七大精神，进一步提高研究水平。

十七大报告有 15 处提到环境保护，概括起来，有六个方面。

一是把“经济增长的资源环境代价过大”作为目前我国经济社会发展中存在的首要问题提了出来。这说明，“十七大”以后党中央、国务院肯定要下决心来解决，这是环境保护工作的机遇。

二是提出“在优化结构、提高效益、降低消耗、保护环境的基础上，实现人均国民生产总值到 2020 年比 2000 年翻两番”。这就体现了环境优先的理念，这个变化很大，不是你想怎么发展就怎么发展，而是要求在不破坏环境的情况下发展经济。

三是把生态文明作为全面建设小康社会的五大要求之一。明确提出主要污染物的排放要得到有效控制，生态环境质量明显改善，生态文明观念在全社会牢固树立。生态文明就是讲多样性，就是讲和谐，农业文明、工业文明解决不了，现在就要由生态文明来解决。

四是对建设资源节约型、环境友好型社会做出具体工作部署。

五是提出了包括生态环境补偿在内的环境经济政策。

六是在对外关系方面，强调“环保上相互帮助，协力推进，共同呵护人类赖以生存的地球家园”。这些提法在国际上获得了普遍赞扬，提高了国家的威望。

我们要把十七大精神作为研究工作的新动力，将这些重要思想融入到研究中。用十七大精神看环境保护，也要从实际出发。我刚才讲了工业化、城镇化，就是中国特色的理论和道路的问题，这方面中央讲得很明确。中国特色的道路，关系到每个行业。我们的环保就是中国特色的环保，我们的社保就是中国特色的社保，我们的水利就是中国特色的水利。宏观战略研究成果是不是就是中国特色的环境保护理论，是不是有别于西方发达国家、有利于解决我国当前和今后环境保护问题的新道路，大家可以研究，要研究出一个能经得起历史检验的东西。历史检验可能是十年、二十年，之后人们还是要给你重新评价。

以十七大精神来指导环境宏观战略研究，必须把握以下几个问题：一是把环境保护作为落实科学发展观的自觉行动来研究；二是把调整经济与环境关系，实现历史性转变作为指导和切入点来开展研究；三是把环境保护放在实现全面小康的总体目标和生态文明建设的要求中来研究；四是把环境保护放在国家宏观战略层面来研究；五是把环境保护放在再生产的全过程当中来研究；六是把环境保护放在全球经济一体化的格局中来研究；七是把环境保护放在一个动态发展的过程中来研究。

第三，要从国家高度和宏观层面，认真思考和凝练环境战略研究的内容、目标和任务。

宏观战略研究各个课题组都要有代表性观点和代表性语言，有的地方讲的非常深刻，有的地方又深入浅出，便于普及。用不同的语言表达，效果会有很大差别。例如，淮河的治理中提出休养生息的观点，容易理解，人们就能接受。特别是最后给中央形成的建议，要拿出几条硬梆梆的意见，表述清楚，角度独特，文字凝练。

第四，要重视应对气候变化问题的研究。

气候变化是当今全球性的政治、经济、社会以及国际关系问题，国际社会十分重视，不少发达国家纷纷在利用气候问题做文章。美国率先宣布二氧化碳是污染物。十七大前的最后一次国务院常务会议，明确气候问题属于环境问题。无需争论二氧化碳是不是污染物，只要明确了气候变化是环境问题，就应该归在环境的大领域当中予以重视。不管将来哪个部门主管，气候变化都应当作为国家管理范围内的一个重要问题。因此，应将气候变化问题作为环境宏观战略研究中的一个重点。

第五，要按照时间服从质量的要求，确保高质量完成研究任务。

为了保证高质量研究成果，要进一步加强调查研究和深入研讨。调研、讨论和争论的深度决定研究的深度。我们鼓励搞开放式研究，提倡对不同观点进行充分讨论和争论，这也是对问题认识的深化过程，通过不断的讨论和争论，大家就能逐步达成共识。明年元旦前后可以集中一段时间，邀请有关专家，封闭起来集中研讨，形成研究框架和结论，争取尽早向国务院领导汇报。

总之，环境宏观战略研究工作一定要从国家层面上去考虑，因为我们做的是国家战略，是国家可持续发展的环境宏观战略，要高起点，克服门户之见。整个研究要向上攀登，向下扎根，向四周延伸，最后凝练出一个对国家有重大影响的环境宏观战略。研究可以不必去找根据，应该放开研究。过去没人说过的东西，你们可以说，总得有人先说。胡耀邦同志曾经讲过，改革开放总得有一两个孙悟空，走在前面，说得多、讲得多，起一个导向作用。我们每个人都处在这样一个为国家决策的层次，总得为国家、民族、后代，实实在在地多想些事情，多做些事情。

以上是我的一些想法，供大家参考。

周生贤同志在中国环境宏观战略研究成果应用座谈会上的讲话

（2010 年 12 月 20 日）

国务院领导同志十分关心中国环境宏观战略研究。在克强副总理的亲切关怀下，在匡迪同志直接指导下，历时三年的中国环境宏观战略研究已经圆满完成，取得丰硕成果。这项“总结过去、指导现在、谋划未来”的重大研究，在环境形势、环保新道路、环保方针目标、环保政策措施等诸多方面做了新思考新探索新概括，提出了一系列重大建议，将为我们进一步科学谋划环保事业长远发展提供有力支撑。

十七届五中全会和中央经济工作会议提出了科学发展主题、加快转变经济发展方式主线和提高生态文明水平的新要求，环境保护既面临难得机遇，又面临严峻挑战。当前，环保各项工作扎实推进，“十一五”污染减排任务提前完成，环境质量总体有所改善。但环境形势仍然严峻，任务非常艰巨，老的污染问题尚未解决，新的环境问题又不断显现。环保部门迫切需要创新思路、改进方式、破解难题，探寻在发展中保护、在保护中发展的环境保护新路子。这次环境宏观战略研究，提出探索代价小、效益好、排放低、可持续的中国环境保护新道路的重大命题。我们将认真贯彻落实中央的决策部署，积极应用战略研究成果，创新思路和举措，开创环境保护新局面。

一、深入推进污染减排

污染减排是环境保护的硬抓手。经过共同努力，截至今年6月底，已提前完成“十一五”主要污染物减排目标。这次环境宏观战略研究从水、大气等方面，深入探讨了继续推进污染减排问题。结合全面总结“十一五”减排的经验教训，超前谋划“十二五”污染减排思路，我们的考虑和打算是：在减排指标选择上，适当增加实施总量控制的污染因子，将主要污染物由两项扩大到四项，即化学需氧量、氨氮、二氧化硫、氮氧化物。在减排任务分解上，采取“两上两下”的方式，广泛听取各省（区、市）意见，综合考虑各地的环境容量和环境承载力，使分解到各地的任务更科学合理可行。在减排举措实施上，把结构减排放在更加突出的位置，继续强化工程减排和管理减排，坚持全防全控、重点攻坚、高效治理。进一步提高造纸、纺织、皮革、化工等行业的主要污染物排放标准，全面启动县县建设污水处理厂工程，提高污水处理率和负荷率；继续加强燃煤电厂脱硫，切实加强电厂脱硝，严格控制机动车尾气排放。在减排责任落实上，严格责任追究，将减排目标、任务、措施层层落实到各级政府、各个企业，充分发挥各方面力量。我们将坚持不懈地推进污染减排，促使环境质量稳步改善。

二、充分发挥环境保护推进经济发展方式转变的综合作用

很长一段时期内，环境对经济增长的约束会愈加强化，加快转变经济发展方式和进一步加强环境保护，有利于创造环境新优势，促进经济新发展。环境保护要充分发挥对推进经济发展方式转变的综合作用，为经济转型、绿色发展服好务。通过深化区域、流域和行业规划环评，明确生态功能区划分，对发展什么、鼓励什么、限制什么、禁止什么加以明确，引导地区和企业搞好经济发展；通过实施污染减排，完善环境标准体系，严格环境执法监督，对重点产业、重点企业形成“倒逼机制”，促进产业结构调整和企业技术升级；通过大力推进污染防治，加快淘汰落后产能，腾出和扩大环境容量，为

经济可持续发展创造条件；通过加大环保基础设施建设力度，发展环保产业，培育新的经济增长点，形成现实生产力和创造绿色物质财富。

三、提升污染防治成效

宏观战略研究认为，我国环境污染防治已经初步实现由被动应对向主动防控的转变，开始进入防治并举、系统管理的新阶段。在水污染防治方面，要进一步深化让江河湖泊休养生息的政策举措。在重点流域实行最严格的污染物排放总量控制制度，充分发挥生态系统的自我修复能力，综合运用工程、技术、生态的方法，促进生态系统尽快步入良性循环的轨道。在大气污染防治方面，要建立和完善区域、城市联防联控机制。打破地方行政区划界限，将区域大气环境作为整体进行部署，将二氧化硫、氮氧化物、颗粒物、挥发性有机物等作为重点污染物，将灰霾和臭氧污染作为重点问题，采取综合措施，着力构建“统一规划、统一监测、统一监管、统一评估、统一协调”的 区域空气联防联控工作新机制。在土壤污染防治方面，要加大以奖促治力度。全面启动“连片整治”示范工作，建设清洁水源、清洁田园和清洁家园。

四、着力解决影响群众健康和关系民生福祉的突出环境问题

环境保护是重大民生问题，是社会和谐的重要基础。环境污染问题尤其是重特大环境污染事件已成为引发社会矛盾甚至冲突的新领域。今年爆发了几起重特大环境事件，克强副总理高度重视，多次作出重要批示，要求环保部门加强指导和监测、确保群众饮水安全。环保部门迅捷落实，指导和协助地方妥善处置了突发环境事件。我们将组织实施好《重金属污染防治规划》、全面排查重金属等污染物排放企业及其周边区域环境隐患，有效解决重点防控区域、行业、企业的突出问题。集中开展沿江沿河沿湖化上企业综合整治工作，全力遏制化工行业环境事件高发势头。扎实抓好饮用水环境安全保障工作，继续强化饮用水水源保护区管理措施，严厉打击一切威胁水质安全的

违法行为。持续开展环保专项行动，加大典型案件挂牌督办、责任追究和后督察力度。做好应急响应，妥善应对突发环境事件，减少事故风险。真正为广大人民群众创造一片蓝天、一汪清水、一方净土。

五、精心编制完成“十二五”环保规划

环境宏观战略研究表明，由于历史累积环境问题的释放，污染总量和环境质量的关系不完全协同。“十二五”期间，必须正确处理削减总量、改善质量、防范风险三者的关系。为此，在“十二五”规划编制中，我们将以削减总量为重要抓手，以提升环境质量为切入点，以经济结构调整、环保工程建设和环境监督管理为载体，严格防范环境风险，保障环境安全。研究把环境质量指标纳入“十二五”环保规划的考核范围，为实施全面的质量考核创造条件。

环境宏观战略研究成果的应用，还有许多工作要做。我完全同意匡迪同志和专家组的意见。一是适时起草发布进一步加强环境保护的文件，召开第七次全国环境保护大会，全面总结“十一五”环保工作，研究部署“十二五”环保工作。二是把研究成果纳入国民经济和社会发展“十二五”规划和相关部门规划。

这次会议后，我们要认真学习贯彻克强副总理的重要讲话精神，全面抓好环境宏观战略研究成果的应用和转化，进一步提高环保工作的科学性、预见性和创造性，决不辜负党中央、国务院的信任和重托。

谢谢大家。

中国环境宏观战略研究成果要点

总审核人：

祝光耀　沈国舫

总统稿人：

杨朝飞　石立英

统稿人员：

夏　光　原庆丹　殷培红　韩孝成　胡　涛　杨小明　蒋火华
席北斗　吴舜泽　冯　燕　董文福　陈邵峰　宋国君　陈敏鹏
朱德明　乔淑芳　张　峰

中国环境宏观战略研究成果要点

中国环境宏观战略研究项目办公室

自2007年5月以来，在中国工程院、环境保护部共同组织下，在有关部门大力支持下，中国环境宏观战略研究已完成阶段性研究任务，现综合四个课题（共29个专题）研究成果，主要要点如下：

一、中国环境形势评价

环境是国民经济可持续发展的基础条件，环境保护是可持续发展的三大支柱之一，环境安全是社会公平与稳定的重要保障，环境改善是实现全面小康目标的重要任务。

党中央、国务院高度重视环境保护。20世纪70年代把环境保护提上议事日程，80年代将环境保护列为基本国策，90年代提出实施可持续发展战略。进入21世纪，又提出了科学发展观，建设生态文明，十七大将环境保护列为全面建设小康社会的重要内容，并为此制定和采取了一系列重大方针、政策、措施。30多年来，在经济社会快速发展的形势下，我国环境保护工作取得积极进展，特别是2006年第六次全国环境保护大会以来，各地积极推动环境保护历史性转变，污染防治由被动应对转向主动防控，环境保护从认识到实践都发生了重大转变。2007年全国化学需氧量（COD）与二氧化硫排放量首次出现“双下降”。同时，生态保护和建设成效显著，核与辐射环境安全基本处于受控状态，体制、机制不断完善，环境国际合作取得进展。

但是，由于自然环境脆弱、人口众多、经济增长方式粗放、环境监管滞后，当前我国环境面临的压力比世界上任何国家都大，环境资源问题比任何国家都要突出，解决起来也比任何国家都要困难。当前环境形势可概括为：**局部有所改善、总体尚未遏制、形势依然严峻、压力继续加大**。

（一）局部地区和行业的部分环境指标有所改善

国家重点控制的污染物排放强度逐年下降。2007 年与 1997 年相比，化学需氧量排放强度（每万元 GDP 排放量，以下同）下降了 68%；二氧化硫排放强度下降了 58%。

重点行业排放强度明显下降。2007 年与 1997 年相比，造纸及纸制品业化学需氧量排放强度下降了 89%；电力热力生产和供应业、非金属矿物制品业、黑色金属冶炼及压延加工业等行业二氧化硫排放强度下降明显，其中黑色金属冶炼及压延加工业的排放强度下降了 70%。

重点流域主要污染物污染程度有所减轻。地表水国控断面Ⅰ～Ⅲ类水质类别比例由 1996 年的 27%上升至 2007 年的 43%，劣Ⅴ类比例则由 36%下降至 26%。

城市常规监测污染指标有所下降。二氧化硫年均浓度 10 年间降低了 44.9%。昼间城市区域环境噪声和昼间城市道路交通噪声 10 年间分别下降了 3.1dB 和 2.4dB。城市污水处理率由 1998 年的 29.6%上升至 2007 年的 62.9%。

生态保护与建设取得进展。全国共建立各类自然保护区 2 531 处，自然保护区面积占国土面积的 15.2%。植树造林和天然林保护工作稳步推进，森林覆盖率达到 18.21%；全国累计治理水土流失面积 9 987 万 hm^2；荒漠化和沙化扩展趋势得到初步遏制；草原保护力度加大。

（二）环境恶化状况尚未得到根本遏制

城市空气环境质量退化。2007 年与 2001 年相比，我国地级以上可比城市空气质量达到二级标准的比例下降了 8.8%，80 个可比城市的背景点可吸入颗粒物（PM_{10}）、二氧化硫（SO_2）、二氧化氮（NO_2）三项主要指标的监测浓度已接近城市一般测点的浓度均值；我国东部地区城市细颗粒物（$PM_{2.5}$）污染严重，平均浓度超过发达国家 4～5 倍；东部地区年平均能见度下降 10 km，西部地区下降 5 km；部分地区出现臭氧、挥发性有机化合物（VOCs）、汞等新型大气污染问题，区域复合型污染逐步呈现；北京地区、长三角、珠三角等地城市灰霾天气频率普遍提高，面临光化学污染的威胁。

水环境呈现复杂的流域性污染态势。十大流域的支流中，除珠江支流污染较轻外，其他流域支流很多都受到不同程度的污染；湖泊富营养化呈迅速增长趋势，70 年代富营养化湖泊为 5%，80 年代为 35%左右，90 年代东部地区湖泊几乎全部富营养化。2002 年调查的全国 200 多个湖泊中，75%的湖泊富营养化。近岸海域环境质量下降，渤海湾和长江口、珠江口邻近海域污染严重，赤潮等海洋环境灾害频繁发生。持久性有机污染问题凸显，长江、松花江检出目标化合物 107 种；据近年来的监测调查表明，七大流域、三大湖泊水体中均不同程度检出酞酸酯类、有机氯农药类污染物；51 个地下水饮用水水源地检出有机污染物 66 种；地下水水质变差的比例比变好的比例高出 10 个百分点。

土壤环境质量退化。土壤污染表现出源多、量大、面广、持久、毒害性大等特征，并从局部蔓延到区域。因污染退化的土壤数量不断增加，危害严重，受污染的耕地面积达 1 000 万 hm^2。珠三角地区有 40%的农田菜地重金属指标超出安全标准。

生态系统更加脆弱。区域生态系统结构破坏严重，生物多样性不断减少，生态服务功能持续下降，生态灾害加重，生态系统呈现出由结构性破坏向功能性退化演变的态势。生态“赤字”不断增加，据有关部门研究分析，当前我国的生物承载能力约为人均 0.79 全球公顷，而生态足迹已达 1.65 全球公顷，人均超出可承载能力一倍以上，生态安全受到威胁。

目前，我国的环境污染范围在扩大，污染程度在加重，污染风险在加剧，污染危害在加大，治理难度在增加。

（三）环境形势依然严峻

水和大气污染负荷大。污染物排放总量已超过环境承载力，环境污染处于高位水平。2007 年，我国废水排放总量为 557 亿 t，废水中 COD 排放总量为 1 382 万 t，居世界第一，超过环境容量 73%左右。二氧化硫和二氧化碳排放量居世界前列。按我国环境标准评价，有 30.2%的城市空气质量超标，按欧盟标准评价，约 95%的城市空气质量超标。虽然我国降水酸度与日本、韩国、印度等东亚国家相当，但硫酸根等主要离子的沉降量则远高于东亚其他国家。硫酸根等主要离子的沉降量是日本的 4.2 倍、美国的 9.4 倍。

环境基础设施建设严重滞后。我国城市生活垃圾产生量大，一些城市形成了垃圾环带。2007 年，城市生活垃圾无害化处理率为 62%，远低于美国、日本等发达国家；城镇污水管网建设严重滞后，相当数量的城市污水未经处理直接排放；县城和乡镇的污水和垃圾处理设施严重滞后。2007 年，县城所在镇污水处理率仅为 23.4%，生活垃圾无害化处理率仅为 7%；乡镇绝大部分为空白，与德国、荷兰等发达国家 90%以上的处理率差距很大；同时，环保设施运行率较低。

环境污染成为影响人体健康的重要危险因素之一。城市儿童哮喘病率 10 年间上升了 60%，抽样儿童的血铅均值为 59.5 μg/L，是美国的 1.65 倍、加拿大的 3.79 倍。有的地区癌症疾病（淮河流域）、呼吸系统疾病、新生儿出生缺陷（山西）等与当地水、大气污染等有一定关系。环境公害事件屡有发生。目前，我国有 1.9 亿人的饮用水有害物质含量超标，约 3 亿农村人口饮用水不安全，约 1/3 的城市人口暴露在超标的空气环境中。

（四）未来的环境压力将继续加大

未来一段时期，我国将基本完成工业化、城市化和农村现代化，预计到 2020 年，我国 GDP 总量将达 68 万亿元，人均 GDP 将超过 5 600 美元，城市化率将达到 58%，人口总量将超过 14 亿，能源消耗将增长到 39.8 亿 t 标准煤。在环境容量相对不足、环境风险不断加大、环境问题日趋复杂的情况下，我国将面临更大的环境压力：快速的经济发展对资源环境压力继续加大，人口增长与消费转型对环境压力不断增强，城市化进程加快对环境造成新的冲击，工业化发展特别是重化工项目的大量建设对环境形成新的压力，农村发展和农业现代化也带来了新的环境问题，资源能源消费增长对环境压力持续增加，全球和区域环境的压力及问题将日益显现。这些压力共同作用，将推动我国环境问题在结构上发生变化：随着化学物品应用范围的不断扩大，新的污染物质不断增加，污染物介质从以大气和水为主转变为大气、水、土壤三种污染介质并存，污染物来源从以工业和城市为主转变为工业、城市和农村三种来源，污染区域从以城市和局部地区为主转变为区域、流域和全球，污染类型从常规污染转变为复合型污染。

严重的环境污染问题将制约经济和社会发展，危害群众健康，危及公共安全和社会和谐，影响中国的和平发展，处理不当，将从根本上危害中华民族的长远利益。

二、中国环境问题的成因与若干认识

中国环境问题的成因是综合性的。从理论上讲，社会经济活动的外部不经济性和环境公共物品提供不足，是造成环境问题的主要原因。从实践上看，工业化发展特别是重化工业发展是污染物密集化产生的历史阶段。同时，由于一些地方片面追求经济增长，忽视环境保护，导致环境问题不断加剧。环境问题的主要成因是：粗放式的发展方式是加速环境恶化的动力性因素；人口总量大且环境意识不强是造成环境问题的重要因素；不可持续的消费方式已成为目前影响环境问题的直接因素；对外贸易中的粗放型增长方式是加剧资源环境压力的外部诱导性因素；科技能力不足导致环境绩效差是环境退化的技术性因素；体制和制度安排不完善，环境保护水平长期滞后是环境退化的内在性因素。

我国 30 多年来的环境保护工作，积累了丰富的经验，也留下了发人深省的教训，从中可以得出以下若干认识：

① 虽然认识到了人口众多、资源缺乏、环境脆弱、灾害多发的基本国情，在积极探索符合国情的经济发展道路方面取得了进展，环境保护已列为基本国策，但在人、财、物等资源配置和干部政绩考核等落实基本国策所必需的保障措施上，缺乏硬性规定，国策地位无法落实，仍然没有摆脱资源高消耗、环境重污染、偏离国情的粗放型发展模式，资源环境对发展的支撑能力受到削弱。

② 虽然认识到了先污染后治理是一条弯路，将环境保护要求纳入国民经济和社会发展规划（计划）、加大落后产能淘汰、加强对环境污染的专项整治等，并取得了一定进展，但长期以来不少地区仍是重经济发展轻环境保护，急功近利，竭泽而渔，基本上走了一条牺牲环境换取经济增长的道路，付出了过大的资源环境代价。

③ 虽然认识到了市场机制在环境保护中的重要作用，在从计划经济向市场经济平稳转型

的过渡中，我国社会主义市场经济得到了长足发展，环境保护开始引入市场机制，但是市场机制发育还不完善，资源低价、环境廉价甚至无价的状况始终没有得到根本改变，环境经济政策长期未得到重视，导致污染治理、生态保护与市场机制背离，市场机制在污染防治、生态保护和资源配置中的作用没有得到充分发挥，大量使用传统的行政手段，环境管理效果并不理想。

④ 虽然我国环保决策机制和考核机制不断完善，在科学决策、民主决策上有了很大加强，但决策失误仍在一些地方频繁发生、环境不作为和行政干预环境执法的现象仍然存在，环境与发展决策长期背离，引领科学发展的干部考核机制仍不完善，没能从根本上扭转一些地方政府单纯追求 GDP 政绩的倾向。

⑤ 虽然“依法治国，建设社会主义法治国家”的规定载入了宪法，环境法制建设取得较大进展，环境法制体系初步形成，环境执法发挥了积极作用，但一些重要的环境保护领域立法薄弱，有法不依、执法不严、监管不力的问题仍十分突出。“违法成本低、守法成本高”的问题依然存在。

⑥ 虽然我国财政收入大幅度增长，环保投入也逐年增加，环境建设和能力建设得到一定加强，但仍然没有建立有利于科学发展和环境保护的财税机制，事权不明，环保投入资金不足、效率低下，环境基础设施建设长期滞后。

⑦ 虽然对环境问题的复杂性进行了积极研究和探索，逐步深化了对解决环境问题艰巨性、长期性和复杂性的认识，但在环境规划、环境目标、环境措施的决策过程中仍有急于求成的问题，有的环境目标过高、总量目标与环境质量脱钩的问题没有得到解决，重治标轻治本的做法尚未得到根本扭转。

⑧ 虽然环境管理方略不断完善，环境监测自动化程度不断提高，环境监管力度不断加大，环境科技不断加强，但环境监测管理依然滞后，不能及时准确地反映环境形势，不能为环境保护的科学决策提供技术支持；环境监管的常规措施主要是针对技术相对先进、环境管理相对完善、符合国家产业政策的大中型企业及城镇地区，对那些技术落后、污染严重的小企业及农村地区监管不力，环境监管与国家的科学发展相脱离；环境科技投入总体不足，科技水平不高，科研对环境保护、建设支撑不够，科技成果转化率不高，尚未形成适合国情的生态和环境技术开发体系。

⑨ 虽然认识到公众参与的重要性，通过开展环境宣传教育，企业治污的自觉性有所提高，公众环境意识日益增长，公众参与环境保护的积极性不断提升，环境信息公开不断推进，但是不少企业的环保社会责任和防范环境风险的意识不强，公众环境权益还得不到有效维护，公众参与环境保护的机制尚不健全，环境信息公开的措施未能完全落实，公众对政府和企业的环境监督途径还不畅通。

三、深入探索新形势下中国环境保护新道路

当前我国正处在工业化、城市化和农业现代化的快速发展阶段，环境保护任重道远。新形势下我们必须继续深入探索符合科学发展观要求的中国环境保护新道路。

（一）环境问题是民生的根本问题，必须从事关民族兴衰、国家安全、人民福祉的高度来认识

环境是国民经济可持续发展的基础条件，在良好的环境中生产和生活是人民群众的基本要求，改善环境是实现全面小康目标的重要任务。中华民族的伟大复兴是我们的百年梦想和不懈追求，改善环境是民族复兴的重要前提。环境安全是国家安全的重要组成部分，解决环境问题是保障国家安全、维护社会稳定、树立负责任大国形象的必然要求。必须坚持以科学发展观为指导，从民生的高度认识环境问题，努力完善环境保护参与综合决策的机制和相关制度，推动政府公共决策的科学化与民主化；加快环境保护的法制化进程，填补环保法律空白，不断加大国家相关法律法规对环境保护的支撑；完善环境保护的司法监督体系，提高国家环境执政能力，促进依法治国方略的实施；不断扩展公众环境权益，鼓励公众参与，畅通各利益主体意见的表达，充分发挥群众监督对环境保护工作的促进作用，推动社会主义民主政治的发展；全面提升国际环境保护合作能力，以积极的态度参与全球可持续发展进程，作出与我国发展阶段和水平相适应的贡献。

（二）环境问题也是发展方式问题，必须把加快建设资源节约型和环境友好型社会作为我国未来发展的根本战略任务

党的十六届五中全会把“加快建设资源节约型、环境友好型社会”列入国民经济与社会发展中长期规划，党的十七大又进一步把建设资源节约型、环境友好型社会写入党章，这是党和国家对我国发展方式进行重大战略调整的重大决断，标志着环境保护作为基本国策已成为全党意志，进入了国家政治经济社会生活的主干线、主战场、大舞台，迎来了大发展的良好机遇。

建设资源节约型和环境友好型社会，包含着丰富的内容：以环境和资源可承载能力为基础的，高效率、低排放的经济增长方式；合理消费、绿色消费的生活方式；更多利用可再生能源和资源、保护环境的科技体系；越来越广泛的公众参与、民主科学的环境决策制度；关爱环境、关爱自然、自我约束、自觉行动、生态文明的社会文化形态。

资源节约型社会与环境友好型社会之间，也存在着紧密的联系。在节约使用资源的基础上，采取必要的保护、治理措施，是最经济、最合理的环保之道。同样，严格环保要求，限

制污染物排放，保护生态，可以产生强烈的“倒逼”作用，促使生产方式向着高效利用资源的方向转变。因此，建设资源节约型社会与建设环境友好型社会，二者相互促进，不可分割。

（三）历史性转变是方向性、全局性、战略性转变，必须在整体推进中不断深化

第六次全国环境保护大会上，温家宝总理指出，做好新形势下的环保工作，关键是要加快实现三个转变：一是从重经济增长轻环境保护转变为保护环境与经济增长并重；二是从环境保护滞后于经济发展转变为环境保护和经济发展同步；三是从主要用行政办法保护环境转变为综合运用法律、经济、技术和必要的行政办法解决环境问题。这三个转变是对我国经济发展与环境保护关系新的认识，是方向性、战略性、历史性的转变，是我国环境保护发展史上一个新的里程碑。

历史性转变是一个具有中国特色、基于中国国情、符合发展实际、融入发展全局的转变，是继承与发展相连、希望与困难同在、机遇与挑战并存时期的转变，是一个渐进的过程。加快推进历史性转变，是全面落实科学发展观的重大措施，是全面建设小康社会的根本要求，是构建社会主义和谐社会的重要保障，是推动环保事业蓬勃发展的强大动力。

（四）环境保护是可持续发展的三大支柱之一，应成为优化经济增长的动力，贯穿于生产、流通、分配、消费的全过程

经济增长、社会进步与环境保护是可持续发展的三大支柱。正确处理经济发展与环境保护的关系是我国可持续发展的核心问题。目前我国正处于环境与经济矛盾最尖锐、最敏感的时期，必须高度关注环境与经济的关系，从正确把握和处理两者关系的角度来寻求环境保护的切入点和着力点。

经济实力是决定一个国家社会状态和国际地位的根本因素。中华民族的百年屈辱历史和未来生存挑战极大地强化了我们的发展意识。但是从环境和资源的角度看，我国以往的经济发展过程总体上具有“牺牲环境换取经济增长”的特点。“以环境换取增长”的发展方式后果是严重的。因此，我们只有一个选择，那就是从牺牲环境换取经济增长转向以保护环境优化经济增长，把环境监管作为一种手段，使之改善和促进经济增长，推动新型工业化，从而实现环境保护与经济发展的双重目标，建立“共促双赢”的新关系。

社会再生产过程由生产、流通、分配、消费四个环节构成，环境问题贯穿于这四个环节之中，保护环境也就必须落实到社会再生产的全过程。因此，不仅要重视解决生产领域的环境问题，同时也要重视解决流通、分配、消费领域的环境问题，特别是解决浪费型和奢侈型消费的现象。把环境保护的理念全面渗透到经济社会发展中，探索建立全防全控的防范体系，形成与经济发展相协调的政策法规制度标准体系，以环境保护引领先进生产力的发展，以最

小的代价取得最大的发展。

（五）重要生态系统是国家生态安全的主体，事关国家安全，必须对不堪重负的生态系统实行休养生息

长期以来，对河流、湖泊、海洋、森林、草原等重要生态系统的过度开发利用，造成了严重污染和生态退化。对不堪重负的重要生态系统实行休养生息是摒弃“先破坏后恢复、重取轻予”传统发展模式的必然要求，是发达国家环境保护的一条成功经验，是尊重自然规律的重要体现。我国生态条件非常脆弱、环境容量十分有限，“先破坏后恢复，先污染后治理”的道路根本走不通。休养生息就是要实行最为严格的污染治理和生态保护措施，以环境容量和生态承载力确定发展方式和发展规模；尊重自然规律，充分发挥生态系统的自我修复能力，积极开展生态建设，逐步改变环境退化的状况；综合运用工程、技术、生态的方法，加大环境保护建设力度，促进生态系统良性循环；充分运用法律、经济、技术和必要的行政手段，用高效的办法解决长期积累的环境问题。要通过休养生息，对长期困扰我国经济发展的粗放型增长方式形成强大压力，引导人们转变发展观念、创新发展模式、提高发展质量，从根本上缓解环境压力。

（六）建设生态文明是落实科学发展观的应有之义，根本目标是实现人与自然和谐、经济发展与环境保护相协调

生态文明以尊重和维护自然为前提，以人与人、人与自然、人与社会和谐共生为宗旨，以建立可持续的生产方式和消费方式为内涵，引导人们走健康持续和谐的发展道路，这是人类文明形态和文明发展理念的重大进步。生态文明作为一种社会形态，包括良好的生态环境，发达的生态经济，完善的生态制度和高度的生态意识。

建设生态文明，就是要克服传统工业文明的弊端，探索科学发展的道路。在思想上，应正确认识环境保护与经济发展的关系，牢固树立以保护环境优化经济发展的意识，将环境保护作为新阶段推进发展的重要任务。在政策上，应从国家发展战略层面解决环境问题，制定有利于环境保护的价格、财政、税收、金融、土地等方面的政策，通过规划和战略调整等手段，进一步优化重化工业的布局，调整产业结构，转变发展方式。在措施上，应实行严格的环境保护制度，建立健全与现阶段社会经济发展特点和环境保护要求相一致的环境法规、政策、标准和技术体系。在行动上，应动员全社会力量共同参与保护环境，转变生产、贸易增长方式，建立可持续消费模式，制定益贫型环保政策，实施资源节约型、环境友好型、社会和谐型的可持续发展战略。

坚持以科学发展观为指导，坚持生态文明建设，坚持环保历史性转变，坚持保护环境优化经济增长和改善民生，努力实现人与自然和谐、经济发展与环境保护相协调，这就是新时期中国环保事业应该坚持的道路。

四、战略思想、方针、目标

（一）战略思想

全面贯彻落实党的十七大精神，高举中国特色社会主义伟大旗帜，深入贯彻落实科学发展观，以保护生态和改善环境质量为目标，以维护人民群众健康和环境权益为宗旨，以历史性转变为指导，以转变经济发展方式、走可持续发展道路为基本途径，积极探索环保道路，将环境保护的理念渗透到经济社会发展之中，建立全防全控的防范体系；提高环境保护效率与效益，健全高效的环境治理体系；优化和促进经济增长，完善与经济发展相协调的政策法规标准制度体系；调动社会各方面力量参与环保，构建完备的环境管理体系，努力建设人与自然和谐、经济与环境相协调的生态文明社会。

概括起来就是：**“以人为本，优化发展，环境安全，生态文明”**。

（二）战略方针

预防为主，防治结合；系统管理，综合整治；民生为先，分级负责；政府主导，公众参与。

预防为主、防治结合是基本原则。就是要提高环境准入门槛，严格环境监管，强化从源头防治污染、保护生态，坚决改变先污染后治理、边建设边破坏的状况，努力做到不欠新账。加大环境投入力度，依靠科技进步，高度重视以前发展中遗留下的特别是群众反映强烈的各类环境问题，先易后难，努力还清旧账。

系统管理、综合整治是基本方法。就是要采取系统科学的环境管理方法，统筹城乡环境保护，统筹污染防治与生态保护，统筹部门、社会各方力量，实施均衡的环境保护战略，因地制宜，分区规划，分类管理，以点带面，全面推进，坚持环境与发展综合决策，坚持综合运用法律、经济、技术和必要的行政办法解决环境问题。

民生为先、分级负责是基本要求。就是要贯彻以人为本的基本要求，以解决人民群众和社会最根本、最迫切的环境问题为重点，分级分层推进。各级政府要根据各自职责，区分轻重缓急，各负其责，优先解决影响人民群众健康的突出环境问题。环境整治要以人的根本需求来确定工作目标，让人民群众充分享受环境改善的实惠。

政府主导、公众参与是基本途径。就是要构建政府、企业、社会相互合作和共同行动的环境保护新格局，强化政府责任，明确企业是环境污染防治的主体，促使企业履行环境责任，鼓励全社会对环境保护的共同参与，加强环境信息公开和舆论监督，探索建立生态补偿制度和环境污染损害赔偿制度等，引导环境公益团体依法有序参与环境保护，构建最广泛的保护环境的统一战线，实现互惠共赢。

（三）战略目标

1. 总目标

环境保护工作应着眼于我国环境质量的全面改善和生态系统的完整与稳定，促进环境保护和经济社会的协调发展，努力提高国家的可持续发展能力，使人民群众喝上干净的水、呼吸清洁的空气、吃上安全的食物，保障人民群众在良好的环境中生产生活，确保人体健康，全面实现与现代化社会主义强国相适应的环境质量目标。

2. 阶段目标

2020 年（两个有效）：主要污染物排放得到有效控制，环境安全得到有效保障。

主要污染物排放得到有效控制，核和辐射安全得到有效监管，生态环境质量明显改善，基本解决城镇污染和工业污染，饮用水水源不安全因素基本消除，环境状况与全面实现小康社会相适应：80%的城市环境空气质量达到二级以上，七大水系国控断面好于Ⅲ类的比例大于 60%，危害人体健康的突出环境问题（如细颗粒物、持久性有机物等）得到初步遏制，生态恶化趋势得到基本控制，生态服务功能得到提升，生态文明观念在全社会牢固树立。

2030 年（两个全面）：污染物排放总量得到全面控制，环境质量全面改善。

污染物排放总量得到全面控制，全国水体基本消灭黑臭现象，农村污染、非点源、新型环境问题得到基本解决，饮用水水源、城市空气质量基本达到要求，生态系统结构趋于稳定，农村环境质量实现根本好转，核与辐射安全水平总体达到国际水平，人体健康得到有效保障，文明健康、资源节约、环境友好的生产生活方式在全国得到普及，环境与经济社会基本协调。

2050 年（两个适应）：环境质量与人民群众日益提高的物质生活水平相适应，与现代化社会主义强国相适应。

生态环境质量全面改善，生态系统健康安全、结构稳定，人体健康得到充分保障，环境优先战略得到普遍实施，全面实现与科学发展观要求和可持续发展水平相适应的环境质量，人口、资源、环境、发展全面协调，生态文明蔚然成风，经济环境实现良性循环。

五、战略任务

（一）加强水环境综合管理，保障水质安全和水生态系统健康

以持续改善水环境质量为目标，以削减化学需氧量（COD）、氨氮、营养盐及有毒有害水

体污染物质的排放量为主线，以保护饮用水水源地和水生态系统健康为重点，保障人民喝上干净的水，提高经济社会可持续发展水资源供给能力。统筹水量、水质和水生态，以源头控制、过程削减、循环利用和生态修复为主线，大力推进源头减排；开展全国水环境生态功能区划，实行“分区、分级、分类、分期”管理；优先保护饮用水水源地，保障饮用水安全；推进流域水污染综合防治与生态修复，逐步恢复河流生态系统健康；全面控制湖泊富营养化；提高工业、生活污水处理和农村与农业面源污染控制能力，实现水质改善和水生态系统健康；海陆兼顾，严格控制向海域排污，实施重点海域排污总量控制制度，改善海岸带与近岸海域生态系统服务功能。

（二）提高能源效率，削减排放总量，推进城市和区域大气环境质量持续改善

以削减各类大气污染物的排放为主线，以控制二氧化硫、氮氧化物、细颗粒物和挥发性有机化合物（VOCs）等污染物排放为重点，实现大气污染的有效控制，努力让人民群众呼吸上清洁的空气。积极推进工业、结构、技术、建筑和交通节能，发展清洁和可再生能源，提高能源效率；以影响人体健康的污染物为重点，协同控制多种污染物；城乡并举、城市联控，统筹解决区域大气污染。

实施国家清洁空气行动计划。开展国家层面的大气污染区划，确定煤烟型污染区域、酸沉降区域、大气光化学烟雾污染区和大气细粒子污染区域，进行有针对性的空气质量管理。对电力、冶金、建材等重点行业实施主要大气污染物（二氧化硫、氮氧化物、挥发性有机物和颗粒物）排放总量控制。在长三角、珠三角和首都圈等大气复合型污染突出的重点地区，完善区域协调机制与管理模式，在大气复合型污染突出地区实行煤炭消费总量约束性控制。大力发展可持续的城市交通体系，实施公交优先的发展战略，通过采用税费等经济手段减少机动车出行。在 1 000 万人口以上的特大城市，从交通规划、单车排放、油品质量等方面推动机动车尾气污染控制。在大气复合型污染严重的城市或地区通过行政手段限制机动车使用，综合防治大气污染。

以节能减排为切入点，稳步推进温室气体控排。在体制、政策、技术上将节能减排与温室气体控排有机结合起来，扩大协同效应（共生效益），提高控排效率。建立温室气体与局地污染物从源头控制、过程削减到末端治理的全过程的联动协调管理机制，充分发挥以市场为基础的调控推动作用，积极推进科技创新。发展循环经济和低碳农牧业，努力控制工农业生产过程中的温室气体排放。建立国家应对气候变化战略基金，探索介入国际碳市场运作的机制，稳步推进温室气体控排。

（三）提高资源利用效率，全面控制固体废物污染

建设以固废资源循环利用为宗旨的环境管理体系和资源节约型的社会体系，促进固体废物源头减量、资源化循环。开展生命周期分析，提倡绿色消费，实现固体废物源头减量；将循环经济发展与固体废物污染控制有效结合，建立起支持循环型消费模式的废品回收利用体系；开展危废风险评估，加强危废无害化处置；加快生活垃圾和工业固废处理处置设施建设，提高垃圾无害化处理水平。

（四）推动工业污染防治与减排，走新型工业化道路

改变传统工业发展方式，坚持“结构调整、技术进步、源头预防、过程控制、末端治理、回收利用、机制高效、依法治污”的工业污染防治方略，走一条“科技含量高、经济效益好、资源消耗低、环境污染少、人力资源优势得到充分发挥”的新型工业化道路，大幅度减少工业污染物的产生和排放。大力推进工业结构调整，全面优化国家产业结构与布局，重点进行冶炼、建材、化工、化肥等行业产品结构的优化和调整。结合不同区域资源禀赋、自然环境特点，以主体生态功能区划为基础，系统优化区域产业结构，建立与区域生态承载力相适应的产业布局。提升产业技术水平，在节能、环保、资源综合利用领域开展重大产业技术开发和产业化示范工程建设。大力发展环保产业，使之成为新的经济增长点。

依法淘汰高污染、高消耗的落后产能；严格钢铁、有色金属、机械制造、煤炭、电力、化工、建材、轻工和电子等行业环保准入；加快调整产业和产品结构，重点控制“两高一资”产品生产、消费和出口；积极开发工业污染防治的共性关键技术，以科技创新推动绿色工业化进程；全面实施工业清洁生产，建设生态工业园区，推动工业污染零排放。

（五）加强城市环境保护，建设环境友好城市

以控制城市污染、推进城市生态建设、提高城市人居环境适宜度为重点，建设资源节约、环境友好的宜居城市。实施城市的绿色管理和绿色建设，努力构建避灾型的城市发展战略；建设城市的绿色生产体系和消费体系，建设资源节约型和环境友好型城市；实施空间管控战略，实现城市功能区协调发展；实施同步建设战略，城市环境基础设施建设与城市发展相适应；实施综合环境管理制度，推进城市环境管理的分类化、系统化和社会化参与；加强城市污水、垃圾、噪声、光污染、恶臭等综合防治，保障居民身体健康；推行生态型、节约型城市绿化建设，保护城市天然植被、天然河道、天然湿地，保护生物多样性，促进人与自然和谐。

（六）加强农村环保工作，建设环境友好新农村

以全面改善农村环境质量为目标，以保障食品安全和人体健康为重点，实施农村清洁工

程，启动国家农村清洁水源、清洁田园和清洁家园行动计划：以奖代补、以奖促治，区别东、中、西部不同情况，政府主导，企业、社会联动，进一步加大农村饮用水水源保护和监管力度，确保农村饮水安全，建设清洁水源；严格工矿企业环境准入和达标排放，强化农产品环境安全管理，加大畜禽和水产养殖污染治理力度，加强土壤污染和农业面源污染防治，建设清洁田园；开展村庄环境综合整治，大力推进村庄生活污水和垃圾综合治理，集中整治危害严重的村镇环境问题，建设清洁家园。

（七）积极开展生态保护与修复，保障国家生态安全

坚持源头控制、过程监管、末端治理，以保护生态系统结构和功能完整、保障国家生态安全为目标，加强生态保护与生态建设，提升支撑经济社会可持续发展的生态服务功能。

进一步加大生态保护力度。坚持生态保护与生态建设并重，对严重退化的森林、草原、湿地等重要生态系统实行休养生息战略；对重要生态系统内不符合要求的产业实行退出机制，对严重超出生态承载力的地区实行生态移民，确保其生态功能的恢复与提升；构建以自然保护区、森林公园、风景名胜区、地质遗迹等重要生态保护地为主体的物种资源保护与可持续利用体系，提升生物多样性的生态服务功能；研究与建立生物遗传资源惠益分享机制，构筑物种资源保护和可持续利用体系；加强生态监管，构筑有序的自然资源开发体系。

分区分类推进生态工程建设。继续推进天然林保护、退耕还林还草、水土流失治理等重大生态工程建设，积极推进草原生态化转型。条件成熟时，统筹整合分散式的生态保护与建设活动，以恢复生态功能为导向，围绕关系群众生产、生活的重大生态环境问题，从国家层面统筹规划，统一实施国家重大生态保护与建设工程。

（八）严格核与辐射安全监督管理，促进核能和核技术可持续发展

坚持“核与辐射安全万无一失”的方针，健全对核与辐射危害的有效防御，加强核安全能力建设，不断提高核与辐射安全技术水平与监管水平，保证核与辐射安全。与全球核安全（3S）框架接轨，构建全面完整的核与辐射安全基础结构。加强核与辐射安全监管机构建设，使监管人数数量与国家核能发展规模相适应；全面推进全国辐射环境质量监测和重点核设施环境监测站点建设，并形成网络；严格监管运行核设施和在建核设施，加强核保安，提高核与辐射设施安全水平；实施动态跟踪管理，严格监管放射源和射线装置；强化放射性废物安全管理，保障核能产业健康安全发展；全面完成历史遗留的放射性污染治理，努力消除放射性隐患；制订国家处理军工核设施退役和治理、历史遗留放射性污染防治和环境治理的一揽子行动计划，统一安排经费和处理进度。设立核设施退役和放射性废物处理处置基金；控制国民的公众辐射照射剂量，防治电磁辐射污染。

（九）切实应对全球和区域环境挑战，呵护人类共同家园

深入贯彻落实“相互帮助、协力推进，共同呵护人类赖以生存的地球家园”的战略方针，统筹国内、国际两个大局，全面提升国际环境公约履约能力，以互利共赢的战略思想为指导，加大国内行动力度。建立和完善相关法律法规和管理制度，减轻持久性有机污染物和危险废物越境转移对环境和人体健康造成的危害，严格规范危险化学品的管理；根据“共同但有区别的责任”原则，在应对气候变化等全球环境问题方面作出贡献；继续加强消耗臭氧层物质、保护生物多样性、维护生物安全等国际履约行动；加强对外投资企业的环境管理，树立负责任的环境大国形象。推进国际合作，加强与大国的战略对话，增进互信，深化合作；推动与周边国家和区域、次区域的合作，优先解决好中俄、中哈、大湄公河次区域、中朝等跨界河流的水污染防治和水资源利用问题，消除我国与周边国家和地区的环境纠纷隐患，实现睦邻、安邻、富邻和与邻为善、以邻为伴；继续巩固对发展中国家的传统友谊，扩大务实合作，维护发展中国家的正当要求和共同利益；积极参与多边环境合作进程，加快与其他国家及包括世界贸易组织（WTO）在内的相关国际组织的交流和合作，推动多哈回合环境议题谈判，实现贸易、环境和发展“三赢”目标，推动国际环境合作朝着更加合理、公正的方向发展。

六、对策与措施

（一）加强环境法制建设，推进国家法律生态化

完善环境法制，建立对环境行为的监督和制约制度，弥补现行环境法律在制度安排上的缺陷；研究修改《环境保护法》，完善政府环境质量责任机制，强化对影响资源环境状况的行政决策和行政执行行为的监督、制约、激励与合作；提高环境立法质量，完善环境法律体系；完善环境法律法规配套措施，提高环境法律可操作性；推动地方环境立法；推进刑法、民法、物权法、行政法、资源法、经济法等国家重要法律对环境保护的支持，形成体现科学发展观和生态文明观的国家法律体系；充分发挥人民法院和检察院在环境司法方面的作用，推进司法对环境保护的保障。

提高环境执法队伍素质和执法能力，完善执法责任制和执法监督制度，严格依法行政。按照“国家监察、地方监管、单位负责”的总体要求，合理划分事权，理顺环境执法监督组织管理体系，加强跨部门的环境执法协调机制；加强地方环境执法监督机构建设，建设一支数量与任务匹配、人员素质与工作任务相适应的环境执法监督队伍。

（二）加强环境系统管理，建立综合协调管理体制

切实转变职能，建立适应优化经济发展的环境管理体制。强化综合管理、宏观调控、监督执法和公共服务职能，逐步解决环境管理职能分散、交叉等问题，实现责、权统一。分阶段完善国家环境管理体制，逐步推进统一监管和分部门负责的“大部制”。近期改革目标是横向上减少职能交叉，适当归并环保职能，提高环境行政管理效率。成立独立于环境保护部之外的国家环境质量监督委员会，负责协调环境战略、环境质量有关工作，为中央决策提供环境政策方面的咨询。纵向上进一步下放职能，科学划分中央和地方的环保事权，加强地方尤其是基层环保机构能力建设。中期的改革目标是统筹整合相关部委的生态保护职能，由国家环境保护行政主管部门统筹协调和监督管理国家环境事务和生态保护工作，赋予环保派出机构更多环境管理职能。远期的改革目标是借鉴发达国家的经验，加快推进大部制改革，重点解决好生态保护、核辐射与安全、环境监察、环境监测等体制和职能问题。完善环保决策咨询机制。

（三）完善环境公共财政体系，增加环境保护投入

合理界定中央政府与地方政府环境保护的事权财权，实施政府环保“一级财权一级事权”公共财政制度；构建多元化环境保护投入模式，引导拉动地方及企业、社会的环境保护投入；制定激励政策，开展多渠道商业融资，提高企业环保投入的积极性。做实 211 环境保护科目，建立长期稳定的环保经费增长机制。各级政府新增财力应向环保投资倾斜。

（四）完善环境经济政策，全面推进生产、流通、分配、消费领域的环境保护

稳步推进税收制度的绿色化，建立有利于保护环境、节约资源的税收政策体系。研究建立独立型环境税，并在部分地区先行试点。完善现有税收政策改革，更多体现环境保护的要求，鼓励和引导企业治理污染、保护生态。在用地、用电等方面制定并实施鼓励企业治污的优惠政策，对企业购置的治污设备所含增值税进项税额按规定从销项税额中予以抵扣；提高资源税税率和资源使用费；倡导适度消费，继续扩大对奢侈品、一次性消费品征收消费税的商品范围，对水、电等资源类消费品的使用采取价格累进制。加大排污收费以及污水垃圾处理收费制度改革力度，提高收费标准及其可操作性。

推进自然资源价格政策改革，政府定价的产品要充分考虑生态破坏、污染治理和生态恢复等成本；建立健全生态补偿机制，财政转移支付应加大环境保护的权重，完善“两高一资”产业退出的补偿机制；鼓励发展替代或接续产业。

继续推进绿色信贷、绿色保险、绿色贸易、绿色证券等改革进程。加强环保部门与金融

系统间信息沟通和披露机制，积极推行绿色信贷、证券；通过经济、法律、行政等综合措施，限制“两高一资”产品生产、消费和出口，研究在贸易产业政策中鼓励环境标志产品出口，引导我国企业的海外绿色投资，推动绿色贸易；通过财政转移支付、合作协议和项目开发等方式，逐步建立流域上下游、自然保护区、矿产资源开发、重污染企业退出、资源枯竭型城市的生态补偿机制；加快立法和试点工作，逐步实施环境污染责任保险制度。继续扩大和落实政府绿色采购政策。

（五）实行分区管理，让不堪重负的生态系统休养生息

科学生态区划，为国家四大主体功能区划夯实基础、提供支撑。同时对全国主要流域水生态功能进行“分区、分级、分类、分期”管理。

对环境问题凸显的四类地区实行休养生息：一是退化的森林、草原、湿地等重要生态系统；二是不堪环境污染重负的江河湖泊；三是京津唐、长三角、珠三角等区域性大气环境污染特征明显的地区；四是受到不同程度污染威胁的饮用水水源地。

编制具有法律效力的中长期环境规划，体现分区管理的基本精神，落实主体功能区环境要求，为制定经济社会发展规划提供依据。

（六）加强环境科技支撑和能力建设

深化环境科技体制改革。建立跨部门的环境科技协调机制，做好国家环境科技发展的统一规划、协调工作。加强公益性环境科研机构建设，建立适应国家环保需求、资源配置合理、投入产出效率高的环境公益科研管理机制。积极引导企业参与环境科技创新，鼓励国家优势科研单位多学科交叉，参与环境科技的创新。实施环保标准体系建设工程和环境技术管理体系建设工程。实施“水体污染控制与治理”等国家重大科技专项。

加强环境监测能力建设。优化升级国家环境质量监测网；增强对污染源的调查、监测和环境应急与预警能力；根据环保工作需要，将持久性有机污染物（POPs）、细颗粒物、臭氧等污染物纳入常规监测；加强中央本级的环境监测能力，建立统一管理的环境监测体系和环境数据共享机制。

加强环境信息能力建设，实施国家环境信息化重大工程建设。启动实施“金环工程”和“数字环保”工程建设，促进信息化与环保工作的融合，全面提升环境监管的效能和水平。整合环境信息资源，建立合理的交换与共享机制，建设“环境信息枢纽”。

（七）加强环境宣教与培训，提高全民环境素质，推动公众参与环境监督

普及环境教育。在高等教育法中明确普及环境教育的地位；将环境教育从学校教育延伸至在职人员继续教育阶段，全面提高国民的环境意识和环境道德素养。开展形象、生动的环

境科普活动。加强各级党校和行政学院对政府官员和企业决策者的培训，提高对科学发展观和生态文明的认识和综合决策能力。

扩展公众环境权益，充分发挥公众参与的主力军作用。建立和完善环境管理信息公开制度，畅通参与渠道，推动公众参与环境监督；扩大公众环境知情权和监督权，健全环境立法听证制度，完善立法听证程序，促进环境决策民主化。推动企业公开环境信息，增强企业社会责任，将环境保护纳入社会诚信体系建设。充分发挥环境非政府组织（NGO）在普及环境知识和倡导公众参与方面的重要作用，引导环境非政府组织支持我国环境保护工作。

研究并逐步完善环境公益诉讼制度。实行环境污染有奖举报，鼓励公众对违法企业的揭发检举；完善环境新闻宣传管理机制，充分发挥新闻媒体的舆论引导和监督作用。

七、重大建议

（一）严格环境标准，强化环境监管，进一步促进经济结构调整，优化经济增长

在应对国际金融危机、拉动内需、保持经济平稳较快发展中，各地要严格执行环境保护法律法规，坚持既定的减排任务和目标，实行环境保护工作问责制，对违反国家产业政策、违反环保法规新上污染环境、破坏生态的项目，要坚决查处，情节严重者，应追究当地主要领导的责任；要将环境质量改善情况纳入各级党政领导干部政绩考核，实行干部离任环保审计。要将环境保护优化经济增长的机制逐步完善，坚持下去。对环境违法事件比较多、环境污染较重的地区和产能过剩行业实行严格的“区域限批”制度，把“区域限批”和领导问责制结合起来。

发挥经济主管部门和行业协会的作用，协调产业发展和环境保护的关系，加大产业发展中的环保投入和产业技术开发投入，推进产业技术进步和产业结构优化，加速淘汰难以满足环保要求的落后生产工艺和产品，在产业经济发展中实现我国环境保护的重点突破。有关部门应协力合作，尽快健全重污染企业退出机制，保证落后生产工艺、产品及企业的及时、平稳、有序地退出。

（二）建立稳定的环境保护投入机制，大幅提高中央和地方政府履行环保事权的能力，确保环保任务与投入的责权统一，努力提高环保资金的使用效率

国家应制定有关环境保护预算和投入的专项规定，确定政府履行环境保护职责的相应财政资金安排，明确渠道、明确责任；完善政策机制，推动建立包括政府投入、市场投入的多

元化环保投入机制；对国家重大环境保护专项和重大环保项目的投资（如扩大内需等项目的环保投资），环保行政主管部门应依法履行职责；要继续加大环境保护重点工程、重大科技、国家环境执法和监测能力建设的投入，形成与中央政府环境综合管理相适应的环保调控能力。

（三）稳步推进税收制度的绿色化，建立有利于保护环境、节约资源的税收和价格政策体系

研究建立独立型环境税，并在部分地区先行试点；完善包括企业所得税、消费税、营业税等在内的现有税收政策改革，使其更多地体现环境保护的要求，鼓励和引导企业治理污染、保护生态；逐步建立和完善资源税、生态税和环境税，将环境资源的税收作为地方财政收入的新的增长点，以推动地方政府职能的转变；借鉴国际经验，逐步提高石油、煤炭、天然气、水资源以及各种矿产资源等价格，尽快与国际市场接轨，推动增长方式转变和经济结构调整。

（四）完善国家环境保护管理体制，推进“大部制”改革

应继续厘清国务院各部门之间和各级政府的环保职责，努力减少部门间和层级间的职能交叉、监管缺位和推诿扯皮；完善环保行政主管部门的职能，科学划分国务院各部门的环保事权以及中央和地方的环保事权，充分发挥有关部门的作用，做到权责统一。分阶段推进环保管理体制改革，最终实现环保“大部制”管理。完善国家环境决策和环境监管技术咨询服务体系，充分发挥环保社会中介组织的作用。

（五）加强环境法治，完善监管制度

以“强化政府责任”为主线，启动修改《环境保护法》，重点制定有关约束和规范各级政府环境行为的法律制度；以“强化环境民事责任”为主线，研究制定环境污染损害赔偿法等，完善保障公众环境权益的法律制度；以“厘清环境监管制度”为主线，研究现有环境监管制度之间的有机联系，减少重复、交叉、冲突和矛盾，按照“整合一批、改进一批、新建一批”的原则，逐步完善环境法律制度。以“国家法律生态化”为主线，积极推动民商法、行政法、经济法、社会法、刑法等法律与环境法律法规及制度安排的协调统一，更好地发挥国家法律体系对环境保护的保障作用。

（六）实施环境风险管理策略，积极防范有毒有害物质污染环境

国家“十二五”或更长时期的环境规划控制指标，要以维护环境安全、生态稳定和人体健康为宗旨，从重点控制常规污染扩展到控制危害环境与健康的各种环境风险。水环境保护要增加对过量营养盐和有毒有害物质等的控制；大气环境保护要增加对大气细颗粒物、氮氧化物、臭氧等的控制；要强化饮用水、地下水和土壤环境保护，严格防治重金属和有机物污

染，做好污染土地的调查和修复；环境监管和环境监测要根据上述要求进行调整，各地可从实际出发确定地方控制指标，同时将环境风险作为调整产业布局、环境功能区划的依据。开展环境风险的科学研究，创新风险管理体制、机制，制定环境风险管理规划和环境风险应急预案，规范环境风险评价步骤和程序，提高防范环境风险的能力。结合节能减排，制定必要的政策措施，做好温室气体的协同控制。

（七）请国务院听取环境宏观战略研究成果汇报，在 2009 年年底发布中央关于加强环境保护工作的文件，指导“十二五”我国环境保护工作

附一：

环境保护不断取得新进展

党中央、国务院高度重视环境保护，20 世纪 80 年代将环境保护列为基本国策，90 年代提出实施可持续发展战略。进入 21 世纪，提出了科学发展观，建设社会主义和谐社会，建设生态文明，将环境保护摆上了更加重要的位置。第六次全国环境保护大会以来，积极推动三个转变，以保护环境优化经济增长，环境保护取得了积极进展。

1．污染防治由被动应对转向主动防控

（1）二氧化硫和 COD 排放量实现双下降

积极推进工程减排和结构减排，认真落实管理减排措施，全国装备脱硫设施的燃煤机组占全部火电机组的比例由 2005 年的 12%提高到 2007 年的 48%，城市污水处理率由 52%提高到 62.9%，全国化学需氧量排放量 1 382 万 t，比 2006 年下降 3.14%；二氧化硫排放量 2 468 万 t，比 2006 年下降 4.66%，主要污染物排放量实现双下降。

（2）让不堪重负的江河湖泊休养生息拉开序幕

制定并组织实施淮河、海河、辽河、松花江、三峡库区及上游、丹江口库区及上游、黄河中上游、滇池、巢湖流域水污染防治规划和太湖流域水环境综合治理总体方案，提出了让不堪重负的江河湖泊休养生息的政策措施，给予水环境人文关怀。对城市饮用水水源保护区进行了全面调查，发布了饮用水水源保护区划分技术规范，取缔关闭了饮用水水源一级保护区内的排污口，依法严厉打击了二级保护区内的违法排污行为。严密防控和妥善处理水污染事件，保证了群众饮水安全。

（3）工业污染排放强度明显下降

“九五”以来，国家淘汰和关闭了一批技术落后、污染严重、浪费资源的企业，并对水泥、电力、钢铁、造纸、化工等重污染行业积极开展综合治理和技术改造，使这些行业在产量逐年增加的情况下，主要污染物排放强度呈持续下降趋势。每万元工业增加值的工业粉尘、烟尘、二氧化硫的排放量分别从 1981 年的 694.2 kg、709.9 kg 和 669.3 kg 下降到 2006 年的 8.95 kg、9.57 kg 和 24.77 kg，15 年间排放强度分别下降了 78 倍、74 倍和 27 倍。

（4）火电厂脱硫能力得到很大加强

中国电厂的脱硫设施建设起步较晚，1991 年我国第一个火电厂洛璜电厂脱硫机组建成，到 2000 年仅有 2%的火电机组安装了脱硫设施，至 2005 年总计脱硫机组投运 3 968 万 kW，约占火电机组总容量的 12%。从 2006 年开始，火电厂脱硫能力大幅度提高，截至 2007 年底，

全国投运的燃煤脱硫机组装机容量为 26 557 万 kW，火电脱硫机组比例达到 48%。

（5）城市污水处理率不断提高

1997 年，我国城市污水处理厂数量仅为 307 座，日处理能力 1 292 万 t，污水处理率 25.6%；从 1998 年开始，城市污水处理厂建设速度加快，仅 2007 年全国新建成城市污水处理厂 482 座，新增处理能力 1 300 万 t，为 1949—1997 年处理能力的总和。截至 2007 年底，全国投运的城镇污水处理设施共 1 205 座，设计日处理能力 7 870 万 t，实际日处理水量 5 190 万 t，全国城市污水处理率提高到 62.9%。十年间，全国城镇污水处理能力增长了 4.6 倍。

（6）固体废物处理率逐年上升

城市生活垃圾无害化处理率从 1991 年的 16.2%提高到 2007 年的 62%，提高约 46 个百分点。2002 年全国仅深圳、上海、天津、沈阳、杭州、大连等城市建有危险废物和医疗废物集中处置设施，危险废物集中处置规模为 18 万 t/a，2007 年已经基本建成的危险废物和医疗废物处置设施 136 个，处理能力为 570 万 t/a。

2. 生态保护和生态建设成效显著

（1）生态保护进一步加强

截至 2007 年，全国共建立各类自然保护区 2 531 处，比 2000 年增加了 1 304 个；自然保护区面积 15 188 万 hm^2，占陆地国土面积的 15.2%，比 2000 年增长了 35.34%。初步形成了类型比较齐全、布局比较合理、功能比较健全的全国自然保护区网络。目前，全国共建立野生动物拯救繁殖基地 250 处，野生植物种质资源保育或基因保存中心 400 多处，使 200 多种珍稀濒危野生动物、上千种野生植物建立了稳定的人工种群。同时，开展了国家重点保护野生植物资源的调查和抢救性收集，建立了 106 个农业野生植物原生境保护区。

（2）生态建设成效明显

植树造林和天然林保护工作稳步推进，森林覆盖率从 1998 年的 13.92%上升到 2006 年的 18.21%；草原保护力度加大，截至 2006 年，有 21.7%的可利用草原实施了禁牧、休牧和划区轮牧；水土流失治理取得新进展，截至 2007 年，全国治理水土流失面积累计达到 9 987 万 hm^2，比 2002 年增加了 1 446 万 hm^2；荒漠化和沙化扩展趋势得到初步遏制，据最新的荒漠化和沙化监测结果，全国荒漠化土地面积 264 万 km^2，沙化土地面积 174 万 km^2，分别比 1999 年减少 37 924 km^2 和 6 416 km^2。

（3）农村环境保护工作力度加大

开展了全国土壤污染调查和污染防治示范，建立农产品安全检测和监管体系；加强了农药和化肥环境安全管理，在 1 200 个县、4 266.7 万 hm^2 耕地上开展测土配方施肥工作，全面禁止甲胺磷等 5 种高毒农药的销售和使用，撤销 873 个高毒农药产品登记证；全国生态农业建设县达到 400 多个，开展示范区建设县市达 500 多个，其中国家级生态农业县 102 个，国家级生态示范区 233 个；截至 2008 年年底，全国沼气用户已达 3 100 多万户，年生产沼气 120 亿 m^3。到 2007 年底，国家大力发展畜禽养殖废弃物沼气工程，已建成 2.66 万多处；建成生活污水净化沼气池 14.4 万处，秸秆气化集中供气工程 737 处；推广省柴灶 1.89 亿户，太阳能热水器 4 286 万 m^2，农村新能源建设促进了农村生态环境的改善。

3．核与辐射环境安全基本处于受控状态

到目前为止，我国已建和在建的核电机组共 19 台，总装机容量 1 686 万 kW。多年来，在役核设施的运行安全和在建核设施的建造质量得到基本保障，未发生影响环境的重大事故和事件。27 个省、市的放射性废物库已建成并投入使用，其余的省也正在建设中，一些突出的放射性污染隐患得到了妥善处理。

4．环保制度和能力建设得到加强

（1）环境法制建设进程加快

新中国成立以来，全国人民代表大会及其常务委员会制定了环境保护法律 9 部、自然资源保护法律 15 部。1996 年以来，国家制定或修订了包括《中华人民共和国水污染防治法》、《中华人民共和国海洋环境保护法》、《中华人民共和国大气污染防治法》、《中华人民共和国环境噪声污染防治法》、《中华人民共和国固体废物污染环境防治法》、《中华人民共和国环境影响评价法》、《中华人民共和国放射性污染防治法》7 部环境保护法律，以及《中华人民共和国水法》、《中华人民共和国清洁生产法》、《中华人民共和国可再生能源法》、《中华人民共和国农业法》、《中华人民共和国草原法》、《中华人民共和国畜牧法》6 部与环境保护关系密切的法律；国务院有关部门、地方人民代表大会和地方人民政府依照职权，为实施国家环境保护法律和行政法规，制定和颁布了规章和地方法规 660 余件，国家环境保护标准 1 000 余项。各级环保部门加大了环境执法力度，连续多年开展整治违法排污企业保障群众健康环保专项行动，对严重违规的行政区域或流域，实行了区域限批或流域限批，解决了一批久拖不决、严重危害当地群众生产生活的环境问题。

（2）环保基础能力建设逐步提高

全国重点流域已建成 300 多套水质自动监测系统；地级以上城市已建成 1 000 多套空气自动监测系统；全国已有 30%的环境监察机构达到标准化建设要求。环境宣传教育、环境科技创新、国际合作与交流等工作也得到了进一步加强，为提高环境保护工作水平发挥了重要作用。

总体上，经过多年的不懈努力，我国污染治理的能力不断提高，生态保护和建设取得明显成效，核与辐射环境安全基本处于受控状态，环境保护的基础能力得到加强，为保障经济的持续快速增长、遏制环境质量的急剧恶化发挥了重要作用。

从环境质量上看，局部地区环境质量有所改善。重点流域主要控制污染物污染程度有所减轻，全国地表水国控断面Ⅰ～Ⅲ类水质类别比例由 1996 年的 27%上升至 2007 年的 43%，上升了 16 个百分点，劣Ⅴ类比例则由 36%下降至 26%，下降了 10 个百分点；城市空气中常规监测污染物的浓度有所下降，SO_2 年均浓度由 1996 年的 0.069 mg/m^3 下降至 2006 年的 0.038 mg/m^3，降低了 44.9%；昼间城市区域环境噪声污染和昼间城市道路交通噪声污染有一定改善，1996—2005 年间分别下降了 3.1 dB（A）和 2.4 dB（A）；林地面积、森林覆盖率和活立木蓄积量有所增长。

附二：

环境形势依然严峻

我国环保工作尽管取得了很大进展，但由于自然环境脆弱、人口众多、经济增长方式粗放、环境监管滞后，加之经济、社会快速发展，环境污染呈现出压缩型、叠加型、复合型、耦合型的特点，当前环境形势依然非常严峻。一是环境污染正在从城市向农村转移，从人口稠密区、经济发达区向人口稀疏、经济欠发达地区转移，从局地向区域流域扩散。二是从常规性污染向非常规性污染、有毒有害污染转化，从浅层次向深层次的环境问题演变。老的问题没有解决，新的问题接踵而至。污染范围在扩大，污染程度在加重，污染风险在加剧，污染危害在加大，治理难度在增加。三是我国生态形势不容乐观，区域生态系统结构破坏严重，生态服务功能持续下降，生态“赤字”不断增加。核与辐射安全形势紧迫。

1. 水环境形势危急

我国的水环境污染已从陆地蔓延到近海水域，从地表水延伸到地下水，从单一污染发展到多元化污染，形成点源与面源污染共存、生活污染和工业排放叠加、各种新旧污染与二次污染相互复合，以及常规污染物、有毒有机物、重金属、藻毒素等水污染衍生物相互作用的复杂的流域性污染态势。

（1）河流水污染未能得到有效控制

主要河流污染负荷不断增加，水污染加剧的态势未能得到有效控制，致使地表水污染严重。2007 年，全国地表水国控断面中有 26%为劣Ⅴ类水质，基本丧失使用功能。辽河、淮河、黄河、松花江水质较差，海河污染严重，劣Ⅴ类占 53%。

（2）湖泊富营养化日趋严重

近 30 年来，湖泊富营养化呈迅速增长趋势。20 世纪 70 年代调查的 34 个湖泊中，富营养化的湖泊仅占 5%；1986—1989 年调查结果显示，富营养化湖泊比例增加至 35.76%；至 20 世纪 90 年代，我国东部的湖泊几乎全部处于富营养化状态；2002 年调查的 200 多个湖泊中，75%的湖泊呈现富营养化。2007 年，太湖、滇池、巢湖等湖泊出现了大面积蓝藻，影响了当地的饮用水安全。

（3）饮用水安全问题突出

饮用水安全受到威胁，全国近一半的城镇饮用水水源地水质不符合饮用水水源标准。2005 年对全国 56 个城市的 206 个集中式饮用水水源地的有机污染物监测表明：水源地受到 132 种有机污染物污染，其中 103 种属于国内或国外优先控制的污染物。我国农村饮用水水质状况令人担忧，有 3.2 亿人饮水不安全，其中有 1.9 亿人饮用水有害物质含量超标。

（4）地下水过度超采、污染严重

目前，我国地面沉降灾害比较严重的城市超过 50 个。从地域上看，我国地面沉降主要分布在长江下游三角洲平原区、河北平原、环渤海地区、东南沿海平原，其中长江三角洲地区地面沉降 1.98 m，苏锡常地区最大累积沉降量达 2.80 m。华北平原地面沉降区有大于 200 mm 的沉降面积达 64 000 km^2，天津塘沽最大累积沉降量达 3.22 m。从规模（面积）和程度（沉降中心的最大累积降深）来看，以天津、上海、沧州、西安、太原等市最为严重（最大沉降均在 1 m 以上)。其中天津在地面沉降面积、最大累积降深和年沉降速率几方面最为严重，已有六成的地面发生沉降，在塘沽由于地面沉降，还加重了咸潮的危害。目前全国 25%的地下水体遭到污染，平原区约有 54%的地下水不符合生活饮用水水质标准，90%以上的城市浅层地下水不同程度地遭到污染，目前已呈现由点到面的扩展趋势。我国 118 个大中城市地下水已普遍遭受到污染，其中严重污染的城市占 64%。

（5）海洋环境污染凸显

我国海洋总体环境状况表现为：远海海域水质良好，近岸海域总体轻度污染，局部近岸海域污染严重。2007 年，全国近岸海域水质总体为轻度污染，按测点统计，Ⅳ类、劣Ⅳ类海水比例为 25.4%，杭州湾、长江口、辽东湾、珠江口和渤海湾水质均为重度污染。近岸海域沉积物中多氯联苯的污染程度加重、范围扩大。部分近岸海域贝类受到铅等污染。20 世纪 50—70 年代，赤潮频次在个位数，80—90 年代，频次在两位数，2000 年以来，频次平均近百次。有毒有机物污染问题显现。外来物种入侵现象较严重，危害我国海洋生物的生存。

2. 大气环境质量总体恶化

由于中国以煤为主的能源结构，长期以来，中国城市大气污染主要是高浓度的二氧化硫（SO_2）和总悬浮颗粒物（TSP）。近 20 年来，城市交通和汽车产业快速发展，导致了严重的机动车尾气污染。目前，中国城市群出现了煤烟型与机动车尾气污染共存的复合型污染，具有明显的局地污染和区域污染相融合、污染物之间相互耦合的特征。尽管单个城市为控制环境污染做了大量工作，使主要的一次污染物得到一定控制，但目前区域整体环境质量呈恶化趋势，光化学烟雾、大气灰霾和酸沉降污染频繁发生，大气环境形势总体上进入大范围生态退化和复合型环境污染阶段，存在环境灾变的隐忧。

（1）传统的煤烟型大气污染依然严重

从全国来看，自 20 世纪 90 年代开始，城市大气总悬浮微粒（TSP）和 SO_2 浓度有所下降，但仍处于较高的浓度水平，传统煤烟型污染仍十分严重。研究表明，我国东部和珠江三角洲存在大面积的 NO_2 污染，其总负荷呈快速增长的趋势，整体污染十分严重。

（2）城市和区域大气复合污染形势更加严峻

大气氧化能力不断增强、高浓度颗粒物细粒子（$PM_{2.5}$）使大气能见度下降、一次污染物和大气氧化剂及颗粒物细粒子并存，成为城市群区域大气同期或不同季节的主要污染物。中国城市$PM_{2.5}$污染十分严重，北方城市和区域（如北京及周边省市）颗粒物细粒子$PM_{2.5}$浓度超过美国标准年均限值（0.015 mg/m³）5～6 倍，南方城市和区域超过美国标准 2～4 倍。细粒子诱导大气产生的霾现象使水平能见度小于 10 km。1957—2005 年间我国东部年平均能见度下降约 10 km，西部能见度下降的幅度和速率约为东部的一半，显示出我国区域霾问题日趋严重。北京、上海、广州、深圳等城市频繁观测到光化学烟雾污染现象，广州市 2006 年臭氧最高小时浓度为 0.42 mg/m³，超过国家二级标准 1.6 倍，北京市 2000 年臭氧最高小时浓度为 0.33 mg/m³，超过国家二级标准 1.1 倍。

（3）酸沉降污染远未解决

尽管我国在酸雨控制方面已做了大量工作，但酸雨污染仍有加重及蔓延趋势。2007 年，全国酸雨发生频率及酸雨分布区域保持稳定，出现酸雨城市的比率下降，比率还是超过 50%，但是酸雨的强度增加了，降水年均 pH＜4.5 的城市所占比率有所上升，已达 25%。

（4）有毒有害废气污染治理滞后

近年来，工业生产排放的有毒有害物质废气种类和数量不断增加，而治理却相对滞后，严重污染了部分地区的大气环境。这些有毒有害物质如苯系物等多具有致癌、致畸、致突变的作用，污染的危害不容忽视，因事故排放导致的危害更加严重。

3．生态系统出现由结构性破坏向功能性退化演变的态势

目前，我国生态退化的形势总体上表现为：区域生态系统结构破坏严重，生态服务功能持续下降，其表现特征为：局部生态问题有所缓和，区域生态破坏在加剧；原有的生态问题有所好转，新的生态问题不断出现；单项生态问题有所控制，系统生态问题更加突出。生态退化的趋势在加剧，生态系统更加脆弱，生态服务功能持续下降，生态灾害在加重，生态问题更加复杂化，生态状况不容乐观。

（1）生态退化没有得到有效遏制

2006 年我国水土流失面积 356 万 km²，占国土面积的 37%，每年有 50 亿 t 泥沙流入江河湖泊；土壤有机质含量持续下降，土壤污染不断加剧。目前全国受污染的耕地约有 1 000 万 hm²，污水灌溉污染耕地 216.7 万 hm²；森林总体质量呈下降趋势，作为保护生态最为重要的天然林及生态效益较为明显的成熟林在不断地减少；全国退化、沙化和碱化草地面积达 1.35 亿 hm²，约占草地总面积的三分之一。

（2）生物资源濒危问题日益突出

栖息地生境环境改变和过度的人类活动，导致生物资源濒危问题日益突出影响生物多样

性。我国的生物物种濒危情况严重，各类生物物种受威胁的比例普遍在20%～40%。中国有422个物种面临灭绝的威胁，包括81种哺乳动物，75种鸟类，46种鱼类，31种爬行动物和184种植物。越来越多的鸟类和哺乳类动物被列入严重濒危和濒危的目录中，哺乳动物增加为83种，鸟类增加为86种。国家一级保护动物华南虎估计野外仅存数十只；分布于湖北枝城以下长江中、下游地区的白鱀豚，目前仅剩100多头。普氏野马、高鼻羚羊等物种在20世纪已经灭绝。

（3）矿山地质环境治理历史欠账太多

老的地质环境问题尚未得到有效控制，新的地质环境问题不断出现。矿业活动占用或损毁大量土地，局部地区甚至造成毁灭性的破坏，成为经济社会发展的沉重负担。全国矿山开发共占用土地面积143.89万 hm^2，形成采空区面积80.96万 hm^2，引发地面塌（沉）陷面积35.22万 hm^2。全国三分之二以上的县（市）程度不同地受到地质灾害的威胁，引发的崩塌、滑坡、泥石流等地质灾害造成的人员伤亡和经济损失不断增加。

（4）城市生态系统人工化趋势比较明显

城市人居环境虽有所改善，但城市环境污染仍处在较高水平，城市生态系统人工化趋势更加明显，热岛面积不断增加，生态功能不断降低。过分注重地面硬化、以外来植物绿化为主、城市河流渠道化、湖岸固化等人工化环境，忽视其自身生态系统的维护。

4. 固废、噪声污染严重，放射性污染潜在问题不容乐观

（1）固体废物污染程度不断加剧、影响范围不断扩大

城市与农村生活垃圾、工业固体废物、危险废物总量不断增加，尤其工业危险废物的产生量逐年上升，2006年产生量达到1 084万 t，比2000年增长了30.6%；排放量为20万 t，比2000年增加5.7倍。历年堆存的危险废物产生的废气、渗滤液、淋溶水成为重要污染源，受工业污染危害的耕地面积达到600万 hm^2。持久性有机物污染危害逐渐显露。

（2）环境噪声扰民问题突出

2007年，全国350个市（县）中，区域声环境质量好的城市占5.7%，93个城市为轻度污染，占26.6%。城市声环境质量总体恶化，受噪声影响的暴露人口增加，影响范围不断扩大，环境噪声投诉长期居高不下，环境噪声防治仍然面临较大的压力和挑战。以道路交通噪声为主要声源的环境噪声影响程度持续增长，影响范围不断扩大。社会生活噪声扰民现象日益突出，特别是各类服务设施噪声产生的影响和投诉有日趋严重和增加的趋势。北京市环保部门2006年8月至2007年7月中旬接到的投诉为1.9万件，夜间施工噪声对周围群众的影响尤为突出。据北京市城管部门统计，2007年全年夜间施工的投诉受理为6.9万件。其他不同类型的城市，投诉数量有所不同，但投诉比例、变化的趋势相似。

（3）放射性污染存在安全隐患

全国辐射环境质量状况总体保持在良好的状态，各种介质中的放射性水平与 1983—1990 年间开展的全国环境天然放射性水平调查的结果相比无明显变化，但室内氡的水平有明显上升；铀矿山周围环境介质中存在一定的污染，大规模的伴生放射性矿产资源利用中的环境污染问题日益严重，缺乏完善的辐射环境监测体系。核技术应用中存在的安全问题，人为活动引起天然辐射水平升高。全国有近 2 000 个放射源丢失或失控，存在安全隐患。

附三：

环境问题危害了中华民族的根本利益

当前，严重的环境问题制约了经济和社会发展、危害了群众健康、危及公共安全和社会和谐、影响了中国的和平崛起，从根本上危害了中华民族的根本利益。

1. 环境问题制约经济和社会发展

（1）环境成为实现全面小康目标的瓶颈约束

目前，我国一些主要污染物排放量，如二氧化硫、COD、氨氮等已经超过环境容量，甚至达到 1 倍以上。如果不减少污染排放水平、加强治污能力，提高环境容量，我国不但无法实现全面建设小康社会的环境目标，而且环境也难以支持经济社会发展需要。

（2）生态破坏和环境污染造成了巨大的经济损失

从 20 世纪 80 年代以来，先后有多家国内外研究机构或学者对我国部分环境污染和生态破坏造成的损失进行了估算，其占同期 GDP 的比例在 2.1%～7.7%。原国家环保总局环境规划院的研究表明，2006 年我国环境污染损失 6 507.7 亿元，占当年 GDP 的 2.82%。

（3）环境问题导致资源供给雪上加霜

环境退化导致地区土地资源、生物资源和水资源供给量的减少。土壤侵蚀导致土壤肥力下降，土壤污染导致其使用功能的丧失，加剧了我国耕地资源的紧缺程度。据近期遥感调查，目前我国水土流失面积占国土面积的 37.42%，每年流失表层土在 50 亿 t 以上，丧失的肥力高于全国化肥的总产量。从 20 世纪 50 年代以来，由于水土流失而失去的耕地 267 万 hm^2 以上，平均每年 6.7 万 hm^2 以上。据初步测算，50 年来新增土地沙漠化面积已经有 10 万 km^2 以上，相当于 3 个海南省的面积。

2. 环境问题危害群众健康

严重的环境污染影响人民的生活质量，影响人体健康，有的地方已出现“公害病”征兆。

（1）水污染的健康损害问题已经相当严重

水污染成为广大农村居民最重要的健康危险因素之一。目前我国农村地区，以人群消化系统肿瘤，如肝癌、胃癌等为代表的恶性肿瘤发病率、死亡率连年呈上升趋势等健康问题都与环境污染有着密切关系。近年来，河北涉县、河南沈丘县、天津北辰区、陕西华县、江苏阜宁县、广东翁源县等地区频频出现的某些癌症高发村可能与饮用水污染存在一定关系，我国淮河流域也曾发生多处癌症高发村。

（2）大气污染造成的健康损害十分显著

城市大气污染已成为推高城市居民各种心血管系统、呼吸系统疾病和以肺癌为代表的恶性肿瘤等慢性病患病率与死亡率的最主要因素之一。我国城市人口癌症高发并呈上升态势，肺癌死亡率由20世纪70年代居癌症死因第4位，跃升至2000年的第1位，肺癌死亡率明显高于农村。据流行病学调查，我国空气污染导致呼吸系统疾病发病率的归因百分比为30%以上。据20个统计资料较全的大中城市分析，每年因大气污染所致慢性支气管炎患者为150万人，呼吸系统疾病死亡人数为2.3万人，肺心病患者17.7万人，肺心病死亡人数1.3万人。沈阳、上海等主要城市接受调查的儿童血液中的平均铅含量超过临界水平的80%。

（3）土壤污染危及食品安全

我国大多数城郊土壤都受到不同程度的污染。粮食、蔬菜重金属污染超标情况较严重。沈阳郊区10种主要蔬菜中镉平均含量为0.313mg/kg，超过国家食品卫生标准的6.26倍。据2006年调查，珠三角地区有40%的农田菜地重金属污染超出安全标准，其中10%属于严重超标。不少地区土壤重金属污染的人群暴露水平已经达到日本发生公害病的剂量范围，并已出现公害病的症状。如近年资料表明，南方一些汞矿区的粮食、蔬菜、水中的汞严重超标，50%以上居民出现感觉障碍、运动失调、视野狭窄等慢性汞中毒体征。在贵州赫章、江西赣州、广西桂林、湖南衡东、广东马坝和辽宁沈阳的张士地区，农作物镉含量已严重超标，10%以上居民已出现不同程度的腰背、四肢、骨关节疼痛等症状和生化指标异常。

（4）持久性有机物潜在健康风险大

以二噁英类、多氯联苯类、五氯酚钠等化合物为代表的持久性有机物的污染遍布全国，通过土壤—农作物—畜牧产品为主线的食物链富集、浓缩，向人体迁移，其环境健康危害效应已经开始显现。研究表明，受持久性有机污染物等因素的影响，1996年我国男性精子计数比1983年减少了18.8%，并且精子活动率、正常精子形态、精液量和排精总数也呈下降趋势。

3. 环境问题危及公共安全和社会和谐

（1）污染事故频发威胁环境安全

重大环境突发事件呈现上升趋势。近年来，松花江、广东北江、四川沱江、太湖蓝藻水华暴发等发生重大环境污染事故，不仅大大影响了广大人民群众正常的生产、生活秩序，而且短时间内难以消除这些高浓度的有毒有害物质的遗害，将对环境污染事故发生区及毗邻区的环境安全造成长期威胁，甚至造成了不良的国际影响。

（2）污染纠纷危及社会稳定

一些地区严重的环境污染和生态破坏已影响社会安定，污染纠纷呈上升势头并引发大量群体性事件，成为社会不稳定因素之一。2000年以来，全国环境投诉和上访每年分别以25%、35%的幅度递增，成为社会八大投诉热点之一。2007年来信投诉达到12.3万件，群众上访投诉达 7.7 万人次以上。这些事件给当地经济发展、社会稳定带来了不良影响。

（3）生态环境退化影响社会公平

长期以来我国城市环境的改善是以牺牲农村环境为代价，城区通过污水截流改善了水质，忽略了农村水质；通过污染企业外迁改善了城区空气质量，但加重了近郊的空气污染；通过生活垃圾简单填埋，改善了城区面貌，加重了城乡结合部的垃圾二次污染。为了保证城市饮用水安全，将上游地区设为禁止开发或限制开发区，又缺乏配套的补偿政策，使这些地区的人口长期处于贫困状态。

4. 环境问题影响和平崛起

（1）跨界环境问题引发国际纠纷

我国的环境污染已经引起了复杂的跨界环境问题，具体包括：以水资源开发和水污染为主要内容的跨界水环境问题，以二氧化硫、汞、沙尘暴为主要内容的长距离空气污染物传输，以生活垃圾、医疗垃圾以及陆源性污染为主要内容的海洋环境问题，以走私进口木材、野生动植物为主要内容的贸易问题，以二氧化碳、消耗臭氧层物质、持久性有机污染物以及生物多样性锐减为主要内容的全球环境问题等，都引起了国际社会的高度关注，有些已经成为“中国资源威胁论”的借口。

（2）环境贸易壁垒损害国家利益

环境贸易壁垒影响到我国的出口市场，产品的出口成本大为增加，削弱了我国出口产品的价格优势。2005 年我国遭受到国外技术性贸易措施影响合同的总额超过 81.5 亿美元，其中受节能及产品回收在内的环保要求的影响最大，占受影响总金额的 27%，使我国贸易利益受到很大损失。此外，环境贸易壁垒加剧了污染产品和污染产业向我国转移。由于我国环境标准不健全，环境监管不力，导致境外电子废弃物大量涌入我国。

（3）资源环境逆差加剧环境压力

我国处于新一轮全球产业结构调整的下游，承接着产业转移和积聚的污染风险，加剧了我国局部地区的环境问题。对外贸易快速增长的资源环境代价过大，在赢得贸易顺差的同时，也承担着“生态逆差”。研究表明，“十五”期间，中国每年通过对外贸易造成的二氧化硫逆差平均为 150 万 t，占排放量 6%左右，而 2010 年二氧化硫的目标控制量比 2005 年仅减少 255 万 t。

附四：

我国未来环境趋势和特征分析

未来一段时间，我国人口将继续增加，工业化、城市化进一步加快，国民经济将以年均7%左右的速度增长，将使生态环境承受更大压力，并呈现如下的环境趋势和特征。

1．发展的资源环境代价还将在一定时期内居高不下

未来 20 年是我国基本实现工业化的阶段。目前，经济发展正向工业化中期阶段过渡，此阶段内，经济增长的主要动力来自于第二产业的增长，传统意义上的污染型行业依然在增长。考虑到经济增长方式的转变需要一个过程，随着经济总量增长而持续增长的污染物产生量对环境安全的压力越来越大。工业各行业随着科技进步、技术改造、加强管理，单位产值（或产品产量）污染排放强度会降低，但是由于总的规模增长，污染物排放总量会居高不下，甚至有增加的可能。如污染治理跟不上，对环境会造成更大的压力。工业发展规模的扩大，还将导致对矿藏、耕地、能源和原材料等自然资源的需求增加，开发强度也随之加大。

2．人口素质和消费转型带来空前的环境压力

预计 2020 年我国人口将达到 15 亿左右，比合理人口承载能力多了 1 倍。根据联合国粮农组织提出的标准，恩格尔系数在 59%以上为贫困，50%～59%为温饱，40%～50%为小康，30%～40%为富裕，低于 30%为最富裕。预计到 2020 年前后，我国城乡居民家庭恩格尔系数平均为 35%，逐步由以吃饱为标志的温饱型生活，向以享受和发展为标志的小康型生活转变，城乡居民消费类型将发生巨大变化。未来 10 年乃至更长一段时间，随着恩格尔系数的逐渐降低，高档耐用工业产品、肉蛋奶等畜禽产品的消费总量不断增加，电器、房屋以及汽车等家用消费品的增长速度还要加快。废旧家用电器、建筑废弃材料、报废汽车和轮胎等的回收和安全处置将成为未来 10 年乃至更长一段时间内一个重要的环境问题。

3．结构型污染和粗放型增长方式使环境资源压力持续增加

传统污染型工业依然要快速发展，结构调整需要一定过程，在短期内还无法根本转变。预计未来 20 年，一些传统意义上的污染较重的行业，如钢铁、水泥、有色金属、煤炭、石油工业、化学工业、电力、交通运输等原材料工业和基础工业将保持相对平稳的增长态势，其中电力工业增长速度与经济增长速度保持 0.7～0.8 的比例关系，实现适度快速增长。食品、服装、医药、家用电器等行业仍将稳步增长，可能成为这些产品的“世界制造中心”。毫无疑

问，在传统污染密集型行业继续保持增长态势和这些行业技术进步有一个渐进过程的情况下，进一步削减化学需氧量和二氧化硫等污染物总量困难很大。对某些城市和环境敏感的地区，通过调整结构，减少污染密集型产业的生产，是减少污染物排放总量可行的办法。但对全国总体而言，未来 20 年这些行业依然是国民经济发展的重要支柱产业，还会有较大发展，污染物排放量依然很大，简单的结构调整不能解决问题。煤炭在能源总消费中的比重虽然在持续下降，但消费总量却在持续增加。

4. 城市化进程加速对环境形成较大的冲击负荷

目前，大城市的环境基础设施建设依然处于历史“欠账”时期，绝大部分中小城市和城镇的基础设施建设严重滞后，若不能加快建设步伐，环境质量有可能进一步恶化。到 2020 年，城市化率达到 50%，城市生活污水和垃圾产生量将比 2000 年分别增长约 1.3 倍和 2 倍。在绝大部分中小城市和城镇的基础设施建设严重滞后的情况下，届时未经处理直接排放的城市污水总量仍略高于目前水平。生活污水排放将会严重影响城市河流的水质和城市水生态环境，城市垃圾如果不能得到有效的处置，也将严重影响地下水、土壤以及整个城市的生态环境。预计未来 10 年，城市大气污染暴露人口（PEP）将达 4 亿多，而且大部分集中在中小城镇地区。在城市化进程中，不仅要解决城市化滞后于工业化、基础设施欠账多等造成的传统的环境问题，而且要及时处理更为复杂的新问题。在解决生活中一般有机污染物污染和尘污染问题后，氮、磷造成的水污染问题将日益突出，大气可吸入颗粒物（PM_{10}）危害将凸显出来。同时，大城市汽车尾气污染趋势加重，加上其他能源消耗过程，氮氧化物将成为一些城市的主要污染物之一，而且也会加重一些地区的酸雨危害。大件的电子用品垃圾、废弃的汽车和轮胎，以及其他有害废物也将加大城市垃圾处理的难度。

5. 不当的农村和农业发展方式可能进一步加大环境压力

未来农村经济快速发展，农业现代化加速推进，如果不采取有效措施，农村环境问题将日益凸显。农业现代化的快速推进使化肥和农药使用量加大，农业面源污染严重；农村基础设施薄弱，每年农村产生的数量巨大的生活污水、生活垃圾、畜禽粪便等得不到有效安全处理；同时，城市工业污染向农村转移趋势加剧，一些城乡结合部成为城市生活垃圾及工业废渣的堆放地；土壤污染程度加剧，严重影响食品安全，威胁人体健康；大量掠夺式的采石开矿、挖河取沙、毁田取土、陡坡垦殖、围湖造田、毁林开荒等行为，将会使很多生态系统功能遭到严重损害。农村环境问题呈现点源污染和面源污染共存，生活污染和工业污染叠加，各种新旧污染相互交织，工业及城市污染向农村转移等特征，严重危害群众健康，制约经济发展，影响社会稳定，成为我国农村经济社会可持续发展的制约因素。

另外，如果不改变传统的放牧方式，牛羊放养数量的增加也将进一步加大草原生态环境的压力。而城市郊区规模化畜禽养殖业的大幅度增长，也将使畜禽养殖污染物排放强度加大，加剧水环境污染，对局部地区带来非常大的压力。

6．经济全球化和技术发展对我国环境产生一定风险

在目前经济全球化格局下，我国处于国际产业链的低端，因国际贸易产生环境风险的可能性较高。一方面，“两高一资”产品的大量出口对国内资源环境的压力加大，一些工业产品在生产、包装等环节环境标准偏低，甚至没有环境标准，出口易受到发达国家环境标准的限制；另一方面，我国大量进口石油、天然气及部分大宗矿产品，也将增大国内能源安全、资源安全的风险，对全球资源供需产生深远影响。

一些区域环境问题和全球环境压力进一步加大，我国二氧化碳排放量居全球前列，2020 年人均二氧化碳排放量将接近全球人均平均排放水平，国际环境履约任务繁重，责任重大。

新技术发展在为解决环境问题提供有力工具的同时，可能会产生许多新的环境问题，带来新的环境挑战：一是生物技术对生态环境的影响具有很大的不确定性。一些新的生物物种和转基因农作物对生物安全、食品安全和生态环境安全存在风险；二是科学技术的快速发展导致和促进了大量的新化学物质的合成，而有些化学物质可能成为自然系统中新的持久性有机污染物（POPs），反过来对人类健康和自然生态平衡构成威胁；三是随着现代信息技术的发展，产生大量的“现代垃圾”和电磁污染，如处置不当，对水环境和土壤环境造成新的危害。

附五：

中国环境问题的成因

中国环境问题的成因是综合性的。理论上讲，社会经济活动的外部不经济性和环境公共物品提供不足，是造成环境问题的主要原因。从实践上看，工业化发展特别是重化工业发展时期是污染物密集化产生的历史阶段。同时，由于一些地方片面追求经济增长，忽视环境保护，导致环境问题不断加剧。环境问题的主要成因是：

1．粗放型发展方式是加速我国环境恶化的动力性因素

当前，我国正处于工业化、城市化和农业现代化的加速推进阶段，在为国家和社会积累大量财富、改善民生的同时，也给环境保护工作带来了新的机遇与挑战。在这一过程中，通过落实科学发展观，加强科技支撑，完全可以减少环境污染，但现实的情况是中国的经济增长在很大程度上仍依赖于投资的推动和资源利用的扩张，这种粗放型的发展方式必然导致资源、能源的加速消耗和污染物的不断增加。我国综合能源效率仅为 33%，比发达国家约低 10 个百分点，单位 GDP 能耗是世界平均水平的近 3 倍。中国城市化进程也步入快车道，但城市环境基础设施建设却相对滞后，其粗放型的增长方式、新增产能的不断释放，也使我国的资源环境付出了沉重的代价。农业现代化发展迅速，在我国粮食安全水平得到较大提高的同时，却忽略了农药、化肥、塑料薄膜以及养殖业的污染问题，一些地区农业面源污染甚至超过了工业污染和生活污染。

2．人口总量大且环境意识不强是造成我国环境问题的重要因素

改革开放以来，尽管我国教育事业有了很大发展，但是受过高等教育和中等技术教育人口的比例仍然不高，国民平均受教育程度距离发达国家乃至某些发展中国家有着相当大的差距。由于国民平均受教育水平较低，人们的环境意识普遍不高，还难以做到自觉自愿地保护环境。加之我国人口总量仍将持续增长，2020 年将达到 15 亿左右，庞大的人口规模将对环境产生巨大的、持久性的压力。

3．不可持续的消费模式已成为目前影响环境问题的直接因素

随着我国人均 GDP 超过 1 000 美元和中等收入阶层的快速形成，居民消费不可抑制的增长将驱动资源的快速消耗，对生态系统的压力也不断增加。同时居民的消费结构和消费方式处于快速升级时期，对住房、汽车等产品的旺盛需求刺激了重工业的增长；一些地方、一些

人群受西方消费模式的影响，超前消费、过度消费、奢侈消费等不可持续的消费行为日益盛行，对环境产生了巨大的压力。

4．对外贸易中的粗放型增长方式是加剧资源和环境压力的外部诱导性因素

对外贸易快速发展已成为推动我国经济增长的重要驱动力之一，增长方式也发生相应转变，但粗放型的增长方式仍然存在，增加了我国资源环境的压力。据国际能源机构统计，我国温室气体排放总量中，有 1/3 的碳排放量来自为外国消费者生产产品的过程中。同时在引进外资和贸易过程中，由于配套制度不完善和监管不力，造成污染密集型产业及污染物从国外转移到国内，也对我国的资源环境退化起到推波助澜的作用。

5．科技支撑能力不足导致环境绩效差是环境退化的技术性因素

我国环保科技支撑能力整体偏弱，缺乏系统的、基于国情的重大生态、环境问题的研究和关键技术开发，对新的环境问题缺少应对理论和技术储备，资源节约型的技术体系尚未建立和形成，产品科技含量低，造成资源利用效率低下，使资源节约的水平远跟不上资源消耗的速度，从而导致资源环境的压力不断增大。加之长期以来项目投资决策在很大的程度上存在短期性和盲目性，也造成了严重的资源浪费和环境污染。

6．体制和制度安排不合理，环境保护水平长期滞后是环境退化的内在性因素

长期以来，由于历史局限性，管理体制不顺，环境与发展决策长期背离，重大决策失误频繁发生，环境保护始终处于被动地位；政策体系存在缺陷，重要资源价格不能反映稀缺性，重要的产品价格不能反映环境成本，环境经济政策长期未得到足够重视，导致污染治理、生态保护与市场机制背离；有法不依、执法不严现象普遍存在，地方保护干预环境执法，一些地区环境监管不力、措施不到位、环保投资不足等，导致中国环境问题历史欠账太多，旧账未还，又添新账。

中国环境宏观战略研究综合报告

总审核人：

祝光耀　沈国舫

总统稿人：

杨朝飞　石立英

统稿人员：

夏　光　原庆丹　殷培红　韩孝成　胡　涛　杨小明　蒋火华
席北斗　吴舜泽　冯　燕　董文福　陈邵锋　宋国君　陈敏鹏
朱德明　乔淑芳　张　锋

导语：环境保护的战略地位

大气、水源、海洋、土地、草原和森林孕育着生机勃勃的世界，滋养着美丽温馨的家园，延续着我们世代的生机，这是人类赖以生活的空间和发展的根基、生存的条件。

地球是人类赖以生存和发展的家园。1961 年 4 月 12 日，苏联航天员尤里·阿列克谢维奇·加加林乘坐“东方一号”宇宙飞船进行人类首次太空遨游。当他从舷窗中深情地遥望自己的家园时，惊讶地发现地球是一颗美丽的蔚蓝色星球，在茫茫太空中仿佛一叶扁舟，孑然无助之状让人顿生爱怜。当我国的神舟飞船运行在宇宙轨道上的时候，我们的宇航员也从太空中看到了地球无与伦比的景色：她缓慢地自转，纷卷漂浮的云层覆盖着仪态万千的陆地景观。地球以外的广袤太空让人猜想，在那里也许藏匿着我们无法想象的别的生命形式。虽然科学家在已知的数以亿万计的星体中苦苦寻找，但是迄今为止也没有发现任何星球具有地球上如此适合生命存在的得天独厚的生态环境。我们不禁扼腕感叹：人类之生于地球，实属万幸！我们别无选择地要与地球同舟共济！

追溯历史长河，自然环境一直都在不断变化和自我演替，呈现缓慢的进化态势。在此之外，人类的发展以及人类文明的缔造更是与自然环境的变化息息相关。当人猿相揖别，远古的蛮荒燃起文明之火，我们的祖先便开始主宰大自然的各种尝试。斗转星移，岁月递嬗，在生生不息的历史进程中，人类以其凌驾万物的智慧构筑起巍峨辉煌、无与伦比的文明丰碑。伴随着对资源环境的不断利用、改造和征服，人类社会得以迅速发展，在同生存环境艰苦卓绝的搏斗中，获得了巨大的物质财富和精神财富，创造了光辉灿烂的文明，使人类社会从渔牧狩猎时代发展到农业社会、工业社会，并向信息社会迈进，延伸着人类的梦想和荣耀，到处可以寻找到许多成功和希望的迹象：死亡率下降、贫困问题缓解、卫生健康指标不断提高等，开创了一个快速发展的崭新时代。

但是，人类在为征服大自然的节节胜利陶醉的同时，也愚昧地把破坏生态和污染环境的祸根植入人类赖以生存的地球，导致许多未曾预料的环境问题接踵而至，酿成许多自毁家园的惨剧。远古时代曾是水源充沛、土地肥沃、五谷丰登、人丁兴旺的美索不达米亚，随着沧桑变迁和生态环境恶化已辉煌不再。尼罗河、底格里斯和幼发拉底河、印度河和恒河流域也都因生态良好而兴旺，随生态恶化而衰败。

蒸汽机吹响了工业革命和现代文明的号角，各类工厂遍布地球的角角落落。日新月异的科学技术帮助人类攻克了一个又一个大自然的堡垒，人类征服和改造自然的能力获得空前提高。然而，滥伐林木、毁坏植被、乱捕鸟兽、人工填海、截改河道等破坏了生态平衡，大量污染物的随意排放使地球上已难找到一块净土，珠峰雪样中含汞含锰，大西洋底铅铬沉积，南极企鹅体内含苯，北极云雾在加浓变酸……支撑人类生命活动的生态系统被打破，带来了全球性的环境灾难。大自然开始报复了，干旱、洪灾、沙化、气温升高、大气污染、臭氧层空洞……灾难接踵而至，惩罚接连不断。

中国同样也不能幸免，许多地方也经历了与美索不达米亚极为相似的兴衰。数千年前，黄河流域林木葱茏，水草丰美，资源富饶，因自然生态好，农牧业兴旺，创造了举世闻名的黄河文明，孕育了辉煌的中华文明。迭经世代耕垦，森林植被递减，草原衰退，水土流失，生态恶化，结果我们的祖先被沙漠驱赶迁徙。楼兰王国的迁都，苏巴什古城的湮没，交河古城的衰落，高昌古城成为残垣断壁的遗址，丝绸之路在荒芜中沉埋、在万顷流沙之中湮没。新中国成立后，历史的遗留问题、人口的负担、外部的竞争压力，使发展成为国家追求的最迫切的主题。由于我国经济增长方式还比较粗放，在保持较快增长速度，短期内使我国的经济出现令人欣喜的繁荣的同时，我们也为此付出了巨大的资源环境代价。

随着经济社会的快速发展，人口不断增加，工业化、城市化步伐逐步加快，我国的环境问题也越来越突出。20 世纪 60 年代至 70 年代，在国外环境公害泛滥之际，我们没有把国外污染公害的惨痛教训作为“前车之鉴”，甚至错误地认为这是资本主义的特有产物，是私有制的固有弊端。虽然当时我国局部地区已经出现了一些污染问题，但我们始终认为不会重蹈西方国家“先污染、后治理”的覆辙。但严峻的现实是，环境问题正步步紧逼：50 年代“大炼钢铁”，“小工业”遍地开花，形成了我国环境污染的早期格局；60 年代“以粮为纲”、“围湖造田”，以牺牲林牧副渔为代价来发展粮食生产，形成了今日生态破坏的基本态势；70 年代松花江出现汞污染，北京官厅水库出现污染，辽宁本溪成为卫星上看不见的城市；80 年代发展“十五小”、“新五小”企业，导致了环境污染由城市向农村的蔓延；90 年代开发区遍地开花，导致了环境污染由小流域向大流域转移，淮河等流域出现重大环境污染事故；进入 21 世纪，一些地方重化工业的盲目发展，从北部的松花江，到长江上游的沱江，到太湖流域，突发性重大环境事件不断发生。过去曾认为只有西方、发达国家才有的环境问题，如今也变成了我国生死攸关的重大战略问题，导致我国现代化进程中面临的人口、资源和环境压力越来越大。当前，我国既面临环境污染、生态破坏、生活质量下降等生态失衡的矛盾，更存在公众环境意识薄弱、生态观念淡漠、生态伦理道德缺失等深层次的生态冲突问题，使得当前我国环境面临的压力比世界上任何国家、任何时候都大，环境资源问题比任何国家、任何时候都要突出，解决起来也比任何国家、任何时候都要艰难。

在新世纪加快发展的重要战略机遇期内，生态环境已成为人们生活质量和生命质量的第一要素。环境质量是国民经济可持续发展的基础条件，环境资源也是现实的竞争力和未来的生产力。环境保护是可持续发展的三大支柱之一，环境安全是社会公平与稳定的重要保障，环境改善是实现全面小康目标的重要任务。从客观上说，环境问题也是经济问题，是经济发展阶段、发展水平无法回避的，必须在发展中解决；从主观上说，人类的自私、贪婪和短视，对大自然毫无节制的索取，带来了严重的环境污染和生态破坏。因此，环境与发展是矛盾的对立统一体，并与自然、经济、社会、政治、技术、文化等休戚相关，这些因素相互交叉、相互影响，共同构成了一个环境问题的综合体。

我国历代哲学家、思想家、科学家乃至佛家、儒家、道家，都曾提出许多处理人与自然和谐相处的主张。古代哲人提出的“万物不同，而用之于人异也”，孔子的“智者乐水、仁者乐山”，老子的“人法地，地法天，天法道，道法自然”，都体现了人应顺从自然，追求自然之道和人为之道的统一，将人与自然的和谐作为价值目标，因而，历史上曾创造了女娲补天、大禹治水、神农尝百草等许多美丽的传说。

党和国家领导人非常重视环境保护工作。2007 年 10 月，胡锦涛总书记在党的十七大报告中，把“建设生态文明，基本形成节约能源资源和保护环境的产业结构、增长方式、消费模式。循环经济形成较大规模，可再生能源比重显著上升。主要污染物排放得到有效控制，生态环境质量明显改善。生态文明观念在全社会牢固树立”列为实现全面建设小康社会奋斗目标的新要求，强调“必须把建设资源节约型、环境友好型社会放在工业化、现代化发展战略的突出位置，落实到每个单位、每个家庭”。2006 年 4 月，在第六次全国环境保护大会上，温家宝总理提出：做好新形势下的环保工作，关键是要加快实现三个转变，即从重经济增长轻环境保护转变为保护环境与经济增长并重，在保护环境中求发展；从环境保护滞后于经济发展转变为环境保护和经济发展同步，做到不欠新账，多还旧账，改变先污染后治理、边治理边破坏的状况；从主要用行政办法保护环境转变为综合运用法律、经济、技术和必要的行政办法解决环境问题，自觉遵循经济规律和自然规律，提高环境保护工作水平。李克强副总理也强调，要把扩大内需与改善民生、加强生态环境建设有机结合起来，努力推进全面协调可持续发展。

新时期我国环境保护事业肩负着重大使命：

——增进人民福祉

环境改善是关系民生的重大问题。环境福祉是人们从良好的环境状况中所享受到的安全、健康和舒适的幸福感，是广大群众最关心、最直接、最现实的利益之一。

生命和健康是民生之本，以解决危害群众健康和影响可持续发展的环境问题为重点，让人民喝上干净的水、呼吸清洁的空气、吃上放心的食物，在良好的环境中生产生活，这是基本的民生要求。新时期环境保护的工作重点应转向以保护人民健康为核心的环境公共服务上来。要坚持以改善环境质量为中心，以保护人民群众健康为宗旨，综合考虑人口、资源、经济与环境保护的协调发展。在环境管理活动中，优先保护人的生命健康，保障群众生活、劳动和休息的良好生态环境。

——优化经济增长

以环境保护优化经济增长是新时期环境保护的新要求，是环境保护融入经济社会发展全局、融入全面建设小康社会目标中的真正体现。环境保护之所以能够优化经济增长，是因为经济发展要把环境承载力作为基础条件，走少排放、低排放（最好是零排放）、高效率的道路，这些要求对经济行为主体形成一种外在的强制的约束条件，促使技术创新，提高资源利用效率并尽量循环利用再生资源，而且还能激励他们通过发展绿色产业而获得新的经济效益。同时，以环境治理带动环保产业发展，以绿色消费带动绿色生产，积极培育新的经济增长点。这些在客观上都会提高经济系统的运行质量，增强国家经济竞争能力。

以上这些重要使命，集中起来就是环境保护对于生态文明建设的重大推进。建设生态文明是中国环境保护新道路的重要指导思想。实现 2020 年全面建设小康社会的奋斗目标，就是要整体推进经济建设、政治建设、社会建设、文化建设和生态文明建设，坚持走中国特色的新型工业化、农业现代化、新型城市化道路。

环境保护是一项伟大的事业。伟大的事业需要伟大的实践。改革开放 30 年是我国环境保护事业不断发展的 30 年，也是不懈探索中国环保新道路的 30 年。我们在总结过去经验，指导并做好当前环保重点工作的同时，还应未雨绸缪，积极谋划未来，研究确定今后更长一段时间内我国环境保护的发展战略，探索中国环境保护新道路。环境保护战略是国家关于环境保护的基本性、整体性和长期性问题的谋略，直接关系到全面建设小康社会和基本现代化目标的实现。探索中国环境保护新道路，就要把环境保护放到落实科学发展观、促进社会和谐的高度来认识，把保障环境安全摆上经济社会发展的战略地位，通过资源节约型、环境友好型社会的建设，强化全社会的危机意识，加快生态文明建设，改善生态环境质量，完善环保体制机制，实现经济社会发展与环境生态资源相协调、人与自然和谐相处。

今天，无论是专家学者还是普通百姓都在探讨人类可持续发展之路，环境保护已成为全球人类共同关心的热门话题。自 1972 年联合国在瑞典首都斯德哥尔摩召开人类环境会议以来，环境保护早已超出地域、国家的限制，成为我们每个地球人的共识：人类只有一个地球，保护环境是所有地球人义不容辞的责任，保护地球就是保护我们赖以生存的绿色家园。只要我们善待自然，尊重自然，保护环境，合理改造和利用环境资源，建立和谐的人与自然相互依存的良性循环关系，人类就可以给地球带来和谐与无限生机，还空气以清新、江河以清澈、山川以秀美，为子孙后代留下良好的生存和发展空间，留下一个青山常在、碧水长流、空气清新的地球家园。

第一章
中国环境保护事业发展历程及成就

中国环境保护事业经历了几代人的艰苦奋斗，从无到有、逐步发展，取得了辉煌的成就。环保事业发展的历程是我国发展进程的一个重要部分，也是综合国力不断提升在环境保护领域的特殊反映。回顾和总结中国环保事业的发展历程，准确把握其规律与进程，这是制定环境宏观战略的基础与前提。

一、中国环境保护事业发展历程

中国环境保护事业是从 20 世纪 70 年代起步的，从那时至今，根据重大环境事件、重要环保决策、重点环保行动等典型因素，可以把我国环境保护的历程大体分为三个阶段：点源治理、制度建设阶段（1973—1993），流域整治、强化执法阶段（1994—2004）和全防全控、优化增长阶段（2005 年至今）。

（一）第一阶段，点源治理、制度建设阶段（1973—1993）

1. 经济改革起步，环保工作积极探索

该阶段，我国从十年动乱以阶级斗争为纲到改革开放以经济建设为中心，从完全的计划经济向有计划的社会主义市场经济转变，经济发展的主要特征表现为：在农村体制改革带动下的农业快速发展，以及以轻工、纺织为主导的乡镇企业迅速崛起。与此同时，一些地方和行业无序发展现象严重，耗能高、效率低、浪费资源、污染严重的项目盲目上马，小造纸、小电镀、小炼焦、小冶炼等泛滥，乱采滥挖、破坏资源等行为普遍。由于乡镇企业数量多，布局混乱，产品结构不合理，技术装备差，经营管理不善，资源和能源消耗大，绝大部分没有防治污染措施，使污染危害变得更加突出和难以防范，导致污染由点到面、由城市向农村蔓延，环境保护工作严重滞后于经济发展。

1972 年发生的大连湾污染事件、蓟运河污染事件、北京官厅水库鱼污染事件，以及松花江出现类似日本水俣病的征兆，表明我国的环境问题已经到了危急关头。其中北京官厅水库

鱼污染事件直接引发我国第一项治污工程的开展。1972 年 3 月，一些北京市民在食用了市场出售的鲜鱼后，出现了恶心、呕吐等症状。因为当时特殊的政治环境，甚至有人认为是阶级敌人在搞破坏，该事件引起周恩来总理的高度重视，当时国家计委、国家建委立即组成调查组开展调查，结果显示官厅水库的鱼受到了污染，是由河北宣化地区以及张家口、大同等地区的污水进入水库造成的。调查报告还指出，官厅水库的水污染呈现急剧加重趋势，水库盛产的小白鱼、胖头鱼体内 DDT 含量每千克达 2 mg（当时日本标准为 0.11 mg）。为妥善解决这次污染事件，当时由北京、河北、山西和中央有关部委共同组成领导小组，万里同志任组长，对官厅水库污染整治进行全面推动。经过分期治理，控制住了官厅水库的污染。这是新中国成立后由国家组织进行的第一项污染治理工程。

同年，联合国第一次人类环境会议在瑞典斯德哥尔摩召开，我国政府派团参加，代表们深刻了解了世界环境概况和环境问题对经济社会发展的重大影响，开始认识到我国也存在严重的环境问题。周恩来总理在听取了参会代表团的汇报之后指示，对环境问题再也不能不管了，应当把它提到国家的议事日程上来。在上述背景下，1973 年 8 月 5 日至 20 日，第一次全国环境保护会议在北京召开，从此揭开了我国环境保护事业的序幕。1978 年 12 月 31 日，中共中央批转了国务院环境保护领导小组的《环境保护工作汇报要点》。1979 年 9 月，五届人大十一次常委会通过新中国的第一部环境保护基本法——《中华人民共和国环境保护法（试行）》，对我国的环境保护事业产生了深远影响。1982 年 7 月国务院颁布《征收排污费暂行办法》，并逐步在全国实施。

这一时期，环境保护国际合作领域发生了一系列重大事件，极大地推动了我国环境保护事业的发展。1984 年，成立了国务院环境保护委员会，主要研究审议涉及国家和地方重大环境问题的规划、政策、规定、条例、决定等。我国积极参与国际合作，与 30 多个国家签署了环境合作协定，15 个核安全与辐射环境合作协定。参加了亚太经合组织、亚欧会议、东北亚环境合作等区域环境合作会议和行动。1992 年中国环境与发展国际合作委员会（简称“国合会”）成立，主要是利用国际智力资源为我国政府科学决策搭建国际合作平台。多年来，中国政府领导定期听取国合会咨询意见。国合会在向中国引进、传播国际社会和有关国家环境与发展新的理念、思想、观点和先进经验的同时，也如实地向国际社会传播了中国环境与发展的成就与经验，在中国政府与国际社会之间架设了一座相互交流、友好合作的桥梁，促进了中国与国际社会和有关国家之间经验的“双向共享”。

1992 年 6 月联合国环境与发展首脑会议召开，国务院总理李鹏应邀出席了会议并发表重要讲话，进行了广泛的高层次接触。国务委员宋健率中国代表团参加了部长级会议，并作了重要发言。这次会议使全球环境保护进入了“可持续发展阶段”。同年 8 月，中共中央、国务院批准了《中国环境与发展十大对策》，发布了《中国 21 世纪议程——中国 21 世纪人口、资源与发展白皮书》。1993 年 3 月，全国人大成立了环境与资源保护委员会（简称环资委），标志着我国进入环境资源立法高潮。环资委成立后，提出了“中国环境与资源保护法律体系框架”。

2. 党和国家高度重视环境保护，做出一系列重大决策

（1）第一次环境保护会议召开拉开了中国环境保护事业序幕

1973 年，第一次全国环境保护会议在北京召开，揭开了我国环境保护事业的序幕。这次会议首次承认我国也存在环境问题，并且还比较严重。在政治动乱、极“左”思潮泛滥、“四害”横行的文化大革命中做到这一点是很不容易的。会议提出了“全面规划、合理布局、综合利用、化害为利、依靠群众、大家动手、保护环境、造福人民”的工作方针（简称“三十二字方针”），体现了预防为主、充分利用资源和公众参与的思想，直到今天仍然具有积极意义。

会议审议通过了我国第一个具有法规性质的环境保护文件——《关于保护和改善环境的若干规定》，从做好全面规划、工业合理布局、逐步改善老城市环境、尽量减少噪声、综合利用除害兴利、加强对土壤和植物的保护、加强水系和海域的管理、大力植树造林、认真开展环境监测工作、大力开展科研与宣教工作、安排落实环保投资等十个方面，对保护和改善环境做出了规定。

（2）中央批转关于环境保护工作汇报要点，推动环保事业向前发展

1978 年 12 月 31 日，中共中央批转了国务院环境保护领导小组的《环境保护工作汇报要点》（以下简称《汇报要点》），指出：“我国环境污染在发展，有些地区达到了严重的程度，影响广大人民劳动、工作、学习和生活，危害人民群众健康和工农业生产的发展，群众反映强烈。”“消除污染，保护环境，是进行社会主义建设，实现四个现代化的一个重要组成部分……我们绝不能走先建设、后治理的弯路。我们要在建设的同时就解决环境保护污染的问题。”这是中国共产党历史上第一次以党中央的名义对环境保护工作作出的指示。它引起了各级党组织的重视，《汇报要点》的转批加快了全国各级环保系统的机构建设步伐，切实推动了我国环境保护事业的发展。

（3）第一部环境保护法将环保事业引入法制轨道

1979 年 9 月 13 日《中华人民共和国环境保护法（试行）》的颁布，是我国环境保护事业进入法制轨道的转折点。该法依据 1978 年宪法的原则规定，总结了我国环境保护的基本经验，参考国外环境法中行之有效的管理制度，对环境保护的对象、任务、方针和政策、环境保护的基本原则和制度，保护自然环境、防治污染和其他污染的基本要求和措施，环境管理的机构和职责，科学研究和教育，以及奖励和惩罚等作了全面的规定。该法的意义在于，它不仅规定了环境影响评价、“三同时”和排污收费等基本法律制度，而且明确要求从国务院到省、市、县各级政府设立环境保护机构；并第一次从法律上要求各部门和各级政府在制定国民经济和社会发展计划时，必须对环境的保护改善统筹安排并组织实施，为实现环境和经济的协

调提供了法律保障。它的颁布实施，带动了我国环境保护立法的全面开展。环境保护法的试行表明我国环保事业进入了法制轨道。这期间，我国制定了《中华人民共和国海洋环境保护法》(1982 年 8 月)，作为保护海洋环境的单行法，不仅对防治海岸工程、海洋石油作业、陆源污染物、船舶和倾废对海洋环境的污染损害作了系统规定，并首次在法律上明确了环境保护工作中实行环境保护部门统一监督、有关部门分工负责的环境管理体制。《中华人民共和国水污染防治法》(1984 年 5 月)、《中华人民共和国大气污染防治法》(1987 年 9 月)相继颁布，为有效防治水污染和大气污染提供了法律依据。同时还颁布了《中华人民共和国草原法》(1985 年)、《中华人民共和国水法》(1988 年 1 月) 等污染防治和自然资源保护方面的法律和一系列行政法规和规章。1989 年 12 月七届全国人大第十一次会议通过了《中华人民共和国环境保护法》。环境保护法律开始成为我国环境保护工作的重要支柱和保障，成为我国社会主义法律体系中新兴的、发展迅速的一个重要组成部分。1982 年排污收费制度正式建立，成为我国环境管理的一项基本制度，也是促进污染防治的一项重要经济政策。

（4）国民经济调整时期提出“谁污染、谁治理”原则

改革开放初期，环境保护工作主要结合经济调整的各项政策措施，认真贯彻执行《中华人民共和国环境保护法（试行）》，以污染防治作为重点，并采取相应的政策措施。1981 年，国务院发布《关于在国民经济调整时期加强环境保护工作的决定》，提出了“谁污染、谁治理”的原则，要求工厂企业必须切实负起治理污染的责任，对生产工艺落后、污染危害大又不好治理的工厂企业，根据实际情况有计划地“关”、“停”、“并”、“转”。对于布局不合理，资源能源浪费大，对环境污染严重又无有效治理的项目，应坚决停止建设。1985 年，国务院召开了全国城市环境保护工作会议，原则通过了《关于加强城市环境综合整治的决定》。开展城市环境综合整治，拉开了城市工业企业搬迁、城市基础设施建设、城市河道整治等城市环境整治工程的序幕，对于社会主义物质文明和精神文明建设具有重要意义。

（5）第二次环境保护会议首次提出环保是一项基本国策

1983 年 12 月国务院召开了第二次全国环境保护会议。会议的主要任务是总结过去 10 年环境保护工作经验，研究新时期环境保护的方针政策，确定近期和长远的环境保护奋斗目标和工作任务，使环境保护与经济建设统筹兼顾，同步发展。

这次会议的最大贡献有两个方面：一是明确提出了环境保护是一项基本国策；二是强调了经济建设和环境保护必须同步发展，要求经济建设、城乡建设和环境保护同步规划、同步实施、同步发展，做到经济效益、社会效益和生态效益的统一。基本国策的确立确定了环境保护在国家经济和社会发展中的重要地位，“三同步”与“三统一”是第一次在战略高度上确定了环境保护工作的指导方针，对环保事业的发展具有深远的影响，标志着我国的环境保护从单纯的污染治理开始转向重视经济、社会与环境协调发展的新阶段。

会议强调了要把自然资源的合理开发和充分利用作为环境保护的基本政策，加强对环境

保护工作的科学管理，进一步加强对环境保护工作的领导，落实环境保护的资金渠道。这些要求在 1984 年颁布的《国务院关于环境保护工作的决定》中得到了充分体现。该决定对建立环保体制和加强能力建设做出明确要求，包括成立国务院环境保护委员会、对相关部委的职能进行界定、在地方政府和大中型企业设置环保机构、将环保能力建设纳入中央和地方的投资计划，同时，对新建、扩建和改建项目 “三同时”、老企业污染治理资金来源以及采取鼓励综合利用的政策等做出具体规定。同年，国务院环委会成立，召开了多次工作会议，研究审议涉及国家和地方重大环境问题的规划、政策、规定、条例、决定等。国务院环委会的成立使环境保护冲破机构局限，加大了各部门在环境保护工作上的协调合作，对推动环保事业发展起到了积极作用。

（6）第三次环境保护会议提出向环境污染宣战，并强调加强制度建设

1989 年 4 月 28 日至 5 月 1 日，国务院召开了第三次全国环境保护会议。这次会议主要研究在治理经济环境、整顿经济秩序和全面深化改革中，如何治理环境污染、整顿生态环境，把环境保护工作推上一个新的阶段。

宋健同志在会议开幕式中强调要向环境污染宣战，表明了国家治理污染的决心。会议明确了到 1992 年的环境保护目标是：努力控制环境污染的发展，力争一些重点城市和地区的部分环境指标有所改善；努力制止自然生态环境恶化的趋势，力争局部地区有所好转，为实现 2000 年控制住环境污染发展的目标打下基础。同时，对工业废水排放量控制、二氧化硫排放量控制、工业固废综合利用率等提出了具体目标。但当时很大程度上“向污染宣战”的时机和条件不成熟，有些地方环保部门对加强环保执法工作还缺乏足够的信心和决心。同时对当时的环境问题的复杂性认识不足、准备不充分，此外受“89 风波”的影响，相关措施并未得到很好落实。

这次会议的一个具体贡献在于提出在治理整顿中建立环境保护工作的新秩序，其核心是加强制度建设，全面推行新老八项环境管理制度，即在实行环境影响评价、“三同时”、排污收费三项制度基础上，增加环境保护目标责任制、城市环境综合整治定量考核、排污许可证、污染集中控制和限期治理五项新制度；强化监督管理；不断完善环境保护法律法规，依法治理环境，把环境保护工作新秩序建立在法制的基础上。

为了落实第三次全国环境保护会议精神，1990 年，国务院颁布了《关于进一步加强环境保护工作的决定》（以下简称《决定》），强调了要严格执行环境保护法律法规和依法采取有效措施防治工业污染，具体是全面落实八项环境管理制度，并将实行环境保护目标责任制放到了突出的位置。与 20 世纪 80 年代初的两个《决定》相比，1990 年《决定》还有三个创新：一是强调了在资源开发利用中重视生态环境的保护，拓展了环保工作的领域，为 20 世纪 90 年代中期将生态保护与污染防治并重的环保战略的形成奠定了基础。二是根据当时国际环境合作日益活跃，世界环发大会召开在即的新形势，该《决定》首次提出要积极参与解决全球

环境问题的国际合作。三是将环境保护宣传教育和环境保护科学技术发展放到了重要的位置。

总体来看，这一时期中央对环保事业高度重视，1978 年批转的关于环境保护汇报纲要，是我党历史上第一次以中央的名义做出的环境保护工作的指示。三次环境保护会议从拉开环保事业序幕到基本制度的建立，推动了环境保护事业向前发展，环境保护法的试行将环境保护事业纳入法制化轨道。

3．建立环境保护的基本制度，重点整治凸显的环境问题

该阶段，我国的环保事业从无到有，经历了一个漫长的探索、发展过程，从建立机构到制度建设再到实施一系列环保措施。制度建设和对重点地区进行污染治理是这个阶段最鲜明的特征。其中伴随着改革开放和经济的快速发展，以基本国策为核心的环境保护理论体系、以排污收费制度、“三同时”制度、环境影响评价制度为主体的环保制度和以《环境保护法》为代表的法制体系等相继建立，为下一步大规模开展环境治理奠定了重要的制度基石。

这期间，环保机构建设也发生了巨大变化。从 20 世纪 70 年代，环境保护是国务院的一个工作办公室；到 80 年代初期，提升为城乡建设环境保护的一个司局；再到 80 年代末期，再次提升为国家环保局并作为国务院直属机构。

（1）环境保护制度建设奠定了环保工作的基础

该阶段建立了排污收费、环境影响评价、“三同时”制度、城市环境综合整治定量考核制度等环境保护基本制度体系，为环保的制度建设打下了坚实的基础。其中通过排污收费制度不仅遏制污染的排放还通过资金的筹集有力地支持了环境管理、监理、监测、宣传教育等项业务工作的开展。排污收费制度加强了企业管理，促进了企业污染治理，为企业治理污染源开辟了一条资金渠道，取得了一定的环境效益。我国的环境影响评价工作开始于 20 世纪 70 年代末，这一制度吸收美国、加拿大等发达国家环评工作的经验和方法，同时也是在国内许多城市和地区广为开展环境质量评价基础上发展形成的，它有力地推动了我国开发建设中的环境管理工作。“三同时”制度在基本建设项目和技术改造项目中严格控制新污染，与环境影响评价制度相辅相成，成为防止新污染的两大措施。通过实行城市环境综合整治定量考核制度，使城市的环境问题得到一定改善，城市基础设施建设取得新进展，提高了城市综合服务水平和污染防治能力，使城市环境管理水平明显提高。

（2）加大环境保护力度，重点进行“三废”治理

该阶段，国家在制定环境规划与计划，开展“三废”治理，限期整改和搬迁污染企业、推动城市环境综合整治、加大环保投入等方面取得了长足的进展。

一是制定环境保护规划与计划。为了在短期内控制环境恶化，改善环境质量，从 1974 年国务院环境保护领导小组成立之后，1974 年、1975 年、1976 年连续下发了《环境保护规划要点》、《关于环境保护的 10 年规划意见》与《关于编制环境保护长远规划的通知》三个文件，

并要求从 1977 年起，切实把环境保护纳入国民经济的长远规划和年度计划，为有计划地逐步解决环境污染问题奠定了基础。1981 年颁发的《国务院关于在国民经济调整时期加强环境保护工作的决定》，再次强调要加强国家对环境保护的计划指导，对工业布局、城镇分布、人口配置等问题进行统筹规划，创造适宜于人们生活和工作的良好环境，要求各级人民政府在制订国民经济和社会发展计划、规划时，必须把保护环境和自然资源作为综合平衡的重要内容，把环境保护的目标、要求和措施，切实纳入计划和规划，加强计划管理。工交、农林、科研、卫生等企事业单位及其主管部门，都要制定具体的环境保护目标和指标，在年度计划中作出安排。

二是开展以“三废”治理和综合利用为特点的污染防治。1973 年 8 月第一次全国环境保护会议之后，国务院在批转国家计委《关于全国环境保护会议情况的报告》和《关于保护和改善环境的若干规定》时指出：对所有的城市、河流、港口、工矿企业、事业单位的污染，要迅速做出治理规划，分批分期加以解决。从此，环境保护被提上议事日程，根据城市煤烟型污染的特点，城市环保工作主要开展了以点源治理为主的锅炉改造和安装除尘设备的消烟除尘工作。1975 年印发的《关于环境保护的 10 年规划意见》指出，对工矿企业不适当地排放“三废”，解决的办法其一是对现有工矿企业的污染进行积极治理，逐步消除；其二是新建、扩建、改建的工业项目，要同时采取防治措施，不再造成新的污染；其三是按照环境保护的要求，注意工业的合理布局。1977 年印发的《关于治理工业“三废”，开展综合利用的几项规定》，从经营管理、防止新污染、加强考核、合理利用、规划制定、收费规定、税收优惠、盈利规定、污染企业、科研监测、物资供给和人员需求 12 个方面作出了明确规定。

据不完全统计，1985 年，为控制大气污染，全国 10 万台污染严重的锅炉中，有 70%以上的进行了消烟除尘改造。通过改进燃烧方式和采取净化处理设施，解决了部分城市局部的环境污染。

三是开展城市环境综合整治，实施城市环境综合整治定量考核制度。通过开展城市环境综合整治，城市工业污染防治和城市基础设施建设得以快速发展，1985—1990 年，在工业稳定增长的情况下，工业烟尘和工业粉尘排放量由 2 600 万 t 下降到 2 100 万 t，万元产值工业废水排放量由 310 t 下降到 180 t。北京市发展城市煤气、建设城市集中供热体系，解决城市大气煤烟型污染的状况，1986 年颁布了《关于在规划市区内征收城市“四源”建设费暂行规定》，通过价格手段推进煤气厂建设，促进大气环境质量的改善。天津城市环境治理工作，主要从调整城市发展结构入手改善城市环境。在产业结构调整过程中，实行污染企业搬迁，同时开展小电镀治理工作，建立了全国首家最大的城市二级污水处理厂——日处理城市混合污水 26 万 t 的纪庄子污水处理厂。城市环境综合整治已经逐渐从单一的污染治理转到从城市发展全局出发进行防治，取得了成效。城市环境治理的成功也成为该阶段环境发展过程中闪亮的一页。

曾经被称为“卫星上看不见的城市”的辽宁省本溪市，通过城市环境综合整治、生态建设、加大消烟除尘力度，使全市污染严重的21条“烟龙”、17股污水、两座废渣山得到治理，建成 220 km^2 的环城森林公园，环境状况得到明显改善。革命圣地延安市的大气污染也曾一度引起国内外媒体的高度关注。在中央的支持下，在当地政府的努力下，延安市的大气环境质量也得到明显改善。

四是对污染危害严重的工厂进行限期治理。从 1973 年开始，官厅水库、蓟运河、渤黄海等污染问题日趋突出，环境污染已经到了非解决不可的时候了。在周恩来总理的亲切关怀下，国务院连续召开会议，研究污染治理对策，其中的一项重要措施就是对那些污染危害严重的工厂进行限期治理、限期搬迁和转产。1978 年，由国家计委、国家经委、国务院环境保护领导小组提出了一批严重污染环境的重点工矿企业名单，涉及 167 个企业、227 个重点项目，重点解决重金属、酚、氰、油、高浓度有机污染物。在此期间，各省市自治区也相继下达了多批地方限期治理项目，总数达 12 万个，重金属等污染得到明显控制。

五是明确环境保护的资金渠道。1976 年由国家计委和国务院环境保护领导小组联合下发的《关于编制环境保护长远规划的通知》，首次对环境保护的资金渠道提出了明确要求：其一是新建、扩建、改建项目的“三废”治理工程所需投资，随主体工程由各部门、各地区在建设投资中安排；其二是现有企业治理污染所需资金，主要在“固定资产更新和技术改造资金”中解决。工程量大、费用多的治理项目，应分别纳入各部门、各地区的基本建设计划。国务院各部直属、直供企业，由各部负责安排解决；地方企业由地方负责安排解决。城市排水管网的污水处理设施建设，在城市建设费用中安排解决；其三是凡属“三不管”的污染治理项目和事情，其所需资金在国家“五五”规划已分配给各省、市、区的环境保护补助投资中解决。该阶段，大力加强环保力度，城市烟尘治理、环境卫生等取得积极进展，但是流域、区域性污染开始出现，1987 年、1988 年的淮河污染事件，标志着环境污染开始向流域蔓延。同时由于经济高速发展，二氧化硫排放强度逐年增加，酸雨问题日趋严重。虽然环保投入渠道明确，但落实情况并不好，企业治污资金和城市环境整治资金长期缺口较大。

总体上，这个阶段是十年动乱结束，国家进入治理整顿阶段。改革开放以后，国民经济从复苏进入振兴，在此背景下环保起步，初步明确了环境保护在社会经济发展中的地位和作用，开始从宏观上理顺经济建设和环境保护的关系；成立了独立的环境保护机构，进行了环境保护立法、制定了环境保护政策和制度，加强了重点地区环境污染的整治力度。但是由于改革开放初期，乡镇企业不断发展壮大，环境保护工作没有及时跟上经济发展形势，对乡镇企业的环境污染监管处于失控状态，“十五小”导致环境急剧恶化，环境问题从点到面、从城市到农村蔓延的局面，造成的环境问题十分严重。尽管此阶段国家环保工作在不断加强，但环境不断恶化的趋势没有得到遏制。

（二）第二阶段，流域整治、强化执法阶段（1994—2004）

1．经济高速发展，环境事故频发，流域性污染问题严重

自 1993 年开始，我国工业化进程开始进入第一轮重化工时代。在此期间，产业结构重工业产值比重开始明显超过轻工业，电力、钢铁、机械设备、汽车、造船、化工、电子、建材等产业成为经济增长的主要动力，以满足居民住、行的“大额消费”需求。高增长行业包括能源和原材料行业，如石油及天然气等开采业；基础设施和基础产业，如公路、港口和电力等；家电产品，如彩电、冰箱、洗衣机和空调机等。“九五”时期，国内生产总值年平均实际增长 8.3%，2002—2005 年，我国经济快速发展，增长率连续四年超过 10%，继 2002 年我国人均 GDP 首次超过 1 000 美元，达到 1 100 美元后，2005 年又超过 1 700 美元，成为改革开放以来经济增长快、持续时间长的时期之一。

与此同时，城市化进程加快，1999 年城市化率比 1978 年的 17.92%整整增加了一倍，到 2005 年提高到 43%。城乡人民生活进一步提高，居民消费结构不断改善，食物性消费支出比重继续下降，耐用消费品拥有量不断增加，并逐渐向高档化发展。但是，由于经济增长方式粗放，技术和管理水平落后，资源、能源的消耗量也大幅度增加，煤炭消耗量由 2002 年的 152 812 万 t 上升为 2005 年的 218 203 万 t，增长了近 43%。直接导致主要污染物排放量居高不下，2005 年二氧化硫和 COD 排放量分别为 2 549.3 万 t 和 1 414.2 万 t，分别比 2002 年增长了 32.3%和 3.5%。污染影响的范围也逐渐扩大，以城市为中心的环境污染仍在加剧，并且向农村蔓延，生态破坏的范围仍在扩大。农业在有限的耕地面积上产值不断提高，然而由于大量农药、化肥以及塑料薄膜的使用，农业面源污染问题开始凸显。一些地区的环境污染和生态破坏已经阻碍了经济的健康发展，甚至对人民群众的健康构成了直接威胁。

伴随粗放式经济的高速发展，我国进入环境问题全面爆发期。工业污染和生态破坏总体呈加剧趋势。在污染结构上，城市生活型污染开始凸显，复合型和压缩型污染特征形成。20 世纪 80 年代末，淮河水质明显恶化，当地居民反应强烈，大面积的死鱼事件相继发生，甚至污染了一些农村的饮用水。1994 年淮河再次爆发污染事故，干流 300 km 河道如酱油一般，敲响了环境安全警钟。进入 21 世纪，我国部分流域的水污染已经从局部河段向全流域蔓延，重大污染事件集中爆发，标志着我国因历史上污染累积带来的环境事故已进入高发期。2003 年，全国共发生 17 起特大和重大污染事故，其中造成人员死亡和集体中毒事件 10 起，水污染影响社会稳定和较大经济损失 7 起。这 17 起污染事故，共造成 249 人死亡（其中重庆开县“12·23”井喷事故死亡 234 人），600 多人中毒，波及群众近 3 万人。2004 年 7 月 20 日至 27 日，淮河爆发有史以来最大的污染团，充斥河面的黑色污水带全长 133 km，总量超过 5 亿 t。2004 年 3 月，四川成都市青白江区的川化集团违法排污，造成沱江特大污染事故，沿岸上百

万群众生产生活用水困难，水生态功能遭到严重破坏。

2. 在可持续发展思想指导下，环境保护重大决策频频出台

（1）加快了落实环境保护基本国策和可持续发展战略的步伐

1994 年 3 月 25 日，国务院第十六次常务会议讨论通过了《中国 21 世纪议程》，从人口、环境与发展的具体国情出发，提出了中国实施可持续发展的总体战略、对策以及行动方案。1996 年 3 月，第八次全国人民代表大会第四次会议审议通过《中华人民共和国国民经济和社会发展“九五”计划和 2010 年远景目标纲要》，把实施可持续发展作为现代化建设的一项重大战略写入纲要之中。2002 年 8 月 26 日—9 月 4 日，我国参加在南非约翰内斯堡举行的联合国可持续发展世界首脑会议。朱镕基总理在会上全面阐述中国对可持续发展问题的原则立场，宣传介绍中国的环境保护和经济社会发展经验，呼吁各国深化对可持续发展的认识，改变传统的发展思路和模式，同时宣布中国政府核准《京都议定书》，引起强烈反响，许多国家对此给予高度评价。2002 年党的十六大明确提出经济建设要“走出一条科技含量高、经济效益好、资源消耗低、环境污染少、人力资源优势得到充分发挥的新型工业化路子”。同年，江泽民总书记在全球环境基金第二次成员国大会上指出：“只有走以最有效利用资源和保护环境为基础的循环经济之路，可持续发展才能实现。”这些重大战略决策，对不断提高资源环境保障能力，解决我国经济发展与资源环境矛盾，实现国民经济又快又好发展具有重要意义。

（2）正确认识经济发展同人口、资源、环境的关系

面对日益严峻的环境形势，国务院分别在 1996 年和 2002 年召开了第四次和第五次全国环境保护会议，重申环境保护的重要战略地位，并进一步做出重大部署。1996 年《国务院关于环境保护若干问题的决定》中明确提出，“保护环境的实质就是保护生产力”，将环境保护的意义提升到保护生产力的战略高度，并采取关停“十五小”、“一控双达标”等重大措施，对推动环境污染治理发挥了重要作用。2002 年第五次全国环境保护会议上朱镕基总理又进一步强调，“加快经济建设绝不能以破坏环境为代价，绝不能把环境保护同经济发展对立起来或割裂开来，绝不能走先污染后治理的老路”。

1995 年 9 月，江泽民总书记在中共十四届五中全会《正确处理社会主义现代化建设中的若干重大关系》的讲话中指出，在现代化建设中，必须把实现可持续发展作为一个重大战略，把控制人口、节约资源、保护环境放到重要位置，使人口增长与社会生产力的发展相适应，使经济建设与资源、环境相协调，实现良性循环。1998 年国家将原来每年举行的中央计划生育工作座谈会改为中央计划生育和环境保护工作座谈会，1999 年又改为中央人口资源环境工作座谈会，此后每年 3 月“两会”期间举行，结合具体形势讨论国家经济建设中遇到的重大人口、资源、环境问题。2000 年将人口资源环境工作上升到关系我国经济和社会的安全、人民生活的质量、中华民族生存和发展的战略高度。2002 年，提出正确处理经济发展同人口资

源环境的关系，必须高度重视并切实解决经济增长方式的转变问题，按照可持续发展的要求，促进人和自然的协调与和谐，努力开创生产发展、生活富裕、生态良好的文明发展道路。

2003 年 3 月 9 日，胡锦涛总书记主持召开中央人口资源环境工作座谈会，进一步提出人口资源环境工作是强国富民安天下的大事，是全面建设小康社会的必然要求；2004 年，提出要以科学发展观为统领，做好人口资源环境工作。2005 年中央人口资源环境工作座谈会议上，提出了“努力建设资源节约型、环境友好型社会”的战略目标。

（3）强化环保部门的统一监督管理职能

为了进一步加强对环境保护工作的指导，落实国务院关于环境保护工作的部署，1998 年 4 月国家环保局升格为国家环保总局，作为国务院直属机构，国务院环境保护委员会撤销，有关组织协调的职能由国家环境保护总局承担。同年 6 月，国家核安全局并入国家环境保护总局，内设机构为核安全与辐射环境管理司（国家核安全局）。2003 年 12 月，为加强对放射源安全的统一监管，中编办印发《关于放射源安全监管部门职责分工的通知》，明确环保部门统一负责放射源的生产、进出口、销售、使用、运输、贮存和废弃处置安全的监管。至此，核与辐射安全监管全部成为环保部门的一项重要职能。

为了更好地完成协调管理环境事务的新职能，由国家环境保护总局牵头，分别建立了相关部际联席会议制度。2001 年 3 月 14 日，牵头召开了全国生态环境建设部际联席会议第一次会议，7 月国家环保总局发文建立全国环境保护部际联席会议制度；2003 年 8 月，经国务院批准，由国家环境保护总局牵头正式建立生物物种资源保护部际联席会议制度。但是由于环境问题的复杂性以及当时部际协调机制还不完善，使得污染治理和生态保护的统一监督管理能力并没有得到实质性的加强。

（4）全面治理环境污染、恢复和重建自然生态系统

1996—2002 年，是强化执法、全面治理污染和保护生态的一段重要时期，环境保护的领域与职能不断扩展，已经由单纯的工业污染治理扩展到生活污染治理、生态保护、农村环境保护、核安全监管、突发环境事件应急等各个重要领域，并且开始逐步参与国民经济发展的综合决策过程。

①由点源治理向区域、流域综合治理转变。

20 世纪 90 年代中期，国家提出了污染防治抓重点区域，以重点带全面，推进全国环境保护工作的政策。其标志性举措是 1994 年第一次淮河流域水污染治理和 1996 年开始实施的《中国跨世纪绿色工程规划》。

由于 20 世纪 80 年代大量乡镇企业无序发展，缺乏有效环境监管，淮河干流在 1989 年、1992 年、1994 年相继发生特大水污染事故，引起国家领导高度重视。1994 年初全国环境保护厅局长会议专门对此研究对策。1994 年 5 月，国务院环境保护委员会召开淮河流域环境保护执法检查现场会，宋健同志和国家 10 个部委的领导、沿淮四省政府主管负责人察看了淮河

污染情况，直接部署治理工作，拉开了淮河流域大规模治理水污染的序幕。1994 年 6 月，由国家环保局、水利部和河南、安徽、江苏、山东沿淮四省共同颁布《关于淮河流域防止河道突发性污染事故的决定（试行）》。这是我国大江大河水污染预防的第一个规章制度。1995 年 8 月，国务院签发了我国历史上第一部流域性法规——《淮河流域水污染防治暂行条例》，明确了淮河流域水污染防治目标："1997 年实现全流域工业污染源达标排放；2000 年淮河流域各主要河段、湖泊、水库的水质达到淮河流域水污染防治规划的要求，实现淮河水体变清。"仅 1996 年一年，全流域 4 000 多家"十五小"企业被关闭。

中国跨世纪绿色工程规划是《国家环境保护"九五"计划和 2010 年远景目标》的一个重要组成部分，按照突出重点、技术经济可行和发挥综合效益的基本原则，对流域性水污染、区域性大气污染实施分期综合治理。到 2010 年共实施项目 1 591 个，投入资金 1 880 亿元。先后确定了"九五"期间全国污染防治的重点地区，简称"33211"工程，即"三河"（淮河、辽河、海河）、"三湖"（太湖、滇池、巢湖）、"两控区"（二氧化硫控制区和酸雨控制区）、"一市"（北京市）、"一海"（渤海），重点集中力量解决危及人民生活、危害身体健康、严重影响景观、制约经济社会发展的环境问题。同时提出了"一控双达标"的环保工作新思路，即要实施污染物排放总量控制，工业污染源排放污染物要达到国家或地方规定的标准；直辖市及省会城市、经济特区城市、沿海开放城市和重点旅游城市的环境空气、地面水环境质量，按功能分区分别达到国家规定的有关标准。

——重点流域水污染防治。"三河"、"三湖"流域面积达 81 万 km^2，跨越全国 14 个省（市），居住人口 3.6 亿。国家制定并实施重点流域"九五"、"十五"（2001—2005 年）水污染防治计划，实行污染物总量控制制度，将总量削减指标落实到排污单位，逐步完善排污许可证管理方式，并建设了一批重点治理工程项目。根据国务院新闻办公室 2006 年发布的数据，截至 2005 年底，列入重点流域水污染防治"十五"计划的 2 130 个项目中，已完成 1 378 项，占项目总数的 65%。

——"两控区"污染防治。1998 年我国政府批准划定了酸雨控制区和二氧化硫控制区，涉及 27 个省、自治区、直辖市的 175 个城市、地区，总面积约为 109 万 km^2。国家在"两控区"内进行能源结构调整，推广清洁燃料和低硫煤，大中城市禁止民用炉灶燃用散煤。与 1998 年相比，2005 年二氧化硫控制区内二氧化硫年均浓度达标城市比例由 32.8%增加到 45.2%；2005 年酸雨控制区内二氧化硫年均浓度超过国家三级标准的城市比例由 15.7%下降到 4.5%。

——北京市大气污染治理。自 1998 年以来，北京市连续实施了大气污染控制措施。天然气、电采暖、地源热泵、建筑节能等清洁能源利用技术和节能技术进一步推广；严格机动车排放管理，对在用机动车实施了环保标志管理，对高排放黄标车采取限行措施，2005 年提前实施了国家第三阶段排放标准（相当于欧洲三号标准）；加大建筑工地管理，加强对道路机械清扫、冲刷和喷雾压尘工作的监督检查，并对市区 100 多家污染企业实施关停搬迁，全市水泥立窑生产线全部关停。经过积极治理，北京市蓝天数量大幅度增加。

——渤海污染治理。2001 年我国政府批复《渤海碧海行动计划》。截至 2005 年底，265 个各类治理项目（不含自然保护区项目）已完成了项目总数的 63%。投资达 175 亿元人民币，其中新建城市污水处理厂 44 个，形成污水日处理能力 355.3 万 t，新建城市垃圾处理场 18 个，形成垃圾日处理能力 7 000 多 t，新建生态农业、生态养殖项目 89 个，新建船舶港口和溢油反应项目 9 项，初步遏制了渤海海域环境继续恶化的趋势。

“十五”期间还加强了三峡库区和南水北调工程沿线的水污染治理，启动了长江上游、黄河中游和松花江流域的水污染综合治理，并将 113 个大气污染防治重点城市也确定为全国污染防治工作的重点。

虽然 20 世纪 90 年代中期提出的淮河、太湖要在 2000 年零点以前实现水体变清的目标(“零点行动”）超出了现实的可能，但重点区域的污染防治改善了局部地区的环境质量，防止了环境形势的全面恶化。

②实施清洁生产。

20 世纪 90 年代初，我国的污染治理基本是以末端治理为主，进入 20 世纪 90 年代以后，开始关注污染源头治理，其标志性行动是推行清洁生产和发展循环经济。1997 年国家环保局发布了《关于推行清洁生产的若干意见》，要求各地环保主管部门将清洁生产纳入已有的环境管理政策中。2002 年 6 月，第九届全国人大常委会第二十八次会议通过《清洁生产促进法》，标志着清洁生产和全过程控制进入新的法制化和规范化管理轨道。国务院主管部门发布了《国家重点行业清洁生产技术导向目标》，在环保部门、经济综合部门以及工业行业管理部门的推进下，全国绝大多数省、自治区、直辖市都开展了清洁生产示范项目，涉及化工、轻工、建材、冶金、石化等 14 个行业；1999 年开始在工业集中地区、经济开发区积极推动生态工业园区试点，2000 年以来，循环经济在江苏、山东、广西等省（自治区）和冶金、化工、食品等行业率先发展。

此外，运用环保规划、ISO 14000 环境管理体系认证以及强化完善环境影响评价等手段实现源头治理、决策管理的全过程控制。在 1992 年开始正式编制全国环境保护年度工作计划的基础上，从“九五”正式开始编制国家环境保护五年规划，将环境保护规划纳入国民经济发展总规划中。此外，还逐步建立生产者责任延伸制度，促进产品生态设计。ISO 14000 环境管理体系认证在企业、行政机关和研究机构等单位逐步实行。截至 2006 年 8 月中旬，全国已有化工、轻工、电力、煤炭、机械、建材等行业 5 000 多家企业通过了清洁生产审核，全国已有 12 000 多家企业获得了 ISO 14000 环境管理体系认证，1 200 多家企业、20 000 多种规格型号产品获得我国环境标志认证，年产值约 700 亿元人民币。

③启动一系列生态保护重大工程。

1996 年 7 月国务院召开的第四次全国环境保护会议提出“环境保护工作要坚持防治污染

和保护生态并重的方针”。生态保护进入了新的发展阶段。1998 年长江、嫩江、松花江特大洪水以后，使人们清楚地认识了自然灾害与生态环境破坏的关系。党中央、国务院进一步加大了生态保护力度，出台了一系列重大措施，启动了若干重大生态建设与保护项目或工程。

1998 年 11 月，国务院颁布《全国生态环境建设规划》，提出“保护和建设好生态环境，实现可持续发展，是我国现代化建设中必须始终坚持的一项基本方针”。2000 年 12 月，国务院办公厅印发《全国生态环境保护纲要》。2002 年 3 月，国家环境保护总局印发国务院批复的《全国生态环境保护“十五”计划》。2003 年 5 月国家环境保护总局发布《生态县、生态市、生态省建设指标（试行）》，进一步深化生态示范区建设。

为贯彻落实近年来中央人口资源环境工作座谈会关于“加快生态环境调查，抓紧制定生态功能区划和生态保护规划”的精神，2000—2003 年，国家环境保护总局会同有关部门和单位相继开展了西部地区生态环境现状调查和中东部地区生态环境现状调查，深入揭示了我国生态环境现状、存在问题及成因，对推动我国生态保护奠定了坚实的科学基础。2001 年 3 月，国家环保总局批准 10 个地区为国家级生态功能保护区建设试点。6 月，国家环保总局和科技部联合在北京举行“中国生态系统评估研究计划”启动仪式。

1999 年国家开展了退耕还林、还草工程试点，涉及全国 17 个省（自治区、直辖市）和新疆生产建设兵团的 188 个县，优先在水土流失、沙化、盐碱化、石漠化严重地区，生态地位重要、粮食产量低而不稳的 25 度以上的陡坡地段及江河源头、湖库周围等生态地位重要区域的耕地开展退耕还林。2002 年 12 月，国务院颁布了《退耕还林条例》，使退耕还林进一步制度化、规范化。为巩固退耕还林成果，解决退耕农户生活困难和长远生计问题，国务院于 2007 年 8 月又发布了《关于完善退耕还林政策的通知》，进一步完善了退耕还林政策。

从 2000 年开始，国家投资千亿元的天然林资源保护工程也全面启动，重点保护长江上游、黄河中上游和东北国有林天然林资源。同时推进退田还湖，生活在湖区的 55 万农民迁往外地或高地定居，大量的堤垸重新成为湖泊或行洪道。到 2002 年，洞庭湖区有 37 万多人免除了洪灾的侵扰，每年减少直接经济损失 5 亿多元，降低防汛抢险投入 4 000 多万元。

针对 2000 年以来多次出现大范围的沙尘暴，2006 年 6 月，国务院发布了《关于禁止采集和销售发菜制止滥挖甘草和麻黄草有关问题的通知》，对推动草原地区生态保护起到了积极作用。

2005 年 8 月，青海三江源自然保护区生态保护和建设工程在青海西宁正式启动。2005 年国务院《关于落实科学发展观加强环境保护的决定》提出了国家的重点环保工程，包括危险废物处置工程、城市污水处理工程、垃圾无害化处理工程、燃煤电厂脱硫工程、重要生态功能保护区和自然保护区建设工程、农村小康环保行动工程、核与辐射环境安全工程、环境管理能力建设工程。

④加强防范突发环境事件。

1994 年 9 月，国家环保局成立重大环境污染与自然生态破坏事故应急处理工作领导小组，负责对全国重大环境污染与生态破坏事故做出应急响应，指导、协助地方做好事故的处理工作。2002 年 3 月，国家环保总局又开始组建国家环境保护总局环境应急与事故调查中心。面对日益增多的突发环境事件，国家制定和完善了一系列涉及重点流域敏感水域水环境、大气环境、危险化学品（废弃化学品）应急预案和核与辐射应急方案（2001 年）等九个相关环境应急预案，国家环保总局印发《国家环境保护总局核事故与辐射事故应急响应方案》，以及《处置化学恐怖袭击事件应急预案》（2002 年）、《处置核与辐射恐怖袭击事件应急预案》（2002 年）、《黄河流域敏感河段水环境应急预案》（2003 年）、《农业重大有害生物及外来生物入侵突发事件应急预案》（2004 年）、《农业环境污染突发事件应急预案》（2005 年）等突发环境事件应急预案。2005 年我国政府制定的《国家突发环境事件应急预案》，对突发环境事件信息接收、报告、处理、统计分析，以及预警信息监控、信息发布等提出明确要求。针对松花江污染事故，2005 年 12 月，国家环保总局发出紧急通知，在全国范围内开展环境安全大检查，对重要江河干流及其主要支流沿线的大中型企业，特别是城镇集中式饮用水水源地上游和城乡居民集中居住区周围的大中型化工企业开展重点检查。

⑤环保投入逐年增加。

面对严峻的环境形势，国家加大了环境治理力度，强化了环保部门统一监督管理职能，环境保护的领域与职能不断扩展。

与此同时，环境保护投入也迅速增加。“九五”期间的环保投资是“八五”期间的 2.7 倍，达到 3 516.4 亿元。1999 年环保投入占 GDP 比例首次突破 1.0%。“十五”期间环境保护投资为 8 399.1 亿元，占同期 GDP 比例的 1.31%，按照经济普查调整后的全国 GDP 数据，“十五”期间环保投资占同期 GDP 比例 1.19%。环保投资的增长，加快了城市环境基础设施的建设，提高了城市污水和垃圾处理率。但由于环保投资历史欠账多，资金需求大，我国近 30 年来环保领域的投资无论从数量上还是从现实效果看，仍然处于比较低的水平。

3. 强化环境执法与监督

（1）加大对乡镇企业的环境管理力度

1996 年国务院发布的《国务院关于环境保护若干问题的决定》加大了环境管理力度，尤其是加强对乡镇企业的环境管理，规定在 1996 年 9 月 30 日以前，对年产 5 000 t 以下的造纸厂、年产折牛皮 3 万张以下的制革厂、年产 500 t 以下的染料厂，以及采用“坑式”和“萍乡式”、“天地罐”和“敞开式”等落后方式炼焦、炼硫的企业，责令取缔；对土法炼砷、炼汞、炼铅锌、炼油、选金和农药、漂染、电镀以及生产石棉制品、放射性制品等企业，责令关闭或停产。根据《国务院关于环境保护若干问题的决定》的要求和部署，“九五”期间，国家关闭了 8 万多家严重浪费资源、污染环境的小企业，对防止不符合产业政策的小企业对环境的污染和破坏，对保护资源起到了重大的作用。同时，还把 20 世纪 70 年代末以来逐步推行的污染限期治理制度化，排污单位超标排放污染物的，责令限期治理。限期治理的期限可视不同情况定为 1～3 年，对逾期未完成治理任务的，由县级以上人民政府依法责令其关闭、停业或转产。2003 年 11 月，国家环境保护总局颁布《〈环境保护行政处罚办法〉修正案》，用以规范环境保护行政处罚行为，保障和监督环境保护行政主管部门有效实施环境管理，保护公民、法人和其他组织的合法权益。

（2）严肃查处环境违法行为

1997 年《刑法》修订中，增设了“破坏环境资源保护罪”规定，对一些污染环境、破坏资源的行为规定了刑事处罚。2001 年 5 月经国务院批准，国家环保总局、国家经贸委、监察部、国家林业局联合召开电视电话会，部署全国严肃查处环境违法行为专项行动。2003 年 7 月，国家环境保护总局又印发了《关于加强环境保护重点案件的督办和移送工作的通知》。

（3）加快淘汰落后产能

2001—2004 年，国家连续三次发布淘汰落后生产能力、工艺和产品目录，淘汰 3 万多家浪费资源、污染严重的企业，并对资源消耗大、环境污染重的钢铁、水泥、电解铝、铁合金、电石、炼焦、皂素、铬盐 8 个重污染行业进行集中整顿，停建、缓建项目 1 900 多个。2005 年，关停污染严重、不符合产业政策的钢铁、水泥、铁合金、炼焦、造纸、纺织印染等企业 2 600 多家，并对水泥、电力、钢铁、造纸、化工等重污染行业积极开展综合治理和技术改造，使这些行业在产量逐年增加的情况下，主要污染物排放强度呈持续下降趋势。

总之，这一时期随着污染由点到面，向流域和区域蔓延，各级政府越来越重视污染防治工作，环保投入不断增大，污染防治工作开始由工业领域逐渐转向城市，城市环境综合整治工作取得积极进展。但是由于对环境问题的长期性、艰巨性、复杂性认识不够，思想和行动上准备不足，出现了环境目标制定脱离现实等问题，治理方式主要依赖行政手段，最终导致环境治理总体效果很不理想。

（三）第三阶段，全防全控、优化增长阶段（2005 年至今）

2005 年以来我国开始进入环境污染事故高发期。环境事件呈现频度高、地域广、影响大、涉及面宽、水污染突出的态势，污染事故和环境公害污染引发的群体性事件呈上升趋势。2005 年 11 月发生松花江重大水污染事件以后，相继又发生 2005 年 12 月广东北江流域镉污染，2006 年 8 月吉林省牤牛河水污染，9 月甘肃徽县铅中毒、湖南岳阳水源砷污染，2007 年 5 月底江苏无锡太湖蓝藻、2008 年 6 月云南阳宗海砷污染、2009 年 2 月盐城饮用水污染等水污染事件，严重影响了广大人民群众正常的生产、生活秩序和我国的国际形象。由环境问题引发的群体性事件，也呈加速上升趋势。2005 年 4 月浙江东阳市画水镇、7 月新昌县、8 月长兴县等五起群体性事件，以及 2007 年 6 月厦门 PX 事件，北京六里屯事件、2008 年北京高安屯事件等群体性事件，表明环境问题越来越影响社会稳定。2009 年陕西凤翔铅污染事件、湖南浏阳镉污染事件等，环境污染引发的健康问题也日益突出。

“十五”期间，我国社会、经济发展各项指标大都取得预期结果，而环境保护指标未能完成，环境质量恶化趋势没有得到有效遏制，环境与发展之间的矛盾日益尖锐。为了解决环境保护长期滞后于经济、社会发展的问题，在科学发展观的指导下，2006 年党中央、国务院提出了环保“历史性转变”的要求，从国家战略层面提出调整经济发展与环境保护的关系。环保领域逐渐形成了广泛共识，即把环境保护理念和要求全面渗透到经济社会发展中，把环境保护放到生产、流通、分配、消费的再生产的全过程中，全面防控环境污染和资源环境损耗。环境容量成为区域布局的重要依据，环境管理成为结构调整的重要手段，环境标准成为市场准入的重要条件，环境成本成为价格形成机制的重要因素。

该阶段环境治理思路显示了五个方面的特点：一是建设生态文明，加快“历史性转变”，积极探索中国环境保护新道路成为环境保护工作的主线。二是立足从国家宏观战略层面解决环境问题，把环境保护理念和要求全面渗透到经济社会发展中。三是调整环境保护与经济发展之间的关系，着手改变环境保护落后于经济发展的局面，用环境保护优化经济增长，加快转变经济发展方式，调整经济结构。四是环境管理和科技支撑得到强化，污染防治由被动应对转向主动防控。污染减排成为国家“十一五”规划必须完成的约束性指标。五是形成了环境保护全面推进、重点突破的总体工作思路。

在上述理念和新举措的推动下，这一阶段我国环境治理工作出现了新进展，2007 年、2008 年化学需氧量（COD）和二氧化硫（SO_2）两项指标出现连续两年双下降。

1. 形成加快历史性转变、建设生态文明的环保理念

十六届三中全会提出科学发展观重要理念以后，环保领域形成了把科学发展观作为政治信仰来追求，作为科学真理来坚持，作为行动指南来践行的大局认识。以人为本、历史性转变、建设生态文明成为指导环境保护工作的重要理念。

（1）环境保护在国家发展大局中的地位显著提高

胡锦涛总书记主持中央政治局常委会专门听取环境保护工作的汇报，温家宝总理先后三次专门主持召开常务会议，听取环境保护工作思路和松花江治理的汇报。在此基础上，2005 年 12 月国务院发布了《关于落实科学发展观加强环境保护的决定》（以下简称《决定》），描绘了我国 5～15 年环保发展的宏伟蓝图，确立了以人为本的环保宗旨，成为指导我国经济社会与环境协调发展的纲领性文件。国务院《决定》不仅空前地提高了环保地位，而且显示出国家环保理念的发展，即必须从国家发展的大局解决环境问题，必须把环境问题与经济、社会发展结合起来解决，重视综合机制建设。

围绕国务院《决定》确定的七项重点任务，环保部门提出了全面推进、重点突破的总体

工作思路，下决心切实解决突出的环境问题。主要内容是：第一，突出一个重点。就是国务院《决定》提出的七项重点任务：水污染防治、大气污染防治、城市环境保护、农村环境保护、生态保护、核与辐射环境安全、国家环保工程。这七项重点任务的重中之重是污染防治，首要任务是保障群众饮水安全。第二，办好两件大事，即建设先进的环境监测预警体系和完备的环境执法监督体系。第三，严格执行环境影响评价制度、污染物排放总量控制制度、环境目标责任制三项制度。第四，强化环境政策法制、宣传教育、科技、国际合作四项工作。第五，全面开展思想、组织、作风、业务、制度五大建设。第六，处理好六个关系。就是正确处理经济与环境、当前与长远、政府与市场、中央与地方，以及城市与农村环保工作、区域之间环境保护的关系。

（2）做出建设资源节约型、环境友好型社会的重要部署

2006 年 3 月，十届全国人大四次会议通过了《关于国民经济和社会发展第十一个五年规划纲要》的决议。国家“十一五”规划纲要在人与自然的关系上，针对我国资源环境压力不断增大的突出问题，提出了建设资源节约型社会和环境友好型社会的战略任务和具体措施。“十一五”规划纲要第六篇专门提出落实节约资源和保护环境基本国策，建设低投入、高产出，低消耗、少排放，能循环、可持续的国民经济体系和资源节约型、环境友好型社会（简称“两型社会”）的战略任务，从发展循环经济、保护修复自然生态、加大环境保护力度、强化资源管理、合理利用海洋和气候资源等方面进行了重点部署。

（3）提出加快实现环境保护历史性转变的战略要求

2005 年 11 月发生了松花江重大水污染事件，党中央、国务院领导对此予以高度关注，多次做出重要指示，要求有关地方和部门采取有效措施，积极应对，减少污染造成的损失。松花江水污染事件提醒人们，在经济蓬勃发展之际，我国正面临严峻的环境挑战，引发了对我国经济社会发展更深层问题的忧思。从潜在的各种危机以及发展方式看，必须正视经济高速增长带来的环境危机并没有缓解，必须正视环境潜在风险还很多，必须正视我国的环境保护基础还相对薄弱，环境保护滞后于经济发展的事实。基于对环境与经济关系的深刻认识，在落实科学发展观的背景下，2006 年 4 月国务院召开第六次全国环保大会提出了“三个转变”的战略思想，标志着我国环境保护进入了以保护环境优化经济增长的全新阶段。温家宝总理在大会上强调，做好新形势下的环保工作，关键是加快实现三个转变：一是从重经济增长轻环境保护转变为保护环境与经济增长并重，在保护环境中求发展；二是从环境保护滞后于经济发展转变为环境保护和经济发展同步，做到不欠新账，多还旧账，改变先污染后治理、边治理边破坏的状况；三是从主要用行政办法保护环境转变为综合运用法律、经济、技术和必要的行政办法解决环境问题，自觉遵循经济规律和自然规律，提高环境保护工作水平。这次会议的最大贡献在于，提出了“三个转变”的重大战略思想。历史性转变成为环境保护领域落实科学观重要的结合点和着力点，具有战略性、全局性、历史性的地位。加快历史性转变

成为新阶段环境保护的重要部署，并以此为标志，中国环境保护进入了以保护环境优化经济增长的新阶段。

（4）党的十七大首次提出建设生态文明的奋斗目标

2007 年 10 月，党的十七大首次把生态文明建设作为全面建设小康社会的新要求之一，为新时期的环保工作指明了方向，明确提出“到 2020 年基本形成节约能源资源和保护生态环境的产业结构、增长方式、消费模式。循环经济形成较大规模，可再生能源比重显著上升。主要污染物排放得到控制，生态环境质量明显改善。生态文明观念在全社会牢固树立的战略目标”。党和国家把建设生态文明作为一项战略任务和全面建设小康社会目标首次明确下来，标志着环境保护作为基本国策和全党意志，进入了国家政治经济社会生活的主干线、主战场、大舞台。十七大提出的奋斗目标，从更广泛的经济和社会角度提出了环境保护要求，体现了国家加强环境保护的坚强意志。

（5）环保领域积极探索中国环境保护新道路

2005 年以来，为了适应新的环境形势和环保事业发展的新要求，环保领域提出了探索中国环保新道路的重大理论和实践命题。从根本上讲，探索中国环保新道路，就是用生态文明建设的思维和手段，来审视、谋划、解决我国突出的环境问题，探索如何处理环境保护与经济社会协调发展的关系，逐步提升并发挥环境保护政策、法律、制度、措施作用，不断完善环境保护监督管理手段，在保证国民经济快速发展的同时，有效遏制环境污染和生态破坏，改善环境质量，探索一条代价小、可持续的环境优化经济发展的路子。中国环保新道路体现了中国环境保护的基本实践以及在这一实践中所形成的基本认识和基本模式，是实践和理论具体的历史的有机统一。

探索中国环保新道路一个突出特点是尊重自然规律，发挥自然净化功能、修复功能、调节能力，实施最严格的环境保护措施，既要着眼眼前行动，又要考虑到长远举措，既要把眼前的一些矛盾问题解决好，又要着眼长远从根本上改善环境质量，标本兼治，让不堪重负的江河湖泊“休养生息”。2008 年胡锦涛总书记在安徽视察淮河时，明确提出要让江河湖泊得以休养生息、恢复生机。

2. 立足国家战略层面解决环境问题，全面加强环境保护工作

（1）国家规划中首次提出约束性环境保护指标，进一步落实环保责任

国家“十一五”规划首次提出了两个约束性环境保护指标。2006 年 3 月，十届全国人大四次会议批准了《关于国民经济和社会发展第十一个五年规划纲要》，规划首次提出了单位国内生产总值能源消耗降低 20%左右、主要污染物排放总量减少 10%两项约束性环境保护指标，而约束性指标具有法律效力，是作为考核政府责任的硬杠杠。“十一五”规划充分显示出环境保护的地位和重要性得到空前提升，环境保护正在成为优化经济发展、调整经济结构、转

变经济增长方式的重要手段。

为落实好“十一五”规划提出的节能减排目标以及应对全球气候变化，2007 年国务院成立了应对气候变化及节能减排领导小组，由温家宝总理担任组长，国务院副总理担任副组长。国务院发布了《节能减排综合性工作方案》，整个方案包括 40 多条重大政策措施和多项具体目标，进一步落实节能减排各项任务。

制定国家层面的流域规划，进一步增强国家环保责任。2006 年 3 月国务院常务会议通过了《松花江流域水污染防治规划（2006—2010 年）》。2006 年 10 月国家环保总局、发展改革委和建设部联合印发通知，发布《松花江流域水污染防治规划（2006—2010 年）》。2007 年 10 月 10 日，国家环保总局、国家发展改革委、财政部等 5 部委印发《关于加强松花江流域水污染防治工作的通知》。截至 2008 年 5 月，淮河、海河、辽河、松花江、三峡库区及上游、丹江口库区及上游、滇池、巢湖流域水污染防治“十一五”规划和太湖流域水环境综合治理总体方案陆续经国务院批复实施。

国家环境保护“十一五”规划首次明确国家在环保投入方面的责任和目标。2007 年 11 月国务院印发了国家环境保护总局、国家发展改革委员会制定的《国家环境保护“十一五”规划》。首次以规划形式明确在“十一五”期间环保投资约占同期 GDP 的 1.35%。在投资来源方面，环境基础设施建设、重点流域综合治理等主要以地方各级政府投入为主，中央政府区别不同情况给予支持。

党的十七大报告提出全面建设小康社会奋斗目标的新要求，指出要“在优化结构、提高效益、降低消耗、保护环境的基础上，实现人均国内生产总值到二〇二〇年比二〇〇〇年翻两番。”从党的纲领性文件中进一步确立了环境保护作为实现国家发展目标的前提条件。

（2）加强各级环保机构建设力度，提高环境保护的执政能力

2008 年 3 月，为加大环境政策、规划和重大问题的统筹协调力度，第十一届全国人民代表大会第一次会议决定组建环境保护部。环境保护部的主要职责是，拟定并组织实施环境保护规划、政策和标准，组织编制环境功能区划，监督管理环境污染防治，协调解决重大环境问题等。环保总局升格为环境保护部，增加了编制，强化了统筹协调、宏观调控、监督执法和公共服务职能的环保责任，显示环保工作在国家社会和经济发展中的重要性进一步提升。成立环境保护部是我国环保事业发展的标志性事件，进一步强化了环保行政机构的权威性，使环保部门能够更多地参与国家有关重大决策，有利于更好地执法和对外交流与合作。同时，全国各省、市、县三级政府也成立了职能健全的环境保护机构，并成为各级政府的组成部门。与此同时，从中央到地方形成了完整的环境行政执法监督体系，加强了环境保护监察督察工作。根据中编办批复，国家环保部门相继组建了华东、华南、西北、西南、东北、华北六大区域环境保护督察中心，完善了环境监察体系，环保执法体制得到加强。

（3）国家注重把环境保护作为宏观调控的重要手段，推进产业结构调整

2005 年以来，国家注重将环境保护作为宏观调控的重要手段，采取“区域限批”和“流域限批”等措施，推进地区产业结构调整。2005 年底出台的《国务院关于落实科学发展观加强环境保护的决定》，明确赋予环保部门“区域限批”的权力，这是国务院赋予环保部门的行政惩罚手段，也是对环境影响评价制度的深化。它把环保监管对象从企业和单个项目转向了地方政府。2007 年国家环保总局通过“区域限批”、“流域限批”措施，暂停了 10 个市、2 个县、5 个开发区和 4 个电力集团的环评审批在全国引起很大反响，加快了地方产业结构的调整步伐。2008 年在修改《中华人民共和国水污染防治法》中，将限批要求入法，用法律形式固定下来。2008 年 7 月国务院印发的《2008 年节能减排工作安排》中，再次提出继续实施环评“区域限批”，对环境违法严重、超过总量控制指标、重点治污项目建设滞后等问题突出，以及没有完成淘汰落后产能任务的地区或企业，暂停该地区或企业新增排污总量的建设项目环评审批。2009 年 6 月，针对个别地区和企业严重违反国家产业政策、发展规划和环境保护准入条件进行项目建设的行为，环境保护部暂停审批金沙江中游水电开发项目、华能集团和华电集团（除新能源及污染防治项目外）、山东省钢铁行业建设项目环境影响评价，遏制违法建设及“两高一资”重复建设项目。“区域限批”和“流域限批”措施有效促进了淘汰落后产能工作，对推动国家和地区的经济结构调整发挥了重要作用。

3．落实综合措施，加快结构调整，促进环境保护优化经济增长

（1）加强环境监测网络建设，提高环境监管能力

国家逐步增加环境投入。2006 年财政预算首次设立“211 环境保护”科目，特别是从 2007 年开始，环保投入相对有大幅度的增加。2008 年中央投资达到 340 亿元，比上年增长 100 亿元，并且增加 21 亿元支持污染减排三大体系建设。2007 年以来，在中央投资的带动下，环保能力建设资金超过 150 亿元。项目实施后，建成污染源监控中心 363 个，新增 36 个水质自动监测站，配备执法车 3 900 辆，形成国家、省、市、县四级信息传输系统和 3 个数据分析平台，基本改变了过去“废气靠闻、废水靠看、噪声靠听”的被动局面。环境监测水平偏低、仪器装备落后、基础能力薄弱的状况有所改观。

依靠科技，环境监测预警能力不断提升。2008 年 9 月，环境一号卫星 A 星、B 星发射成功。环境与灾害监测小卫星成功发射，国家卫星环境应用中心建设开始启动，标志着环境监测预警体系进入了从“平面”向“立体”发展的新阶段。

（2）加强环境执法，强化环保法制建设

党中央、国务院对环境执法工作高度重视。2007 年胡锦涛总书记专门对加强环境执法工作做出批示，强调要强化执法监管，严肃处理环境违法行为。温家宝总理亲赴太湖考察，主持召开太湖、巢湖、滇池水污染防治工作座谈会，对湖泊环境整治做出具体部署。2005 年以

来，各级政府挂牌督办的 2.8 万件典型环境违法案件，97%的环境违法问题得到全面整改。在 2008 年环保专项行动工作中，全国共出动执法人员 160 余万人次，检查企业 70 多万家次，立案查处 1.5 万家环境违法企业，挂牌督办 3 500 余件，追究地方政府及相关部门行政责任人 100 余名。

为推动循环经济的发展，2008 年 8 月国家颁布了《中华人民共和国循环经济促进法》。该法确立了循环经济发展的基本制度和政策框架，确定了循环经济的规划、抑制资源浪费和污染物排放总量控制、循环经济评价和考核，以及对高耗能、高耗水企业设立重点监管等制度，并强化经济措施促进循环经济发展。该法将有力地促进我国循环经济的发展，提高资源利用效率。

明确环境违法犯罪，完善环保相关法规。2007 年 5 月国家环境保护总局与公安部、最高人民检察院联合制定《关于环境保护行政主管部门移送涉嫌环境犯罪案件的若干规定》，对环境违法情况移送公安机关、人民检察院做出了明确规定。2008 年 6 月正式施行新修订的《中华人民共和国水污染防治法》，把严格环境准入、淘汰落后产能、全面防治污染、强化综合手段、鼓励公众参与，都上升为法律意志。针对“违法成本高、守法成本低”问题，修订后的《中华人民共和国水污染防治法》从提高罚款额度、创设处罚方式、扩大处罚对象、增加应受处罚的行为种类、调整处罚权限、增加强制执行权等 10 个方面，加大了对水污染违法行为的处罚力度，增强了对违法行为的震慑力。针对私设暗管行为的处罚、针对违法企业直接责任者个人收入的经济处罚、限期治理、强制拆除等法律责任的规定，成为《中华人民共和国水污染防治法》修订后的突出亮点。

2008 年 12 月环境保护部发布《环境行政复议办法》，进一步完善了相关环保法律法规。

（3）启动三大基础性战略性工程，指导当前谋划长远

一是污染源普查工程。2006 年 10 月，国务院印发了《关于开展第一次全国污染源普查的通知》（国发[2006]36 号），决定于 2008 年初开展第一次全国污染源普查。目的是通过污染源普查，全面、科学、客观地掌握污染源基本状况和信息，为正确判断环境形势、制定环境政策、提高环境监管和执法水平提供重要支撑，为改善宏观调控、促进经济结构调整提供重要依据。2008 年各级政府和环保部门着力抓好人员培训、入户调查、督促检查、技术核查、审核把关 5 个环节，完成了普查表填报、数据录入、普查表填报质量核查以及省级普查数据汇总工作等关键任务。

二是中国环境宏观战略研究。2007 年 5 月，经国务院批准，由中国工程院和环保部牵头，启动了中国环境宏观战略研究。按照“总结过去、指导现在、谋划未来”的总体要求，参与研究工作的数十位院士，数百位专家全身心投入，经过两年多努力，对中国环保宏观战略思想、战略方针、战略目标、战略任务和战略重点进行了深入探讨、研究，在充分听取各有关部门、单位意见、建议的基础上，几上几下，反复论证，凝练出“以人为本、优化发展、环

境安全、生态文明”的战略思想，提出了“预防为主，防治结合；系统管理，综合整治；民生为先，分级负责；政府主导，公众参与”的战略方针，并提出了一系列政策建议，为完善环境管理机制，理清“十二五”环保工作思路，积极建设生态文明提供了有力支撑。

三是水专项全面启动。“水体污染控制与治理”国家科技重大专项，是国务院颁布的《国家中长期科学和技术发展规划纲要（2006—2020 年）》中确定的 16 个重大专项之一，目的是为我国水体污染控制与治理提供科技支撑，促进水污染防治工作，将为全面解决我国水污染防治技术难题、带动环保产业的加速发展铺平道路。2009 年 1 月环境保护部在无锡组织召开了国家水专项启动实施座谈会，2 月正式实施启动。国家水专项是我国重大科技专项中第一个通过综合论证、首批通过国务院常务会议审议的科技专项。根据实施方案，这个专项将重点围绕“三河、三湖、一江、一库”，集中攻克一批节能减排迫切需要解决的水污染防治关键技术。

（4）逐步完善环境经济政策，促进污染减排

为完成污染减排约束性指标，国家在推进结构减排、工程减排、管理减排和加大重点行业、重点领域污染减排力度的同时，通过逐步完善环境经济政策，推动政策减排。

在加强环境执法和法制的同时，环保部门更加注重运用经济手段加强环境保护，从生产、流通、分配、消费再生产全过程制定环境经济政策，出台了一系列有利于环境保护的价格、贸易、税收、信贷、保险等政策。环境经济政策以内化环境行为的外部性为原则，对各类市场主体进行基于环境资源利益的调整，建立起环境保护的激励和约束机制。近几年来，环境保护部（总局）联合有关部门出台的脱硫电价、绿色贸易、绿色信贷、绿色保险、绿色证券等环境经济政策，在推进污染减排方面发挥了重要作用。2007 年 7 月，国家环保总局、中国人民银行、中国银监会联合发布《关于落实环境保护政策法规防范信贷风险的意见》，对不符合产业政策和环境违法的企业和项目进行信贷控制，将 1.8 万家企业环境违法信息纳入银行征信系统，既提高了环境准入门槛，又防范了金融风险。2007 年 12 月，国家环保总局和中国保监会联合印发《关于环境污染责任保险工作的指导意见》。选择高危行业开发环境污染责任保险产品，提高企业防范环境风险能力。2008 年，通过对上市公司的环保核查，督促 27 家公司投入 3.5 亿元治理污染。2007 年以来，环境保护部先后制定了三批“高污染、高环境风险”产品名录，共含 288 种产品，并提供发改委、财政、税务、商务、海关、银监、安监等有关部门。财政、税务、商务、海关等部门在调整出口退税、加工贸易政策时，以该名录作为重要的环保依据。银监会、安监总局要求各银行机构、各安监局和相关单位将该名录作为信贷授信、安全生产行政许可等工作的重要参考。

（5）完善信息公开，推动公众参与环保

公开环境信息是公众有效参与环保的前提和基础。公众参与是法律赋予的权利，环境信息公开是公众能有效参与环境保护事务的一个前提性条件。为了促进我国公众参与环保工作，

国家环保总局分别于2006年10月、2007年4月发布了《环境保护政务信息工作办法》和《环境信息公开办法（试行）》，规范环保部门和企业环境信息公开工作。《环境信息公开办法（试行）》要求各级环保部门公开环保法律法规、政策、标准、行政许可与行政审批等17类政府环境信息；强制超标、超总量排污的企业公开4大类环境信息。

推动环保信息公开制度化、经常化。2008年4月，环境保护部发布《环境保护部信息公开目录》（第一批）和《环境保护部信息公开指南》。这些文件对于强化环境信息公开的责任，具体明确环境信息公开的范围，畅通环境信息公开的渠道，完善环境信息公开工作的监督和保障机制都发挥了建设性作用。

（6）积极务实开展全球环境交流与合作

党的十七大提出“相互帮助、协力推进、共同呵护”十二字方针，首次将环保合作作为我国和平发展外交政策的重要组成部分，标志着中国环境保护国际合作进入了一个新的历史起点。围绕“大国是关键、周边是首要、发展中国家是基础”的要求，以“维护权益，争取利益，树立形象”为原则，环境部门转变合作观念，创新合作模式，加强双边、多边环境合作交流。2007年10月在印尼巴厘岛召开的联合国全球气候变化大会，对我国在应对全球气候变化和控制温室气体方面作出的努力给予了高度评价。

近年来，通过强化中美、中俄、中日双边环保合作，环保工作为构筑稳固和谐的大国关系格局作出了积极努力。2008年6月《中美能源与环境合作十年框架》正式签署，为两国环保合作搭建了长期稳固的平台。同时，着力拓展与发展中国家和周边国家的双边环境合作交流，大力推进中非、中阿环境合作伙伴关系，加强与东盟的区域环境实质性合作。积极参加多边环境谈判，维护国家利益和发展权益，以更加开放的姿态和务实合作的精神参与全球环境保护事务。我国提前两年半完成了《蒙特利尔议定书》第一阶段目标，联合国环境规划署授予国家环保总局“特别贡献奖”。

总之，这一阶段总体上呈现全面防控环境污染以环境保护优化经济增长的特征。但由于我国环境治理历史欠账较多，国家正处于工业化中期阶段，生态文明观念尚未在全社会普遍树立，发展经济的压力较大，环境与发展相协调的改革和机制尚不完善，我国环境形势依然十分严峻。我国的环境保护依然任重道远，仍需在实践中不断探索，在探索中不断创新。

二、环境保护取得积极进展

党中央、国务院高度重视环境保护，20世纪80年代将环境保护列为基本国策，90年代提出实施可持续发展战略。进入21世纪，提出了科学发展观，建设社会主义和谐社会，建设生态文明，将环境保护摆上了更加重要的位置。第六次全国环境保护大会以来，积极推动“三个转变”，以保护环境优化经济增长，环境保护取得积极进展。

（一）污染防治取得积极进展

1. 二氧化硫和化学需氧量排放量实现双下降

积极推进工程减排和结构减排，认真落实管理减排措施，全国装备脱硫设施的燃煤机组占全部火电机组的比例由 2005 年的 12%提高到 2007 年的 48%，城市污水处理率由 52%提高到 62.9%，全国化学需氧量排放量 1 382 万 t，比 2006 年下降 3.14%；二氧化硫排放量 2 468.1 万 t，比 2006 年下降 4.66%，主要污染物排放量实现双下降。2008 年，全国化学需氧量排放量 1 320.7 万 t，比 2007 年下降 4.42%；二氧化硫排放量 2 321.2 万 t，比 2007 年下降 5.95%。与 2005 年相比，化学需氧量和二氧化硫排放量分别下降 6.61%和 8.95%，不仅保持了双下降的良好态势，而且首次实现了任务完成进度赶上时间进度。

2. 对江河湖泊实行休养生息

制定并组织实施淮河、海河、辽河、松花江、三峡库区及上游、丹江口库区及上游、黄河中上游、滇池、巢湖流域水污染防治规划和太湖流域水环境综合治理总体方案，提出了让不堪重负的江河湖泊休养生息的政策措施，给予水环境人文关怀。在富营养化调查、面源污染控制、湖滨带生态修复、水华控制等方面取得了一定的研究成果，在水生植被修复和湖滨带构建等方面也取得了不少经验。

3. 饮用水源整治初显成效

对城市饮用水源保护区进行了全面调查，发布了饮用水源保护区划分技术规范，取缔关闭了饮用水源一级保护区内的排污口，依法严厉打击了二级保护区内的违法排污行为。以淮河为例，1994 年以来先后关停了约 5 000 家小造纸、小化工、小制革、小化肥等污染严重的企业和生产线，严密防控和妥善处理水污染事件，保证了群众饮水安全。制定了饮用水水源地保护和饮用水水质标准，在饮用水水源地保护区划技术指标体系、水源地特征污染物监测方法和评价指标体系、饮用水水源地水质评价等方面开展了大量的研究工作。

4. 工业污染排放强度明显下降

“九五”以来，国家淘汰和关闭了一批技术落后、污染严重、浪费资源的企业，并对水泥、电力、钢铁、造纸、化工等重污染行业积极开展综合治理和技术改造，使这些行业在产量逐年增加的情况下，主要污染物排放强度呈持续下降趋势。每万元工业增加值的工业粉尘、烟尘、二氧化硫的排放量分别从 1981 年的 694.2 kg、709.9 kg 和 669.3 kg 下降到 2006 年的 8.95 kg、9.57 kg 和 24.77 kg，15 年间排放强度分别下降了 78 倍、74 倍和 27 倍。

5．火电厂脱硫能力得到很大加强

电厂脱硫设施建设起步较晚，1991 年我国第一个火电厂洛璜电厂脱硫机组建成，到 2000 年仅有 2%的火电机组安装了脱硫设施，至 2005 年总计脱硫机组投运 3 968 万 kW，约占火电机组总容量的 12%。从 2006 年开始，火电厂脱硫能力大幅度提高，截至 2007 年底，全国投运的燃煤脱硫机组装机容量为 26 557 万 kW，火电脱硫机组比例达到 48%。2007 年全国电力二氧化硫排放量也出现历史性转折，比 2006 年降低 9.1%，二氧化硫排放绩效由 2006 年的 5.7 g/kW·h 下降到 2007 年的 4.4 g/kW·h，降低 1.3 g/kW·h，低于美国 2005 年燃煤电厂二氧化硫 5.14 g/kW·h 的排放绩效值。

6．城市污水处理率不断提高

1997 年，城市污水处理厂数量仅为 307 座，日处理能力 1 292 万 t，污水处理率 25.6%；从 1998 年开始，城市污水处理厂建设速度加快，仅 2007 年全国新建成城市污水处理厂 482 座，新增处理能力 1 300 万 t，为 1949—1997 年处理能力的总和。截至 2007 年底，全国投运的城镇污水处理设施共 1 178 座，设计日处理能力 7 206 万 t，实际日处理水量 5 190 万 t。十年间，全国城市污水处理能力增长了 4.6 倍。

7．固体废物处理率逐年上升

城市生活垃圾无害处理率从 1991 年的 16.2%提高到 2007 年的 62%，提高约 46 个百分点。2002 年全国仅深圳、上海、天津、沈阳、杭州、大连等城市建有危险废物和医疗废物集中处置设施，危险废物集中处置规模为 18 万 t/a，2007 年已经基本建成的危险废物和医疗废物处置设施 136 个，处理能力 570 万 t/a。

（二）生态保护和建设成效显著

经过长期不懈努力，我国一些地区生态环境开始得到改善。

1．造林绿化工作稳步推进

2000 年开始在北京、天津、河北、山西、内蒙古 5 省（区、市）75 个县全面铺开京津风沙源治理工程，2002 年启动重点地区速生丰产用材林基地建设工程，主要解决木材和林产品供应问题，也有利于减轻木材需求对森林资源保护造成的压力，为其他生态工程建设提供重要保证。截至 2007 年，全国造林面积 1 366.20 万 hm^2，封山育林面积 1 308.41 万 hm^2，退耕还林面积 2 147.09 万 hm^2，速生丰产用材林 15.2 万 hm^2。根据全国六次森林资源清查结果，我国森林面积和覆盖率呈现不断增加趋势，森林覆盖率从 1998 年的 13.92%上升到 2007 年的

18.21%。

2. 草原保护力度加大

2007 年，全国人工种草累计保留面积达到 2 820 万 hm^2，新增草原围栏面积 5 334 万 hm^2，禁牧休牧轮牧草原面积累计达到 8 987 万 hm^2，同时通过加强人工草地和棚圈建设等措施，初步实现禁牧不禁养、减畜不减收的目标，草原植被得到较好恢复。草地保护工程成效明显。从 2003 年开始实施的退牧还草工程，到 2007 年累计安排中央资金 85.69 亿元，围栏建设 3 460 万 hm^2。2000 年至 2007 年间，京津风沙源治理工程累计安排中央投资 27.5 亿元，完成草原治理任务 247.66 万 hm^2。

3. 土地保护和整治力度不断增强

开展全国土壤污染调查和污染防治示范，建立农产品安全检测和监管体系，农药和化肥环境安全管理得到加强。在 1 200 个县、6.4 亿亩①耕地上开展测土配方施肥工作，全面禁止甲胺磷等 5 种高毒农药的销售和使用，撤销 873 个高毒农药产品登记证。2007 年开展矿山生态环境监察工作，印发《矿山生态环境监察工作规范》强化矿山环境执法，开展尾矿库专项整治行动，取缔关闭禁建区及整改无望尾矿库约 1 000 个，整治 1 500 个。

4. 水土流失治理取得新进展

1993 年以来，国家相继出台了一系列政策，加大了对水土流失的治理力度，初步建立了水土保持监测网络及信息系统，全面开展了水土流失治理工程，截至 2007 年共治理水土流失面积 126.46 万 km^2。根据全国第二次（2002 年）水土流失遥感调查，全国水土流失面积从 20 世纪 80 年代末到 20 世纪 90 年代末 10 年间减少 11 万 km^2。

5. 荒漠化和沙化扩展趋势得到初步遏制

截至 2004 年，全国荒漠化土地面积 264 万 km^2，沙化土地面积 174 万 km^2，分别比 1999 年减少 3 7924 km^2 和 6 416 km^2。

6. 生态功能保护区面积逐年增加

近年来，环保部会同有关部门和地方政府积极推进生态功能保护区建设。重要生态功能区建设进入试点示范阶段。2002 年，甘肃黑河流域（源头和中游部分）、若尔盖—玛区（玛区部分），内蒙古黑河流域（下游部分）、阴山北麓科尔沁沙地，黑龙江三江平原，陕西秦岭山地，青海的黄河源等 17 个国家级生态功能保护区列入首批试点。在江河源头区、重要水源

① 1 亩等于 1/15 公顷。

涵养区、水土保持区、江河洪水调蓄区、防风固沙区和重要渔业水域等重要生态功能区，开展了东江源、洞庭湖、秦岭山地等 18 个国家级生态功能保护区建设试点工作。同时，河北、山西、山东、江苏等省还开展了地方级生态功能保护区建设工作。

7. 生物多样性保护力度不断加强

2001 年野生动植物保护及自然保护区建设工程启动实施以来，基本形成了具有物种保护功能和生态、社会效益兼有的自然保护区体系，有效地保护了全国 40%天然湿地、20%天然林、85%野生动物种类和 65%高等植物群落。截至 2007 年，全国共建立各类自然保护区 2 531 处，比 2000 年增加了 1 304 个；自然保护区面积 15 188 万 hm^2，占陆地国土面积的 15.2%，比 2000 年增长了 35.34%。初步形成了类型比较齐全、布局比较合理、功能比较健全的全国自然保护区网络。目前，全国共建立野生动物拯救繁殖基地 250 处，野生植物种质资源保育或基因保存中心 400 多处，使 200 多种珍稀濒危野生动物、上千种野生植物建立了稳定的人工种群。同时，开展了国家重点保护野生植物资源的调查和抢救性收集，建立了 67 个农业野生植物原生境保护区。大熊猫、朱鹮、藏羚羊等濒危物种的拯救和保护工作取得新的进展，共有 34 种国家重点保护的野生动物的数量保持稳定或有所增加，特别是野生大熊猫种群数量从 1988 年的 1 100 多只增加到 2003 年的 1 590 多只，朱鹮种群数量从 1981 年发现时的 7 只增加到目前的 740 只左右，雪豹种群数量从 2 000 多只增加到 4 100 多只，丹顶鹤种群数量从 870 多只增加到 1 400 多只。

8. 湿地保护

1992 年，我国加入了《世界湿地公约》；2000 年，国务院林业、农业、水利、国土、环保等 17 个部委联合制定了《中国湿地保护行动计划》；2003 年，国务院批准了《全国湿地保护工程规划》；2004 年，国务院发布了《关于加强湿地保护管理的通知》。2007 年新增国际湿地 6 处、国家湿地公园 9 处，湿地保护面积不断扩大。目前，我国已列入国际重要湿地目录的湿地有 36 处，建立湿地自然保护区 473 个，全国 47%的自然湿地得到了保护，湿地保护工作从无到有逐步加强。

9. 农村环境整治取得积极进展

农村环境和饮水安全状况得到逐步改善。“十五”期间，中央安排国债资金及地方政府投入和群众自筹共投入 222 亿元用于农村饮水状况改善，农村饮水解困工程使 6 700 多万农民告别了缺水困扰。根据《2006 年中国水利发展统计公报》，至 2006 年，农村饮水安全人口累计达 5.59 亿人，约占全国农村人口的 60%。

生态农业与生态示范区建设成效明显。全国生态农业建设县达到 400 多个，开展示范区建设县市达 500 多个，其中国家级生态农业县 102 个，国家级生态示范区 233 个。

沼气推广及秸秆禁烧和综合利用工作得到加强。“十五”期间，国家先后投入 35 亿元人民币，重点推广沼气建设，到 2006 年年底，全国沼气用户已达 2 200 多万户。各地加大了秸秆禁烧执法力度，大部分地区秸秆露天焚烧现象得到了一定程度的有效控制，推广省柴灶 1.89 亿户，太阳能热水器 2 850 万 m^2，农村新能源建设促进了农村生态环境的改善。

（三）核与辐射环境安全处于受控状态

1. 全国辐射环境质量状况总体保持在良好的状态

各种环境介质中的放射性水平与 1983—1990 年开展的全国天然放射性水平调查的结果相比无明显变化；核电厂、核燃料循环设施及研究堆等核设施周边的辐射环境质量保持在良好的水平；铀矿山周围环境介质中存在一定的污染，特别是对于水体的污染必须引起重视；大规模的伴生放射性矿产资源利用中的环境污染问题日益严重，特别是大量产生的废渣的出路问题必须给予充分的重视。

2. 所有核设施处于受控状态，运行核电厂未发生 2 级以上的事件

核电厂的安全屏障保持完整，反应堆冷却剂系统和安全壳的泄漏率远低于技术规范的限值。运行中的核电厂的职业照射剂量水平均远低于国家限值；对放射性流出物的排放，进行了有效控制和监测，核电厂的年排放量远低于国家限值；无超标排放事件发生，周围环境的辐射水平保持在天然本底的涨落范围内。其他各类核燃料循环以及研究堆等核设施基本处于受控状态。

3. 放射源实施统一监管，安全状态有所改善

环保部门依据《放射性同位素与射线装置安全和防护条例》（国务院令第 449 号）对放射源实施统一监管，组织开展了“清查放射源，让百姓放心”专项行动。2008 年年底基本完成了辐射工作许可证的换发工作，结束无证使用放射性同位素的历史；各级环保部门将全部辐射工作单位纳入管辖范围，定期进行监督检查；国家和省级环保部门都编制了辐射事故应急预案，应急响应和事故处理能力逐步提高。

（四）环境保护国际合作取得积极进展

1. 认真履行国际环境公约，树立负责任大国形象

我国参加了《联合国气候变化框架公约》及其《京都议定书》、《关于消耗臭氧层物质的

蒙特利尔议定书》、《关于在国际贸易中对某些危险化学品和农药采用事先知情同意程序的鹿特丹公约》、《关于持久性有机污染物的斯德哥尔摩公约》、《生物多样性公约》和《联合国防治荒漠化公约》等 50 多项涉及环境保护的国际条约，积极履行这些条约规定的义务，受到了国际社会的广泛赞誉，我国在气候变化、生物多样性保护等方面的履约行动得到了国际社会的肯定。

2. 积极参与国家环境事务，维护我国合法权益

始终坚持保护全球环境，发展中国家和发达国家具有共同但有区别的责任的原则，反对环境领域中的霸权主义。针对一些发达国家利用国际环境会议和环境公约向发展中国家施加压力，提出不合理环境义务要求的情况，我国坚持“共同但有区别的责任”的原则，提出从历史和现实的角度看，发达国家都是当代环境问题的主要责任者，发展中国家却是受害者，发达国家有义务首先采取行动，并帮助发展中国家参加保护全球环境的努力。

在联合国环境规划署列出的 14 个最具普遍性的国际环境条约中，我国签署了 13 个。2007 年，我国停止除必要用途之外的全氯氟烃（CFCs）和哈龙的生产和进口，提前两年半完成了《蒙特利尔议定书》规定的义务。2007 年，成立以温家宝总理为组长的国家应对气候变化领导小组，在外交部成立了应对气候变化对外工作领导小组，发布了《中国应对气候变化国家方案》。显示我国政府积极应对气候变化的立场和决心。

3. 引入先进理念、技术与资金，为我所用

加强环境保护的对外经济技术合作，利用外资加快环境保护事业的发展。通过与全球环境基金、世界银行、亚洲开发银行等国际金融组织的密切而卓有成效的合作，以及与欧美发达国家开展双边项目合作，我国环境外交在积极引进国外资金、技术和管理经验，加速我国环境保护整体能力和水平提高方面作出了应有贡献。“十五”期间，我国引进外资赠款超过 5 亿美元，有力促进了环境保护事业的发展。

4. 实现以外促内，加快环保事业发展

在经济全球化加快发展的背景下，加快转变经济增长方式问题，借助环境技术和管理经验广泛传播，合理利用全球资源。我国履行《关于消耗臭氧层物质的蒙特利尔议定书》，共引进了 7 亿多美元履约赠款，用于生产企业和消费企业的技术改造，对相关领域的发展起到了极大的促进作用。

通过国际合作引进先进理念、管理思想、先进技术，开展的科学研究、人员培训，借鉴发达国家的环境标准和法律法规。特别是国家层面的国际高级咨询机构——中国环境与发展国际合作委员会起到了有力的推动作用。国合会成立 15 年来，先后设置了环境与经济、污染

控制、生物多样性、循环经济等 20 多个研究工作组或课题组，200 多名中外专家以及 2 000 多名研究人员参与研究工作，取得丰硕成果。

总体上，经过多年的不懈努力，我国污染治理的能力不断提高，生态保护和建设取得明显成效，核与辐射环境安全基本处于受控状态，环境保护的基础能力得到加强，环境国际合作取得积极进展，为保障经济的持续快速增长、遏制环境质量的急剧恶化发挥了重要作用。

第二章
发达国家环保发展历程及经验教训

纵观人类文明与发展史，大规模环境破坏问题是近几个世纪才出现的“新问题”。发达国家已经走过的发展与环境的道路，无论经验与教训，都是人类文明共同的财富，我们都应当学习经验、汲取教训。

历史的经验告诉我们，环境变化来自于三个方面：社会发展对环境质量的需求、人类经济活动产生的污染物、环境执政能力对环境质量的控制程度。污染物主要是人类经济活动的产物，经济增长的方式决定了污染物的产生结构与产生量。环境污染物主要来自经济增长的三个驱动力：生产、消费与贸易。环境状况变化的另一个主要影响因素是环境执政体系。一个好的环境执政体制（good governance）可以反映公众对环境的需求、正确地认识环境问题，有很好的科学决策机制保障环境法律法规政策的正确制定，有很好的监督管理机制确保环境法律法规不打折扣地实施，有很好的反馈机制不断纠正系统自我的错误。

一、发达国家环保与发展历程回顾

（一）工业化带来了沉重的环境代价

工业化在给人类带来巨大物质财富的同时，也给人类带来了沉重的环境代价。在人类早期的发展史上及各国的发展历程中，除了战争与自然灾害外，很少有大规模破坏环境的人类活动。

人类对生态环境的破坏主要始于工业革命以来的人类经济活动。工业革命启动了人类经济发展的飞跃历程，但也同时引爆了生态环境炸弹。英国工业革命爆发是以蒸汽机的广泛应用为标志的，而蒸汽机的广泛应用却需要大量的煤炭能源，煤炭能源的开采又不断地推动了钢铁等工业部门的革命式的发展。随着工业经济的发展和科学技术的进步，石油、天然气等化石燃料大量地使用，以满足日益扩张的经济活动。这些化石能源的使用造成了空气污染、水体污染、固体废弃物污染、温室气体排放引起了气候变化等。工业革命带来的人类飞速发展对自身的生存环境带来了灾难性的影响。在这期间出现了许多典型的生态环境灾难性事件：

——1948 年 10 月 26—31 日，在美国宾夕法尼亚州多诺拉镇发生因二氧化硫烟污染而导致 43%的人病倒，17 人死亡事件。

——1952 年 12 月 5—8 日，伦敦烟雾事件，造成 4 000 人死亡，8 000 多人得病。

——1946 年、1948 年在美国洛杉矶两次发生光化学烟雾事件，1955 年 8—9 月，又在洛杉矶发生光化学烟雾事件，造成 400 个老人死亡。该地的 250 万辆汽车，日排 1 000 多吨碳氢化合物石油烃废气、一氧化碳和氧化氮，铅烟进入大气与空气中其他化学成分反应，产生浅蓝色烟雾，由于地势低洼使之长期滞留造成污染。

——始于 1955 年的日本富山县神通川流域骨痛病事件，因铅、锌冶炼厂排放含镉废水污染，公众食用含镉稻米和含镉水而中毒。

——始于 1956 年的日本熊本县水俣市的“水俣病事件”，因汞污染使鱼类中毒引起。先后有 2 265 人被确诊（其中有 1 573 人已病故），另外有 11 540 人虽然未能获得医学认定，但水俣病给日本民众生命和身心健康造成的损失至今难以弥合，而排污企业以及政府背上了沉重的经济和道义负担，难以自拔。

——1964 年日本四日市发生哮喘病流行事件，因炼油厂排出的废水中毒引起。

——1968 年日本九州四国等地发生米糠油事件，引起几十万只鸡突然死亡，多人得病，原因是工业有毒气体或过量废气、废水污染致病致害。

——1970 年 7 月 8 日，日本东京发生光化学烟雾和二氧化硫废气使万人受害。

从 20 世纪五六十年代开始，人类开始彻底反思工业化带来的环境污染问题。例如，卡逊的《寂静的春天》，罗马俱乐部的《增长的极限》，特别是 1972 年联合国首次召开了全球范围内的“人类环境大会”。从此，发达国家的环境与发展才开始真正转型，并逐步向好的方向转变。

1987 年，联合国秘书长委托挪威前首相布伦特兰夫人为联合国环境与发展大会准备的报告《我们共同的未来》，首次提出了“可持续发展”的环境与发展新理念。至此，人类环境与发展才开始重新走向协调的方向。

回顾发达国家环保与发展历程，发达国家实际上走过了一条先污染后治理的道路。发达国家在工业化发展初期污染比较严重，出现了严重的污染事件，之后通过严格的环保措施与产业转型，基本完成了常规污染物的治理。

人类文明经历了三次浪潮：第一次浪潮，农业经济社会；第二次浪潮，工业经济社会；第三次浪潮，信息经济社会。而环境问题对应于经济也是从弱到强，经历了环境问题产生期、多发期、严峻期、协调期，归根到底是工业化的副产品。形象地说，经济发展就像一个燃烧机，烧掉的是原料，剩下的是污染，产出的是国内生产总值。

世界主流经济的发展与环境的关系以及不同时期的特征，如表 1-2-1 所示。

表 1-2-1　　世界主流经济的发展与环境关系表

发展时期	经济特征	环境问题及与经济的关系	典型生态环境事件	重要的环境保护思想论著文献
处于第一次浪潮 大约 10 万年前至 1750 年工业革命前	农耕畜牧	环境问题轻微基本与经济不冲突 对生态系统略有影响	伊拉克两河流域文明的衰落 黄土高原植被减少	圣经 老子《道德经》
处于第二次浪潮前期 工业革命至第一次世界大战前	工业化初期 农耕畜牧业向工业经济的转型	环境问题的产生期 开始出现与经济的冲突	英国蒸汽机使用煤炭造成英国空气污染 英国曼彻斯特纺织业发展造成的废水	恩格斯《自然辩证法》 卢梭《论科学与艺术的进步是否有助于敦风化俗》
处于第二次浪潮中期 “一战”至“二战”前	工业化中期 由轻工业向重工业的转型	环境问题多发期 与经济严重冲突	美国黑风暴 德国鲁尔工业区的污染	斯宾格勒《西方的没落》
处于第二次浪潮后期 “二战”后至 70 年代	工业化中后期 重工业为主的经济	环境问题严峻期 与经济极其冲突	1948 年美国宾夕法尼亚州多诺拉镇二氧化硫污染致死案 1952 年英国的伦敦烟雾 20 世纪 50 年代美国洛杉矶的光化学烟雾 1956 年日本的水俣病 1964 年日本的四日市哮喘病 日本的琵琶湖污染	卡逊《寂静的春天》 罗马俱乐部《增长的极限》 沃德《只有一个地球》 埃尔里奇《人口爆炸》
处于第三次浪潮的冲击下 70 年代至今	后工业化时期 由工业向服务业为主的后工业的经济转型期	环境问题协调期 开始与经济相互协调	美国在印度博帕尔的化工厂爆炸事件 泰晤士河开始变清 伦敦雾逐渐淡去 莱茵河开始变清 鲁尔工业区空气污染不再	1972 年斯德哥尔摩联合国人类环境大会 1982 年托夫勒《第三次浪潮》 1987 年《我们共同的未来》 1992 年里约《联合国环境与发展大会》 2002 年《约翰内斯堡峰会》 众多多边环境协议的产生

资料来源：胡涛，环境保护部环境与经济政策研究中心，国际环境参考。

（二）经济活动强度特别是经济结构决定污染程度

回顾发达国家环境与经济的发展历程，国际经验表明：环境问题与经济发展有密切的关联度，主要的环境破坏都是源于人类工业化后的经济活动。经济活动强度决定对环境的影响与压力程度。

经济活动强度的大小取决于经济总量、产业结构与资源环境效率。经济总量越大，对环境的压力也越大，即所谓的总量效应。当产业结构中的污染行业多，当产业的万元产值能耗物耗高，对环境的压力就大；反之则小，即所谓的结构效应。资源利用效率越高，则环境压力越低；反之，资源利用效率越低，则环境压力越高，即所谓的技术效应。

其中，在总量效应、结构效应与技术效应中，在总量持续增长的情况下，结构效应对环境的贡献远大于技术效应。世界银行的总结大概是结构效应贡献占 70%，而技术效应贡献占 30%。世界银行的研究表明：在过去的几十年内，全球的环境污染产业结构并没有发生很大变化，主要都是 7 个污染行业组成。而发生变化的不过是空间的变化，污染行业从地球的一个地方转移到另外一个地方。一个以重化工为主的经济体，其污染必然严重。当重化工产业从英国转移到欧洲大陆的德国，再到北美大陆，然后到日韩，污染也是随着这个同样的轨迹在迁移。污染之都，也逐步地从西欧到北美再到东亚。

（三）发达国家常规污染已过拐点，环境质量明显改善

关于经济发展与污染排放的关系，发达国家环境与发展的实践表明：大致存在人均 GDP 与污染物排放的倒 U 型曲线，但并不存在一个统一的转向协调时期的拐点。污染物排放不仅与人均 GDP 相关，而且与产业结构与资源环境效率也有很强的关联性；一个国家中第二产业所占的比例及资源环境效率与 SO_2、颗粒物、CO_2 等污染物排放量最相关；第二产业比例越高、资源环境效率越低，污染物排放越多；反之亦然。表 1-2-2 给出了具体第二产业中的行业对污染的贡献数据。

表 1-2-2　　全球 7 个主要污染行业的贡献　　单位：%

污染物	年代	行业							总计
		钢铁	炼油	食品	工业化学品	纸及纸制品	有色金属	水泥	
大气污染 PM_{10}	1960	29.0	1.4	8.5	1.6	2.2	0.7	52.5	96.0
	1970	27.6	1.4	8.5	1.8	2.0	0.7	53.9	96.0
	1980	25.5	1.5	8.6	2.0	1.9	0.7	55.8	96.0
	1990	21.8	1.0	7.9	1.8	2.0	0.7	60.3	95.4
SO_2	1960	18.4	25.2	3.2	10.2	6.9	13.0	11.4	88.4
	1970	17.6	25.2	3.2	11.2	6.4	12.9	11.8	88.3
	1980	15.8	25.3	3.1	12.7	5.8	13.3	11.9	88.0
	1990	15.3	19.5	3.2	12.3	6.8	15.0	14.5	86.6
大气污染有毒化学物质	1960	5.8	6.8	0.7	36.6	7.3	5.7	1.5	64.4
	1970	5.3	6.6	0.7	38.9	6.5	5.4	1.5	65.0
	1980	4.6	6.4	0.7	42.7	5.7	5.4	1.5	67.0
	1990	4.3	4.8	0.7	40.1	6.5	5.9	1.7	64.1
水污染 BOD	1960	0.1	2.4	32.7	21.7	28.2	7.5	0.1	92.7
	1970	0.1	2.4	32.9	23.8	25.8	7.4	0.1	92.5
	1980	0.1	2.4	32.1	26.9	23.2	7.6	0.1	92.4
	1990	0.1	1.7	31.2	24.5	25.9	8.1	0.1	91.6
水污染有毒化学物质	1960	10.8	2.7	1.1	67.5	9.7	1.2	0.1	93.1
	1970	9.8	2.6	1.0	70.5	8.5	1.1	0.1	93.6
	1980	8.2	2.4	0.9	74.5	7.1	1.1	0.1	94.4
	1990	8.0	1.9	1.0	73.0	8.6	1.2	0.1	93.8

资料来源：世界银行 Policy Research Working paper 3383，August 2004。

对不同的污染物可能有不同的拐点，对不同的国家也有不同的拐点。在欧美国家，SO_2 主要是以煤炭为主的能源工业、重化工行业排放造成的，因此当发达国家的经济转型后，其排放量出现拐点并逐步减少，欧美酸雨污染的转折点大致出现于 20 世纪 70 年代末期。CO_2 排放是以能源工业、交通运输业以及生活用能排放造成的，所以即使在经济转型后，其排放量的拐点在有些欧洲国家刚刚出现，而美国到现在还没有出现拐点。而 COD 主要与生活污水与农业面源污染有关。随着人口稳定、生活质量的提高以及稳定的农业生产，COD 排放基本稳定，曲线平滑没有明显的拐点。

（四）发达国家走过了一条先污染后治理的弯路，通过政策调整，逐步实现环境与经济协调发展

"二战"之后，发达国家经济得到迅速发展，工业化过程迅猛推进，但也付出了沉重的环境代价，走了一条"先污染后治理"的道路。自 20 世纪 70 年代以来，发达国家逐步开始采用强有力的环境法律和政策，尤其以市场为主导的环境经济手段控制环境污染，同时把传统产业向其他国家转移，使环境质量得到很大改善，并逐步实现了经济与环境协调发展。发达国家经济与环境关系发展过程的教训与经验表明：依据经济发展与环境污染的演替规律，适时制定和调整完善相应的环境经济政策，加强经济与环境决策一体化，是实现经济与环境协调发展的关键及重要保证；增加环保投入、发展环保产业、大幅度提高环境意识才能最终实现经济与环境的协调发展。

实践与理论都证明，经济与环境协调发展并不会自动地发生，它依赖于全社会环保意识的提高、环境政策的严格实施，以及经济转型与技术进步的支持。因此，中国只要积极借鉴发达国家的经验与教训，加强技术创新，健全经济与环境协调发展制度，就能产生"后发优势"，并在加快经济发展的同时，使环境污染程度减轻，最终实现国民经济又好又快地发展。

下面以美国、日本为例，介绍二国通过环境政策调整推动环境与经济协调发展的情况。

1. 美国

"二战"之后，美国经济得到迅速发展，尤其是工业与交通的迅猛发展，不可避免地走过了一条"先污染后治理"的道路。震惊世界的八大污染公害事件就有两件发生在美国。自 1970 年美国环保局成立并开始采用强有力的国家法律，尤其以市场为主导的有效环境经济手段控制环境污染，加上传统产业的国际转移，使环境得到很大改善。

美国环境问题的解决，除了归功于健全的环保法律体系外，很重要的因素是建立了完善的环境经济政策体系。美国把经济手段引入环境保护工作，应用环境经济政策成效显著。

（1）美国环境政策的演变过程——以美国大气污染控制为例

1955 年美国国会制定了第一部联邦大气污染控制法规——《1955 年空气污染控制法》，该法主要规定开展对空气污染现象的研究和对各州的空气污染控制予以援助。此后又先后出

台了《空气污染控制法》、《清洁空气法》、《机动车空气污染控制法》、《空气质量法》。然而上述各项立法都未能有效地控制和消除美国的空气污染。

为了有效地控制空气污染，美国国会于 1970 年通过了具有划时代意义的《清洁空气法》，此后，该法又经过多次修订和完善，其中重要的两次修订是在 1977 年和 1990 年。1977 年修正案加强了对清洁区和未达标地区空气污染控制。1990 年修正案则是针对 1977 年修订的《清洁空气法》在实施中的问题，再次强调了对未达标区的管理，加强了对汽车污染及危险空气污染物的控制，新增了酸雨条款，强化了空气污染控制的许可证制度。

由以上可见，70 年代前美国主要的控制大气污染的方式是行政命令方式，即“命令加直接管制”的管理方式。到 70 年代中期这种直接的污染控制措施，运行成本高，而且对工业企业的经济压力越来越大。在这种情况下，美国逐步采用了一些以市场为基础的环境政策，即在环境管理中引入经济手段。如“抵消政策”和“泡泡政策”。尤其 1990 年将可交易排放系统正式写入《清洁空气法》。美国的实践证明，以市场为基础的环境政策，不仅降低了污染控制的费用，而且提高污染控制的有效性。如今，排污交易等环境经济手段已成为美国环境管理领域的新潮流。

（2）美国环境经济政策的特点

第一，环境经济政策在环境保护中起到了较强的调节作用。首先，环境保护资金相当程度上依靠环境经济政策筹集。美国环保局 1996 年 65 亿美元支出中有 23 亿美元是通过环境税收取得的。美国加州 1996 年环保支出 10 亿美元中 9 亿美元是通过收费取得的。其次，制定环境经济政策的目的明确。环境税收专项政策一般以限制污染为首要目的，筹集资金是第二位；而环境收费政策则以筹集资金为首要目的。环境经济政策能有效地引导社会资金投向环保。如美国融资过程中的税收优惠政策、差别税率政策都非常有效地引导社会资金投向环保。

第二，管理严格，政策执行效果好。主要体现在三个方面：首先，无论环境税还是环境收费，收取的资金高度集中，全部纳入财政，通过预算安排支出。其次，征收管理部门集中，基本上都由税务部门征收。最后，征收管理手段现代化水平高，拖欠、逃交、漏交现象很少，能保证每项政策不折不扣地执行。

第三，法制基础好，公众环保意识强。良好的公共环境则与严格执法和公众有较强的环保意识密切相关。

2. 日本

“二战”之后，在 20 世纪五六十年代，日本实现了大约年均 10%的高速经济增长，日本经济的迅速发展在很大程度上依赖于矿业、冶金、造船、无机化学工业等基础性工业的快速发展，这一阶段为日本后期经济腾飞奠定了坚实的经济、物质和技术基础，但同时也产生了严重的环境污染和公害事件。

面对严重的环境污染和频频发生的公害事件，日本政府从 20 世纪 60 年代末开始陆续颁布了一系列环保法规，并于 1970 年设立了在总理府领导下的日本环境厅，各地方政府都相应设立了环境保护部，建立了一套完善的环保管理、执法、研究和监测机构，加大了环保投入，环保产业也应运而生。

更重要的是由于战后几十年中，日本产业重点经历了由矿业、冶金、造船等基础性工业—无机化学工业—有机化学工业—高分子化学工业—汽车、电器生产等综合性工业的演变过程，其产业布局也相应由大城市向城市远郊区扩展，最后形成了现在以新干线和濑户内海沿岸为主的产业带和城市带，形成典型的临海型布局。产业重点的变化和布局的空间演变，以及加强污染防治，尤其通过以法律为主的强硬手段，使污染得到了很大程度的控制，消除二氧化硫、粉尘、重金属等污染物质对大气和水的污染，环境质量有了根本改善。

（1）日本环境政策的演变过程——以日本循环型社会发展演化为例

从 20 世纪 60 年代后期开始，日本经过 20 多年的努力，成功地解决了非常严重的工业污染和部分城市生活型污染问题。从 20 世纪 80 年代后期，日本开始进入后工业化社会和消费型社会，急剧增加的工业与生活废弃物成为日本环境保护与可持续发展面临的重要问题之一。为此，日本从经济发展优先战略提出了建设循环型社会的理念。总体而言，日本从简单化地关注废物处理到全面构建经济与环境和谐发展的循环型社会主要分为四个阶段：

第一阶段，20 世纪 60 年代初期至 80 年代初期，日本废弃物对策重点在末端废弃物问题上，如日本厚生省在 1971 年制定的《废弃物处理清扫法》，主要重点是公害防治处理。

第二阶段，20 世纪 80 年代中期至 90 年代中期，日本废弃物对策重点已部分转移到前端废弃物减量措施上，如日本通产省于 1991 年制定的《资源回收法》，积极推动玻璃瓶、铝铁罐、废纸等的回收；而且在 1995 年厚生省又大幅度修订《废弃物处理清扫法》，将立法重点从公害防治处理转移到废弃物减量措施上。

第三阶段，进入 20 世纪 90 年代日本废弃物对策重点进一步转移到潜在废弃物和前端废弃物减量的全过程控制对策上。资源利用模式由原料—产品—废弃物单向运行转变为原料—产品—原料循环运行。如日本于 1998 年由主管废弃物的厚生省和通产省联合拟订《产品包装分类回收法》，强制企业回收金属、纸类、塑胶等包装，达到废弃物减量的目的。

第四阶段，20 世纪 90 年代末至今，日本在基本废弃物环境法律与管理政策及相关产业架构完成后，全日本形成了循环经济的社会氛围，无论是城市生活、工业园区和农业生产均实行循环经济方式，可以说，日本已全面进入了循环社会时代。而日本积极倡导的废弃物回收再利用产业（Reduce，Recycle，Reuse，3R），也正在发展为有效解决城市生活废弃物问题的关键，成为破解资源与环境双重危机的杠杆，更成为日本绿色经济发展的基石与动力。

（2）日本环境管理执行体系的综合特点

第一，完善的环境保护法规体系。日本基本形成了比较完善的环境保护法律法规体系。

在体系建设中十分重视框架的完善。仅促进循环经济的法律法规就包含三个层次，一部基本法，即《循环型社会形成推进基本法》；两部综合性法律，分别是《废弃物处理法》和《资源有效利用促进法》；六部专门法，分别是《容器包装再生利用法》、《家电再生利用法》、《建筑材料再生利用法》、《食品再生利用法》、《汽车再生利用法》及《绿色采购法》。

第二，善于运用市场机制。通过公布全社会污染控制总目标引导企业进行环保。无论是企业还是个人，都要为环境保护支付必要的成本。如通过建立市场价格机制，利用能源价格等调控企业环保行为，减少环境污染。

第三，政府、企业、市民结合模式，发挥各方力量。日本的环境保护充分体现政府、企业和市民友好的合作，发挥各个主体的积极作用。如政府履行环保职责，接受公共监督，为各主体的行动奠定基础。

（3）日本建立绿色国家的新理想

为应对全球金融危机，日本在 2009 年 2 月提出了实施适合日本国情的“绿色新政”。日本环境省也于 2009 年 4 月发表了《绿色经济与社会变革》方案。该方案可以认为是在循环型社会构建基础上又一次“质”的发展与变革。其实质是要以“环境”优化“经济”，建立绿色经济的政治及社会制度基础，使环境渗透进入经济发展的“骨髓”；其变革主要集中于 4 个方面：向绿色社会资本的转变、向绿色区域社会的转变、向绿色消费的转变、向绿色投资的转变，并辅以 2 个重要手段：推动绿色技术创新、向亚洲求发展。

其中，4 个变革如下：

“向绿色社会资本的转变”：出台了以国家为中心，与地方公共团体联合，通过绿色公共事业，建设面向未来的人与自然友好型基础设施的政策。

“向绿色区域社会的转变”：出台了发挥人才、自然、传统等区域资源优势，通过开展环境保护工作为地区注入活力的政策。

“向绿色消费的转变”：出台了将现有的家电、汽车置换为节能型低环境负荷的产品以及进行住宅的环保改造等旨在从家庭开始创造绿色需求的政策。

“向绿色投资的转变”：出台了通过企业生产适应绿色消费的产品，利用金融市场的支持等促进企业积极开展环境投资的政策。

而 2 个重要手段则是：

第一，“绿色技术创新”：出台了从面向 2050 年的长期技术创新到现有技术有效利用的、以推动日本引以为自豪的环境技术的进步和应用为目的的政策。

第二，“对绿色亚洲的贡献”：出台了以支持作为亚洲发展关键因素的与环境资源相关的先行投资为目的的政策。

这份政策方案计划将使日本环境领域的市场规模从 2006 年的 70 万亿日元增加到 2020 年的 120 万亿日元，相关就业岗位也将从 140 万人增加到 280 万人。而其最终目标是要形成绿色社会、绿色社区、绿色消费、绿色投资、绿色科技全方位支撑的“绿色国家”。

二、发达国家环境与发展趋势

（一）发达国家传统的环境污染得到有效控制

对于今后发达国家的环境与发展趋势，经济合作与发展组织（OECD）在其《展望 2030》报告中对环境指标的未来趋势进行了定量预测，结果表明：除了温室气体排放问题及与农业相关的生物多样性问题之外，OECD 国家主要环境污染指标都基本得到了控制。我国目前最关注的 SO_2、NO_x、颗粒物、COD 等污染物，OECD 国家都已基本改善，不再是其预测对象。其与能源有关的人均 CO_2 略有下降，其能源使用量、温室气体排放总量仍将上升，但上升趋势在减缓。由于农业生产，生物多样性在继续走低。具体数据如表 1-2-3 和表 1-2-4 所示。

表 1-2-3　　北美国家的关键环境指标

				变化率%	
年份	1980	2005	2030	1980—2005	2005—2030
人口（亿）	3.22	4.29	5.22	33	22
人均 GDP（USD）	17 741	27 582	43 510	55	58
服务业人均 GDP（USD）	11 116	20 479	33 393	84	63
初级能源消费					
总量（占世界%）	27	25	21	38	24
其中石油（占世界%）	32	27	25	4	20
最终能源使用					
总量（占世界%）	27	24	22	31	29
其中轻质石油（占世界%）	40	35	28	13	10
其中天然气（占世界%）	47	36	29	37	12
气候变化					
一揽子温室气体（占世界%）	22	21	18	36	19
与能源相关的 CO_2 排放（百万吨碳）					
总量	1.44	1.95	2.28	35	17
其中交通	27	32	34	56	26
与能源相关的 CO_2 人均排放（吨碳）	4.49	4.66	4.50	4	–3
土地利用					
粮食作物（占世界%）	18	17	19	5	35
年份	1970	2000	2030	1970—2000	2000—2030
生物多样性					
现存物种丰度（占潜在的比例%）	75	73	64	–2	–8
由于农业造成的物种丧失	16	15	21	–1	6

资料来源：OECD，《展望 2030》，2007。

表 1-2-4　　OECD 欧洲国家的关键环境指标

				变化率%	
年份	1980	2005	2030	1980—2005	2005—2030
人口（亿）	5.37	5.98	6.21	11	4
人均 GDP（USD）	12 433	18 898	31 817	52	68
气候变化					
一揽子温室气体（占世界%）	20	13	11	−6	15
与能源有关的 CO_2 排放（百万吨碳）	1.30	1.33	1.48	2	11
与能源相关的 CO_2 人均排放（吨碳）	2.42	2.24	2.43	−8	9
年份	1970	2000	2030	1970—2000	2000—2030
生物多样性					
现存物种丰度（占潜在的比例%）	43	42	33	−1	−9
由于农业造成的物种丧失	35	33	38	−3	5

资料来源：OECD，《展望 2030》。

发达国家之所以污染基本得到控制，主要原因是其经济结构以服务业为主，一些重化工业转移到了发展中国家。2005—2030 年，北美人均 GDP 将增长 58%，而服务业将增长 63%。一个以服务业为主的经济结构的污染产生量非常有限，所以历史上曾经出现的由于重化工产业带来的传统污染问题，在 OECD 国家基本得到解决。

（二）发达国家的环境管理更加开放、协调和务实

发达国家污染物排放持续稳定的同时，其环境管理也在逐步完善。其环境战略正逐步融入国家安全战略，渗透和体现到国家重大发展战略中，通过调整和规范经济发展模式和社会消费方式，实现环境保护的目标。主要有以下几个特征：

1．系统制订环境战略与计划，包括目标、子目标和附属目标及相应的策略和行动

这些战略计划力求其目标、目的和诸多的指标、措施尽可能的具体、明确，有些战略计划的每个目标下面又有子目标和附属目标。这些目标还具有可度量性和可检验性，例如至某年某月某计划或规划项目要进展到何种程度，要达到什么目标，以便进行考核和测评，同时在项目进展中适时对目标和指标进行必要的修正和完善，为制订下一个战略计划奠定基础。如美国环保局 2003 年环境保护战略草案不但确定了 5 个长期奋斗目标，还提出了子目标和附属目标及相应的策略和行动。欧盟的第 6 个环境行动计划在遏止气候变化时，确定了中期和长期目标。中期目标是：2008—2012 年，温室气体的释放与 1990 的水平相比，减少 8%以上（《京都议定书》）；长期目标是：到 2020 年，全球温室气体与 1990 年的水平相比，减少 20%～40%。

2．更加注重市场经济手段

欧美国家的环境战略计划提倡利用市场机制手段解决环境投资、环境管理和保护的问题。

发达国家在环保方面的投入大都占到其国民生产总值的 3%以上，而我国环保投入还远远不足。据测算，只有当我国的环保投入占 GDP 的比例超过 1.5%时，我国的环境质量才可能从整体上得到好转。要解决这样大规模的资金投入，除了政府直接投资外，必须充分利用市场机制。

3. 明确环境科学方面的优先研究领域

美国环保局 2003—2008 年环境战略计划草案就将室内和室外的空气质量，饮用水的质量和安全，土地的保护与恢复列入优先领域。英国自然环境研究委员会“可持续未来的科学”计划也将水、生物地球化学循环和生物多样性、气候变化、能源、土地利用等列入重点。欧盟第 6 个环境行动计划的优先研究领域为：气候变化、自然资源与生物多样性的保护、环境和健康问题之间的关系、自然资源的可持续利用和废物管理。OECD 2001—2010 年环境战略计划关注气候、淡水资源、生物多样性等。他们共同关注的优先研究领域为：气候变化、水资源、土地资源、生物多样性、废弃物。

4. 加强各级管理人员、研究人员与组织机构间的合作与交流

这些战略计划强调环境目标的实现不是某个部门的工作，而是强调各部门的协调与合作。如美国环保局 2003 年环境战略计划草案强调加强中央政府与各州的合作与交流；英国自然环境研究委员会“可持续未来的科学”计划将形成一种新的合作模式，使环境领域的科学家与其他领域的科学家联合开展研究；经济合作与发展组织 2001—2010 年环境战略计划强调通过改善管理、加强合作更好地管理全球化带来的环境影响。因为这些战略计划的制订者们都认识到环境问题多是跨越国界的，任何一个国家或国家集团依靠自己单独的力量都不能切实解决环境问题，不足以保护地球生物多样性和全球生态系统的整体性。它的解决需要全球的通力合作，包括发达国家、发展中国家、国际组织之间的双边或多边协调行动。

5. 更加注重环境信息的监测与管理

这些战略计划的制订者意识到，可靠、及时准确的环境信息对决策者和公众来说，有很重要的意义。一方面，决策者在制订战略计划时，尽可能多地获得准确和可靠的数据，就可以了解本国和本区域内及世界现有的实际环境状况，制定切实可行的有关指标和政策；另一方面，政府、媒体等通过各种渠道，发布环境信息，就能使公众了解自己生存的环境状况，提高环境意识，更多地参与环境保护、环境管理的活动。如果有更多的公众知道气候变化、土地退化、生物多样性减少、废弃物增多等对人类的影响，就会改变消费方式，选择绿色消费；监督和参与环境的管理，促使工厂和企业进行绿色生产；向政策部门和环保部门提供环境策略建议。

6. 更加注重人类与环境的全面协调发展

人类只有合理、高效、有限度地利用自然资源，自觉、有效地保护自然环境，才能保证人类社会持续、健康地发展。欧盟国家的环境机构和组织越来越关注环境与人类健康的关系，思考如何改善生活环境、提高生活质量，并采取实际行动保护人类赖以生存的地球。他们在环境战略计划中提倡清洁生产、资源高效利用、有节制消费、利用绿色能源、发展绿色科技。

三、发达国家环境与发展的经验与教训对中国的启示

（一）中国环境问题的根本解决取决于经济结构调整与效率提高

比照发达国家的发展轨迹，我国环境问题的解决程度取决于经济增长方式的转变速度，也就是经济结构调整的力度与效率提高的速度。我国淘汰并改造第二产业与绿化第一产业速度越快、发展第三产业速度越快，则进入后工业化时期的速度就越快，我国环境问题的解决也越快。

如上所述，环境污染是工业化的产物，而污染物主要来自经济结构中的污染产业及其低下的资源环境效率。因此，在全球 20 世纪 70 年代以来的环境保护浪潮中，发达国家纷纷采取措施，试图尽快从工业化步入后工业化、信息化社会。具体来说，就是调整其经济结构中的污染产业、提高资源环境效率。

世界银行总结了经济合作与发展组织（OECD）国家改善环境的措施，其中最重要的就是调整经济结构、提高资源环境效率。提高资源环境效率就是降低万元产值的物耗、能耗。调整经济结构就是降低经济结构中的能源污染密集型产业的比例，大力发展服务业，优化产业结构。其中，结构调整对减少污染的贡献远远大于资源环境效率提高的贡献。

发达国家主要通过贸易方式（包括货物、服务、投资等贸易方式）直接或间接向他国转移其污染行业。一些发展中国家利用外国直接投资来改善就业、提高经济发展水平，而由于国内环境保护的要求不如发达国家严格，从而成为发达国家污染产业转移的接受国。发达国家在产业转移背后隐藏的就是污染转移。

世界正处于一个全球化的时代。欧美日等国 20 世纪 70 年代为保护环境开始产业结构调整，这恰好是我国改革开放时期。所以，我国沿海地区成为欧美日甚至港台产业转移的接受方。

专栏 1：德国鲁尔工业区向中国邯钢的产业转移

中国邯郸的孟杵村是中国北方的一个村庄，村民们去屋外晾衣服时，附近邯郸钢铁厂排放的黑色烟尘常使他们不得不回到屋里将衣服再洗一遍。与邯郸相距半个地球之遥的德国多特蒙德，那里的居民也曾有同样的烦恼，因为他们的邻居是德国工业巨头——蒂森克虏伯（ThyssenKrupp）集团旗下的钢厂。每逢星期天，男士们穿着白衬衫去教堂做礼拜，可回家后却发现白衬衫都已变成了灰色。尽管这两个镇相距 5 000 英里，经济发展的起步时间也相差 10 年，但一条特殊的纽带却将他们连接起来——它们都先后使用了同一座排烟量巨大的炼铁高炉。20 世纪 90 年代，这座高炉被一块块拆卸后，从德国用轮船运到河北省——中国的“鲁尔谷”。

从 20 世纪 90 年代后期起，大批二手炼铁炼钢设备从发达国家卖到中国。现在，中国的钢铁产量已经超过德国、日本和美国钢铁产量的总和，而同时中国的二氧化硫和二氧化碳排放量也在急剧上升。与此同时，德国人却换来了蓝天白云，并领导世界一起打响了应对全球变暖的战役。中国在复制着曾引领西方国家走向富强的工业革命的同时，她也向曾使西方饱受污染之苦的大部分工业敞开了大门。中国企业已成为世界钢铁、焦炭、铝、水泥、化学制品、皮革制品、纸制品和其他产品的主要制造商。而在其他国家，这些产品的生产成本往往是极其高昂的，其中包括更严格的环保规定带来的成本。中国在成为“世界工厂”的同时，也产生了严重的环境问题。这种污染型工业的大规模转移使中国的经济增长奇迹打了折扣。一些经济学家认为，如果算上经济发展对空气、土地、饮水以及人体健康带来的危害，两位数的经济增长率并未给中国人民的生活带来多少改善。若要减少污染，中国必须花费巨资替换或者更新已经过时的生产设备。

资料来源：《纽约时报》，2007-12-21。

专栏 2：从中国焦炭贸易争端看西方焦炭产业转移

发达国家为保护自身环境而逐步关闭其焦炭生产企业，而中国却迅速成为世界焦炭的生产和出口大国。中国焦炭产量和出口量均占世界的 50%以上。欧盟、美国等发达国家，迫切需要中国开放焦炭出口市场，并希望以稳定的价格和供给，满足其钢铁等行业需要。为此，中国承受了巨大的资源环境代价。

中国政府为确保国内稳定需求和保护资源与环境的要求，尤其自 2006 年以来，连续采用焦炭出口限制措施，为此引发与欧盟、美国等焦炭贸易摩擦。欧盟指责中国不适当地使用了出口配额，对欧盟企业有所歧视，违反了 WTO 非歧视原则。后经中欧多次紧急磋商达成了妥协协议。美国在《2007 年度就中国履行 WTO 义务情况向国会提交的报告》（《USTR2007 年报告》）中明确指出，对我国锑、焦炭、氟石、铟、碳酸镁、钼、稀土、硅、云母（滑石）、锡、钨和锌 12 种原材料出口限制措施表示强烈关注，而焦炭列在 12 种原材料中。美国关注我国对焦炭实施出口配额许可证管理措施，以及提高焦炭出口关税措施。因焦炭没有涵盖在我国入世承诺附件 6 中，即我国承诺取消除附件 6 之外的适用于出口产品的全部税费，因而美国认为我国对焦炭征收出口关税是违反我国入世承诺的义务。美国表示将在 2008 年继续采取措施确保中国遵守 WTO 承诺，包括诉诸 WTO 争端解决机制。

国内外钢铁产量和需求的迅速扩张，导致焦炭市场需求强劲。中国是世界焦炭的生产和出口大国，其生产量和出口量均占全球焦炭生产总量和贸易总量的 50%以上。2007 年中国焦炭产量 32 894 万 t，比 2006 增长 16.3%；同时 2007 年焦炭出口量 1 530 万 t，同期增长 5.56%。

山西省是我国焦炭的主产区，其生产量和出口量占全国 60%～80%，其大气环境污染也在全国名列前茅。山西省社会科学院能源经济所以太原钢铁（集团）有限公司为例，估算了焦炭生产造成的大气污染和水污染环境损失（该估算只计算最基本的环境防护成本，不包括环境污染带来的健康损失、植被损失、建筑物损失、造成酸雨的损失等），估算结果表明:吨焦排污环境损失 76.32 元。如按吨焦排污环境损失 76 元推算，2003 年、2004 年和 2005 年全国焦炭生产环境损失竟分别高达 135.28 亿元、156.56 亿元和 184.68 亿元，均约占各年度工业增加值的 0.3%。其中，山西省焦炭生产环境损失占该省工业增加值的比例则高达 5%左右。

以上数据的环境与贸易含义是：我国每出口 1 t 焦炭，同时暗含着输出了 76.32 元的环境防护费用的损失。如计算健康损失、植被损失、建筑物损失、造成酸雨的损失等，我国出口焦炭的实际环境损失成本要高得多。中国 2007 年出口 1 530 万 t 焦炭，对中国的环境意味着 11.68 亿元的环境损失，也同时意味着中国用 11.68 亿元的环境损失来补贴欧盟、美国等西方国家的环境保护。

资料来源：胡涛，《我国抑制焦炭出口的可行绿色贸易方案》，《环境经济》，2008-11。

（二）能源资源价格是影响经济增长方式转变的重要手段

发达国家经验表明，能源资源价格是将资源环境成本内部化的市场经济手段，既是促进经济增长方式转变的有效方式，也是环保产业发展有效的催化剂。

发达国家从工业化步入后工业化和信息化是基本成功的，其转移经济结构中的污染产业、提高资源环境效率的政策也是很有成效的。在市场经济条件下，环保产业的发展没有市场机制很难推动，而价格是市场经济的灵魂。总结欧美日等发达国家的经验，我们发现：将资源环境成本内部化的各类法律法规，特别是高资源能源环境价格是发达国家环境经济战略转型的必要条件之一，也是启动环保产业市场的催化剂。凡实施低化石能源价格的国家，都存在比其他国家更严峻的大气环境问题。例如美国的低能源价格直接导致了美国的温室气体排放远高于欧洲、日本，伊朗的低油价也直接导致了德黑兰是世界上空气污染最严重的城市之一。

如果资源环境成本没有充分内部化，就无法形成污染治理的市场化机制，导致环保市场狭小。例如，美国的污水处理从 20 世纪 50 年代开始主要由联邦政府提供资助、州与地方政府配套，但地方政府缺乏积极性，仅艰难维系与运营。到目前为止，根据美国环境质量委员会的统计，美国的地面水仍有超过 50%以上的水域没有达到美国《清洁水法》所设定的目标。

如果资源环境成本充分内部化，资源环境的机制就通过价格信号传导到市场中，就可以形成污染治理的市场化机制，环境产品与服务业可以迅速发展。日本、欧洲的高能价与排放高标准，使日本与欧洲生产的汽车比美国经济燃油性高许多，这直接导致了目前美国工业竞争力低下，使得美国三大汽车公司濒临破产。而与此同时，由于高能价，日本存在许多提供节能环保服务的环境服务公司，许多节能的电子产品就出自他们的设计。

我国十分重视转变经济增长方式，但还缺乏促进经济增长方式转变的长效机制和有效手段。日本与德国的经验表明：高资源能源价格作为市场经济手段，是促进经济增长方式转变的有效手段，值得我国学习和借鉴。

专栏 3：日本经济转型的经验与教训

日本经济转型最成功的经验是采取积极措施应对 20 世纪 70 年代的能源危机与 80 年代开始的日元升值。1973 年，第一次石油危机爆发。石油从 1972 年的每桶 2.6 美元一直飙升至 1974 年的 11.5 美元。1973 年 11 月 16 日，日本内阁作出《石油紧急对策纲要》决议，要求全国降低石油电力消费的 10%。当时日本政府测算，只要贯彻这些规定，日本可以节约 25%的石油消费。为了应付石油危机带来的原材料、人工成本上升，当时日本社会推行“减量经营”法，企业大量裁员、员工无薪加班。石油危机促使日本向能源节约型社会转变。此后，日本钢铁业普及了连续铸钢法，大量节省了能源。1973 年第一次石油危机时，川崎制铁一家工厂能源的 20%来自重油，而 1978 年降至 13%，1983 年更降至 2%。能源危机之后，日本采取了一系列的防范措施。其中，最主要的手段就是对能源征收高税，以达到节能与提高能效的目的。目前，日本的能源价格几乎是世界最高的，但能效也是世界最高的。

此外，80 年代美国迫使日元升值的《广场协议》也对日本经济的转型起到了非常积极的作用。由于日元兑换美元从 400∶1 上升为 88∶1，日元升值几乎 4 倍多。同时，日本的出口急剧下降，特别是那些高能耗、高污染、低效率的产品几乎一夜之间就不生产、不出口了。随之而来的是环境污染的大幅度改善。重化工产业要么大幅度提高经济效率，要么将制造业转移出日本本土而留下研发与市场销售部门。中国、东南亚成为日本污染产业转移的主要对象国。根据日本通产省的统计，目前中日之间的贸易额大幅度上升，而其中很大一部分是日本大公司内部之间的跨国贸易，即从同一家公司的位于中国的制造业部出口到日本的销售部。

日本的循环经济促进了本国生产部门环境经济效率的提高，日本经济的大规模海外扩张促进了其重化工污染产业向他国的转移。这两项措施带来了日本环境质量的极大改善。

日本在成功实现经济转型、改善环境质量的同时，也有一定的教训。日本在经济转型过程中经济总量的持续低迷，常年 GDP 维持在低增长状态。虽然其海外投资很多，GNP 每年增长也很快，但毕竟不利于拉动本国国内的就业。此外，由于日元升值后外汇储备大幅度增多，导致货币的流动性提高，最终形成了日本的泡沫经济。这也是深刻的教训。

专栏 4：德国经济转型的经验与教训

德国曾经历快速的经济增长和庞大的贸易顺差。在高额顺差的刺激和推动下，德国马克均出现资产的重估和升值。

1981—1989 年，在美元走强的背景下，德国的贸易顺差一直稳定在较高的位置，顺差额占 GDP 的比重在不断上升，最高达到 6%。在巨额贸易顺差的压力下，德国没有对马克进行持续时间比较长的大规模的连续干预，德国马克总体上自由浮动，因此德国没有积累起巨额的外汇储备。同时德国央行对货币信贷进行比较严格的控制，基础货币的投放量并没有大幅提高。随着经济增长和贸易顺差的增长，德国资产价格伴随着马克汇率的上涨而上涨，资产重估和升值的幅度较小，对实体经济没有造成大的损害。

德国马克逐步升值的过程也是污染产业不断转移出境、重化工产品出口不断减少的过程，以至于现在作为传统的重化工产品基地的德国已开始大量进口重化工产品。例如，从中国进口焦炭、生铁和化工原材料。其直接的环境效果是德国的生态环境大幅度改善，原来被污染几百年的莱茵河、易北河现在重新恢复了生机。德国是为数很少的几个《京都议定书》附件一国家现在已经接近议定书规定的温室气体减排目标。

（三）要正视高消费观念与模式对我国资源环境的挑战

发达国家的高消费模式，包括对资源、环境、能源与土地的高消费，是最值得我国借鉴的教训。

> **专栏 5：美国经济转型的经验与教训**
>
> 美国经济转型的重要手段，主要是通过市场手段鼓励发展新经济，提升服务业在经济中的比例。近年来，美国信息产业、生物技术取得了长足进展。与此同时，逐步缩小乃至淘汰传统的重工业等经济部门。例如，在美国西部硅谷申办一家公司只需要一美元的注册费及若干小时就可注册成立新公司。同时，其周边的斯坦福大学、加州大学伯克利分校等也都形成了产学研一体化的机制，大大方便了将科研转化为生产力，迅速激励了信息产业的大发展。
>
> 但美国也有严重的教训。政府在民众不愿提高能源价格的政治压力下，以及考虑到石油公司能源寡头的经济利益，美国多年来基本维持能源低价政策。美国在采取能源低价政策的同时，采取了 SO_2 的排污权交易制度，技术上是通过末端治理，例如上脱硫设施。因此，无论是居民还是企业都不太在乎能源价格。但脱硫必须耗能，没有达到综合节能减排的目的。美国的低能价不仅没有获得可以获取的相应的协同效益，而承担着协同成本。所以，美国成功地控制住了 SO_2，但 CO_2 还在继续增加，远没有实现同步减少的协同控制。
>
> 美国的宏观经济政策导致了贸易赤字与财政赤字，鼓励进口大量廉价产品、鼓励超前消费。进口制造业产品减少了本国生产产生的污染，减轻了美国本土环境压力。如果这些进口产品在美国本土生产，则美国至少要增加 1/3 以上的碳排放。如果说进口产品是成功的经验的话，则超前高消费则是深刻的教训。而超前消费则导致了美国不是在生产而是在消费环节产生了很多的环境问题。这种高消费经济模式，使得美国背上了沉重的资源依赖包袱。

西方欧美发达国家，特别是美国的高消费经济模式，包括对资源、环境、能源与土地的高消费，是导致全球环境退化的重要原因。例如，美国的高消费模式使美国背上了沉重的资源依赖包袱，成为全球无论总量还是人均都是最高的碳排放大国。我国有限的自然资源、脆弱的生态环境承载力、以煤为主的能源结构，决定了我国在经济起飞后必须避免美国式的高消费。如果我国的消费达到美国的水平，大约需要 4 个地球的资源与能源支撑。因此，可持续消费是我国别无选择的选择。

四、发达国家环境执政体系的经验与教训及对我国的启示

发达国家有很多环境执政体系方面的经验，但是由于政治体制的根本不同，我国不能完全借鉴照搬。环境行政管理体制是在一定政治体制内的行政执法，无论任何政体都有类似问题。因此，我们应着重总结发达国家对我国环境行政管理体制改革、加强环境执政能力有所

启示的部分。

（一）改革环境行政横向管理体制，解决部际协调机制问题

可借鉴美国高级环境顾问与环境质量委员会经验，重新设计我国的环境行政管理体制，使环境政策制定者、环境政策咨询者与环境政策执行者各司其职、分工合作、协调一致。

在美国成立环保局的同时，设立了高级环境顾问的职位，成立了以该顾问为首的环境质量委员会，并建立相应的工作机制。其目的就是把环境决策咨询者（高级环境顾问与环境质量委员会）、最终决策者（总统本人）与决策执行者（美国环保局）区分开来，使他们各司其职、分工合作、协调一致。高级环境顾问不是一个虚职，其行政级别与部长相同，但作为总统的智囊，与总统关系更紧密。其办公室掌握一定的工作预算、拥有几十名工作人员，几乎每周与总统见一次面，汇报工作进展。

通过这种机构设置，美国很好地解决了环境政策的横向协调机制问题。虽然美国环保局仅仅是局级，而不是部级，但并不存在协调难的问题。如果美国环保局与能源部发生摩擦乃至冲突，高级环境顾问就会代表总统出面协调，化解矛盾。

（二）改革中央、地方纵向管理模式，加强地区协调

可借鉴美国联邦与州的环境联邦主义经验，清晰界定中央与地方的环境管理的各自事权财权，做到责权利统一，使中央、地方各司其职、分工合作、协调一致，解决环境政策执行的纵向协调问题，克服地方保护主义，加强环境监督与执法能力。

美国的纵向环境管理体制，根据自身特点构建了环境联邦主义：联邦政府负责主要跨界污染物的环境法律法规与政策的制订（例如跨界的酸雨问题），州及以下政府负责具体实施，而美国环保局的区域办公室负责监督各州的具体实施。不跨界的污染物，主要由各个州自己负责立法与实施（比如市政垃圾处理等），联邦政府不予干预。

我国虽然学习了美国环保局大区办的经验，但中央与地方环境管理的各自事权财权依然模糊不清，没有做到责权利的统一，地方保护主义依然存在。

（三）改革环保部门内部机构设置，按环境要素管理环境事务

有效的环境管理体制应针对存在的环境问题而展开。世界上大多数国家的环境部是按照环境要素设置内部管理机构，不仅发达国家如此，很多发展中国家也是如此。美国、欧盟国家的环境部按要素下设水司、大气（化学品）司、自然生态司、固体废物管理司等。德国还设有核安全局。这样设置最大的好处是，从机构上保证了环境部内部的协调顺利。例如，所有与水相关的法律法规、政策、标准、规划、许可证、排污总量等，都在水司；而所有与大气相关的法律法规、政策、标准、规划、许可证、排污总量等，都在大气司。生态、固体废

物、核安全等也类似。

借鉴有关国家经验，为加强内部管理，提高工作效率，环保部内部机构设置可按照环境要素进行管理，重新调整设置。

（四）改善环境行政行为，加强国家环境法制建设

美国《国家环境政策法》以改善环境行政行为作为国家环境法制建设的战略突破口，运用国家环境政策更新和统一政府和企业、公众的发展观念和思想，以国家环境政策完善政府公共职能，以环境影响评价程序改善行政决策方法和程序的经验值得借鉴。

美国国会面对日益严重的环境问题，1969 年制定了《国家环境政策法》，并及时填补了国家政策在环境保护问题上的缺陷，确立了环境价值在国民经济发展中的地位，通过国家环境政策和环境影响评价制度，对行政部门的决策进行制约和监督，确保环境利益与经济利益在政府的决策过程中得到应有的衡量。

虽然我国环境保护早就被认为是一项“基本国策”，但其内涵从未得到明确界定，也从未在法律上做出明确规定。从功能上看，《中华人民共和国环境保护法》是环境资源类法律中唯一的一部应当并可以界定为国家环境政策的法律。但《中华人民共和国环境保护法》缺乏对政府环境行为的规范和约束，重点放在约束企业环境行为上。法律没有为预防政府在环境问题上的决策失误做出严谨的制度设计。我国的环境资源法律，重视对市场主体的控制，轻视对市场主体的管制者——政府的制约和监督，致使一些地方政府“重经济发展、轻环境保护”的观念和行为得不到及时有力的遏制，责任得不到及时追究。

第三章
中国环境形势及面临的挑战

一、中国环境形势评价

环境是国民经济可持续发展的基础条件，环境保护是可持续发展的三大支柱之一，环境安全是社会公平与稳定的重要保障，环境改善是实现全面小康目标的重要任务。

30多年来，在经济社会快速发展的形势下，我国环境保护工作取得积极进展，特别是2006年第六次全国环境保护大会以来，各地积极推动环境保护历史性转变，污染防治由被动应对转向主动防控，环境保护从认识到实践都发生了重大转变。2007年全国化学需氧量与二氧化硫排放量首次出现“双下降”。同时，生态保护和建设成效显著，核与辐射环境安全基本处于受控状态，体制、机制不断完善，环境国际合作取得进展。

但是，由于自然环境脆弱、人口众多、经济增长方式粗放、环境监管滞后，当前环境面临的压力比世界上任何国家都大，环境资源问题比任何国家都要突出，解决起来也比任何国家都要困难。当前环境形势可概括为：**局部有所改善、总体尚未遏制、形势依然严峻、压力继续加大**。

（一）局部地区和重点行业的部分环境指标有所改善

1．主要污染物排放强度持续下降

国家重点控制的污染物排放强度逐年下降。1997—2007年，我国GDP保持年均9.5%的增速，而同期二氧化硫排放量年均增速仅为0.5%，化学需氧量、烟尘和工业粉尘排放量则分别以年均2.4%、4.6%和7.4%的速度在下降。因此，在经济高速增长的情况下，主要污染物排放呈现缓慢增长甚至下降的趋势必然导致排放强度明显下降，见图1-3-1。

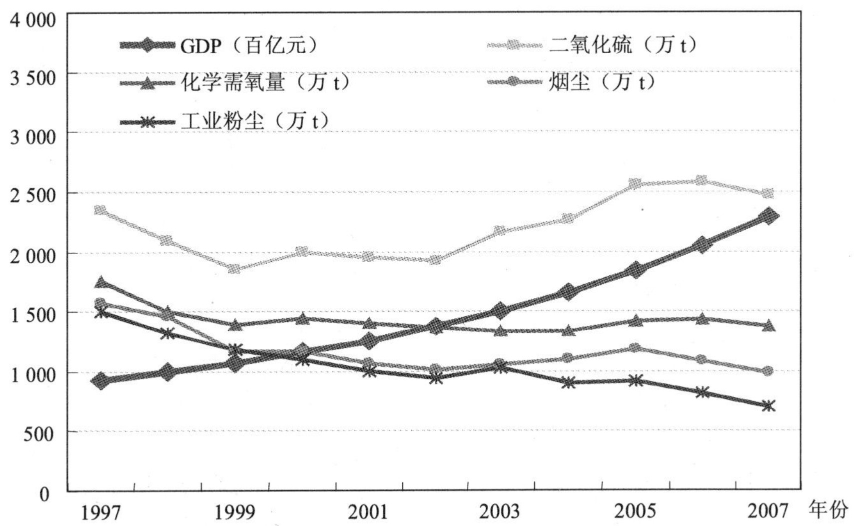

图 1-3-1　我国 GDP 和主要污染物排放量的变化（GDP 按 2005 年价格计算）

与 1997 年相比，2007 年化学需氧量排放强度［每万元 GDP（2005 年价格）排放量，以下同］下降了 68%，年均下降 11%；二氧化硫排放强度下降了 58%，年均下降 8%；烟尘排放强度下降了 69%，年均下降 11%；粉尘排放强度下降 81%，年均下降 15%，见图 1-3-2。

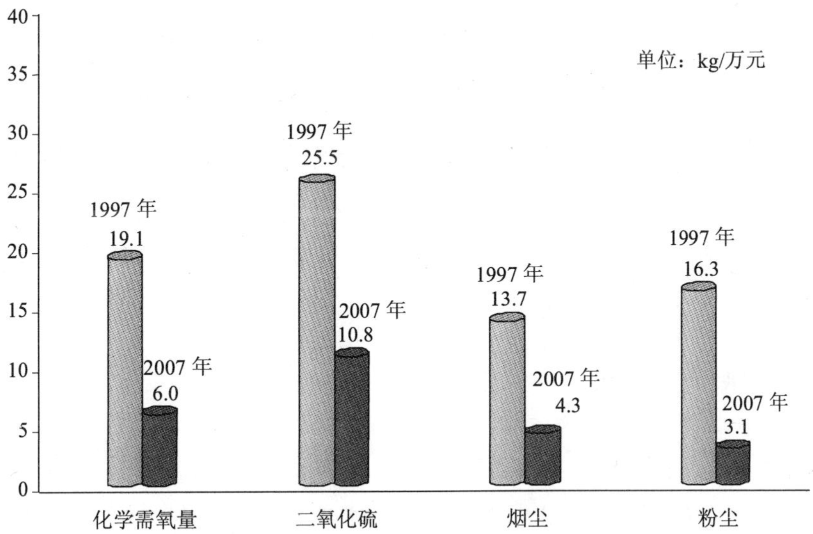

图 1-3-2　我国主要污染物排放强度变化

重点行业排放强度下降幅度明显。与 1997 年相比，2007 年造纸及纸制品业的化学需氧量排放强度［每万元工业总产值（2005 年价格）排放量，以下同］下降了 89%，每年平均下降 20%；纺织业的化学需氧量排放强度下降了 34%，每年平均下降 4%；非金属矿物制品业的粉尘排放强度下降了 70%，每年平均下降 11%；黑色金属冶炼及压延加工业的二氧化硫排放强度下降了 70%，每年平均下降 11%；电力热力生产和供应业的二氧化硫排放强度下降了 67%，每年平均下降 10%，见图 1-3-3。

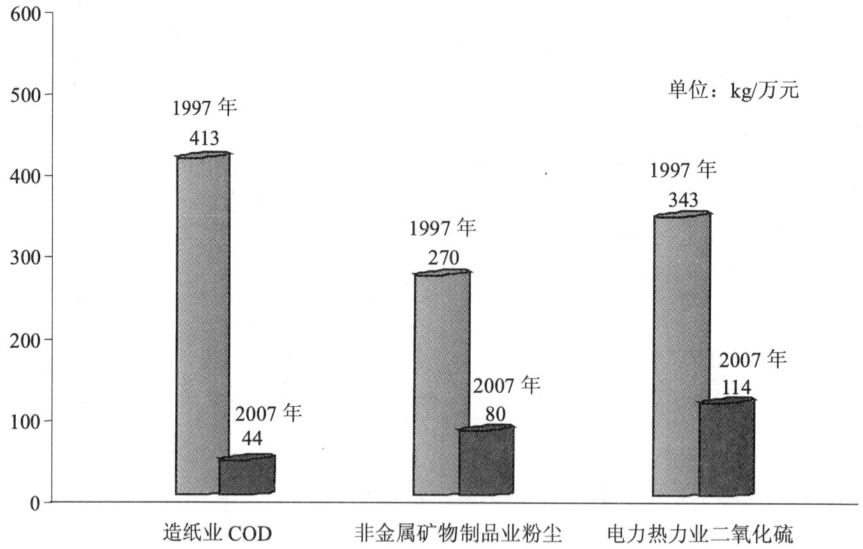

图 1-3-3 我国重点行业排放强度变化

2．重点流域主要污染物污染程度有所减轻

地表水国控断面Ⅰ～Ⅲ类水质类别比例由 1996 年的 27%上升至 2007 年的 43%，上升了 16 个百分点；劣Ⅴ类比例则由 36%下降至 26%，下降了 10 个百分点。

从 1996 年到 2007 年，松花江的Ⅰ～Ⅲ类水质类别比例从 5.0%上升至 23.8%，劣Ⅴ类比例则由 25.0%下降至 19.0%；淮河的Ⅰ～Ⅲ类水质类别比例从 7.5%上升至 25.6%，劣Ⅴ类比例则由 73.1%下降至 25.6%；辽河的Ⅰ～Ⅲ类水质类别比例从 18.2%上升至 43.2%，劣Ⅴ类比例则由 51.5%下降至 40.5%。

3．城市空气常规监测污染指标有所下降

10 年来，我国城市空气中常规监测的污染物浓度和达标城市比例有一定程度的改善。

2007 年，SO_2年均浓度达到国家二级标准的城市比例比 1996 年提高了 23%。340 多个可比城市空气中 SO_2年均浓度 2006 年比 1996 年降低了 44.9%。

2007 年，PM_{10}（可吸入颗粒物）年均浓度达到二级标准的城市比例为 78%，比 1996 年增加 49%。从 1990 年到 2000 年，在全国可比 53 个环境保护重点城市中，TSP（总悬浮颗粒物）年均浓度下降的有 41 个城市，占 72%；从 2001 年到 2006 年，在可比 61 个环境保护重点城市中，PM_{10}年均浓度下降的有 43 个城市，占 75%。

2007 年，全国城市空气质量达标的城市人口比例为 55.3%。2001 年以来，可比城市的空

气质量达标人口比例呈增加趋势，2007 年比 2001 年提高了 22 个百分点。

4．城市环境基础设施建设力度加大

近十几年来，我国的城市环境基础设施建设投入不断加大，对改善城市环境发挥了积极作用，部分城市的环境质量状况出现好转。2007 年，我国城市环境基础设施投资总额为 1 467.8 亿元，是 1996 年的 8 倍多。2007 年同比 1996 年，集中供热面积增加了 4 倍多；城市排水管道长度增加了将近 3 倍；城市建成区绿化覆盖率提高了 11 个百分点，园林绿地面积增加了将近 3 倍；垃圾无害化处理率从 49%提高到 62%，提高了 13 个百分点；城市污水处理能力不断提高，城市污水处理率从 24%提高到 63%，提高了 39 个百分点。城市燃气普及率从 1995 年的 34%提高到 2007 年的 87%，提高了 53 个百分点。

5．局部的生态环境得到改善

从 1998 年开始，我国相继实施了天然林保护工程和重点地区防护林体系建设工程（1998 年），退耕还林工程（1999 年），京津风沙源治理工程（2000 年），重点地区速生丰产用材林基地建设工程（2002 年）等一系列森林资源保护工程，生态建设取得积极进展，对改善我国局部的生态环境发挥了积极作用。

自然保护区建设为我国生物多样性保护发挥了积极作用。我国自然保护区的建立有效地保护了我国 70%以上的自然生态系统，80%的野生动物种类和 60%的高等植物种类以及绝大多数自然遗迹，特别是 85%以上的国家重点保护野生动植物及其栖息地得到了保护，一些珍稀濒危物种的种群呈现出明显的恢复和发展趋势。

（二）环境恶化状况尚未得到根本遏制

我国的环境状况尽管局部呈现好转，但是随着经济、社会的快速发展，环境污染呈现出压缩型、叠加型、复合型、耦合型的特点，环境恶化状况尚未得到根本遏制。

1．大气环境质量退化

以煤为主的能源结构造成我国城市大气污染物长期以来一直以高浓度的二氧化硫（SO_2）和总悬浮颗粒物（TSP）为主。近 20 年来，随着城市交通和汽车产业快速发展，产生了严重的机动车尾气污染。目前，我国城市群已经出现了煤烟型与机动车尾气污染共存的复合型污染，具有明显的局地污染和区域污染相融合、污染物之间相互耦合的特征。尽管单个城市为控制环境污染做了大量工作，使得主要的一次污染物得到一定控制，但就目前区域整体环境质量而言，呈现出恶化趋势，光化学烟雾、大气灰霾和酸沉降污染频繁发生。总之，我国大气环境总体上进入大范围生态退化和复合型环境污染阶段，存在环境灾变的隐忧。

传统的煤烟型大气污染依然存在。从全国来看，自 20 世纪 90 年代开始，城市大气 TSP 和 SO_2浓度有所下降，但仍处于较高的浓度水平，传统煤烟型污染依然存在。2006 年和 1995 年相比，340 个可比城市中仍有 97 个城市的 SO_2浓度有不同程度的增加。63 个可比环境保护重点城市中，有 29%的城市 SO_2浓度仍在上升。从 1990 年到 2000 年，全国 53 个可比城市中，有 12 个城市 TSP 的浓度上升。2006 年，在 61 个可比环境保护重点城市中，PM_{10}浓度相对 2001 年增加的城市有 18 个，占 24.6%。

城市和区域大气复合污染日益严重。2006 年与 2001 年相比，我国地级以上可比城市空气质量达到二级标准的比例下降 11.9%，80 个可比城市的背景点可吸入颗粒物（PM_{10}）、二氧化硫（SO_2）、二氧化氮（NO_2）三项主要指标的监测浓度已接近城市一般测点的浓度均值。我国东部地区城市细颗粒物（$PM_{2.5}$）污染严重，平均浓度超过发达国家 4～5 倍；东部地区年平均能见度下降 10 km，西部地区下降 5 km；部分地区出现臭氧、挥发性有机化合物（VOCs）、汞等新型大气污染问题，区域复合型污染逐步呈现；全国特别是珠三角、长三角和京津冀地区的灰霾天气有所增加，特别是珠三角地区城市，灰霾天气有的已经占到了全年天数的一半，或者是一半以上。同时还面临光化学污染的威胁。

酸沉降污染远未解决。尽管我国在酸雨控制方面已做了大量工作，但酸雨污染仍有加重及蔓延趋势。2007 年，全国酸雨发生频率及酸雨分布区域保持稳定，出现酸雨城市的比率下降，但是比率仍然超过 50%，而且酸雨强度有所增加。降水年均 pH＜5.0 的城市所占比率有所上升，已达 25%。

有毒有害废气污染不断加重。近年来，工业生产排放的有毒有害物质废气种类和数量不断增加，而治理却相对滞后，严重污染了部分地区的大气环境。这些有毒有害物质如苯系物等多具有致癌、致畸、致突变的作用，其危害不容忽视。目前，因事故排放导致的危害更加严重。

2．水环境呈现复杂的流域性污染态势

我国的水环境污染已从陆地蔓延到近海水域，从地表水延伸到地下水，从单一污染发展到多元化污染，形成点源与面源污染共存、生活污染和工业排放叠加、各种新旧污染与二次污染相互复合，以及常规污染物、有毒有机物、重金属、藻毒素等水污染衍生物相互作用的、复杂的流域性污染态势。

河流水污染未能得到有效控制。由于主要河流污染负荷不断增加，致使地表水污染日益严重。2007 年，全国地表水国控断面劣Ⅴ类水质所占比例为 26%，其中七大水系的 408 个地表水监测断面中 24%为劣Ⅴ类水质，基本丧失使用功能。辽河、淮河、黄河、松花江水质较差，劣Ⅴ类水质比例分别占 41%、26%、23%、19%。海河污染严重，劣Ⅴ类水质比例占 53%，比 1996 上升 4 个百分点。

湖泊富营养化日趋严重。近 30 年来，湖泊富营养化呈加重趋势。20 世纪 70 年代调查的 34 个湖泊中，富营养化的湖泊仅占 5%；1986—1989 年调查结果显示，富营养化湖泊比例增加至 35.76%；至 20 世纪 90 年代，我国东部的湖泊几乎全部处于富营养化状态；2002 年调查的 200 多个湖泊中，75%的湖泊呈现富营养化。2007 年，太湖、滇池、巢湖等湖泊出现了大面积蓝藻，影响了当地的饮用水安全。

饮用水安全问题突出。饮用水安全受到威胁，全国近一半的城镇饮用水水源地水质不符合饮用水水源标准。2005 年对全国 56 个城市的 206 个集中式饮用水水源地的有机污染物监测表明：水源地受到 132 种有机污染物污染，其中 103 种属于国内或国外优先控制的污染物。

2007 年，在 113 个环境保护重点城市中监测的 405 个集中式饮用水水源地中，23.5%的取水量监测不达标。在 243 个地表水水源地中有 44%超标，在 162 个地下水水源地中有 13%超标。在 113 个环境保护重点城市中，仅有 50%的城市饮用水水源水质 100%达标，还有一半的城市饮用水水源水质有不同程度的超标现象。

我国农村饮用水水质状况令人担忧，有 3.2 亿人饮用水不安全，其中有 1.9 亿人饮用水有害物质含量超标。

地下水过度超采、污染严重。目前，我国已有 16 个省市，70 多个城市发生了不同程度的地面沉降，沉降面积约 9.3 万 km^2。从地域上看，我国地面沉降主要分布在长江下游三角洲平原区、河北平原、环渤海地区、东南沿海平原。从规模（面积）和程度（沉降中心的最大累积降深）来看，以天津、上海、沧州、西安、太原等市最为严重（最大沉降均在 1 m 以上）。其中天津在地面沉降面积、最大累积降深和年沉降速率几个方面都最为严重，已有六成的地面发生沉降，在塘沽由于地面沉降，还加重了咸潮的危害。目前全国 25%的地下水水体遭到污染，平原区约有 54%的地下水不符合生活饮用水水质标准。地下水水质变差的比例比变好的比例高出 10 个百分点。

海洋环境污染凸显。我国海洋总体环境状况表现为：远海海域水质良好，近岸海域总体轻度污染，局部近岸海域污染严重。2007 年，全国近岸海域水质总体为轻度污染，按测点统计，四类、劣四类海水比例为 25.4%，杭州湾、长江口、辽东湾、珠江口和渤海湾水质均为重度污染。近岸海域沉积物中多氯联苯的污染程度加重、范围扩大。部分近岸海域贝类受到铅等污染。20 世纪 50—70 年代，赤潮频次在个位数，八九十年代，频次在两位数，2000 年以来，频次平均近百次。有毒有机物污染问题显现。外来物种入侵现象较严重，危害我国海洋生物的生存。

3. 土壤环境质量退化

近 20 年来，由于社会经济的高速发展和高强度的人类活动，我国因污染退化的土壤数量日益增加、范围不断扩大，土壤质量恶化加剧，危害更加严重。农业活动、废水排放、大气沉降和垃圾堆放都对土壤环境质量产生了广泛而深远的影响，土壤污染表现出源多、量大、面广、持久、毒害性大等特征，并从局部蔓延到区域。据估计，截至 20 世纪末，我国受污染的耕地面积达 2 000 万 hm^2，其中工业“三废”污染面积达 1 000 万 hm^2，污水灌溉面积为 130 多万 hm^2。每年因土壤污染而减产粮食 1 000 万 t，1 200 万 t 粮食因受污染而超标。燃煤、公路交通尾气排放的重金属，垃圾堆存释放的重金属等都会造成土壤污染。目前，土壤重金属污染对粮食和蔬菜种植影响最为突出。珠江三角洲地区有 40%的农田菜地重金属污染超出安全标准。

4. 生态系统更加脆弱

区域生态系统结构破坏严重，生物多样性不断减少，生态服务功能持续下降，生态灾害不断加重。生态系统呈现出由结构性破坏向功能性退化演变的态势，生态“赤字”不断增加。据有关部门研究分析，当前我国的生物承载能力约为人均 0.79 全球公顷，而生态足迹已经达到 1.65 全球公顷，人均超出可承载能力 1 倍以上，生态安全受到威胁。

生态退化没有得到有效遏制。森林总体质量呈下降趋势；作为保护生态最为重要的天然林及生态效益较为明显的成熟林在不断地减少；草地退化依然严重，天然草地的面积逐年减少，草地退化面积比例从 20 世纪 70 年代的 10%扩大到 80 年代的 30%再到 90 年代中期的 50%，其中重度和中度退化占退化草地面积的一半，并仍以每年 2 万 km^2 的速度发展；土地退化问题日益突出，自 20 世纪 90 年代以来，每年新增水土流失面积 1.5 万多 km^2，新增水土流失量超过 3 亿 t，每年因水土流失新增荒漠化面积 2 100 km^2，损失的耕地面积达 7 万多 hm^2；湿地面积严重萎缩，近 40 年来，全国仅围垦一项就使天然湖泊湿地消失近 1 000 个，面积达 1.3 万 hm^2 以上。

生物资源濒危问题日益突出。栖息地生境改变和过度的人类活动，导致我国生物资源濒危问题日益突出。各类生物物种受威胁的比例普遍在 20%～40%。我国有 422 个物种面临灭绝的威胁，包括 81 种哺乳动物，75 种鸟类，46 种鱼类，31 种爬行动物和 184 种植物。越来越多的鸟类和哺乳类动物被列入严重濒危和濒危的目录中，哺乳动物增加为 83 种，鸟类增加为 86 种。国家一级保护动物华南虎估计野外仅存数十只，分布于湖北枝城以下长江中、下游地区的白鱀豚，目前仅剩 100 多头。普氏野马、高鼻羚羊等物种在 20 世纪已经灭绝。

城市生态系统呈过度人工化趋势。城市人居环境虽有所改善，但城市环境污染仍处在较高水平，城市生态系统人工化趋势更加明显，热岛面积不断增加，生态功能不断降低。过分注重地面硬化、以外来植物绿化为主、城市河流渠道化、湖岸固化等人工化环境，忽视其自身生态系统的维护，越来越背离“生态城市”、“绿色城市”发展的要求。

5. 环境噪声扰民问题突出

2007 年，全国 350 个市（县）中，区域声环境质量好的城市仅占 5.7%。有 93 个城市即 26.6%的城市为轻度污染，还有 5 个城市属中度污染。城市声环境质量总体恶化，受噪声影响的暴露人口增加，影响范围不断扩大，环境噪声投诉长期居高不下。2007 年，全国环保部门收到关于环境污染的群众来信中 1/3 是关于噪声污染，群众来访中 28%是反映噪声污染。

6. 固体废物污染程度加重

固体废物污染程度不断加剧、影响范围不断扩大。城市与农村生活垃圾、工业固体废物、危险废物都在不断增加。2007 年，工业固体废物的产生量达到 17.6 亿 t，是 2000 年的 2 倍多。全国城市生活垃圾累积堆存 60 亿 t，占地 2 万多 hm^2（30 多万亩），近年来平均以每年 4.8%的速度在增长。同时，不符合环保要求的垃圾填埋场还占了相当比例。历年堆存的工业固体废物及生活垃圾产生的废气、渗滤液、淋溶水已成为重要污染源。受工业污染危害的耕地面积达到 600 万 hm^2（9 000 万亩）。持久性有机物污染危害逐渐显露。

7. 核与辐射安全隐患不容忽视

大规模快速建设核电站超过我国当前核电建设、管理能力，核电人力资源短缺，适合我国国情的核安全法律、法规和相关的技术标准不健全，监管机构设置和人力薄弱日益突出，核安全研究投入不足，机制不全，核能发展未能同步解决其废物处置问题，短期内给核电厂运行安全留下隐患。

总之，我国目前的环境污染范围在扩大，污染程度在加重，污染风险在加剧，污染危害在加大，治理难度在增加。长期积累的环境矛盾尚未解决，新的环境问题又不断出现，全面改善我国环境状况面临巨大挑战。

（三）环境形势依然严峻

1. 水和大气环境形势危急

2007 年，我国废水排放总量 557 亿 t，废水中 COD（化学需氧量）排放总量为 1 382 万 t，居世界第一位，超过环境容量 73%左右。10 年来，尽管我国地表水国控断面劣 V 类水质比例有所下降，但到 2007 年，仍占 26%。另外，根据水利部的数据，2007 年我国劣 V 类水质的河长占评价河长的比例为 21.7%，远远高于英国等发达国家的水平。2005 年英国水质差和严重污染的河长比例仅为 3%。

与世界其他国家和地区湖泊相比，我国的太湖、巢湖、滇池的富营养化程度高，处于富营养化和重富营养化状态。2007 年，在监测的 5 个城市内湖中，有 4 个水质为劣 V 类。

2007 年，我国二氧化硫排放量为 2 468 万 t，居世界第一位。早在 1995 年，我国就超过美国成为世界上排放二氧化硫最多的国家。2002 年，我国二氧化硫排放量是英国的 19 倍，日本的 22 倍，比利时的 127 倍。大量的二氧化硫排放直接导致我国降水酸度虽与日本、韩国、印度等亚洲国家相当，但硫酸根等主要离子的沉降量则远高于其他国家，是日本的 4.2 倍、美国的 9.4 倍。

我国城市细颗粒物（$PM_{2.5}$）污染严重，北方城市和区域 $PM_{2.5}$ 浓度超过美国标准年均限值（0.015 mg/m^3）5～6 倍，南方城市和区域超过美国标准 2～4 倍。2007 年，我国在以远低于欧盟等发达地区空气质量评价标准的情况下，仍有 30.2%的城市空气质量不达标。如果按照欧盟的空气质量评价标准，我国城市空气质量超标率将高达 95%。

2007 年，我国民用汽车拥有量达到 4 358 万辆，主要集中在北京、上海、江苏、浙江、山东、广东等发达省份的城市区域，对我国城市空气质量影响显著。2006 年，广州 NO_2 日均浓度超标天数达到 1/3，北京超标天数达到 24%。从 2001 年到 2006 年，全国 113 个环境保护重点城市中，NO_2 年均浓度增加的城市有 51 个，占 45%。我国的机动车数量和尾气污染如不及时加以控制，城市空气中 NO_2 浓度极有可能超过世界发达国家。

2．环境基础设施建设严重滞后，工业超标排放问题突出

我国城市生活垃圾产生量大，一些城市形成了垃圾环带。城市污水处理设施相对滞后，尤其是在县城和乡镇地区。根据建设部数据，2007 年，城市生活垃圾无害化处理率为 62%，城市污水处理率为 63%。而我国县城所在镇污水处理率仅为 23.4%，生活垃圾无害化处理率仅为 7%；乡镇绝大部分为空白。目前，我国城市生活垃圾无害化处理率远低于美国、日本等发达国家，城市生活污水处理率与德国、荷兰等发达国家 90%以上的处理率差距也很大。城市污水管网建设配套不足，城市污水处理设施平均运行负荷低于 70%。城市污水处理产生的污泥处置问题突出。城市燃气普及率还有待进一步提高，集中供热面积需要不断加大。

2007 年，我国工业污染治理投资为 552.4 亿元，仅占当年 GDP 的 0.2%和全社会固定资产投资总额的 0.4%，工业污染治理投入严重不足。这种局面在一定程度上导致我国工业污染源超标排放问题突出。2007 年，根据环境保护总局全国重点监控工业企业监督性监测评价结果，废水平均排放达标率仅为 59%，废气平均排放达标率为 62%。如果对技术落后、污染严重的小企业同样进行监督性监测，平均排放达标率将更低。

据有关行业专家测算：我国染料行业废水达标率约 67%，废气达标率约 56%，废渣平均治理率约 55%；焦化企业中，COD、SO_2 污染物排放总体达标率在 31%左右，其中国控大型企业的污染物排放达标率也只有 50%左右，颗粒物、B(a)P、苯可溶物等行业特征污染物总体排放达标率在 25%左右，其中国控大型企业的污染物排放达标率在 40%以上；平板玻璃企业

中，SO_2排放达标率约 45%，COD 排放达标率约 85%，粉尘和烟尘排放达标率约 75%；纸浆造纸企业中，COD 排放总体达标率在 50%以下，漂白草浆的 AOX 排放很难达标，达标率不到 10%；制革企业中，COD 排放总体达标率很低，不到 40%，其中规模以上企业的 COD 排放达标率在 70%左右，氨氮基本上不能达标；铁合金企业中，污染物排放总体达标率在 70%左右；铜、铅锌冶炼企业中，有数量众多的小型企业，由于规模小，技术落后，SO_2利用率很低，达标率更低，污染相当严重。

3．环境污染成为影响人体健康的重要危险因素之一

我国工业化起步于 20 世纪 60 年代前后，加速发展于 80 年代，依靠粗放型经济增长方式，经过 30 年的迅猛发展，步入了工业化中期阶段，发达国家上百年工业化过程中分阶段出现的环境问题在我国已经集中出现，工业化进程产生的环境污染对我国人群健康威胁的问题已经显现。

在我国人民健康水平不断提高的形势下，一些与环境污染相关疾病的死亡率或患病率持续上升。新中国成立以来，尽管我国人群总体死亡率和患病率持续下降，人均期望寿命由新中国成立前的 35 岁升至 2006 年的 73 岁（接近国际上公认的以 75 岁为基本现代化的标准），但值得注意的是，一些与环境污染相关疾病的死亡率或患病率持续上升。例如，过去 30 年，我国恶性肿瘤死亡率持续上升，由 83.65/10 万上升至 134.80/10 万，其中与生态环境、生活方式有关的肺癌、肝癌、结直肠癌的死亡构成呈明显上升趋势，肺癌死亡率上升幅度最大，由 7.09/10 万上升至 30.83/10 万。我国出生缺陷发生率由 1996 年的 8.87‰上升到 2007 年的 14.79‰，出生缺陷已成为婴儿死亡的最主要原因，科学界认为与环境类激素污染有关的尿道下裂发生率在我国的表现是城市高于农村。我国城市儿童哮喘患病率在 1990—2000 年上升了 60%，人口稀少的高原地区儿童哮喘患病率明显低于其他城市。

一些地区环境污染导致健康损害问题凸显。排除人口老龄化、吸烟等因素，局部调查显示：我国大气污染与人群死亡率、肺癌死亡率、就诊率和入院率的增加呈正相关，肺癌死亡率城市高于农村；水环境污染仍是造成农村地区水传疾病的重要因素，也与农村地区消化道恶性肿瘤高发密切相关，淮河支流部分农村地区存在恶性肿瘤高发问题且恶性肿瘤高发与水环境污染有一定关系；土壤污染区常在人群死亡率、癌症死亡率、脂质代谢紊乱疾病患病率较高，人体机能受损情况严重。江西大余镉污染区稻米中的镉含量是国家卫生标准的 5～27 倍，当地人群肾功能损害严重；环境污染对出生缺陷的影响不容忽视，山西出生缺陷发生率一直高居全国之首，八大煤矿矿区新生儿出生缺陷发生率约为山西省平均水平的 2.5 倍。

我国环境与健康问题复杂多样，防控难度大。一是复合型污染严重，人群污染暴露水平高；二是人群暴露时间长，历史累积污染对健康的影响难以短期消除；三是暴露人口多，不考虑流动人口，当前暴露于大气污染的地级以上城市人口约为 1.85 亿人，3 亿多农民面临饮

水安全问题；四是我国环境污染基本都发生在人群生活区域，人群对环境污染物具有完整的暴露途径及暴露途径的复杂多样性是其他国家少有的；五是城乡差异显著，大气污染是我国城市地区、水污染和土壤污染是农村地区面临的主要环境问题；六是传统和现代环境与健康问题并存，在由基础设施不足导致的“传统型”环境与健康风险还未完全解决的同时，由工业污染引起的“现代型”健康风险日益突出；七是随着科技的发展，新材料和新化学物的应用越来越多，新的污染物和污染形势不断出现，这些物质材料对人体健康的危害研究目前处于空白。

4. 环境问题危及公共安全和社会和谐

污染事故频发威胁环境安全。近年来，我国重大环境突发事件呈现上升趋势。松花江、广东北江、四川沱江、太湖蓝藻水华爆发等重大环境污染事故，不仅大大影响了广大人民群众正常的生产、生活，而且这些高浓度有毒有害物质的遗害难以短时间内消除，对环境污染事故发生区及毗邻区的环境安全造成长期威胁，甚至造成了不良的国际影响。

污染纠纷危及社会稳定。近年来，我国环境污染纠纷呈上升势头，并引发群体性事件，成为影响社会不稳定因素之一。环境投诉也成为社会八大投诉热点之一。2007 年来信投诉达到 12.3 万件，群众上访投诉达 4.4 万批次。这些事件给当地经济发展、社会稳定带来了不良影响。其中，以浙江东阳环境污染冲突事件、厦门 PX 项目、北京高安屯垃圾焚烧厂等引发的环境污染纠纷事件最为典型。

生态退化影响社会公平。长期以来我国城市环境的改善是以牺牲农村环境为代价，城区通过污水截流改善了水质，忽略了农村水质；通过污染企业外迁改善了城区空气质量，但加重了迁入地的空气污染；通过生活垃圾简单填埋，改善了城区面貌，但加重了城乡结合部的垃圾二次污染。为了保证城市饮用水安全，将上游地区设为禁止开发或限制开发区，又缺乏配套的补偿政策，使这些地区的人口长期处于贫困状态。

5. 环境问题影响和平发展

跨界环境问题引发国际纠纷。我国的环境污染已经引起了复杂的跨界环境问题，具体包括：以水资源开发和水污染为主要内容的跨界水环境问题，以二氧化硫、汞、沙尘暴为主要内容的长距离空气污染物传输问题，以生活垃圾、医疗废物以及陆源性污染为主要内容的海洋环境问题，以走私进口木材、野生动植物为主要内容的贸易问题，以二氧化碳、消耗臭氧层物质、持久性有机污染物以及生物多样性锐减为主要内容的全球环境问题等，都引起了国际社会的高度关注，有些已经成为“中国环境威胁论”的借口。

环境问题影响对外贸易。投资、消费、出口已成为我国经济发展的三大驱动力。近 20 年来，对外贸易为我国经济的高速发展作出了重要贡献。今后很长一段时间，我国的经济发展仍需依靠一定规模的贸易输出。然而，近年来与环境问题相关的国外技术性贸易措施对我国产品出口产生不利影响的事件时有发生。据国家质检总局发布的《中国技术性贸易措施年度报告（2006）》，2005 年，我国大约有 25.1%的出口企业遭受国外技术性贸易措施的影响，直接损失总额达 288.1 亿美元，其中出口到欧盟的产品而遭受的直接损失最大，占直接损失总额的 35.2%。在总额超过 81.5 亿美元的受影响合同金额中，受包括节能及产品回收在内的环保要求影响的出口合同金额在 22.2 亿美元以上，占 27%。到了 2006 年（《我国技术性贸易措施年度报告（2007）》），我国有 31.4%的出口企业受到国外技术性贸易措施不同程度的影响，直接损失达到 359.2 亿美元，占我国同期出口总额的 3.71%。国外技术性贸易措施对我国产品出口的影响逐年增大，使我国贸易利益蒙受很大损失。

（四）未来的环境压力仍将继续加大

未来一段时期，我国将基本完成工业化、城市化和农村现代化。在工业化和城市化仍将处于加快发展，经济结构调整的效应和粗放型经济增长方式的根本转变还需要较长时间，环境容量相对不足、环境风险不断加大、环境问题日趋复杂的情况下，我国将面临更大的环境压力。

1. 人口规模和消费转型对环境带来的压力将进一步加大

预计 2020 年我国人口将达到 14 亿左右，比合理人口承载能力多了 1 倍。预计到 2020 年前后，我国城乡居民家庭恩格尔系数平均为 35%，根据联合国粮农组织提出的标准，以吃饱为标志的温饱型生活将逐步向以享受和发展为标志的全面小康型生活转变，城乡居民消费类型将发生巨大变化。未来 10 年乃至更长一段时间，随着恩格尔系数的逐渐降低，高档耐用工业产品、肉蛋奶等畜禽产品的消费总量不断增加，电器、房屋以及汽车等家用消费品的增长速度还要加快。废旧家用电器、建筑废弃材料、报废汽车和轮胎等的回收和安全处置将成为未来 10 年乃至更长一段时间内一个重要的环境问题。

2. 发展的资源环境代价还将在一定时期内居高难下

未来 20 年是我国基本实现工业化的关键阶段。此阶段内，第二产业增长仍是经济增长的主要动力，传统意义上的污染型行业依然存在增长的空间。尽管工业各行业随着科技进步、技术改造、加强管理，单位产值（或产品产量）污染排放强度将降低，但由于经济总规模增长，污染物排放总量还有进一步增加的可能。工业发展规模的扩大，还将导致对矿藏、耕地、能源和原材料等自然资源的需求增加，进而使自然资源开发强度随之加大。

3. 结构性污染和粗放型增长方式使环境资源压力持续增加

由于结构调整需要一定的时间和过程，因此传统污染型工业快速发展的势头短期内还不可能得到根本性转变。预计未来 20 年，一些传统污染较重的行业，如钢铁、水泥、有色金属、煤炭、石油工业、化学工业、电力、交通运输等原材料工业和基础工业将保持相对平稳的增长态势，其中电力工业增长速度与经济增长速度保持 0.7～0.8 的比例关系，实现适度快速增长。食品、服装、医药、家用电器等行业仍将稳步增长。在传统污染密集型行业继续保持增长态势以及这些行业技术进步渐进发展的情况下，进一步削减化学需氧量和二氧化硫等污染物总量困难很大。对某些城市和环境敏感的地区，通过调整结构，减少污染密集型产业的生产，是减少污染物排放总量可行的办法。但对全国总体而言，未来 20 年这些行业依然是国民经济发展的重要支柱产业，还会有较大发展空间，污染物排放量依然很大，简单的结构调整不能解决问题。

4. 城市化进程加速对环境形成的负荷不断加重

目前，大城市的环境基础设施建设依然处于历史“欠账”时期，绝大部分中小城市和城镇的基础设施建设严重滞后，若不能加快建设步伐，环境质量有可能进一步恶化。到 2020 年，城市化率将达到 50%，城市生活污水和垃圾产生量将比 2000 年分别增长约 1.3 倍和 2 倍。在绝大部分中小城市和城镇的基础设施建设严重滞后的情况下，届时未经处理直接排放的城市污水总量仍将略高于目前水平。在一般性有机污染物污染和尘污染问题得到解决后，氮、磷、持久性有机污染物（POPs）造成的水污染问题将日益突出，细颗粒物（$PM_{2.5}$）危害将凸显出来。同时，大城市汽车尾气污染趋势加重，加上其他能源消耗过程，氮氧化物将成为一些城市的主要污染物之一，而且也会加重一些地区的酸雨危害。大件的电子用品垃圾、废弃的汽车和轮胎，以及其他有害废物也将加大城市垃圾处理难度。

5. 农业发展方式和农村生活方式可能进一步加大环境压力

保障我国的粮食安全，必然要求加快推进农业现代化进程。但是，随着农业现代化加速推进，农业物质投入还将继续加大，农业面源污染将更加严重。在农村居民生活水平提高的同时，生活污水和垃圾产生量还将不断增加，而农村环境基础设施薄弱状况短期内难以得到明显改善，因此农村生活污染还将进一步加重；土壤污染程度加剧，严重影响食品安全，威胁人体健康；大量掠夺式的采石开矿、挖河取沙、毁田取土、陡坡垦殖、围湖围垦、湿地造田、毁林开荒等行为很难杜绝，很多生态系统功能的保护将面临挑战；粗放型的放牧方式和牛羊放养数量的增加将进一步加大草原生态环境的压力；规模化畜禽养殖业的大幅度增长，也将使畜禽养殖污染物排放强度加大，加剧水环境污染，对局部地区带来非常大的压力。

6. 环境污染带来的健康风险逐步增加

当前，我国环境污染对健康的影响确实存在，正处于“局部性”和“区域性”阶段，如果现阶段不采取积极应对措施，随着环境污染的持续存在和发展，局部问题有不断扩大或局部之间融合的趋势，环境污染对健康的影响可能扩大为地区性问题。环境与健康问题应对不当也可能成为引发社会问题和政治问题的导火索。首先，粗放式经济增长模式短时期内得不到根本性扭转，决定了我国环境高污染局面短期内将难以得到根本性改变，无论城市还是农村，环境污染对人群健康的威胁在相当长时间内持续存在；其次，由于环境污染具有长时间、低剂量暴露、慢性发病的特点，人群健康损害症状出现多有滞后性（可多达数十年）。此外，近年来因环境问题引发的群体性事件正以年均 29%的速度递增，我国已经进入了环境群体性事件的多发期。据不完全统计，由环境污染导致的纠纷中有一半涉及健康损害。

7. 经济全球化和技术发展给环境保护将带来新的挑战

在目前经济全球化格局下，我国处于国际产业链的低端，因国际贸易产生环境风险的可能性较高。一方面，“两高一资”产品的大量出口对国内资源环境的压力加大，一些工业产品在生产、包装等环节环境标准偏低，甚至没有环境标准，出口易受到发达国家环境标准的限制；另一方面，我国大量进口石油、天然气及部分大宗矿产品，也将增大国内能源安全、资源安全的风险，对全球资源供需产生深远影响。

新技术发展在为解决环境问题提供有力支撑的同时，可能会产生许多新的环境问题，带来新的环境挑战：一是生物技术对生态环境的影响具有很大的不确定性。一些新的生物物种和转基因农作物对生物安全、食品安全和生态环境安全存在风险；二是科学技术的快速发展导致和促进了大量的新化学物质的合成，而有些化学物质可能成为自然系统中新的持久性有机污染物（POPs），反过来对人类健康和自然生态平衡构成威胁；三是随着现代信息技术的发展，产生大量的“现代垃圾”和电磁污染，如处置不当，对水环境和土壤环境造成新的危害。

总之，这些压力的共同作用，使我国环境问题呈现以下特征：环境治理的重点从大气和水为主向大气、水和土壤污染转变，污染物来源从工业和城市为主向工业、城市和农村三种来源并重转变，污染区域从以城市和局部地区为主向涵盖区域、流域和全球尺度转变，污染类型从常规污染向复合型污染转变。

严重的环境污染问题将制约经济和社会发展，危害群众健康，危及公共安全和社会和谐，影响我国的和平发展，处理不当，将从根本上危害中华民族的长远利益。

二、环境问题成因分析

我国环境问题的成因是综合性的，既涉及先天脆弱的自然因素，也涉及社会、经济、技术、制度等多种后天因素。从理论上讲，社会经济活动的外部不经济性和环境公共物品供给不足，是造成环境问题的主要原因。从实践上看，我国正处于重化工业快速发展这一资源消耗和污染物密集化的历史阶段。同时，由于一些地方片面追求经济增长，忽视环境保护，也导致环境问题不断加剧。

当前，我国环境问题的主要成因是：

（一）人口总量大且环境意识不强是造成环境问题的重要因素

1. 人口总量及增长对环境产生持久压力

人口因素是造成我国环境问题的长期性、基本性因素。新中国成立以来，我国的人口规模迅速扩大。新中国成立初期我国人口为4.5亿，到1980年达到9.9亿，2000年则上升到12.9亿，2008年为13.3亿，是解放初期的近3倍。我国是世界第一大人口国，约占世界总人口的1/5。尽管目前已经实现人口的低速增长，但是由于人口基数庞大，每年仍有1 000万左右的新增人口产生。预计这种人口总量增长的势头还将持续到2030—2040年，达到高峰15亿～16亿后，才能缓慢下降。

庞大人口规模和持续增长的势头将对资源和环境产生巨大的、持久性的压力。总体上看，我国人均资源占有量只有世界平均水平的一半左右。我国以占世界7%的耕地、6%的水资源、4%的森林、1.8%的石油、0.7%的天然气、不足9%的铁矿石、不足5%的铜矿和不足2%的铝土矿养活着占世界20%左右的人口。我国人均土地面积不到世界平均数的1/2；人均耕地资源面积不到世界平均水平的40%；全国有20%以上的县区人均耕地低于世界粮农组织（FAO）确定的耕地安全警戒线；人均森林资源占有量仅为世界平均水平的1/6；人均草地面积为世界平均水平的一半；主要矿产资源人均水平还不足世界平均水平的一半，我国煤、石油、天然气等资源的人均占有量只及世界人均水平的55%、11%和4%；人均水资源占有量仅为世界人均水平的1/4。

今后相当长的时期内，我国都将处于人口负荷过重的临界状态，很可能超过资源环境的承载极限。据一些学者研究，中国21世纪初土地资源生产力的合理承载量为11.5亿人，现超载约1.5亿人。若按温饱标准计算，我国土地资源的最大承载能力为15亿～16亿人口。在我国许多地区，人口增长已经超过生态环境和经济发展所能承载的限度。例如甘肃中部18个干旱半干旱县，人口密度达每平方千米82人，其中泰安县高达281.9人。按国际上通行的人口密度标准，干旱地区合理密度为每平方千米 7 人，半干旱地区 25 人。而该地区的人口密度已大大超过这一标准值。东南沿海虽自然条件较好，资源比较丰富，但人口剧增导致村舍相连，农田骤减，一些地区的人地矛盾已相当突出。

2．人口素质和环境意识不高制约环境保护能力

虽然我国人口增速不断降低，人口增长对资源环境压力增加的势头逐渐减弱。但是人口素质对环境改善的瓶颈制约作用逐渐显现。人口的素质和教育水平在很大程度上影响环境的演化方向和后果。受教育程度高的居民环保意识要高于受教育程度低的公民。在人口素质比较高的情况下，人们将会采用更有利于环境保护和资源有效利用的方式，从而减缓环境的压力。相反，在人口素质较低的情况下，人们更容易在不了解后果的情况下，采用不利于环境的生存和发展方式，引起环境退化。

人口素质对环境的另一个较大影响是人口素质与生育率负向相关，即人口素质较低的人口生育率较高，从而通过增加人口数量而增大生态环境负荷。这在我国农村地区和不少贫困地区较为普遍。此外，人口素质还通过文化价值观念的改变进而对环境的演变产生直接或间接的影响。

改革开放以来，随着我国教育事业的不断发展和环保宣传力度的不断加大，人们的环境保护意识逐渐增强，公众关注的环境问题越来越多，领域越来越广，包括从宏观的环境问题到微观的环境事件。但是，我国目前人口的文化素质和环境保护意识，与资源的可持续利用和环境保护的要求还有很大差距。据最新公布的资料，目前我们人均受教育年限为 8.5 年，发达国家基本达到 15 年以上。人均受教育程度较低，必然会影响和制约公众的环境意识和参与环保行为。根据 1998 年 7 月原国家环保总局和教育部的联合项目“全国公众环境意识调查”结果显示，公众对于 13 个题目的回答中，总体平均分、农村平均分、城市居民平均分分别为 21.6 分、18.5 分和 34.6 分。这说明我国公众总体上缺乏环境知识。同一调查结果也表明：在我国，65.9%的人低度参与环保活动；25.9%的人中度参与环保行动；只有 8.2%的人高度参与环保活动。2006 年度“中国环保公众民生指数”显示，在百分制的基础上，我国公众环保意识得分 57.05 分，环保行为 55.17 分，得分均较低。总之，公众的环境意识普遍不高，还难以做到自觉自愿地参与环境保护。

在政府决策部门中，各级管理者的管理水平和环保意识对当地环境将产生很大的影响。当前一些地方政府把发展经济作为首要任务，对生态环境问题则采取忽视或拖延态度，在很大程度上导致了环境问题的发生。

（二）粗放型的经济发展方式是加速环境恶化的动力性因素

新中国成立以来，尤其是改革开放以来，我国社会经济发展取得了举世瞩目的成就。1978—

2007年，我国GDP年均增长9.8%，经济总量由世界第10位上升为世界第4位，综合国力显著增强。与此同时，我国经济增长方式转变也取得了成效，产业结构逐步升级，技术进步对经济增长的贡献率不断提高，不少行业、企业和产品的能耗和物耗水平不断下降。但是，我国在经济增长方式方面，还存在着“高投入、高消耗、高排放、不协调、难循环、低效率”的问题。这些问题在有些地区、有些行业、有些企业还相当突出。

当前我国正处于工业化、城市化和农业现代化的加速推进阶段，经济持续高速增长，粗放型的经济发展方式还没有发生根本的转变，实现经济增长付出的资源环境代价过大，经济发展与资源环境的矛盾日趋尖锐，成为可持续发展面临的突出问题。有关资料显示，2006年我国GDP总量达到27 000亿美元，占世界GDP总量的5.5%左右。但是我们的能源消耗却达到了24.6亿t标准煤，约占世界能源消耗的15%。钢材消耗量达到了3.88亿t，约占世界钢材消耗的30%。水泥消耗了12.4亿t，大约占世界水泥消耗量的54%。

1. 粗放型工业发展方式造成巨大的环境压力

我国的工业增长方式比较粗放，在很大程度上主要依靠投资规模的不断扩张和资源能源消耗的不断增加来拉动，导致资源浪费和环境污染。进入20世纪90年代以来，我国重工业快速扩张，工业结构出现了明显的“重型化”倾向，重工业产值占工业产值的比重由1990年的50.6%快速上升到2007年的70.5%，说明我国的工业化进程正处于资源环境密集的重化工业发展阶段。这种阶段性特征不仅导致我国经济发展与资源环境之间的矛盾更加尖锐，而且也使我国环境问题的结构性特征更为明显。根据环境统计数据可以发现，我国工业废水排放总量大的行业主要集中在造纸、化工、火力发电、黑色金属加工、纺织、农副食品加工、石油加工、煤炭采选等行业；废气排放总量大的行业则主要集中在电力（包括火力发电）、非金属矿物制品、黑色金属冶炼与加工、水泥、化工、有色金属冶炼、石油加工等行业；用水量大的行业则主要集中在电力（包括火力发电）、化工、黑色金属冶炼与加工、石油加工、造纸、化纤等行业等。

工业增长方式粗放还表现在企业规模较小、行业集中度低、部分行业产能过剩、落后产能的比例较高等方面，不仅影响到企业和行业的市场竞争力，而且浪费大量的资源，造成严重的环境污染。从企业规模和行业集中度来看，与国际水平相比，我国独立核算企业、国有企业、规模以上的非国有企业的平均生产规模都相对比较小，行业集中度偏低。我国虽然连续多年成为世界第一的钢铁产量大国。但是，2005年我国粗钢产量200万t以上的企业有47家，没有一家进入世界前5名。而且我国钢铁工业集中度远低于世界主要产钢国家。在2005年的世界9大产钢国家中，我国的钢铁集中度最低，即使其他8个主要产钢国家中钢铁工业集中度最低的美国，也是我国的3倍多。我国水泥企业无论是企业规模、行业集中度、产品质量、能源消耗、环境保护，与国际先进水平相比都存在较大差距。目前我国水泥生产企业平均生产规模还不到30万t。而全球其他国家的平均企业规模100万t。2002年我国的水泥行业前4家企业的集中度只有 11.78%，比世界通行的低集中度标准还低 15.62%，比美国 1982 年的水泥集中度低 19.22%。此外，我国水泥能耗指标比国际水平高 40%，粉尘排放率是国际先进水平的 83 倍。

从部分行业来看，产能过剩问题比较突出。近年来，随着消费结构不断升级和工业化、城镇化进程加快，带动了钢铁、水泥、电解铝、汽车等行业的快速增长。但由于经济增长方式粗放，体制机制不完善，这些行业在快速发展中出现了盲目过度投资、低水平扩张、行业产能过剩等问题。从 1997 年到 2006 年的 10 年间，我国的水泥、发电和彩电的产能都翻了一番还多，煤炭产能增加了两倍多，粗钢和汽车产能增加了 3 倍多，炼铁产能增加了近 6 倍，而手机的产能则增加了 168 倍。从总体上看，钢铁、电解铝、电石、铁合金、焦炭、汽车等行业产能已经出现明显过剩；水泥、煤炭、电力、纺织等行业目前虽然产需基本平衡，但在建规模很大，也潜在着产能过剩问题。如果任其发展下去，资源环境约束的矛盾就会更加突出。

从产能结构来看，落后产能的比例较高。在目前的工业部门中，落后的工艺、装备和技术等仍占有较大比例。2006 年钢铁落后的生铁产能约 7 000 万 t，占当年生铁产量的 20%左右；2002 年我国 84%的水泥为落后的立窑、湿法窑和小型中空窑生产，2005 年落后的立窑水泥仍占水泥产能的 51%；平板玻璃的落后生产能力占平板玻璃产能的 18%；小火电装机容量占全国火电装机总容量的 25%左右；2005 年水泥企业的 90.8%为中小企业。此外化工行业存在大量的小合成氨、小型敞开式电石炉等；石化行业存在众多的小炼油厂等；造纸行业有不少的小型化学碱厂等。

2. 粗放型城市化发展方式对环境产生冲击

我国城市化进程已经步入快车道。城市化率由 1978 年的 18%上升到 2007 年的 45%。但是，我国城市化发展方式总体比较粗放，不仅占用了大量的耕地资源，而且对环境产生冲击。

（1）土地利用方式粗放，土地利用率较低

长期以来我国城市建设大多走外延式发展道路，片面追求城市发展规模和速度，城市经济增长依靠土地等资源的大量投入，城市发展呈现“摊大饼”的盲目无序扩张，土地利用效率低、忽视了城市土地的内部挖潜，造成了大量的土地资源浪费以及农业用地与城市化建设用地之间的尖锐冲突。城市规模盲目扩张，占用大量土地。从 20 世纪 90 年代开始，我国各级高新技术开发区、工业园区迅速发展，形成了“开发区热”，使得城市用地规模成倍扩大。从 1990 年到 2004 年，全国城镇建设用地面积由近 1.3 万 km^2 扩大到近 3.4 万 km^2；同期 41 个特大城市主城区用地规模平均增长超过 50%，城市用地规模增长弹性系数达 2.28，大大高于 1.12 的合理水平。城市规划和建设土地闲置浪费现象严重。在城市建设中，再建或打造新城区，大搞“形象工程”建设如大马路、大广场、大高楼以及房地产开发中追求高档用房、酒店宾馆、大型商场和人造景点等设施建设，占用和浪费大量土地；公路、铁路、港口、机场等基础设施重复建设，也造成浪费土地资源的现象等。

（2）城市环境基础设施严重滞后于城市化的快速发展

城市环境基础设施建设速度严重滞后。我国城市建设固定资产投资占同期国内生产总值的比例，从“六五”期间的0.56%增加到“十五”期间的2.87%，占同期全社会固定资产投资的比例，从“六五”期间的2.26%增加到“十五”期间的6.87%。但是，城市环境保护基础设施建设投资占同期城市建设固定资产投资的比例不仅没有同步增长，反而还在下降，从“六五”期间的28.75%下降到“十五”期间的24.08%。这说明在我国城市化高速发展的阶段，城市环境保护投资旧账未清，又欠新账。城市生活污水和垃圾处理设施能力严重不足，难以满足快速城市化发展的需要。一些城市污水未经处理直接排入水体，并造成城市地表水体和地下水受到不同程度的污染，且有逐年加重的趋势，严重影响了城市水资源的可持续利用和城乡居民饮水安全。在全国 661 座设市城市中，还有 339 座城市没有生活垃圾处理场，约占城市总数的一半以上。大量未经处理的垃圾，不仅占用了大量土地，而且造成了严重的土壤、水体和大气污染以及疾病的传播。

（3）城市管理方式粗放，对环境产生不利影响

城市管理观念比较落后。重建设轻管理、重城市建设轻环境保护、重眼前利益轻长远利益、重利益主导轻生态主导、重新城开发轻旧城改造等思想观念还不同程度存在，城市建设缺乏前瞻性，城市规划缺乏严肃性和权威性，城市管理容易受到利益的驱使。城市管理体制比较落后。市政公用设施管理分散在城管、建设、国土、交通、环保、水务、消防等部门，管理机构重叠，政出多门，多头管理，责权不明，职权交叉，关系不够理顺，造成重复管理，管理缺位和越位，交叉管理等问题，影响环境治理的效果。城市管理手段比较落后。城市管理主要依靠行政手段，忽视法律手段、经济手段和宣传教育手段的综合运用。管理方式停留在经验式管理、运动式管理、问题式管理、突击式管理和粗放式管理上，缺乏现代管理手段，从而影响到环境管理的质量和水平。

（4）机动车发展速度过快，对城市造成严重污染

目前，我国机动车保有量达到 1.68 亿辆，汽车保有量达到了 6 289.3 万辆，相当于改革开放前的 35 倍多，年均增长 15%。道路建设速度赶不上机动车辆增长速度，导致城市交通拥堵，环境污染严重。随着全国城市机动车保有量的持续增长，机动车污染物排放总量持续攀升，目前已成为我国城市第一大空气污染源，北京、上海、广州等特大型城市的主要空气污染物中，机动车排放所占比例均已超过五成。城市空气污染正由煤烟型污染向煤烟与机动车混合型污染转变，一些大中城市频繁出现灰霾天气。

（5）粗放型城市化发展加剧水资源和生态环境系统压力

全国 640 个城市中有 300 个城市面临缺水问题，其中 100 个城市的缺水形势已经非常严峻，这在北方城市尤为普遍。为了解决缺水问题，许多城市超采地下水结果导致地下水位持续下降和地面下沉。粗放型城市化发展导致严重的环境污染，对生态系统造成巨大的冲击和

破坏。城市化的快速推进使湿地面积减少，生境破碎化情况加剧，湿地水体和土壤污染加重，导致湿地生物的多样性降低，乃至于城市湿地生境的丧失或恶化，从而降低了湿地的生态及社会服务功能，给城市生态系统带来严重的负面影响，极大地制约了城市整体的可持续发展。如，北京从 20 世纪 60 年代起到 70 年代中期，有 8 个湖泊共 33.4 hm^2 湿地面积被填。天津地区湿地较 20 世纪 50 年代减少一半，市区湿地减少 80%多。

3. 粗放型农业生产方式和农村生活污染严重

我国的农业现代化进程很大程度上是建立在高物质投入拉动基础上的。1990—2005 年，我国农林牧渔总产值增长了 148%，但是化肥施用量增长了 84%，农药使用量增长了 99.2%，农用塑料薄膜使用量增长了 265.6%。这种发展方式在保障我国粮食安全水平不断提高的同时，也付出了沉重的资源环境代价，造成了严重的农村环境污染。

（1）化肥污染

近 20 年来，我国化肥施用量平均每年以 157 万 t 的速度递增，化肥施用总量由 1984 年的 1 482 万 t，增加到 2007 年的 5 107.8 万 t，居世界第一位。单位耕地面积化肥平均施用量达到 419.6 kg/hm^2，是化肥施用安全上限的 1.9 倍（国际公认 225 kg/hm^2），而化肥的利用率仅为 30%左右。通过农田排放的氮、磷和通过农田渗漏进入地下水的氮以及从农田排放到大气中的 N_2O、NO_x、NH_3 等，已成为水体和大气的重要污染源之一。据调查，太湖富营养化的 40%～60%的氮、磷来自化肥。同时，化肥施用量的增加也对土壤和人体健康产生不利影响，包括影响土壤自净能力并造成蔬菜中硝态氮含量超标，进而影响到人体健康。

（2）农药污染

农药的使用不仅对土壤、地下水及地表水造成污染，而且也对环境生物（包括水生生物、陆生生物和土壤生物等）产生危害影响，从而严重危害生物多样性。2007 年我国农药使用量 162 万 t，居世界第 1 位。单位耕地农药用量是美国的 5 倍以上。有关农药污染状况调查研究表明，农药的大量使用，已使部分地区地下水受到农药污染，虽然地下水总体农药浓度较低，但农药一旦对地下水造成污染，将产生持久性危害影响。农药的大量使用也对我国的环境生物造成严重危害。研究表明，我国农村地区鸟类的种类和数量均较以前明显减少甚至绝迹。这与大量使用农药有关。农村地区普遍反映广泛“使用农药，土壤中蚯蚓明显减少，一般农田里很少见到蚯蚓，而以前蚯蚓比较多，土壤也比现在疏松”。由于土壤农药污染，残留在土壤中的农药对下茬作物危害的事故经常发生。

（3）农膜污染

随着农村大棚农业的普及，农膜污染也在加剧，破坏土壤结构，造成农作物减产。农膜属于高分子化合物，其降解周期一般为 200～300 年，并且易破碎，不易清除。近 20 年来，我国的地膜用量和覆盖面积已居世界首位。2003 年地膜用量超过 60 万 t，在发达地区尤甚。我国目前采用地膜覆盖栽培的农田中，普遍存在着地膜残留问题，每年地膜残留量高达 45 万 t。据浙江省环保局的调查，被调查区地膜平均残留量为 3.78 t/km^2，造成减产损失达到产值的 1/5 左右。

（4）农业固体废弃物污染

农业固体废弃物主要是植物秸秆和蔬菜废物。植物秸秆等废弃物每年的产生量十分巨大，其中大部分没有得到充分利用。传统基本用于肥料或燃料的蔬菜和植物秸秆，由于生产方式的变革和劳力、成本、体制等一系列原因，其利用率已大幅度降低，农民将其直接丢弃在田间地头，或放火焚烧或任其腐烂，不仅造成资源浪费，而且严重污染环境。根据清华大学的估算，2001 年我国农田废弃物 COD、TN 和 TP 的流失总量分别为 245 万 t、109 万 t 和 12 万 t。

（5）畜禽养殖污染

全国畜禽粪便年产生量已达到约 20 亿 t，是工业废物的 2.4 倍。畜禽粪便进入水体流失率高达 25%～30%，COD 排放总量，粪便中的氮、磷流失量已经超过化肥。部分地区如北京、上海、山东、河南、湖南、广东、广西等地的畜禽粪便污染已经达到比较严重的程度。近 15 年来，我国畜禽养殖业污染物的流失量呈持续上升趋势。

（6）水产养殖污染

随着水产养殖业不断发展壮大，养殖密度及养殖产量不断提高，一些环境问题也随之出现。首先，在我国养殖业大多为静水塘养环境下，高密度养殖造成大量的水产动物排泄物、残余饵料、消毒药剂等有机物沉淀水底，有机物被分解释放大量有害物质，使养殖水质恶化；其次，养殖密度增加，水体环境恶化，养殖病害也日益加剧，许多病害已经严重威胁养殖效益；最后，面对加剧的养殖病害，消毒剂、杀菌剂及其他化学药物的大量使用又带来了病菌的抗药性及药物残留等问题，最终威胁到人类健康。

（7）农村居民聚居点生活污染

农村生活污水和固体废弃物成为我国农业非点源污染中另一个主要污染来源。随着农村经济的快速发展，农村生活产生的污水和垃圾日益增多。加上农村基础设施比较落后，普遍缺乏基本的排水和垃圾清运处理系统，导致生活污染日益严重。据测算，全国农村每年产生生活垃圾约 2.8 亿 t，生活污水 90 多亿 t，人粪尿年产生量为 2.6 亿 t，绝大多数没有处理，生活污水和垃圾随意倾倒、随地丢放、随意排放，造成严重的“脏、乱、差”现象。另外，随着生活水平的提高，大量带包装袋的消费品进入农村地区，如各类电器、食品的包装材料、难降解的塑料包装以及随着住房条件的改善，新增的建筑垃圾也成为农村新的污染源。

4. 产业布局和结构不能适应环境承载力

产业布局与资源环境承载力不协调，也是发展方式粗放的一个重要体现。改革开放后我国迅速发展的农村工业化进程奠定了我国环境污染从城市向农村、从东部向西部扩展的基本格局。但产业的布局和结构与资源环境承载力不协调的现象比比皆是：我国早期一些城市的产业布局脱离水资源条件，在缺水地区布置了很多高耗水项目，人为加剧了水资源紧张状况。例如，在水资源紧缺的首都北京，布置高耗水的冶金和石化项目；在地处荒漠地带的新疆，搞大规模商品粮基地建设；在气候非常干旱的宁夏，大面积种植高耗水的水稻，并在沙漠上推广种水稻；在水资源严重短缺的北方地区，钢产量占全国总量的近 50%。目前，全国 75 家重点钢铁企业有 26 家建在直辖市和省会城市；有 34 家建在百万人口以上的大城市。在国家规定的酸雨、二氧化硫“两控区”内，钢产量占全国的 75%左右。这种产业布局与资源环境条件的不相适应为生态环境质量的改善埋下了隐患。

产业布局不适应环境承载力的现象目前在西部地区日益突出。西部地区处于我国大江大河的上游，拥有丰富的水资源、动植物资源、矿产资源以及自然人文旅游资源，是全国重要的生态屏障，但是自然生态环境十分脆弱，生态承载能力有限。长期以来，区域产业结构与生态承载能力不尽协调。由于经济落后和科技不发达，主要发展资源开发型产业，即通过对自然矿产资源和能源的大规模的初级开发来获取利益。掠夺式开发资源致使西部自然灾害、水土流失、土地沙化和地质灾害等生态环境问题突出。20 世纪 90 年代中后期，在相对发达的东部或国外无法立项或发展已经饱和的一些项目，纷纷到西部地区寻求新的发展空间，这些引进的项目大都是产业链上的层次低、环境成本大、能耗高的项目，对西部生态环境构成了严重威胁。

东部地区的产业结构以加工主导型产业为主，工业经济以物质资源要素的持续投入为特征。随着国家发展战略重点的东倾，东西部产业布局呈典型的“资源—加工型”垂直分布，致使西部的能、矿、林、牧等资源规模东流，成为东部经济高速增长、经久不衰的强大支持。这些需求不仅加重了西部资源开发的力度，而且因东部产业结构与本地的生态承载不协调也对东部的生态环境造成了严重的破坏。

（三）不可持续的消费方式已成为目前影响环境问题的直接因素

不可持续的消费方式对环境问题的影响主要体现在消费快速增长、消费结构调整和消费方式转变三个方面。随着我国人均 GDP 超过 1 000 美元和中等收入阶层的快速崛起，我国的消费水平和消费结构正在发生巨大的变化，同时也对环境产生深刻的影响。

1. 非环境友好的消费增长对环境负面效应不断强化

消费快速增长对环境问题的负面影响日益强化。改革开放以来，随着经济的快速发展，我国居民消费水平和生活质量不断提高。1978 年我国居民消费水平为 184 元（当年价），到 2007 年已经增加到 7 081 元（当年价），如果按可比价计算，则增长了 6 倍多。与此同时，城乡生活污染不断加重。伴随着城市居民生活方式不断转变、需求多样化和消费水平的迅速提高，生活性污染对环境问题的加剧起着越来越重要的作用。从“十五”期间废水排放总量中生活废水所占比例的变化情况可以看出，居民生活污水的排放量逐年增加并且超过工业废水排放量，生活垃圾问题也不断困扰着城市。同时，随着农民生活水平的不断提高，塑料、玻璃、废旧电池、快餐盒等不可降解物正大举“入侵”农村，污染农村环境。2002 年我国的消费率为 58%，预计 2010 年将上升到 65%，2020 年将达到 71%。居民消费不可抑制的增长驱动资源的快速消耗，对生态系统的压力也不断增加。

2. 非环境友好的消费结构调整对环境压力持续攀升

不可持续的消费结构的调整和升级也给我国的环境带来巨大的压力。我国城乡居民消费水平快速提高的同时，消费结构出现了较快的调整和升级，成为拉动我国经济增长的重要力量之一。城镇居民的恩格尔系数从 1978 年的 57.5%下降到 2008 年的 37.9%；农村居民恩格尔系数从 1978 年的 67.7%下降到 2008 年的 43.7%。20 世纪 90 年代后期以来，消费结构升级势头日趋强劲，城乡居民用于购买住房、汽车、电子通信产品和提高生活质量包括教育文化娱乐和旅游支出迅速增加。消费结构快速升级使得产业结构发生新一轮剧烈变化，刺激了住房、汽车、电子通信等支柱行业和重化工业迅速增长，由此给我国的环境施加了巨大的压力。

3. 非环境友好的消费方式对环境冲击不断增大

随着我国消费能力的日渐提高，不可持续的消费方式正在成为我国环境问题不可忽视的影响因素。在我国的消费趋向中，大量存在着有悖于可持续发展的消费行为和现象。一些地方、一些人群受西方消费模式的影响，加上传统的“从众、攀比和虚荣”的消费心理，超前消费、过度消费、奢侈消费等不可持续的消费行为日益盛行。我国年轻人渐成超前消费和奢侈品消费的主体。据我国品牌战略协会估计，我国内地的奢侈品消费者目前已占总人口的 13%，约 1.6 亿人，主要集中在 40 岁以下的年轻人中。在大众消费品领域，手机、电脑、电视机的更新换代过于频繁，豪华办公楼和楼堂馆所处处可见。我国每年因“过度装修”造成 300 亿元人民币的浪费，因“奢侈餐饮”浪费就达 600 多亿元。在政府部门，一些地方政府讲面子，热衷形象工程和标志性建筑；城市建设追求超规模、超标准；办公用房和公车消费追求高标准和豪华。不可持续消费超出经济发展水平和能力，导致了资源破坏和浪费，对环境产生了巨大的压力。

（四）对外贸易中的粗放型增长方式是加剧资源环境压力的外部诱导性因素

对外贸易快速发展已成为推动我国经济增长的重要驱动力之一，自 1980 年以来，我国进出口贸易以年均 14%以上的速度递增。贸易增长速度不仅高于同期我国国民经济的增长速度，也远远高于同期世界经济和国际贸易的增长速度。2007 年，我国进出口贸易总额占 GDP 达到 66.8%，并且已经成为世界第三大贸易国。尽管我国积极促进对外贸易结构的升级，但过多依赖扩张型增长方式仍未发生根本性转变。由于我国处于国际产业分工价值链的低端，贸易结构中资源、能源、污染密集型产品比重较高，产品附加值较低，对我国的资源环境造成了巨大的压力。

1. 巨大的贸易顺差和不合理的贸易结构造成严重的“生态逆差”

随着贸易顺差的不断扩大，以及不合理的贸易结构，我国在为国际市场提供大量商品的同时，将能源、资源消耗及其环境影响留在了国内，造成严重的“生态逆差”。

据专家测算，近年来，我国用于加工生产出口产品消耗的能源占能源消费总量的四分之一以上，且这一比例呈持续上升的趋势。扣除进口产品的影响，每年通过产品贸易的能源净出口量相当惊人，从 2002 年的 2.4 亿 t 标煤增长到 2006 年的 6.3 亿 t 标煤，占当年一次能源消费比例从 16%增长到 26%。我国实际上是一个隐含的能源出口大国。从中主要受益的是美国和日本等发达国家，二者相加占 50%以上。从行业分布看，出口总量庞大的支柱产业，如服装、机械、电子等所占比例较大。而化工产品、钢铁出口，尽管在贸易总额中所占比例不高，但产品能源密集度较高，对能源流出的贡献也较大。

我国能源消费结构以煤炭为主，大量能源的净流出，不仅增加国内能源需求，也造成二氧化硫和二氧化碳等相应污染物排放的增加。据我国专家测算，2002 年我国通过产品对外贸易相当于净增国内碳排放 1.68 亿 t 碳。英国 Tyndall 中心对 2004 年的测算结果大约为 3.02 亿 t 碳，占我国当年总排放量的 23%，相当于日本目前的二氧化碳排放总量。国际能源署（IEA）的最新研究对 2007 年的测算结果是，中国通过产品对外贸易的能源净出口占当年能源消费总量的 28%，相当于净增国内 CO_2 排放占当年总排放量的 34%。此外也有专家推算，“十五”期间，我国每年通过对外贸易相当于净增国内 SO_2 排放约 150 万 t，占当年 SO_2 排放总量的近 6%。如果考虑到生产结构与贸易结构的差异性，由于贸易增速远高于生产增速，由外贸拉动的 SO_2 逆差将会更高。

2. 外商投资结构不合理带来很大环境风险

信息技术革命浪潮推动着发达国家加快产业结构调整和传统制造业的海外转移。目前，国际产业转移呈现出产业转移规模扩大化、产业转移结构高度化、产业转移区域内部化、产业转移形式多样化、跨国公司成为国际产业转移主体等显著特征。而向发展中国家转移的重点是制造业，包括资本与技术密集程度较高的重化工业、新兴产业的部分制造环节。这些产业中很大程度上是高耗能、高耗材、高污染型产业。由于发展中国家与发达国家相比，其环境标准比较低、环境意识较差，因此同是高污染产业，在发展中国家的企业将环境污染的成本内部化的代价较小，因而产品的总成本低，在与国外同类产品的竞争中有优势，在国际市场上的竞争力逐步增强，所以它在该产业具有比较优势；对于发达国家来说，其环境标准越来越严，将企业环境成本内部化的代价也高，这就意味着企业的污染处理费用越来越大，产品成本也越来越高，这样产品的竞争力在不断下降。为了追逐利润，降低成本，发达国家的企业必将高污染产业转移出去，这样既能从发展中国家进口到低价的产品，从而增加公司的利润，又可以不对环境污染负责，减少环保方面的支出。

中国作为发展中国家也不例外，在产业结构的调整和升级过程中，存在着大量的引进外资结构不合理现象。我国正处于新一轮全球产业结构调整的下游，承接着产业转移和积聚的污染或环境风险。在引进外资和贸易过程中，由于配套制度不完善和监管不力，造成大量污染密集型产业和各类废旧物品从国外转移到国内。1995 年投资于污染密集产业的外商占外商投资企业数的 30%左右，到 2005 年，这一数字上升到 84.19%，其中化工、石化、皮革、印染、电镀、杀虫剂、造纸、采矿和冶金、橡胶、塑料、建筑材料和制药等高污染行业和高耗能行业都成为外商投资的重要方向。与此相比，外资对环保产业的投资额所占比例却不到 0.2%。

3. 危险废物越境转移造成严重环境危害

伴随着国际产业结构的调整和转移以及我国对外开放的不断扩大，加之监督管理上的严重滞后，使得危险废物越境转移对我国的环境构成了严峻挑战。

2006 年年底，国家环保总局对外公布的《中国经济发展的外部环境影响——国际法分析》显示，我国从来没有把本国的危险废物转移至他国，相反，却一直是危险废物转移的受害者。有报道称，全世界电子废物的 80%被运到亚洲，其中 90%进入中国。近年来，我国每年要容纳全世界 70%以上的电子废物。这些电子废弃物主要来自美国、日本、英国和欧盟国家。据国外环保组织调查，美国国内收集的电子废物 50%～80%没有在本国回收处理，而是被迅速地装上货船运往亚洲，其中的 90%被运到了中国。面对这种状况，法新社报道称“中国正成为世界最主要的电子垃圾场”，绿色和平组织也发出警告，“中国正面临成为全球高科技垃圾站的风险”。中国不仅成为了“世界工厂”，更成为事实上的“全球电子垃圾场”。

由于缺乏必要的科技手段和投入，不少地方电子废物的加工利用方式极其粗放，对当地环境造成严重损害。通常大量的电子废物流入一些没有资质的作坊式拆解处理工厂，处理技术和手段极其落后和原始，包括通过焚烧、破碎、倾倒、浓酸提取贵重金属、废液直接排放等方法处理，造成了非同寻常的生态恶果。如，被称为“世界电子垃圾终点站”的中国广东贵屿镇，因长期以来大量电子废弃物聚集，使得农业生产、居民的饮用水安全和身心健康受到严重威胁。在电子废弃物污染严重的台州水坦村，癌症发病率明显高于其他非污染地区。

（五）科技能力不足导致环境绩效差是环境退化的技术性因素

改革开放以来，我国经济增长方式已经由过去主要依靠资本大量投入逐步转变为依靠资本和技术的双重投入，技术进步作用愈加明显。但是，科技进步对经济增长的贡献率一般为 20%～40%，远低于世界发达国家 60%～90%的水平。科技整体水平低是导致我国资源利用效率低、环境绩效差、环境问题严重的一个根本的原因，也是我国发展方式粗放的一个重要根源。

1. 技术水平落后造成环境绩效差

近十多年来，随着科学技术的进步，我国单位产出资源消耗和污染排放强度呈现比较明显的下降趋势，资源环境生产力有了明显提高。但是，从总体上而言，资源利用效率提高所导致的资源节约速度，抵不上经济增长等因素所造成的资源需求增长速度，导致我国绝大部分资源消耗总量仍在不断增加。而且由于技术管理水平总体落后，我国目前的资源能源消耗以及废物排放强度相对于世界和发达国家来说仍明显偏高。据中科院可持续发展研究组（2006）统计表明，2003 年单位 GDP 初级能源消费强度为 0.850 kg 油当量/美元，高于世界平均水平（0.272），是世界平均水平的 3.12 倍；我国单位 GDP 耗水量是世界平均水平的 4.03 倍；单位 GDP 钢材消费强度是世界平均水平的 6.78 倍；单位 GDP 水泥消耗是世界平均水平的 11.6 倍；单位 GDP 有色金属消耗是世界平均水平的 4.88 倍；单位 GDP 纸和纸板消费量是世界平均水平的 3.35 倍；单位耕地化肥消费量是世界平均水平的 2.6 倍；单位耕地农药施用量是 OECD 国家平均水平的 4 倍多；单位 GDP 有机水污染排放量是美国的 26 倍；每美元产生的 CO_2 是世界平均水平的 3.8 倍；每万美元 GDP 二氧化硫排放量是美国的 10 倍；单位工业产值产生的固体废弃物比发达国家高十多倍。此外，单位产品资源消耗也与国际先进水平存在较大差距。2007 年，我国钢可比能耗（大中型企业）比国际先进水平高 9.5%，火电发电煤耗高 11%，平板玻璃综合能耗高 13%，铜冶炼综合能耗高 22%，水泥综合能耗高 24%，原油加工综合能耗高 51%，乙烯综合能耗高 56%，合成氨综合能耗高 55%。建筑面积采暖能耗相当于气候条件相近的发达国家的两倍到三倍。此外，工业用水重复利用率不足 60%，远低于发达国家 75%～85%的水平；农业灌溉水利用系数仅为 0.4～0.45，大大低于国外 0.7～0.8 先进水平等。

2. 环保科技支撑能力不能适应环保需求

环保科技自身支撑能力不足，远不能适应环保形势发展和环境物品供给的需要。突出地表现在以下几个方面：① 环境科技需求发展的动力不足，对环保工作的引领和支撑作用发挥不够。包括：环境保护缺乏依靠科技的工作机制；企业对环境技术需求的驱动力较弱；环保科技对科学决策的引领不够。② 环境科技资源布局欠合理，环境科技投入效率有待进一步提高，公益性科研机构缺乏必要的扶持。包括科技条块分割、资源分散，并且科技基础设施重复建设严重，难以优化配置、合理共享；环境科研经费投入严重不足，没有形成稳定的环境科技投入机制，科研基础条件落后。③ 环境科研工作的系统性和长远性不够，难以形成长期的、整体的科技支撑能力。目前环境科技活动大多围绕现阶段环境污染问题展开，短期行为较为突出，还没有很好地将当前问题与长远问题结合起来，导致阶段性目标与长远目标脱节。

④ 国家环境科技创新体系尚未形成，环境科研创新基础能力薄弱、人才匮乏。包括：环境科研单位普遍规模小、专业优势不明显，难以形成支撑能力；环境科技队伍缺乏具有专业优势研究队伍和人才，还没有形成结构优化、布局合理、高效精干的环境科技创新团队。⑤ 缺乏大跨度的学科交叉综合研究和环境科技成果共享平台。要解决目前我国复杂的环境问题，就必须进行大跨度的学科交叉综合研究，建立环境科技共享平台。⑥ 环境标准的法律属性与管理责权不对应，环境标准工作与强化环境监管要求不适应。环境标准的环保技术法规和国家标准两种截然不同的属性交织在一起，形成了“法”、“标”混合的局面，降低了环境标准固有的战略地位和法律规范作用；在环境影响评价、循环经济、清洁生产、环境监测等工作所需要的标准，进展还不够快，与工作的急需相比存在差距。⑦ 环境监测缺乏全国统一管理，低水平重复建设现象严重。缺乏统一监督管理，缺乏科学统一的环境监测技术体系和统一的环境监测网。⑧ 环境技术管理难以应对新形势的挑战。环境技术管理尚未列入我国的环境法和相关法律，未进入环境管理的科学决策程序，致使我国的环境技术管理长期处于缺失、管理分散、落后的状态；排放标准、“三同时”、总量控制和功能区达标等法规制度缺乏系统的、可行的技术支持，影响有效实施和落实；环保产业发展缺少技术支持，盲目发展，处于低水平无序竞争状态，劣质产品充斥市场，严重影响了环保设施的稳定达标。⑨ 环保产业总体供给能力不足，产业宏观调控不力严重制约环保产业发展等。环保产业总体供给能力整体不足；环保技术与产品还不能完全适应环保市场的需求；产业管理体制不顺，行业管理缺位突出，产业宏观调控不力。

三、对中国环境保护经验教训的若干认识

30 多年来，中国的环境保护事业不断发展壮大，一代又一代人为推动环境保护工作不懈奋斗，环境保护工作在探索中前进，在改革中进取，在创新中发展。中国环境保护事业发展的过程充满了艰辛和挑战，同时也积累了丰富的经验，留下了发人深省的教训，从中可以得出以下若干认识。

（一）虽然认识到了人口众多、资源缺乏、环境脆弱、灾害多发的基本国情，在积极探索符合国情的经济发展道路方面取得了进展，将环境保护列为基本国策，但在人、财、物等资源配置和干部政绩考核等落实基本国策所必需的保障措施上缺乏硬性规定，国策地位无法落实，仍然没有摆脱资源高消耗、环境重污染、偏离国情的粗放型发展模式，资源环境对发展的支撑能力受到削弱

人口多、底子薄、自然灾害多发、生产力不发达是中国的基本国情，这样的国情决定了

中国必须走集约型的发展道路。历届政府为探索符合国情的发展道路和环保道路做出了不懈努力。改革开放以来，中国坚持以经济建设为中心，在较短时间内摆脱了贫困落后的面貌，经济规模显著扩大，综合国力迅速增强，人民生活水平不断提高。同时，实施计划生育政策，减轻了人口对资源环境的压力；坚持厉行节约、反对浪费、勤俭建国的方针，加强了资源节约和综合利用，减少了污染物排放；将环境保护列为基本国策，加大环境保护力度。

但是，由于环境保护管理资金和人员严重不足，用于环境保护管理的资金份额、人员编制与环境保护管理体制所担负的重大责任很不对称，环境保护还没有成为干部政绩考核的重要内容，环境保护的国策地位并未真正确立，执行力度远远不及人口国策，导致环境监管不力，环境保护标准没有发挥优化经济发展的作用，以大量消耗资源和粗放经营为特征的传统发展模式仍然没有改变。一些地区的发展方式偏离国情，违背了经济规律和自然规律，造成了严重的环境污染和生态破坏，不仅环境质量难以满足人民健康需要，而且水、气等环境要素质量下降，减少了资源的有效供给数量，削弱了对经济发展的资源和环境支撑能力。例如，在我国严重缺水的西北部地区和华北地区，大量发展高耗水、高污染产业，不仅加剧了当地水资源枯竭，还导致湖泊萎缩或者绿洲退化，甚至是土地沙漠化等一系列生态问题，高污染又导致水质性缺水，进一步加剧了当地水资源的供求矛盾；在北方农牧交错带、黄土高原、西南喀斯特地区以及江南红土丘陵区等生态脆弱带上，片面强调粮食自给率，过度开垦，引发严重的生态退化，如水土流失、石漠化、土地荒漠化等生态问题；还有一些地区主要污染物排放量远远超过环境容量，成为经济社会发展的主要瓶颈制约。此外，经济的高速发展、城市化进程加快与避灾型社会建设进展缓慢之间的矛盾突出，自然灾害的损失越来越严重，仅气象灾害平均每年造成的直接经济损失占国民生产总值的3%～6%。

总之，以往这种资源高消耗、环境重污染、偏离国情的粗放型发展模式，已经大大削弱了资源环境对发展的支撑能力，资源环境逐渐成为影响我国未来经济持久发展的稀缺因素和制约因素。面对“生态系统和经济利益相互依存的现实”，必须树立保护地球生命支持系统和生态系统完整性，也就是保持资源的可持续供应能力，“保护环境就是保护生产力”的观念，经济增长要由单纯关注人造资本的积累转向同时注意自然资本和人造资本的积累。它要求人类应在保持自然资源的质量和生态系统正常提供服务的前提下发展经济，应追求不降低环境质量和不破坏自然资源的基础上促进经济发展。要保证自然资本的存量不变或者增加，就必须要投入一定的人力、物力和财力来提高或维持自然的生产力（或者说生态服务功能），使社会经济系统的生产力和自然（生态）系统生产力形成有机的统一整体，推动经济的可持续发展。同时，还要依据我国人口众多、资源缺乏、环境脆弱、灾害多发的基本国情，因地制宜，走高效、节约、环境友好、可持续的发展道路。

（二）虽然认识到了先污染后治理是一条弯路，采取了将环境保护要求纳入国民经济和社会发展规划（计划）、加大落后产能淘汰、加强对环境污染的专项整治等一系列重大措施，取得了一定进展，但是，对环境保护和可持续发展的认识还比较肤浅，实际工作中不少地区仍是重经济发展轻环境保护，急功近利，竭泽而渔，走了一条牺牲环境换取经济增长的道路，付出了巨大的资源环境代价

早在 20 世纪 80 年代，我国就深刻认识到环境保护的重要性，提出"不再走发达国家走过的先污染后治理的弯路"，将环境保护作为基本国策；90 年代又决定实施可持续发展战略，不断完善环境保护的法律法规，并将环境保护要求纳入国民经济和社会发展规划（计划），从"九五"正式开始编制国家环境保护规划，确定了"33211 工程"，污染治理取得一定的进展。

但是，很多地区在经济发展过程中违背自然规律的问题突出，急功近利、竭泽而渔的现象仍然普遍存在，客观上还是走了"先污染后治理"的弯路。根据中国科学院国情分析小组研究结论，改革初期的经济发展是以自然资源和生态环境的"透支"为代价的，并且这一代价现在看来比当初估计的要高得多。20 世纪 90 年代开始自然资产下降，到 1995 年下降了约一半，为 7.8%；90 年代下半期明显下降，到 1998 年已降至 4.53%。我国的各类自然资产损失占 GDP 比重的变化趋势反映了过去 30 年我国确实经历了一个发展的大弯路，即"先破坏、后保护；先污染、后治理；先耗竭、后节约；先砍树、后种树"，为此，无论是国家还是公民都付出了沉重的代价，真实国民财富因各种自然资源的损失而大打折扣。

造成这种"以牺牲环境换取经济增长"，片面追求 GDP 的发展方式的主要原因，除了各级地方政府还没有很好地树立科学发展观以外，很重要的是与我国现行的财税制度和政府职能转变不彻底，以及现行环境政策与管理体制存在缺陷相关。

首先，地方政府主导地区发展经济的政府职能依然没有弱化。在目前以流转税为主体的财税制度下，地方政府税收主要靠产业流转税和企业所得税，而一些短期内利高税大的重工业项目恰恰对地区环境带来的压力最大。为了地方经济利益，地方政府必然要鼓励多投资，以增加地方财政收入，一些地方政府更是放松了对高消耗、高污染产业的监管，地方保护主义严重。

其次，现行的环境政策和管理体制还不足以改变单纯追求经济增长的发展模式。尽管近年来我国在环境经济政策体系构建上取得了一定的进展，但是从总体上看，目前我国的环境政策仍然处于"以行政命令、末端治理、浓度控制、点源控制为主"的阶段，还没有建立健全社会主义市场经济体制下的环境政策体系。一些源头控制，促进经济与环境保护同步发展的政策因"机制不健全、政策不配套"等原因而未能发挥预期作用。例如，由于缺乏具有法律意义的环境规划，环境规划的约束性不强，环境规划先行并作为其他国民经济发展规划、

城市规划等基础性规划的局面没有形成，环境区划和规划用于协调环境与经济、社会的关系，预防环境问题发生的基础性作用尚未充分发挥。而这也是我国没有完全避免走“先污染、后治理”老路的一个重要原因。在环境管理手段上，强调政府行为、强调自上而下的决策和执行方式、忽视经济活动的基本规律、忽视自然规律，导致环境管理成效不显著，加深了保护环境与发展经济的对立。

最后，在环境政策体系上，资源、环境与经济一体化的环境政策体系尚没有建立，环境和资源的保护与利用政策没有很好地同部门发展政策以及宏观经济政策相结合，未纳入综合决策体系和市场经济运作过程；国民经济核算体系以及区域、地方、企业的综合绩效评估体系中没有反映环境和自然资源的真正价值，环境损害成本、资源耗竭成本更没有体现在全部社会或生产者的成本中；环境政策没有及时随着国家政治、经济体制的改革，以及政府对经济的管理方式的变化作出相应调整，建立在计划经济体制下的环境政策手段不能适应新形势的需要，适合市场经济体制下的环境政策尚未成熟。因此，环境政策无法通过干预社会经济过程发挥效力，导致经济开发、发展与环境保护的脱节。

（三）虽然认识到了市场机制在环境保护中的重要作用，在从计划经济向市场经济平稳转型的过渡中，中国社会主义市场经济取得了积极进展，环境保护开始引入市场机制，但是市场机制发育还不完善，资源低价、环境廉价甚至无价的状况始终没有得到根本改变，环境经济政策长期未得到重视，导致污染治理、生态保护与市场机制背离，市场机制在污染防治、生态保护和资源配置中的作用没有得到充分发挥，大量使用传统的行政手段，环境管理效果并不理想

党的十四大明确提出了建立社会主义市场经济体制的改革目标，2002 年召开的中共十六大又把完善社会主义市场经济体制，推动经济结构战略性调整列为 21 世纪前 20 年我国经济建设和改革的主要任务之一。近年来，我国市场化改革进程越来越快，价格改革力度加大，“看不见的手”发挥着越来越大的作用。我国商品和服务价格绝大多数由市场决定的格局进一步巩固，2007 年，在社会商品零售总额、农副产品收购总额和生产资料销售总额中，市场调节价比重分别为 95.6%、97.7%和 91.9%。随着我国社会主义市场经济体制的初步建立，以及经营主体成分的变化，主要依赖行政手段开展环保工作已经无法适应社会发展的需要。行政手段虽然在短时间内立竿见影，但长期效果却十分有限。过多地运用行政手段治理污染，污染易反弹，行政成本高，容易激发社会矛盾，难以有效遏制污染转移，也加剧了市场的不公平竞争。

由于环境行为主体的有限理性以及环境的公共物品特征，在没有明晰产权时，容易产生经济外部性问题，具体表现为环境污染和生态破坏。为了有效地从经济角度解决环境问题，

就必须将环境问题纳入经济系统中考虑，通过综合运用各种环境经济政策手段，通过利用经济杠杆调控经济主体的行为，影响环境行为者的成本和效益，引导他们主动作出有利于环境的行为和决策，使其环境行为的外部性合理内部化，使环境资源达到社会最佳配置。国内外的理论研究和实践经验均已表明，有效的环境经济政策能够校正经济机制“失灵”现象，弥补指令性管制手段的不足，以经济手段的低成本，有效配置和使用环境资源，同时也是将环境问题外部性内部化最为有效的途径。

近年来，国家不断推动环境经济政策体系与相关制度建设，在绿色税收、信贷、贸易、保险、价格、收费等领域出台了一系列环境经济政策，取得了积极成效。尽管经济政策手段日益受到重视，但是长期以来，我国环保工作主要依赖行政手段，甚至是过度依赖和使用行政手段的局面并未真正改变。市场手段不健全，出台的一些环境经济政策仍处于探索和试点研究阶段。总体来看，我国尚未形成系统的环境经济政策体系，将环境成本内部化的工作进展缓慢，还没有建立起完善的环境保护激励和约束机制，环境经济政策建设现状与适应我国国情的、能有效支撑科学发展的环境经济政策体系尚有较大差距，特别是资源低价、环境廉价甚至无价的状况始终没有得到根本改变，我国的重要资源价格如煤炭、石油、天然气等基本上是以政府定价或政府指导价为主，只反映了资源开发成本，没有全面覆盖环境破坏成本和安全生产成本；排污收费标准偏低，无法涵盖污染物治理成本。这种扭曲的价格政策使得企业缺乏治理污染的内在动力，忽视环境保护、偷排漏排的现象普遍。现行环境税费对环境保护的激励作用和制约作用不足，环保调控作用弱，市场机制在污染防治、生态保护和资源配置中的作用没有得到充分发挥。

（四）虽然我国环保决策机制和考核机制不断完善，在科学决策、民主决策上有了很大加强，但决策失误仍在一些地方频繁发生、环境不作为和行政干预环境执法的现象仍然存在，环境与发展决策长期背离，引领科学发展的干部考核机制仍不完善，没能从根本上扭转一些地方政府单纯追求 GDP 政绩的倾向

从法律责任来看，《环境保护法》第十六条明确规定：“地方各级人民政府，应当对本辖区的环境质量负责，采取措施改善环境质量。”从决策机制来看，各级政府认识到了从个人决策转向集体决策、从经验决策转向科学决策的重要性，随着各级政府深入贯彻落实科学发展观，环境保护有更多的机会进入了综合决策范畴，环境保护工作也得到了不断加强。2006 年 2 月，监察部、国家环保总局正式颁布《环境保护违法违纪行为处分暂行规定》，建立起了环境保护行政执法责任制度。2006 年 7 月，中组部发布《体现科学发展观要求的地方党政领导班子和领导干部综合考核评价试行办法》，增加了“发展速度，发展质量，发展代价”评价要点，对干部在资源消耗与安全生产、耕地等资源、环境保护等方面的政绩进行统计分析。一

些地区在流域治理中落实干部考核制，创造性地提出了“河长制”，根据流域自然特征，明确了地方党政领导对环境质量负总责的要求，整合了各级党委政府的执行力，在探索城乡一体化行政管理体制、科学划分事权等方面进行了有益尝试。

但是，由于决策的科学化、制度化、民主化的机制和体制还没有确立，环境保护参与综合决策缺乏保障机制，因决策错误、失误导致的环境问题没有得到有效遏制。例如，20 世纪 80 年代，乡镇企业遍地开花，使环境污染在农村蔓延。1986 年发布的《1986—2000 年全国包装工业发展纲要》中提出，“塑料等包装制品的产量有一个较大幅度的增长”和发展一次性发泡塑料制品、一次性塑料包装制品的要求，客观上加剧了全国性的“白色污染”。1989 年关于结构调整的“重点支持项目”决定把生产类纸浆、纸和纸板，电镀产品，皮革和皮革制品，电镀工艺等列入国家鼓励和重点支持名录中，使 90 年代初全国造纸、电镀、皮革、印染、焦化等无序发展，污染泛滥。

干部考核不落实是导致环境与经济综合决策失误、环境不作为和行政干预环境执法等现象存在的重要因素。目前的干部考核中环保考核明显不足，地方各级人民政府对本辖区环境质量负责只是一条原则性的规定，对造成环境质量恶化究竟应该追究谁的责任、如何追究责任都没有明确的规定。如“九五”、“十五”淮河水污染防治目标没有实现，并没有哪一个地方领导因此而受到处罚甚至影响升迁。特别是原来的干部考核机制，导致各级领导干部以 GDP 为指挥棒，以经济增长速度论英雄，重经济增长、轻环境保护。受制于现行的环境管理体制，地方环保部门在执法中“顶得住的站不住，站得住的顶不住”，环境执法不严的问题长期得不到解决。对地方政府考核力度不够，难以克服地方保护主义对环保的不当行政干预。

尽管我国已经通过推行创建环保模范城市、环保目标责任制等，推进相关各级政府以及企业领导人的环境责任制，但是，由于环境绩效还不能够以制度化和可靠的方式纳入一个综合绩效评估的指标体系中，因此，从国家层次上的国民经济核算体系，到省市和地方的政绩指标，再到企业的核算制度和会计制度，都没有把环境保护作为规范化的内容以规范化的方式纳入到这些指标以及指标值的核算中，导致干部考核机制没能够很好地扭转一些地方政府单纯追求 GDP 政绩的倾向。

（五）虽然“依法治国，建设社会主义法治国家”的规定载入了宪法，环境法制建设取得较大进展，环境法制体系初步形成，环境执法发挥了积极作用，但环境法制仍然需要进一步完善，一些重要的环境保护领域立法薄弱，有法不依、执法不严、监管不力的问题仍十分突出，“违法成本低、守法成本高”的问题仍然存在

1997 年，依法治国基本方略被写入党的十五大报告；1999 年，“依法治国，建设社会主义法治国家”载入宪法；2003 年，国家颁布《中华人民共和国行政许可法》；2007 年，党的

十七大指出要“全面落实依法治国基本方略，加快建设社会主义法治国家”。这些都是我国依法治国的里程碑，是我国政治文明建设的重要体现。为落实依法治国基本方略，国家加快了环境保护的立法进程，使环境保护走上了法制化轨道，初步建立了符合我国国情、覆盖面比较完整的国家环境保护法律体系，环境立法观念逐步更新。地方立法不断健全完善，发布了一批突出地方特色、更加具有针对性和可操作性的地方环境法。同时，我国加快与国际环境条约的接轨，积极推动国际环境条约立法转化，不断完善实现履约目标的法律法规，为我国承担相应的国际环境义务、维护国家利益提供法制保障。环境执法也得到强化，环境监管体制不断完善，处置重大突发环境事件和跨界污染纠纷的能力不断提高。

但是，对照科学发展观和建设社会主义生态文明的要求，我国的环境法制建设面临很多亟待解决的问题。一是环境法律体系尚不健全，在一些重要领域存在立法空白。二是一些环境立法长期受到粗放型经济增长思想的主导和影响，与国家提出的科学发展观的理念相背离，环境保护优化经济增长的思想还没有很好的落实。三是许多现行的环境立法大多基于过去计划经济管理的需要，随着市场经济改革进程加快，环保法律、法规规定的罚款以及一些管理制度等已不适应新形势发展的需要。环境法律法规中的处罚力度弱，缺乏强制手段，难以形成对环境违法行为的震慑作用。四是现行的环境法律是以调整企业法人行为为主要目的设立的，缺少一部专门约束政府行为的环境法律，相应的法律制度不健全，一些地方政府干预环境执法的问题比较突出，政府对环境质量负责缺乏相应的法律制度的约束。五是环境法规出台后，一定程度上存在着立法与执法脱节的现象。环境法律新建立的法律原则和法律制度的配套政策、措施、标准建设严重滞后，影响法规的贯彻执行；缺少对环境法规执行情况的跟踪调查和评估机制，影响法规的修订完善。

从执法方面看，环境保护执法不严，监管不力。环境保护中有法不依、执法不严、违法不究的现象还比较普遍，对环境违法处罚力度不够，违法成本低、守法成本高。一些地方存在地方保护主义，有的不执行环境标准，违法违规批准严重污染环境的建设项目；有的对应该关闭的污染企业下不了决心，动不了手，甚至视而不见，放任自流；还有的环境执法受到阻碍，使一些园区和企业环境监管处于失控状态。这种状况不改变，环境污染就不可能得到根本治理。

（六）虽然我国财政收入大幅度增长，环保投入也逐年增加，环境建设和能力建设得到一定加强，但仍然没有建立有利于科学发展和环境保护的财税机制，事权不明，环保投入资金不足、效率低下，环境基础设施建设长期滞后

从 1994 年财税体制改革以后，我国基本形成了财政收入的稳定增长机制，从 1994 年的 5 000 亿元增长到 2007 年的 5.13 万亿元。伴随着财政收入的快速增长，环境保护投入也逐年

增加，从“九五”期间的 3 477 亿元上升到“十五”期间的 8 349 亿元；环境保护投入占 GDP 的比例也呈明显的上升趋势，从 “九五”期间的 0.81%提高到“十五”期间 1.19%。随着环保投入的增加，环保基础能力建设逐步提高。

1. 但是，有利于科学发展和环境保护的稳定的投入机制仍然没有建立，主要体现在以下三个方面

一是环境保护投入不足的问题始终没有得到解决，环保投资总量与经济发展带来的环境污染治理需求相比还存在一定的差距，难以满足污染削减的资金需求。“十五”期间的环保投资仍然不及发达国家或地区 20 世纪 70 年代的水平；从增长率指标看，“十五”期间我国环保投资的年均增长速度达到 18.8%，但是却低于同期固定资产 22%的年均增长速度，而且环保投资占固定资产投资的比例在 2001—2005 年总体上呈现下降趋势，这说明在固定资产投资增长的同时，环保投资并没有同步跟上。

二是环境保护投资结构不合理。从近年来环保投资结构的变化情况来看，城市基础设施增长率最高，城市环境基础设施增长带动了整个环保投资的增长，工业污染源治理投资年均增长率最低，而且工业污染源治理投资波动较大，工业污染源和新建项目“三同时”投资均出现过负增长。

三是环保资金投资不落实，执行率低，准备基础性工作跟不上，环境保护设施运转效率低下。环境保护规划的重点任务与工程措施资金难以保障，重点项目进度严重滞后。据统计，截至 2005 年年底，列入国家环境保护“十五”计划的 2 130 项治污工程，完成 1 378 项，仅占总数的 65%；完成投资 864 亿元，占总投资的 53%。淮河、海河、辽河、太湖、巢湖、滇池治理项目的完成率分别只有 70%、56%、43%、86%、53%和 54%。

2. 造成上述问题的主要原因有以下四个方面

一是中央与地方在环境保护方面的财权与事权不匹配，地方环保责任与事权大而财权小。在我国分税制改革过程中，中央和地方财权划分未考虑环境事权因素，没有以规范的方式明确各级政府间的事权关系，政府间事权划分不合理，出现政府缺位、错位和越位等现象。中央通过分税制改革拿走了地方的大量财力，这其中就包含着地方牺牲环境而换来的利益。国有大中型企业利润上缴中央，治污包袱留给地方，许多历史遗留环境问题、企业破产后的污染治理问题都要由事发多年后的当地政府承担，贫困地区、经济欠发达地区财力更难以承担治污投入，“211 环境保护科目”在相当一部分地方处于“有渠无水、有账无钱”状态，导致一些地方没有很好地执行国家的环保政策。

二是环保投资市场化机制不完善，经济政策不配套。环境保护投入主体不明确，政府与企业（市场）职责分工尚不明晰，多层次投融资机制不健全。虽然我国的经济激励制度种类

较多，以税收手段、收费制度和财政手段为主体，但缺乏配套措施，并没有起到刺激企业依法增加治理污染投入的作用。

三是在环保资金来源上，缺乏有效的政策体系和有利于财政投资稳定增长的财政制度保障。虽然 2007 年开始在财政预算支出中开列了环保科目，但按照现行体制，由于环境预算在各个部门分别实施，对于严格执行环保支出财政预算，保证环保工程考核和其他相关支出的最终落实，还缺乏明确的立法形式及具体的实施细则，因而还无法保证一定时期内政府环保投资的稳定比例。同时，还缺乏系统的环境保护税收筹资政策。由于我国现行税制中大部分税种的税目、税基、税率的选择都未从环境保护与可持续发展的角度考虑，我国的资源税并不是真正意义上的环保税，主要依据煤、石油、天然气、盐等自然资源所获得的收益而征收的，其目的不是促进国家资源的合理开发与有效使用，而是调节从事资源开发的企业因资源本身的优劣条件和地理位置差异而形成的级差收入，再加上收入大部分归地方，实际上鼓励了地方进行资源开发，并没有真正用于环境保护。我国目前还没有真正意义上的环境税，只存在与环保有关的税种，即资源税、消费税、城建税、耕地占用税、车船使用税和土地使用税。虽然为环境保护和削减污染提供了一定的资金，但还难以形成稳定的、专门治理生态环境的税收收入来源。

四是环保投资绩效不高，监管不力。由于缺乏预算约束机制和有效的监督制度，污染防治的预算资金被挤占或挪用现象时有发生；现行环保投资的行为方式和经营管理方式严重滞后于社会整体的市场化进程。有限环保资金的使用质量低下，无效和低效甚多，以至于环境治理和生态恢复的速度远远落后于它们被破坏的速度。

（七）虽然对环境问题的复杂性进行了积极研究和探索，逐步深化了对解决环境问题艰巨性、长期性和复杂性的认识，但在环境规划、环境目标、环境措施的决策过程中仍有急于求成的问题，环境目标过高、总量目标与环境质量脱钩的问题没有得到解决，重治标轻治本的做法尚未得到扭转

20 世纪 70 年代，我国环境保护工作起步时，对环境问题的认识粗浅且不全面，认为环境保护主要是防治工业“三废”；对环境问题的长期性、艰巨性和复杂性认识不足，在“五五”计划时提出“五年控制，10 年基本解决环境污染问题”，“九五”计划提出“2000 年实现淮河、太湖水体十年变清”，目前老的环境问题没有解决，新的问题不断涌现。随着这些目标的不断落空，尤其是“十五”期间只有环境保护规划目标没有完成的事实，让人们逐步加深了对环境问题的复杂性、艰巨性和长期性的认识。正如温家宝总理在第六次全国环境保护大会上的讲话所说：对环境保护重视不够，经济结构不合理，经济增长方式粗放，环境保护执法不严，监管不力也是导致“十五”环境保护目标没有实现的主要原因。

“十五”期间，我国经济速度大大超过发展预期，2002—2005 年，我国经济增长率连续 4

年超过 10%，在新一轮重化工进程中，仅煤炭消耗量 2002—2005 年就增长了近 43%，1999—2005 年城市化率增加了 8 个百分点，明显快于改革开放前 20 年的平均增长速率。这些因素直接导致主要污染物排放量居高不下，资源消耗和污染物产生量大幅度增加。2005 年全国二氧化硫排放量比 2000 年增加了 27%，化学需氧量仅减少了 2%，均未完成削减 10%的控制目标。

此外，制定“十五”环境保护规划目标时，由于对环境与经济关系认识不足，并未充分考虑我国快速重工业化和城市化发展等经济因素的影响，环保目标制定欠合理，也是导致“十五”环境保护目标没有实现的一个重要原因。在环境目标制定方面，急于求成、重治标轻治本的问题仍然十分突出。一是目标设定过高，没有经过科学论证或者急于求成，结果必然是难以实现，带来了负面的影响。二是关注个别指标的改善，忽视环境质量的改善和生态系统功能的恢复。如“十一五”国家污染物约束性指标主要是 COD 和二氧化硫，这两项指标虽然重要，但是仅仅完成这两项指标是远远不够的，与改善环境质量还有很大的差距。三是全过程控制的环境管理制度尚未确立，预防优先的思想并未真正体现，仍局限于对现有环境问题的被动应对。由于环境影响评价制度、“三同时”制度执行力度不够，制度本身尚不成熟和完善等原因，其源头治理的作用远未充分发挥，我国环境管理制度仍然是以传统的“末端治理”为主导；由于行政分割管理，生产过程污染控制与末端污染控制尚未有效联系起来；行政干预环评审批的现象还比较明显等。

（八）虽然环境管理方略不断完善，环境管理体制不断健全，环境监测自动化程度不断提高，但环境管理体制依然薄弱，环境与发展综合决策机制尚未形成，环境监测管理滞后，还不能及时准确地反映环境形势，不能为环境保护的科学决策提供技术支持

30 多年来，我国环境管理方略不断完善，环境管理体制不断健全，环境监测水平不断提高。开展全国主体功能区划，将环境承载力作为区域发展的重要参考指标。逐步建立了具有我国特色的环境管理体制和环境管理基本制度，逐步确立了环境污染防治、生态保护、核与辐射安全监管和突发环境事件应急四大职能领域，并加大了环境政策、规划和重大问题的统筹协调力度。目前，我国已经建立起由环境保护行政主管部门统一监督管理，政府各有关部门依照法律规定实施相关管理的环境管理体制。在经济快速发展，市场经济体制尚未完善的社会经济条件下，这些环境管理体制和制度发挥了积极作用，促进了地区经济与环境的协调发展。

但是，随着我国环境污染的日趋复杂，污染源表现为点源与面源的复合，污染类型表现为工业与生活并存，污染影响的地理范围日益扩大，环境问题与社会经济生活诸多方面问题紧密联系，环境与发展的矛盾日益突出，我国现行的环境保护管理体制和管理方法已经不能适应新形势的发展。

环境保护具有综合性、复杂性，需要从国家层面，多部门协同参与，各司其职，分工执行，需要动员公众力量全面展开治理活动。需要建立强有力的部门和地方协调机制。但是，长期以来始终没有解决环境保护的综合协调体制和机制问题，最高决策层强调多年的环境与发展综合决策远没有得到落实。作为国家环境保护最主要职能承担机构的环境保护部，人员、资金和技术装备都严重不足，环境保护部门并没有真正参与到国家综合决策中，如参与拟订和制定有重大环境影响的法律、法规、政策和规划；通过监督机制，包括对发展战略、社会经济政策、发展规划和建设项目实施环境影响评价；监督部门、地方的环境保护工作等。

部门分割，各自为政，缺乏协调甚至冲突现象较为严重。如生态建设涉及领域多、涵盖面广，在工程实施过程中，各部门受自身权力职能的限制，难以跨区域、跨工程从整体上把握生态环境建设，各部门间又缺乏沟通配合机制，生态建设区工程间缺乏有机结合，导致生态工程实施过程中工作量重复计算、资金分配不合理、工程绩效难考核。一些资源开发管理部门还存在政府职能和企业行为界限不清的问题。

此外，由于我国环境监测和环境信息管理工作起步较晚，还难以为环境管理提供强有力的支撑。环境监测的基础能力建设还比较薄弱，环境监测数据难以正确判断当前的环境形势。监测网络还不完善，监测范围较小，只监测城市，不监测广大的农村；只监测大江大河的干流，很少监测与人们生活更为密切的支流和小河；监测的指标少，如城市大气目前仅对二氧化硫、二氧化氮和可吸入颗粒物三项指标进行例行监测，而对人体健康有害的臭氧、细粒子等指标还没有纳入常规监测，并且监测指标和监测点位的变化导致数据的可比性较差。环境信息基础支撑及信息服务能力不足，环境信息及时响应能力薄弱，环境保护参与综合决策的信息支撑能力不足，从而使得环境信息对宏观管理和决策的支撑和保障不足。

（九）环境监管的常规措施主要是针对技术相对先进、环境管理相对完善、符合国家产业政策的大中型企业及城镇地区，对那些技术落后、污染严重的小企业及农村地区监管不力，环境监管与国家科学发展的要求相脱离

近年来，环境政策的作用环境、政策对象和政策作用范围都相应地发生了重大变化，这种变化本身也对环境政策创新提出了必然要求。一是政策作用环境的变迁。目前实施的大部分环境政策出台于计划经济和政企职能不分的年代，随着我国政治、经济体制的改革，建立在计划经济下的环境管理政策手段，不能适应新形势的需要，其作用效果不尽如人意。二是政策作用范围的改变。环境问题的范围由工业污染扩大到生态建设和资源保护问题。面源（生活污染源和农业污染源）同点源（主要是工业污染源）一样不容忽视。消费引起的资源耗竭和污染也日益突出。这些问题的解决也对有效、灵活的政策手段提出了需求。三是政策作用对象的变化。经过现代企业制度的改革，国有企业成为自主经营、自负盈亏的经济主体，这意味着政府应从市场规律出发更多运用环境经济手段引导激励企业承担环保社会责任。另外，

地域分散、组织形式不规范、技术水平落后、污染强度大的乡镇企业的蓬勃发展，使得环境管理难度增大。这些乡镇企业完全是市场经济的产物，对价格信号十分敏感，运用环境经济手段规范其环境行为比行政命令手段有效得多。

2006 年，中小企业占我国企业总数的 99.1%，工业总产值的 64.5%以上。中小型企业是影响能源绩效的重要因素。从国家发改委 2007 年千家企业能源利用状况公报中可以看出，工业能耗占全国 50%的千家大型企业主要产品单位能耗指标中，钢铁、原煤单位产品能耗指标好于国际先进水平；水泥、平板玻璃、原油加工等单位产品能耗指标接近国际先进水平。但是相对应的全行业国内平均水平都明显低于国际先进水平。

目前，我国的环境监管对象主要是技术相对先进、环境管理相对完善的大中型企业，直接针对破坏环境的行为而采取的法律和行政措施，如收取排污费、达标排放、执行项目环评和“三同时”制度等。但是对那些分散的、流动性强、技术落后、污染严重的中小企业，直接采取持续的、全面的环境监管，难度大，行政管理成本高。因此，我国对小型企业的环境管理长期处于失控状态，不仅造成污染的蔓延，而且也使国家有关的产业结构调整和技术升级等宏观调控政策对中小企业作用甚微。国际经验和学者研究认为，对于这类点多面广的环境破坏行为，适宜采取环境经济手段，例如履约保证金、生产或消费中的税收等，对环境可能有污染的产品、原燃料和生产过程采取相应的措施，将企业污染治理成本内部化。但目前这类环境政策在我国环境管理政策体系中还很不完善，还未充分发挥其应有的作用。

（十）虽然认识到公众参与的重要性，通过开展环境宣传教育，企业治污的自觉性有所提高，公众环境意识日益增长，公众参与环境保护的积极性不断提升，环境信息公开不断推进，但是不少企业的环保社会责任和防范环境风险的意识不强，公众环境权益还得不到有效维护，公众参与环境保护的机制尚不健全，环境信息公开的措施未能完全落实，公众对政府和企业的环境监督途径还不畅通

环境问题关乎公众的切身利益。国际经验表明，面对目前日益严峻的环境挑战，需要公众切实介入到环保公共事务的管理中，共同探寻解决之道。社会经济活动的三类主体：政府、企业、公众有效发挥其作用，并协调和制衡其相互关系是保证环境权益有效配置、环境管理制度创新的重要途径。因此，许多国家都将环境保护的公众参与确定为公民的一项基本民主权利或民主社会的基础，并赋予公民参与的广泛权利，既有政治性、社会性和经济性权利，还有诉讼权利；既有实体性权利，也有程序性权利；既有参与决策的权利，也有参与规划和其他影响自己环境权益活动的权利。

我国政府很早就认识到公众参与环境保护的重要性，在第一次全国环境保护会议确定的“三十二字方针”中就有“依靠群众、大家动手”的公众参与思想。之后，在一些环境法律法

规中也明确了公众参与的权利和程序，为公众参与环境保护提供了制度保障。环境信息公开是公众参与的重要基础。多年来，国家鼓励公众参与环境保护，各级环保部门加大了环境信息公开的范围，公众参与的信息平台开始建立。公众的环境意识不断提高，参与环境保护的积极性不断增强，公众以多种形式参与推动环保的氛围逐渐形成。

但是，公众在环境和资源管理中的缺位，仍然是当今我国环境管理体系中的重大缺陷。我国社会已经出现利益多元化，仅依靠环境保护部门一家机构来充当环境利益的代言人是远远不够的。正因为缺乏受影响公众的广泛参与，不少地方政府在决定发展政策、制订发展计划的时候，公众的环境利益没有得到充分体现。

目前，我国公众参与环境保护存在的主要问题表现为以下四个方面。

一是公众参与环境保护的权利还未得到有效保障。由于公众参与制度的设计未能摆脱行政管制的框架，环境保护工作的运作方式上，客观上存在着单方面强调政府行为、强调自上而下的决策和执行方式，公众参与环境保护的法律保障不足，现有的环境法律中的公众参与规定覆盖领域不全，部门立法导致权力真空、权力寻租、政府干预公众参与过程，甚至施加压力等现象的存在，导致公众在环境保护方面的主力军作用还远未得到发挥，公众普遍缺乏主动参与的热情，也怠于行使自己参与和监督的权利。相关法律法规虽然有不少地方明确了公众参与环境监督的权利，但总体而言，在公众如何参与、以什么程序参与等还缺少明确细致的法律规定，尤其是缺乏环境公益诉讼和污染健康损害赔偿方面的规定，污染受害者的环境权益无法得到有效维护。

二是对于知情权的保障不够，使环境公众参与权难以实现。环境行政公开原则性过强，可操作内容少；公开的环境信息内容过于狭窄。一些政府和企业为了维护短期的、局部的利益，忽视群众的环境权益，许多环境信息没有及时向公众公开，或者公布的环境信息不充分，更没有企业环境信息披露制，使得公众难以对政府和企业进行有效监督。

三是由于缺乏企业环境信息披露制度，企业与公民对话机制缺失，导致公众监督企业的作用无法发挥。同时，还由于缺乏实现企业社会责任制度安排，企业也还未意识到环境保护对于企业生存以及提高自身竞争力的重要关系，导致企业的社会责任尚未确立。

四是我国的民间环境保护组织数量、规模、资金、影响仍然非常有限。环保非政府组织注册难、活动经费缺乏，公众有组织的环境保护活动难以开展。13 亿的人口大国，只有 2 000 个左右的环境保护社团组织。与很多发达国家的民间环境保护组织的差距极大。我国的民间环境保护组织对政府的环境管理和决策影响不大，对企业等对环境有较大影响的主体起不到太多的制约作用，公众对其的认同度也不高。

第四章
积极探索中国环境保护新道路

我国环境保护的历程，是不断总结国内外经验教训，运用辩证唯物主义和历史唯物主义原理对当代重大环境问题进行深入分析，并立足国情、不断探索、建立和完善中国环境保护道路的过程。回顾总结我国环境保护的发展历程，目的是为了制定能够指导现在和未来的环境宏观战略。中国环境保护新道路是集成、概括、提升我国环境保护事业实践的新的认识成果。它是立足于总结我国 30 多年来环境保护事业正反两方面的经验，面向未来，以超越发达国家“先污染、后治理”老路的宽广视野，贯彻落实科学发展观，以建设生态文明为指导，加快环保历史性转变，科学把握我国所处的历史方位提出来的。

新中国成立以来，党的三代领导集体坚持把马克思主义基本原理与中国具体实践相结合，形成了中国的环境保护思想体系，为解决环境问题提供了理论依据。毛泽东同志提出了许多认识自然、改造自然的辩证观点，充满了哲学思想的理论探索。如“如果对自然界没有认识，或者认识不清楚，就会碰钉子，自然界就会处罚我们，会抵抗。”“人的认识，主要地依赖于物质的生产活动，逐渐地了解自然的现象、自然的性质、自然的规律性、人和自然的关系。”周恩来总理高瞻远瞩，在十年浩劫的动荡时期就将环境保护提上议程，亲自主持 1973 年第一次全国环境保护会议。会议首次提出了“全面规划、合理布局、综合利用、化害为利、依靠群众、大家动手、保护环境、造福人民”的环境保护战略方针。邓小平同志在拨乱反正、百废待兴的关键时刻，多次强调要搞好环境保护，提出要制定“环境保护法”，要将环境保护纳入现代化发展总体战略，把环境保护作为国家的基本国策确定下来，努力实现经济建设、城乡建设和环境建设协调发展。江泽民同志把环境问题提高到可持续发展战略的首要位置，提出在现代化建设中必须正确处理经济建设与人口资源环境的关系，保护环境就是保护生产力，把环境保护作为强国富民安天下的大事来抓，不仅 20 世纪要抓紧抓好，21 世纪也要抓紧抓好，整个社会主义初级阶段都要抓紧抓好，努力开创生产发展、生活富裕和生态良好的文明发展道路。进入 21 世纪，以胡锦涛同志为总书记的党中央，提出了以人为本、全面协调可持续的科学发展观和构建社会主义和谐社会的战略思想，将环境保护列为全面建设小康社会的重要内容，加快转变经济发展方式，坚持走新型工业化道路，积极建设资源节约型、环境友好型社会，为认识和解决重大环境问题提供了新的视角和思路。

从20世纪70年代开始，我国就立足于工业化起步和局部地区环境污染有所显现的现实，开始探索避免走“先污染、后治理”的环保道路，特别是进入改革开放新时期以来，付出了艰辛的努力，在新道路的探索中，环保事业不断发展，涌现出一批环境与经济协调发展的典型，避免了环境悲剧的重演，超越了发达国家的部分环保老路，但也付出了一定的代价，总体上没有摆脱边治理边污染的状况，一些地方甚至重蹈先污染后治理的覆辙。改革开放30年是我国环保事业大发展的30年，也是不懈探索中国环保新道路的30年。

总结我国过去30多年环境保护的经验与教训，借鉴国际经验，面对我国未来发展的新形势，我们必须继续深入探索符合科学发展观要求的中国环境保护新道路，这是中国环境宏观战略的核心命题。

中国环境保护新道路具有长期性、阶段性、针对性和艰巨性的特点。长期性就是要按照实践永无止境的要求，坚持继承与创新，一代接一代人坚持不懈地探索下去；阶段性就是要根据工业化和城镇化进程中的不同特征，找到特定阶段的突出问题，及时调整探索重点；针对性就是要敢于面对错综复杂的局面，善于抓住主要矛盾，采取有的放矢的措施；艰巨性就是要充分认识我国解决压缩型、结构型、复合型环境问题的难度，不为任何困难所惑，不为任何风险所惧，始终保持清醒头脑，努力在实践中探索，在探索中前进。

一、中国环境保护新道路的指导思想

中国特色社会主义道路是实现社会主义现代化和中华民族伟大复兴的必由之路。中国环境保护新道路是中国特色社会主义道路的重要组成部分。坚持以科学发展观为指导，坚持推进生态文明建设，坚持环保历史性转变，坚持资源节约、环境友好，坚持以保护环境优化经济发展，努力实现人与自然和谐、经济发展与环境保护相协调，这就是新时期我国环保事业必须坚持的道路。

（一）坚持以科学发展观为根本指南

科学发展观是政治信仰、科学真理和行动指南，是中国环保新道路的根本指南。科学发展观是指导发展的世界观和方法论，是推进社会主义经济建设、政治建设、文化建设、社会建设和生态文明建设全面发展必须长期坚持的战略方针。发展是我们党执政兴国的第一要务，科学发展观的第一要义是发展，解决中国所有的问题必须依靠发展。只有发展了，才能增强环境保护的物质基础。让经济发展停下来搞环境保护是行不通的。发展必须是科学发展、可持续发展，绝不能以浪费资源、破坏环境为代价盲目发展，否则，资源将难以为继，环境将不堪重负，人与自然的严重失调必将危及社会稳定和谐，甚至影响文明的进程。目前，我国粗放型经济增长方式尚未根本改变，难以维持经济的长期稳定发展。因此，环境保护可以作为一种合理的约束条件，起到优化和促进经济增长的作用，这是环境保护一个新的重要使命。

科学发展观赋予了环境保护非常重要的地位和作用。环境资源是国民经济可持续发展的基础条件，在良好的环境中生产和生活是人民群众的最基本要求，改善环境是实现全面小康目标的最重要任务。中华民族的伟大复兴是我们的百年梦想和不懈追求，改善环境是民族复兴的重要前提。环境安全是国家安全的重要组成部分，解决环境问题是保障国家安全、维护社会稳定、树立负责任大国形象的必然要求。

科学发展观对新时期环保提出了更高的要求。以科学发展观统领环境保护，就是要把科学发展观的总体思想与环境保护的具体实践有机结合起来，把国家经济社会协调发展对环境保护的要求与环境保护自身统筹协调发展紧密结合起来，把环保事业的发展真正融入国民经济和社会发展的大局之中，在推进全面协调可持续发展进程中壮大环保事业。这就要求我们的发展，不仅要实现群众物质财富的增加，还要实现人居环境质量的改善，不仅要有金山银山，还要有绿水青山。

——以人为本，就是强调发展中人民群众的主体作用，坚持发展依靠人民，发展为了人民，发展的成果为人民所共享，促进人的全面发展。环境保护要始终代表最广大人民的根本利益，始终把实现好、维护好、发展好最广大人民的环境利益作为工作的出发点和落脚点；既要着眼于人民现实的物质文化生活需要，同时又要正确处理和调节人与自然的关系，妥善解决环境问题造成的社会冲突，实现人与自然的平等和共生共存，促进社会公平、公正，建立起一种追求人与自然和谐、人对环境友好的价值观和道德观。

——全面发展，就是以经济建设为重点，经济、政治、文化、社会和环境资源全面发展，“两手抓”，“两手都要硬”，不但要有高度的物质文明，而且要有高度的精神文明、政治文明和生态文明，体现社会主义经济、社会、政治、文化和生态的全面发展，体现社会主义物质文明、精神文明、政治文明和生态文明的有机统一，由经济建设、政治建设、文化建设、社会建设“四位一体”发展为经济建设、政治建设、文化建设、社会建设和生态文明建设“五位一体”。

——和谐发展，就是在现代化建设中，把节约资源、保护环境放到重要位置，使经济建设与资源、环境相协调，实现良性循环。通过走新型工业化道路，发展循环经济，以资源的高效利用，减少对自然的索取，进而保护自然，实现人与自然的和谐相处。通过加快建设资源节约型、环境友好型社会，促进经济发展与人口、资源、环境相协调。贯彻节约资源和保护环境的基本国策，把人与自然和谐发展作为重要理念，促进经济发展与人口资源环境相协调，走生产发展、生活富裕、生态良好的文明发展道路，使人民在良好生态环境中生产生活，实现经济社会永续发展。

——协调发展，就是协调区域发展、协调城乡发展、协调国内发展与对外开放，这是中国特色社会主义道路的显著特征。通过加强东中西部的环境交流与合作，实现优势互补，逐步缩小地区之间的发展差距，实现全国经济社会环境协调发展。在社会主义新农村建设中，致力于改变传统的城乡二元环境结构，实现城乡统筹协调发展。统筹国内发展和对外开放，既有利于利用好外部的有利条件，又有利于发挥好我们自身的优势，利用国际国内两个市场、两种资源，把扩大内需与扩大外需、利用内资与利用外资结合起来，在协调国内发展与对外开放的过程中发展中国特色社会主义。同时，我国积极参与处理国际和地区热点问题，既承担着履行国际公约的义务，也发挥着负责任大国的作用，坚持走和平、发展和合作的道路。中国环境保护新道路，是实现全面建设小康社会和社会主义现代化的必由之路。

（二）坚持以建设生态文明为奋斗方向

胡锦涛同志在党的十七大报告中指出，2020 年实现全面建设小康社会奋斗目标的新要求之一是建设生态文明，基本形成节约能源资源和保护生态环境的产业结构、增长方式、消费模式；循环经济形成较大规模，可再生能源比重显著上升；主要污染物排放得到有效控制，生态环境质量明显改善；生态文明观念在全社会牢固树立。生态文明建设历史性地第一次写入了党代会的报告，成为党指导并处理人与自然关系的意识形态，这是我们党对社会主义现代化建设规律认识的新发展。

生态文明作为人类文明的一种形态，以把握自然规律、尊重和维护自然为前提，以资源环境承载能力为基础，以建立可持续的产业结构、生产方式、消费模式为内涵，引导人们走上持续和谐的发展道路。生态文明强调人的自觉与自律，强调人与自然环境的相互依存、相互促进、共处共融。建设生态文明的实质就是建设以资源环境承载能力为基础、以自然规律为准则、以可持续发展为目标的资源节约型、环境友好型社会。

生态文明既是奋斗的目标，也是现实的要求。主要表现为：经济与人口、资源、环境协调发展；生产发展，生活富裕，生态良好；人与人、人与自然和谐相处。

（三）坚持以推动环保历史性转变为基本方略

科学发展观在理论和实践上阐明了环境保护与经济发展的辩证关系，是指导新时期环保发展道路的重大战略思想和指导方针。深入贯彻落实科学发展观这一崭新科学理论、重大战略思想和重要指导方针，关键是要有一个与实际工作紧密联系的结合点和着力点。温家宝总理在第六次全国环保大会上提出的“三个转变”就是这个正确结合点和着力点的体现。

在第六次全国环境保护大会上，温家宝总理明确指出，做好新形势下的环保工作，关键是要加快实现三个转变：一是从重经济增长轻环境保护转变为保护环境与经济增长并重；二是从环境保护滞后于经济发展转变为环境保护和经济发展同步；三是从主要用行政办法保护环境转变为综合运用法律、经济、技术和必要的行政办法解决环境问题。历史性转变是环保领域全面贯彻落实科学发展观的具体体现，是全面调整环境与经济关系、改革创新管理模式的重要指南。"三个转变"是对我国经济发展与环境保护关系新的认识，是方向性、战略性、历史性的转变，是我国环境保护发展史上一个新的里程碑。

坚持历史性转变，就是要把环境保护摆上更加突出的战略位置，与经济社会发展统筹考虑、统一安排、同时部署。坚持环保规划先行，与产业规划、土地规划、城市规划相协调统一，以环保规划优化经济社会发展。坚持更新观念、创新方法，积极推进科学化、民主化决策，着力转变不适应不符合历史性转变的思想观念，着力解决困扰环保事业长远发展的突出问题。坚持改革创新，加快重点领域和关键环节改革步伐，着力构建充满生机、富有效率、更加开放、有利于历史性转变的体制机制，增强环保工作的动力和活力。

二、中国环境保护新道路的主要特征

中国环境保护新道路是中国特色社会主义道路的重要组成部分。环境问题必须从中国特色社会主义的根本宗旨、奋斗目标的高度来认识。中国环境保护新道路始终把实现好、维护好最广大人民群众的根本环境权益作为一切环保工作的出发点和落脚点，尊重人民群众主体地位，发挥人民群众首创精神，动员社会广泛参与我国环境保护事业，体现了中国特色社会主义的基本宗旨。

（一）从探索历程看，新道路具有继承性和创新性

探索新道路是一个不断"扬弃"的过程，继承是基础，创新是动力。每个阶段的探索都是实践的检验和积累，每一次创新都是实践的总结和升华。从 1973 年第一次全国环保会议提出"全面规划、合理布局、综合利用、化害为利、依靠群众、大家动手、保护环境、造福人民"的 32 字方针，到 1983 年第二次全国环保会议把环境保护明确为一项基本国策，1989 年第三次全国环保会议提出"八项环境管理制度"，再到 2006 年第六次全国环保大会提出"历史性转变"，都是在探索中继承和创新的结果。

（二）从探索重点看，新道路具有多重性和阶段性

一切事物都是动态发展的过程，环境问题也是如此。经济社会发展的不同阶段，环境问题有其不同表现。我国正处在推进工业化和城镇化阶段，环保新道路既要为新型工业化服务，又要用生态文明来跨越和修正传统工业文明的弊端。我们在探索新道路过程中必须坚持远近结合，把探索新道路的实践放在"三步走"、"两个 100 年"、"重要战略机遇期"和"全面建设小康社会"进程中来看，放眼长远，同时又要根据工业化和城镇化的进程，抓住特定阶段的主要矛盾和最突出问题，及时调整探索重点。

（三）从探索内涵看，新道路具有包容性和开放性

环境问题是“世界问题复杂体”，涉及自然、政治、经济、文化、社会和技术等多种因素，随着实践的不断深入，其内涵还会进一步扩大，外延也会进一步扩展，包容性会越来越强。环境保护是一项关系人民群众根本利益、经济社会长远发展和中华民族复兴的伟大事业，这就决定新道路的探索必然是一个海纳百川、高度开放的系统工程，需要全社会共同关心、共同参与、共同建设、共同促进。

（四）从探索任务看，新道路具有长期性和艰巨性

实践永无止境，探索永无止境。环境问题随着经济社会的发展不断变化，需要我们一代接一代人的坚持不懈的探索。发达国家上百年出现的污染问题，在我国快速发展的过程中集中出现，呈现出压缩型、结构型、复合型的特点，使环境问题变得更加复杂，探索环保新道路的任务更加艰巨，这就要求我们不为任何困难所惑，不为任何风险所惧，始终保持清醒头脑，努力在实践中探索，在探索中实践。

（五）从探索途径看，新道路具有实践性和针对性

环保新道路的探索源于环保实践，根本目的在于指导环保实践，具有很强的针对性和实践性。我们必须坚持理论和实践的统一，目标和手段的统一，面对错综复杂的局面，善于抓住和解决主要矛盾，有的放矢地去探索。

三、探索中国环境保护新道路的主要原则

探索中国环境保护新道路，需要重点关注统筹国际国内两个大局、处理好资源节约和环境保护的关系、把保护环境与调整经济结构有机结合起来、解决关系民生的突出环境问题和新的生态环境问题等方面，进一步提高我国的可持续发展能力。

（一）探索中国环保新道路，必须准确判断环境保护所处的历史方位，继续推进历史性转变

历史性转变是科学发展观在环境保护领域的集中体现，是全面调整环境与经济关系的重要指南。历史性转变的提出，标志和预示着我国进入了以保护环境优化经济增长的新阶段。必须正视的是，历史性转变不会自然而然、一蹴而就地轻易实现，要真正达到“并重”、“同步”和“综合”的要求，仍有大量的艰巨工作要做。环境保护滞后于经济发展，环保工作正处于艰难的负重爬坡状态，是不争的严峻现实。如同两人跑步，一人在前，一人在后，后面

的人要赶上前面的人，不能指望前面的人放慢脚步或停止不前，只能靠后面的人加快步伐奋起直追。我们必须通过自身的艰苦努力和有效工作，推动把环境保护摆上更加突出的战略位置，与经济社会发展统筹考虑、统一安排、同时部署，尽力缩短历史性转变的进程，探索中国环保新道路才会有更加广阔的前景。

（二）探索中国环保新道路，必须明确把握目标指向，大力推进生态文明建设

探索中国环境保护新道路，本质上就是推动生态文明建设。生态文明既是理想的境界，也是现实的目标。积极建设生态文明，努力促进人与自然和谐，是经济社会发展全局赋予环境保护工作最重要最根本的时代重任，是推进环境保护历史性转变的目标指向，是新时期环境保护事业的灵魂所在。高擎生态文明建设的大旗，在全社会大力倡导生态文明的理念，形成环境友好的产业结构、发展方式和消费模式，环境保护部门应该身先士卒，敢为人先，责无旁贷，积极做生态文明建设的倡导者、引领者和践行者。我们做得越早越主动，做得越扎实越深入，对环境保护和经济发展的贡献就越大。必须坚持用建设生态文明的战略眼光、战略思维和战略手段，来审视、谋划、解决我国突出的环境问题，摸索出一条代价小、可持续的环境优化经济发展的新路子。

（三）探索中国环保新道路，必须坚持以人为本，加快解决关系民生的环境问题

以人为本是科学发展观的核心，也是中国环保新道路必须坚持的战略思想。环境保护是关系民生的重大问题，随着经济社会的发展和生活水平的提高，人民对环境问题越来越关注，对环境质量的需求越来越高，满怀许多新期盼。坚持环保为民，解决关系民生的突出环境问题，让人民喝上干净的水，呼吸清洁的空气，吃上放心的食物，是探索环保新道路的立足点和着力点。通过积极主动的工作和有效的环境措施，推动环保问题的解决，就是保障、维护和发展人民群众的环境权益，就是为探索中国环保新道路发挥一份力量，作出应有贡献。绝不能把探索环保新道路与我们当前正在做的工作割裂开来、对立起来，必须把它们统一起来、有机结合起来。

（四）探索中国环保新道路，必须给环境以人文关怀，让江河湖泊休养生息

胡锦涛总书记发出“让江河湖泊休养生息”的号召，充分体现了给江河湖泊以人文关怀的思想，是我国历史上安邦兴国成功经验的理性升华，是生态文明理念在水环境整治中的必然体现，是国内外水环境治理经验教训的有益借鉴。让江河湖泊休养生息，既是水环境整治

的全新指导思想，也对解决我国其他环境问题具有重要的示范意义和促进作用。让江河湖泊休养生息，需要实行最严格的环保措施，以环境容量和生态承载力为依据，确定发展方式和发展规模；尊重自然规律，充分发挥生态系统的自我修复能力，逐步改变生态环境退化状况；综合运用工程、技术、生态的方法，加大生态环境保护和建设力度，促进生态系统良性循环；充分运用法律、经济、技术和必要的行政手段，解决长期积累的水环境问题。通过让江河湖泊休养生息，引导人们善待自然、呵护环境，既要“扬汤止沸”，又要“釜底抽薪”，对长期困扰我国经济发展的粗放型增长方式形成倒逼机制，迫使人们转变发展观念，创新发展方式，提高发展质量，从根本上缓释流域水环境污染负荷，努力恢复江河湖泊的生机和活力。

（五）探索中国环保新道路，必须加强制度建设，建立健全有利于环境保护的体制机制

解决环境问题，需要理论创新和实践创新，同样也需要制度创新，制度创新是理论创新和实践创新的中间载体和重要抓手。注重制度建设，构建高效的体制机制，是加强环境保护的一条鲜活经验。需要正确处理全局与局部的关系，制定与我国基本国情相适应的环境保护宏观战略体系；正确处理预防与控制的关系，建立全防全控的防范体系；正确处理成本与效果的关系，健全高效的环境治理体系；正确处理发展与保护的关系，完善与经济发展相协调的环境政策法规标准体系；正确处理政府主导与公众参与的关系，构建完备的环境管理体系。

（六）探索中国环保新道路，必须尊重创造，鼓励大胆实践取得经验

探索中国环保新道路，是全社会的共同事业，需要各部门各地方共同参与、共同推进，发挥各方面的聪明才智和创造热情。从国家宏观战略层面研究和解决环境问题，建立和推广区域联防联控模式等，为探索中国环保新道路带了好头。各地积极响应，主动探索，取得了一些成果。比如，江苏、浙江率先提出环保优先的理念并付诸实践，湖北、湖南“两型社会”试验区建设如火如荼，重庆、成都统筹城乡环保稳步推进，东北老工业基地、中部资源型大省在探索环保新道路上也都有不少新的举措。

四、探索中国环境保护新道路的基本途径

中国环保新道路是一个不断探索、不断深化、不断丰富的系统工程，深入学习实践科学发展观的过程，就是探索中国环保新道路的过程。探索中国环境保护新道路，要高举中国特色社会主义伟大旗帜，深入贯彻科学发展观，以建设生态文明为指导，加快推进环境保护历史性转变，建立健全与我国基本国情相适应的环境保护宏观战略体系、全防全控的防范体系、高效的环境治理体系、与经济发展相协调的政策法规标准体系和完备的环境管理体系，努力

实现人与自然和谐相处、经济与环境协调发展，全面建设资源节约型、环境友好型社会。

（一）制定适合国情的环境保护战略体系

在社会主义初级阶段，我们强调发展是第一要务，既不可能为了保护环境而减缓发展甚至停止发展，但发展必须与节约资源、保护环境同步推进，也绝不允许宽容污染，保护环境是必须长期坚持的基本国策。环境保护必须与基本国情及其阶段性特征相适应。把环境保护上升到国家意志的战略高度，融入经济社会发展全局，坚持“以人为本、优化发展、环境安全、生态文明”的环境保护宏观战略指导思想，把环境保护的基本国策与实施可持续发展战略和科教兴国战略，与走新型工业化道路和社会主义新农村建设，与区域发展、产业振兴等重大战略规划结合起来，统筹考虑环境问题，逐步建立起有利于环境保护的宏观战略体系。

（二）建立全防全控的防范体系

环境保护的理念和要求全面渗透到经济社会发展之中，是有效防范环境污染和资源环境损耗的重要防线，是环境保护新道路的关键。要坚持实施可持续发展战略和科教兴国战略，坚定不移地走新型工业化道路，努力建设资源节约型和环境友好型社会，从国家战略层面解决环境问题；要坚持从再生产的全过程制定环境经济政策，将环境保护贯穿于生产、流通、分配、消费的各个环节；要坚持将保护环境的要求体现在工业、农业、交通运输、建筑、服务等各个领域，落实到政府机关、学校、科研院所、社区、家庭等社会组织的各个方面，建立起全面覆盖经济社会发展的环境保护体系；要不断创新生产理念，继续推进清洁生产，发展循环经济，对传统产业实行生态化技术改造，从生产源头和全过程减轻环境污染。

（三）健全高效的环境治理体系

先污染后治理是“防范不足”的治理，投入的成本必然过高，付出的代价必然过大。而边治理边污染是“防”亏“治”欠的模式，虽然在一定程度上减轻了环境污染的危害，但无法从根本上改变环境保护的被动局面，甚至容易贻误保护环境的战机。高效治理就是要在有效防范的前提下，以最少的投入取得最大的治理成果，从根本上减轻环境压力。要依靠科技进步，坚持自主创新，积极探索科技含量高、投入资金少、环境效益好的治理模式；要从我国区域发展不平衡、城乡差异大的实际出发，积极研发高效实用、丰富多样的环保治理技术；要把环保产业作为扩大内需的重要方面，以环境治理拉动环保产业发展，以绿色消费带动绿色生产，积极培育新的经济增长点。

（四）完善环境政策法规标准制度体系

发达国家的经验表明，完善的环境政策法规标准制度体系与完备的环保基础设施、调整优化产业结构一道，共同构成改善环境质量的三大支柱。“顽症需用猛药医”，20 世纪六七十年代，发达国家在积重难返的环境状况面前，采取了最为严厉的环境保护政策措施，环境保护取得了显著成效。而我国的环境保护在工业化初期起步，并一直伴随于工业化、城镇化进程之中，制定与经济发展相协调的环保政策法规标准尤为重要。要全面分析经济社会发展状况，准确把握经济社会发展走势，通过适时调整和完善环境政策法规标准，保护先进的生产能力，淘汰落后的生产能力，使环境保护真正成为引领先进生产力发展的重要航标。要准确判断经济形势和环境形势，根据不同的宏观经济政策，有针对性地采取环境保护措施，既促进经济社会又好又快发展，又不断解决困扰环保工作的难题。

（五）构建完备的环境管理体系

充分发挥环境保护部门综合协调作用，调动社会各方面的力量参与环境保护工作，确保国家环境保护的大政方针落到实处，是完备的环境管理体系的基本特征。纵观世界环境保护的发展史，强化环境管理机构能力，加大环境监管力度，是发达国家集中整治污染时期采取的有效管理方式。我国在环境压力持续加大的发展阶段，要充分发挥社会主义制度的优越性，不断完善党委领导、政府负责、环境保护部门综合管理、有关部门协调配合、全社会共同参与的环境管理体系。要建立健全环境保护的责任制和问责制，真正把地方政府对环境质量负责落到实处。要加强环境综合管理，积极探索大部门环境管理体制，团结和动员各方面的力量，形成环保工作合力。要加快建设先进的环境监测预警体系和完备的环境执法监督体系，努力提高环境管理信息化、现代化水平，建成科学、高效的决策支持系统。要加强环保组织管理体系建设，推进管理机构向基层延伸，强化地方环保部门的基础能力，形成政令畅通、高效有力的决策执行系统。要以转变职能为基础，将体制改革、机制改革、制度改革与职能转变相协调。在改革设计中，需要处理好立法、行政和司法的关系，需要处理好政府与社会之间关系。要加大整合行政资源，进一步明晰中央与地方的事权，界定环保部门与其他国家部委的权责。

五、中国环境宏观战略思想、战略方针

中国环境宏观战略研究就是要把中国环保新道路的要求转化为可实施的战略思想、方针和任务。根据中国环保新道路的特征和途径，凝练出如下的中国环境宏观战略思想、战略方针。

（一）战略思想

高举中国特色社会主义伟大旗帜，深入贯彻落实科学发展观，以维护人民群众健康和环

境权益为根本宗旨，以保护生态和改善环境质量为目标，以优化经济发展方式、走可持续发展道路为基本途径，将环境保护的理念和要求纳入到经济社会发展的全过程之中，积极探索中国环境保护新道路，建立适合国情的环保战略体系、全防全控的防范体系、健全高效的环境治理体系、充实完善的政策法规标准体系和完备有力的环境管理体系，切实保障环境安全，努力建设人与自然和谐、经济与环境相协调的生态文明社会，实现环境保护的历史性转变。

概括起来就是：**“以人为本，优化发展，环境安全，生态文明。”**

（二）战略方针

预防为主，防治结合；系统管理，综合整治；民生为先，分级负责；政府主导，公众参与。

预防为主，防治结合是基本原则。就是要提高环境准入门槛，严格环境监管，强化从源头防治污染、保护生态，坚决改变先污染后治理、边建设边破坏的状况，努力做到不欠新账。加大环境投入力度，依靠科技进步，高度重视以前发展中遗留下的特别是群众反映强烈的各类环境问题，区分轻重缓急，努力还清旧账。

系统管理，综合整治是基本方法。就是要采取系统科学的环境管理方法，统筹城乡环境保护，统筹污染防治与生态保护，统筹部门、社会各方力量，实施均衡的环境保护战略，因地制宜，分区规划，分类管理，以点带面，全面推进，坚持环境与发展综合决策，坚持综合运用法律、经济、技术和必要的行政办法解决环境问题。

民生为先，分级负责是基本要求。就是要贯彻以人为本的基本要求，以保护人体健康为本，以解决人民群众和社会最根本、最迫切的环境问题为重点，分级分层推进。各级政府要根据各自职责，区分轻重缓急，各负其责，优先解决影响人民群众健康的突出环境问题。环境整治要以人的根本需求来确定工作目标，让人民群众充分享受环境改善的实惠。

政府主导，公众参与是基本途径。就是要构建政府、企业、社会相互合作和共同行动的环境保护新格局，强化政府责任，明确企业是环境污染防治的主体，促使企业履行环境责任，鼓励全社会对环境保护的共同参与，加强环境信息公开和舆论监督，探索建立生态补偿制度和环境污染损害赔偿制度等，引导环境公益团体依法有序参与环境保护，构建最广泛的保护环境的统一战线，实现互惠共赢。

第五章
中国环境保护总体战略

一、战略目标

（一）总目标

环境保护工作应着眼于我国环境质量的全面改善和生态系统的完整与稳定，促进环境保护和经济社会的高度融合，努力提高国家的可持续发展能力，使人民群众喝上干净的水、呼吸清洁的空气、吃上安全的食物，保障人民群众在良好的环境中生产生活，确保人体健康，全面实现与现代化社会主义强国相适应的环境质量目标。

（二）阶段目标

2020 年（两个有效）：主要污染物排放得到有效控制，环境安全得到有效保障。

主要污染物排放得到有效控制，核与辐射安全得到有效监管，生态环境质量明显改善，基本解决城镇污染和工业污染，饮用水水源不安全因素基本消除，环境状况与全面实现小康社会相适应：80%的城市环境空气质量达到二级以上，七大水系国控断面好于Ⅲ类的比例大于 60%，危害人体健康的突出环境问题（如重金属、细颗粒物、持久性有机物等）得到初步遏制，生态恶化趋势得到基本控制，生态服务功能得到提升，生态文明观念在全社会牢固树立。

2030 年（两个全面）：污染物排放总量得到全面控制，环境质量全面改善。

污染物排放总量得到全面控制，全国水体基本消灭黑臭现象，农村污染、非点源、新型环境问题得到基本解决，饮用水水源、城市空气质量基本达到要求，生态系统结构趋于稳定，农村环境质量实现根本好转，核与辐射安全水平总体达到国际水平，人体健康得到有效保障，文明健康、资源节约、环境友好的生产生活方式在全国得到普及，环境与经济社会基本协调。

2050 年（两个适应）：环境质量与人民群众日益提高的物质生活水平相适应，与现代化社会主义强国相适应。

生态环境质量全面改善，生态系统健康安全、结构稳定，人体健康得到充分保障，环境优先战略得到普遍实施，全面达到与科学发展观要求和可持续发展水平相适应的环境质量，人口、资源、环境、发展全面协调，生态文明蔚然成风，经济环境实现良性循环。

二、中国环境保护专项战略

（一）水环境保护战略

1. 水环境保护进展与存在的问题

我国的水环境保护取得了一定进展。1973 年制定了《工业“三废”排放试行标准》（GBJ 4—73），后来又制定了《污水综合排放标准》。20 世纪 90 年代，我国水环境投资的力度大大增加，随着水污染防治工作的深入，水污染防治对象逐渐从工业企业扩展到市政排污，开始了大规模污水处理厂的建设。城市污水处理率不断提高。1997 年，我国城市污水处理厂数量仅为 307 座，日处理能力 1 292 万 t，污水处理率 25.6%；从 1998 年开始，城市污水处理厂建设速度加快，仅 2007 年全国新建成城市污水处理厂 482 座，新增污水处理能力 1 300 万 t/a，为 1949—1997 年处理能力的总和。截至 2007 年年底，全国投运的城镇污水处理设施共 1 178 座，设计日处理能力 7 206 万 t，10 年间全国城市污水处理能力增长了 5 倍。特别是“三河、三湖”流域水污染防治规划、三峡库区及其上游水污染防治规划、南水北调治污规划、渤海碧海行动计划、首都 21 世纪初水资源保护规划的制订和实施，重点流域的水污染治理工作得到明显加强。截至 2005 年年底，“十五”水污染防治计划确定的 2 130 项治污工程中，已完成 1 378 项（占 65%）、在建 466 项（占 22%）、未动工 286 项（占 13%），完成投资 864 亿元，占总投资的 53%。“十五”计划要求的 453 个水质监测考核断面中，270 个断面达标，占 60%。《国家中长期科学和技术发展规划纲要（2006—2020 年）》明确规定了“水体污染控制与治理”科技重大专项实施的主要内容，2008 年，国家“水体污染控制与治理”重大科技专项被批准启动，本专项的主要目标是构建适合我国流域水环境保护的污染防治技术体系和综合管理体系，研究成果必将为重点流域水环境保护提供防治技术、管理支撑与工程示范；通过一系列水环境保护工作，重点流域主要污染物污染程度有所减轻。地表水国控断面Ⅰ～Ⅲ类水质类别比例由 1996 年的 27%上升至 2007 年的 55%，劣Ⅴ类比例则由 36%下降至 21%。

水环境保护尽管取得了一定进展，但仍然存在以下突出问题：

（1）水污染负荷过大，超过水环境容量，南方丰水地区水质性缺水问题突出，北方水资源短缺，水量性缺水严重，生态用水严重不足

目前水污染物排放总量仍然很大，工业污染排放日趋复杂，农业面源和生活污染上升，

持久性有机污染物增加，减排任务艰巨。更为严峻的是，未来我国水环境保护面临社会经济发展的巨大压力，在老的水环境问题没有得到很好解决的同时，又面临着新一轮的污染。今后水资源短缺和水质性缺水将严重制约经济社会发展，目前我国人均水资源占有量只有 2 300 m^3。根据预测，我国人口在 2033 年将达到峰值 15 亿左右，届时人均水资源量只有 1 750 m^3，将被列入严重缺水的国家。同时，水环境污染加上气候变化使得水资源量进一步减少，我国将面临资源型和水质型缺水双重压力。区域长距离调水不可避免会引发一系列生态环境问题，且面临无水可调和调水成本无法承受等一系列问题。

（2）饮用水水源地安全以及饮用水引起的人畜健康问题突出，饮用水水源地存在潜在环境风险，饮用水标准的执行亟待加强

饮用水水源地安全以及饮用水引起的人畜健康问题将更加突出，按目前的污染速度，可作为饮用水水源地的水域将急剧减少；各种新型有毒有害污染物进入水源；水源水质和供水水质不达标现象将越来越严重，水污染危及水生态和人体健康。地下水超采、垃圾填埋场渗滤液污染等将加剧地下水漏斗和地下水污染现象，并将成为今后面临的重大水环境问题，地下水污染和超采引发的一系列生态环境问题应受到足够的重视。

（3）蓝藻暴发等水生态灾变频发，尚未建立生态安全评估和风险管理体系

随着我国水环境污染和水生态破坏的日益严重，蓝藻暴发等水生态灾变诱发的生态环境灾难应引起高度重视。规划和建设中存在许多不安全因素，风险意识淡薄，生态环境安全评估和风险管理体系尚未建立，维护水生态系统健康风险迫在眉睫。

（4）持久性有机污染物（POPs）及有毒有害物质的水环境污染问题越来越严重，目前尚缺乏有效的监测手段和控制方法

目前我国水环境复合型污染特征突出，各种污染物叠加，新型和有毒有害污染物 POPs、EDs 等的影响日益显著，新型污染物不断涌现，危及人体健康和饮用水安全。目前对有毒有害污染物“家底”不清，还未对其进行严格控制，监测手段不完善，控制对策缺乏。有毒有害有机污染物将成为我国下一阶段环境保护的重点领域和急需重点解决的问题之一。目前急需开展一些基础研究，摸清“家底”，为开展有毒有害污染物的常规监测和污染控制提供技术保障。

（5）跨界流域水环境问题日益突出，由此引起的区域和国际水环境纠纷日益增多

全球环境变化对水资源的影响以及全球经济快速发展对水环境的压力越来越大，而国际河流作为重要的水资源在各国经济社会发展中的地位愈发突出。我国有着 2.2 万 km 的陆地边界，与 15 个国家接壤，几乎与所有陆上邻国都有着国际河流的水脉相通。我国主要国际河流有 14 条，流域面积达 280 多万 km^2，约占国土面积的 30%。我国国际河流主要分布在三个区域：一是东北国际河流，以边界河为主要类型；二是新疆国际河流，以跨界河流为主，兼有出、入境河流；三是西南国际河流，以出境河流为主。如果国际河流水环境污染防治不力或

开发不当，必然会引起国际水环境问题纠纷，影响我国作为国际大国的形象及国家的和平发展。

水环境保护存在问题的原因主要包括：

（1）工业废水污染排放达标率较低，城市污水处理设施建设不够，运行和处理率低，水环境安全隐患大

我国的工业污染排放达标率仍然较低，对城镇市政污水处理设施和水环境安全造成极大威胁。同时，我国城市环境基础设施建设相当薄弱，根据2004年“城考”的500个城市的统计结果，全国城市生活污水处理率平均仅为32.33%，有193个（约40%）城市的生活污水集中处理率为零；由于城市污染物处理率低，大量未经处理的污水直接排入城市周边的溪流、河流和湖泊，污染了地面和地下水质。

（2）面源污染较为严重，污染控制不力，缺乏有效的污染防治和综合管理手段

在未来几年里，随着城市和工业垃圾导致的点源污染对水质污染的影响将逐渐减少，由养殖业、作物种植以及农田径流和水土流失导致的面源污染将成为水质污染的主要来源；目前我国的面源污染与防治缺乏针对面源污染控制的管理制度和污染控制标准；关于面源污染控制的协调力度不够，措施不当：未从农业清洁生产、精准施肥、暴雨径流控制等采取有力措施等。农业污染和农村环境保护尚缺少系统的法律和政策体系框架，我国现行的与农业污染防治相关的法律规范在法律责任方面不完善，主要有三种情形：一是根本就没有法律责任的规定，如《中华人民共和国固体废物污染环境防治法》第十九条、第二十条，《中华人民共和国水污染防治法》第三十九条，《中华人民共和国清洁生产促进法》第二十二条等都涉及了防止农业污染，但都没有规定相关的法律责任；二是法律责任含糊、不具体，致使法律的规定无法落实，如《中华人民共和国农产品质量安全法》规定使用农业投入品违反法律、行政法规和国务院农业行政主管部门的规定，依照有关法律、行政法规的规定处罚。但由哪个主管部门进行处罚规定不明确；三是法律责任太轻，起不到惩戒作用，法律责任的缺失、不明确或过软都会降低法的权威和效力，影响法的实效。

（3）水污染事故已进入高发期，水环境安全监控预警系统和应急对策不完善

水污染事故已进入高发期，水污染事故突发性造成的环境危害大，而目前我国风险意识淡薄、应急技术和机制不完善，历史欠账大；应强化监控预警和应急对策，为应对今后水污染事故高发风险对水生态安全和人体健康的影响提供科技和能力保障。

2. 水环境保护战略目标

以持续改善我国水环境质量、保障水生态系统健康及水资源安全为目标，大幅降低水环境中化学需氧量（COD）、氨氮、营养盐和有毒有害污染物的排放量，到2020年实现重点流域水环境质量改善和重点城市饮用水安全，地表水达到Ⅴ类水质标准以上的比例大于85%；

实现重点城市集中式饮用水水源地水质基本稳定达标，保障人民喝上干净的水，提高经济社会可持续发展水资源供给能力。2030 年，实现全国流域水环境质量全面改善、确保饮用水安全，解决水质性缺水问题；七大水系干流国控断面水质基本消除劣Ⅴ类。地下水环境质量趋于改善；实现地级以上城市饮用水水源地水质稳定达标。2050 年，实现全国流域水环境质量按功能区全面达标，饮用水安全得到保障，水生态系统健康。

3. 水环境保护战略任务

为使我国水环境质量实现总体和阶段性目标，保障水生态系统健康和水资源供给和饮用水安全，实现保护环境优化经济增长，我国水环境保护未来将实施以下 6 大战略任务。

（1）加强饮用水水源地保护，优先保障饮用水安全

以保护饮用水水源地为重点，为保障人民喝上干净的水，开展全国饮用水水源地大调查，并进行饮用水水源地风险评估；科学划定水源保护区，制订城市和农村水源地保护规划；开展以保护饮用水水源为主要内容的综合整治；开展保障群众健康的环保专项行动，依法取缔饮用水水源保护区内的排污口；对超标企业限期治理，开展集中式饮用水水源地环境保护规划和综合整治工作，加强监督管理，禁止有毒有害物质通过各种方式进入集中式饮用水水源保护区；强化水土保持、径流调节、面源污染综合防治，构建饮用水水源地健康生态系统，保障饮用水水源地水质安全。

重点解决饮用水水源中高藻、高氨氮、高有机污染物和石油类、重金属、痕量内分泌干扰物等特征污染物的水质净化问题，升级改造给水处理设施，提升不同水源水质特征的水厂净化处理和制水工艺，确保供水管网的安全输水和优化布局。针对农村饮用水安全问题，重点保护分散式地下水水源、高氟水、苦咸水等饮水安全问题。完善水厂及输配水系统综合监控系统、建立饮用水水源地监控、水质监测网络、预警预报、事故应急体系，确保人民群众饮用水安全。

选择黄河下游、珠江三角洲重点地区和若干不同区域、不同类型的城市和村镇，构建饮用水水质保障技术和综合管理体系。建立并完善饮用水（源）管理标准和管理技术体系；提升饮用水（源）安全保障的监测技术、安全预警、风险评估与风险管理技术，建立饮用水安全保障监控、应急技术体系及信息网络平台；以水源地面源污染和有毒有机污染物控制为重点，重点突破饮用水水源地污染控制、生态环境修复的关键技术；建立饮用水净化处理和输配技术体系。

（2）落实大江大河流域水污染防治规划，改善流域水环境质量和水生态系统健康

以保护流域水生态系统健康和改善水环境质量为重点，针对当前我国大江大河流域水污染形势严峻，结合国家流域水污染防治规划和污染物减排“三大体系”建设的技术需求，统筹水量、水质和水生态，以源头控制、过程削减和水生态修复为主线，系统地开展流域水生

态环境功能区划，计算流域水环境承载力，按照水生态系统健康的要求提出制定流域水环境质量目标和流域经济社会优化发展模式；建立流域水环境质量监控系统和水环境质量管理技术平台，建立污染源排放限值和最佳技术评估技术体系、污水分散处理技术评估平台，实施流域水环境质量目标管理；制定流域污染负荷削减总体技术方案。

选择重点流域，建立流域水环境监控与预警技术体系以及水污染防治管理综合平台，对重点流域划分上游、工业、城市、农业和下游河口湿地不同类型控制单元，开展水污染防治与综合管理，削减流域污染负荷 15%以上，流域水环境质量明显改善。

以太湖流域、辽河流域与海河流域、珠江三角洲地区等流域为重点，结合国家在重点区域的发展策略和水环境目标，系统开展污染源控制与治理、水体水质净化与生态修复、饮用水安全保障以及水环境监控预警与综合管理，形成支撑重点地区经济社会可持续发展的水体污染控制与治理技术体系，为专项技术在“十二五”我国流域水污染控制与治理系统提供科技支持。

推进流域水污染防治与生态修复，逐步恢复河流生态系统健康，选择松花江、淮河支流（沙颍河）、东江、太湖流域农业面源污染的河流、重金属污染的河流、西北地区有代表性的污染河流和特殊类型河流 6 类典型河流，建立河流水质多目标污染物总量控制削减技术体系，突破河流水污染负荷削减的关键技术、河流沉积物重金属安全处置技术、河流水环境生态保护关键技术体系与受损生态恢复技术、河口湿地水质净化与生态修复技术、水质水量联合调控技术。系统解决不同类型河流水污染控制中的各类共性问题，使重点河流 COD 负荷削减 20%以上，以河流水质改善促进区域的可持续和谐发展，解决我国河流水污染问题。

（3）系统削减入湖污染负荷，逐步开展湖泊生态修复，加强流域生态建设，控制湖库富营养化和蓝藻水华爆发

结合水体污染控制与治理重大专项实施的重点，选择大型湖泊富营养化太湖、巢湖和滇池，以及富营养化初期、城市、南水北调东线工程影响、草型的湖泊 7 类典型湖泊，以污染源控制和综合治理为重点，开展湖泊富营养化控制与治理技术研究与工程示范。在理论、方法与技术方面，形成具有自主知识产权的我国大型湖泊、草型湖泊与富营养化初期湖泊水体富营养化与污染防治技术和管理体系；科学建立湖泊富营养化控制标准，建设湖泊富营养化控制与治理工程，强化湖泊流域水污染控制重点工程与产业化技术推广平台建设，改善我国大型湖泊、草型湖泊与富营养化初期污染湖泊水环境质量，控制富营养化，逐步恢复其良性生态系统，有效控制蓝藻水华爆发，保障湖泊水生态安全和饮用水安全。

具体任务包括：开展我国湖泊富营养化大调查，摸清家底，完成湖泊营养盐三级生态区划，构建不同分区湖泊营养盐基准、富营养化控制标准体系和不同分区湖泊营养物削减国家策略，完善湖泊水环境和水生态监控预警系统，实现重点湖库的实时监控预警，防止蓝藻大面积爆发等水生态灾难的发生。严格控制太湖、滇池、巢湖等重污染湖泊的富营养化和沼泽化，重点整治入湖河道、控制流域面源污染、大力推广脱氮除磷设施、加强重污染区环保疏

浚，有效削减受污染湖泊流域入湖污染负荷和内源污染负荷，清除湖泊蓝藻水华，严防乌梁素海、白洋淀等草型湖泊沼泽化。保护未污染湖泊流域生态系统健康和水环境质量；按照清水产流机制的要求，恢复重要湖泊流域的植被，防止水土流失，完成湖滨带生态修复与缓冲区建设，恢复富营养化初期污染湖泊洱海、三峡库区等湖库水体的自净能力，完善湖泊生态系统和生境结构，保育抚仙湖、兴凯湖等淡水湖泊重要战略水资源，确保湖泊饮用水水源地安全、生态系统健康。

（4）严格控制超采地下水，防止地下水污染

开展地下水污染状况大调查，摸清我国地下水超采、污染状况、发展趋势；采用物理—化学—生物—生态系统控制和修复受污染地下水，开展地下水污染全过程控制和风险评估，建设地下水污染最佳阻断工程，建立地下水安全保障体系。针对填埋场、石油污染场地等对地下水的严重污染状况，开展典型场地地下水污染控制和修复；严格控制有毒有害污染物对地下水的污染和环境影响。形成地下水污染修复过程系统最优化管理综合决策系统，实现地下水安全有序管理。严格控制地下水开采，避免地下水开采引起的地面沉降，防止地下水开采对生态环境的破坏，保障生态需水和地下水环境的稳定；建设地表水、地下水污染协同控制工程和系统管理体系，实现水环境质量的总体改善。

（5）加强海洋环境保护，改善海域水质，保障海洋生态系统健康

加强海洋环境管理，保障海洋生态系统健康。海陆兼顾，严格控制向海域排污，实施重点海域排污总量控制制度，改善海岸带与近岸海域生态系统服务功能；推行流域、区域、海域一体化的海洋环境保护，进行陆海综合规划，建立海陆协调约束机制，使海洋环境保护向流域纵深方向发展。进行海岸带综合管理和环境综合整治。综合考虑海岸带开发利用、海洋环境保护、海洋生态建设之间的关系，科学管理，适度进行海岸带开发利用，以实现合理利用海洋资源、保护海洋环境的目的。尽快建立涉海机构和部门之间的合作机制，形成中央与地方结合，多部门参与合作的管理体制。环保、海洋、渔业、海事等有关部门按照统筹规划、统一目标、协商一致、系统设计、资源共享的原则，依法行政，加强协调，团结协作，密切配合，共同进行海洋环境管理。建立健全海洋环境监控体系，逐步转向控制海洋有毒有害污染物、放射性物质、富营养化、底栖生物、生物多样性、重要生物栖息地以及气候变化影响等，完善海洋环境监测系统，优化海洋环境监测布局和功能，加强质量监督和管理。加强海洋环境监测的信息化建设，实现海洋环境监测工作统一规划，部门实施，数据共享；建立我国海洋环境监测数据网络应用中央平台；加强海洋应急监测能力建设。

（6）严格控制有毒有害物质污染，保障流域水环境安全

实施水环境风险管理策略，积极防范有毒有害物质的水环境风险，从目前重点控制和管理常规污染物，逐步向关注过量营养盐和有毒有害物质的风险管理转变。以水体污染控制与治理专项的启动和实施为契机，围绕国家水环境重大决策和需求，统筹水环境承载力和流域

经济社会发展要求，构建保护水生态健康、体现“预防为主”原则的流域水环境风险管理模式。创新水环境风险管理体制、机制，规范水环境风险评价步骤和程序。从传统的主要控制水体化学指标，向水环境风险管理模式转变，制定流域、区域、城市或工业的水环境风险管理规划和水环境风险应急预案。

4. 水环境保护对策措施

（1）开源节流，减轻水资源压力

以节流开源、提高水循环利用率为重要手段，科学构建节水型经济与环境协调发展优化模式；开展全社会节约用水运动，并发展各种节水技术，通过提高用水效率，解决经济快速发展对新增用水量需求，尤其在水资源短缺的城市和地区，应减少新鲜用水量，从源头上减少水资源和水污染的压力，从技术经济政策方面保障水资源安全。在全社会节约用水的基础上，优化水资源在社会经济系统的循环利用，推进海水淡化以及雨水综合利用，完善中水回用、投资、建设、运营、收费、监督管理的相关体制和机制，进一步提高污水资源化和中水回用率，开发多水源，实现水资源的良性健康循环。大力推进清洁生产和循环经济，降低单位产值的耗水系数，提高工业水循环利用率；大力推进农业节水灌溉，提高农田沟渠水循环利用率；积极推行城市生活节水和绿化节水等；同时进行节水和分质供水，实现对珍贵水资源的安全保障。

（2）推进重点行业清洁生产，实现污染物源头减排

针对重污染行业污染物产生量大、危害严重、水环境风险高等特点，进一步提高化工、造纸、制药、冶炼、轻工、印染等重污染行业的环境准入门槛，对重点行业特征污染物进行从原料、生产、加工、消费、循环的全过程控制和管理。淘汰落后造纸、酒精、味精、柠檬酸产能，实现 COD 减排目标。重点抓好重化工业以及量大面广的工业废水处理处置，以造纸、酿造、化工、纺织、印染行业为重点，大力推进清洁生产和提高废水处理设施运行率。在钢铁、电力、化工、煤炭等重点行业推广废水循环利用。

（3）完善水污染控制技术经济政策和保障机制，构建科学的标准体系，推动污染物减排

尽快完善我国水环境污染控制的环境法律法规体系，重视水污染防治立法，为控制水环境污染提供法律保障。通过经济手段引导地方和企业等自觉自愿采取有利于环境的行为，如建立以围绕支撑环境保护的科技、产业结构调整的产业鼓励政策、优惠政策、风险分担政策、财政补贴政策、金融扶持政策等。基于水质基准构建我国水环境质量标准体系。水质标准本身的科学性、合理性、适用性和可操作性成为关系到容量总量控制能否全面实施的关键要素之一。开展水环境基准与水环境标准的研究工作，建立与完善适合中国国情的水环境基准、标准体系，努力使环境标准与环保目标相衔接，构建合理的水质标准体系。

（4）加强城市污水处理厂建设、提高污水处理率的相关技术经济政策

城市基础设施建设水平低是制约我国城市环境质量改善的重要原因之一。各级政府应充分发挥政府的主导作用，采取多元化的投资机制和市场运营机制，加快城市环境基础设施建设。尽快解决中央与地方在环境保护方面的财权与事权不匹配的问题，优化环境保护投资结构，科学确定城市水环境保护规划的重点任务与工程措施，形成城镇税收随城市人口增加而增长的机制。完善各种城市水环境保护补贴制度，如补助金、长期低息贷款、减免税等，以及环境保护押金制度。从而全面提高工业、生活污水处理和农村与农业面源污染控制能力，改善水环境质量。

（5）实行流域水生态分区管理，建立水生态系统健康和水环境质量并重的流域水环境目标管理体制与机制

以“水质安全、水生态系统健康”和“分区、分级、分类、分期”为指导思想，以水生态系统健康保护为目标，完成重点流域的水生态功能分区、分级体系，结合国家主体功能区划，从整个流域尺度，建立与水生态功能分区相适应的水环境综合管理体系。统筹考虑污染物对人体和水生态系统健康的影响，以及水体在使用功能和区域特征上的差异，确定能够反映这些功能和区域差异的定量和定性指标，包括营养物指标、水化学指标、有毒物质指标以及生物指标等。从流域尺度提出水污染物排放限值与削减技术评估体系，以水质保护目标为前提，以污染物削减最佳可行技术体系为核心，从国家和流域控制单元两个层面，统筹考虑点源污染、面源污染和内源污染，在评估和应用现有技术的同时，鼓励技术创新，从而促进流域水质目标的实现。综合考虑上、下游流域污染控制单元在区域上的差异性，针对不同控制单元生态环境、经济社会以及流域自然条件的差异，采取相应的经济手段，充分发挥流域水污染防治中的潜在效率。结合流域水环境承载力分析，优化流域经济社会发展模式，从流域水环境管理制度设计、水资源配置、污水处理等各个环节，提出适用于我国经济社会特点的财政、税收、价格、投资、处罚、补偿等流域水环境综合管理体制和水环境技术经济政策体系，为流域水污染控制目标的实现提供经济技术保障。

落实国家主体功能区划，科学合理地进行全国主要流域水生态功能分区，建立科学的流域水质目标管理体制和机制；进行流域“分区、分级、分类、分期”管理；完善水环境质量监控技术标准、规范和政策，提升流域上下游协调机制和生态补偿机制；培育环保技术市场，促进环保服务业发展；建立适合我国国情的水环境基准、标准体系。努力使水环境标准与水环境容量、环保目标相衔接，构建技术可行、经济合理、社会接受度高的水质标准体系；注重水体有毒有机物、内分泌干扰素等新型污染的风险评估和风险管理，保障水生态安全；从流域尺度提出污染物排放限值与削减技术评估体系，以水质保护目标为前提，以污染物削减最佳可行技术（BAT）体系为核心，从国家和流域两个层面，评估点源、面源和内源污染防治技术，鼓励技术创新；以建设社会主义新农村为契机，从产业结构、生态农业建设，综合

防治农业和农村面源污染，进一步削减汇入江河湖泊水体的污染物总量。

（二）大气环境保护战略

1．大气污染防治进展及存在的问题

经过多年努力，特别是近十几年来，通过开展节能减排，加强燃煤污染治理，控制重点行业污染排放等，我国大气污染防治取得积极进展。一是城市大气环境中常规污染物浓度总体有所下降，总悬浮颗粒物（TSP）和二氧化硫（SO_2）浓度比 20 世纪 90 年代初降低了 30%以上，2006 年全国 554 个城市中已有 86%的城市二氧化硫（SO_2）年、日均浓度值达到国家二级空气质量标准；氮氧化物（NO_x）和二氧化氮（NO_2）浓度基本保持稳定。二是全国酸雨分布区域保持稳定，1990—2006 年，酸雨面积一直占国土面积的 30%～40%。三是大气污染防治设施建设加快，重点控制的污染物排放强度明显下降。2007 年年底全国投运的燃煤脱硫发电机组装机容量为 26 557 万 kW，火电脱硫机组比例达到 48%，比 2000 年增长了约 53 倍；同时二氧化硫排放强度大幅降低，2006 年与 1997 年相比，万元 GDP 二氧化硫排放量下降了 58%，煤烟型污染有所减轻。

目前大气污染总体上仍十分严重。主要污染物浓度仍比较高，城市大气中 TSP 和 SO_2 的浓度为欧美发达国家的 4～6 倍，二氧化氮（NO_2）浓度也接近或高于欧美国家；城市群大气污染正在从煤烟型污染向煤烟型污染与机动车尾气污染复合型过渡，北方城市和区域颗粒物细粒子 $PM_{2.5}$ 浓度高达 0.08～0.10 mg/m^3，超过美国标准年均限值（0.015 mg/m^3）5～6 倍，南方城市和区域颗粒物细粒子 $PM_{2.5}$ 浓度高达 0.04～0.07 mg/m^3，超过美国标准 2～4 倍，造成城市和区域性大气灰霾天气增多。在一些大中型城市，大气中的氮氧化物和挥发性有机物引起了臭氧浓度增高，光化学烟雾时有发生。全国城市降水酸度总体水平比 20 世纪 90 年代略有下降，但在 2000 年后又有升高趋势。总体上，我国大气污染进入了以多污染物共存、多污染源叠加、多尺度关联、多过程耦合、多介质影响为特征的复合型污染阶段，已对公众健康和生态安全构成威胁，并存在发生环境灾变的隐忧。

造成大气污染的原因主要有四个方面：一是我国长期以煤为主的能源结构和粗放的加工消费方式，使煤烟型污染一直很突出。新中国成立以来，我国煤炭在全国一次能源生产和消费中的比例长期占 70%以上，据统计，我国烟尘排放量的 70%、二氧化硫排放量的 90%、氮氧化物的 67%和二氧化碳的 70%都来自于燃煤。二是工业技术整体水平落后，单位 GDP 能耗高、排污量大。我国产业结构中存在许多高能耗、高污染的行业，其中电力、钢铁、有色金属、石化、建材、化工、轻工、纺织 8 个行业主要产品的单位 GDP 能耗平均比国际先进水平高 40%，工业大气污染排放量一直居高不下。三是城市机动车数量增长迅速，机动车污染越来越突出。随着经济的快速发展，人民生活水平的不断提高，我国机动车保有量迅速增长，

与此同时，交通系统建设滞后，机动车制造技术水平不高，车况总体较差，机动车污染物排放量较大，尤其是在北京、上海、广州等大城市，机动车排放已经成为空气污染的主要来源。四是生态条件先天不足，颗粒物治理难度大，我国西北部分地区由于过度开发、放牧、开垦等人为活动使荒漠化加重、草场退化、生态环境遭受破坏，形成大面积的裸露地，在一定气象条件下，形成沙尘甚至沙尘暴。

随着未来能源消耗量的继续增长，城市化进程不断加速，机动车保有量继续增长，电力、钢铁、水泥、石化等行业的污染物排放持续增长，东部地区的京津唐、长江三角洲、珠江三角洲的区域性复合大气污染继续加重；长江以南的酸雨区面积继续扩大、降水酸度进一步加强、酸雨频率增高；大气中苯系物等有毒有害污染物环境风险越来越大；大气污染跨境传输导致巨大的环境外交压力。

2．大气污染防治战略目标

在分析当前我国大气环境质量现状及变化趋势的基础上，统筹考虑未来国家能源结构改善和产业结构优化、大气污染控制技术进步以及保障人体健康和生态安全需要等，参考世界卫生组织（WHO）空气质量浓度指导值和阶段目标值，提出我国空气质量目标。

2020 年阶段目标：80%以上城市达到国家二级空气质量标准，即二氧化硫（SO_2）、二氧化氮（NO_2）、可吸入颗粒物（PM_{10}）的年均浓度分别达到 0.060 mg/m^3、0.080 mg/m^3 和 0.100 mg/m^3；经济发达城市达到 WHO 指导值的第二阶段目标值，即二氧化硫（SO_2）的小时平均浓度值达到 0.050 mg/m^3，二氧化氮（NO_2）的年均浓度达到 0.040 mg/m^3，可吸入颗粒物（PM_{10}）的日均浓度达到 0.100 mg/m^3。酸沉降超临界负荷的面积比 2005 年下降 50%。SO_2 排放量在 2005 年水平上降低 30%；NO_x 排放量在“十二五”期间有所削减；可吸入颗粒物排放量在 2005 年水平上降低 20%；挥发性有机污染物保持和 NO_x 的控制基本同步。

2030 年阶段目标：60%以上的城市达到 WHO 指导值的第三阶段目标值，二氧化氮（NO_2）的年均浓度达到 0.040 mg/m^3，可吸入颗粒物（PM_{10}）的日均浓度达到 0.075 mg/m^3。酸沉降超临界负荷的面积下降 80%以上。SO_2 排放量需在 2005 年水平上降低 50%；NO_x 排放量需在 2005 年的水平上降低 20%；可吸入颗粒物排放量在 2005 年水平上降低 30%；挥发性有机污染物保持和 NO_x 的控制基本同步。

2050 年总体目标：大多数城市和重点地区的大气环境质量得到明显改善，全面达到国家空气质量标准，基本实现世界卫生组织（WHO）环境空气质量浓度指导值，即二氧化硫（SO_2）的小时平均浓度值达到 0.020 mg/m^3，二氧化氮（NO_2）的年均浓度达到 0.040 mg/m^3，可吸入颗粒物（PM_{10}）的日均浓度达到 0.050 mg/m^3 满足保护公众健康和生态安全的要求。

3. 大气污染防治指导思想

以改善城市和区域大气环境质量为目标，以削减各类大气污染物的排放为主线，以控制二氧化硫、氮氧化物、细颗粒和挥发性有机物（VOC）等污染物为重点，通过实施国家清洁空气行动计划，有效控制大气污染，实现在经济社会发展的同时，空气质量综合指标明显改善，公众健康、生态系统安全得到有效保障。主要原则如下。

一是强化源头的全过程控制。实施大气污染防治从末端控制向源头预防和过程控制转变，通过调整能源结构，增加清洁能源、新能源的比重和能源的节约利用，优化产业结构，开展清洁生产，削减大气污染排放量。

二是实施大气多污染物协同控制。以保护人体健康和改善大气环境质量为核心，构建系统、科学的空气质量标准体系和排放标准体系，推动从单一污染物治理向以臭氧和细粒子为核心的多污染物综合控制转变，对二氧化硫、二氧化氮、氮氧化物、颗粒物细粒子和挥发性有机物等多种污染物的协同有效控制，同时考虑二氧化碳、汞等全球性污染物的协同减排和控制。

三是采取大气污染综合治理措施。从注重重点行业治理向全面削减转变，对电力、冶金、石化、建材等重点行业实施大气污染物排放总量控制，同时兼顾治理其他工业锅炉以及生活采暖等燃煤治理，严格机动车污染排放，对无组织排放和农业面源进行污染控制，实施大气污染的综合整治。

四是开展城市群区域联合控制。在北京及周边省市、长江三角洲、珠江三角洲等经济快速发展的重点城市群地区，建立区域大气质量管理协调机制和机构，以区域整体空气质量改善为目标，开展区域污染物排放总量控制和总量协调，加快区域空气质量立体观测网络的建设，推动从单一城市大气污染治理向区域联合减排转变。

4. 大气污染防治战略任务

为实现大气环境质量目标，要以削减各类大气污染物排放为主线，实施能源结构转型、机动车污染防治、控制重点行业排放、区域大气污染控制等战略任务。

（1）推进能源结构优化，提高能源利用效率

改变以煤为主的能源结构，发展清洁能源和新能源。充分挖掘油、气等低碳能源和核电、水电及其他无碳能源的供应能力。提高油、气进口能力。积极推进核电建设，把核能作为国家能源战略的重要组成部分。把发展水电作为促进我国能源结构向清洁低碳化方向发展的重要措施。大力发展煤层气产业，最大限度地减少煤炭生产过程中的能源浪费和甲烷排放。以生物质发电、沼气、生物质固体成型燃料和液体燃料为重点，大力推进生物质能源的开发和利用。积极扶持风能、太阳能、地热能、海洋能等的开发和利用。到 2030 年实现我国煤炭的

“三个降低”，即煤炭资源消费总量降低到能源消费总量的 50%以下，终端煤炭消费量降低到煤炭消费总量的 20%以下，同时将煤电比重降低到总发电量的 60%以下，从根本上为控制大气污染创造条件。在一次能源结构中，水电维持在 7%（按发电煤耗计算）以上，天然气达到 7%以上，核电接近 7%，可再生能源资源的开发利用量达到 9%以上（按发电煤耗计算），煤炭的比例降低到 50%左右。

加强节能和提高能源利用效率。节约能源、提高能源效率是我国国民经济发展的一项长远战略方针，也是减少污染物排放，控制温室气体排放的迫切需要。要降低高耗能行业和高能耗产品的比例，降低企业万元产值能耗和污染物排放，将能源效率指标作为产业发展政策的重要量化指标，落实到产业发展战略、规划和工程设计、验收指标体系中。制定节能产品鼓励目录，对生产和使用目录的产品和企业实行减免税政策。探索采用先进、高效的节能设备。指导国家政策性银行为节能项目提供贴息贷款，引导商业银行向节能领域投资。倡导地方政府建立节能发展专项资金（或基金），支持节能技术的研发和推广、节能工程的示范及相关的能力建设。

重视高效洁净煤技术的开发、引进和推广利用。加大投入力度，优先发展高效洁净煤技术。近期要把发展超临界、超超临界等大容量、高效、低污染煤炭直接燃烧发电技术放在优先位置，以满足电力快速增长的需求。中远期，将以煤气化为基础的多联产技术作为战略选择，在发电同时，联产合成气、液体燃料以及氢等产品，为保障石油安全提供替代技术储备，未来可实现“CO_2封存”和近零排放，从而走出一条有我国特色的煤炭利用道路。

对长江三角洲、珠江三角洲和首都圈等大气复合型污染突出的地区，实行煤炭消费总量约束性控制。从传统的以重化工为主的产业结构转变为以服务业为主的产业结构。从输煤炭转变为输电力，改善能源消费结构，严格控制煤电和钢铁产业，国家清洁能源优先供应，积极发展核电、可再生能源。从污染物总量替代转变为煤炭消费总量替代，促进产业升级，新建项目必须与通过淘汰落后产能实行等量煤炭消耗量替代。总之，要千方百计控制煤炭消费总量和煤烟型污染。

（2）加强机动车污染控制

机动车排放已经成为城市大气污染的主要来源，并加快了城市大气污染转型和新的污染问题的出现。加强机动车污染控制，已经成为改善城市大气环境质量的至关重要的举措。

首先，应大力发展公共交通。各城市应根据城市规模和发展阶段，确立以公共交通为导向的城市发展模式，特大城市要构建以轨道交通和快速公交系统（BRT）为主，道路公共交通为辅，私人机动交通为补充，合理发展自行车交通的城市绿色交通模式；从技术手段上，通过设置公交专用道、配套建设交叉口公交优先通行控制系统、改善各种交通方式衔接换乘条件，努力引导城市交通出行方式向公共交通转变；从政策体制上，通过实行公交补贴、公交体制改革、合理制定换乘优惠政策等方式，促进交通系统提高服务水平和运行效率，加大公共交通出行吸引力。

其次，要严格控制新车排放。近期，重点完善我国的机动车排放标准体系，制定轻型车国家第Ⅴ阶段排放标准、重型车排放控制系统耐久性要求以及摩托车第Ⅳ阶段排放标准等，并加快国Ⅳ、国Ⅴ标准的推进步伐。同时，制定完善非道路机械发动机、船舶以及飞机等非道路交通及设备的排放标准体系，实现交通系统排放标准的全方位管理。中长期以制定并实施国家第Ⅵ阶段机动车排放标准工作为核心，全面提升我国机动车排放控制水平。同步实施非道路机械的排放标准。对于一些环境要求相对较高的城市，鼓励提前国家1～2年执行新标准。同时，为适应新车排放标准不断严化的需求，要制定并实施国家各阶段车用燃料质量标准规范，制订油品改进计划，稳步改善油品质量。

最后，要加强在用车污染控制。实施车辆排放标志化管理，限制高排放车辆行驶区域。加强在用车检查/维护（I/M）制度。进一步加大对在用车排污检测的监督管理力度，以技术完备的瞬态工况法检测体系为手段，建立国家在用车检测的实时监控网络。同时强化路检和抽检执法，监控车辆排污状况，确保在用车达标上路行驶。对不能达标排放的老旧高污染车辆，要予以淘汰更新。

对千万人口以上城市的中心城区，加强机动车排放总量控制。在完善交通规划、严格单车排放、提高油品质量、加强在用车管理的同时，要从严控制中心城区机动车总量。通过建立绿色交通发展模式，坚持和贯彻公交优先战略，提高公共交通出行比例，减少对私家车等社会车辆的依赖。提高中心区停车费、道路使用费、建立交通拥堵收费机制等政策手段，从一定程度上减少车辆使用，提高出行效率，引导购车者改变消费模式。加强同周边地区的协作，加强车主信息审查、增加非注册地车辆的限行区域与时间，避免部分车辆上牌向周边其他城市转移。

（3）采取综合治理措施，严格控制常规大气污染物

从电力、冶金、建材、化工等高耗能企业的燃煤污染治理入手，深化二氧化硫排放控制，坚持和完善总量控制。进一步完善和落实火电脱硫政策，新（扩）建燃煤机组必须同步建设脱硫设施，对现役燃煤锅炉实施治理，安装烟气脱硫设施、选烧低硫煤等，以满足排放标准和总量控制要求。同时，加强对钢铁、有色金属、建材、化工、石化等重点行业的排放治理，以清洁生产为主要措施，在生产工艺过程中加强硫的回收。淘汰高能耗、重污染的各类工业炉窑，积极发展低能耗、轻污染或无污染的炉窑。对于生活采暖用锅炉，要因地制宜地发展以热定电的热电联产和集中供热，取代分散的中小型燃煤锅炉。城市城区内居民炊事和取暖用炉灶、餐饮服务业炉灶、机关和企事业炊事炉灶，禁止燃用原煤，大力推广使用电、天然气、煤气、液化石油气等清洁能源或固硫型煤，减少大气面源污染物排放量。

由于氮氧化物（NO_x）是形成大气复合污染的前体物之一，应开展氮氧化物排放的控制。除加强机动车 NO_x 的排放控制外，敏感地区新（扩）建燃煤机组必须同步建设脱硝装置，对

于环境容量足够的地区使用低氮燃烧技术；对现役燃煤锅炉实施治理，进行低氮燃烧技术改造。

强化一次颗粒物排放控制。对燃煤锅炉实施高效除尘治理，对燃煤锅炉煤场进行密闭式改造。加大水泥行业颗粒物污染治理力度，对于生产规模较小、生产条件差、生产设备落后、除尘措施难以落实的企业，进行搬迁或关闭。发展新型干法水泥熟料生产，到 2020 年基本实现水泥工业现代化和规模化。到 2030 年水泥工业生产进一步集中，技术经济指标和环保达到同期国际先进水平，大幅度减少无组织排放。通过对钢铁产业进行结构调整，实施兼并、重组，开展清洁生产和全过程控制，深化颗粒物污染治理。重视各类扬尘污染的控制，严格施工工地的环境监督管理，采取运输道路洒水清扫、装载车辆覆盖篷布、上路前清洗等措施；加强对采石场的管理，限制采石场的开采方式，规范采石行为。注重实施生态建设工程，建设防风固沙林网、林带，增加河岸植被覆盖。加快城市综合整治，逐步消除城市内裸露地面。

在控制大气污染物排放总量的同时，建立经济发展、能源节约、污染减排之间的联动诊断机制，控制总产能，实现总量控制的科学管理。并优化电力、冶金、建材、化工等产业的布局，消除布局性的环境隐患和结构性的环境风险，维护环境安全。

（4）启动挥发性有机物排放控制

大气挥发性有机物（VOCs）是形成大气复合污染的另一项关键前体物，我国尚未对 VOCs 排放实行严格的、全面的控制，应尽快启动治理工作，采取相关技术和管理措施，控制挥发性有机物排放。防治石油化工、汽车涂装、木制家具制造等有机废气污染，各生产工艺设施产生的有毒有害气体，必须由密闭排气（通风）系统导入净化控制装置；密闭排气系统、污染控制装置和排污工艺设施须同步运转，或者采取其他防护措施。防治工业溶剂使用过程挥发性有机物的逸散，比如，对有机溶剂均应储存在密封容器中，有机精细化工行业的工艺生产设备及容器应加盖密闭，固体投料应设置密闭投料装置；要鼓励使用低挥发性的溶剂，禁止露天和在居民区内进行喷漆、喷塑、喷砂、制作玻璃钢和机动车摩擦片等排放有毒有害气体的生产作业。加强机动车 VOCs 排放控制，争取到 2020 年，新车排放控制水平与发达国家接轨，经济发达地区新车排放标准达到发达国家水平。加油（气）站、储油（气）库和油（气）罐车应安装密闭措施，加强油气挥发的控制。防治民用挥发性有机物排放，鼓励推广使用环保型装修涂料，干洗业应对新购置干洗机的机型作出密封型的限制，对现有的非密闭型干洗机作出限时整改，逐步淘汰非密闭型干洗机。

（5）加强区域大气复合污染控制，逐步开展有毒有害大气污染物控制

针对区域复合大气污染中的关键问题，开展复合大气污染区域协调机制和管理模式的研究，在北京及周边省市、长江三角洲、珠江三角洲率先展开示范，以有效组织跨行政单元的大气污染控制的区域协调和决策。加快开展有毒有害物质汞的全面系统调研工作，加强汞污染基础研究和能力建设；通过减少燃煤的汞排放和有色金属冶炼等工艺过程汞排放的研究，

开发推广大气汞污染治理技术，减少人为大气汞排放；将汞污染控制纳入环境影响评价、三同时、总量控制、排污许可证等环境管理制度，制定相关行业的汞排放控制技术政策和经济政策；建立我国汞污染的管理体系和预警体系。

5．大气污染防治对策措施

围绕防治大气污染的战略任务，要进一步加强和完善保障措施。

（1）实施国家清洁空气行动计划

为解决我国当前复杂的大气污染问题，在科学研究的基础上，制订国家清洁空气行动计划，并适时启动和实施。国家清洁空气行动计划将针对今后20～50年内必须解决的城市大气污染、区域复合大气污染以及气候变化等重大问题，组织国家层面的大气污染防治区划，提出分区的大气污染物总量控制减排种类和减排目标，构建适合我国大气污染特征的区域和城市空气质量管理体系。

（2）构建完善的大气环境保护法律法规标准体系

修订大气污染防治法，增强其可操作性。加快完善控制臭氧、挥发性有机物污染等方面的法律法规。进一步严格大气污染物排放限值。

（3）完善大气污染控制的经济政策和市场机制，降低大气环境保护成本

提高大气污染物排污收费标准，足额征收排污费，健全大气污染物排放外部成本内部化政策。完善有利于大气污染治理的价格、财政、税收、信贷等政策，包括高耗能产业差别电价政策、环保电价政策、提高停车收费标准等，以及加紧研究并适时推行能源消费税等。通过财税优惠政策，鼓励汽车生产企业开发和生产低能耗和低排放车辆，加大清洁能源汽车的发展和使用。建立我国排污权有偿取得与排污交易市场机制。建立推动低碳技术开放与扩散的激励机制。

（4）建立科学的大气污染监测、预测和评估体系

研究制定系统、科学、动态的空气质量标准和目标，合理布局大气环境质量监测站，尽快将 O_3、$PM_{2.5}$、能见度等指标纳入监测体系；加强区域监测网建设；开展我国典型地区大气环境背景调查工作。

（5）强化科技支撑

研发区域大气复合污染监测技术、大气污染源排放清单和来源识别技术、空气质量预测预警技术、有毒有害污染物的排放控制技术、清洁能源的开发利用技术、低碳工艺技术、节能技术开发等。

（三）能源与气候变化战略

能源是经济发展的命脉，在现有科技、资源条件下，能源使用依然以矿物燃料燃烧为主，

进而排放大量温室气体，使大气中温室气体浓度上升，产生温室效应，导致地球表面温度上升，带来诸多气候变化的负面影响。为了减缓气候变化，需要在全球范围内控制温室气体的排放，摆脱经济发展依赖化石能源的传统发展路径，实现发展模式的转变。低碳经济就是适应这一转变的崭新的发展路径和目标经济形态，是未来世界经济的新趋势。在全球温室气体排放容量空间日渐狭小的情况下，低碳经济要求通过技术改造和研发、政策和体制改革等措施，以较少的温室气体排放量及能源使用量，获得较大的经济发展收益。目前，低碳经济作为一种新的经济形态在世界范围内已经初露端倪，发展势头日渐强劲。低碳经济可能带来国际贸易条件和国际竞争格局的变化，促使各国重新定义国家核心竞争力，并影响国家技术战略、经济发展战略和国际关系战略等的制定。

1. 对能源与气候变化问题认识的进展与存在的问题

我国目前面临着国内外的双重减排压力。气候变化给我国带来了各种负面的影响，如气温上升，降水量不均、极端天气与气候事件发生的频率可能性增大等。另外，矿物燃料的大量消耗也带来了大量的二氧化硫、氮氧化物和颗粒物质的排放，严重影响了我国的大气环境质量。我国面临的生态环境压力形成了我国进行温室气体控制的内在压力。同时，作为世界温室气体排放大国，国际社会对我国的减排压力也越来越大。从国际政治经济格局来看，我国已不再具备沿袭发达国家以高能源/资源消耗为支撑的现代化道路的国际环境，我国的可持续发展不仅受到国内资源和环境的严重约束，而且面临国际环境容量空间限制。控制温室气体排放与减缓气候变化与我国要实现的能源安全目标、环境目标以及可持续发展目标，从根本上和长远来看是一致的。因此，从长期看，我国通过控制能源需求和温室气体排放来发展低碳经济，有可能成为促进能源领域的技术创新、促进形成可持续的新型能源系统的重要机遇，并进而转变社会生产模式和消费模式，最终实现经济发展模式的转变和长期竞争力的提升。

但是，目前我国经济发展模式、经济结构、能源资源禀赋、能源技术体系和政策体系也共同决定了我国在能源与气候变化以及发展低碳经济上仍面临着巨大挑战：

① 从经济发展阶段看，我国事实上正处于一个高碳经济发展阶段。目前仍然处于工业化、城市化阶段，面临着满足快速实现城市化，大规模开展基础设施建设以及改善人民生活水平等紧迫任务。这些紧迫任务也将促使能源需求和温室气体排放的进一步增长。

② 从经济结构来看，我国目前仍以第二产业为主，工业是最重要的能源消耗部门和 CO_2 排放源，当经济发展以能耗和排放水平高的工业尤其是重化工业发展为先导时，我国经济将在很长一段时期内仍将依赖于能源和资源的投入。

③ 从贸易结构来看，我国在国际产业分工体系中仍位于产业链的低端，附加值较低，而且资源和能源密集型产品出口仍占有较大比例。发达国家对气候变化的关注可能引发新的贸

易壁垒，影响我国产品和服务的出口竞争力。

④ 从能源资源禀赋上看，我国是世界上少数几个以煤为主的国家，与其他主要排放国相比，我国以煤为主的能源资源禀赋决定了我国控制温室气体排放的难度最大。

⑤ 从能源效率和能源技术体系上看，我国的整体能源利用效率和能源技术水平较低，与发达国家相比还存在很大差距，带来巨大的温室气体排放量。我国的技术体系仍然依赖的是发达国家的传统技术路径，在过去差距缩短的大趋势下，重新洗牌，有拉大差距、加大依赖的风险。

⑥ 从政策体系和人力资源储备上看，我国现有的政策、体制能力和人力资源还不足以满足发展低碳经济的需求。

综上所述，能源与温室气体控制问题涉及国家经济社会发展的长远战略和国际竞争力，涉及我国未来发展模式的选择，涉及我国在世界政治、经济、能源、环境和科技体系中的战略地位。从长期看，我国发展低碳经济是必然选择。但是同时，中国又面临着发展低碳经济的各种挑战。关键的问题是：如何把从现在高碳经济状态过渡到未来低碳经济模式的代价控制在不逆转发展方向，有利于可持续发展的范围内，如何协调长远利益和眼前利益，如何保持这一过渡平稳有序实现。

中国政府已经采取了一系列措施来保障这一目标的实现：

① 大力推进节能减排，提高能源效率。“十一五”规划提出，到 2010 年单位 GDP 能耗下降 20%。经过努力，2007 年我国单位 GDP 能耗比 2006 年下降 3.66%，2008 年 1—9 月又下降了 3.46%；2006 年和 2007 年累计节能 1.47 亿 t 标准煤，减少约 3.35 亿 t 二氧化碳的排放。

② 大力调整经济结构，促进服务业和高技术产业的发展，推进技术进步，淘汰落后产能。如 2007 年淘汰小火电机组 1 438 万 kW，落后钢、铁产能 8 400 万 t，落后水泥产能 5 200 万 t，关闭小煤矿 2 322 处。

③ 大力发展低碳能源和可再生能源，改善能源结构。2005 年颁布了《可再生能源法》，制定可再生能源优先上电网、全额收购、价格优惠及社会分摊的政策，建立可再生能源发展专项资金。到 2007 年底，我国水电装机容量达到 1.45 亿 kW，年发电量 4 829 亿 kW·h，电力装机和发电量均居世界第 1 位。风电规模成倍增长，装机容量超过 600 万 kW，居世界第 5 位。核电装机 906 万 kW，比 2006 年增长 30.5%。煤炭在一次能源消费中的比重由 1980 年的 72.2%下降到 2007 年的 69.4%，水电、风电和核电的比重由 4%提高到 7.2%。可再生能源总利用量约为 2.2 亿 t 标准煤（包括水电）。

④ 实施计划生育，有效控制人口增长。自 1971 年推行计划生育以来，我国因计划生育少生了 3 亿多人口，减少了对能源的消费，相应减少了 CO_2 的排放。

⑤ 大力减少农林温室气体排放，同时推动植树造林，增强碳汇能力。截至 2007 年底，我国已在全国 1 200 个县开展了测土配方施肥行动，推广以秸秆覆盖、免耕等为主要内容的

保护性耕作，建立了草原生态补偿机制，同时，大力发展农村沼气，推广太阳能、省柴节煤炉灶等农村可再生能源技术。全国人工林面积达到了 0.54 亿 hm^2，蓄积量 15.05 亿 m^3，森林覆盖率由 20 世纪 80 年代初期的 12%提高到目前的 18.21%。据估算，1980—2005 年我国造林活动累计净吸收约 30.6 亿 t 二氧化碳，森林管理累计净吸收 16.2 亿 t 二氧化碳，减少毁林排放 4.3 亿 t 二氧化碳。

⑥ 加强了应对气候变化的体制机制建设和应对气候变化相关法律、法规和政策措施的制定。2007 年成立国家应对气候变化领导小组，由国务院总理担任组长。2008 年在机构改革中，将国家应对气候变化领导小组的成员单位由原来的 18 个扩大到 20 个，并在国家发展和改革委员会成立专门机构，专门负责全国应对气候变化工作的组织协调。2007 年 6 月我国出台了《中国应对气候变化国家方案》，提出了到 2010 年我国应对气候变化的总体目标。同年制定了《中国应对气候变化科技专项行动》，提出了应对气候变化科技工作在“十一五”期间的阶段性目标和到 2020 年的远期目标。2008 年 10 月发布了《中国应对气候变化的政策与行动白皮书》，系统介绍了国家方案的实施情况。

⑦ 积极推动应对气候变化国际谈判和合作。我国长期以来积极参加和支持《气候变化公约》和《京都议定书》框架下的活动，相继与发展中国家提出了有关资金、技术转让、适应和森林问题的倡议。2008 年，我国与联合国在北京举办了“应对气候变化技术开发与转让高级别研讨会”，通过了《北京宣言》，提出建立“涵盖技术开发与转让各阶段的全新的、创造性的国际合作机制”的倡议。

此外，我国为应对金融危机，投资 4 万亿元人民币拉动内需，其中用于节能、提高能效、发展可再生能源、调整产业结构和环境保护的投资占很大比重，约有 2 100 亿元用于发展“绿色经济”，更有 5 800 亿元用于与应对气候变化相关的项目。

2. 能源与气候变化战略目标

（1）气候变化工作目标

到 2020 年，单位国内生产总值二氧化碳排放量比 2005 年显著下降，非化石能源占一次能源消费比重达到 15%左右，森林面积比 2005 年增加 4 000 万 hm^2，森林蓄积量比 2005 年增加 13 亿 m^3。

（2）效率与能源技术水平目标

实现能源节约和环境保护目标，必须依靠全社会的共同努力，发挥科技基础作用，走转变经济增长方式，提高经济增长质量和效益的道路。

到 2020 年，火电厂的煤耗、吨钢综合能耗、吨钢可比能耗，以及 10 种有色金属、铝、铜、乙烯、大型合成氨、烧碱、水泥、建筑陶瓷、铁路运输等主要耗能产品生产的综合能耗进一步降低，与发达国家的差距大大缩小，而国内同行业企业之间技术先进与落后的二元结构得到显著改善。

到 2030 年，各项能耗指标进一步降低，效率和技术目标进一步提高，国际与国内的技术差距都大大缩小，各种先进的技术设备已经不单靠从发达国家进口，我国自己的企业具有较高的研发能力，技术水平提高的贡献率有很大部分来自国内企业。

到 2050 年，我国的各项技术水平指标基本与中等发达国家的类似，与最发达国家的差距也进一步缩小，国内企业的发展速度也更加协调，与国际企业的发展状态也更加吻合。

3. 能源与气候变化战略任务

主要包括 7 大战略任务。

（1）转变经济增长方式，推动产业升级，提高我国在低碳经济形势下的核心竞争力

推广低碳经济背景下的新的“竞争力”概念，建立涵盖经济、能源、环境的综合竞争力观，将能源、气候因素纳入核心竞争力范畴，以控制温室气体排放、增强可持续发展能力为目标，以保障经济发展为核心，以节约能源、优化能源结构为重点，以科学技术进步为支撑，以提高国家在国际政治经济体系中的综合竞争力为主线，确保国家在从传统经济形态向未来新的低碳经济形态过渡过程中，保持综合竞争力的不断提升；大力推动产业结构调整，转变传统的经济增长方式和贸易模式，大力发展低能耗低排放的第三产业，特别是高新技术产业，重点进行电力、冶金、建材、化工、交通、建筑等行业的技术升级和调整，加速淘汰高能耗、高排放的落后产能。

（2）将推进低碳经济的相关政策逐步纳入国家的规划和政策体系中，尽快制定国家低碳经济发展战略

按照全面贯彻落实科学发展观的要求，把应对气候变化与实施可持续发展战略、加快建设资源节约型、环境友好型社会和创新型国家结合起来，纳入国民经济和社会发展总体规划和地区规划；识别低碳经济的核心内涵及现阶段我国发展低碳经济所面临的挑战和存在的机遇，尽快制定我国低碳经济发展战略。

（3）以节能减排为突破口，实施节能优先，协同控制多种污染物的温室气体控排战略

以“节能减排”为突破口，将提高能效作为控制我国温室气体排放的首要手段，并通过减少矿物燃料的消耗从而实现协同控制 SO_2 等局地污染物排放的目的；在“十一五”期间能源强度降低 20%的基础上，进一步明确我国节能减排的重点行业和中长期减排目标；积极推进电力、冶金、建材、化工、交通和建筑节能，对行业的技术现状进行全面审查，了解各种技术在行业内部的配置状况、行业新兴技术的发展潜力，及其未来的应用前景，并在此基础上制定实现控制成本最小化、环境经济效益最大化的具体的行业节能减排战略。

（4）调整和改善能源结构

大力发展低碳能源加快发展风能、生物质能和太阳能，在保护生态的基础上适度发展水电，

在确保安全的前提下积极发展核电，提高清洁能源的比重。扩大煤炭洗选比重，大力发展洁净煤技术，努力提高能源清洁利用的程度，从根本上改变能源利用方式，减少温室气体排放。

（5）大力推动植树造林，做好生态系统减源增汇工作

继续实施植树造林、退耕还林还草、天然林资源保护、农田基本建设等政策措施和重点工程建设，扩大绿化面积；扩大自然保护区的数量和面积，保护原始林、天然次生林和森林生物多样性，增强碳汇功能；加强碳的减源增汇科学技术的研究推广和国际合作交流。

（6）制定低碳技术战略和技术路线图，建立推动低碳技术开发与扩散的激励机制

积极跟踪和研究具有战略意义的能源和减排技术，由政府相关部门协调，提出统一的国家节能减排技术战略路线图，确定战略储备技术研发重点；以市场体制为基础制定低碳技术发展的相关激励政策和措施，推动提高可再生能源及新能源、煤的清洁高效利用、油气资源和煤层气的勘探开发、二氧化碳捕获与埋存等技术的开发和利用，建立低碳能源系统、低碳产业结构和低碳技术体系；推动建立自主创新体系和关于技术开发与转让的国际合作新机制。

（7）加强公众教育，转变社会生产行为和消费行为，引导科学的消费模式并大力加强能力建设

加强公众教育并完善碳排放强度评价体系，指导和引领政府、企业、居民的行动方向和行为方式向低碳进行转变，保障人文发展对能源和温室气体排放容量的基本需求，抑制奢侈需求。

加强政府履约和执法能力建设。在中央和省、市各个层次加强机构建设，整合现有体制资源，提供履约和执行政策的体制保障。特别是要促进地方体制完善，增强地方制定和执行低碳经济战略和政策的能力。提高社会团体、学术界、媒体和公众参与决策、监督的能力，发展相关机制。

4. 能源与气候变化对策措施

① 从技术、政策、体制等各个方面加强温室气体和局地污染物的协同控制，扩大协同效应（共生效益），提高控排效率。加强协同控制温室气体和局地污染物的相关技术研究和部署；加强控制温室气体和控制局地污染物的政策措施的协同；加强体系协同，明晰现有部门在温室气体控制和应对气候变化中的职能，加强部门联系。

② 加强对能源与温室气体的测量、统计、核算、报告、核查等工作。结合目前环保部门开展的污染源普查活动和已有的监测体系，将温室气体测量、统计、核算调查工作纳入其中。全面了解掌握我国碳排放的基本特征、数量、强度、行业分布等重要特性，建立碳排放源信息库，从而为我国的温室气体控制与决策提供坚实的依据。

③ 完善能源与温室气体控制相关的法律法规建设，建立适应我国国情的应对能源与气候变化的市场体系和政策体系，推进能源管理体制和价格改革，促进低碳经济发展。

④ 建立和完善我国应对能源和气候变化，支持低碳经济的资金机制。发展公共部门和民营部门的伙伴关系，建立国家应对气候变化战略基金，实施经济政策手段，引导资本市场、技术市场和环境权益市场上国内外社会资源的配置；结合我国国情和国际经验探索建立碳税、介入国际碳市场运作和发展低碳经济的方式、步骤和潜在影响，但要注意不可过度碳市场。

⑤ 选取典型区域和城市，建设低碳经济示范区，摸索有我国特色的低碳经济发展道路，在此基础上总结经验，逐步进行推广。

⑥ 加强应对气候变化国际合作，在可持续发展框架内，为保护全球气候作出力所能及的积极贡献。积极参与全球气候进程，推动国际气候合作朝着更加合理公正的方向发展，维护发展中国家的正当要求和共同利益；在"共同但有区别的责任"原则下，在可持续发展框架内，为保护全球气候作出力所能及的积极贡献，树立负责任的大国形象。要求发达国家应履行公约规定的义务，向我国提供资金和转让技术，并尝试与发达国家在技术开发、转让、扩散与部署等各个环节上形成合作，借此缩短与发达国家间的技术差距，获取核心技术，实现技术赶超。

（四）固体废物污染防治战略

1. 固体废物污染防治进展与存在的问题

近年来，我国固体废物污染防治取得积极进展。城市生活垃圾处理能力得到加强。城市生活垃圾无害化处理率从 1991 年的 16.2%提高到 2007 年的 62%，提高约 46 个百分点。2006 年我国工业固体废物统计产生量约为 15.2 亿 t，其中综合利用量为 9.26 亿 t，综合利用率达到 60.9%。危险废物管理得到加强。制定了有关专门法规，建立了专门的管理制度，初步建立了危险废物的无害化管理体系；以实施《全国危险废物和医疗废物处置设施建设规划》为契机，危险废物集中处置能力得到提高。在青岛、杭州、南京、无锡建设完成电子废物的拆解、再生示范工厂，拥有百万台/年的拆解能力。

但目前我国固体废物污染问题仍然十分突出。一是城市生活垃圾中还有约 48%即约 7 500 万 t 城市生活垃圾进入简易填埋场，甚至被倾倒进江河湖泊而没有进行任何处理；厨余垃圾处理刚刚起步；农村生活垃圾管理还基本处于空白状态。农村生活垃圾产生量估算约为 2.75 亿 t，基本都在村镇周围和住所周围自行倾倒处置，垃圾围村、垃圾坑塘的现象几乎成为各地普遍的"风景"。二是工业固体废物以建筑材料生产利用为主，目前的综合利用方式和比例难以适应由于经济高速发展带来的工业固体废物产生量的飞速增长，我国各种工业固体废物的堆存总量估算超过 100 亿 t。三是危险废物处置能力仍然有限，危险废物的处置还是以焚烧为主要方式。危险废物底数不清，使固体废物难以全部纳入管理控制范畴。每年我国尚有数千吨危险废物被排放到环境中，还有数百万吨危险废物堆存在环境中，历年堆存在环境中的危险废物有数千万吨已经对堆存地及周围环境造成了严重污染。四是没有建立有效、可行的电子废物、包装废物、废汽车等社会源废物的管理体系。广东贵屿、浙江台州、天津子牙等些地区形成了许多以家庭为主要单位的拆解单元，技术设备落后，产生了较大的环境污染。

另外，在固体废物管理上，存在以下问题：一是我国目前对固体废物的认识混乱，目标不清，技术路线不明确，急需扭转。固体废物污染的实质是由物质循环被破坏造成的，固体废物污染的本质是资源的浪费和非循环，固体废物管理的目标应该是资源的保护和循环利用。但目前在固体废物管理领域中，仍在延续废水和废气管理中的"末端控制"的思维方式，过于强调固体废物处理处置过程中的污染防治，各级政府在固体废物管理和污染控制过程中均不同程度地强调单项处置技术的作用，而不重视应该作为系统工程的全过程管理。我国固体废物管理的基本原则为减量化、资源化、无害化"三化"原则，但是并没有提出固体废物管理这三个主要手段和过程的优先顺序，没有提出我国固体废物管理的原则性技术路线，包括生活垃圾在内的各种固体废物处理也没有明确的科学合理的技术路线。

二是还没有建立起完善的固体废物管理体系。以《固体废物污染防治法》为中心，我国已经出台了十多部固体废物相关条例、规章等，形成了行政代执行、申报登记、进口废物审批、经营许可、转移联单等管理制度，但各法律之间关联性不强，固体废物管理缺乏统一的目标，制度措施执行情况不令人满意。目前涉及固体废物管理的政府部门有 8 个，易出现政策矛盾、职能重叠或者区分不清等情况，无法形成统一、有效的管理合力，造成管理漏洞和管理盲区。同时，固体废物管理专业部门能力的严重匮乏同样也制约着管理水平的提高和污染控制的需要，全过程监督管理体系远未建立，危险废物管理尚处于起步阶段。

三是固体废物污染控制与管理没有得到应有的重视，投入不足，我国固体废物污染尚未得到有效控制。我国城市垃圾人均处理费仅为 13 元/（人•年），单位重量生活垃圾处理费仅为 29.3 元/吨，远低于 60 元/吨的最低无害化标准要求，危险废物处置技术水平尚需提高，农村生活垃圾和农业废物的直接投入几乎可以忽略。目前对于固体废物综合利用缺乏统一、综合的鼓励政策，经济鼓励政策实施对象仅限于几种大宗工业固体废物，而且落实困难。

2. 固体废物污染防治战略目标

通过建设固体废物全过程管理体系和发展合理有效的循环经济体系，以固体废物为控制节点，完成人类社会和自然生态中完善、合理的物质循环，保证人类社会发展与资源保障的平衡，维护人类社会与生态环境的和谐共存。

具体目标是：

① 安全、合理地再生利用、生态还原和暂时处置固体废物，避免人体健康和生态环境在这一过程中受到危害；

② 建立健康合理的生活方式和生产模式，最大限度地发挥能源和资源的效应，减少固体废物的产生；

③ 以合理、有效的方式完成固体废物在社会生活和生产中的再生循环，贯彻循环经济理念，建设完成最终废物返回生态环境中的闭路系统，彻底淘汰土地填埋等环境隔绝贮存式的处置方式，实现人类社会与物质资源和生态环境的和谐共存。

2020 年阶段目标：初步掌握并控制全国固体废物的产生和管理；城市生活垃圾人均产生量降低到 2010 年的 90%；无害化处置率达到 85%；资源回收利用率达到 35%；进一步提高农村和乡镇生活垃圾集中清扫率、无害化处置率、农业固体废物资源循环利用率；工业固体废物资源循环利用率达到 80%；危险废物产生总量控制在 2010 年水平；危险废物控制率达到 60%；资源循环利用率达到 60%；无害化处置率 30%，减少危险废物堆存量、提高危险废物集中处置率。

2030 年阶段目标：基本掌握和控制全国固体废物的产生和管理；城市生活垃圾人均产生量降低到 2010 年的 80%；无害化处置率达到 90%；资源回收利用率得到进一步提高；进一步提高农村和乡镇生活垃圾集中清扫率、无害化处置率、农业固体废物资源循环利用率；工业固体废物产生总量维持在 2015 年水平；资源循环利用率达到 85%，排放量有所降低；危险废物产生总量降低到 2010 年的 80%；危险废物控制率达到 80%；资源循环利用率达到 70%。

2050 年阶段目标：全面掌握和控制全国固体废物的产生和排放，实现全过程管理；城市生活垃圾人均产生量降低到 2010 年的 70%，基本得到无害化处置，资源回收利用率达到 55%；农村和乡镇生活垃圾、农业固体废物基本得到妥善处理和利用；工业固体废物产生总量零增长，资源循环利用率达到 90%；危险废物产生总量降低到 2010 年的 80%；危险废物控制率达到 100%；资源循环利用率达到 80%。

3. 固体废物污染防治战略任务

（1）大力推进工业固体废物和危险废物源头减量

依据《固体废物污染防治法》全面强化危险废物和工业固体废物申报登记制度，在全面申报登记的基础上确定危险废物和工业固体废物减量控制的基准。根据各地区特点和行业特点，研究制定地区和行业的固体废物分阶段减量指标和措施。促进危险废物和工业固体废物的减量与资源再生。

（2）加强固体废物处置设施和管理能力建设

加强危险废物管理能力建设，到 2020 年全部危险废物的综合利用和处理处置达到无害化水平，并逐步降低危险废物最终填埋的比例。加快建设危险废物集中处置设施及其合理的区域网络布局；开展风险评估，全面监督和检查企业自行建设和管理的危险废物处理处置设施，2015 年前要全部达到国家要求标准；全面监督和检查危险废物综合利用企业的环境保护和污染控制水平，建立固体废物与危险废物豁免制度及其管理体系，在 2020 年前全部危险废物可以得到无害化管理，包括综合利用和无害化处置。

加快建设城镇垃圾处理设施，特别是县城和乡镇垃圾处理设施。加快城市环卫机构与设施建设运营市场化进度，在2020年前我国城镇生活垃圾全部可以得到无害化处理。

结合流域和区域环境整治，通过资源再生与再利用的手段，全面开展历史堆存危险废物和工业固体废物的处理处置。

促进建设大型专业化固体废物管理企业，鼓励各种固体废物区域性集中分类再生利用和处置。

（3）推进城镇废旧物资回收，建立废旧物资回收和管理体系

规范城镇废旧物资回收体系和管理制度，开发与建设适合我国国情的城镇生活垃圾分类收集与处理体系，建立低品质材料回收的补偿机制和垃圾焚烧热能回收的鼓励机制，保证有效提高生活垃圾回收与资源再生率。开展生命周期分析，提倡绿色消费，实现固体废物源头减量；将循环经济发展与固体废物污染控制有效结合，建立起支持循环型消费模式的废品回收利用体系。

（4）全面开展固体废物污染场地的治理工作

开展垃圾填埋场的修复与治理、危险废物堆放场地的修复、搬迁工厂污染场地的修复。重点对地表水保护区域和重点流域、地下水和饮用水保护区、重点生态保护区域和新开发居民聚集区等环境保护敏感区域的污染场地开展治理。

4. 固体废物污染防治对策措施

（1）完善固体废物法律体系

开展有关我国固体废物产生、污染特性以及固体废物管理与我国社会、经济发展现状的适应性研究，建立符合我国国情和固体废物管理规律的固体废物分类体系，提出适合我国国情的“生产者延伸责任制”和污染治理责任主体确认机制，以及固体废物回收与再生的市场与补偿机制等。提出适合我国国情和固体废物管理规律的固体废物管理法规体系框架，并梳理、修订现有法律、法规。

（2）建立强有力的固体废物管理队伍

加强行业指导，按照资源循环与固体废物管理统筹的思路，整合管理职能，协调行业内技术发展、资源配置，制定促进固体废物源头减量、资源化再生、合理处置以及全过程无害化管理的经济、技术政策、法规、标准、规范等。在地方设立“固体废物管理中心”，配备足够的人力和技术手段，统一实施各种固体废物管理制度并实施有效的监督管理，重点管理在各种固体废物的源头减量和资源循环，以及全过程的无害化控制。

（3）建立固体废物管理投资体制和政策机制

全面开征城市生活垃圾处理费、加大城市基础设施运行维护费支出或者财政支出最低比例保障等方式，保障城市固体废物处理设施的正常运转。国家加大固体处理处置设施建设投

资支持力度，建立贫困地区城市、乡镇生活垃圾和农村生活垃圾的处置费用补贴制度。开展“固体废物产生者责任制”和“生产者延伸责任制”的试点与示范，鼓励社会投资工业固体废物和危险废物再生利用和合理处置行业。对各种固体废物的再生循环企业实行有效的税收优惠，对农业固体废物的循环再生（包括秸秆还田、燃烧发电、堆肥处理、产沼民用等）实行政策性补贴制度。

（4）构建科学合理的固体废物管理目标体系

制定国家和地方固体废物管理规划，明确提出各种固体废物源头减量、再生循环和无害化管理的阶段性和长远目标，并将固体废物再生资源（能源）开发纳入国家和地区性资源（能源）发展计划；将固体废物管理指标纳入国家和地方环境保护指标中，如在节能减排指标体系中增加工业固体废物和危险废物减量率，并将这一指标体系作为考核中央和地方政府及其主管官员的政绩考核指标之一。开展全国性和地区性循环经济建设，促进固体废物的合理利用，按照减量化优先的原则，遵循统筹规划、合理布局，因地制宜、注重实效，政府推动、市场引导，企业实施、公众参与的方针，提高资源利用效率，保护和改善环境，实现可持续发展。

（五）工业污染防治战略

1. 工业污染防治进展及问题

工业污染防治历来是我国环境保护工作的重点。经过 30 多年的不懈努力，我国工业污染防治取得了一定进展，突出表现在污染物排放增长速度明显低于经济增长速度，重点行业污染物排放强度明显下降。改革开放以来，我国国民生产总值增长了 50 多倍（当年价）。与此同时，通过结构调整、技术进步、污染治理等措施，初步控制了工业污染物排放总量的快速增长。特别是“九五”以来，通过淘汰和关闭一批技术落后、污染严重、浪费资源的企业，积极开展电力、水泥、钢铁、造纸、化工等重污染行业的综合治理和技术改造，使主要污染行业在产量逐年增加的情况下，主要污染物排放强度呈持续下降趋势。如火力发电行业装机容量由 1980 年的 4 555 万 kW 增加到 2007 年的 5.54 亿 kW，但烟尘排放量却由 1980 年的 399 万 t 下降到 2007 年的 350 万 t；二氧化硫排放强度由 1980 年的 10.3 g/kW·h 下降到 2007 年的 4.4 g/kW·h，下降了 57.3%；氮氧化物排放强度由 1990 年的 4.62 g/kW·h 下降到 2007 年的 4 g/kW·h，下降了 13.4%。再如，建材行业的水泥单位产品烟粉尘排放强度由 2000 年的 6.82 kg/t 减少到 2006 年的 3.72 kg/t，下降了 45.5%；水泥熟料二氧化硫排放强度由 2000 年的 2.13 kg/t 减少到 2006 年的 1.15 kg/t，下降了 46%。

工业粉尘、烟尘等污染物的排放总量，以及主要行业工业污染物排放强度的降低，对于在经济快速发展的同时，避免环境质量随之急剧恶化，作出了重要贡献。

但由于我国工业经济增长主要依赖高投资、高能耗和高污染产业，特别是电力、钢铁、有色金属、石化、建材、化工等重化工行业，增长方式粗放。由此造成工业污染问题较多：一是工业污染防治总体水平较低，常规的工业污染物排放总量一直在小幅度上升（个别指标除外），工业对环境的压力长期处于高位状态，单位 GDP 的污染物排放强度远高于发达国家。二是重化工等重点行业对工业污染排放总量贡献十分突出，以 2006 年为例，61.6%的工业废水排放来自造纸、化工、电力、纺织和钢铁 5 个行业，84.3%的工业二氧化硫排放来自电力、建材、钢铁、化工、有色金属 5 个行业。三是持久性有机污染物（POPs）、重金属等有毒有害非常规污染物在无有效控制的条件下增长迅速，污染水体和土壤，对环境已构成明显威胁，影响群众健康。四是工业企业污染物稳定达标率低，特别是中小企业稳定达标率更低。如根据专家估计，我国焦化企业中化学需氧量、二氧化硫总体排放达标率在 30%左右，其中国有大型企业达标率在 50%左右。

当前和今后相当长的一段时期，我国仍处于工业化阶段，工业经济将继续快速发展，工业污染物排放总量仍将增长，工业发展与资源、能源和环境之间的矛盾将日益加剧，工业污染防治压力巨大，形势十分严峻。

2. 工业污染防治指导思想

坚持“结构调整、技术进步、源头预防、过程控制、末端治理、回收利用、机制高效、依法治污”的工业污染防治方略，改变、摒弃难以为继的传统工业发展方式，加快污染物排放由浓度控制向浓度控制和总量控制相结合转变，加快工业污染由末端治理向污染全过程控制转变，切实发挥后发优势，努力走一条“科技含量高、经济效益好、资源消耗低、环境污染少、人力资源优势得到充分发挥”的有中国特色新型工业化道路，大幅度减少工业污染物的产生和排放，实现国民经济的又好又快发展、“穿越式”发展。

根据我国多年来的粗放型经济增长方式、不合理的产业和产品结构、生产工艺落后和环境污染防治不到位的中小企业较多的现状，建议分三步实施：

一是 2010 年以前，以淘汰落后和污染末端治理为重点，下大力气淘汰落后生产力，对不符合排放标准、生产工艺落后的技术和装备，一律淘汰。严格执法检查，尤其是要抓好对中小企业、非规模以上国有工业企业、非国有工业企业的执法监督，督促不达标企业加大污染治理力度，确保实现稳定达标排放。同时，推进企业的技术进步和产品结构升级，提高行业集中度，加强综合治理。

二是 2010—2020 年，治理与预防并重，通过完善法规、标准，提高行业准入门槛，严格执法，继续淘汰不能满足新要求的技术和装备。同时，不仅强化污染末端治理，而且注重从源头削减和控制污染，通过发展清洁生产、循环经济，改变单纯的污染防治“末端治理”模式。

三是 2020 年之后，力争进入“以污染预防为主”的阶段，即预防、全过程控制及循环经济阶段。工业生产进入工业高加工度化阶段，由大变强。由此带来污染末端治理水平较高、防治设施能够正常运行，上下游之间的工业产业形成生态链，基本实现废弃物的资源化利用。

3．工业污染防治战略目标

在分析我国工业污染防治现状及工业发展趋势的基础上，按照循序渐进、逐步严格、分阶段进行的原则，根据不同重点行业的特点，提出不同阶段的控制目标和战略目标（表 1-5-1，表 1-5-2，表 1-5-3）。其中，2010 年、2015 年、2020 年的目标，以详细的控制数据为主；2030 年、2050 年的目标，以原则性目标为主。同时，依靠科技进步，推广清洁生产，发展循环经济，强化污染的全过程控制，实现污染物“零排放”。

表 1-5-1　　水污染防治目标

行业	项目	2010 年	2015 年	2020 年
钢铁	工业用水重复利用率	95%	97%	98%
有色金属	工业用水重复利用率	85%	90%	95%
电力	外排污水达标率	100%	100%	100%
石化	外排污水达标率	95%	96%	97%
化工	外排污水达标率	95%	100%	100%
造纸	水重复利用率	50%	55%	60%
纺织	中水回用率	20%	25%～30%	35%
皮革	中水回用率	50%～60%	60%～65%	65%～70%

表 1-5-2　　大气环境保护目标

行业	项目	单位	2010 年	2015 年	2020 年
钢铁	二氧化硫排放量	g/t 钢	≤2 100	≤1 900	≤1 750
	烟尘排放量	g/t 钢	≤2 000	≤1 400	≤1 000
	粉尘排放量	g/t 钢	≤2 000	≤1 400	≤1 000
	厂区降尘	t/（km^2·月）	＜24	＜18	＜14
石化	有控废气达标率	%	>96	>97	>98
化工	工业废气排放达标率	%	≥95	100	100
	二氧化硫排放量下降率	%	≥8	≥20	≥30
电力与动力工业	燃煤电厂烟尘排放量	g/kW·h	≤1.2	≤0.9	≤0.6
	二氧化硫排放量	g/kW·h	≤2.7	≤2.0	≤1.7
电力与动力工业	烟气脱硫机组占全国煤电机组容量比例	%	70	75	80
建材	万元增加值排放二氧化硫	kg/万元	36	22	15
	二氧化硫排放总量	万 t	≤170	≤160	≤145
	万元增加值排放烟粉尘	kg/万元	147	88	53
	烟粉尘排放总量	万 t	≤680	≤650	≤500
机械	2015 年，所有的热加工企业的排放标准符合国家相关标准； 2020 年，基本上杜绝热加工污染源，实现清洁生产				

表 1-5-3　　固体废物处理及利用目标

行业	项目	单位	2010 年	2015 年	2020 年
钢铁	高炉渣利用	%	100	100	100
	钢渣利用	%	≥95	≥98	100
	尘泥利用	%	100	100	100
	粉煤灰与炉渣利用	%	≥80	≥92	100
有色金属	铜、铝、铅和锌四大品种循环利用占总消费量	%	≥33	≥42	≥50
	工业固体废物（赤泥、废石、尾矿除外）综合利用率	%	>60	>70	>70
电力	粉煤灰	%	≥75	≥80	≥85
石化	固体废弃物处理利用率	%	>96	>98	100
化工	固体废物减排率	%	10	20	30
	固体废物综合利用率	%	≥70	≥90	≥95
食品	固体废物综合利用率	%	≥80	≥85	≥90

2030 年阶段目标：国民经济产业结构以第三产业为主，达到中等发达国家水平。工业经济发展初步实现轻量化（高效低耗和高品低密）、绿色化（无毒无害和清洁健康）、生态化（污染预防和经济与环境循环双赢），工业污染防治水平达到中等发达国家水平。其中，燃煤电厂二氧化硫全部达标排放，烟尘、工业粉尘的排放达标率分别达到 95%、90%，工业废水、工业废气排放达标率分别达到 100%、95%，工业废水重复利用率、工业固体废物循环利用率和危险废物循环利用率分别达到 95%、85%、70%。

2050 年总体目标：国民经济产业结构进一步优化。工业污染防治达到世界先进水平，全面掌握和控制工业固体废物的产生和排放，实现了工业污染排放的零增长或负增长。其中，燃煤电厂二氧化硫继续全部达标排放，烟尘、工业粉尘、工业废气的排放达标率全部达到 100%，工业废水重复利用率、工业固体废物循环利用率和危险废物循环利用率分别达到 100%、90%、80%。

4．工业污染防治战略任务

（1）淘汰落后产能，促进工业结构和布局的优化

淘汰落后的生产工艺、装备、技术和产品是降低资源能源消耗、减少工业污染排放的治本之策，应当加大力度、加快实施。定期更新强制淘汰、限制高排放、高消耗的落后生产能力、工艺、设备和产品目录，重点调整淘汰冶金、建材、石化、化工、电力、机械、轻纺等行业的落后产能，2010 年前，要在主要工业行业依法淘汰一批落后生产能力、工艺、设备和产品，削减污染排放总量，并严禁污染异地转移；限制一批生产技术和装备、工艺和产品的发展；鼓励一批生产技术和装备、工艺和产品的开发应用。如，通过调整淘汰冶金行业的落后生产能力、工艺、设备和产品，实现全国到 2010 年削减 7 000 万 t 落后的炼铁能力、

5 500 万 t 落后的炼钢能力；通过关停单机容量 5 万 kW 及以下的常规小火电机组等，实现"十一五"期间全国关停 5 000 万 kW 装机容量的火电生产能力。再如，淘汰年产量小于 20 万 t 的水泥企业、年产量小于 5.1 万 t 的化学木浆生产线、年产量小于 3.4 万 t 的草浆生产装置等。

调整进出口结构，重点控制高能耗、高污染和资源性（"两高一资"）产品的出口。主要是禁止生铁、废钢和钢坯等出口，严格限制煤炭、原油、金属矿砂等资源性产品以及氧化铝、低附加值钢材、国内紧缺的薄板和铬铁、锰铁、金属锰等严重依赖国外资源的铁合金等产品出口；限制化工产品尿素、纯碱、烧碱和黄磷等的出口；限制水泥产品出口增长；逐步严格限制焦炭等国外市场依赖性强、有长期合同需要履约的资源性产品的出口。同时，鼓励多进口废钢、煤炭、石油等资源性产品，以及盐、煤炭等矿产品等。

科学制定并认真实施充分考虑环境保护要求的重点工业产业发展规划，利用政府宏观调控手段合理有序地进行产业规模和布局的调整，避免产能增长过快、发展失控以及布局不合理。推进产业战略重组，使"两高一资"产业向技术先进、管理科学的大企业（集团）集中，实现最优生产。同时推动中小企业技术进步，挖掘污染防治潜力。

不断提高行业准入门槛，严格环境准入。通过严格环保法规标准，严把土地、信贷、环保三个闸门，以及"区域限批"等制度，有效引导和合理控制钢铁、有色金属、机械、煤炭、电力、化工、建材、轻工和电子等行业的发展。如，在化工行业，通过提高准入门槛，严格控制染料、农药、铬盐、电石等高污染企业的发展，避免出现目前"多、小、散、乱"的格局。同时，积极促进高新技术和都市型工业等技术密集型产业的发展。严格限制和禁止重污染企业在生态脆弱区和敏感区、重要生态功能区的发展与布局。

（2）强化环境监督管理，促进企业稳定达标排放

明确发展改革、建设、国土、工商、安全生产监督等各部门的环境监管职责，完善环境联合执法协调查处机制，加强部门联动。健全国家监察、地方监管、单位负责的环境监管体制，恢复和完善企业和行业监测、监督体系，健全国家和地方工业污染两级环境监控网络。加快建设重点污染企业自动在线连续监测系统并加强管理、维护，确保能够实时监控二氧化硫、烟尘、氮氧化物等常规污染物的排放。加强对所有企业污染物排放、环境保护设施运行的监督管理，依法处罚环境违法企业，关闭不治理或治理后达标无望的企业，取缔使用落后生产工艺的企业，并定期向社会公布违法企业名单。

（3）依靠科技创新，推动绿色工业化进程

科技创新、技术进步是污染全过程控制和末端深度治理的重要依托，对于减少污染物的产生和排放有着关键作用。

积极开发应用工业污染防治的共性关键技术、清洁生产和绿色制造新技术，形成自主核心技术。重点在源头控制、过程控制和净化处理、末端治理和资源有效利用方面，开发应用新工艺及技术。事实证明，已有的新工艺及技术大大地减少了污染物排放。如，在皮革行业，

采用无硫化物和石灰的脱毛浸碱技术，从源头消除硫化物和石灰的污染，使废水中氨氮含量从 150～250 mg/L 降至 40～50 mg/L，准备工段水用量减少 30%，制革污泥减少 80%左右。又如，在机械行业，清洁、节能、精密、高效的热处理技术与传统的热处理方法相比，可以明显改善热处理生产环境，实现工业污染过程净化处理，降低污染物排放。再如，在石化行业，通过废水预处理、“隔油—浮选—生化”老三套工艺技术的改进和完善，实现废水深度处理，污水净化再利用，一些企业加工吨原油取水和排污水都能够达到国际先进水平的 0.5 t 和 0.2 t 以下。

未来一个时期，要集中人力、财力、物力做好新工艺及技术的开发应用。如，在冶金行业，重点研发高炉煤气、转炉煤气、铁水预处理与炉外精炼等高效除尘技术，烧结、焦炉烟气脱硫技术和脱氮技术，以及城市污水处理后回用于钢铁工业循环冷却水、钢铁工业用水最少量化与“零排放”等技术。在电力行业，重点研发应用低氮燃烧技术和选择性催化还原脱硝和选择性催化非还原脱硝技术。在冶金行业，重点研发应用蓄热式燃烧技术和先进的燃烧控制系统。在石油和石化行业，重点研发减少氮氧化物排放的助催化剂，以及再生烟气、加热炉气、工艺排气中的二氧化硫和氮氧化物处理技术。在建材行业，重点要在高效节能粉磨技术与装备、高效除尘及有害气体减排与装备等方面取得突破。在纺织行业，重点在前处理、染色与印花、功能整理等方面开发应用新技术，如发展可溶性淀粉经纱上浆、高效短流程前处理、湿短蒸染色、冷轧堆染色、喷墨印花、静电印花等技术。在造纸行业，重点研发废纸制浆的高效脱墨、高浓漂白、废纸纤维质量的检测与监控等技术与装备。

发展环保产业，培育新的经济增长点。加快污染防治的共性关键技术、清洁生产和绿色制造新技术的科技成果转化，推进工业污染防治新工艺及技术的设备国产化，促进生产方式向资源节约型、环境友好型方向转变，力求“绿色生产”。如，在电力行业，大力发展烟气脱硫、脱硝工艺装备的制造。在冶金行业，推动直接式火焰指示传感器等装置的生产，加快实现对氮氧化物和其他污染物的连续控制。在石油、石化行业，大力发展移动组合式泥浆集输处理设备、环境友好泥浆和驱油剂、成品油储运设施（含加油站、油罐车和储油库）油气处理回收成套设备等的生产。在纺织行业，加快推进超临界二氧化碳流体染色、微胶囊染色等技术的产业化。

（4）发展循环经济和清洁生产，促进工业发展资源节约、环境友好

循环经济和清洁生产不仅能够降低污染末端治理的投资和运行成本，还可以提高资源、能源的利用率，减少污染排放，是工业污染防治发展的重要趋势，应当大力推广。

按照“政府主导、企业主体”的原则，加快推进清洁生产。各级政府及发展改革、环保、工业、财政等部门应进一步加强经济政策引导，鼓励企业在技术改造过程中优先采用先进适用的清洁生产工艺、技术，通过国际金融组织资助、国债项目补助、节能减排专项资金、中小企业发展基金、排污费使用资金等多种渠道，支持企业实施清洁生产项目。对于清洁生产中高费项目，考虑将其列入绿色信贷支持计划。重点鼓励造纸、化工、石化、食品、印染、

冶金、电力、焦化、机械等企业开展清洁生产，从源头减少二氧化硫、氮氧化物、化学需氧量、烟尘等污染物的排放。加强清洁生产审核咨询服务机构和清洁生产专家库建设和管理，完善清洁生产信息系统，向社会和企业提供清洁生产政策、方法和技术。同时，严格强制性清洁生产审核，依法公布超标排放、超总量排放、使用或排放有毒有害物质的企业名单，加强监督检查，督促制订清洁生产计划，实施清洁生产项目。

强化企业的责任意识，发挥企业主体的积极性。要求和鼓励企业将清洁生产作为污染预防和全过程控制的重要措施，加强规划，完善组织体系，开展清洁生产内部审核，制订实施清洁生产方案，持续开展清洁生产。建立和完善推进清洁生产的市场机制，加强污染治理设施运营资质管理，尝试第三方对清洁生产项目进行建设和运营。

按照“减量化、再利用、资源化、再制造”的原则，发展循环经济。重点是通过政策引导、资金支持、典型引路，鼓励建设一批生态工业园区。在钢铁、有色金属、电力、化工、建材、机械等重点行业规划建设若干体现循环经济要求的生态工业园区，促进化工、钢铁、石化、电力以及建材等行业间的耦合和生态链接，使上游企业的废气、废热、废水等废物成为下游企业的原料和能源，既提高资源、能源利用效率，又减少污染，实现污染“零排放”。例如，将电力行业产生的粉煤灰、脱硫石膏等废物和冶金行业产生的钢铁渣等废物，提供给建材行业，用于制砖等。可将冶金、建材、化工、有色金属等行业产生的余热余能，用于发电。同时，对已有工业园区进行生态化改造，采取经济、技术和管理等措施，推进企业循环式生产和组合，延伸、衔接工业产业链，实现企业内部废物的循环利用，实现企业间、行业间的水资源、能源的合理配置和高效利用，减少废物排放。

（5）倡导企业自律，提高企业环保水平

进一步明确企业是环境污染防治的主体，要求企业采取有效措施，加强建设项目“三同时”的落实和已有项目的环境污染治理，切实承担削减污染物排放量的责任。

组织行业协会和有实力的企业（集团）积极参与环保政策、法规、标准和清洁生产指标的制（修）订，组织建立和完善资源节约、污染防治的信息统计、分析及发布制度。充分依靠行业协会和有实力的企业（集团）的研发力量，加强对环保新设备、新工艺的研究，建立典型示范生产线，引导行业技术进步。行业协会组织行业专家和环保专家，定期或不定期地到企业实地进行检查和指导，帮助提高企业环保水平，及时反映实际问题。

5. 工业污染防治对策措施

（1）建立完善工业污染防治法律法规标准体系

在修订环境保护法、大气和水等环境污染防治法等相关法律法规时，应进一步强化企业环保责任，提高处罚额度，设定“行为罚”罚则、探索按日处罚等，改变“守法成本高、违法成本低、执法成本高”的现状。将环境管理从排污口向环保设备、环境保护设施延伸，制定相关法规规章。适时修订污染物排放标准，进一步严格二氧化硫、烟粉尘、氮氧化物等常规污染物的排放限值，增加对非常规污染物的控制标准，特别是对新建项目要加严排放限值。鼓励地方环境立法，制定更加严格的控制措施和排放标准。

（2）制定实施控制工业污染的经济政策和贸易政策

在经济政策方面，通过税收优惠等手段，支持企业治理环境污染；通过征收资源税、环境税等手段，制约企业不环保的生产行为。进一步制定实施控制和削减二氧化硫、氮氧化物排放的经济政策。在贸易政策方面，通过取消资源性产品出口退税、提高出口关税等手段，控制“两高一资”产品的出口；通过制定取消或降低进口关税等优惠政策，鼓励资源性产品的进口。

（3）加快形成多元化环保投入格局

一方面，加大环保财政投入力度，逐年提高环保投资占 GDP 的比例和工业污染防治投资占环保投资的比重。财政投入主要用于研究开发工业污染防治的共性关键技术和前沿技术，用于重点污染处理和环保基础设施建设和运行等。同时，鼓励企业不断加大环保投资，逐年增加投入；另一方面，鼓励和吸引国外资本、社会资本、民间资本等进入企业污染全过程控制和末端治理市场，如引导企业加强同世界知名环保产业企业（集团）的合作，提升工业废弃物处理水平。

（4）加强宣传教育

加强对工业企业特别是中小企业负责人环境保护教育和环保业务的培训，使企业及负责人树立环境社会责任意识，了解工业污染防治基本知识和技术，加强企业污染防治设施的建设运转管理，自觉公开企业环境信息，接受公众监督。

（5）试行企业领导干部环保业绩考核

研究建立国有企业（集团）领导干部环保业绩考核指标体系，或将环保指标纳入领导干部综合考核评价和业绩考核体系，抓好试点，逐步推广。

（六）城市环境保护战略

1. 城市环境建设与保护的进展与问题

经过 30 多年的实践和探索，我国在大规模城市建设的同时，通过优化规划布局、调整能源结构、加强基础设施建设和完善环境管理，大大改善了我国城市环境的整体质量。

我国政府一贯将城市环境保护作为环境保护工作的重点，城市环境管理工作伴随整个环境保护事业的发展走过了 30 多年的历程，经历了工业污染点源治理、污染综合防治、环境综合整治和生态建设与环境质量改善四个发展阶段。尤其是 21 世纪以来，我国各级城市政府对生态文明和环境质量高度重视，城市步入生态建设与环境管理全面推进的新阶段，城市可持续发展能力不断加强。

改革开放以来，城市规划在国家建设工作中的地位和作用不断增强，城市布局也在发展中得到不断调整。随着城市对居住社区、公共交通、环境保护、公共服务基础设施等方面的合理规划与设计，大大促进了城市生态环境的改善。另外，近些年大多数大城市都在实施“退二进三”计划，工业企业逐步迁往主城区周边的工业园区。这种举措既消除了城区的主要污染源，又为引进效率更高的第三产业创造了条件，大大促进了城市的可持续发展。

我国的城市环境管理不断加强，目前已经建立了以环境保护目标责任制、城市环境综合整治定量考核、创建环境保护模范城市和城市环境质量报告制度为主要内容的一套具有中国特色的城市环境管理模式。这套管理模式，已经成为推进我国城市环境管理、在城市环境管理领域落实科学发展观的重要载体之一，并在城市人口不断增加和经济持续快速增长的情况下基本遏制了城市环境污染加剧的趋势，引导我国城市向环境友好型城市和资源节约型城市发展。一些城市努力探索新形势下城市环境保护的管理策略，还形成了具有自身特点的环境保护工作模式。

我国城市的环境基础设施建设有了长足发展，城市生活污水处理率、生活垃圾处理能力、公共交通运载能力和轨道交通能力均大幅度提高，电力、天然气等洁净能源建设力度增加，节水设备、污水回用和雨水收集等水资源再利用设施建设不断增强。基础设施的增长不仅提高了城市容量，也大大提高了城市的环境质量和城市的可持续发展能力。

随着城市管理的不断严格和城市功能定位的不断明确，一些城市在经济建设、城市建设过程中调整了产业结构、能源结构。大部分城市实施燃煤锅炉改造，推广清洁能源的使用，建立高污染燃料禁燃区，有效控制了城市的煤烟型污染，大大改善了城市的大气环境质量。

我国正处于城镇化发展的加速期，城市发展带来的资源和环境压力日渐增加，城市各类资源和环境问题一直是我国环境保护的焦点和重点。2007 年，全国仍有 39.5%的城市（地级及以上城市，含地、州、盟首府所在地）环境空气质量未达到国家二级标准；仍有近 90%流经城市的河段受到严重污染、城市内湖水水质普遍较差；全国近 2/3 的城市陷入垃圾重围中且城市生活垃圾仍以 4.8%的速度持续增长；近 1/3 的城市区域噪声处于轻度污染或者中度污染状态；600 多个城市中有 300 多个城市缺水、100 多个城市严重缺水；大城市交通拥堵日益严重。而随着城镇化进程的不断推进，未来我国城市环境压力将持续增加，城市环境问题也将日益复杂和综合，呈现多介质、多界面的特点。

当前我国城市环境保护面临的主要问题如下：

（1）从城市建设和环境管理的思路上，对城市科学发展、可持续发展和城市环境问题的认识仍然不到位，城市经济和环境保护的协调与发展流于形式、更多停留在理念上

由于与科学发展和可持续发展相配套的法律、政策和机制尚未完善，相当部分城市在建设和管理过程中仍然将本地区的资源禀赋和环境条件置于次要地位，热衷上大项目、搞大发展，并未摆脱资源高消耗、环境重污染的粗放型发展模式。在城市建设和环境管理中缺乏生

态系统综合管理观点，在进行生态建设时急功近利。生态建设缺乏系统思维，片面追求个别指标的提高。许多城市甚至斥巨资移植大树、进口草坪，绿化带维护过程中大量使用化学品，导致城市绿化过分人工化和绿地生态功能弱化，并带来了新的环境污染问题。一些北方城市在冬季盲目使用融雪剂，腐蚀道路、危害植物生长。

（2）城市建设和环境管理的政府职能转变尚需要深化

从中央和地方的关系看，中央和地方之间管理职责不清，致使地区之间的环境管理缺少协调和配合，环境问题的自然属性经常被行政区划割裂、管理低效。从环境管理的部门协调来看，城市中有多个部门分别掌握着不同程度的城市环境管理资源和权力，而环保部门对城市环境的综合调控能力不足，直接导致城市环境保护在城市发展和经营过程中处于弱势地位；由于城市环境管理是个系统工程，涉及规划、计划、经济、建设、交通、环保等多个部门，而现有法律法规和行政体系对城市环境管理的界定比较模糊，各部门职权不清、分工不明，导致对于特定事务的管理分散在各个职能部门，致使若干政策在执行过程中缺乏协调与配合。另外，城市环境管理的各种具体措施大部分由政府部门直接操作，例如环境保护的目标责任制、城市环境的综合定量考核制度，都是作为一种行政行为通过政府体制实施，使得我国的城市环境管理带上了浓郁的政府行为色彩，虽然短时间内能取得一定效果，但是持续的力度和社会效益都不理想。

（3）城市规划缺乏综合协调和管理，环境保护的理念在城市发展中没有得到充分体现

在城市规划编制和执行过程中，较多体现城市决策者的意志，“一任领导一任规划”，不能坚持城乡统筹、合理布局、节约土地、保护环境、集约发展和先规划后建设的原则。部分决策者为了追求政绩，盲目拔高城市定位，城市发展不顾地区，片面追求“做大、做强、做优、做美”，大拆大建、重复建设。由于一些重要基础设施和工业企业的选址不当、缺乏科学论证和信息公开，个别城市规划选址项目竟演化为大型群体性事件的导火索，带来了较严重的社会问题。在规划编制过程中，由于城镇化高速增长，现阶段的工作更多考虑城市人口规模和用地规模的匹配，而与城市的长期发展战略、环境综合规划、生态文明建设等相关任务和目标有所脱节，城市资源环境的限制条件和区域、城乡之间的统筹协调考虑不周。目前的城市规划不能与城市建设发展同步，城市基础设施（尤其是环境基础设施）建设落后于城市发展，带来诸多环境问题。另外，尽管我国所有的设市城市均已编制了城市总体规划，但广大小城镇的建设规划水平仍很低，城镇建设管理带有很大的随意性，相当一批城镇的功能布局不尽合理，基础设施建设不配套，这不仅给城镇的管理带来不便，同时也造成土地资源的严重浪费，增加了环境治理的难度。

（4）环境基础设施建设严重滞后，运行情况堪忧

虽然我国环保投入逐年增加，环境建设和能力建设得到一定加强，但是环境保护投入资金不足、效率低下的问题仍然十分突出，全国仍有四分之一左右的城市环境基础设施严重滞

后。根据《2007 年全国城市环境管理和综合整治年度报告》，全国 655 个设市城市中，参加“城考”的城市共 617 个；其中，“城考”城市生活污水集中处理率平均为 52.0%，城市生活污水未经二级处理且未达到排放标准的城市有 162 个，占“城考”城市总数的 26.3%；生活垃圾无害化处理率平均为 67.6%（如果按照真正对垃圾渗滤液进行妥善处理的情况统计，估计 10%都不到），生活垃圾未按要求进行无害化处理的城市有 158 个，占“城考”城市总数的 25.6%。地级以上城市（含）医疗危险废物未按要求进行集中处置的城市有 61 个。其中黑龙江、吉林、辽宁、贵州、湖北、新疆、海南、广西、云南、甘肃、山西、西藏等省（区）的城市环境基础设施建设相对落后，尤其是中小城市、县级市环境基础设施建设更加滞后。已建成的环境基础设施，也由于监管不力、配套设施不完善和技术问题导致相当一部分不能达标排放，同时还存在经济政策不配套和运行费用缺乏，致使部分环境污染处理设施运行不足。

（5）“城中村”和城乡结合部成为城市的垃圾堆放场与病菌传播源，“脏乱差”和环境卫生问题十分严重

在快速城镇化过程中，城市建成区周边的乡村迅速转变为城乡混合发展地带，表现出一系列不同于城市和乡村的独特环境与生态问题，是多种法律法规交织的地区和规划管理上的“真空地带”。例如，城市建成区越来越尖锐的人地矛盾和昂贵的垃圾处置成本，使大量的城市生活垃圾被廉价转移到城乡结合部，给城乡结合部造成严峻的环境和生态健康问题。另外，城市建成区面积迅速扩张，大量乡村集体土地被城市建设低成本占用，一些失去耕地的近郊农村也被纳入城市版图，在城市高密度的建设包围下成为“城中村”。“城中村”现象在我国城市中已相当普遍。以北京市为例，目前仅仅朝阳、海淀、丰台、石景山四个城区，就有“城中村”300 多处，居住人口 70 多万人。这些“城中村”普遍缺乏统一规划和管理，以低矮拥挤的违章建筑为主，环境脏乱、人流混杂、治安混乱、基础设施不配套，游离于城市管理的体制之外，被称为都市的“癌症”。“城中村”中污水横流、垃圾遍地、臭气扑鼻的现象十分普遍，环境状况和卫生状况都十分恶劣。

（6）城市居民环境意识和公众的环境监督能力仍然需要增强

随着环境保护宣传教育的加强，我国城市居民的环境意识逐步提高。但是，随着居民生活水平的提高、西方消费观念和生活方式的传播，我国城市居民的生活方式和消费方式也正在向发展型和享受型升级，过度消费、提前消费、炫耀型消费和奢侈型消费迅速增加，种种环境不友好的生活方式和消费模式，大大增加了城市的资源和环境压力。以私家车为例，根据国家统计局的年报，2007 年末全国民用汽车保有量达到 5 697 万辆（包括三轮汽车和低速货车 1 468 万辆），其中私人汽车保有量占 62%；而私人轿车占民用轿车的比重已高达 77.7%，且还在迅速增长（2008 年末达 79.9%），给我国城市道路交通带来日益增加的压力，导致交通拥堵加剧、停车设施供需矛盾激化、机动车污染问题日益突出。另外，城市居民环境保护的积极性虽然不断提升，但是由于公众参与环境保护的机制尚不健全，环

境信息仍然不够公开，公众对城市环境保护的参与和监督仍然有待加强。

2．城市环境建设与保护的指导思想

针对社会主义初期阶段和城镇化快速发展时期城市环境问题的特点，贯彻科学发展观和“建设生态文明”、“建设资源节约型、环境友好型社会”的国家战略，以控制城市污染、推进城市生态建设、提高城市人居环境适宜度为重点，系统协调城市资源、环境、生态与社会经济关系，从空间布局、消费结构、设施建设和管理体系四个方面促进城市节能减排和环境改善，实现城市的可持续发展。

3．城市环境建设与保护战略目标

我国城市环境保护战略各阶段的目标如下，具体指标的目标见表 1-5-4，根据人口规模和经济发展水平而划分的不同类型城市的主要问题和战略重点见表 1-5-5。

表 1-5-4　城市环境战略目标

年份	2020	2030	2050
城市大气环境质量	80%的城市空气质量达到国家二级空气质量标准，基本消除可吸入颗粒物污染劣于三级的情况	60%以上的城市空气环境质量达到 WHO 指导值的第三阶段目标值	大多数城市空气环境质量达到国家空气质量标准，基本实现 WHO 环境空气质量浓度指导值
城市水环境质量	实现重点城市饮用水安全，地表水Ⅴ类水质标准以上的比例大于 85%；实现重点城市集中式饮用水水源地水质基本稳定达标	确保饮用水安全，解决水质性缺水问题；地下水环境质量趋于改善；实现地级以上城市饮用水水源地水质稳定达标	实现城市河段水环境质量按功能区全面达标，饮用水安全得到保障、水生态系统健康
城市声环境质量	城市声环境质量总体良好，主要噪声源得到有效管理和控制。区域环境噪声平均值达到较好标准的城市比例达到 75%以上	城市声环境稳定改善，噪声源得到全面的管理和控制。相比 2020 年，区域噪声平均值达到较好标准的城市比重明显提升	大部分城市声环境按功能区达标
城市环境保护投资	城市环境保护平均投资指数达到目前发达国家的平均水平（3%左右），环保基础设施运行率显著提高，处理水平全面达到排放标准	城市环境保护投资进一步提高，环境保护投入机制基本完善，环保基础设施运行良好，监管体系完善	城市环境保护投资力度稳步提升，环保基础设施满足生态城市发展要求
城市人居环境适宜度目标	超过半数的城市达到人居适宜度标准，且城市内和城市间的差距扩大趋势得到控制	超过 60%的城市达到人居适宜度标准，差距有所缩小	超过 80%的城市达到人居适宜度目标，差距缩小明显
城市生态建设目标	城市建成区绿化覆盖率达到 40%，城市受保护地区面积占城市总面积比重超过 12%	建成区绿化覆盖率和保护地区面积比重稳中有升	建成区绿化覆盖率和城市受保护地区比重保持合理的程度

表 1-5-5　　不同类型城市的问题、趋势和重点

城市类型	环境问题现状	环境问题趋势	环境保护推进重点
大而强的城市	基本处于城市化的后期、工业化的后期甚至是后工业化阶段，综合环境治理得以展开。但经济优先的发展思路尚未完全改变，工业化推进对产业结构升级贡献不足；生产型和消费型环境问题并存；环境保护对周边的带动效应不明显	随着后工业化阶段来临，消费型环境问题逐步凸显，新环境问题出现的可能性增大	率先推进产业结构的全面清洁化和高附加值化；提升环保技术创新水平，为末端治理向全程监控转变提供科技支撑；率先构建循环经济体系，重点解决生产型环境问题；率先实现城乡经济与环境协调发展目标
大而弱的城市	一般处于城市化中期初始阶段、工业化中期初始阶段甚至初期，贫困型环境问题和生产型环境问题突出；产业结构不尽合理、优化调整滞后；环境保护投入特别是环保基础设施投入严重滞后且城乡分布严重不均衡	针对城市化进程的加速和工业化的逐步深入，需要重点应对城市规模和工业规模同时扩张所可能带来的环境问题加剧	重点改变以牺牲环境换取经济增长的发展模式，清洁化产业结构；弥补环保基础设施建设历史欠账；贫困型环境问题和生产型环境问题并重共治；2030 年前实现由“大而弱”城市向“大而强”城市的转变
小而强的城市	一般处于城市化的中期加速阶段、工业化的后期阶段，环境现状相对较好，环境保护能力强，但生产型和消费型环境问题仍然并存，与发达国家小城镇的水平尚有不小差距	进一步发展中面临着城市规模快速扩大、人口快速增加所带来的环境状况下降的压力	率先实现城市整体的循环经济构建目标；环保技术创新与引进并重，彻底解决生产型环境问题；率先推广绿色消费，解决消费型环境问题；生态建设由于经济发展，率先建成城乡一体化的宜居型城市
小而弱的城市	一般处于城市化的初期阶段或中期的初始加速阶段、工业化的初期阶段，经济发展需求强烈，但环境保护投入不足，贫困型环境问题和早期的生产型环境问题体现明显	快速城市化下城市规模的扩大和强烈的经济发展要求对城市环境保护形成较大压力	经济发展与环境保护并重，积极承接和发展符合环境保护要求的产业与投资；彻底解决贫困型环境问题，防治生产型问题；重点推进环保设施建设；2030 年前实现由“小而弱”向“小而强”城市的转变

2020 年，与全面实现小康社会的发展目标相适应，大力促进城市环境污染的源头治理，从根本上遏制城市生态环境恶化趋势，主要污染物排放得到有效控制，城市环境质量和生态状况恶化趋势基本遏制，城市环境安全得到有效保障；资源和能源的使用效率显著提高，能源节约效果显著；城市环境管理协调机制、城市环境预警与污染事件应急机制、生态环境补偿机制逐步完善，环境管理水平显著提升；以循环经济支撑的生态城市达到相当比例，条件较好的城市或城市群率先建设资源节约型、环境友好型社会，生态文明观念在全社会牢固树立。

2030 年，城市污染物排放总量得到全面控制，应对环境危机、解决环境问题的能力得到显著增强，大多数城市建设资源节约型、环境友好型社会，城市环境质量和生态状况全面改善，人居环境显著提升，基本实现城市环境的良性循环。

2050 年，全国城市普遍实现以循环经济为支撑的经济和社会结构，污染物排放总量和浓度均控制在区域可承受范围之内，大部分城市产业结构、经济增长方式、消费模式符合“资源节约型、环境友好型”社会建设战略要求，城市生态系统高度稳定，生态文明建设成绩显著。

4．城市环境建设与保护战略任务

（1）推行集约化的城市发展模式，推进城市的绿色建设和管理，促进城市资源能源节约和可持续发展

城市在合理规划的基础上，要高效利用土地，禁止盲目扩张，严格控制城市规模不合理扩大和城市布局不合理。考虑城市所属区域资源环境特性，基于主体功能区划的要求，基于城市环境容量和资源承载力进行城市发展定位，从而合理控制城市规模和布局，避免单个城市规模过大导致的环境问题，避免城市布局过分集中形成城市连绵带导致的格局性环境问题，并避免城市盲目发展带来的土地浪费。在东部地区，积极构建城市群、城市带，充分发挥中心城市的作用，形成大中小城市功能有机组合、联系紧密的网络型城市体系；在中部地区，发挥大城市和中等城市的综合带动作用，以产业带动城市化的健康发展；在西部地区，最大限度地发挥大城市的核心带动作用，发挥城市的综合效益，促进中等城市的发展。有重点地发展小城镇，首先发展县城和一部分有发展条件的建制镇，使其融入区域城镇体系，并发挥其对广大农村地区的带动作用和对中心城市的支撑作用，纠正片面强调拉大城镇框架、增加城镇人口数量的误区，严格限制“城不城、乡不乡”的“沿路开发”模式，而代之以“组团式”的沿交通轴线开发。

以绿色建设和管理的理念，改善城市机体运行的能流和物流，减少工农业生产和日常消费中，尤其是建筑开发和交通运输领域，不合理的能源资源消耗，促进能源资源的高效利用。

在城市经济发展的过程中，逐步调整城市经济结构，转变城市经济增长方式，发展循环经济，促进城市生态建设，逐步推动城市建设目标与城市环境目标的统一，城市发展与城市生态协调，并逐步解决城市发展过程中遗留的环境问题，促进城市的可持续发展。

（2）优化城市规划体系，在规划中考虑环境和资源的制约因素，落实城市规划的法律地位和城市环境管理的责任，在源头实现城市功能区的协调发展

优化城市规划体系，优先考虑环境要素制约，把资源环境承载力大小、布局，决定的城市发展方向、规模、总量、布局、敏感点，作为经济社会发展等的基础性、先导性、长期性约束条件。辅以法律机制保证，加快落实《规划环境影响评价条例》，做好城乡规划的环境影响评价。要将规划环评的强制性要求体现在有关规划法规中，如《城乡规划法》的具体条文条例中，对规划实施对环境可能造成的影响进行分析、预测和评估，主要包括环境承载能力分析、不良环境影响的分析和预测以及与相关规划的环境协调性分析，并提出预防或者减轻不良环境影响的政策、管理或者工程技术方面的对策和措施。还要落实各级城市人民政府对本辖区环境质量的主要责任，并建立包括污染减排、环境质量改善，绿色 GDP 指标在内的官员环保政绩考核体系。将环境保护指标作为约束性指标，并且在环境质量严重恶化的城市严格实行环境保护“一票否决”和末位淘汰制度。

切实落实城市规划和环境规划的法律地位。在城市规划编制—决策—执行—监管全过程环节，落实城市规划的权威性和延续性。落实环境规划的法律地位，并开展试点，逐步推行城市中长期环境规划编制和立法工作。

利用城市规划对土地功能的明确和控制作用服务于污染治理，尽量改善城市内部的空间格局，避免工业区、商业区和生活区混杂布局。严禁在城市市区布局发展高污染行业，大力推进工业进园区建设，逐步实现新建项目的全部圈区管理，并先行建设污染治理基础设施。此外，在城市规划中，要处理好城市规划和乡镇以及乡村规划的关系，用城市资金、技术和人才等优势，统筹城乡的污染防治，改善城市周边地区尤其是城乡结合部的环境质量。避免城市恶性扩张以及不合理的土地利用给城市与周边地区带来的污染。

（3）促进与城市发展进度相适应的环境基础设施建设，同时大力提高环境基础设施处理能力和运营水平

各级城市政府应发挥主导作用，加快包括生活污水集中处理、生活垃圾无害化处理和危险废物医疗废物处理处置设施在内的环境保护基础设施建设，提高基础设施运营水平与处理能力。将城市环境基础设施列为最优先的公共财政投入领域，采取多元化的投资渠道，推进合理收费。对于缺乏资金的中小城镇，可以考虑合理利用城市环境基础设施（如生活垃圾村收集—镇转移—县市处理模式），共同推进城乡污水和垃圾处理水平的提高。

把提高基础设施运营水平放在与建设基础设施同等重要的位置，并加强运营监管。通过大力推行环境基础设施的市场化运营，鼓励尽可能提高设施的实际处理能力，提高运营效率和水平，同时大力提高加强运营监管，确保基础设施持续稳定发挥环境效益。

（4）提升环境管理能力，强化城市环境管理分类化

强化城市环境管理的分类指导，出台针对不同类型城市的城市环境分类管理的指导意见。给西部城市留出发展的环境空间，提高东部发达地区城市的环境保护要求，逐步实施环境优先的发展战略。大城市突出机动车污染、环境基础设施建设、城市生态功能恢复等问题，强调城市合理规划和布局，且要利用城市交通系统带动郊区和城市农村的环境保护工作。中小城镇要加大工业和农业的污染控制，加快城市基础设施建设，促进城乡协调发展。对资源型城市，要实现两个根本性转变，更新产业结构，发展多元化经济，实施生态重建，改变处于危机状态的生态环境。

（5）维护城市生态系统的健康，增强城市的自我调节修复能力

构筑城市生态框架，保护好城市水源地、河道、绿地、湿地等城市生态系统敏感点。加强城市河湖水系治理，增加生态环境用水，维持自然生态功能；建设公园绿地、环城绿化带、社区居住区绿地、企业绿地和风景林地，围绕城市交通干线和城市水系等建设绿色走廊。增强城市中自然生态系统的抗干扰和自我修复能力。实施城市生物多样性策略，利用生态系统调节机制，增加自然生态系统的承载能力和环境容量。疏通城市自然系统的物流、能流、信

息流，改善城市生态要素间的功能耦合网络关系，扩大生物多样性的保存能力和环境承载容量，借此提高以光合作用为核心的自然生产力和对城市废弃物的降解。此外，在城乡结合部，加强生态系统维护工作，以避免重走中心城区的老路。

（6）保护城市文化

谨慎实施历史性城市的旧城改造和危旧房改造。应在规划层面秉承保护文化遗产的理念，在实际操作中避免"推平头"式拆迁，避免盲目地在旧城区内兴建高层建筑，使文化遗产遭到严重破坏。应注重平时对中心城区老旧房屋的维护修缮，尽可能保留古建筑、街道和小区的原有风貌。

5. 城市环境建设与保护对策措施

（1）依法行政，严格实施规划

建议城市基础性环境规划和城市规划由人大审批，向社会发布，保持稳定和持续性，彻底改变一任领导一轮规划、书记市长是城市总规划师的短期多变现象。对规划的实施情况，建立配套的政策评估机制，并且在规划制定的同时，就要明确评估的时间节点和绩效要求。

（2）构建城市绿色生产和消费体系

加快用高新技术改造传统产业，推广和使用各种新技术、新工艺、新设备，制定奖惩制度，引导企业推行清洁生产甚至零排放工艺，构建静脉工业体系，提高资源能源利用效率，并改善郊区农业种植模式，提高农业资源利用率。积极推进污水、垃圾减量化、资源化、产业化。配套中水回用管网，开发中水消费市场。构建垃圾分类收集与分类处理回收的配套系统。

政府投入为引导，推行环境标志和绿色产品认证，采用减（免）税、消费者直接补贴等综合性财税激励手段，推进绿色产品的生产和消费。政府应大力推进绿色交通、绿色建筑的使用和推广，以"绿化"城市能源消费，从源头减少城市大气环境污染排放压力。政府还应率先垂范，在政府建筑和公务活动中加大绿色产品的采购和使用力度，并提出政府绿色采购、节能建筑、节水减排等要求和奖惩政策。

（3）构建城市环境保护资金投入的长效机制

明确政府是城市环境保护资金投入的责任，确保环境保护资金投入不低于一定底线，在此基础上多渠道吸引社会资金、商业性资金参与城市的发展建设。探索建立适合公共设施建设的融资模式，试点发行市政环境债券，并完善各种环境保护补贴制度，如补助金、长期低息贷款、减免税等，以及环境保护押金制度。建立促进城市环境保护投资和促进投资有效利用的机制，加强项目立项的科学论证，加强前瞻性规划，避免大量项目在短时期内集中仓促上马，加大项目建设中的科学进度管理，取消无谓的进度超前奖励机制，严格建设运营过程中的资金使用监管，开展对环境保护投资项目的绩效评估工作，对项目投资和运营的整体效益进行科学评判。

（4）加强城市综合系统管理，理顺城市环境管理体制

加强城市综合系统管理，促进实现“政府牵头，多部门参与”的“大环保”模式，按照“抓两头，带中间”的我国城市环境思路，强化城市环境综合整治，继续推进“城考”和“创模”工作，树立建设资源节约型和环境友好型城市典范，同时加大对环境管理落后城市的曝光力度，落实地方政府环境目标责任制和责任追究制度。开展风险源监管及污染事故应急技术研究，提高技术支撑能力；建立城市群环境信息共享渠道，建立健全城市群之间环境保护合作协调机制，包括跨界信息通报、联合监测、预警联动等机制；建立环境风险源动态管理与监控系统，并协同基础设施，共同防范及应对重大污染事故。建设区域间的联合预警预报体系，以有毒有机污染物和重大环境风险事故为主要管理对象，对重大区域性污染源信息实施联合通报；开展城市环境风险区划试点，加强环境监管，全力避免污染事故、环境安全事故发生。

进一步理顺城市环境管理体制，提高综合行政能力和城市环境管理水平。理顺城市环境管理中的中央和部门关系，促进城市环境管理中的政府职能转化，依法行使城市环境管理的综合管理职能，促进城市环境管理工作的科学性、系统性和规范性。

（5）确立城市环境信息公开制度，促进公众参与和部门协调

建立环境决策信息公开制度，完善包括听证制度在内的多项公共参与制度。充分依托城市信息交流和共享平台，建立健全环境信息发布制度，确保信息对称。通过公众参与机制，建立政府与媒体之间的良性互动，拓宽公众参与环境保护的渠道，保障公众的环境知情权、监督权，通过公众反馈提高环保决策的准确性和执行的有效性，扩大民主的程度，让越来越多的城市居民参与建设城市，监督城市管理。

（6）加强环境问题前瞻性研究，重视人体健康

加强城市噪声、光污染、恶臭、臭氧等综合防治，控制现有并预防新型城市环境问题。加强环境与健康相互关系的研究，启动健康城市的基础性研究，逐步防治因环境污染因素导致的城市病，将污染防治目标从保护环境逐步转移到保护人体健康。鼓励各地结合各自实际开展新型城市环境问题的研究、监测、预防、综合防治工作。

（七）生态保护战略

1. 生态保护进展与问题

近几十年来，我国颁布实施了《中华人民共和国森林法》、《中华人民共和国野生动物保护法》、《森林防火条例》、《森林病虫害条例》、《野生植物保护条例》、《中华人民共和国防沙治沙法》和《中华人民共和国草原法》等一系列有利于生态保护的法律法规。制定出台了《全

国生态环境建设规划》、《全国生态环境保护纲要》、《中国生态功能区划》、《国家重点生态功能保护区规划》、《全国生态功能区划》和《全国生态脆弱区保护规划纲要》等一系列重要规划。生态示范区建设活动成效显著。全国共批准528个生态示范区建设试点，其中233个被命名为“国家级生态示范区”。全国已有14个省（自治区、直辖市）开展了生态省（区、市）建设，500多个县（市）开展了生态县（市）创建工作。在农村开展了创建环境优美乡镇和生态村活动，目前全国已有7批382个镇（乡）获得了“全国环境优美乡镇”称号。生态保护和恢复工作不断得到加强，先后启动了三北防护林建设工程、京津风沙源治理工程、天然林保护工程、退耕还林还草工程、退田还湖工程，建立了一批不同类型的自然保护区、重要生态功能保护区等，全国森林资源逐年增加，森林覆盖率目前已达到18.2%，水土流失面积共减少了11万km^2，全国沙化土地面积开始出现净减少，年均缩减1 283 km^2。这些生态建设与保护工程，有效缓解了我国的生态系统退化，部分流域区域生态治理取得初步成效，部分城市和地区生态环境质量有所改善。

2. 生态保护问题

目前我国生态保护所面临的形势依然严峻。我国自然生态系统本底脆弱，在人为活动持续干扰下，生态退化的面积不断扩大，水土流失、沙漠化等生态问题突出，江河断流频繁发生，水生态失衡，遗传资源、物种丧失的压力加大，外来物种入侵在东部与西部地区的威胁在加重，转基因生物安全问题也呈加重趋势。局部生态问题有所缓和，区域、流域生态破坏在加剧；原有的生态问题略有好转，新的生态问题不断涌现；人工生态环境有所改善，原生生态环境在加速衰退；单项生态问题有所控制，系统性生态问题更加突出；显性的生态问题向隐性的生态问题转变。从总体上看，生态系统呈现由结构性破坏向功能性紊乱演变的发展态势，局部地区生态退化的现象有所缓和，但生态退化的实质没有改变，生态退化的趋势在加剧，生态系统更不稳定，生态服务功能持续下降，生态灾害在加重，生态问题更加复杂化。

3. 战略目标

为保护生态系统结构和功能完整、保障国家生态安全，国家急需加强生态保护与生态建设，提升支撑经济社会可持续发展的生态服务功能。高度重视生态保护科技支撑能力建设，倡导社会广泛参与，加大生态保育、生态修复及生态建设力度，促使生态系统结构不断优化，生态系统过程逐步合理，生态质量得到全面改善，形成生态保护与经济社会协调发展、良性互动的良好格局。

力争到2020年保障国家生态安全的生态系统格局基本形成，生态系统服务功能得到提升，总体生态压力得到缓减，生态退化趋势得到遏制，部分区域生态质量明显改善。自然保护区、生态脆弱区、生态功能区的建设初见成效，管理能力得到提高。生态补偿机制基本建立，生态文明得到长足发展，初步建立起适应我国生态保护需要的协调管理体制和机制，初步建立起覆盖全国的生态监测网络体系。

2030 年构建起较为完善的国家生态安全体系，生态系统结构得到进一步优化，生态服务功能得到大幅提升，生态恶化趋势得到总体控制，全国各地生态质量得到明显改善。生态保护管理体制与机制基本完善，生态文明深入人心，生态保护与经济社会协调发展的态势形成。

2050 年生态系统结构趋于稳定，各类生态系统的生态服务功能全面提升，全国生态环境质量良好。生态保护管理体制与机制成熟完善，生态文明的社会风尚蔚然成风，生态保护与经济社会发展和谐共生。

4. 战略任务

为实现生态保护的总体和分阶段目标，必须坚持源头控制、过程监管、末端治理，坚持生态保护和生态建设并重的原则，切实完成以下 3 大战略任务：

（1）以自然保护区为核心，全面构建国家生态安全框架

抓紧完善并实施全国自然保护区发展规划，以国家级自然保护区建设为重点，加强自然保护区网络体系建设。积极实施自然保护区建设工程，优化空间布局，提高保护区建设质量和水平，促进保护区由数量型向质量型转变，由面积型向功能型转变，由速度型向效益型转变。坚持重点突破和全面推进相结合的方针，在巩固原有保护区建设成果的基础上，将西南高山峡谷区、中南西部山地丘陵区和我国管辖海域区等生物多样性丰富地区以及目前自然保护区建设相对薄弱的地区作为重点建设区域，建立区域布局合理、类型多样、典型示范作用强的自然保护区体系。

全面加强各级自然保护区管理机构建设。优先建设国家级自然保护区管理机构，逐步实现所有自然保护区建成职能部门健全的管理机构。优化自然保护区管理人员、专业技术人员的配置。摒弃部门利益，创新自然保护区的管理体制，以国家级自然保护区为重点，探索建立自然保护区的直接管理机制。

健全自然保护区法规体系，完善规范化管理制度。完成自然保护区主要技术标准编制；制定并颁布实施“自然保护区法”；修订完善自然保护区土地管理办法，明确土地权属解决模式；完善自然保护区评审制度，修订自然保护区评审标准；制定有关涉及自然保护区的开发建设项目环境管理办法，构建生态补偿机制，明确管理措施和方法；制定自然保护区总体规划编制、基础设施建设、功能分区、资源调查方法及资源质量评价、技术岗位职责、生态监测技术、可持续旅游等国家标准或行业标准。

全面完成自然保护区科学考察，建立基于计算机技术、地理信息技术和网络技术的综合信息化平台。逐步建立由生态系统、重点保护野生动植物物种和重要自然遗迹构成的自然保护区监测网络。定期开展全国自然保护区质量调查与评估，建立健全自然保护区升降级制度

和分类管理指导机制。

（2）强化重要生态功能区建设，大力提升国家生态系统服务功能

尽快实施国家重点生态功能区规划纲要，以恢复和提升区域生态系统服务功能为目的，选择对区域、流域、地方和国家生态安全具有重要作用的区域，建立重要生态功能区。重点建设大小兴安岭森林、长白山森林、川滇森林、秦巴山地森林、藏东南山地森林、阿尔泰山地森林、三江源湿地、塔里木河荒漠、阿尔金草原荒漠、藏西北羌塘高原荒漠、三江平原湿地、苏北沿海湿地、若尔盖湿地、玛曲湿地、川滇干热河谷、呼伦贝尔草原、科尔沁沙地、浑善达克沙地、毛乌素沙地、黄土高原、大别山山地、西南喀斯特山地等重要生态功能区。

对严重退化的森林、草原、湿地等重要生态系统实施休养生息战略，对严重超出生态承载力的地区实施生态移民，确保其生态功能的恢复与提升。

对重要生态系统内不符合要求的产业实行退出机制。发展有益于区域主导、生态功能发挥、资源环境可承载的特色产业，积极发展生态旅游、生态林业、沙产业、避洪经济、生态养殖、生态农业等生态产业；限制损害区域生态功能的产业扩张，区域资源开发活动必须依法得到有关部门的批准，关闭破坏生态系统的产业；推广清洁能源，积极应用沼气、风能、小水电、太阳能、地热能及其他清洁能源，加快新能源替代，减少对自然生态系统的破坏。

遵循先急后缓、突出重点，保护优先、积极治理，因地制宜、因害设防的原则，结合已实施或规划实施的生态治理工程，综合协调退耕还林、天然林保护、水土保持、防风固沙等各项生态建设和保护工程，加大区域自然生态系统的保护和恢复力度，构建区域生态安全格局，提高水源涵养能力，恢复水土保持功能，增强防风固沙功能，提高洪水调蓄能力，增强生物多样性维护功能，保护重要物种资源，提升区域生态功能和物种资源的服务能力。

（3）加强物种资源保护，全力维护国家生物多样性

开展全国大规模的物种资源本底调查工作，加强生物物种及遗传资源的调查和编目，真正摸清我国物种资源的本底。建立物种资源监测与预警系统，在现有各部门分散监测设施和网络的基础上，打造一个内容综合、部门协调一致和高水平的物种监测网络；同时建立外来入侵种、有害病原微生物及动物疫源疫病的监测预警体系。

完善物种资源保护体系，确立物种资源保护的立法体系框架，加强物种及遗传资源保护与惠益分享的法规建设，健全生物安全、外来物种防治、传统知识保护等方面的国家立法，加快地方物种资源保护立法。修改和完善《植物新品种保护条例》，调整植物新品种的保护范围、保护期限、农民特权等，以适应发展的现实需要。建立生物遗传资源相关传统知识保护与惠益分享的特殊制度，考虑引入生物资源来源证书制度。建立适合我国基本国情的生物遗传资源知识产权政策体系，制定鼓励知识创新的政策、动植物新品种保护与激励政策、转基因生物风险评估和安全管理政策、扶持知识创新的资金信贷政策、规范国际合作防止生物遗传资源流失的政策与措施、严厉打击物种走私、生物剽窃和侵权等各类不法行为。

建立全国植物园、动物园等生物多样性保护规划，制定国家中长期生物多样性保护战略。需要规划在全国重点建设 4～6 个大型植物园和树木园、3～4 个大型动物园、2～3 个大型水族馆，迁地保存全国 80%的植物种、60%哺乳动物种的圈养种群以及大量的水生生物种类。还要规划建立保存遗传资源和基因库。

提供《生物多样性公约》与《联合国气候变化框架公约》之间协同增效的科技支撑能力和应对能力，通过建立自然保护区，保护、恢复和重建能够提供重要产品和服务的生物多样性生态系统。

5. 生态保护对策

（1）推进资源开发环境影响评价，理顺生态与经济协调发展过程

逐步探索把与资源开发、利用相关的政策、法规等环境影响评价纳入《中华人民共和国环境影响评价法》。完善战略环境影响评价的审批与考核验收制度，大力推进影响资源开发利用的高层次战略环境影响评价。加强流域、区域性矿产开发规划环评，统筹区域资源利用。将规划环评列入国家矿产资源开发管理的有关规定，确保规划环评与矿产资源规划同步进行。打破行政界限，依据区域、流域环境承载能力，统筹矿产资源开发，逐步形成国家、省、市和县 4 级矿产资源规划环评监管体系，重点加强国家规划矿区，煤、铁、石灰等对国民经济具有重要价值矿区和钨、锑、锡、金、离子型稀土等保护性开采特定矿种开发的规划环评工作。强化流域/区域性重点行业规划环评，优化流域资源开发。从流域、区域的角度加强钢铁、石化、电力、造纸和煤化工等重点行业的规划环境影响评价，依据流域整体水、土等资源和环境承载能力，合理确定流域重点行业发展布局，规范各地重点行业的发展规模，优化流域资源开发利用格局。加强资源开发领域战略环评、规划环评和项目环评的后续环境管理，建立相关的环境跟踪评价技术标准与管理体系，逐步规范资源开发过程中的环境跟踪评价工作，积极促进资源开发过程中环保措施的落实与有效运行，确保资源的合理开发与持续利用。

（2）以生态功能为导向，实施重大生态工程整合

分区分类推进生态工程建设。继续推进天然林保护、退耕还林还草、水土流失治理等重大生态工程建设，积极推进草原生态化转型。条件成熟时，从生态系统的结构与功能等深层次出发，充分发挥林业、农业、水利、环保等各部门的力量，在统一的规划和协调下，充分发挥各部门的优势，整合原有和现有的生态工程资源，逐步实现相同和不同生态建设的重大生态工程整合。探索建立统筹规划机制，避免新建工程的重复计算、重复建设，实现拟建生态工程的整合。建立生态工程的跟踪评估制度，责任追究制度，促进区域重大生态工程的整合。

尽快拯救生态危急区，如额济纳绿洲、甘肃民勤等地区土地沙化严重，保护其生态系统结构与功能。调整产业结构，发展节水型生态产业。采取综合生物和工程措施，加强水土流

失治理。实施开发性生态移民工程，减轻生态压力。继续巩固青藏高原水源涵养区、黄土高原水土流失区、西南山地石漠化区、京津上游风沙源区等重点保护区域的生态治理；重视呼伦贝尔草原区、大兴安岭原始林区生态和川西北水源区等生态良好区的生态保育；密切关注、监控三峡水库、南水北调等重大工程区对生态系统可能产生的干扰。

（3）以生态资产为核心，建立国家生态监测与预警体系

围绕生态系统结构、过程与功能，整合现有分散于各部门的监测站点，加强生态监测网络建设，建立全国统一的国家、区域、站点三级监测网。从宏观与微观多个尺度为生态质量评估提供数据基础，主要包括以开展生态质量的宏观动态监测和微观重点监测为主的国家级生态监测中心；以承担区域（流域）的宏观质量资产监测和重点区域调查为主的区域、流域性生态监测分中心和以承担各类生态因子的长期定位监测为主要任务的生态监测站点，三级机构在信息和技术上互为支持。加强对生态监测的指标、方法和技术的研究工作，制定全国统一的生态监测标准和技术规范。最终形成以卫星遥感监测和地面定位监测相结合，覆盖全国范围、针对各类生态系统和生态问题的完整的生态监测体系。

完善生态评估的制度和技术体系，形成以生态质量评估为基础，生态资产评估、生态风险评估、生态安全评估等相结合的生态评估体系。全面开展生态质量评估的指标体系、测定技术、评估理论及评估方法研究，尽快形成完善的生态质量评估技术方法和标准。首先在重要生态功能保护区、生态脆弱区等重点区域开展生态质量评估活动。逐步形成完善的生态质量评估制度，定期开展生态质量评价分析，同时建立生态质量公报制度，及时向公众报告生态质量状况的基本信息。

重点关注“气候变化、生物多样性、生态脆弱性、生态承载能力、水土保持能力、水源涵养功能、生态格局”等的变化情况，并针对可能出现的不良后果及时予以警示。环保、农业、林业、水利等部门共同协作，明确各部门的职责与任务，在各部门间实现业务流程与信息的互通与共享，形成一整套切实可行的生态评估、管理、处置等的相互协调联动机制。最终完善国家生态安全评估和监测预警体系。

（4）分层次实施生态补偿制度，逐步建立区域生态公平机制

建立和完善生态环境成本核算制度，作为确定原料产品的生态环境价格成本的基本方法，完善我国资源产品的价格机制，将资源开发造成的生态破坏恢复成本纳入资源产品的价格。建立企业环境保护与生态恢复的保证金制度。建立环境资源与生态占用的有偿使用制度，将排污权等环境资源与土地森林等生态占用作为生产要素，纳入产品成本，并通过阶梯价格和市场交易制度，激励企业开展环境友好型的生产经营方式以持续减少环境资源消耗与生态占用。

增加对限制开发区、禁止开发区的财政转移支付，国家安排的国债资金建设项目，要优先用于限制开发区和禁止开发区的公共服务基础设施建设和生态环境保护。实施生态优先的

政绩考核体系，对限制开发区域，要突出生态环境保护的评价，弱化经济增长、城镇化水平的评价；对禁止开发区域，主要评价生态环境保护的绩效。以限制开发区为平台整合现有的生态建设项目，建立生态功能保护区建设协调机制，在各级政府的组织下，农业、林业、水利、国土资源、环保等部门各司其责，各项生态建设工程优先在生态功能保护区开展。

流域生态补偿应该以水质和水量控制为核心，上下游地区的政府等利益相关者通过协商建立流域环境协议，明确流域不同河段水质和水量要求，同时明确达标的补偿责任与不达标的赔偿责任。上下游地区之间通过实施财政转移支付、产业结构调整、项目发展扶持、异地开发、流域综合治理和环境服务付费等进行生态补偿。

（5）以生态文明为核心，大力构建国家生态和谐社会氛围

制定科学的生产和消费政策，引导生产要素向有利于生态保护的产业流动，积极推进生态产业发展。在农业领域，鼓励发展生态农业、有机农业等体现生态理念的新型农业。在工业领域，综合运用法律、经济和行政手段，推行清洁生产，鼓励发展循环经济，促进资源的高效利用。在消费领域，提倡“绿色消费”、“适度消费”理念，培育和引导生态导向的消费行为。在区域政策方面，要将产业布局与人口、资源与生态环境综合考虑，建立促进区域经济协调发展的政策体系，减少区域发展不平衡造成的贫困和生态破坏。在投融资领域，要优化投资结构，保证生态环境保护投资与经济建设投资相协调，通过利率和税收杠杆调节投资结构，促使资金倾斜到有利于资源持续利用、生态保护和建设的领域。

倡导有利于生态环境和人类自身发展的适度消费和绿色消费。要形成爱护自然环境，人与自然和谐相处，融入自然的生活理念，在日常生活中，热爱自然、尊重自然、保护自然。从“资源节约”的理念出发，大力进行消费观念的宣传教育，抵制奢华浪费，倡导节约适度消费，逐步改变过去那种高消费、高享受消费理念和生活方式，形成以勤俭节约为荣、以骄奢淫逸为耻的社会新风尚。

（6）以遗传资源惠益分享为平台，完善国家物种资源保护机制

以科学发展观为指导，以物种资源保护为主导，切实加强生态系统和遗传资源的保护；强化管理，提高效率，为生态文明社会建立、经济发展保障提供自然物质基础。建立生物遗传资源惠益分享的特殊制度。尽快出台针对生物资源、生物材料和具有品种权植物进出境管理的法律法规，遏制生物遗传资源大量流失的现象。逐步完善我国生物遗传资源及相关传统知识的知识产权保护及惠益分享制度。必须充分认识生物遗传资源知识产权与国家生物技术发展战略、国家生物资源安全、生态安全和粮食安全之间的战略关系。加强转基因生物安全管理，建立外来入侵生物的预警与监测网络。

（八）农村环境保护战略

1. 农村环境保护进展与问题

近年来，党中央、国务院及各有关部门积极采取有效措施，加大工作力度，农村环境保护工作取得了一定进展。

① 农村环境保护法律法规逐步完善。目前，我国颁布的关于农村环境保护的政策法规主要有：《环境保护法》和《农业法》相关规定、《土地管理法》及其实施细则、《农业技术推广法》、《乡镇企业法》、《村庄与集镇规划建设管理条例》、《农业转基因生物安全管理条例》、《基本农田保护条例》等。总体来看，农村环境保护法律法规、政策体系处于不断完善过程中。

② 农村环境综合整治取得进展。全国各地围绕农村饮用水安全保障、畜禽养殖污染防治、农用化学品合理使用、农村沼气建设、农村地区工业污染防治等内容，积极开展农村环境综合整治工作，取得了积极进展。

一是农村饮用水安全状况得到逐步改善。“十五”期间，中央安排国债资金及地方政府投入和群众自筹共投入 222 亿元用于农村饮用水状况改善，农村饮用水解困工程使 6 700 多万农民告别了缺水困扰。根据《2006 年中国水利发展统计公报》，至 2006 年，农村饮用水安全人口累计达 5.59 亿人，约占全国农村人口的 60%。

二是重点流域和区域的畜禽养殖污染防治示范工作进展顺利。国家重点在“三湖”地区和长江三角洲、珠江三角洲、黄河三角洲地区，开展畜禽养殖污染防治示范工作。至 2006 年，已建成 2 000 多处规模化畜禽养殖场废弃物利用沼气工程。

三是农药和化肥环境安全管理得到加强。农业部门启动测土配方施肥行动工程，防止不合理使用化肥带来的面源污染，保证农产品安全。环保部门积极开展有机食品生产基地创建工作，在保护农村环境的同时，带动地方经济的发展。

四是农村地区工业污染防治力度逐步加大。2001—2004 年，国家连续三次发布淘汰落后生产能力、工艺和产品的目录。2005 年，关停污染严重、不符合产业政策的炼焦、造纸、纺织印染等企业 2 600 多家，这些企业中很大一部分是位于农村地区的污染企业。同时，一些省市加大农村环境基础设施建设力度，在农村生活污水、垃圾治理方面取得了积极进展。

五是沼气推广及秸秆禁烧和综合利用工作得到加强。“十五”期间，国家先后投入 35 亿元，重点推广沼气建设，到 2006 年年底，全国沼气用户已达 2 200 多万户。各地加大了秸秆禁烧执法力度，大部分地区秸秆露天焚烧现象得到了一定程度的有效控制，有力推动了秸秆青贮、发电等资源化利用。

③ 生态农业与生态示范区建设成效明显。我国政府把生态农业建设作为促进农村经济和生态环境全面协调发展的重要举措。目前，全国生态农业建设县达到 400 多个，其中国家级

生态农业县 102 个。“十五”以来，我国逐步形成了“生态省—生态市—生态县—环境优美乡镇—生态村”的系列生态示范区创建体系，开展示范区建设县市达 500 多个，截至 2006 年，全国已有 320 个“国家级生态示范区”。部分地区特别是海南、河北等地，围绕提高农民素质、增加农民收入、改善农民生产生活等问题，立足可持续发展，以建设生态环境、发展生态经济、培训生态文化为内涵，大力开展文明生态村创建活动，取得了明显成效。近年来，有机食品相关的管理和发展机制不断完善，国家出台了《有机食品认证管理办法》、《有机食品国家标准》；推出良好农业规范国家标准和认证实施规则，开展源头治理；开展国家有机食品生产基地创建工作，已命名 43 个国家级有机食品生产基地，推动了有机食品的产业化发展。全国有机认证面积超过 300 万 hm^2。

④ 农村新能源建设不断深入。开发与推广农村新能源是保护和改善农村生态环境的重要手段。多年来，我国农村新能源建设工作从无到有、从小到大，不断深入。到 2005 年年底，全国户用沼气达到 1 807 万户，处理农业废弃物沼气工程 3 556 处，处理工业废弃物沼气工程 208 处，太阳能热水器保有量 7 500 m^2，太阳房 1 514 万 m^2，太阳灶 68.6 万台。据测算，全行业总产值达 300 多亿元，年开发可再生能源折合 1 700 多万 t 标准煤。农村节能工作成效十分显著，已累计推广省柴节煤灶 1.9 亿户，节能炕 2 000 万铺，普及率达 70%以上，热效率提高了 10 个百分点，节约了大量的生物质资源，有效缓解了农村能源的紧张局面。近年来，我国在秸秆能源化和生物液体燃料方面也取得了一些新进展，已经建设了秸秆集中供气站 539 处。此外，我国引进、育成了多个优良能源作物品种，开展了一定规模的区域栽培试验和中试转化试点，为规模化开发利用生物质能源奠定了基础。

近年来，尽管农村环境保护工作取得了积极的进展，但目前我国农村环境形势仍然十分严峻。农村环境点源污染与面源污染共存，生活污染和工业污染叠加，各种新旧污染相互交织，工业及城市污染向农村转移，危害群众健康，制约经济发展，影响社会稳定，已成为我国农村经济社会可持续发展的制约因素。现阶段农村环境问题主要体现在以下几个方面：

① 水环境恶化趋势总体加剧，农村饮用水安全得不到保障。

农村水环境特别是饮用水安全面临巨大压力。近年来，虽然国家投入了大量资金解决农村饮用水问题，农村的供水方式和供水能力也取得了一定进步，但相当一部分地区农村饮用水供水水质卫生问题仍没有得到明显改观，农村用水的保障优先性低于城市和工业用水，水源性缺水和水质性缺水并存。

一是农村供水设施严重不足，供水保证率低。截至 2006 年年底，我国靠自来水供水的农村人口为 5.82 亿，占农村总人口的 61.12%；手压机井供水的农村人口为 1.84 亿，占农村总人口的 19.35%；雨水收集供水的农村人口为 0.15 亿，占农村总人口的 1.58%；其他初级供水形式供水的农村人口为 0.86 亿，占农村总人口的 9.04%。农村供水设施严重不足，许多地区农户采用分散式供水，或直接抽取浅层地下水饮用，有的边远山区农民直接饮用地表水。

二是有害物质超标和水质污染严重。全国仍有 3 亿多农村人口饮用水达不到安全标准，其中因污染造成饮用水不安全人口达 9 000 多万人。有相当比例的农村饮用水水源地没有得到有效保护，水源地周边污染源得不到有效治理，监测监管能力薄弱。在一些地区，饮用水水源地的保护方式还非常粗放，只是简单地划出一个保护范围，污染源治理、水质监测等配套措施缺乏。氟超标、苦咸水、细菌超标等问题也较为严重。据初步估计，目前全国仍有 6 300 多万人饮用高含氟水，3 800 多万人饮用苦咸水，饮用水含氟量大于 2 mg/L 的人口约占病区总人口的 40%。2006 年农村饮用水与环境卫生现状调查初步结果显示，目前我国农村饮用水水质不合格率为 43%，如果执行新的《生活饮用水卫生标准》(GB 5749—2006)，水质不达标的比例会更高。对 234 个农村供水站的饮用水卫生监测表明，其细菌指标合格率仅为 8.81%。京津唐地区 69 个乡镇地下水和饮用水取样分析表明，硝酸盐含量超过饮用水标准的占一半以上。

三是饮水不安全导致一些农村地区疾病流行。据调查，我国一些沿江农村地区，由于受大量工业污水和生活污水的污染，出现了“癌症高发村”。因饮用水问题，一些农村地区出现了斑牙病、结石、皮肤病等疾病。

② 面临粮食安全保障压力，农用化学品使用量居高不下。

我国是世界上化肥、农药使用量最大的国家。据统计，我国化肥和农药年施用量分别达 4 700 万 t 和 130 多万 t，而利用率仅为 30%左右，流失的化肥和农药造成了地表水富营养化和地下水污染。化肥流失加剧了湖泊和海洋等水体的富营养化，造成地下水和蔬菜中硝态氮含量超标，影响土壤自净能力。

③ 生活污染严重影响村镇环境卫生和人体健康。

农村生活污水得不到有效处理。与城市较完善的环境基础设施相比，小城镇和乡村聚居点的环境基础设施明显落后，绝大部分村镇的生活污水未经处理而直接排入河道，成为农村水污染的主要来源。据测算，全国农村每年产生生活污水 90 多亿 t。我国目前近 4 万个建制镇和集镇绝大部分没有集中的污水处理设施，300 多万个村庄的生活污水大部分未经处理，南方河网密集地区就近排入到自然水体中，北方干旱地区通过沟渠排放，经自然降解后入渗到地下。

村庄生活垃圾收运、处理设施建设滞后。初步测算，全国农村每年生活垃圾产生量约 2.8 亿 t。多数村庄垃圾随意堆放，严重污染了水系、土壤和空气以及人居环境。据有关调研结果，四川省乡镇生活垃圾无害化处理率仅为 5.05%；河南省淮河流域及南水北调沿线区域的 15 个市农村生活垃圾处理率不足 40%；即使在经济较发达的江苏省，苏中、苏北地区建设垃圾转运站的乡镇不足一半。国家对农村生活垃圾治理既没有专项资金支持，也缺乏系统的政策引导，同时缺乏符合农村实际的生活垃圾处理适宜技术和标准规范。部分地方政府虽然开展了一些试点示范项目，但规模还很有限。由于缺乏约束机制，小城镇建设中形象工程优先，污水垃圾处理设施建设滞后的现象比较普遍。

排泄物处理不当对人体健康构成威胁。据统计，目前我国农村人口的排泄物年产生量为2.6 亿 t，无害化卫生厕所普及率则仅为 32.31%，有 1.8 亿多 t 未进行无害化处理。大部分农户没有进行改厕，未经无害化处理的排泄物随着雨水进入了水体环境，是造成农村饮用水微生物指标严重超标的主要原因，这大大增加了肠道传染病、寄生虫病和人畜共患疾病发生和流行的风险，严重影响了农村群众的身体健康。据调查，蛔虫感染在西方发达国家已经接近绝迹，而在我国感染人次竟高达 5 亿多，其中绝大多数是农村人口。

④ 畜禽养殖业成为农村重要污染来源。

畜禽养殖污染治理设施建设普遍滞后。近年来，我国集约化畜禽养殖蓬勃发展，畜禽养殖废弃物产生量逐年增加，造成的污染日益严重。我国畜禽养殖业污染存在的主要问题有：第一，畜禽废弃物产生量大，据国家环保总局 2000 年对全国 23 个规模化畜禽养殖集中省、市的调查显示，我国畜禽养殖废弃物产生量约为 30 亿 t，是工业固体废物的 2 倍多。第二，畜禽废弃物污染严重，据调查，80%以上的养殖场都没有综合利用和污水治理设施，已经成为农村污染的重要来源。第三，严重威胁和影响了大中城市的区域环境质量。养殖废弃物处理不当，不仅会带来地表水的有机污染和富营养化，还会产生大气恶臭污染甚至地下水污染，畜禽粪便中所含病原体会威胁人群健康。

养殖业规模缺乏控制和布局不当问题突出。一些地区可利用的环境容量小，没有足够的耕地消纳畜禽粪便，生产地点离人的聚居点很近或处于同一个水循环体系中，加之其规模和布局没有得到有效控制，没有注意避开人口聚居区和生态敏感区，造成畜禽粪便还田的比例低、危害直接。在一些地区，畜禽养殖污染成为水环境恶化的重要原因。据有关研究，太湖富营养化的养殖业污染负荷贡献比例为 23%，而在黄浦江、杭州湾的贡献比例则分别高达 36%和 35%。

⑤ 工矿和城市污染向农村加速蔓延。

乡镇企业布局分散，普遍缺乏必要的污染治理设施。据农业部的统计数据，目前我国有4 000 余万家乡镇企业，这些乡镇企业多数分布在广大农村地区，绝大多数还停留在粗放型的经济增长模式上，追求短期经济利益，缺乏统筹规划。目前，我国乡镇企业废水 COD 和固体废物等主要污染物排放量已占工业污染物排放总量的 50%以上，而且乡镇企业布局不合理，污染物处理率也显著低于工业污染物平均处理率。现有的乡镇企业废水、废气、废渣等污染物排放总量很大，远远大于环境承载能力。有的乡镇企业受经济利益的驱使，虽有治污设施，但长期闲置，没有正常运行，废水不经处理，直接入河；有的企业甚至私设排口，偷排现象严重；不少锅炉、窑炉、生活大灶烟尘超标严重。同时由于经营者的短期行为，使一些污染问题旧账未还，又欠新账，不少企业想方设法应付环保部门检查，污染治理一直不能到位。农村地区资源开发活动缺乏有效监管，生态破坏严重。据有关调查结果，2000—2005 年，仅贵州省因采矿业排放污染物而使农作物受害面积累计达 956.8 hm^2，土壤污染面积 853.8 km^2。

城市、工业、旅游等外来污染向农村加速转移。从目前污染转移的情况来看，主要包括三类：一是城市污染向农村转移；二是境外工业污染向农村转移；三是旅游污染向农村转移。近年来，由于城市普遍加强了环保建设与监管，许多污染企业无法在城市立足，便搬出中心城区，搬向郊区和农村，造成工业污染的转移。一些城郊地区已成为城市生活垃圾及工业废渣的堆放地，全国因固体废弃物堆存而被占用和毁损的农田面积已超过 13.33 万 hm^2（200 万亩）。由于工业生产需要各种原料，很多原料性污染也伴随着企业的转移，从外地甚至境外转移到农村。此外，由于乡村旅游的兴起，旅游相关产业的飞速发展所带来的生活污染和交通污染，人文景观和娱乐设施开发所造成的生态破坏，也给作为旅游目的地的农村带来了沉重的污染负荷。

⑥ 土壤环境恶化严重威胁食品安全。

土壤污染总体形势严峻。由于长期过量、不合理地使用化学肥料、农药、农膜以及污水灌溉，使污染物在土壤中大量残留，直接影响土壤生态系统的结构和功能，使生物种群结构发生改变，生物多样性减少，土壤生产力下降，土壤环境质量恶化，影响作物生长，造成农作物减产和农产品质量下降，对生态环境、食品安全和农业可持续发展构成威胁。近 20 年来，我国农用塑料薄膜使用量猛增，特别是地膜的用量和覆盖面积已居世界首位。目前平均每年有 45 万 t 地膜残留于土壤中。由于农膜很难降解，影响土壤通气和水肥传导，造成粮食减产。据不完全调查，目前全国受污染的耕地约有 1 000 万 hm^2（1.5 亿亩），占耕地总面积的 1/10 以上，其中多数集中在经济较发达地区。

土壤污染对农产品生产环境构成威胁。土壤污染带来严重后果：一是影响耕地质量，造成直接经济损失。二是影响食品安全，威胁人体健康。三是影响农产品出口，降低国际竞争力。目前，集约化农田农药、兽药残留，硝酸盐污染、重金属富集与农膜残留等，较为普遍，严重影响了我国农产品质量安全。2005 年 4 月，农业部组织有关质检机构对我国 37 个城市蔬菜农药残留状况的监测结果表明，52 种蔬菜 3 845 个样品中，农药残留超标样品 318 个，超标率为 8.3%。频繁过量施用氮肥，导致蔬菜中硝酸盐含量严重超标，某些磷肥含氟、镉和砷等有害物质，增加了蔬菜、粮食中氟和重金属的含量。由于土壤污染具有累积性、滞后性、不可逆性的特点，治理难度大、成本高、周期长，将长期影响经济社会的发展。土壤污染问题已经成为影响群众身体健康、损害群众利益、威胁农产品安全的重要因素。

2．农村环境保护战略目标

到 2020 年，农村环境质量恶化趋势得到初步遏制，环境问题突出、严重危害群众健康的村镇基本得到治理，部分地区农村环境质量获得改善。农村环保基础工作得到加强，村镇生活污水和生活垃圾收集处理体系逐步建立健全，农村环境保护法律法规得到完善，生态环境意识深入人心，城乡环境保护“二元结构”问题得到缓解，全国农村环境面貌明显改观。农村人口基本实现饮用水安全，大部分农村生活污水、生活垃圾和农业废弃物得到有效处理和利用，农村卫生厕所普及率和种植业测土配方施肥与病虫害综合防治率达到80%。

到2030年，农村环境质量恶化趋势得到遏制，大部分农村环境质量获得改善和提高。城乡环保一体化格局基本形成，村镇环境基础设施健全完善，农村地区落后的生产生活方式发生根本转变。农村人口全部实现饮用水安全，绝大部分农村生活污水、生活垃圾和农业废弃物得到有效处理和利用，农村居民全部使用上卫生厕所，种植业全部实现测土配方施肥与病虫害综合防治。

到2050年，农村环境质量全面改善，人与自然高度和谐，农村生态文明牢固树立，国家粮食安全、食品安全、环境安全得到有效保障，农村经济、社会、环境协调发展。

3. 农村环境保护战略任务

（1）加强农村饮用水水源地保护，保障农村饮用水安全

科学划分全国农村饮用水水源保护区。按有关规范要求，完成饮用水水源保护区划定和调整工作，确定保护区等级和界限，设立警示标志。优先划定人口比较密集的村镇集中式饮用水水源保护区，调整划分已经不能满足保护水源地环境要求的饮用水水源保护区的区划。把水源保护区与各级各类保护区建设结合起来，明确保护目标和管理责任。加强饮用水水源保护区水土保持和水源涵养。因地制宜，采取相应管理措施，加强农村分散式饮用水水源地的环境保护工作。

建立全国农村水源地水质监测和评价网络。完善饮用水水源水质监测、评价的标准和技术规范。加强饮用水水源地环境监测能力建设，积极提升县级环保部门对饮用水水源水质常规指标的监测能力。加强农村地表及地下饮用水水源水质监测与评估，定期对集中式饮用水水源地进行水质全分析监测，及时掌握水源水质变化情况并及时公布水环境状况。健全饮用水水源安全预警制度，制订突发污染事故的应急预案。

严格农村饮用水水源地环境监管，开展重点区域治理。科学规划区域产业发展布局，严格限制在饮用水水源保护区上游建设污染严重的化工、造纸、印染等企业。定期开展饮用水水源地环境保护专项执法检查。重点推动饮用水环境安全受到严重威胁地区、重点流域和区域的饮用水水源地专项治理工作。

（2）积极开展农村生态环境综合整治，改善农村人居环境

制定全国村庄环境综合整治规划。尽快研究制定《村庄环境综合整治技术规范》。结合村庄的建设需求、人文特征、产业特点等合理划分村域功能布局，强化环境规划内容的前置约束作用，提高村庄环境综合整治规划的针对性与可操作性，制定村庄污染治理和生态保护等具体实施方案。

强化农村生活污染治理。加强重点流域、区域，特别是饮用水水源地上游地区的农村生活污水的收集与处理。在人口集中、经济发达、排污量大、污染比较严重的村镇，建设污水集中处理设施；位于城市污水处理厂合理范围内的村镇所产生的污水可纳入城市污水收集管网，与城市污水共处理。对居住比较分散、经济条件较差村庄的生活污水，采用低成本、易管理的方式进行分散处理。将农村净化沼气池建设与改厕、改厨、改圈相结合，逐步提高农村生活污水综合处理率。因地制宜处理农村固体废物，逐步提高垃圾无害化处理水平。加强对农村地区电子废弃物、有毒有害废弃物的分类、回收与处置。

推广农村清洁能源。因地制宜，建设不同类型的农村清洁能源工程，逐步改善农村能源结构。大力发展农村沼气，综合利用作物秸秆，推广能源生态模式。在农户分散养殖畜禽的区域，以村为实施单元，集中连片推广“一池三改”户用沼气工程；在靠近规模化畜禽养殖场，料源充足、交通方便的地区，推广应用以畜禽粪便为主的沼气工程；在秸秆资源较丰富的农村聚居区，推行秸秆机械化还田、秸秆气化集中供热或发电工程，积极扶持秸秆收购企业和综合利用产业发展。

（3）开展面源、土壤和养殖业污染防治，实现农业生产污染减排

加强面源污染防治。开展农村面源污染现状调查，明确不同区域面源污染的产生原因及危害特征。加强化肥、农药使用的环境安全管理。在粮食主产区和重点流域普及推广测土配方施肥技术。优化肥料结构，加快发展适合不同土壤、不同作物的专用肥、缓释肥，少用化肥，多用有机肥。引导和鼓励农民使用高效、低毒、低残留农药，推广病虫草害综合防治、生物防治和精准施药等技术。建立健全农药生产和使用的废弃物回收及无害化处理处置体系。在我国粮食主产区及水污染治理重点流域、区域，优先启动农村面源污染综合治理的试点、示范工作。

开展土壤污染综合治理与修复示范。重点推动长三角、珠三角、环渤海湾地区、东北老工业基地、成渝地区、渭河平原以及主要矿产资源型城市的土壤污染现状调查。通过土壤污染普查，掌握全国范围的土壤污染现状、范围、程度和特征，建立和完善全国土壤环境监测网络，建立健全土壤环境监测和质量管理体系。在全国土壤污染状况调查基础上，针对不同土壤污染类型，在重点城市和流域的基本农田保护区、菜篮子基地、重点污灌区、典型工矿企业废弃地、油田区等，开展土壤污染修复。在我国粮食主产区、中西部自然条件较好的地区，建设一批安全农产品生产基地。

治理畜禽和水产养殖污染。根据《畜禽养殖污染防治管理办法》及《畜禽养殖业污染防治技术规范》，对畜禽养殖业发展进行合理规划布局，科学划定畜禽养殖禁养区、限养区、宜养区。在畜禽养殖废弃物产生量较高的地区，加强畜禽养殖废弃物的综合利用。把畜禽养殖业发展与绿色食品、有机食品生产基地建设结合起来，遵循“以地定畜、种养结合”的原则，形成生态养殖—沼气—有机肥料—种植的循环经济模式。开展水产养殖污染状况调查，根据

水体承载能力，确定水产养殖方式，控制水库、湖泊网箱养殖规模。加强水产养殖污染的监管，积极发展生态水产养殖产业。

（4）优化农村工业发展布局与产业结构，加强农村工业化环境保护

优化农村工业发展布局与产业结构。重点在农村工业集聚分布的中东部地区，强化农村地区工业污染防治工作。积极推进农村工业发展规划的环境影响评价，通过规划环境影响评价促进企业的合理布局。把农村工业的发展和小城镇的规划建设结合起来，引导企业适当集中，对污染源实行集中控制。优化农村产业结构，鼓励发展少污染的行业和产品，严格控制重污染的行业和产品的发展。在矿产资源开发规模较大的地区，加强农村地区矿山污染治理与生态恢复，改善矿区生态环境质量。

严格环境监管，防止污染向农村地区转移。加大农村工业企业污染监管和治理力度，禁止工业固体废物、危险废物、城镇垃圾及其他污染物从城市向农村地区转移，禁止污染严重企业向西部和落后农村地区转移。提高农村地区工业企业准入门槛，严格执行国家产业政策和污染物排放标准以及总量控制制度等环保标准，淘汰污染严重和落后的生产项目、工艺、设备。以造纸、酿造、化工、纺织、印染行业为重点，加大农村工业污染治理和技术改造力度。

4. 农村环境保护对策措施

（1）建立城乡统筹的环境保护机制

扎实推进村镇环境综合整治，开展城乡产业发展的生态适宜性评估，优化城乡产业布局，在城乡结合部建立生态缓冲带，加强城乡统筹农村环保科技支撑体系建设，大力推广农村环保实用技术，从城乡统筹的角度考虑，合理高效配置生活污水、生活垃圾的处理设施和长效运行保障机制。建立水源地、绿地等城乡统筹生态补偿机制，确立相应的生态补偿主体、补偿客体、补偿标准和补偿方式；建立城乡统筹农村环境保护投入机制、奖惩机制和考核机制，完善城乡统筹环境监管体系和政策保障体系。

（2）建立以奖促治为主要内容的政策保障机制

实施“以奖代补、以奖促治”，解决危害农民群众健康的突出环境问题。积极拓展资金渠道，逐步建立政府、企业、社会多元化投入机制。将农村环境保护列入中央财政预算，设立专项户头。从排污费等专项资金中安排一定比例用于农村环境保护。地方各级政府应在本级预算中安排一定资金用于农村环境保护。加强投入资金的制度安排。引导和鼓励社会资金参与农村环境保护。各级地方政府应积极组织和引导当地群众，参与到农村环境保护项目的建设和实施过程。

（3）建立农村环保部门协调机制

国务院各有关部门各司其职，紧密配合，共同推进农村环境保护工作。发展改革、财政等综合经济部门尽快制定实施有利于农村环境保护的政策措施，加大农村环境保护的资金支

持。建设部门要指导制定镇村建设规划，指导并组织农村生活污水、垃圾的处理；农业部门要抓好化肥、农药、畜禽养殖等生产过程中的污染防治，积极发展生态农业、资源综合利用；水利部门要抓好农村饮用水工程和水土保持，合理调配水资源；卫生部门要抓好农村改水、改厕等卫生保健工作；科技部、国土资源、林业等各有关部门也要做好相关工作。环保部门要加强指导协调，对农村环保工作统一监管，检查考核各项工作落实情况。

（4）完善农村环保目标考核机制

将根据农村环保任务完成情况和环境质量状况，建立健全农村环境综合整治目标责任制，纳入各地经济社会发展综合评价体系，合理规划农村环境综合整治的目标和任务，建立完善目标考核机制，逐级明确责任，层层抓好落实，作为政府领导干部综合考核评价的重要内容抓紧建立生态环境质量监测和评价体系，以加大畜禽养殖污染防治力度为突破口，强化农业环境监管工作。切实加强农村环境保护能力建设，加大农村环保宣传教育力度，建立公众参与、信息共享和监督机制。

（5）健全完善农村环保法规政策体系

早日拟订颁布实施《畜禽养殖污染防治条例》，编制《畜禽养殖污染防治规划》，推进本地区建立和完善畜禽养殖污染防治法规制度，鼓励有条件的地区开展农业面源污染的监测试点，制定促进有机肥、生物农药、可降解、易回收农膜等环境友好型农业生产资料，以及禁止和限制高毒高残留农药等高环境风险农业生产资料生产、销售和使用的政策措施，从源头上控制减少农业面源污染。组织开展全国土壤环境功能区划和土壤污染防治规划编制工作，开展土壤环境监管试点，研究制定污染场地土壤环境保护监督管理办法，加强“土壤污染防治法”立法研究工作，组织开展土壤污染治理和生态修复示范。

（6）建立农村环保科技创新机制

在充分整合和利用现有科技资源的基础上，加强农村环境保护重大课题的研究与科技攻关，包括农村城镇化进程中的城乡统筹环境保护、农村区域水环境安全保障等，尽快建立农村环保科技支撑体系，以科技创新推动农村污染防治工作。加快科研成果转化和实际应用，大力研究、开发和推广低成本、易操作、高效率的农村环保适用技术。加强农村环境污染治理技术的培训、指导和试点示范。建立农村环保适用技术发布制度。

（九）核与辐射安全战略

1．核与辐射安全进展及问题

为了保证核事业的健康发展，国家高度重视核与辐射安全监管工作。自 1984 年起就建立了国家核安全局，对核安全进行监管。经过 20 多年的努力，已基本建立了一套核与辐射安全监督管理体制和相关法规、标准体系，培养了一支核与辐射安全监管队伍，通过核安全监管，为保证过去多年来全国核安全与辐射安全发挥了重要作用。但面对全国核与辐射安全形势、党中央和国务院对安全工作的重视程度，以及民众对环境保护的要求，目前核安全监管的情况远不能达到“万无一失”的程度。分析起来，存在以下主要问题。

（1）核电快速发展，核与辐射安全监管能力不足

近年来，我国核电厂建设规模大、建设速度快，技术多样性，大规模发展核电造成短期内监管能力不足。一是核与辐射安全监管的组织体系尚不健全，监管人员不足。目前，我国从事核与辐射安全监督管理的人员只有 310 人。环境保护部（国家核安全局）现有人员即使全部用于核电安全监管，现在每个机组监管人员平均 14 人，目前核与辐射安全监管基本上停留在“救火”的状态，上海、广东监督站对新开工项目已经派不出驻厂监督员，到 2012 年如果简单以核电机组数平均比较，每个机组监管人员下降到平均 6 人，与国际上平均每个机组 35 人差距很大。

二是由于核与辐射安全监管人员的待遇与核电企业差距甚大（是 3～6 倍的差距），已经很难吸引相关科研机构、设计院所、核电厂等单位有一定工作经验的人才，目前我们的监管人员主要是以新毕业的学生为主，对技术问题的判断和解决达不到足够的深度要求，需要不断在工作中培养技术能力，核与辐射安全监管技术水平与核工业从业人员的技术能力水平差距在不断拉大。

三是我国核与辐射安全监管的经费投入多年来处于极低水平。目前每年 4 100 万元人民币，它大体相当于美法等国投入的千分之一，许多迫切需要开展的工作（如核与辐射监管科研、法规建设和审评能力建设等）苦于没有经费而无法落实。

四是核安全监管的技术水平和技术能力亟待提高。缺少独立的核算验证、试验、检验的必要装备和能力，核与辐射安全技术和监管的技术研发严重滞后，与核电自主化、国产化和创新发展不相适应。

（2）核能发展未能同步解决其废物处置问题

我国放射性废物主要产生于核电、核军工生产和科研、民用核燃料循环、核技术利用、伴生放射性矿物资源开发利用等领域，全国已有约 1 700 万 t 的废石和 70 万 t 的尾矿渣得到治理，目前运行的核技术利用废物库有 24 个，已经建成了西北和北龙两个中低放废物的处置近地表处置场。但是，目前核电厂的固体废物和废液固化体基本上存放于电厂的放射性废物暂存库中（存放时间较长的秦山核电厂已经超过 15 年，严重违反国家有关规定，大亚湾核电厂的废物库也接近存满）；核军工企业现场积存有大量的放射性废物，特别是长期贮存的放射性废液对环境安全造成极大的威胁；研究设施的退役与污染整治项目进展缓慢，废物处置能力、去污与环境整治技术能力远不能满足工程需要；铀地勘和矿冶系统产生的废石大多露天堆放，尾矿渣大多贮存在尾矿库中；伴生放射性固体废物大多露天堆放；中低放废物区域处置政策难以落实；高水平放射性废物处置研究从总体上看只是做了一些跟踪性的初步探索工

作，处置库选址尚无明确的责任单位。总之，核电和核技术应用的快速发展，使得放射性污染的潜在风险增加，放射性废物最小化原则还没有在设计和运行中充分地加以体现；中低放废物区域处置政策难以落实；燃料循环设施的“三废”处理系统的状况普遍标准偏低，大量的核设施等待退役，废物有待安全处理处置、欠债较多；没有国家级高放废物地质处置专项规划，相关政府法规和标准基本上还是空白；高放废物地质处置的责任主体不明确。

（3）辐射环境问题不容忽视

各种介质中的放射性水平与 1983—1990 年开展的全国环境天然放射性水平大调查的结果相比无明显变化，但建材中放射性造成室内氡的水平有明显上升。矿产资源开发利用造成了个别区域天然放射性水平升高。我国铀矿山通风得不到应有的重视，造成采场氡及其子体超标，导致工人肺癌发病率高于对照组，我国铀矿工个人所受剂量从 20 世纪 80 年代以来基本都保持在一个较高的水平；原地爆破浸出矿房中的矿石量要比常规矿房存留的矿量大几十倍到近百倍，爆破后矿井中氡的产生量要比常规法采矿的氡量大得多，矿井通风和防护问题亟待解决。医疗照射过程中的辐射安全问题也需要密切关注，通信和高压输变电建设过程中的工频电场和磁场问题突出。

我国的核技术已在医疗卫生、科学研究和工农业等领域广泛利用，尤其是放射性同位素和射线装置应用最为广泛，乏燃料和放射性物质的运输活动还不够规范，带来的监管问题突出。我国近几年放射性同位素应用规模与数量一直以高于 10%的速度增长，到 2007 年，全国共有放射源单位 13 000 多家，在用放射源 11 万多枚，射线装置单位 3 万多家。此外还有废放射源 5 万余枚。我国放射性同位素应用中放射源丢失、被盗事故时有发生，造成人员受照射和环境受污染。据有关部门统计，1988—1998 年的 11 年中发生丢失放射源事故共 250 起，占同位素应用领域全部事故的 80.9%，共丢失 546 个源，未找回的源 235 个，占丢源的 43.0%，丢失放射源事故主要发生在水泥生产行业，占丢失源总事故的 37.2%。

（4）核安全法律、法规和相关的技术标准不健全

一些与核安全密切相关的重要法律，如《原子能法》（或《核安全法》）迟迟未制定，我国还没有一部放射性废物管理相关的法律，在研究堆、核燃料循环设施、放射性废物管理、放射性物质运输等方面的法规缺项较多，一些新发布的法规或新修订的法规其配套导则不全，现行法规中尚存一些适用性差，不适应技术进步等问题，一部分来自国际原子能机构的法规和导则由于历史原因在吸收的同时结合国情不够。

2．核与辐射安全战略目标

核与辐射环境安全总体目标：通过建立完善核与辐射安全法规体系和监管体系，利用先进的科学技术，使核燃料循环设施的“三废”处理设施得到配套和完善；形成完整的科研管理机制，建立一批核安全与辐射安全研究国家重点实验室；完成全国辐射环境监测网络建设，

形成完整的核事故预警、应急响应和事故评价系统，建立健全应急监测能力；核与辐射安全总体达到国际先进水平，放射性废物管理进入良性循环。

2020 年，建立完善核与辐射安全的法规体系和监管机制，全面推进放射性废物的安全管理；初步完成早期核工业核设施退役和“三废”治理，加强能力建设，形成完整的核事故预警、应急响应和事故评价系统，建立健全应急监测能力。

2030 年，核与辐射安全总体达到国际水平，进一步完善核与辐射安全的法规体系和监管机制，放射性废物管理进入良性循环阶段。

2050 年，根据国家能源发展的情况，以及当时国际上核与辐射安全的进展，继续保持我国核与辐射安全监管水平始终与国际同步，对于新型核能发展带来的安全问题具备相应的对策，特别是针对核聚变能可能的应对，对其安全保持有效的监管；建成高放废物地质处置库，高放废物分离嬗变实现工程实施。

3. 核与辐射安全战略任务

（1）提高核与辐射安全水平

坚持“核与辐射安全万无一失”的方针，健全对核与辐射危害的有效防御，重点维持核设施的正常运行，采用纵深防御策略，预防事故发生和在事故情况下缓解其后果，从而保护工作人员、公众和环境不致受到辐射带来的伤害。一是不断改进现有的“二代加”反应堆的安全水平，引进、消化、吸收、再创新三代核电技术，形成我国未来核电主力堆型和有自主知识产权的核心技术，积极开展快堆和高温气冷堆技术研发。二是自主开发与引进相结合，全面提高我国核燃料循环设施的安全水平。三是加快淘汰危险性大的老旧Ⅰ类、Ⅱ类放射源应用设施，采用新技术和新工艺促进潜在危险性较大的辐照加工和工业探伤等核技术应用行业的技术更新换代。

（2）加强放射性废物安全管理

核电及燃料循环设施必须在设计、建造、运行和退役过程中体现废物最小化的原则。编制和颁布放射性固体废物处置场选址规划，理顺管理体制，建立处置收费制度，促进中低放废物区域处置政策的落实。制定总体规划，落实管理体制，促进高放废物地质处置的进程，在 2020 年前建立以地下实验室为核心的国家高放废物地质处置研究平台。开展高放废液处理技术研究。

（3）提升核与辐射安全监管能力

加强核与辐射安全监管机构建设，使监管人数数量与国家核能发展规模相适应。加强核与辐射安全监管部门机构和队伍能力建设、提高技术手段，严格执法，加强对核与辐射安全的监督管理。2012 年前，恢复设立环境保护部管理的国家核安全局，建成由机关、派出机构、技术支持单位组成的，相对独立的核安全监管体系，同时加强省级环境保护部门的辐射环境监管能力建设。

加强监管技术能力支撑体系建设，统筹规划、分步实施，建设由共用条件、独立核算、实验和验证条件、监督执法能力、辐射环境监测、应急响应能力、放射性废物安全监管、国际交流和履约条件、公众宣传九部分构成的技术支撑体系。

建立和完善国家辐射环境监测体系。在“十二五”期间全面建成全国辐射环境质量监测和重点核设施环境监测站点，并形成网络，对核与辐射设施进行监督性监测，对全国辐射环境质量进行监测，并对各类核与辐射事件和事故进行预警和应急监测。加强企业内部的核与辐射安全管理。

（4）控制人为活动造成的天然放射性水平和公众辐射照射剂量

尽快制（修）订放射性伴生矿管理条例等法规，对现有的建筑材料、室内氡钍射气限制和铀（钍）与伴生放射性矿防治标准进行清理、修订和补充，完善我国天然辐射照射控制管理法规标准体系。

环保部门外部监管、行业主管部门及其企业内部监管相结合，完善天然辐射照射监管体制和运行机制，加强监督管理，实施动态跟踪管理，严格监管放射源和射线装置，通过辐射水平的检测、辐射效应的评价、辐射防护措施和事故应急与干预，实现辐射防护最优化并使辐射剂量不超过规定限值。

制定天然辐射数据标志和交换标准，建立全国统一的数据中心和天然辐射数据平台，加强数据共享和交流。编制全国的氡潜势图，为国家氡危害防治政策的制定和各地采取防氡措施提供依据。

尽快组织开展对各种矿产资源开发利用中放射性环境污染、废物产生和职业照射现状进行全面调查，明确监管范围制定伴生矿名录，研究制定切实可行的管理手段和技术措施，加大资源综合利用和环境保护，加强对进口伴有放射性矿产品的监督管理。

加强建筑装饰材料的控制管理，尽快完善、落实措施并严格执行与天然放射性有关的建筑质量标准，促使建筑、装饰部门重视对天然辐射照射的控制；在医学诊断中尽可能用非放射性的方法代替放射检查，尽可能用低剂量放射检查的方法代替高剂量检查方法，加强诊疗新技术的开发应用；加强受检者和患者的防护，特别是对孕妇和儿童的防护，加强质量控制，保证放射设备在最佳状态下运行。

（5）加强核与辐射应急、核保安与反恐

按照《突发事件应对法》的要求强化核应急基础能力建设，提高除核电厂外的其他核设施（特别是早期建成的军用核设施）的应急准备与响应能力；进一步完善核应急法规、标准体系，加快《核电厂核事故应急管理条例》的修订；加大核应急科研的投入，加快核设施威胁分类与威胁评估研究、核与辐射监测及核事故辐射后果评价技术研究、医学救治与公众防护技术研究等科研工作。

与核应急积极兼容，优化防范核与辐射恐怖事件的应急准备和响应的管理体制，强化核保安和反恐工作；加强核设施、核材料和放射源的保安能力；加强核与辐射恐怖事件预防、预警与处置技术的研究开发，优先安排预防、预警与处置技术的研究。

（6）综合解决历史遗留问题

出台全面的放射性废物管理政策，除对中低放废物管理进一步明确外，还需对核设施退役及环境整治、高放废物和α废物处理处置、核技术应用废物管理、放射源管理、铀钍伴生矿放射性废物管理政策、放射性废物管理体制、经费渠道以及低中放废物区域处置政策的进一步实施等均需提出明确的技术要求和管理政策，从辐射环境监管的角度促进核军工历史遗留问题的解决。

尽快制订国家处理军工等核设施、核基地退役和治理、历史遗留放射性污染防治和环境治理的行动计划，确定历史遗留问题处理的管理体系、技术路线，统一安排经费和处理进度，设立核设施退役和放射性废物处理处置基金，确保遗留问题尽快解决。对于核工业建设早期选址在江河水系上游、环境风险比较大的核设施，要加快放射性“三废”治理和退役工作的进程。妥善解决核军工企业现有人员的解困安置问题。对于核基地还在运行的辅助设施给予维护、运行经费。出台铀矿冶设施退役治理工程移交监护办法，保障退役铀矿安全。

明确政府在“三废”治理项目中的主导地位，由核工业行业主管部门作为国家的代表承担“三废”治理的政府主体责任，政府责任主体可以委托中核集团和中国工程物理研究院负责组织实施各自领域内的核设施退役和“三废”治理工作，国家环境保护行政主管部门为核安全和环境保护的监督部门。同时，在项目的执行中注意适当引入招标等竞争机制。构建审批的“快速通道”，简化军工“三废”治理项目的审批程序，加强过程监督和项目验收。

4. 核与辐射安全对策措施

（1）加强法规建设

加强部门之间的协调，加快《原子能法》和《电磁辐射污染防治法》的立法工作。及时修订和完善我国现有的核安全导则，加快制定研究堆、核燃料循环设施、核材料管制、放射性废物管理、放射性物质运输计划等法规缺失领域的导则。尽快制定《高放废物处置安全法》或《高放废物处置安全监督管理条例》。积极开展核安全与辐射安全法规导则的基础研究。逐步建立国家的核能工业技术标准体系。

（2）加强人力资源开发

积极促进调整高等教育的专业配置，加强高等教育系统核相关专业的人才培养，适应核电大规模发展对人才的需求。特别要重视师资队伍的建设，集中建设高水平的核学科专业，做好核学科专业布局和分层建设。加强核电工业相关单位的技术培训工作，提高业务和安全文化水平。结合核技术应用单位辐射安全许可证的换发工作，加强核技术应用相关人员的辐射防护知识培训。

（3）建立核与辐射安全研究体系

调整国内现有的核与辐射安全研究机构，基本形成由科学院和高等院校的核科学基础研究能力，核行业研究机构的应用研究机构和企业自身的研究能力。结合我国现有的科技管理体制，建立和完善核科技投入机制。

（4）加强国际合作

开展以履行各种核与辐射安全相关的国际公约为主线的多边合作，建立健全相应的履约机制，大力推进技术援助，建立同 IAEA 合作的长期规划和国家战略。以大型引进项目的核安全监管为中心，开展双边合作，提高我国核安全管理的水平。关注和参与国际社会有关核能的多边合作行动。

（十）噪声污染防治战略

1. 噪声污染综合防治进展及问题

我国环境噪声主要来源为交通噪声、工业噪声、建筑施工噪声和社会生活噪声，其中影响范围最大的是社会生活噪声，其次是交通噪声，二者影响的面积范围分别达到 47.2%和17.1%。在我国大多数城市，城市声环境质量总体恶化，受噪声影响的暴露人口也在逐步增加，成为直接影响我国生活质量的重要环境因素。根据对我国 43 个城市声环境质量的调查统计，我国噪声重度污染、中度污染和轻度污染的覆盖面积比例分别为 2.6%、7.2%和 32.5%，覆盖的城市人口比例分别达到 3.7%、8.1%和 33.8%。在大多数城市，环境噪声投诉率占环境投诉的 40%～50%，位居环境投诉首位。

近些年来，我国在噪声与振动污染防治领域做了很多努力，初步建立了法规标准体系，多数城市根据当地特点初步建立了城市环境噪声的监督管理系统，噪声振动控制技术的研究开发能力得到一定增强，并形成了具有一定实力的、能满足国内常规噪声控制需要的噪声振动控制产业基础。

但是，我国噪声和振动污染综合防治中也仍然存在一些不足和问题。第一，对噪声污染的重视不够，投入不足，管理监管力度有待加强。尽管群众对噪声污染的投诉在所有环境投诉中名列前茅，但是仍然有部门认为噪声污染只是局部瞬时污染，对此不予重视。而噪声污染投入近年来虽然有所增加，但是增幅不大，从国家到地方的管理力量也非常薄弱。第二，噪声管理与城市规划衔接不够，城市规划不合理导致噪声问题不断出现。目前我国对环境噪声的控制以末端监督管理为主，主要针对具体项目或污染事件进行管理和控制，而对城市规划、土地利用规划、建设项目布局等问题导致的噪声缺乏源头监管，使得噪声管理工作往往事倍功半。第三，噪声标准体系尚不完善，部分标准不能适应环境噪声现状的变化，给噪声管理和执法带来一定困难。第四，缺乏统一有效的噪声管理体制，多头管理严重。城市的环境噪声管理是一个系统工程，涉及规划、建设、交通、公安、城管等部门，现行的法律、法规对噪声污染管理的职责界定比较模糊，各部门职责和权限不清、分工不明。第五，环保产业中的噪声控制产业发展不足。我国噪声治理产业经过多年发展已经取得一定成绩，但企业分布分散、规模小、技术陈旧现象突出，大规模和高技术水平的企业不足，噪声治理企业的资质管理和治理项目的质量管理等方面也比较薄弱。

2. 噪声污染综合防治战略的指导思想

以科学发展观为指导，以人为本，以建设和谐社会和提高城乡人民的生活质量为目的，以降低人的噪声暴露为主要任务，以解决噪声诱发的群体性事件为重点，加强噪声污染和噪声控制的宏观管理，努力建设安静舒适的城乡声环境。

3. 噪声污染综合防治战略目标

2020 年，我国环境噪声与振动污染的发展趋势得到减缓。基本解决环境噪声导致的群体性事件。

2030 年，我国环境噪声与振动污染的发展趋势得到抑制。生活区的噪声暴露基本达到标准。

2050 年，我国环境噪声与振动污染状况得到明显改善，实现“安静中国”的目标，城乡居民对声环境基本满意。

4. 噪声污染综合防治的战略任务

（1）加强工业噪声控制

通过调整城市产业结构和工业布局对工业噪声进行有效管理，减少并消除工业企业与居民区混杂带来的噪声扰民问题，对影响范围大、程度深的工业企业实施外迁，使其远离城区。进一步完善工业企业的噪声标准体系，强化对工业企业环境噪声的噪声监测和管理，督促工业企业采取有效的降噪、减振技术和措施。重视新工艺、新材料、新产品的研发，利用工艺改革发展低噪声工艺和设备，综合采用吸声、隔声、隔振和消声等技术措施，控制工业企业的噪声传播。企业进行新建、改建和扩建项目时，必须依法进行预防性检查，强化乡镇及农村地区的工业园区建设，减少工业企业对乡村生活区的影响。

（2）加强交通噪声控制

通过协调和统一声环境规划与交通规划，优化道路布局、土地利用布局和城市功能区布局，减少交通噪声的影响区域。逐步建立覆盖全国、针对不同噪声源的交通噪声实时监测网，以实时掌握交通噪声的污染状况。通过协调多部门的管理，保障城市交通流畅，并采用各种交通降噪措施，例如低噪声路面、列车鸣笛控制、站场噪声控制、敏感建筑物隔声等措施，大力减少交通噪声影响。对重要交通地段、受噪声污染严重的地区实施搬迁，对新建公路、铁路、轨道交通两侧建筑物要依据事先制定的环保要求严格审批和控制，减少噪声对居民的健康损害。

（3）加强建筑施工噪声控制

城市建设应该合理规划，尽量成片开发。对新建、改建、扩建的建设项目，按照环境影响评价和“三同时”的要求，要求建设单位采取噪声污染治理的工程措施。要求建筑施工单位合理安排施工工序、合理布局施工工位，减少施工噪声污染，鼓励相关投诉，并强化施工噪声的执法检查。利用技术进步改造施工机械，减少机械噪声。

（4）加强生活噪声控制

合理城市功能区布局，整顿市容，强化对经营场所、公共活动场所噪声的集中管理，实施社会生活噪声排放标准，出台全国性的社会生活噪声管理的法规、政策，健全各地（尤其是中小城市和乡镇）的社会生活噪声管理制度。在全社会广泛开展“安静为美”的宣传教育，倡导文明生活方式，营造降低社会生活噪声的舆论范围和审美标准。

5．噪声污染综合防治的对策措施

（1）建立和完善噪声与振动污染综合防治的政府架构

针对噪声管理的特点，明确各部门的权力和责任，实行各部门通力协作、齐抓共管，加大管理力度，提高管理效率。加强各级环境保护部门的监督管理作用，明确其权力和职责，建立完善的噪声管理政府架构和统一的噪声管理体制，实现噪声污染和噪声治理方面的有力监督和高效管理。尤其要明确环境噪声投诉、社会生活噪声、声源控制各部门的权力和责任。在国家、省和县三级环保行政管理部门，设置专门的环境噪声与振动管理机构，做到“有班子，有编制，有人员”，并明确其职能和职责。

（2）完善我国环境噪声与振动的法规和标准体系

修订《中华人民共和国环境噪声污染防治法》以满足环境噪声与振动管理工作的需要，包括进一步加强对交通运输噪声、社会生活噪声的管理，突出预防为主原则，重视噪声源头控制，各职能部门的协同管理与各负其责等内容。建立和完善三个层次的环境噪声标准体系，包括对受体保护的声环境质量标准、针对高噪声活动或场所的噪声排放（或控制）标准以及针对高噪声产品的噪声辐射标准三个层次的环境噪声标准体系。加强有关技术导则、指南等应用基础和共用技术标准和规范的制定。

（3）协调声环境规划与城市规划，优化城市功能区布局

把声环境规划列为城乡建设规划的必要内容之一，明确不同区域的声环境功能，通过科学合理的区域规划，从空间上减少噪声的影响。把噪声功能区的合理规划纳入区域环境影响

评价。优化城市功能区的设置与布局，科学配置资源，例如在城市交通规划中要注意干线道路走向，合理规定建筑物与交通干线的防噪声距离，并提出相应的规划设计要求。

（4）实施强制性声源控制标准和/或噪声标牌制度

实施强制性声源控制标准和/或噪声标牌制度，加强环境噪声和振动污染防治工程的监督管理。对主要环境噪声源进行研究识别，并实施更加严格的强制性声源控制标准和噪声标牌制度。加强噪声源分析和识别技术与设备以及低噪声设计开发软件和专家系统等基础工作，提高我国声源控制技术水平。

（5）建立环境噪声源的中、长期控制降噪目标规划路线图

根据各类噪声源降低的潜力，确定各种噪声源中、长期控制限值的目标值以及发展规划。提出公路、铁路以及航空噪声等主要环境噪声源降噪路线图，明确不同阶段的降噪目标和控制技术。在此基础上，组织开展系统化、系列化的研究，以确定未来切实可行的环境噪声源降噪规划路线图。加强我国有关噪声产业和防治工程的基础和共用技术工作，包括有关设计、工程应用、检测、验收等标准、导则、指南、规范等，以加强环境噪声和振动污染防治工程的监督管理。

（6）加强声源控制技术研究开发

提高噪声源配套噪声和振动控制设备水平，集成适合我国国情的有关技术资源，加强声源控制技术研究开发。

（7）完善噪声与振动监测体系，强化信息公开

对中心城市声环境实行网络化、数字化管理，推进噪声地图技术应用，建立城市声环境管理网络平台，对声环境的现状、各种噪声污染治理办法、治理效果预测、管理方式等资源实现共享，为政府部门和市民了解噪声等级、明确管理目标提供便利。建设先进、完善的环境噪声监测体系，推进监测站标准化建设，优化完善噪声监测网络，建设城市噪声动态监控网，对噪声污染源进行实时监测；建立突发噪声与振动污染事件的响应应急机制。

（十一）环境与健康战略

1. 环境与健康管理的进展与问题

当前我国所面临的环境与健康问题，也是发达国家在 20 世纪中期普遍面临的问题。随着整个社会的发展、进步，以及全民环保意识和维权意识的提高，对环境与健康问题处理得好坏逐渐会成为评判环境保护工作成败的核心指标，国家要以主动应对的姿态来加强环境与健康工作。我国环境与健康管理工作主要存在以下三个方面问题：一是国家环境与健康工作缺乏统筹行政管理体制；二是应对和解决重大环境与健康问题能力薄弱；三是提供公共服务能力不足。

2．环境与健康战略的战略思想

以维护人体健康为基本出发点和根本目的，建立国家环境与健康管理与干预体系，逐步建立和完善国家环境与健康的预防、预警、应急和救助机制。着重突出“以人体健康为本”、“预防为主、风险管理”作为环境保护工作基本指导思想，实现环境保护工作重点的转移。

3．环境与健康战略的战略目标

2010 年，确立环境与健康制度框架。全面建立环境与健康工作协作机制，制定促进环境与健康工作协调开展的相关制度，以及环境污染健康危害风险评估制度；完成对现有环境与健康相关法律法规及标准的综合评估，提出法律法规及标准体系建设的需求；完成国家环境与健康现状调查，以及对环境与健康监测网络实施方案的研究论证；加强环境污染与健康安全评估科学研究。

到 2020 年，环境与健康工作全面展开。开展环境与健康相关法律法规的研究、制定和修订工作，完善环境与健康标准体系，基本建成环境与健康监测网络和信息共享系统，有效实现环境因素与健康影响监测的整合以及监测信息共享，基本实现社会各方面参与环境与健康工作的良好局面。

到 2030 年，环境与健康工作常规化。环境保护事业将实现向以保护人体健康为核心任务的历史性转变。环境与健康工作全面展开，各项制度基本完善。

到 2050 年，环境与健康工作达到世界先进水平。环境与健康风险逐渐降低。有利于健康的人居环境作为一项基本公共服务基本实现均等化。

4．环境与健康战略的战略任务

（1）推动建立以维护人体健康为核心的污染防控目标

提高环境风险管理水平，推动污染防控目标从 SO_2 和 COD 等传统污染物的防控逐步扩展到对细颗粒物（$PM_{2.5}$）、重金属、有机物等对人体健康更具危害性的污染物的防控。

（2）统筹规划城乡环境与健康工作

针对环境与健康问题的城乡差异确定工作重点，在城市重点加强与空气污染密切相关的环境与健康的预防、预警、应急和救治工作。而在广大的农村地区，工作重点应主要是水污染引发的环境与健康问题，提高供水基础设施建设水平，建立对传统污染物和有毒有害有机污染物的监控、预防和干预体系，保障饮用水安全。

（3）建立不同类型的环境与健康干预模式

针对环境污染导致健康损害问题的特点，确定不同干预模式。对环境风险已经导致疾病或明确损害的，应加强环境治理和患者医疗救治，建立环境健康损害赔偿机制；对健康的危害和影响途径已经认识清楚但尚未产生严重损害的，重点是加大环境监测和治理力度，避免和降低环境污染的健康风险；对于那些对健康的影响尚不明确的环境因素，要加强监测、建立风险管理制度，严格准入。

（4）以保障人体健康为核心，促进环保工作转型

逐步建立起一套“以人体健康”为基准的管理体系、控制目标、干预重点、监测体系、准入标准和绩效评估体系，并在此基础上调整和完善环境保护的政策、法规，推动环境保护工作以及相关政府部门向以保障人体健康为核心的管理模式的转型。

5. 环境与健康战略的对策与措施

（1）完善国家环境与健康管理体制机制

明确国家环境与健康管理工作归口管理部门。根据有利统筹解决主要问题，以当前最优资源调度者为主，尽量减少机构变动的原则，从预防和风险防控的实际需求出发，学习借鉴国际经验，建议以环保部牵头构建新国家环境与健康管理体制和多部门工作协作机制，建立环境与健康领域的信息共享、公益诉讼、法律援助和听证制度，制定公众参与机制，建设多渠道、多层次的资金保障机制。

（2）建立国家环境与健康预防体系

一是建立环境与健康风险评估的标准体系，从健康影响角度制定或修订污染物排放控制标准、环境质量评价标准、环境监测标准、环境影响评价标准、土壤污染、电磁辐射污染控制标准和环境污染损害评价与判定标准等；二是建立污染物优先控制名录，优先控制可能对人体健康造成极大威胁的污染物；三是加强环境影响评价，建立严格的环境准入制度，禁止或严格限制生产、使用可能导致人体健康严重损害的产品；四是严格控制相关污染物质的排放，并采取实时监控、跟踪健康影响等措施控制环境风险。

（3）建立国家环境与健康监测体系

建立大气、水、土壤环境与健康监测体系，特别要加强农村环境与健康监测体系的构建。制定统一的国家监测方案和监测规范，在充分利用现有各部门相关监测网络、监测工作和监测力量的基础上，进一步加强监测设施设备和人员队伍建设，不断充实和优化监测内容，逐步建立和完善包括环境质量监测与健康影响监测的国家环境与健康监测网络，开展长期的环境与健康监测和研究，系统地掌握主要环境污染物水平和人群健康影响状况与发展变化趋势，为科学指导环境保护和健康保护工作提供强有力的技术支持。

（4）建立环境与健康的风险管理、预警和应急机制

一是建立环境与健康风险评估机制，科学制定国家环境与健康风险等级区划，提高对可控制环境有害因素和健康危害的预测及管理决策能力，逐步实现环境与健康风险成本控制。二是加强环境与健康风险预警工作，建立环境与健康风险预警工作机制、环境污染与健康损

害报告制度及预警发布制度，合理制定不同风险等级预警、预防和救治方案，不断提高防范重大环境与健康风险水平。三是完善环境与健康管理的应急机制。处理环境与健康的突发事件，提高应急处置能力。

（十二）全球和区域环境保护战略

1. 中国面临的全球和区域环境问题

在最近几十年乃至上百年间，以气候变暖为主要代表，全球环境发生 5 大类的重大变化，包括：① 大气系统，如气候变暖、臭氧层耗损、酸雨等问题；② 土地系统，如荒漠化问题；③ 海洋和淡水系统，如海洋污染问题；④ 化学品与废物，如持久性有机污染和危险废物越境转移问题；⑤ 生物多样性破坏。此外，核与辐射安全也是重要的全球环境问题之一。全球环境问题的发生及其影响具有“全方位、大尺度、跨国界、多层次、长时期”的特点，不仅对人类自身健康和安全构成直接和潜在的威胁，对经济社会的长期稳定和发展提出严峻挑战，而且还从根本上损害着人类赖以生存的自然生态系统，很可能造成生态系统破坏不可逆转的破坏，动摇人类生存和发展的生态基础。

目前，全球环境问题有 4 个发展特征和趋势：① 全球环境总体状况恶化，各种环境问题的地区及社会分布失衡加剧；② 少数全球或者区域性环境问题取得积极进步，多数进展缓慢或者改善乏力；③ 各种全球环境问题相互影响，复杂性不断增强；④ 从现状到 21 世纪中叶是决定全球环境变化走向的关键时期，机遇与挑战并存。

全球 5 大类十多种全球环境问题中，包括气候变化、臭氧层破坏、酸雨、持久性有机污染和危险废物越境转移、生物多样性减少、森林退化、土地荒漠化、海洋污染等，中国既是原发地之一，又受到它们的严重影响。而且种种迹象表明，这些不利影响还在不断加剧。这就要求，为了自身的利益，中国必须切实应对全球环境问题，并减缓不利影响。

目前，我国主要面临 3 类全球环境问题：① 危害严重、影响直接、应对措施的复杂性相对较低且见效较快的问题。这类问题危害严重、影响直接，但应对措施的复杂性相对较低且见效较快，包括持久性有机污染和危险废物越境转移问题；② 危害巨大、影响深远广泛、应对措施非常复杂且见效慢的问题，主要是气候变化问题，臭氧层保护问题；③ 危害、影响和应对措施复杂性都介于第一类和第二类之间的问题，包括生物多样性破坏、土地荒漠化和海洋污染。

另外，由于中国是世界上拥有邻国最多的国家，周边国家多达 28 个，其中直接接壤的就有 15 个，中国也面临一些严峻的区域（双边）环境问题，主要包括：① 跨界河流水量和水质问题，主要包括东北地区的中俄界河黑龙江、中朝界河鸭绿江和图们江的水环境质量问题，西北地区的中哈界河额尔齐斯河和伊犁河、西南地区的湄公河水资源利用矛盾。即使跨界河流的水质问题可以在未来 15～20 年得以解决，水资源利用矛盾也将长期存在；② 陆源污染造成的海洋污染问题（渤海湾污染和海上漂浮物），短期内较难解决；③ 东亚酸雨问题，随着中国污染控制力度的不断加大，有望逐渐缓解；④ 东北亚沙尘暴问题，由于问题复杂，短期内难以改善；⑤ 东亚光化学烟雾问题；⑥ 汞污染问题，国际环境压力将不断增加。

2．国际经济全球化进程中中国面临的挑战

我国在全球环境治理中作出了积极贡献，积极参与和推动了许多重大国际环境协议形成和相关国际进程，并积极推动国内履约。30 多年来，我国通过国际环境合作与履约，不仅引进了大量的资金、先进的技术和管理经验，促进了我国环境问题的改善，而且通过履行与我国经济社会发展水平相适应的环保责任和义务，树立了负责任大国形象。未来很长一段时期，我国还需要继续统筹环境与发展进程中国际、国内两个大局，将国际环境履约与环境保护国际合作有机融入国内环境保护工作，“以外促内、以内带外”，以国际环境履约行动促进经济发展方式转变，优化经济发展；将环境保护的理念渗透到经济社会发展之中；完善环境保护政策法规标准制度体系；提高环境管理能力，调动社会各方面力量参与环境保护，构建和完善环境治理体系；促进污染物减排，实现国内环境改善与履行国际环境责任的协同效应，全面贯彻落实科学发展观，推动实现环境保护的历史性转变，探索环境保护新道路。

截至目前，我国批准了 50 多项国际环境条约。我国在气候变化、生物多样性保护等方面的履约行动得到了国际社会的肯定，特别是在淘汰消耗臭氧层物质方面，我国已成为国际楷模，并获得《蒙特利尔议定书》执行奖。然而，由于我国是温室气体、二氧化硫、臭氧层消耗物质的重要生产和消费国，化学品生产大国，以及木材进口大国，我国对气候变化、酸雨、臭氧层耗竭和持久性有机污染等许多全球和区域环境问题的影响日益增加。而且，从工业化阶段、人口基数、经济增长方式等因素看，我国对全球环境的影响仍将不可避免地增大。

与此同时，我国在积极参与经济全球化的进程中，也面临着日益严峻的环境挑战。

第一，我国处于新一轮全球产业结构调整的下游，承接着产业转移和积聚的污染风险，加剧了局部地区的环境问题。我国目前是世界第三贸易大国，工业制成品出口已占到了我国整个货物贸易出口的 90%以上，主要是低端产品的生产加工；外资企业出口在我国出口中所占比重达到 58%。1995 年投资于污染密集产业的外商占外商投资企业数的 30%左右，到 2005 年，这一数字上升到 84.2%，其中，化工、石化、皮革、印染、电镀、杀虫剂、造纸、采矿和冶金、橡胶、塑料、建筑材料和制药等高污染行业和高耗能行业都成为外商投资的重要方向。

第二，我国贸易快速增长的资源环境代价过大。在我国贸易顺差不断扩大的同时，由于不合理的贸易结构，以及经济增长方式的粗放，我国在大量出口产品的同时，将能源资源消

耗及其环境影响留在了国内，造成了严重的“生态逆差”。单纯考虑产品或产业在上游加工、制造、运输等全过程所消耗的能源，我国出口产品所消耗的国内能源已经高于进口产品所消耗的国外能源，服装及其他纤维制品制造、仪器仪表文化办公用机械和电气机械及器材制造业三大行业既是出口贸易金额最多的，也是全过程消耗能源最多的行业。国际能源署（IEA）最新研究认为，2007 年我国净出口产品所消耗能源占能源消费总量的 28%，所排放的 CO_2 占总排放量的 34%。“十五”期间，我国每年对外贸易所带来的 SO_2 逆差约为 150 万 t，占我国 SO_2 年排放总量的近 6%。如果考虑生产结构与贸易结构的差异性，由外贸拉动的 SO_2 逆差将会更高。

第三，我国面临着危险废物越境转移的严峻挑战。有报道称，全世界电子废物的 80%被运到亚洲，其中 90%进入我国，近年来，我国每年要容纳全世界 70%以上的电子废物。尽管该报道未必符合实际情况，但可以反映出危险废物越境转移在我国的严重程度。

第四，我国进口产品中有许多诸如大排量豪华轿车等奢侈消费品。一方面在消费过程中消耗了大量的资源能源，污染严重；另一方面，诱导社会对奢侈消费方式的仿效，客观上增加了国内环境压力。

3. 全球和区域环境战略的指导思想

新形势下我国应对全球和区域环境问题、开展国际环境合作的指导思想为：以更加积极的态度、更加务实的行动，全面融入国际环境合作，为全球和区域环境问题的解决贡献力量。由过去在全球环境事务中侧重强调“有区别的责任”原则，向既坚持“有区别的责任”，又重视“共同的责任和义务”的原则转变；由过去被动地应对全球环境问题带来的各种压力，向“共同责任，积极参与”转变；由单纯的环境受援国，向在继续接受援助促进我国和区域的生态环境保护的同时，又提倡“相互帮助、协力推进”，为发展中国家提供力所能及的援助，共同呵护地球家园转变。在科学发展观的指引下，通过国际环境合作与履约，统筹环境与发展进程中国际和国内两个大局，以外促内，推动自身环境问题的解决，树立负责任的大国形象，通过不懈努力，推动建设持久和平、共同繁荣的和谐世界。

4. 全球和区域环境保护战略目标

我国新形势新阶段的国际环境合作以及应对全球和区域环境问题的战略目标可以概括为：“两个服从、四个服务、三个维护、两个统筹。”

两个服从：服从国家外交战略，服从国家环境保护战略。

四个服务：服从国家外交战略，体现两个服务：一是为抓住用好重要战略机遇期服务；二是为全面建设和构建社会主义和谐社会服务，为夺取全面建设小康社会新胜利服务。服从国家环境保护战略，做好两个服务：一是为实现环境保护的历史性转变服务；二是为环境保护重点工作服务。

三个维护：维护国家环境安全，维护国家核心利益，维护国家国际形象。

两个统筹：统筹国内环境保护，统筹国际环境发展进程，力争在 2030 年前解决好周边及部分区域环境问题，2025—2030 年后对解决主要全球环境问题作出显著贡献。

5. 全球和区域环境保护战略任务

总体上，应对全球和区域环境问题的战略任务可以分为国内行动与国际合作两部分。对我国目前面临的大多数全球和区域环境问题而言，国内行动是根本，是缓解和解决问题的实质性手段；国际合作是缓解压力、争取理解、维护利益、赢得时间、谋求空间和寻求支持，是辅助手段；二者相互交叉，相辅相成，同等重要。国际合作往往提出国内行动的重点和方向，国内行动需要国际合作提供时间和资源等方面的支持并为国际合作目标和任务提供基本保障。

（1）国内行动六大战略任务

——处理好跨界河流的水污染防治和水资源利用问题，消除隐患；研究并提出酸雨等污染物长距离污染输送问题的解决方案。

——建立和完善相关法律法规和管理制度，减轻持久性有机污染和危险废物越境转移对我国环境和人体健康的危害。

——全面提升国际环境公约履约能力，在应对气候变化、臭氧层消耗、生物多样性减少等全球环境问题方面作出新贡献。

——通过调整进出口产品结构、贸易规模及质量，转变贸易增长方式，降低对外贸易的资源环境代价。

——在加大对外投资力度的同时，加强对外投资的环境管理，以环境友好的方式利用国际资源。

——对汞污染和大气棕色云等新型全球和区域环境问题开展系统和超前研究，做好应对的技术储备。

（2）国际合作四大战略任务

——对发达国家（大国），加强战略对话，增进互信，深化合作，推动相互关系长期稳定健康发展。首先，有重点地推进与各主要大国和国家集团的环境合作，从战略高度巩固与我国有传统合作关系大国的环境合作；其次，积极发展和开拓与我国有共同利益、有相近立场、有潜在合作机遇大国的环境合作。大国合作对象的选择既要考虑环境合作自身的需要，也要考虑服务国家政治经济外交战略的需要，特别是处于政治敏感时期，与大国的环境合作既不能“冒进”，也不宜过分消极。

——推动与周边国家和区域、次区域的合作，实现“睦邻、安邻和富邻”和“与邻为善、以邻为伴”。

——对发展中国家，继续扩大团结合作，深化传统友谊，扩大务实合作，提供力所能及的援助，维护发展中国家的正当要求和共同利益。在双边方面加强对话交流，加强与发展中国家的合作；在多边场合积极协调立场，加强中非务实合作，与亚洲发展中国家的合作可以纳入周边合作框架之中加以深化。将环境保护纳入中国对外援助工作的总体框架，适时对发展中国家提供力所能及的环境援助，开拓环保产业市场，实施环保“走出去”战略。研究出台对外援助和投资绿色指南等指导性文件，规范我国对外投资企业的环境行为，树立良好的国际环境形象。

——多边环境合作的具体任务有四个：一是积极参与多边环境进程，在国际环境规则制定中发挥建设性的作用，推动国际环境合作继续朝着更加合理公正的方向发展，维护我国和广大发展中国家的核心利益；二是在“共同但有区别的责任”原则下，承担相应的国际义务，树立积极的国家形象；三是加强与联合国环境署等联合国系统，以及其他重要国际组织的环境合作，逐步提高我国对这些国际组织的资金贡献，提升我国对这些国际组织的决策影响；四是切实做好国际环境公约的各项履约行动，建立完善履约机制、管理体系和政策法规，树立负责任的国际形象。从所受环境影响、环境责任、对策效果和政治影响看，我国应对全球环境问题的优先序，应该是持久性有机污染、危险废物越境转移、气候变化、臭氧层保护、生物多样性等。

6．全球和区域环境保护对策措施

为完成战略任务，实现国际环境合作领域的战略目标，需要以下措施与对策：

（1）建立健全国际环境合作及国际环境公约履约管理机制

在应对全球和区域环境问题的国内行动和国际环境合作事务方面，国家应建立统一的对外和对内协调机制，建立一个统一的国家级环境公约履约领导与协调机制，如国家环境公约履约委员会。然后，按照不同公约和牵头部门，下设相应专业协调委员会和协调办公室。与该协调机制相对应，组建一个相对集中的履约实施大机构，如国家环境公约履约中心，下设不同公约的履约部门，并设立专门的国际环境合作与履约资金机制，保障国际环境公约的履约。

（2）将应对全球和区域环境问题及其国际环境合作工作纳入国家相关规划当中

将应对不同全球和区域环境问题的国家行动及其国际环境合作工作纳入国家环境保护中长期规划，统一部署，协同推进。将环境保护内容纳入我国对外援助计划，重点对东南亚、非洲地区开展环境培训和污染治理技术开发等环境外援工作。

（3）建立有利于调整对外贸易结构和优化贸易增长方式的政策和机制（立法、政策）

充分利用我国的贸易顺差，进口高能源资源含量的产品和技术，减少相关产品出口。对进入我国的原材料产品的主要供应链全面实施综合性环境影响评价，包括诸如大豆、食用油、鱼、棉花、木材、生物燃料以及矿产品等，逐步消除非法木材贸易和其他相关进出口贸易及其负面的环境影响。运用 WTO 框架下“环境例外”条款，限制对国内环境影响较大的废旧资源和奢侈品等产品的进口贸易，保护国内环境。建立健全我国对外投资的环境管理政策与机制，以环境友好的方式利用国际资源。

（4）建立环境事务外交官制度，培养国际环境职员队伍，适时适当增加国家对外环境捐赠资金

建立环境事务外交官制度，向联大安理会常任理事国、我国驻国际组织使团，以及在我国设有环境办事机构或派驻有环境事务外交官的国家增设环境驻外机构或派驻环境事务外交官。国家有计划地培养一批语言好、环境业务能力强的国际型环境人才，有组织地推荐给联合国环境相关机构、政府间环境机构、有重要影响的非政府国际环境机构。适时适当增加我国对联合国环境相关机构、其他重要国际环境组织及其重大国际环境计划或项目的国家捐赠资金额度，提升我国的国际影响力。

第六章
中国环境监管的战略分析与对策

一、环境监管取得积极进展

30 多年来，我国环保事业经历了从无到有、从小到大的发展过程。为了促进我国经济、社会与环境的协调发展，我国先后制定并实施了一系列重大措施加强环境保护，支撑了我国环保事业的发展和进步。

（一）环境法制不断健全，初步建立了符合国情的环境保护法律体系

1978 年《中华人民共和国宪法》第十一条规定“国家保护环境和自然资源，防治污染和其他公害”，首次将环境保护列入国家根本大法。1979 年，我国第一部环境法律《中华人民共和国环境保护法（试行）》的颁布，标志着我国环境保护开始步入依法管理的轨道。目前形成了以宪法为基础，以环境保护法为核心，其他相关部门法关于环境保护的规定为补充，由环境保护法律、法规、规章、标准以及国际条约所构成的环境保护法规体系。

迄今为止，我国已经制定了 10 部环境保护法律、15 部自然资源法律，制定颁布了环境保护行政法规 50 余项，部门规章和规范性文件近 200 件，军队环保法规和规章十余件，批准和签署多边国际环境条约 50 余项，各地方人大和政府制定的地方性环境法规和地方政府规章共 1 600 余件。

国家有关法律中加大了对环境犯罪的打击力度。1997 年《中华人民共和国刑法》修订中，增设了“破坏环境资源保护罪”规定，对一些污染环境、破坏资源的行为规定了刑事处罚。1998 年 7 月 17 日，山西省运城市天马文化用纸厂法定代表人杨军武因特大环境污染案被判有期徒刑两年，并处罚金 5 万元，成为《中华人民共和国刑法》修改实施后，因破坏环境资源保护罪被判刑的第一案。2006 年，最高人民法院出台《关于审理环境污染刑事案件具体应用法律若干问题的解释》，对《中华人民共和国刑法》中规定的环境犯罪的定罪量刑标准进行了细化，使环境刑事责任追究更具有可操作性。

环境保护标准体系不断完善，种类日益丰富、数量不断增加，标准的科学性和制（修）

订工作的公开性不断提高。从 20 世纪 70 年代初第一个环保标准《工业“三废”排放试行标准》发布至今，建立了以环境质量标准和污染物排放（控制）标准为主体，其他环境保护标准相配套的国家环境保护标准体系。自 2005 年起国家环境保护标准进入快速发展时期，每年出台的国家环境保护标准超过 100 项。现行国家环境保护标准已经超过 1 200 项。北京、上海、天津、重庆、山东、广东、辽宁等地也制定了一批重要的地方污染物排放（控制）标准。

加快完善国家污染物排放（控制）标准体系。开展了太湖等环境敏感地区国家环境保护标准制（修）订工作。开展了 60 余项重点行业国家污染物排放标准制（修）订工作。对现行国家污染物排放标准体系进行了重大改进。在对现有企业和建设项目分别提出排放控制要求的基础上，增加了水污染物特别排放限值的规定，体现了在特殊地区环境保护优先的原则，大幅度提高区域环境准入和退出门槛。制定了《煤层气（煤矿瓦斯）排放标准（暂行）》，在国际上首次提出控制温室气体排放的强制措施。

（二）环境执法得到强化，努力解决群众反映强烈的难点问题

环境执法监督工作经历了探索起步（1986 年前）、试点（1986—1995 年）、发展（1996—2001 年）、深化改革（2002 年至今）四个阶段。目前环境执法监督工作从排污费征收逐步扩展到环境保护日常现场监督执法的各个领域，执法队伍不断发展壮大，形成了以日常监督执法为基础，以环境监察执法稽查为保证，以集中执法检查活动为推动，以公众和舆论监督为支持的现场监督执法工作机制。打击环境违法行为的力度不断加大，连续五年开展环境执法专项行动，平均每年查处 2 万多起环境违法案件。2006 年，监察部、国家环保总局发布了《环境保护违法违纪行为处分暂行规定》，加大了对国家公职人员环保不作为、乱作为的惩治力度，推动建立环境保护行政执法责任制度。环境执法在促进环保法律法规贯彻实施、促进产业结构调整和经济发展方式转变、解决突出环境污染问题、维护公众环境权益等方面发挥了重要作用。

（三）环境管理体制不断完善，环保部门机构和能力不断增强

建立了由全国人民代表大会立法监督，各级政府对当地环境质量负责，环境保护行政主管部门统一监督管理，各有关部门依照法律规定实施监督管理的环境管理体制。

环保部门机构和能力不断增强。从 1974 年国务院环境保护领导小组下设办公室，成立专门的环保机构开始，30 多年来，我国环境保护机构的地位发生了重大变化。在历次政府机构改革中，环保机构地位不断提升。1982 年，成立了城乡建设环境保护部，内设环境保护局。1984 年，城乡建设环境保护部下属的环境保护局改名为国家环境保护局。1988 年，国家环境保护局从城乡建设环境保护部分离出来单独设置，列为国务院直属机构。1998 年，国家环境保护局升格为国家环境保护总局（正部级），作为国务院主管环境保护工作的直属机构，负责

对环境保护工作实施统一监管。2001 年，国务院建立由环保部门牵头的“全国环境保护部际联席会议”，恢复了原国务院环委会办公室的部分职能，增强了部门协调能力。2003 年机构改革，国务院保留国家环保总局，并在机构、编制和职能上得到进一步加强，增设了环境监察局，明确了国家环保总局在生物物种资源管理工作中的牵头地位，对外来物种入侵管理职责进行了分解，同时明确了环保部门对放射源的统一监管职责。为加大环境政策、规划和重大问题的统筹协调力度，2008 年 3 月，国家组建环境保护部。环保机构发生的重大变化，充分表明了党中央、国务院对环境保护的高度重视和深入贯彻落实科学发展观的坚定决心，表明环保工作开始进入了国家政治经济社会生活的主干线、主战场和大舞台。

（四）环境影响评价制度改革力度加大，深化规划环境影响评价

1973 年第一次全国环保大会召开后，环境影响评价的概念引入我国。《中华人民共和国环境保护法（试行）》（1979）中确立了我国环境影响评价制度；《基本建设项目环境保护管理办法》（1981）对环境影响评价的范围、内容、程序以及管理等做了具体规定；《建设项目环境保护管理办法》（1986）对评价的范围进行了扩展，从原来的基本建设项目扩大到所有对环境有影响的建设项目，并对评价内容、程序、法律责任等做了修改和补充；《建设项目环境保护管理条例》（1998）对环境影响评价内容、程序、法律责任等进行修改和完善；《环境影响评价法》（2003）正式实施，进一步强化了我国环境影响评价的法律地位，并将规划环境影响评价纳入法律范畴。

近年来，国家把环境准入作为宏观调控的重要手段，一方面，提高了电力、钢铁、石化等 13 个高耗能、高排放行业建设项目的环境准入条件，坚持“以新带老”、“上大压小”，否决了一批违法违规项目；另一方面，对环境污染严重、环境违法突出的行业和地区，果断采取“区域限批”、“流域限批”措施。经过近 30 年的发展，环境影响评价制度逐步完善，在推动节能减排、调整产业结构和布局、优化经济增长等方面发挥了重要作用。2007 年，全国环境影响评价审批建设项目共 27.79 万项，在严格控制新污染的基础上，通过“以新带老”、“上大关小”、“区域削减”等措施，削减 COD 排放量 534.53 万 t、SO_2 排放量 1 239.63 万 t。通过环境影响评价优化选址、选线，国家环保总局审批的生态类建设项目共减少占地 778 hm^2，避绕自然保护区 25 处、湿地 1 处、风景名胜区 6 处、文物保护单位 20 处，有效地节约了土地资源，防止生态的破坏。

（五）环境区划和规划体系初步形成，环境保护纳入国家经济和社会发展规划

在过去 50 多年里，我国先后开展了自然环境要素/部门区划、综合自然区划、生态区划、社会经济区划、环境保护和治理区划等一系列区划工作，这些区划结果为实现分区管理、分

类指导奠定了科学基础，许多区划成果为政府和社会提供了决策的建议和科学依据，产生了巨大的经济效益和社会效益，在国家和地区的建设中，尤其是农业生产条件分析、国土调查和规划、资源调查和开发规划、生产力布局、环境整治、区域规划和城市规划、自然保护区建设等方面起到了独特而重要的作用，同时也大大地提高了区划研究的应用价值和科学水平，推动了相关分支学科的发展。近年来，我国从中央到地方的区域发展规划、城市发展规划，以及土地资源的详查、减灾方案的设计和制订、城乡信息管理系统的建设等各种报告和方案中，都体现了区划的研究成果。2008 年，原国家环保总局和中国科学院共同发布了《中国生态功能区划》。这是我国继自然区划、农业区划等工作之后，在生态保护与建设领域的重要基础性工作，为有效管理生态系统提供了基础和手段，是国家主体功能区划分的重要依据。

环境规划工作经历了孕育（1973—1980 年）、尝试（1981—1985 年）、发展（1986—1995 年）、转变提高（1996—2005 年）阶段，环境规划逐步纳入国民经济和社会发展计划，规划的指导性和可操作性不断提高。从“九五”开始，我国环境规划推出两项重大举措，即“九五”期间全国主要污染物排放总量控制计划和中国跨世纪绿色工程规划，是对“七五”、“八五”等历次环保计划的创新和突破。2005 年以后环境规划进入约束规划阶段。“十一五”国家国民经济和社会发展规划，将 GDP 增长指标作为指导性指标，首次提出环境保护方面的两项约束性指标。国家“十一五”环境保护规划第一次以国务院文件形式颁布，总量控制指标作为国民经济和社会发展的约束性指标，污染减排成为环境保护的主要任务和全社会的共同关注点，环境规划实施评估和考核被提上日程，环境保护相关内容和要求开始成为各级政府的中心工作。环境规划明确了一定时期国家环境保护建设的方向，规定了环境保护的基本目标和政策、措施以及资金投入，在保障环保活动纳入国民经济和社会发展规划，合理分配排污削减量、规划和谋划各项环保活动，促进环境与经济、社会可持续发展，有效实现科学管理等方面发挥了重要作用。

（六）环保投入逐年增加，环境经济政策逐步完善

1. 环境保护投入逐年增加

1978 年以来，我国环境保护投资总量逐年增加，机制和渠道逐步建立。“六五”期间，全国环境保护投资 166.23 亿元，占同期 GDP 比例的 0.5%。“七五”到“九五”，环境保护投资基本保持 2.7 倍速度递增。1999 年，环境保护投资占 GDP 的比重首次突破 1.0%（按照经济普查调整后的 GDP 计算，首次突破 1.0%实际发生在 2000 年）。1991 年，全国环境保护投资为 170.12 亿元，占 GDP 的 0.78%。此后的 15 年间，每年投资总额逐年增加，2006 年达到 2 566 亿元，是 1991 年的 15.1 倍，占 GDP 的比例达到 1.22%。2007 年，我国环境保护投资总额为 3 384.3 亿元，占当年 GDP 的 1.36%，见图 1-6-1。

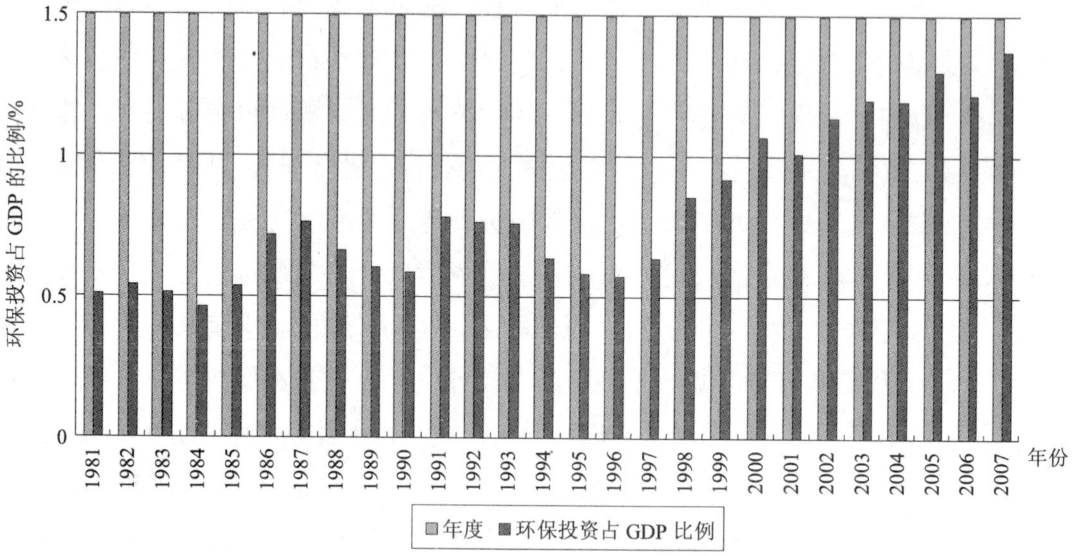

图 1-6-1 1981 年以来中国各年环保投资占 GDP 的比例

环保投资效果逐步显现。随着国家对环境保护投资力度的逐步加大，在经济快速增长的情况下，环境保护投资已经在污染物处置能力、工业污染治理水平、主要污染物总量控制以及环境质量改善等方面开始逐步发挥效益，对实现环境保护规划目标提供了重要的保障，起到积极的推进作用。

2. 环境经济政策逐步完善

一是绿色信贷进展良好。环境保护成为信贷的重要依据之一。环保部门向人民银行征信系统提供了 4 万多条企业环境违法信息，商业银行据此采取停贷或限贷措施。二是绿色保险试点工作稳步推进。在生产、经营、储存、运输、使用危险化学品企业，易发生污染事故的石油化工企业和危险废物处置企业，特别是近年来发生重大污染事故的企业和行业等开展了试点工作。目前江苏省出台了船舶污染责任保险，湖北、湖南省及宁波等地环保部门与保险机构协调配合，推出了环境污染责任保险产品。湖南试点中已出现全国首例环境污染责任保险赔偿。三是加快完善绿色税收政策。对资源综合利用产品实行税收优惠；对符合条件的环境保护项目享受企业所得税优惠、企业购置环保专用设备投资额的 10%抵免企业所得税；对木制一次性筷子、实木地板、大排量汽车、燃油等加征消费税；取消或降低“两高一资”产品出口退税。财政部和国家税务总局先后两批取消了近 600 种“两高一资”产品出口退税。四是积极推行绿色证券。以上市公司环保核查制度和环境信息披露为核心，阻止重污染项目融资，推动企业履行社会责任。五是完善生态补偿政策。山西等地开展了煤炭等矿产资源开发的生态补偿政策试点，浙江、福建、辽宁等省开展了对饮用水水源地、重要江河上游等重要生态功能区生态补偿试点，江苏、河北等省率先在全国按照河流交界断面水质、水量情况进行补偿。六是加快环境价格和收费制度改革。现有完成脱硫的燃煤机组，其上网电量在现行上网电价基础上每千瓦时加价 1.5 分。2003 年开始，实行排污收费制度改革，引入污染物排放总量收费，提高了排污费征收标准。加大污水处理费征收力度等政策；全面推行生活垃圾处理收费制度。七是实行政府绿色采购。财政部和国家环保总局发布了《关于环境标志产品政府采购实施的意见》和《环境标志产品政府采购清单》。八是一些地区开展了二氧化硫和化学需氧量排污权交易试点，利用市场机制提高治污效率，降低治理成本。

（七）环境科技支撑能力逐步增强，环保产业长足发展

基本建立门类比较齐全的环境科技体系。基本形成了从基础研究、技术研究、应用技术研究、产品开发到工程实施相互衔接、相互促进的科研队伍体系。国家相继开展了环境容量、土壤背景值、酸雨、水污染防治、湖泊富营养化防治、固体废物污染防治等系列国家科技攻关项目。研究成果广泛应用到环境保护工作中，促进了我国环境管理制度的建立和完善，提高了环境管理能力和科学决策水平。环境资源领域成为国家“973”计划（国家为加强基础研究和科技工作而实施的重大计划）的重要支持领域。国家先后启动了《湖泊富营养化过程与蓝藻水华爆发机理研究》、《持久性有机污染物的环境安全、演变趋势与控制原理》、《长江流域生物多样性变化、可持续利用与区域生态安全》等重大基础研究（“973”）项目，这些项目研究阐明了区域典型污染物的变化机理，科学揭示了某些污染物的环境行为和污染规律，显著提高了部分前沿科学基础问题的认识水平。2006 年，国家启动了环境保护公益性行业科研专项，开展行业应用基础研究、行业重大公益性技术前期预研、行业实用技术研究开发、国家标准和行业重要技术标准以及计量、检验检测技术等研究。针对我国环境保护的瓶颈问题，国家先后组织实施了《重大环境问题对策与关键支撑技术研究》、《水安全保障技术研究》、《三峡库区生态环境安全及生态经济系统重建关键技术研究与示范》等一批科技支撑计划项目，为环境管理与决策提供了有效科技支撑。2007 年，国务院批准实施的《水体污染控制与治理》重大科技专项，选择典型流域开展水污染控制与水环境保护的综合示范，立足于解决我国水污染控制和治理关键科技问题。

强化了关键技术研发与应用，解决污染治理技术瓶颈。“十五”期间首次将资源环境技术领域作为国家“863”计划发展重点，国家先后组织实施了 567 项资源环境领域的“863”计划项目。通过技术研发与工程示范，初步掌握了一批先进生产工艺和关键装备制造技术，开发了一批水和大气污染治理、土壤污染修复、固体废弃物处理、湖泊污染控制与生态修复等关键技术，提高了燃煤、机动车尾气、污水治理、城市生活垃圾处置等污染控制能力，缩小了与国际先进水平的差距，推进了我国部分区域（流域）环境质量的改善。

环保产业规模迅速扩大，领域不断拓展，结构逐步调整，整体水平明显提升。初步形成了包括环保装备制造、环境工程咨询、环境技术咨询、环保设施运营、资源回收利用以及洁

净产品开发等领域的研发、生产、建设、运营服务产业体系。“十五”以来，在国家市场经济和环保产业政策的鼓励推动下，我国环保产业以年均 15%的增长速度快速发展，环保设施运营服务业呈现加快发展态势，产业的组织机构开始向集团化、大型化发展，环保投资多元化、污染处理设施运营市场化开始形成，一些有实力的环保公司开始采用 BOT 模式操作环保项目。据估算，2008 年，我国环保产品和环境工程建设与服务业从业人数近 200 万人，产值约 2 500 亿元。

（八）环境监测能力逐步提高，环境信息化建设加快发展

我国环境监测工作起步于 20 世纪 70 年代中期。在“六五”和“七五”期间，环境监测机构快速发展，从中央到省、市、县都建立了监测站。从“七五”末期到“八五”期间，我国监测工作逐步完善，初步形成了以环境质量为核心的监测网络。各部门的环境监测工作也取得了积极进展。水利、海洋、气象、国土资源等部门分别建立了有关水文水质、海洋、酸雨、地下水水质等监测网络；农业、林业、海洋和中国科学院分别建立了有关生态监测或研究网络。目前我国环境监测工作已初步形成组织机构网络化和监测分析技术系统化的雏形。2008 年，全国地级以上城市建成了 1 309 套空气自动监测系统，519 个城市开展了城市空气质量监测（其中 324 个地级以上城市每日开展空气质量监测），477 个城市进行了酸雨监测；全国重点流域建设了 300 多套水质自动监测系统，对长江、黄河等七大水系及浙闽、西北、西南诸河的 387 条河流，593 个监测断面每月进行监测；对 113 个环保重点城市的 410 个饮用水水源地水质每月进行监测。在 301 个近岸海域国控站位开展了近岸海域水质监测；开展了城市区域环境噪声、交通噪声、功能区噪声监测；开展了电离辐射、电磁辐射的监测。依法发布各类环境质量报告。发布《中国环境状况公报》、《城市空气质量日报预报》、《水质自动监测周报》、《地表水水质月报》、《重点城市饮用水水源地水质公报》、《全国生态环境状况报告》、《中国环境统计年报》、《全国环境质量报告书》等各类环境状况报告。

我国的环境信息化建设从“九五”开始起步。经过十多年的努力，特别是“十五”期间通过一系列重大建设项目的实施，初步建立了国家级、省级、地市级三层架构的环境信息化组织管理体系，直接为各级环境保护主管部门提供信息化支持。推进全国环境信息机构规范化建设。启动了环境信息化标准体系建设，编制了一系列环境信息标准规范，已颁布 5 项环境信息标准。信息传输网络建设初具规模，2005 年底，连接全国各省级环保厅（局）和计划单列市环保局的全国环境保护电子政务外网建成。“十五”期间，50%的省环保厅（局）已建成省辖范围内的宽带环保专网。环境管理业务应用开发不断深入，紧密围绕环境管理需求，以环境管理办公自动化应用为契机，以环境管理数据库开发为基础，以环境管理应用系统建设为核心，开展了一系列环境管理应用系统的开发与建设，使环境信息资源开发与利用水平得到逐步提高。环境信息服务得到明显加强，各地通过环境保护政府网站建设，为社会公众

提供信息服务，促进了政务公开，提升了政府形象，环境信息化人才队伍初步形成。

（九）环境宣传教育力度不断加大，公众参与环保进展明显

在中宣部、教育部、国家环保局制定的《全国环境宣传教育行动纲要（1996—2010）》基础上，三部委又先后制定《2001—2005 年全国环境宣传教育工作纲要》和《关于做好“十一五”时期环境宣传教育工作的意见》，指导开展全国环境宣传教育工作。2001 年开始实施的国家第四个五年普法规划，把环境保护法律法规的宣传教育列为全民法制宣传教育的重要内容，并把环境保护法律法规纳入年度法制教育计划。开展了绿色社区、绿色学校、绿色家庭的创建活动。通过“保护母亲河”、“绿色承诺”、“天天环保”等实践活动，对广大青少年进行环境道德教育。新闻媒体加强了对环境保护的宣传报道。加强对领导干部、重点企业负责人的环保培训，提高其依法行政和守法经营意识。随着环境问题的凸显，环境文化的理念开始深入人心，人们越来越注重环境保护，同时环境意识的提高也使得更多的人在生产生活中更加崇尚绿色价值观和绿色生活方式。

国家出台了一系列措施推动公众参与环保。《中华人民共和国环境影响评价法》对公众参与作出制度性规定，要求对可能造成不良影响的规划或建设项目，应通过论证会、听证会或采取其他形式，征求有关单位、专家和公众对环境影响评价报告书的意见。2005 年，国家环保总局就社会广泛关注的圆明园环境整治工程的环境影响举行了公开听证会。2006 年，为进一步拓宽环保公众参与民主决策的渠道，发布了《环境影响评价公众参与暂行办法》，详细规定了公众参与环境影响评价的范围、程序、组织形式等内容。2007 年，国家环保总局出台了《环境信息公开办法（试行）》，为更深层次的环保公众参与奠定了基础。在参与形式和参与内容上，公众参与环保已经不再局限于社会环保宣传活动，而是逐步发展为参政议政、为环境保护建言献策。民间环保团体利用媒体、环保读物宣传环保理念，开展环保调研和环保实践活动，在很大程度上推动了公众环保意识的不断提高。

二、环境保护监管存在的主要问题

30 多年来，我国不断完善环境法制体系，逐步建立起了具有中国特色的环境管理制度，环保投入逐年增加，环境监管能力和环保科技保障能力日益增强，支持和保障了我国环保事业的顺利发展。但是，随着我国经济的快速发展、社会主义市场经济体制的完善、依法治国方略的实施、环境保护的保障措施还存在一些问题，还不能很好地适应新的形势、新的发展和新的要求，环境保护的保障措施也面临新的挑战。环境保护支撑及保障体系存在的问题如下：

（一）环境法制体系尚需进一步完善

一是环境立法中还存在许多空白，不少重要领域尚无法可依。在土壤污染、化学物质污染、生态保护、遗传资源、生物安全、臭氧层保护、核安全、环境损害赔偿和环境监测等方面，还没有制定相应的法律或行政法规；环境规划的法律地位不明确，实施环境规划缺乏法律依据。

二是环境法律存在制度设计缺陷。现行环境法律对政府环境行为规范不够，对具体的环境责任和约束性规定薄弱，缺乏法律监督制度和制约机制。

三是环境违法刑事制裁不够，公民环境权益保障不足。我国刑法关于环境和自然资源方面的罪名大部分都是自然资源方面的，对环境违法的刑事制裁力度不够。尚未建立环境公益诉讼制度。

四是环保违法惩罚力度弱，造成企业违法成本低。尤其是对“私设暗管”偷排，用稀释手段“达标”排放等恶意违法行为缺乏有威慑力的处罚手段。

五是环境保护社会监督的法律保障制度尚不健全。尽管群众的公民主体意识和环境维权意识不断增强，环境污染损害纠纷增多，但是公众参与环境决策和监督以及维护自身环境权益等方面，还缺乏法定的程序和渠道。环境法律关于公民环境权益、环境民事赔偿和环境纠纷调处等规定尚不健全或存在空白，使公众的环境监督责任难以有效发挥，一些直接涉及人民群众切身利益的问题长期得不到解决，甚至成为影响社会稳定的重要因素。

六是环境标准体系尚需进一步完善。环保标准科研基础薄弱，投入不足。环境基准体系研究刚刚起步，缺乏统一的研究方法和数据库，尚未建立系统的污染物排放标准以及达标技术支撑体系。环境管理技术基础薄弱，排放标准在制定时的环境效应及技术经济可行性论证尚需加强。环境标准编制经费过低，排放标准的实施评估、复审机制亟待建立。环境保护标准体系的完善性、权威性和协调性尚待加强。

（二）环境执法不到位

环保部门缺乏查封、冻结、扣押、强制划拨权等行政强制手段，处罚手段弱，执行周期长、程序复杂等问题，导致对环境违法行为难查处、难执行、难追究责任。环境执法主体林立、权责分散，部门协调难，执法成本高，效能低下。一些地方受地方保护主义干扰，环境执法工作难以作为。区域性、流域性环境问题日益突出，而条块分割执法割裂了区域环境问题的整体性，跨界污染纠纷难以处理。执法机制不健全，对相关环境违法责任追究力度不够，部门联动协调机制尚不完善。在日常执法中，往往是环保部门单打独斗，执法任务重、装备差、人员少，环境执法能力还不能完全适应环境执法监督的实际需要。

（三）环境管理体制不顺

一是不能适应政府职能转变的需要。环保部门要由统一监管向强化综合协调、加强公共服务转变，现有的环境管理体制还不能够适应政府职能转变的需要。二是环保职能配置分散，部门职责交叉严重，中央与地方事权不明晰。环境保护涉及领域广，我国环保工作起步晚、起点低，有关法律对环境管理体制、部门职责的规定过于抽象，造成部分环保责任难以落实、相互推诿等问题。部分中央政府该承担的职责交由地方政府负责，部分适合地方政府承担的任务，中央政府又过多干预，大大增加了管理成本，降低了环境管理效率。政府间还存在财权上移、事权下移的趋势。基层政府承担的事权过重，责权不一致的问题较为突出。三是监督考核机制不健全。尚未建立对相关部门的环保监督机制。对地方政府的环保考核力度不够，环保责任对地方缺乏约束力，难以克服地方保护主义对环保的不当行政干预。四是综合调控能力薄弱。部门间高层次的议事协调机制不健全，目前环境保护部际联席会议机制作用难以有效发挥；环保部门组织协调各部门开展环境保护工作存在很大困难，统一监管难以到位；区域监管能力薄弱，虽设有区域环保督察派出机构，但作为事业单位，执法主体地位不明确，执法权威不够。五是人员编制严重不足。当前环境形势十分严峻，环保任务日益艰巨，但环保部门人员编制明显偏少，已经影响到环保行政执行力的有效发挥。

（四）环境影响评价制度执行力度不够

一是环境影响评价制度的实施还存在阻力。一些地方重经济轻环保，行政干预环评审批的现象比较明显，“先上车，后买票”、“上车不买票”、“越级审批”，以及环评报告技术审查和行政审批走过场等现象还比较突出。二是环境影响制度本身不完善。《中华人民共和国环境影响评价法》规定的环境影响评价的约束范围不全面，政策、法规和部分规划尚未纳入其中，且规划环评条款过于原则，缺乏可操作的、切实可行的细则和规定。项目多头管理，部门职能分割，“肢解”环境影响评价的现象还很严重。公众参与环评体系不完善，缺乏具体明确的法律支持，参与形式单一，信息公开滞后。三是执行机制、体制不健全。一些地方环保部门对项目环评审批后的“三同时”执行情况缺乏有效监管，“重审批、轻验收”现象较为普遍。一些地方把关不严，“漏管”、“漏批”的现象比较突出。四是环评市场体系还不够健全，市场监管有待加强。一些环评机构与建设单位之间存在着不正常的关系，不重质量重利益，使得环评报告质量不高，不能客观公正地反映实际环境状况。

（五）区划和环境规划基础性作用尚未充分发挥

一是环境区划发挥的作用有限。大多数区划要么从自然要素出发，要么只从经济要素出发进行区域划分，没有综合统筹考虑经济、资源和环境问题。区划还没有深入研究和反映人类活动的影响及其反馈作用。一些区划偏离客观实际，过分侧重于部门利益。二是环境规划的约束性不强。缺乏具有法律意义的环境规划，一些环境规划仍然处于“墙上挂挂”的局面。环境规划实施的责任机制和监督考核机制有待进一步完善。三是重规划编制、轻规划实施的局面仍然存在。规划投资不到位，规划实施效果受制于其他多个部门，规划实施评估未实现制度化和规范化，实施主体和责任不明确，规划难以落实，导致一些规划的编制与实施脱节。四是不同层次规划有待进一步协调统一。环境保护规划缺乏与其他领域规划实质性的衔接协调，国家环境规划与省级、地方环境规划，以及环境专项规划等都存在一定的纵向和横向不协调的问题，地方规划难以体现国家总体规划的目标和要求。五是部分规划目标偏高。某些规划提出的目标缺乏足够的科学依据，对污染治理的长期性、艰巨性、复杂性和治理难度估计不足，目标、指标、任务、措施、投资内在关系和可达性分析不够。一些环境规划目标指标未充分体现区域间的差异性和特征性。环境规划指标较多地涉及污染防治，对于生态系统和人体健康涉及较少。

（六）环保投资总量不足，尚未形成稳定可靠的投入机制及渠道

一是投资总量不足。尽管近年来国家加大了环保投资力度，但相对环保实际需求仍显不足，“十五”期间的环保投入还达不到发达国家 20 世纪 70 年代的投入水平。“十五”期间环保投资绝对量增速趋缓，环保投资增长率小于固定资产增长率，环保投资中新建项目“三同时”环保投资占全社会固定资产投资比重偏低。环保投资占 GDP 的比重波动大，随机性较强，1994—1996 年与 2005—2006 年两个时段集中出现了环保投资增长率小于同年 GDP 增长率的现象，环保投资弹性系数变化起伏较大。环保投资统计口径不清，造成环保投资底数不清。环保资金缺口逐年增加，资金保障程度差。规划确定的资金难以落实，环境保护重点工程项目资金难以保障，影响了规划目标的实现。

二是缺乏稳定性、约束性和制度性的投资渠道保障，环境保护投资仍然处于“一事一议”、“一时一策”的应急性状态。传统发展模式和财税制度使环保投资缺口大、基数少、保障难，环保投资增长率与 GDP、财政收入、固定资产投资之间也没有建立长期均衡关系。环保投资渠道不畅、相对单一，一些传统渠道已经逐渐萎缩、失效，新的渠道尚未建立。大多数投资渠道没有约束性，缺乏持续、稳定的资金供给。约束性的环境保护目标没有约束性的环保投入保障，难以支撑我国环保事业的稳定、快速发展。环境保护多渠道投融资机制尚不健全，经济激励制度体系也很不完善。

三是政府间环保事权财权不匹配，稳定的财政投入保障机制远未建立。中央和地方政府环境事权与财权分配格局不匹配，地方政府环境责任和财税支持条件不对等，财政投入尤其是地方财政投入不到位。另外，由于政府职能“越位”、“缺位”，引起财政支出的“越位”、“缺位”，财政支出方向与资金需求重点不一致。环保资金供给上缺乏稳定有效的财政制度保障。

四是环保投资缺乏监管，环保投资效率不高。由于缺乏预算约束机制、治污工程全过程技术管理的意识、有效监管制度、持续运行资金投入、持续运行的机制政策等，我国在投资总量不足的同时，还存在环保投资管理不当、资金绩效不高等问题，在客观上也加剧了环保投资资金供给的压力。

（七）过多使用行政手段，缺乏环境保护激励和约束的长效机制

长期以来，我国环保工作主要依赖行政手段，市场手段不健全，经济政策手段尚未形成体系，缺乏环境保护激励和约束的长效机制。行政手段虽然在短时间内立竿见影，但长期效果却十分有限。过多地运用行政手段治理污染，污染易反弹，行政成本高，容易激发社会矛盾，难以有效遏制污染转移，也加剧了市场的不公平竞争。

一是现行环境税费体系对环境保护的激励作用不足，对加强环境保护的调控作用相对较弱。与国外相对完善的环境税收体系相比，我国缺少直接针对污染排放和生态破坏行为课征的独立环境税，限制了税收对污染、破坏环境行为的调控力度，税收手段未能充分发挥保护环境的作用。现行环境税收体系中的部分税种，如资源税、消费税、增值税、企业所得税和进出口税收等，虽然通过增加环境资源的使用成本，刺激环境资源的节约利用，在一定程度上减少了污染排放，但环境保护的要求体现还不够充分，对环境保护的激励不足。

二是在资源和环境定价方面，还不能充分反映资源的稀缺性和环境成本，资源和环境的廉价不利于节约资源和保护环境，难以形成长效机制。生态补偿部门色彩明显、缺乏统一的政策框架和实施规划，补偿主体、补偿标准和资金渠道等问题一直得不到很好的解决。

三是资本市场的环境监管刚刚起步，还面临着提高认识、夯实基础和完善信息共享等多重制约。相当多的中小型污染企业采取民间融资或者自筹资金，绿色信贷对这些量大面广的污染企业尚不能发挥制约作用。加之目前还缺少具体的绿色信贷指导目录、环境风险评级标准等，商业银行难以制定相关的监管措施及内部实施细则，降低了“绿色信贷”措施的可操作性。企业上市环境核查尚待进一步完善。

四是绿色贸易政策还远远没有体现环境保护的要求。一些“高污染、高环境风险产品”大量出口国外，造成了“污染留在国内，产品大量出口”的现象。我国对外投资和海外援助的环境保护问题引起国际社会的高度关注。

五是环境经济政策基础研究薄弱，能力滞后，难以满足需要。相关基础研究薄弱，缺乏可供政策实施的禁止、限制、鼓励类的产品、设备、工艺等配套名录以及相关标准，政策的实施缺乏具体、可操作的依据；环境经济政策研究队伍能力滞后，缺乏一支既懂经济又懂环保的专家队伍；国家与地方尚未形成合力，地方环境经济政策研究刚刚起步，还未引起足够的重视。

（八）科技保障支撑能力有待提高

我国环境科研基本处于被动跟踪状态，缺乏系统的、基于国情的重大生态环境问题的研究和关键技术开发。环境科技的发展不能满足经济社会快速发展的需求，对新的环境问题缺少应对理论和技术储备。环境科研对环境与发展的决策支撑力度明显不足。除少数研究外，我国在环境科学领域的研究缺少基础性、战略性、原创性研究，缺乏为相关产业和产品的发展提供科技支撑的创新性能力。环境污染控制技术与设备水平低，集成创新不足。我国环境治理技术研发创新不足、目标分散、技术与设备集成和实用化水平低；一些关键领域缺乏有效的污染治理技术，设备国产化率较低；在大量引进国外技术与设备的同时，消化吸收不够，尚未形成具有自主知识产权的环保成套技术和设备，不能提供有效治理技术和服务。环境科技投入量和投入效率有待提高，公益性科研机构缺乏必要的扶持。国家环境科技创新体系尚未形成，环境科研创新基础能力薄弱，人才缺乏。缺乏科学有效的环境技术评估与示范推广机制，无技术可用、有技术不用、技术含量不高、污染治理设施低水平重复建设、企业排污不稳定达标等问题突出。

环保产业总体规模小，产业组织集中度较低，综合发展能力弱。我国环保产业从业单位绝大部分是小型微型企业，引领产业发展，具有研发、生产、服务一体化的大型骨干企业和企业集团较少。“群体大、个体弱”的局面仍没有大的改变，企业市场综合竞争能力不强。环境服务业发展滞后。环保技术与装备自主创新能力不强。

（九）环境监测和信息能力建设相对滞后

环境监测体系建设亟须加快。环境监测法律地位不明确，缺乏统一监督管理，部门间任务交叉，工作重复。全国尚无统一的环境监测网，缺乏统一规划。各部门的环境监测网根据自身的需要进行能力建设，不仅加重了国家和地方的财政负担，而且造成严重的低水平重复建设以及人力、物力和资源的浪费。缺乏科学统一的环境监测技术体系，环境监测数据缺乏可比性。各部门的环境监测系统都仅服务于本部门的管理需要，监测技术标准、监测数据上报制度等存在较大差异，造成各环境监测系统信息无法进行整合，严重影响政府科学决策。因多头发布环境监测信息，导致环境监测信息混乱，有损于政府的公信力，造成不良社会影响。环境监测资金投入不固定，缺乏长效保障机制。各级监测站的能力不足，特别是大量承担监测任务的城市站和县级站，在中西部地区基础能力不足问题尤为突出。许多市、县监测站尚不能按规范要求全面完成常规监测任务。

环境信息保障及服务能力薄弱。环境信息基础支撑及信息服务能力不足。环境信息采集缺乏规范性约束，环境信息及时响应能力薄弱，环境保护参与综合决策的信息支撑能力不足，环境信息对宏观管理和决策的支撑和保障不足。环境管理核心业务信息化应用水平低，业务化应用创新严重滞后于业务模式发展，使得环境管理业务信息化应用困难重重。目前环境信息支撑电子政务的信息服务能力还很薄弱。环境信息化自身基础和保障体系薄弱。无论是环境信息化网络覆盖能力、环境信息硬件设施，还是其他信息化基础条件也都很薄弱，难以满足工作的需要。环境信息标准规范建设滞后，环境信息开发应用水平层次较低，资源的共享和利用成为瓶颈，组织机构不健全，人才队伍匮乏，环境信息化工作缺少稳定的资金投入。环保政府网站建设也还需要进一步加强，为公众服务水平有待进一步提高。

（十）环境信息公开和公众参与亟待加强

环境信息公开的制度和机制还不够健全，环境信息公开的内容相对单一，难以满足公众对环境知情权的需求。企业环境信息公开的法律规范不够，公众难以及时准确地获取企业环境信息，企业违法排污行为得不到公众有效监督。随着我国环保事业进一步发展，公众对于环境保护的重要性、必要性、责任感和紧迫感均有显著提升，但公众主动了解环保知识、参与环保活动、监督政府和企业环境行为还很不足。公众参与环保主要是在环境污染、生态破坏等违法行为危及自身利益时才向环保部门讨说法的状态，没有充分发挥其从源头发现和制止违法行为的普遍监督作用。民间环境保护组织的力量仍然非常有限。由于公众环境意识、参与能力和水平、传统文化、体制缺陷，以及现行法律法规有关公众参与环境保护的规定，过于原则和抽象，缺乏可操作性等多种原因，公众参与环境监督的机制尚未普遍建立。

三、环境监管面临的挑战及今后改革思路

（一）环境监管工作面临的挑战

1. 与科学发展观的要求不适应

与科学发展观的要求相比较，环境保护法制、政策、制度建设、能力建设等还不适应形势的需要。目前环境监管的常规措施主要是针对技术相对先进、环境管理相对完善、符合国家产业政策的大中型企业及城镇地区，而对那些技术落后、污染严重的小型企业及农村地区监管不力，环境监管与国家的科学发展相脱离。虽然环境管理体制不断健全，但是符合科学发展的环境管理体制还十分薄弱，环境与发展综合决策机制尚未形成，环境标准、执法等尚需加强，环境监测还不能如实反映环境质量，难以为科学的环境决策提供强有力的技术支撑。城乡一体化的环境保护体制尚未建立，分区分类的环境管理模式尚未形成，还没有充分体现科学发展观所要求的城乡统筹、区域统筹等思想。

2．与建设法治政府的要求不适应

建设法治政府要求建立完善的法律制度体系，规范行政执法行为，强化监督制约机制，推进依法行政。虽然环境法制建设取得很大进展，但目前有法不依、执法不严、违法不究的问题没有完全解决；有令不行、有禁不止等现象突出，侵害人民群众合法环境权益的现象在一些地方时有发生。一些立法领域存在空白或法律依据不足，一定程度上存在无法可依的情况；缺乏对政府环境行为约束的法律制度；现有法律法规偏软，环保部门缺乏强制执法权，对一些违法行为的震慑力不足；环保行政执法队伍的素质状况还不适应规范执法的需要，行政执法的监督机制还不适应从严治政的需要；环保行政复议能力建设还不适应依法化解社会矛盾的需要。

3．与完善社会主义市场经济体制不适应

改革开放 30 年来，我国经济领域基本上完成了由计划经济向社会主义市场经济体制的转型，但是，目前的环境政策体系仍带有计划经济时代“烙印”，行政手段一直是环境政策体系的“主角”，没有形成适应社会主义市场经济要求的环境政策体系。政府在环境管理中有时不计成本，大包大揽，影响了效率和效益；政府在发挥政策引导作用时，还没有形成将环境成本内部化的政策体系，对企业和公众的环境行为的激励和约束作用不强，还不能适应市场经济的需要。迫切需要利用市场手段配置具有公共物品属性的环境资源，从主要用行政办法转变为综合运用行政、经济、技术和信息等手段解决环境问题，形成有利于环境保护的长效政策机制。

4．与艰巨的环境管理任务不适应

目前我国环境问题已发生深刻变化，处于多种环境问题并存的转型期，对生态系统、人体健康、经济发展乃至国家安全的影响和风险都在明显加大，主要表现在：从常规的点源污染转向面源与点源相结合的复合污染；由单纯的工业污染过渡到工业和生活污染并存，农业污染日趋严重；传统污染物尚未得到全面控制，新的污染物不断增加；长距离跨界污染日趋严重；环境绩效差的污染型产业由发达地区向落后地区转移的趋势明显；生态问题日益突出和扩大，已经影响到区域、流域的生态安全和可持续发展；环境健康问题提上议事日程，清洁的空气、卫生的饮用水和食品安全问题越来越受到公众的关注、环境健康风险日益加大。发达国家上百年分阶段出现的环境问题，在我国 30 年的快速发展过程中集中出现，呈现压缩型、复合型和结构型特点，环境问题变得更为复杂，环境保护的任务更为艰巨。面对如此艰巨的环境管理任务，仅靠常规的工作思路和简单地就环境论环境的政策和措施，远远无法解决日益突出的环境问题。当前对环境问题的认识还很不到位，还不能充分意识到环境问题的长期性、艰巨性和复杂性；与复杂的环境管理任务相比，环境监管能力和人员素质还存在很大差距。

5. 与全球环境保护形势与挑战不适应

当前全球气候变化、越境空气污染问题、生物多样性问题等日益引起国际社会的高度关注，环境问题已经成为影响国际政治经济关系的重要因素。在国际环境履约谈判中，一些发达国家既从环境利益出发，推动国家环境履约，又受经济利益驱动，左右谈判走势，使全球环境保护的形势异常复杂；在全球产业结构调整中，发达国家把污染严重的产业转移到发展中国家，通过进口生产过程中对环境有较大污染的廉价产品，实行低价消费，又通过绿色壁垒，深刻影响了国际贸易的发展。我国是一个发展中的环境大国，既要面对国际环境公约履约压力，又要维护国家的发展权益和利益，而目前我国应对和谈判的基础性和技术性支撑不够，难以做到主动和有效的应对；我们既要借鉴国际经验，又要坚持一切从实际出发，制定符合国情的政策措施，而目前引进过国外先进理念的多，与国情结合、制定有针对性和可操作性、效果好的政策相对少，环境管理与国际上的差距还很大。

6. 金融危机对环境保护带来严峻挑战

为积极应对国际金融危机，中央采取了调结构、扩内需、保增长等重大措施，将加强环境保护作为扩大内需的重要措施，环保投入进一步加大。但是，环境保护也面临新的挑战。一方面，金融危机使很多企业利润减少，资金流动性下降，企业污染治理设施建设和正常运行的难度加大，偷排漏排等违法排污风险增加；另一方面，一些地方实施的经济刺激计划没有充分考虑环境保护的要求，一些“两高一资”企业可能卷土重来，一些已经淘汰的落后产能、设备和企业可能死灰复燃，污染可能出现反弹。同时，国内经济走出低谷后的强劲反弹，也将给环境保护带来更大压力。

（二）改革的总体思路

环境保护支持保障措施的改革和完善，要以科学发展观为指导，坚持环保历史性转变的指导思想，坚持完善法制、发挥市场机制作用、依靠科技进步、加大公众参与力度，注重效率、强调公平、强化基础，进一步提高我国环境保护的支持保障水平，为实现环境保护的战略目标、推动生态文明建设提供强有力支撑。

1. 坚持历史性转变的指导思想

要加快推进从重经济增长轻环境保护转变为保护环境与经济增长并重，从环境保护滞后于经济发展转变为环境保护和经济发展同步，从主要用行政办法保护环境转变为综合运用法律、经济、技术和必要的行政办法解决环境问题。要坚持把环境保护摆上更加突出的战略位置，与经济社会发展统筹考虑、统一安排、同时部署；坚持环保规划先行，与产业规划、土地规划、城市规划相协调、相统一，以环保规划优化经济社会发展；坚持把环保要求全面融入经济社会发展的政策中，形成有利于环境保护的政策氛围；坚持改革创新，加快重点领域和关键环节改革步伐，构建充满生机、富有效率、更加开放、有利于历史性转变的体制机制，进一步增强环保工作的动力和活力。

2．坚持依法管理，完善环境法治

要完善环境法律法规，健全环境法律制度。从完善体制、机制和制度入手，着力规范和约束行政权力，强化法律责任，严格责任追究。要高度重视人民群众的监督，自觉接受权力机关的监督，加大信息公开，促进公众参与。加强环境执法，确保环境保护法律、法规、规章和标准得到全面实施，使公民、法人和其他组织合法的环境权益得到切实保护，环境违法行为得到严厉的制裁。强化行政监督，要及时纠正违法和不当的行政行为。

3．转变政府职能，完善体制机制

要按照建设服务型政府的要求，加快环保部门职能转变。环保部门要由统一监管向强化综合协调、加强公共服务转变，环保部门要为公众参与做好服务，为治污和生态保护做好服务。要突出加强环境综合管理，积极探索大部委环境管理体制，解决部门职责交叉、权责脱节和效率不高的问题，团结和动员各方面的力量，形成环保工作合力。环保部门要以转变职能为核心，将体制改革、机制改革、制度改革与职能转变相协调。要加大行政资源整合力度，进一步理顺关系，合理划分中央、地方事权，充分发挥中央和地方两方面的作用。

4．与社会主义市场经济体制相适应，完善环境经济政策体系

要坚持从再生产的全过程制定环境经济政策，将环境保护贯穿于生产、流通、分配、消费的各个环节。要通过市场手段调节企业和社会的环境行为和利益，为治理污染和生态保护提供政策上的支持，不断完善环境保护的激励和约束机制，努力提高环境建设的效率和效益。要在环境税费、资源和环境价格改革上进行重大突破，将企业环境外部成本内部化，以此带动企业技术进步和产业升级，推动企业自觉遵守环境法律法规。

5．积极应对国际金融危机，加快调整经济结构和产业结构

要努力把应对金融危机当做转变传统发展模式、推动科学发展、调整经济产业结构的重大机遇，力争在化危为机上见实效。既要立足当前，保持我国经济平稳较快增长，也要从战略和长远出发，加快结构调整和发展方式转变。金融危机导致我国外需大量减少，客观上为我们转变发展方式、调整经济结构提供了巨大的“倒逼机制”压力。要通过严格的环境标准和政策法规，促进产业升级换代和产业合理布局，改善投资结构，防止重复建设，淘汰落后

产能，推动建立可持续的生产体系。

四、环境监管的对策与措施

（一）加强环境法治建设

1. 修改《中华人民共和国环境保护法》，加强对政府环境行为的制约和监督

围绕落实地方政府对环境质量负总责的要求，重点解决地方政府干扰环境执法问题，切实落实主要领导是环保第一责任人、分管领导是直接责任人的要求，创建和强化一批重要的环境管理制度，包括生态区划与环境功能区划制度、环保规划制度、生态补偿制度、跨界环境纠纷与环境质量考核制度、环境保护目标责任制、责任追究制度、淘汰落后产能制度及补偿机制、环境法律援助与救济制度等。

2. 填补法律空白领域，修订现行环境法律

抓紧拟订有关土壤污染、化学物质污染、生态保护和环境监测等方面的法律法规草案，尽快填补环境立法的空白。制定土壤污染防治法，规定土壤监测与标准、土壤污染防治监督管理、土壤污染预防、土壤污染整治、农产品产地土壤污染防治等内容。制定有毒化学品控制法，建立国际上普遍采用的一些先进的化学品管理制度、措施、方法，规范新化学物质环境管理、危害环境化学物质的管理和化学物质污染环境突发事件的应急处理。制定生态保护法，系统规定生态环境质量评价、生态监测、生态功能区划、生态补偿机制、生态破坏事件应急等制度。制定环境监测管理条例，协调有关部门的环境监测管理职责与职能，统一规划全国环境监测网络建设与运行、统一环境监测信息综合评价与发布。

对法律法规的原则性规定，制定与其配套的法规、规章、标准、导则和名录，增强法律的可操作性。抓紧修订和完善《中华人民共和国大气污染防治法》、《中华人民共和国噪声污染环境法》、《中华人民共和国环境影响评价法》、《中华人民共和国固体废物污染环境防治法》等。加强物种及遗传资源保护与惠益分享的法规建设，进行生物安全、外来入侵物种防治、物种资源知识产权保护等方面的国家立法，加快地方物种资源保护的立法工作。对我国缔结或者参加的国际履约，制定配套的法律法规。

3. 健全和完善环境管理制度

对现行的环境管理手段进行系统的甄别和评估，有效整合和改进环境管理制度，通过“整合一批、改进一批、新建一批”，形成一个既吸收国际先进环境管理经验，又能够在我国国情

下得到有效实施的环境管理制度体系。“整合一批”：将现行环境管理制度中性质相同或相近甚至功能重叠交叉的制度整合起来。“改进一批”：根据新形势对环境管理的要求，改进原有环境管理制度。“新建一批”：根据我国深化改革、法制建设和环境管理的新情况、新经验，建立一批新的制度。在这些“整合”、“改进”和“新建”中，建立监督和制约环境行政行为的制度是一项重点工作。

4．推进国家法律生态化

站在建设生态文明的高度来审视我国的法律体系，对与环境法律相关的所有法律从落实科学发展观和制度建设的角度，进行一次审查和调整，使之更好地同环境法律的立法宗旨和制度安排协调起来，更好地保障环境法律的实施，与环境法律一起共同成为我国生态文明的法律保障。推进刑法、民法、物权法、行政法、资源法、经济法等国家重要法律对环境保护的支持，形成体现科学发展观和生态文明观的国家法律体系。

（二）建设完备的环境执法监督体系，提高环境执法监管能力

树立服务科学发展的理念，着力解决影响可持续发展和人民群众生产生活的突出环境问题；树立生态系统执法的理念，整合环境执法监督资源；树立公平正义的理念，保障人民群众环境权益；树立执法效能的先进的环境执法监督理念。到 2020 年努力建成“权责明确、行为规范、监督有力、运转高效”的环境执法监督体系。

1．改革环境执法监督体制

通过立法明确环境执法监督机构的执法地位和工作职责，将环境执法监督人员纳入公务员序列，研究探索建立环境警察队伍；合理界定和调整行政法规执法权限，逐步整合优化环境执法资源，实现行政审批权、行政许可权与执法监督权的相对分离，整合环保部门内各职能部门的现场执法监督权并由环境执法监督机构统一行使；按照“国家监察、地方监管、单位负责”的总体要求，合理划分层级事权，理顺环境执法监督组织管理体系；建设规范权威的环境执法监督机构，成立副部级的国家环境监察局，统一管理全国环境执法监督工作，归口管理和业务指导区域派出机构执法监督业务工作。在国家现有派出机构的基础上，结合区域生态特征和行政区划，重新规划、调整派出机构的设置，完善其职能；远期将整合优化分散于国务院有关部门的生态环境执法监督职能，并加强地方环境执法监督机构建设。

2．创新环境执法监督工作机制

形成协调有序的内部执法监督机制，包括建立和完善内部信息交流和沟通协调制度、建立重大案件集体审理制度、健全岗位目标管理责任制和考核奖惩制度、完善执法过错责任追

究制度。建立上下联动机制，包括健全巡查制度、强化直查制度、完善案件备案和统计制度、完善稽查制度、建立年度考核制度。健全区域、流域环境执法监督协作机制，包括建立信息共享制度、联合检查制度、环境事件协同处置制度。建立和完善环境执法监督部门联动机制，包括完善部际联席会议制度、环境案件移交移送制度、建立执法信息通报制度。建立广泛的社会监督机制，包括完善环境执法监督信息公开制度、健全环境投诉举报制度、建立社会环境监督员制度、完善环境听证制度、建立重大环境违法案件新闻发布制度；建立引导企业自律的机制，包括全面推进企业环境监督员制度、建立企业年度环境报告制度、完善企业环境行为信用评价制度、建立企业环境风险等级制度。完善对政府及相关部门履行环保职责的监督检查机制，包括建立个案监督检查制度、健全挂牌督办制度、建立环境监察建议书制度。

3．提高环境执法监督能力

加强环境执法人才队伍建设。建设一支数量与任务匹配的环境执法监督队伍；实行科学管理，加强环境执法监督人才培养和继续教育；继续推进环境监察标准化建设，东部及有条件的中西部城市环境执法监督机构率先实现现代化，提升环境执法装备水平；提高环境执法信息化水平，建设污染源自动监控系统、环境违法行为举报投诉信息管理系统、污染源现场执法信息管理系统、生态环境遥感与地理信息监测系统、环境污染事故应急指挥系统；建立企业环境监督员制度，设立法律援助机构、污染损害评估机构等社会中介机构，充分发挥这些机构对环境执法的服务作用。

（三）加强环境系统管理，推进综合协调管理体制的建立

1．合理设定中央政府和地方政府的环境保护责任

加强国家环境保护主管部门对地方环境保护部门的监督和指导。在行政区划的基础上，建立和健全环保管理机构的区域协调机制，解决跨地区环境问题。合理划分中央和地方在环境保护方面的责任。强化中央统一领导，充分发挥地方主动性、积极性；中央与地方继续实行分级负责的环境管理体制；按照“权责匹配，重心下移”原则，合理划分中央与地方政府在管理环境事务的权利，明确职责；加大环保系统干部双重管理力度，形成中央和地方在环境保护中的合作关系，提高国家对地方的环境保护调控效率。中央与地方的职权划分，可以根据污染源和生态保护的范围和问题的重要性进行职能界定，凡属于跨区域、流域的环境问题，以及危害较大和影响较深的环境问题等，可由中央政府加强政策制定、协调和管理，而属于地域性的环境问题，由当地政府来执行，但是中央政府拥有监督的权力。

2. 切实转变职能，建立适应优化经济发展的环境管理体制

强化综合管理、宏观调控、监督执法和公共服务等职能，逐步解决环境管理职能分散、交叉等问题，实现责、权统一。分阶段完善国家环境管理体制，逐步推进统一监管和分部门负责的“大部制”改革。近期的改革目标是横向上减少环保职能交叉，适当归并环保职能，提高环境行政管理效率。纵向上进一步下放职能，科学划分中央和地方的环保事权，加强地方尤其是基层环保机构能力建设。做实国家核安全局，做大环境监察体系，做强环境支撑体系。中期改革目标是统筹整合相关部门的生态保护职能，由国家环境保护行政主管部门统筹协调和监督管理国家环境事务和生态保护工作。赋予环保派出机构更多环境管理职能，明确其行政地位，充分发挥其区域环境管理能力。研究建立环境监察专员制度，切实建立健全“国家监察、地方监管、单位负责”的环境监管体制。远期的改革目标是借鉴发达国家大部制改革经验，加快推进大部制改革，重点解决好生态保护、核与辐射安全、环境监察、环境监测等体制和职能问题。

3. 建立跨部协调机构，增加环境保护部的协调能力

成立独立于环境保护部之外的国家环境质量委员会，负责监督、协调环境战略、环境质量有关工作，为中央决策提供环境政策方面的咨询。

加强生态文明建设，建议国务院成立生态文明建设领导小组。组长由国务院领导担任，各部门负责人作为成员，办公室设在环境保护部。生态文明建设领导小组应该成为协调国务院各部委在环境保护和生态建设的领导机构，尤其是要能够协调环境保护部与经济综合决策部门、资源管理部门和其他部门之间关系，从而能够发挥综合管理的职能。由国家环境保护主管部门负责统一规划、协调和指导有关生态文明建设工作。

（四）建立环境区划和规划制度，完善环境影响评价制度，建立环保参与宏观经济调控机制

1. 建立环境区划制度

以环境区划落实主体功能区环境要求。以青藏高原环境功能区划为试点，探索基于多环境要素相互作用考虑的综合环境功能区划，研究提出跨省界区划方案或者大区域性的环境功能区划，实现要素功能区划方案向综合环境管理区划融合集成，实施分区管理，分类指导。以宏观综合管理为主、兼顾区域要素控制，提出配套环境政策，建立相关专项区划协调机制，建立区划实施政府责任考核机制和区划实施的动态评估机制。以统一环境功能区划为龙头，实现环境保护规划的统一。以民生为本，确保人体健康和生态系统安全。重要生态功能区要

求未来发展要坚持保护优先、适度开发、点状发展，加强生态修复和环境保护，引导超载人口逐步有序转移。环境质量满足重要生态功能保护的需要，要确保区域生态环境安全；根据区域主导生态功能保护的需要，因地制宜开展生态保护与生态建设项目，提高退化土地和受损生态功能修复率。

2. 进一步强化环境规划的约束性

编制具有法律效力的中长期环境规划，体现环境规划的先导性，为制定经济社会发展规划提供依据。改变规划编制和实施 “两张皮”状态，规划目标、任务、手段、措施要力求匹配，约束性环境保护目标必须要有约束性的环保投资相匹配。尽快建立规划实施技术平台，强化环境保护规划实施与经济社会的联动预警分析，建立并完善环境规划的实施评估机制。根据不同功能区的生态环境特点，建立合理的考核体系，将区域的生态保护和环境治理目标列入政府考核项目，实施环境规划执行的行政问责制度。

构建合理有序的规划体系。继承“横向+纵向”的规划体系，增加要素规划的覆盖面，试点编制复合型污染的环境规划；构建合理的国家环境规划体系；以环境目标体系为核心着力加强环境规划体系相互衔接，实现环境总体规划与要素规划、国家环境规划与区域/地方环境规划、中长期规划与短期实施计划的三统一；理清各层级环境规划的重点和差异；强化目标指标的可达性分析和关联度；实现总体规划和要素规划的有机互补。

力争若干环境规划创新。编制全面、可达的“十二五”总量控制实施规划；着手编制重大预算项目战略规划；编制统一的重点流域水污染防治规划。“十三五”或更长一段时间内逐步扩展到编制全国水污染防治规划，规定省界断面和国控断面考核目标，强调国家事权；在要素规划质量导向的基础上，实行人体健康和生态系统的规划战略重点转移。

3. 加强和完善环境影响评价制度

加强和完善战略环境影响评价制度。建立环境影响评价综合决策机制，提高战略（规划）环境影响评价的权威和地位。推动战略环境影响评价法规建设和战略环境影响评价管理机制建设。逐步建立从单一的项目环境影响评价到战略环境影响评价、规划环境影响评价和项目环境影响评价整体配套的环境影响评价体系。加快从单纯调整企业行为向综合调整政府、企业、公众行为的转变，从控制物质生产环节向全过程控制转变。充分发挥战略环境影响评价综合决策平台的作用。建立战略环境影响评价审批和监督委员会；继续推进公众参与，进一步加大和规范信息公开制度，提高公众参与环境影响评价的有效性。建立独立的环境影响评价审查委员会和第三方后评估制度。

加强项目环境影响评价制度。完善环境影响评价执行机制。积极开展环境影响后评估，落实重大项目的跟踪评价制度，制定环境影响评价考核、激励、问责机制；实现环境影响评价全程监控；提高环境影响评价制度的效率；扩大公众参与环境影响评价的广度和深度；加大处罚力度，对于违法或不严格履行环境影响评价制度的给予严厉的处罚，促进环境影响评价的有效执行。

（五）完善环境经济政策，建立环境保护的激励和约束机制

1. 推动绿色税收政策

一是尽快建立促进科学发展的环境税收政策体系。“十一五”期间重点推行以环境保护为主体功能的独立型环境税税种，以此为我国环境税收体系建设的突破口。可以考虑开征碳税，起始税率可考虑低额度、大范围征收的方式，在远期可参考国内清洁发展机制（CDM）吨碳价格调整税率。争取该阶段以立法的形式出台《环境税收征收管理条例》或《环境税法》。“十二五”期间，拓宽、深化环境税收体系，提高环境税的法律效力。“十三五”期间，合理税费归位，促进环境税收体系不断完善，基本构建符合科学发展要求的环境税收制度。

二是落实企业所得税环保优惠政策，制定符合条件的、享受所得税优惠的环境保护项目和环保专用设备目录，鼓励企业治理污染和购置环保专用设备。

三是继续开展高污染、高环境风险产品目录制定并提出有关取消出口退税的建议，环保要求与出口管理尽量接口，实行差别税率。

四是加大消费税改革的力度，将部分严重污染环境、大量消耗资源的产品纳入消费税征收范围。

2. 建立生态补偿机制

建立涵盖西部地区、流域上下游、重要生态功能区和自然保护区、矿产资源开发、重污染行业退出、资源枯竭型城市的生态补偿等七大领域的生态补偿政策体系。坚持“受益者付费，破坏者补偿”的原则，补偿标准的确定应以调整相关利益主体间的环境利益与经济利益的分配关系为核心，以内化相关生态保护或破坏行为的外部成本为基准；明确不同补偿主体、受偿主体的责任和义务。“十一五”期间，重点完成我国生态补偿框架体系设计，加大力度推进国家重要生态功能区、自然保护区、矿产资源开发和重点流域四大领域的生态补偿政策试点工作，同时开展重污染企业退出补偿、西部生态屏障和资源枯竭型城市的补偿机制研究，并推进相关政策出台；“十二五”期间，继续推进四大领域试点工作的实施，充分评估重污染企业退出、西部生态屏障以及资源枯竭型城市进一步开展生态补偿试点的可行性，争取出台若干重要的国家生态补偿政策；“十三五”期间，完善国家生态补偿政策设计，争取用 15 年左右的时间，初步建立适应国家可持续发展需求的生态补偿体系。

3. 继续推进资源环境价格和收费政策改革

2008—2010 年，研究提出环境收费政策框架体系，强化排污收费的立法和执法能力建设，构建监测部门和监察部门合作机制，完善自然资源立法，积极促进金属矿物、非金属矿物和能源矿物资源的价格改革，2010—2015 年，加大费改税建设，做好与环境税政策体系的对接，同时，深化推进水资源、电价、煤炭、石油、天然气等关键性资源性产品的定价机制改革，强化环境资源价格改革的能力配备建设；逐步理顺煤炭、石油、天然气、水等资源价格成本构成机制，构建基于市场的环境资源全成本定价机制，充分考虑生态破坏、污染治理和生态恢复等成本。2015—2020 年，不断完善环境资源定价政策体系，基本形成可持续的环境资源定价政策体系。

4. 构建有效支撑可持续发展的绿色资本市场

“十一五”期间，设计绿色资本市场的政策构架，尽快制定《环保信贷指导目录》、《环境污染责任保险指导目录》、《上市企业环境绩效评估指南》等政策文件，加快绿色资本市场的立法研究和建设，沟通行业界开展环境责任险论证，充分考虑在现有的相关法律法规中如《中华人民共和国保险法》、《中华人民共和国环境保护法》等纳入环境保险内容的可行性。提出一套合理的、针对拟上市公司环境绩效审核监管标准和评估指标与方法，加强环保部门企业环境信息的供给能力建设，构建环保部门和金融系统的信息沟通平台，有效提高环保部门与保险、信贷系统的协作，编制并发布我国证券市场环境绩效指数。总结中国银行等银行实施环境信贷的经验，在北京、天津、重庆、上海、江苏等企业环境绩效评估研究基础较好的省市选择 100 家重污染、高耗能的上市公司或正准备上市的公司开展环境绩效评估试点并总结经验，促使出台有关构建绿色资本市场所需的操作性强的政策。“十二五”期间，继续加大环保金融手段研究的力度，持续深化推进试点实践，争取出台具有可操作性的法规，进一步完善实施机制，初步构建形成绿色资本市场政策体系；“十三五”期间，继续推进试点，总结试点示范经验，完善绿色资本市场政策体系，基本构建能够满足社会主义市场机制需求的绿色资本市场政策体系。

5. 积极探索排污指标的有偿使用和交易机制

研究制定排污权有偿使用和交易政策，加强监管、平台、组织机构和宣教建设力度；启动国家电力行业排污交易试点，因地制宜地引导地方开展水污染物排放指标有偿使用和排污交易试点。鼓励基于自愿的温室气体排放贸易试点和其他具有环境权益的产品的交易；继续鼓励能效等优先领域清洁发展机制（CDM）项目开发。

6．继续扩大政府绿色采购，积极引导绿色消费，大力推动绿色生产

制定和完善政府绿色采购的法律法规，全面推行政府绿色采购制度。选择优先领域、优先行业、优先产品分别制定相关标准，不断完善政府绿色采购的标准体系。建立对清单产品的优先采购机制。及时调整、更新绿色清单信息，实时动态管理。公布政府采购信息，完善监督机制。

（六）建立稳定的环境保护投资机制与渠道

1．完善环境公共财政体系，提高环境保护投资绩效

合理界定中央政府与地方政府环境保护的事权财权，实施政府环保“一级财权一级事权”的公共财政制度。要制定有关环境保护预算和投入的专项规定，形成各级政府环保财政预算的硬约束，确保最基本的财政投入底线，着力形成机制、建立渠道、明确基数，并将其作为环境保护法修改的重要内容。做实“211 环境保护科目”，各级政府新增财力要向环保投资倾斜，逐步提高政府预算中环保投入的比重，明确环保投入占 GDP 比例，确保环保公共财政支出增幅高于 GDP 和财政收入的增长速度。建立健全落实政府环保职责和公共服务功能的稳定、机制化的财政渠道，促使地方政府的“211 环境保护科目”“有渠有水”、“水源充足”。中央政府在每年新增财政收入中按照 5%～10%的比例专项用于环境保护，成立国家环境保护专项资金（含核与辐射安全资金）。国家财政转移支付应加大环境保护的权重，制定积极的国家环保公共投资政策，将环境服务均等化作为公共财政保障重点。

2．积极引导、推动社会力量加大对环保的投入

进一步完善环境服务收费制度，强化市场监管，明确所有制、开放市场、制定收费政策和税收优惠政策等内容，保障城市污水和垃圾处理市场化的健康有序发展。通过改革和完善相关机制，成立国家环保投资公司、财政担保公司，发行市政环保债券，充分利用信贷、债券、信托投资和银行贷款等多渠道的商业融资手段，为社会资本进入环保领域疏通渠道，筹措环保资金。建立国家财政资金跟踪问责机制，完善监督管理机制，努力提高环保投资实施效果。

（七）加强环境科技支撑能力，加快发展环保产业

1．完善环境保护标准体系及管理制度

要制定体现国家环境保护目标的环境质量标准和具有中国特色的污染物排放标准，完善

与此相配套的标准体系和环境技术管理体系。开展排放标准体系及其实施效果评估，包括对标准制订计划的评估、标准实施效果评估等，将评估信息整理、提炼、公开并纳入决策依据范畴。

建立国家环境基准体系，为环境质量标准的制定提供科学依据。将保护生态的基准和保护人体健康的基准作为我国环境基准体系的基本内容。在水方面，应以建立保护水生生物基准和保护人体健康基准作为核心内容，同时跟踪国际上生物学基准、微生物基准、营养物基准、底泥基准等的研究进展，适时建立相应的基准体系。在大气方面，应建立以人体流行病学数据为基础的大气环境基准，并逐步开展保护生态环境的大气环境基准研究。建立我国保护生态环境基准和保护人体健康基准的导则，系统指导我国环境基准工作的开展。

完善排放标准体系。排放标准的本质是规定和推动环境保护技术进步的政策。制定排放标准，要以技术为依据，同时考虑社会承受能力；要定期评估和更新排放标准，推动环境保护技术进步和升级。要更加关注排放标准的费用效益（效果）。排放标准的形式不应只局限于一个排放限值。排放标准在体现其强制性的优势的同时，也应尽可能为排放源提供选择执行的灵活性。要尽可能全面、多样化地制定排放标准，包括为控制排放而制定的原料燃料品质标准，从而构成一个形式多样化的排放标准体系。

鼓励拥有先进环境保护技术的单位和个人参与标准研制。建立排放标准管理信息公开和公众参与制度。依照一定的程序规范，强调信息公开和决策透明，尤其在立项、审查、复审等关键节点的公开评议和质询。标准制定和实施过程中，强调利益相关者，包括政府的相关机构、标准研制单位和个人、技术审查专家、非政府组织（NGO）、企业、公众等多方的参与协作。

2. 加强环境科技和环保产业支撑能力

完善环保科学决策机制，提升环境科技发展内在驱动力；深化环境科技体制改革，加强公益性环境科研机构建设和流域、区域综合观测研究能力建设以及及早发现重大环境问题的调查能力建设。

建立政府为主导、企业为主体、市场为导向、产学研相结合的环境技术创新体系。充分发挥企业作为环保技术投入的主体地位，引导企业开展环保技术创新和对引进先进技术的消化吸收与再创新。要大力开发污染控制与生态保护的高新技术、关键技术和共性技术，通过与企业的紧密结合，迅速将相关技术成果转化为商品化和产业化的生产能力，直接为环境污染控制、生态保护和环境质量改善服务。

建立环境科技的区域创新体系。区域创新体系是指在区域层次上集聚和整合各类创新要素所构成的社会化网络。中国科学院、中国工程院、相关高等院校、环保系统国家科研院所要与地方科研院所紧密协作，就区域性、流域性重大环境问题进行联合攻关。要将中央和地方科技力量有机结合，促进区域内科技资源的合理配置和高效利用。要以建立和完善区域创新体系、提高区域科技创新能力为主线，实施区域环保技术体系建设战略、中心城市科技创新辐射带动战略和集群创新战略。

建立环境科技中介服务体系，尤其加强公益性环境科研院所的现代化建设。要针对当前科技中介服务行业规模小、功能单一、服务能力薄弱等突出问题，大力培育和发展各类环境科技中介服务机构，加强环保先进适用技术推广应用。引导科技中介服务机构向专业化、规模化和规范化方向发展。要充分发挥高等院校、科研院所和各类社团在科技中介服务中的重要作用。发挥各类环保产业协会、环境科学学会以及行业协会的在咨询服务、技术转化和推广、环境科普、学术交流中的作用。加快发展环保服务业，推进环境咨询市场化。

加强公益性科研院所的现代化建设。进一步深入公益性科研院所管理体制改革，建立健全人事管理制度、收入分配制度等，完善绩效评估、考核和激励机制。加强学科建设、基础性工作和队伍建设，加强基础理论研究、高新技术以及应用开发和技术推广，为国家环境管理提供强有力的技术支撑。同时，也要加强地方环保科研院所建设。

建立环保产业与环境保护协调发展机制，强化市场监管，引导环保产业健康发展。积极引导企业参与环境科技创新，鼓励国家优势科研单位多学科交叉，参与环境科技的创新。调整优化产业结构，加速环境服务业发展。应把结构调整作为环保产业宏观调控的重点，通过财政、信贷、税收等政策，实现资源合理流动与优化配置。加快环境服务业发展，积极推动环境咨询、环境工程技术咨询、环保设施运营、环境监测与分析等市场的发展。提升环保产业规模经济水平，形成产业内适度集中、企业间充分竞争和协调发展的格局，实施骨干企业和企业集团发展战略，提高市场集中度。

（八）建设先进的环境监测预警体系

1．完善环境监测法律法规和制度

要依法管理和开展环境监测工作，加快环境监测法治化进程。积极推动制定《环境监测管理条例》等法规，明确环境监测统一监督管理的机制，以及环境监测事业、监测行为、监测数据的性质和法律地位等。抓紧制定《环境监测网运行管理办法》、《环境监测设施管理办法》、《环境监测信息传输和信息发布管理办法》等规章制度。制（修）订一批与监测预警体系建设密切相关的、包括《环境监测站建设标准》、《环境监测定员定额标准》等在内的标准，加快和规范环境监测预警体系建设。

2．研究创新环境监测机构的管理体制

以获取科学、准确、及时、可靠、统一的环境监测数据为目标，开展环境监测管理模式探索，研究创新环境监测机构的管理模式，逐步理顺全国环境监测管理体制与运行机制。由

环境保护部统一组织、监督和管理全国的环境监测工作，对全国环境质量状况进行监视和报告；各大区域（东北、华北、华东、华南、华中、西北、西南）应设立区域监测派出机构（如分局等），作为区域性环境监测中心，按要求组织开展本区域的环境质量监测、对本区域的地方监测数据质量进行监督，真正落实环境质量地方负责制。

3．完善环境监测网

优化调整国家环境监测网。以推进历史性转变、满足环境保护和环境监管需要为出发点，以网络与监测点位（断面、站位）结构设计和功能实现为突破点，以说清全国和流域、区域环境质量状况及其变化、掌握污染源污染物排放情况、对环境突发事件进行应急监测与有效预警为落脚点，优化调整国家环境监测网（简称国控网）和骨干成员，承担全国或流域、区域环境空气、酸沉降、沙尘暴、地表水、地下水、海洋、土壤、生态/生物、城市噪声、电离辐射、电磁辐射、污染源等监测任务，开展环境突发事件应急监测与预警。

加快建设地方环境监测网。根据国控网建设原则，尽快建设省级和市级环境监测网，做到三级环境监测网的监测任务不重叠，监测数据共享，覆盖面科学，建成监测数据具有代表性地满足环境监管工作的环境监测网络体系。要按照事权划分原则，明确界定国家与地方在国控网监测任务、能力建设、运行管理、质量管理和信息管理等方面的权责关系。

根据环保工作需要，将 POPs、光化学烟雾、细粒子等污染物纳入常规监测。针对性地开展前瞻性环境问题研究，逐步开展全球气候变化、生物多样性、臭氧层保护、持久性有机污染物、温室效应、危险废物越境迁移等监测。建立支持环境与健康预防体系的环境监测和疾病监控体系及信息平台建设，对危害健康的重点污染源和污染物进行长期监测，掌握我国主要污染物和人体健康的动态变化趋势，建立环境与健康监测数据库，为国家采取预防对策和干预措施的重要依据。建立水环境与健康监测（特别要加强农村水环境与健康的监测、饮用水水源地监测）、大气环境与健康监测体系，并逐步建立土壤环境与健康监测体系。建立环境与健康风险评估机制，加强环境与健康风险预警工作。

4．加强环境监测科研，加大环境监测投入

加强环境监测基础研究和应用技术研究（包括监测基础理论、监测新技术和新方法、环境监测技术规范、分析方法标准、预测预报、综合评价、质量控制等），加快环境监测科技成果转化，强化科技创新对建设先进的环境监测预警体系的促进作用，提高环境监测预警体系的科技含量。积极引导和促进我国环境监测技术产业的发展，提高国产环境监测仪器的质量和技术水平，加快实现国产环境监测仪器的自动化、系列化。加大自动在线监测仪器、总量监测仪器、应急监测仪器、多功能便携式现场监测仪器和环境监测实验室专用仪器的研究和开发力度，提高环境监测仪器国产化和产业化水平，为建成先进的环境监测预警体系、实现

环境监测现代化发展目标、保证环境监测预警体系长期稳定运行奠定基础。

（九）加强环境信息能力建设

启动实施“金环工程”和“数字环保”工程建设，促进信息化与环保工作的融合，全面提升环境监管的效能和水平。加强环境信息化机构和队伍建设，完善环境信息安全保障体系，实施环境信息化标准规范建设工程，努力提高环境信息化建设与运行水平。

逐步协调和整合有关环境信息的制度。理清现有的环境监测、环境统计、排污申报登记等各项制度的关系。对于相互重叠的指标，应该建立统一的核查机制，来保证环境信息源的统一；建立信息使用机制，保证各类信息使用者都能获取明确的环境信息。

建立有利于环境信息化发展的体制机制。一是要加强统一领导，健全环境信息化工作体制。建立由国家环境保护主管部门牵头、相关部门参与的联合工作机制；实行信息主管制度，加强对环保部门环境信息化工作的统一领导；建立环境信息目标考核制度；制订实施环境信息化发展规划，将环境信息化纳入统筹规划的发展轨道。二是要建立完善环境信息化工作运行机制。建立完善、分级维护的环境信息工作机制；建立合理的环保系统内部、外部环境信息资源共享交换机制，保障环境信息的共享与利用；完善政府主导的经费保障机制；建立面向市场的技术保障机制和完善的信息化培训体系。

整合环境信息资源，建立合理的交换与共享机制，建设“环境信息枢纽”，建立环境信息共享网站和环境数据库，加快环境保护现代化、信息化建设，提高环境信息资源的综合利用和服务水平。加强环境信息基础设施和信息资源建设。将环境信息化纳入国家电子政务工程重点业务信息系统建设；加快建设信息采集基础设施和环境信息网络基础能力建设；建立信息资源统一管理模式，通过体制、制度、技术等多种保障手段，对分散在各个部门、各个单位、各个层面、不同来源、不同形式、不同用途的环境数据实行全覆盖、全过程、全尺度的统一管理，提高信息资源共享和利用水平。

推进环境信息技术应用，提升信息服务水平。建设环境管理核心业务应用系统，完善环境信息服务体系；大力建设政府网站，推进政务公开，保障公众知情权、参与权、监督权，以网上审批和在线投诉为突破点，积极延伸政府服务范围，有效降低政府服务门槛。加强环境信息化保障体系建设。

建立、完善环境与健康信息管理与服务工作机制。建立国家环境与健康信息平台和建立环境与健康信息服务工作机制，为相关管理部门的工作提供技术依据，为环境与健康有关单位提供科学基础数据。建立环境与健康信息的发布管理制度，定期发布环境与健康信息，向社会公布环境污染信息和可能造成健康损害的信息，接受公众监督，帮助社会公众规避健康风险。在环境与健康信息发布上加强部门间的沟通和协作，保证信息的权威性和准确性。建立国家级和地方环境污染动态监测数据库、健康影响动态监测数据库；建立环境与健康监测数据存储、收集、汇总、调用和安全保护工作机制，统一环境和健康数据代码并与国际代码接轨，加强数据质量控制、质量保证和审计，形成有效监测数据信息资源，为国家和地方环境与健康管理决策提供科学依据，为环境与健康研究提供基础数据。

（十）提高全民环境意识，维护公众环境权益，推动公众参与环境监督

完善环境信息公开制度，保证公众知情权；畅通参与渠道，推动公众参与环境监督。探索实行社区环境圆桌对话机制，建立政府、企业、公众定期沟通、平等对话、协商解决的机制和平台。扩大公众环境知情权和监督权，健全重大环境政策、立法、环评审批等听证制度，完善立法听证程序，促进环境决策民主化。研究并逐步完善环境公益诉讼制度。实行环境污染有奖举报，鼓励公众对违法企业的揭发检举。充分发挥环境非政府组织在普及环境知识和倡导公众参与方面的重要作用，引导环境非政府组织（NGO）支持我国环境保护工作。加强面向不同社会群体的环境教育与培训，特别要加大对各级决策者和企业的环境教育与培训，积极促进生态文明观念在社会上的牢固树立和普及；完善环境新闻宣传管理机制，积极发挥新闻媒体的舆论引导和监督作用。

加强环境文化建设，创新环境文化表现形式，建立良好的环境文化发展机制，营造环境文化社会氛围，积极引导环境公益活动；加强国际环境文化交流与合作；加强环境社会宣传，加大环境社会宣传资金投入力度，发挥环境社会宣传机构和环境图书出版在社会宣传中的重要作用。

（十一）建立环境政策评估制度

建立环境政策评估制度，推动环境政策评估的理论与实践，完善环境政策执行机制和提高环境政策执行水平。制定环境政策评估管理办法，规定包括形成独立于环保部门的环境政策评估机制，加强专家学者与公众的参与，将环境政策评估结论作为决定重大环境政策延续或革新的重要依据。研究开发环境政策评估的方法与技术指南。研究内容包括环境政策评估的模式、环境政策评估的程序与技术规范、环境政策评估的模型库、参数库与案例库等。

开展重大环境政策的实施评估。开展总量控制、排放标准、环境监测、排污许可证、排污权交易等重大环境政策的实施评估，总结其经验与教训，为研究建立环境政策评估制度提供实践支撑。

五、重大建议

综合 4 个课题和 29 个专题研究成果，经研究提炼，提出以下重大建议。

（一）大力推进生态文明建设，促进人与自然和谐

提升生态文明建设在国家经济社会发展中的战略地位，以生态文明建设为指导，积极探索中国环境保护新道路。大力发展绿色经济、低碳经济和循环经济，努力形成符合生态文明要求的生产方式和消费模式；坚持改革创新，加快推进可持续发展体制机制建设；坚持不懈地推进主要污染物减排，不断改善环境质量；坚持以人为本，加快解决关系民生的突出环境问题；用人文关怀治水治污，让江河湖泊休养生息，恢复生机；加强环境宣传教育，在全社会树立和弘扬生态文明观念。

（二）严格环境标准，强化环境监管，进一步促进经济结构调整，优化经济增长

在应对国际金融危机、拉动内需、保持经济平稳较快发展中，各地要严格执行环境保护法律法规，坚持既定的减排任务和目标，实行环境保护工作问责制，对违反国家产业政策、违反环保法规新上污染环境、破坏生态的项目，要坚决查处，情节严重者，应追究当地主要领导的责任；要将环境质量改善情况纳入各级党政领导干部政绩考核，实行干部离任环保审计。要将以保护环境优化经济增长的机制逐步完善，坚持下去。对环境违法事件比较多、环境污染较重的地区和产能过剩行业实行严格的“区域限批”制度，把“区域限批”和领导问责制结合起来。

建立完备的环境执法监督体系，研究制定《环境执法监督条例》，加强国家司法和公安机关对环境保护的介入，探索建立环境警察队伍，建设规范权威的环境执法监督机构，努力形成环境执法监督机构依法执法、政府相关各部门的密切配合、企业自我约束、社会广泛参与的环境执法监督新格局。

发挥经济主管部门和行业协会的作用，协调产业发展和环境保护的关系，加大产业发展中的环保投入和产业技术开发投入，推进产业技术进步和产业结构优化，加速淘汰难以满足环保要求的落后生产工艺和产品，在产业经济发展中实现我国环境保护的重点突破。有关部门应协力合作，尽快健全重污染企业退出机制，保证落后生产工艺、产品及企业的及时、平稳、有序地退出。

（三）建立稳定的环境保护投入机制，大幅提高中央和地方政府履行环保事权的能力，确保环保任务与投入的责权统一，努力提高环保资金的使用效率

国家应制定有关环境保护预算和投入的专项规定，确定政府履行环境保护职责的相应财政资金安排，明确渠道、明确责任；完善政策机制，推动建立包括政府投入、市场投入

的多元化环保投入机制；对国家重大环境保护专项和重大环保项目的投资（如扩大内需等项目的环保投资），环保行政主管部门应依法履行职责；要继续加大环境保护重点工程、重大科技、国家环境执法和监测能力建设的投入，形成与中央政府环境综合管理相适应的环保调控能力。

（四）稳步推进税收制度的绿色化，建立有利于保护环境、节约资源的税收和价格政策体系

研究建立针对污染排放、二氧化碳排放的独立型环境税，并在部分地区先行试点；完善包括企业所得税、消费税、营业税等在内的现有税收政策改革，使其更多地体现环境保护的要求，鼓励和引导企业治理污染、保护生态；逐步建立和完善资源税、生态税和环境税，将环境资源的税收作为地方财政收入的新的增长点，以推动地方政府职能的转变；借鉴国际经验，逐步提高石油、煤炭、天然气、水资源以及各种矿产资源等价格，尽快与国际市场接轨，推动增长方式转变和经济结构调整。

（五）完善国家环境保护管理体制，推进“大部制”改革

应继续厘清国务院各部门之间和各级政府的环保职责，努力减少部门间和层级间的职能交叉、监管缺位和推诿扯皮；完善环保行政主管部门的职能，科学划分国务院各部门的环保事权以及中央和地方的环保事权，充分发挥有关部门的作用，做到权责统一。分阶段推进环保管理体制改革，最终实现环保“大部制”管理。完善国家环境决策和环境监管技术咨询服务体系，充分发挥环保社会中介组织的作用。

（六）加强环境法治，完善监管制度

以“强化政府责任”为主线，启动修改《环境保护法》，重点制定有关约束和规范各级政府环境行为的法律制度；以“强化环境民事责任”为主线，研究制定环境污染损害赔偿法等，完善保障公众环境权益的法律制度；以“厘清环境监管制度”为主线，研究现有环境监管制度之间的有机联系，减少重复、交叉、冲突和矛盾，按照“整合一批、改进一批、新建一批”的原则，逐步完善环境法律制度。以“国家法律生态化”为主线，积极推动民商法、行政法、经济法、社会法、刑法等法律与环境法律法规及制度安排的协调统一，更好地发挥国家法律体系对环境保护的保障作用。

（七）实施重点污染物减排与环境风险管理相结合的策略，改善环境质量，保障人体健康

据专家测算，化学需氧量、二氧化硫等重点污染物仍然是当前污染防治的重点，可将这

两项指标继续纳入国家“十二五”规划中；根据当前污染防控形势的要求，同时增加氨氮和氮氧化物指标。专家同时建议我国应适时实行国际通用的环境风险管理制度，国家“十二五”或更长时期的环境规划控制指标，要以维护环境安全、生态稳定和人体健康为宗旨，从重点控制常规污染扩展到控制危害环境与健康的各种环境风险。水环境保护要增加对氨氮、过量营养盐和有毒有害物质等的控制；大气环境保护要增加对大气细颗粒、氮氧化物、臭氧等的控制；要强化饮用水、地下水和土壤环境保护，严格防治重金属和有机物污染，做好污染土地的调查和修复；环境监管和环境监测要根据上述要求进行调整，各地可从实际出发确定地方控制指标，同时将环境风险作为调整产业布局、环境功能区划的依据。开展环境风险的科学研究，创新风险管理体制、机制，制定环境风险管理规划和环境风险应急预案，规范环境风险评价步骤和程序，提高防范环境风险的能力。结合节能减排，制定必要的政策措施，做好温室气体的协同控制。

（八）请国务院听取环境宏观战略研究成果汇报，在适当时候发布中央关于加强环境保护工作的文件，指导“十二五”我国环境保护工作

结　语

自 2007 年 5 月 11 日中国环境宏观战略研究项目启动以来，在项目领导小组和专家领导小组的领导下，参与研究的各位院士、专家、学者迎难而上，主动配合，以扎实严谨的工作态度和出精品争一流的进取意识，开展了大量工作。项目历经两年多时间，总体进展顺利，完成了既定任务，达到了预期目标，在许多方面取得了重要成果。

项目办公室在各课题和专题研究成果基础上，多次组织有关专题，凝练提出了重大政策建议。这些重大政策建议是需要国家采取措施来解决的，或者是目前尚未引起足够重视需强化的领域和重点。重大政策建议是中国环境宏观战略研究成果的集成和精华。

中国环境宏观战略研究是“十一五”期间环境保护的三大基础性工程之一，担负着“总结过去，指导现在，谋划未来”的使命，因此，环境宏观战略研究的成果，既要对环保历程作出总结评论，也要提出针对当前环保工作（特别是制定“十二五”环保规划）的具体部署，还要为长期环境保护发展指出方向，这就决定了战略研究是一项复杂和浩大的工作。成功的战略研究应有一个贯穿始终、逻辑完整的体系，有重要的判断和结论，有明确的战略核心思想，有必要的政策或体制突破。中国环境宏观战略研究从我国环境状况出发，追寻了历史原因和工作中的经验教训，分析了环境保护当前的地位，通过借鉴国内外经验，提出了战略思想、方针、任务和措施。当前国内外形势发展变化很快，战略研究所依据的各种因素和条件也在变化，所以战略研究应该不断地发展深化。

党的十七大提出：“坚持节约资源和保护环境的基本国策，关系人民群众切身利益和中华民族生存发展。必须把建设资源节约型、环境友好型社会放在工业化、现代化发展战略的突出位置，落实到每个单位、每个家庭”，把环境保护提到了关系国家发展前途的高度。在当前应对国际金融危机，保持国民经济平稳持续快速发展的特殊时期，环境保护更加具有特殊的重要意义，这使我们对环境保护的未来充满信心。

当前，全国都在学习实践科学发展观，这是环境保护的重大机遇。党和国家带领全体人民走科学发展道路的决心和措施，是我们进行中国环境宏观战略研究最坚实的思想基础。环境保护可以成为率先践行科学发展观的先锋和示范领域。尽管我们当前面临的环境形势仍然十分严峻，未来的环境压力还很大，但我们坚信，高举中国特色社会主义伟大旗帜，积极探索中国环境保护新道路，全面增强环境保护的国家能力，经过长期坚持不懈的努力，一定能够逐步增强中国可持续发展能力，使中国到达经济、社会、环境高度和谐的生态文明新境界！

课题组综述报告

环境要素保护战略课题组综述报告

组　长：刘鸿亮

副组长：郝吉明　孟　伟　唐孝炎

统稿人员：席北斗　雷　坤　许其功

主要环境领域保护战略课题组综述报告

组　长：陈吉宁

副组长：丁一汇　李仁涵

统稿人员：陈吉宁　陈敏鹏

战略保障课题组综述报告

组　长：祝光耀

副组长：杨朝飞

联络员：冯　燕

统稿人员：杨朝飞　原庆丹　冯　燕　宋国君　傅毅明　姜　岩　金书泰

第一章
环境要素保护战略课题组综述报告

中国环境宏观战略研究第二课题“环境要素保护战略”由水环境保护战略、大气环境保护战略、噪声与振动污染防治战略、固体废物污染防治战略、土壤保护战略、海洋环境保护战略、生态保护战略、物种资源保护战略、核与辐射安全战略 9 大专题组成，涵盖了我国环境要素的主要领域，涉及面广、综合性强，且各有侧重。针对环境要素 9 个专题任务重、要求高的特点，本课题集中主要的研究单位和知名专家，以解决我国环境要素中的重大问题为基本出发点，以科学发展观为指导，系统地开展研究工作；课题综述报告则在各专题研究的基础上，力求在更宏观、更系统的角度上综合和提炼各专题的主要观点和重要结论，总结出一些带有全局性、系统性、规律性的结论和观点，提出适合我国国情的各环境要素保护战略和重大政策建议。体现环境保护战略的宏观性、前瞻性、创新性和科学性；在观念、体制、机制等方面有所开拓和创新，为解决重大的环境问题提供宏观指导。

随着我国经济高速发展以及工业化、城市化、农业现代化进程的不断加快，流域经济社会发展模式较粗放，大量污染物进入环境并逐渐超过环境容量，破坏生态系统平衡，造成环境质量恶化，成为制约我国经济社会可持续发展的瓶颈。在我国经济社会持续发展的大形势下，针对落实党的十七大提出的生态文明和科学发展观，加快推进环保历史性转变，实现环境保护优化经济增长，从国家宏观全局发展的角度，优化产业结构和布局，提高产业生态效率，推进循环经济和清洁生产，从源头减少污染物的排放量，在全国区域、流域尺度上，以构建适合我国国情的污染防治技术和管理体系为主线，做好环境要素保护战略，为解决重大环境问题提供宏观指导，就显得特别重要和迫切，并极具挑战性，这也是本课题的研究目的。

一、中国环境形势和未来发展趋势

我国整体环境已进入复杂的复合性环境污染的阶段，由于我国自然生态与环境的先天脆弱和地区发展的不平衡，加之人口过度增长、发展模式和某些政策不当，特别是从 20 世纪 80 年代之后进入高速发展阶段，我们用短短几十年的时间走完了发达国家上百年的历程。尽管 20 世纪 80 年代，我国已经把环境保护作为一项基本国策，通过制定相关的环境保护政策法规和标准，加强新老污染物的控制、治理，积极修复与重建受损生态系统；20 世纪 90 年代提出可持续发展的基本战略，在国家社会经济持续快速发展的过程中，基本避免了环境质量急剧恶化的局面。21 世纪国家加大了环境保护的力度，在十七大报告中提出建设资源节约型、环境友好型社会，促进人与自然和谐，进一步推动了环境保护工作的广度和深度。但由于认识、技术和管理的局限，加上历史欠账太多，环境的总体状况并未根本改变，目前仍然处于局部改善、整体恶化的发展态势。

未来 20 年我国的环境保护将面临前所未有的挑战。与 20 世纪相比，环境问题无论在类型、规模、结构还是性质上都发生了深刻的变化，新的问题不断产生。环境问题的严重性已经不仅仅在于排污总量的增加和生态破坏范围的扩大，而是环境问题变得更加复杂，威胁和风险更加巨大，对生态系统、人体健康、经济发展、社会稳定乃至国家安全的影响更加深远，成为我国经济社会可持续发展和建设小康社会面临的巨大挑战。当前我国生态与环境问题的复杂性是历史上许多国家所不曾遇到的，解决这一难题需要包括经济社会优化发展、源头减排、过程削减、工程减排和生态修复等综合防治技术和管理体系的构建，形成科学的全方位综合防治对策。

（一）我国当前水环境呈现水质污染和水量短缺并存的趋势

1．水环境质量现状

总的来看，目前我国的水环境污染已从陆地蔓延到近岸海域，从地表水延伸到地下水，从单一污染发展到复合污染，从水化学污染到水生态退化；形成点源与面源污染共存、生活污水和工业废水叠加、各种新旧污染与二次污染相互复合以及常规污染物、有毒有机物、重金属、藻毒素等水体污染衍生物相互作用的复杂的流域性复合污染态势，面临水质恶化和水生态系统严重破坏的双重局面。水环境问题表现出显著的复合性、流域性、复杂性特征，重大水环境污染问题随时会急剧暴发，严重危及国家水环境安全和流域经济社会的可持续发展。

（1）河流水污染形势严峻，七大水系水质整体较差

根据 2006 年《中国环境质量公报》，我国主要河流污染未能得到有效遏制，全国七大水系的 408 个地表水监测断面中，26%为劣Ⅴ类水质，基本丧失使用功能。除长江、珠江水质良好外，松花江、黄河、淮河为中度污染，辽河、海河为重度污染。2007 年，全国七大水系的 407 个断面中，Ⅰ～Ⅲ类、Ⅳ～Ⅴ类和劣Ⅴ类水质断面比例分别为 49.9%、26.5%和 23.6%。其中，珠江、长江总体水质良好，松花江为轻度污染，黄河、淮河为中度污染，辽河、海河为重度污染。2008 年，七大水系 409 个断面中，Ⅰ～Ⅲ类、Ⅳ～Ⅴ类、劣Ⅴ类分别占 55.0%、24.2%和 20.8%。其中，珠江、长江水质总体良好，松花江为轻度污染，黄河、淮河、辽河为中度污染，海河为重度污染。

（2）湖泊富营养化和水生态系统退化严重，蓝藻暴发面积和频率增大，危害程度加剧

近 30 年来，湖泊富营养化呈迅速增长趋势。20 世纪 70 年代调查的 34 个湖泊中，富营养化的湖泊仅占 5%；1986—1989 年，富营养化湖泊比例增加至 35.76%；至 20 世纪 90 年代，我国东部的湖泊几乎全部处于富营养化状态；2002 年调查的 200 多个湖泊中，75%的湖泊呈富营养化现象。2007 年入夏以来，太湖流域暴发蓝藻，不仅大大影响了广大人民群众正常的生产、生活秩序，而且短时间内难以消除这些高浓度有毒有害物质的遗害，严重危及无锡群众饮水安全，引起社会和国家高度关注。

（3）饮用水安全问题突出，饮用水水源地受到严重威胁

全国近一半的城镇饮用水水源地水质不符合饮用水源标准，饮用水源不仅受到常规污染物污染，而且还受到新型有毒有害物质污染，不少城市饮用水水源地已监测到许多微量有毒有害污染物，严重威胁到水环境安全和人体健康。同时由于饮用水的深度处理及输配送技术相对落后，已威胁到城乡居民的饮用水安全。2005 年，原国家环保总局对全国 56 个城市的 206 个集中式饮用水水源地的有机污染物监测表明：水源地受到 132 种有机污染物污染，其中 103 种属于国内或国际优先控制污染物。其中邻苯二甲酸二丁酯、氯仿、二氯甲烷、苯和邻苯二甲酸二酯的检出率较高。2008 年，全国饮用水水源地取水仍有 23.6%超过Ⅲ类标准。我国饮用水水质状况更不容乐观，2009 年地表水饮用水水源地水质达标率为 70.3%，主要超标项目为粪大肠菌群和总氮。

（4）地下水污染严重，地下水超采形成漏斗引起地面沉降

由于工农业生产及生活用水排放、填埋渗漏、地下油罐渗漏等原因，全国水资源调查评价的 197 万 km^2 浅层地下水中，Ⅰ类和Ⅱ类占 4.98%，Ⅲ类占 35.3%，Ⅳ类、Ⅴ类占 59.49%；太湖、辽河、海河、淮河流域地下水污染最重，依次有面积的 91.49%、84.55%、76.40%、67.78%地下水超标。根据 2007 年 189 个城市地下水水质监测资料分析，主要监测点的地下水水质以良好、较好、较差为主，深层地下水水质略优于浅层地下水，开采程度低的地区水质优于开采程度高的地区。水质下降态势的地区主要集中在华北、东北和西北地区，水质呈较好态势的地区仅零星分布。

我国水资源总量的 1/3 和全国总供水量的 20%来自地下水，北部和西部城市地下水利用率为 50%～80%。由于地下水超采，我国已有 16 个省市，70 多个城市发生了不同程度的地面沉降，沉降面积达 6.4 万 km^2，2007 年监测结果表明，全国有地下水降落漏斗 212 个，其中浅层地下水降落漏斗 136 个，深层地下水降落漏斗 65 个，岩溶地下水降落漏斗 11 个，与上年相比，基本保护稳定。

2. 我国水环境发展趋势预测

（1）水污染负荷过大，超过水环境容量，南方丰水地区水质性缺水问题突出，北方水资源短缺，水量性缺水严重，生态用水严重不足

目前水污染物排放总量仍然很大，工业污染排放日趋复杂，农业面源和生活污染上升，持久性有机污染物增加，减排任务艰巨。更为严峻的是，未来我国水环境保护面临社会经济发展的巨大压力，在老的水环境问题没有得到很好解决的同时，又面临着新一轮的污染。今后水资源短缺和水质性缺水将严重制约经济社会发展，目前我国人均水资源占有量只有 2 300 m^3。根据预测，我国人口在 2030 年将达到峰值 16 亿人，届时人均水资源量只有 1 750 m^3，将被列入严重缺水的国家。同时，水环境污染加上气候变化使得水资源量进一步减少，我国将面临水资源型和水质型缺水双重压力。区域长距离调水不可避免会引发一系列生态环境问题，并面临无水可调和调水成本无法承受等一系列问题，因此海水淡化等新的水资源开发问题迫在眉睫。

（2）饮用水水源地安全以及饮用水引起的人畜健康问题突出，饮用水水源地存在潜在环境风险，执行饮用水标准亟待加强

饮用水水源地安全以及饮用水引起的人畜健康问题将更加突出，按目前的污染速度，可作为饮用水水源地的水域面积将急剧减少；各种新型有毒有害污染物对饮用水水源造成风险；水源水质和供水水质不达标现象将持续一段时间，水污染危及水生态和人体健康。地下水超采、垃圾填埋场渗滤液污染等将加剧地下水漏斗和地下水污染现象，并将成为今后面临的重大水环境问题，应受到足够的重视。

（3）蓝藻暴发等水生态灾变频发，我国尚未建立生态安全评估和风险管理体系

随着我国水环境污染和水生态破坏的日益严重，蓝藻暴发等水生态灾变诱发的生态环境灾难应引起高度重视。规划和建设中存在许多不安全因素，风险意识淡薄，应建立生态环境安全评估和风险管理体系，保障我国水生态系统健康，防止出现蓝藻大暴发等水生态灾难。

（4）持久性有机污染物（POPs）及新型有毒有害物质的水环境污染问题越来越严重，缺乏有效的监测手段和控制方法

目前我国水环境复合型污染特征突出，各种污染物叠加，新型和有毒有害污染物 POPs、EDs 等的影响日益显著，新型污染物不断涌现，危及人体健康和饮用水安全。目前对有毒有害污染物污染状况不清，还未对其进行严格控制，监测手段不完善，控制对策缺乏。有毒有害有机污染物将成为我国下一阶段环境保护的重点和急需解决的问题之一。目前应开展一些基础研究，摸清“家底”，为开展有毒有害污染物的常规监测和污染控制提供技术支持。

（5）跨界流域水环境问题日益突出，由此引起的区域和国际水环境纠纷日益增多

全球环境变化对水资源的影响以及全球经济快速发展对水环境的压力越来越大，而国际

河流作为重要的水资源在各国经济社会发展中的地位越发突出。我国有着 2.2 万 km 的陆地边界，与 15 个国家接壤，几乎与所有陆上邻国都有着国际河流的水脉相通。我国主要国际河流有 14 条，流域面积达 280 多万 km^2，约占国土面积的 30%。我国国际河流主要分布在三个区域：一是东北国际河流，以边界河为主要类型；二是新疆国际河流，以跨界河流为主，兼有出、入境河流；三是西南国际河流，以出境河流为主。如果国际河流水环境污染防治不力或开发不当，必然会引起国际水环境问题纠纷，影响我国作为国际大国的形象及国家的和平发展。

（二）我国进入复合性大气污染阶段

长期以来，由于中国以煤为主的能源结构，使得全国城市大气环境呈现高浓度的二氧化硫（SO_2）和总悬浮颗粒物（TSP）污染。近 20 年来，随着经济的飞速增长，城市化进程不断加速，高速发展的城市交通和汽车产业又导致了严重的机动车尾气污染。中国城市群大气污染正在从煤烟型污染向机动车尾气型污染过渡，出现了煤烟型与机动车尾气污染共存的特殊大气复合污染，具有明显的局地污染和区域污染相互结合、污染物之间相互耦合的特征，表现为大气氧化能力不断增强、高浓度颗粒物细粒子使大气能见度下降，一次污染物和二次形成颗粒物细粒子同时成为城市群区域大气同期或不同季节的主要污染物。

目前区域整体的大气环境质量呈恶化趋势，光化学烟雾、区域性大气灰霾和酸沉降污染频繁发生，重酸雨区的面积增加，有毒有害大气污染物环境风险越来越大，大气环境形势总体上进入了以多污染物共存、多污染源叠加、多尺度关联、多过程演化、多介质影响为特征的复合性大气污染阶段，已经对我国公众健康和生态安全构成巨大威胁，并存在发生环境灾变的隐忧。

1. 大气环境质量现状

（1）城市空气质量

自 20 世纪 90 年代起，城市大气 TSP 和 SO_2 浓度有所下降，2007 年，TSP 年均浓度达到二级标准的地级及以上城市占 72%，劣于三级的占 2.2%；SO_2 年均浓度达到二级标准的城市占 79.1%，劣于三级的占 1.2%。

NO_x 浓度总体上比较稳定，但从 2000 年以前的国家环境质量公报来看，某些城市的氮氧化物环境质量不容乐观。尤其是 1995 年以后，氮氧化物已成为少数大城市空气中的首要污染物。特别是中国东部和珠江三角洲存在大面积的 NO_2 污染，且大气 NO_2 总负荷仍呈快速增长的趋势。

全国 300 多个城市总悬浮颗粒物下降趋势明显，1999 年国控网络城市总悬浮颗粒物浓度平均值比 1990 年下降 31.8%，南方城市总悬浮颗粒物下降幅度较大，同期北方城市下降幅度较小。

总体而言，我国城市中 PM_{10} 和 SO_2 浓度约为欧美发达国家的 4～6 倍，NO_2 浓度也接近或高于欧美国家，整体污染十分严重，说明虽然传统煤烟型污染程度有所减轻，但仍十分严重。

（2）酸沉降污染

1990 年至 2003 年，全国开展降水监测城市的降水中 SO_4^{2-} 沉降量范围在 10.1～12.0 t/（km^2·a）之间；1990—1999 年 10 年降水中 SO_4^{2-} 沉降量平均值为 10.8 t/（km^2·a），2000 年至 2003 年 4 年降水中 SO_4^{2-} 沉降量平均值为 11.4 t/（km^2·a），比 20 世纪 90 年代升高了 6%。1990 年以来我国城市降水 SO_4^{2-} 沉降量总体表现出升高趋势；1993 年以来我国城市 NO_3^- 沉降量呈现出明显的上升趋势，表明氮氧化物对酸性降水的贡献在增大。1990—2008 年间，全国酸雨分布区域保持稳定，2008 年监测的 477 个城市（县）中出现酸雨的城市 252 个，占 52.8%；酸雨发生频率在 25% 以上的城市 164 个，占 34.4%，酸雨发生频率在 75%以上的城市 55 个，占 11.5%。

（3）颗粒物、霾和能见度

我国的颗粒物污染十分严重。2006 年我国 14 个城市和城郊监测站中，9 个站的 PM_{10} 浓度超过 100 μg/m^3，西安和郑州的 PM_{10} 浓度接近 300 μg/m^3。2008 年，PM_{10} 年均浓度达到二级标准以上的城市占 81.5%，劣于三级标准的占 0.6%。颗粒物污染主要来自沙尘及煤烟尘、燃煤、生物质燃烧以及机动车排放等。

中国城市 $PM_{2.5}$ 污染亦十分严重，北方城市和区域（如北京及周边省市）颗粒物细粒子 $PM_{2.5}$ 浓度高达 0.08～0.10 mg/m^3，超过美国标准平均限值（0.015 mg/m^3）4.3～5.7 倍，南方城市和区域颗粒物细粒子 $PM_{2.5}$ 浓度高达 0.04～0.07 mg/m^3，超过美国标准 2～4 倍。

我国区域性霾天气日益严重，主要原因是不断增加人为排放的大气气溶胶，当今的霾已经不是一种完全的自然现象，区域大气经常呈现出灰蒙蒙的浑浊现象，被形象地称为“大气灰霾”现象。能见度的下降说明了灰霾天气的分布、变化和严重的程度。1957—2005 年间我国东部年平均能见度下降 10km，下降速率为 0.2km/a，西部能见度下降的幅度和速率约为东部的一半，显示出我国以能见度下降为表征的区域霾问题日趋严重，且在东部表现更为明显。

（4）臭氧和光化学污染

光化学烟雾污染和高浓度的臭氧污染频繁出现在北京地区和珠江三角洲及长江三角洲，呈现出明显的区域性大面积污染，在典型地区经常出现臭氧最大小时浓度（体积分数）超过 240×10^{-9}（欧洲警报水平）的重污染现象。大面积的 O_3 污染及其引发的相关污染已成为北京及周边地区、长江三角洲和珠江三角洲面临的日益严重的环境问题。

2. 我国大气环境发展趋势预测

在经济快速增长而能源结构和产业结构不发生重大改变的情况下，我国大气环境保护工作具有艰巨性和长期性，主要的大气污染问题包括：

（1）城市空气污染不断加剧

城市空气中 TSP 和 SO_2 浓度有所下降，NO_x 浓度总体稳定，传统煤烟型污染程度有所减轻，但 TSP 和 SO_2 的浓度仍为欧美发达国家的 4～6 倍，NO_2 浓度也接近或高于欧美国家，整体污染仍十分严重。

（2）区域性大气复合污染继续扩大和加重

随着经济的快速发展、城市化进程不断加速，机动车保有量继续增长，电力、钢铁、水泥、石化等行业的污染物排放持续增长，我国东部地区的京津唐、长江三角洲、珠江三角洲的区域性复合大气污染将继续加重。

随着中西部地区和东北老工业基地的开发和迅速崛起，这些地区的传统煤烟型大气污染有可能向煤烟型与机动车尾气污染共存的大气复合污染转变，使得区域性大气复合污染继续向中西部地区和东北老工业基地蔓延，在辽宁中部城市群、中原城市群、长株潭地区、晋陕蒙能源重化工基地以及成渝地区等城市人口密度大、能源消费集中的区域出现区域性大气复合污染。

（3）酸雨污染进一步蔓延

未来随着能源消耗量的继续增长，二氧化硫、氮氧化物等致酸物排放量会继续增长，有可能使我国长江以南的酸雨区面积继续扩大、降水酸度进一步加强、酸雨频率增高，导致湖泊、河流水生生态系统受到破坏、土壤酸化和建筑物腐蚀，出现农业、渔业减产；而北方地区目前已有许多城市出现酸雨，随着二氧化硫、氮氧化物等致酸物排放量的继续增长和大气污染控制导致的大气中碱性颗粒物浓度降低，有可能使酸雨污染加重，导致酸雨区向北扩张。

（4）有毒有害废气污染对公众健康造成更大威胁

作为拉动中国 GDP 增长的主要支柱产业，重化工业的增长势头将持续相当长时间。随着重化工业快速发展，结构性污染将进一步突出，工业生产排放的有毒有害物质将严重污染部分地区的大气环境，这些有毒有害物质如苯系物等多具有致癌、致畸、致突变的作用，严重危害受影响区人民群众的身体健康，事故排放情况下其危害更加严重。因此，未来几十年大气有毒有害污染物的危害不容忽视，如不高度重视，极易引发重大环境污染事件。

（5）大气污染的跨境传输导致巨大的环境外交压力

我国大气污染物排放量持续升高，将在一定程度上对全球污染物背景浓度的升高有所贡献，在特定的气象条件下也可能对某些地区产生一定的影响。大气污染的跨界输送给我国与日本、韩国、美国、加拿大等国家的环境外交带来了巨大的压力。继 2006 年美国媒体认为我国酸雨及相关污染物的长距离输送对美国的大气环境带来很大负面影响之后，韩国报道称我国汞污染影响了首尔的空气质量，日本则表示其光化学烟雾污染的主要原因极可能是中国的大气污染物“随风飘到了日本”。面对由大气污染跨境传输导致的环境外交问题，我们必须加强科学研究，以便有所应对。

（三）我国生态环境呈现结构性破坏和功能紊乱的形势和趋势

1. 我国生态环境现状

近十几年来，我国加强了生态保护和恢复工作，先后启动了天然林保护工程、退耕还林还草工程、退田还湖工程，建立了一批不同类型的自然保护区、重要生态功能保护区等，全国森林资源逐年增加，森林覆盖率目前已达到 18.2%，水土流失面积共减少了 11 万 km^2，全国沙化土地面积开始出现净减少，年均缩减 1 283 km^2。这些生态建设与保护工程，有效地缓解了我国的生态系统退化与生态破坏，部分流域区域生态治理取得初步成效，部分城市和地区生态环境质量有所改善。

但是，目前我国生态保护所面临的形势依然较为严峻，局部生态问题有所缓和，区域、流域生态破坏在加剧；原有的生态问题略有好转，新的生态问题不断涌现；人工生态环境有所改善，原生生态环境在加速衰退；单项生态问题有所控制，系统性生态问题更加突出；显性的生态问题向隐性的生态问题转变。从总体上看，生态系统呈现由结构性破坏向功能性紊乱演变的发展态势，局部地区生态退化的现象有所缓和，但生态退化的实质没有改变，生态退化的趋势在加剧，生态系统更不稳定，生态服务功能持续下降，生态灾害在加重，生态问题更加复杂化，生态环境状况不容乐观。具体表现在以下几个方面：

（1）植被衰退严重

由于气候变暖和经济高速增长、人口快速增加以及城市化水平不断提高导致森林、草地、荒漠等植被严重退化。其中森林资源呈现数量型增长与质量型下降并存的局面，森林生态系统趋于简单化，生态服务功能衰退。草地退化严重，质量降低，生态功能和生态承载力下降。

（2）土地退化问题突出

中国土地退化问题日益突出。盐渍化和沙化土地不断增加，水土流失仍然严重，土壤污染日益加重，耕地不断减少。

（3）湿地功能降低

由于人口增长，耕地扩大，生态类型嬗变，湿地人工化趋势普遍，我国湿地面积严重萎缩。且随着湿地面积减少，湿地生态功能明显下降，湿地物种受到严重破坏，生态问题突出；湿地环境污染、水资源利用不合理，威胁湿地安全；湿地泥沙淤积日益严重，生态功能不断下降。

（4）生物多样性面临威胁

栖息地自然生境遭到破坏，生物多样性受到威胁。多年来，人口膨胀以及农村和城市扩张，使大面积的天然森林、草原、湿地等自然生境遭到破坏，大量野生动物栖息地丧失，濒临灭绝。此外，外来物种入侵形势严峻，生物多样性遭受威胁。

（5）冰川退缩明显

我国冰川集中分布在西部地区，是西北干旱区尤其是绿洲的重要水源。由于受气候变暖和人类活动的影响，近二三十年来西部冰川已经发生了明显变化，冰川物质亏损十分严重。《中国冰川资源及其变化调查》研究表明，所调查的近 2 万 km^2 无表碛覆盖冰川总体处于缩小状态，共缩小了 1 480 km^2，这部分冰川与 20 世纪 50 年代末至 80 年代第一次冰川普查相比总体缩小比例为 7.4%。

2．我国生态环境发展趋势预测

未来，人口增加、土地资源、水资源、能源需求的增长将进一步增加对区域生态环境的压力。农田、森林、湿地等生态服务价值高的土地面临被占用的威胁。粮食需求增长一方面导致大量不适宜开发的土地被开垦为农田；另一方面可能导致一些重要生态用地如湖泊、滩涂被占用。能源消耗的大量增长将进一步增加温室气体的排放，并加剧环境污染，加大资源压力。

未来一段时期，我国国内生产总值年均增长速度仍将保持在 7.5%左右的水平。经济的快速发展，对生态环境压力仍将不断增大。未来我国传统的产业结构升级调整不可能在短期内瞬间完成，粗放式的经济发展方式仍将延续，生态环境压力不容乐观。

同时，由于重经济轻生态、重建设轻保护、重工程轻社会参与、重人工措施轻自然恢复的思想与做法仍普遍存在，传统的资源开发利用方式仍未根本转变，生态建设与保护急功近利、缺乏长期稳定的规划与经费投入，以牺牲生态为代价换取眼前和局部利益的现象在一些地区依然严重，因此现有生态保护成效的巩固难度很大，生态系统的压力没有从根本上得到改观，生态系统功能退化的趋势在相当长的时期内仍将延续。

（四）日益增大的固体废物产量和有限的处理处置能力的矛盾日益突出

1．我国固体废物产生与污染现状

我国目前官方统计数据为年产生城市生活垃圾约 1.6 亿 t，工业固体废物约 15 亿 t，危险废物约 1 100 万 t。而实际上，我国纳入固体废物管理的固体废物数量极其有限，按照数量计算不到 20%，固体废物产生量远远不止这些数量。

虽然到目前为止，还没有关于固体废物污染的全面数据，但是从某些局部调查可以看出，我国固体废物污染还是非常严重的，到目前为止还没有缓解的迹象。2002 年国家环保总局对全国 47 个环境保护重点城市的生活垃圾处理设施进行了全面的环境监测。监测结果表明，54 家填埋场中无一家填埋场污染排放物达到国家标准，在进行地下水监测的 48 家填埋场中，45 家填埋场所在地地下水水质超过国家标准，最高超过近 8 万倍。考虑到这次调查的范围是环境保护重点城市，垃圾处理设施技术水平普遍较高，由此可以说明在我国城市垃圾填埋场、堆放场对地下水已经造成了全面的污染。

根据调查和估测，我国历年积存的铬渣大约有 500 万～700 万 t，已经造成了大面积的地下水和土壤污染。而且其他危险废物的污染尚没有任何数据可以说明其范围和程度。但是各地在城市建设过程中不断出现严重的土壤污染甚至造成人身健康事故的事例可以说明，这一污染应该是很严重的。在我国城市生活垃圾中，还有大约 48%，即约 7 500 万 t 城市生活垃圾进入简易填埋场，甚至被倾倒进江河湖泊而没有进行任何处理。这些生活垃圾进入环境，并且对环境造成了不同程度的污染。

我国大约有 2.75 亿 t 农村生活垃圾和乡镇生活垃圾没有得到有效的无害化处置，已经对当地水体、土地造成了不同程度的污染。在三峡地区、太湖地区等环境敏感地区已经注意到这一问题，为保护水质开始以面源污染治理为目标进行农村和乡镇生活垃圾无害化处理，但是对于绝大部分农村和乡镇的生活垃圾污染还没有进行全面治理的计划。

总之，固体废物特别是危险废物污染严重，二次污染对土壤和地下水造成长期潜在威胁，垃圾焚烧产生的二噁英毒性极强。固体废物污染表现出明显的长期性、潜在性、滞后性和不可逆转性特征。

2. 我国固体废物管理中存在的问题及趋势

（1）固体废物底数不清

我国纳入固体废物管理的固体废物数量极其有限，同时对固体废物的产生种类、分布、性质以及污染途径、污染状况都缺乏必要的了解，存在着固体废物管理底数不清的问题，产生的后果是不能全面把握我国固体废物产生、处置和污染的情况，因而不能正确制定固体废物管理的战略和政策，因而难以全面遏制固体废物增长的实际污染状况。

（2）固体废物污染认识不明

目前在我国固体废物管理领域中，对固体废物和固体废物管理仍然存在认识混乱的状况。固体废物不同于废水和废气，其性质极其复杂，几乎可以包含所有物质形式的特性，其污染途径和污染形式也相应极为复杂，而且工业技术的飞速发展造成固体废物没有可接受的环境受纳体，不可能采用与废水或废气相同的排放技术，所以其处理和管理政策也就不能与废水或者废气相同。不能将固体废物作为污染排放物管理，而应作为污染源进行管理。固体废物无害化管理应该是自产生源开始全过程管理，其最有效的途径是源头减量，即减量化；其最终的出路是参与社会循环或者生态循环使之资源化。

（3）尚未建立起完善的固体废物管理体系

① 固体废物管理法律体系缺失严重。

我国固体废物管理的基本法律是《中华人民共和国固体废物污染环境防治法》，同时在这一法律的指导下制定实施了《医疗废物管理条例》等一系列专门规章条例。但是，我国目前的固体废物管理的法规体系还存在着较大的缺陷，无法全面有效地指导我国固体废物管理。主要存在以下两个方面的问题：各个法律之间没有明确的关联性，因而固体废物管理缺乏统一的目标，而且各个法律之间常常出现重复甚至矛盾；固体废物管理的法律体系缺乏统一、科学、合理的法律原则和管理目标。

② 管理权限分散，管理体制不适应固体废物管理要求。

目前涉及固体废物管理的政府部门有 7 个，这一现象同样存在于中央和地方政府，非常容易出现政策矛盾、职能重叠或者区分不清等情况。即使在环境保护管理部门中，固体废物管理的职能也分散于污染控制、规划、科技标准、法规、环境监察等管理机构中，难以形成科学、合理的管理目标，也就无法形成统一、有效的管理合力，经常会出现互相制约、互相掣肘的现象，造成管理漏洞和管理盲区。

③ 固体废物管理目标不清。

无论是法律还是管理实践，均没有将固体废物管理目标从单纯的污染控制转变到资源保护与循环。由于没有触及固体废物管理的本质，固体废物管理和污染控制的目标不清，无论是阶段目标还是长远目标都没有实质性指标。这也给固体废物管理带来混乱。

（4）固体废物污染控制与管理没有得到应有的重视

① 固体废物管理与污染控制投入严重不足。

我国城市生活垃圾管理、处理设施的建设投资以及设施的运行水平等，与固体废物无害化管理要求还有非常大的差距，欲赶上国际先进水平还需要走很长的路。我国工业固体废物（危险废物）的有效管理投入也是很低的，而农村生活垃圾和农业废物的直接投入几乎没有。在这样的资金投入和资金保障体系下，要达到固体废物无害化管理的任何目标几乎都不可能。

② 固体废物综合利用的经济鼓励政策及实施对象范围狭窄，且落实困难。

固体废物管理的重点应该是鼓励固体废物的综合利用。但是目前对于固体废物综合利用缺乏统一、综合的鼓励政策，缺乏对固体废物综合利用及其产品认证的实施细则，经常出现税收部门难以确认税收优惠对象的现象；优惠政策仅限于税收优惠；还没有建立起生态补偿机制，对于经济价值较低的固体废物综合利用技术和其产品难以做到有效的支持。

③ 污染治理责任主体不清，缺乏有效的投资渠道。

我国法律还没有对固体废物已经造成的污染治理责任做出明确的认定，特别是对于由于经济体制改革造成的无责任主体，固体废物造成的污染或者固体废物产生者明确但是没有经济能力进行治理的情况下，没有明确的法律来界定应该承担治理责任的主体。

（5）固体废物污染控制与管理的发展趋势

① 固体废物源头削减。

② 固体废物资源化与循环经济。

③ 形成资源节约型、环境友好型社会。

（五）土壤环境污染和质量退化形势严峻

近 20 年来，随着我国社会经济的快速发展和人口的不断增多，工业“三废”的大量排放、农药化肥的过量施用、污水的大面积回灌以及工业化、城市化、农业集约化过程中不合理的土地利用，使得土壤污染逐渐加重。目前，我国的土壤污染面积在扩大、污染物类型在增多、种类在叠加、浓度在提高，影响到食物安全、饮用水源安全、生态安全和人居环境安全；随着经济发展和城市化进程的推进，土壤污染表现出明显的多源性、多样性、复合性，出现了一些新的变化趋势，土壤环境保护的滞后现象逐渐凸显出来。

1. 我国土壤资源与利用现状

我国地域辽阔，自然条件复杂，土壤资源极为丰富。土壤资源的特点是土壤类型多，绝对数量大。全国山地及丘陵地面积占总面积的 66%，平地及盆地只占 34%。因此，山地土壤资源面积广阔，大多为各种高山及山地丘陵土壤类型。除西部青藏高原仅适于林牧业发展外，北部山地、江南大面积的丘陵山地，均适于发展多种经济林木，并为大农业的全面发展及综合利用创造了极为有利的条件。

我国耕地面积小，2004 年全国耕地面积 12 244.43 万 hm^2，低于美国的 17 695 万 hm^2，也低于印度的 16 175 万 hm^2。人均耕地面积从 1996 年的 0.106 hm^2 下降到 2004 年的 0.941 hm^2，不到世界平均水的 40%。

目前我国土壤资源存在的主要问题，一是耕地损失巨大：由于建设占用、生态退耕、农业结构调整、自然灾害等原因，全国耕地面积已从 1996 年的 13 003.92 万 hm^2 减少到 2004 年的 12 244.43 万 hm^2，8 年间共减少 759.5 万 hm^2，减幅达 5.84%。二是土壤退化：土壤退化是当今全球紧迫性问题之一，它对人类生存及全球环境起重大影响。我国土壤退化对资源利用、环境恶化及农、林、牧等生产影响严重。因此从全球出发，加强对我国土壤退化及其保护研究，具有理论及现实意义。

2. 土壤退化与生态安全现状

当前我国土壤资源面临着水土流失、土地荒漠化、土壤盐渍化、耕地退化，石漠化及土壤酸化等诸多突出问题，构成了对生态安全的严重威胁。其主要表现在以下几个方面：

（1）水土流失严重

据近期遥感调查，目前我国水土流失面积为 355.56 万 km^2，占国土面积的 37.42%，每年流失表层土壤在 5×10^5 万 t 以上，丧失的肥力高出全国化肥的产量。这不仅造成巨大经济损失，而且使土壤肥力不断下降，导致化肥用量的逐年升高，土壤肥力却又越来越差，从而形成恶性循环。

（2）土壤荒漠化加剧

我国天然草原近 4 亿 hm^2，约占国土面积的 40%，是我国陆地面积最大的天然生态系统，也是环绕东北、华北、西部最大的绿色屏障。但是，草原在严重退化和沙化。目前我国沙化土地 168.9 万 km^2，约占国土总面积的 17.6%。其中有 116 万 km^2 的沙漠是在目前技术和财力条件下难以治理的；有 52.9 万 km^2 的沙化土地经过努力是有可能恢复其原有的草地和耕地面貌的。另外，还有 90 多万 km^2 的土地处于明显沙化的过程中，如果不采取有力措施，也会逐步变成荒漠。目前，形成了一条西起塔里木盆地，东至松嫩平原西部，东西长约 4 500 km，南北宽约 600 km 的风沙带。

（3）土壤盐渍化问题突出

我国的盐碱土壤面积约 1 亿 hm^2，主要集中在华北、西北和东北这些干旱和半干旱的地区，大致在沿淮河—颍河—秦岭—西顷山—积石山—巴颜喀拉山—唐古拉山—喜马拉雅山一线以北的广袤地带，西部土地正处在极易大面积盐渍化的气候地域里。在干旱和半干旱地区，有 40%的耕地存在不同程度的退化。土壤盐渍化发展突出，现已形成的盐渍化土地近 37 万 km^2，加上原生的盐渍化土地，面积已达 80 多万 km^2，耕地一经盐渍化，农作物产量急剧下降，甚至弃耕。

（4）土壤石漠化发展迅速

我国石漠化土地主要分布在湖北、湖南、广东、广西、贵州、云南、重庆、四川八省（自治区、直辖市）中。截至 2005 年年底，石漠化土地总面积为 12.96 万 km^2，占监测区总面积的 12.1%，占监测区岩溶面积的 28.7%。当前，我国石漠化面积已经超过 30 万 km^2，中度以上的石漠化面积约为 11 万 km^2，以每年 2%～4%的速度扩展（来源：新华网，2007）。

3．土壤污染的状况

（1）耕地土壤污染日趋严重，危及农产品数量和质量安全

据 1997 年《中国环境状况公报》显示，我国有 1 000 万 hm^2 耕地受到不同程度的污染。全国利用污水回灌的农田面积为 361.8 万 hm^2，占全国总灌溉面积的 7.3%，占全国地面水总灌溉面积的 9.96%（1998 年《中国环境状况公报》）。污灌农田面积从 1982 年的 133 万 hm^2 扩大到 1995 年的 362 万 hm^2，增加了 2.7 倍。目前我国不同程度重金属污染的耕地面积约 2 000 万 km^2，约占耕地面积的 1/5。

（2）工矿区及其周边土壤污染形势严峻

近年来，我国土壤污染呈现愈演愈烈之势，其中工矿区及其周边土壤重金属污染状况较为突出，尤其在我国广西、湖南、云南、广东等金属矿产较为丰富的省份。由于矿产的不合理开采和废水废渣的随意排放，一旦遇到洪水、尾砂矿垮坝，造成的污染土壤面积激增。

（3）城市中土壤污染状况日趋严重

城市工业发达，污染源不仅数量多，而且种类繁杂。加上城市人口集中，人类活动频繁，与土壤直接或间接接触的概率很高，相比于自然土壤或农用土壤而言，这类土壤污染更容易对人体健康造成危害。在快速的城市化进程中，全国各地出现了越来越多的工业企业搬迁或遗留场地污染土壤，急需整治和修复，以保障人居环境安全和人体健康。例如北京城区三十多个公园土壤 Pb 质量分数调查表明，虽然污染程度轻的公园占大多数，但以故宫、颐和园、北海为代表的著名公园污染指数远远高于其他公园，且这些公园客流量大，对人体健康造成的影响也大。

（4）公路等交通干线两侧的土壤污染不容乐观

含铅汽油、润滑油的燃烧，汽车轮胎、引擎、刹车里衬的机械磨损不仅引起 Pb、Zn、Cu 和 Cd 污染，同时也造成 Ba、Ni、Cr、Mn、Mo、Sb、Co 和 Pd、Pt、Rh 等污染。机动车辆排放的污染物或直接沉积在路面灰尘中，或通过干湿沉降在公路两侧土壤中，导致城市公路两侧土壤中出现不同程度的积累。随着无铅汽油的推广使用，土壤铅输入量大幅减少，公路两侧土壤铅污染状况有望避免继续恶化，一定程度上得以缓减。但随着我国经济快速发展，汽车保有量增长很快，公路两侧土壤中污染问题仍不乐观。

（5）农业土壤污染和食物污染问题多集中在城郊及城郊结合部

进行作物种植从运输的便捷和管理的成本等方面来看，城郊优于远郊，通常种植蔬菜或其他附加值相对较高的作物，人类活动强度较大，污染状况较为严重。

（六）海洋环境污染形势严峻、近岸海域生态系统健康堪忧

1. 海洋环境质量现状

（1）近岸海域污染相对较重，水体营养失衡问题突出

我国海水环境质量总体状况表现为近岸海域环境污染相对较重。在各项污染物中，无机氮和活性磷酸盐是我国近岸海域最主要的污染物，污染程度以无机氮最为严重，其次是磷酸盐。COD 和石油类污染物逐渐减轻。2007 年，全国沿海各省、自治区、直辖市中，海南、广西、山东和广东省近岸海域海水水质较好，上海、浙江近岸海域水质较差。

随着沿海经济的不断发展，陆源输入营养物质的不断增加，导致部分海域富营养化，C、N、P、Fe 等生源要素已经发生改变，直接造成近海营养失衡，进一步导致生态系统的结构和功能发生变化。例如近 50 年来长期监测资料显示，胶州湾海水的 NO_3^--N 和 NH_4^+-N 浓度分别提高 14.5 倍和 9.5 倍，与之对应的是浮游植物数量呈增加趋势但是多样性指数有所下降，优势种更替明显，赤潮频发。另外，近年来对渔业资源和生态安全极具破坏力的水母类浮游动物的频繁暴发在海湾和近岸海域愈演愈烈，富营养化导致的低氧环境和初级产品结构的改变

可能是引起水母类浮游动物生物量增加的重要原因。

（2）近岸海域沉积物中有毒有害污染物污染程度加重，范围扩大

近岸海域沉积物质量总体良好，污染的综合潜在生态风险低，然而，不容忽视的是部分海域沉积物受到滴滴涕、多氯联苯和砷等的污染。

（3）近岸海域生态系统健康状况不佳

2007 年我国 18 个生态监控区的生态监测结果显示，我国近海 14 个主要海湾、河口及滨海湿地生态系统处于亚健康或不健康状态，其中锦州湾、莱州湾、杭州湾和珠江口生态系统处于不健康状态。

总的来看，我国海洋环境现状为：近岸海域水质欠佳，生态系统健康状况不容乐观，资源无序利用，食品安全堪忧。我国海洋环境演变趋势为：水质恶化趋势总体缓解，传统污染物受到控制，但富营养化和局部海域新型污染物有加重趋势；近岸海域生态系统健康状况恶化的趋势尚未得到有效缓解、海岸带生境破坏趋势加剧，生物资源衰退，环境突发事件发生的频率增大。

2. 我国海洋环境发展趋势

根据对各种主要污染物产生量预测结果，未来我国陆域污水产生量逐年增加，种植业、畜牧业、工业、城市和农村废水和污染物产生量都将显著增加。对于今后海洋环境而言，来自陆域污染物输入量必将大幅度增加，对海洋环境形成极大的压力。

就海洋经济发展而言，“十一五”期间，海洋经济以年均 11.1%的速度增长。根据《全国海洋经济发展规划纲要》（2003 年），海洋产业逐渐成为国民经济的支柱产业。因此，在今后比较长的一个时期内，我国海洋经济仍将保持高速增长的势头。海洋经济的高速发展，必将给海洋资源和海洋环境保护带来巨大的压力，如养殖污染、水产品安全、海岸带生境进一步破坏、船舶污染、海洋工程污染、渔业资源衰退、生态系统退化等问题。

（1）滨海湿地生境大量丧失，海岸带景观破坏愈演愈烈

中国沿海地区经济发达、城市化水平提高、人口密度大、工厂企业密集，开发建设与生态保护的矛盾十分突出，一些地方不能正确处理保护与发展的关系，不惜以牺牲生态为代价谋求经济的暂时发展，破坏红树林、海岸基干林带和自然湿地、围湖造田、挖池养殖、开发区建设等造成了湿地、林地的大量流失。

（2）生态异常现象不断增多

① 赤潮灾害。

赤潮不仅给水体生态环境造成危害，也给渔业资源和生产造成重大经济损失，而且还给旅游业和人类带来了危害，已成为全球性的海洋灾害之一。进入 20 世纪 90 年代，我国赤潮已呈现出发生频率增加、暴发规模扩大、原因种类增多、危害程度加重的发展趋势，赤潮灾

害已居世界前列，经济损失也不断增加。

② 大型水母连年暴发。

自 20 世纪 90 年代中后期起，东海北部及黄海海域发生大型水母连年暴发的现象，其中以 2003 年的发生程度最为严重。2004 年至 2007 年 8 月的调查结果显示，在渤海和黄海水域沙蜇的数量已呈现出逐年增加的趋势，水母暴发是近 10 年来中国沿海海域突出的生态问题，严重影响到捕捞渔民的生产、生活。

③ 海星泛滥。

2007 年 3～4 月，青岛市胶州湾海域周围红岛、胶州、即墨、黄岛等地的贝类养殖海区均不同程度出现海星泛滥的情况，导致养殖业户损失巨大。

（3）淡水入海量短缺，近海生境不断退化

淡水也是维持近海生态系统健康的必要物质，这在渤海表现较为突出。渤海有 40 余条河流注入，携带大量营养盐及泥沙的河水与海水混合，在河口浅海区构成了低盐度、营养丰富、水温适宜的沿岸水团，为众多渤海当地及洄游海洋生物种类提供了适宜的产卵、孵化及育幼场所。近年来，由于渤海入海径流量显著下降，海洋生态用水量明显减少，导致整个渤海盐度明显升高，河口区域更为突出。

（4）近岸海域有机污染问题凸显，海洋石油开发的环境风险加大

中国是一个农业大国，在 20 世纪 60—80 年代大量生产和使用的农药主要是有机氯农药。中国也曾工业化生产过多氯联苯。此外，中国在氯碱、造纸、金属冶炼、有机化工及垃圾焚烧等工艺过程中均产生二噁英类物质，用于血吸虫防治的主要药品五氯酚钠也含有一定浓度的杂质二噁英；同时海洋石油开发的环境风险加大，这些有机物在环境中难以降解，在环境中的滞留时间很长。在食物链中，一般来说最先被藻类吸收，一旦被生物吸收后，由于它们的脂溶性，很难从生物体内排出，致使在食物链中逐渐富集。

（5）生物资源日趋衰退

中国渤海、黄海、东海和南海北部大陆架海域渔业资源开发利用从 20 世纪 50 年代初利用不足，逐步走向充分利用和过度捕捞。中国周边四大海区的渔业资源已经严重退化和衰竭，造成了传统经济渔业种类资源衰退、生物多样性降低、生物群落低级化等问题，海洋生态系统正发生难以逆转的异常变化。

受生态环境恶化、养殖管理措施不到位等各种因素的影响，我国养殖病害现象日趋严重。养殖生产上的饲料添加剂和鱼药的滥用，造成部分水产品残留药物的超标，导致我国水产品质量严重下降，威胁食用者的身体健康。

（七）城市声环境质量总体恶化，受噪声影响的人口数量在增加，范围在扩大

1. 噪声污染现状

环境噪声污染影响涉及的人数较多，范围较大，已经被大多数国家列为重要环境影响因素。我国环境噪声主要来源为交通噪声、工业噪声、建筑施工噪声和社会生活噪声。声源噪声声级最高的是交通噪声，其次是建筑施工噪声。影响范围最大的是社会生活噪声，其次是交通噪声。

我国 43 个城市声环境质量的调查统计表明，我国受重度污染（>65dB（A））、中度污染（60～65dB（A））和轻度污染（55～60dB（A））的覆盖面积比例分别为 2.6%、7.2%、32.5%，覆盖的城市人口分别达到 3.7%、8.1%、33.8%。表明我国逾 1/3 的城市区域噪声处于轻度污染或中度污染状态。在各类声源中，全国道路交通噪声强度高，影响范围大，以道路交通噪声为主要声源的环境噪声影响程度持续增长，影响范围不断扩大；相当比例的工业企业噪声达不到国家标准，城市中工业噪声影响范围减小，但有从城市向农村转移的趋势。反映道路交通影响的 4 类功能区夜间超标较严重。在我国大多数城市，环境噪声投诉率占环境投诉的 40%～50%，位居环境投诉首位，主要集中在建筑施工噪声、社会生活噪声和交通噪声，而且投诉信件呈明显上升趋势。

总的来看，在我国大多数城市，城市声环境质量总体恶化，受噪声影响的人口数量在增加，范围在扩大，环境噪声投诉长期居高不下，环境噪声防治仍然面临较大的压力和挑战。

2. 噪声污染发展趋势

随着城市化进程、城市发展速度的加快，城市在地域空间上的分布出现新的趋势，我国将形成五大城市集聚区，即辽中南地区、京津唐地区、山东半岛地区、沪宁杭地区、珠江三角洲地区五大城市集聚区，这些城市区域逐渐形成交通便利、社会经济活动出现同城化特点，构成巨型城市大都会。伴随着五大城市集聚区的出现，可以预计在未来的 10～15 年内，这些巨型城市大都会区域内的环境噪声污染问题将呈现由点到面的快速辐射增长，其中受到城市环境噪声污染困扰的人群数量也会随我国城市化发展的速度成正比上涨。

在未来 20 年内，我国每年将有 1 700 万农村人口转入非农业或城市地区，成为新增城镇人口。如此规模巨大、发展迅速的工业化与城市化进程，必将导致城乡结构发生重大变化，社会生活噪声污染将增加较快，成为未来城市噪声污染的重点。中小城市的生产和服务功能并重，公共设施和居民用地相应增长，伴随着全球的产业转移，工业用地将优先增长，中小城市的生产性功能在一定程度上得以加强，工业噪声污染会在一定程度上增加。此外，随着

市政建设和房地产开发的发展，未来 20 年，建筑施工噪声在不同城市都将存在，呈现增长的态势。

今后 20 年，民用航空机队的规模将持续扩大，飞机噪声污染将带来重要影响，民用直升机对城市及特殊区域的噪声污染将突出起来。

综上所述，未来我国工业噪声在特大城市将逐步减少，在中小城市将增加。社会生活噪声在全国各城市及乡镇将持续增加，如不加以有效管理和控制，将成为影响人民生活质量的重要因素。目前乡镇噪声污染治理的重视程度不够，风景名胜区、自然保护区等特殊区域的声环境质量也应引起关注。

（八）物种资源丧失情况严重，受威胁程度依然处于高水平

1. 我国物种资源现状

（1）我国物种资源丰富

我国幅员辽阔，水热资源多样，孕育着极其丰富的植物、动物和微生物物种。有高等植物 470 科，3 744 属，30 491 种，分别占世界科、属、种数的 58.6%、26.3%和 12.1%。就种数而言，仅次于世界上植物丰富的马来植物区（约 4.5 万种）和巴西（约 4 万种），居世界第 3 位。从已记录的物种数目来看，中国哺乳类物种数居世界第 3 位，鸟类物种数目居世界第 6 位，两栖类物种数目居世界第 6 位，无脊椎动物占世界无脊椎动物总数的 10%左右。

我国的水生动物资源也很丰富，有磷虾类 40 余种，蟹类 600 余种，虾类 300 余种，鱼类约有 2 830 多种，水生龟鳖类 30 余种，海蛇 16 种，鳄 1 种，鲸类约 36 种，鳍脚类 4 种和海牛 1 种，另外还包括一些海獭、河狸等小型水生哺乳动物。仅生活于我国长江的白鳖豚是世界 5 种淡水豚类中最濒危的一种，生活于长江中的江豚是世界上唯一的江豚淡水亚种。

我国微生物种数约占世界的 1/6，是名副其实的微生物资源大国。据估计，我国有菌物种类约 25 万种，目前已报道约 10 000 种真菌，2 000 种地衣，412 种黏菌，占全世界已发现菌物种类的 1/7。

（2）我国物种资源丧失情况严重

但由于人口增长、生物物种资源的过度开发利用、外来物种的引进、环境污染、气候变化等原因，目前，我国生物物种资源丧失严重。《中国物种红色名录》（第一卷，2004 年）的评估结果表明，我国的生物物种濒危情况远比过去评估的比例要高，各类生物物种受威胁的比例普遍在 20%～40%。由于土地开发，许多物种的原生境丧失，农业部 1999 年对我国畜禽种质资源调查的结果表明，由于生态环境恶化和品种单一化，部分畜禽物种资源已经灭绝，严重濒危的畜禽物种达 37 个。外来入侵物种的大量生长和蔓延也对生物物种的生境造成严重威胁。此外，气候变化将对许多物种的生存环境造成威胁，其影响程度目前还难以估计。

2. 物种资源保护趋势

我国处于城市化和工业化阶段，对资源的需求巨大，虽然，我国正在改变经济增长方式，加强了对物种资源的保护，但是，在急需发展经济的前提下，相对一段时间内，对资源仍然有较大的依赖，物种所受威胁程度依然处于高水平，物种依然会减少，但是减少的速度会下降。随着物质水平的提高，人们生活的改善、素质的提高以及人们保护环境的意识不断增强，物种受到保护力度会不断加强，同时技术的发展，也会提高生物资源利用的程度。

此外，近百年来，全球和中国的气候正经历一次以变暖为主要特征的显著变化，它对世界和我国的生态系统产生了并将继续产生重大的影响。在全球变暖的大背景下，近百年来，我国气温上升了 0.4～0.5℃，略低于全球平均的 0.6℃，气候变暖最明显的地区在西北、华北、东北地区，长江以南地区变暖趋势不显著；冬季增温最明显，降水以 20 世纪 50 年代最多，以后逐渐减少，华北地区尤为如此。在这种情况下，冰川、冻土和积雪可能减少，湖泊水位可能下降，同时面积萎缩，海平面可能升高，一些极端天气气候事件可能增加，自然植被的地理分布与物种组成可能发生明显变化。在这种情况下，物种资源将会发生明显变化，一些物种会迁徙，一些物种会灭绝，物种资源的分布会发生变化，入侵物种会增多，但是，也可能带来一些有利情况。

（九）核电的发展会进一步加快，核与辐射安全形势严峻

1. 现状

（1）核电和核技术应用发展的状况

我国是一个环境问题比较突出的大国，由于能源结构的问题，二氧化硫排放量和消耗臭氧层物质（ODS）生产量和消费量居世界第 1 位，二氧化碳排放量居世界前列，占全世界排放量的 11%。为了改变我国由于以煤为主的能源结构所造成的生态系统破坏和严重的环境污染，党和政府在综合考虑了国民经济发展需要、电力结构调整要求和核电发展现状等因素后，确定了积极发展核电的战略指导方针，以求通过发展核电这种清洁、安全、经济的能源，改变我国的环境状况和能源结构。目前我国已基本具备了建造和安全运行大型核电厂的能力，在核电建设、核设施安全方面，我国有一整套核电安全保障制度。截至 2007 年年底，浙江秦山、广东大亚湾和江苏田湾三大核电基地已建成发电机组 11 台，总装机容量 870 万 kW。此外，目前还有秦山二期扩建、岭东核电厂和辽宁红沿河核电厂共 6 台机组在建，其装机容量 530 万 kW。另外，国家已批准立项建设的浙江三门一期和山东海阳一期两个厂址共 4 台机组于 2009 年正式开工。

除核能领域以外，我国的核技术已在医疗卫生、科学研究和工农业等领域广泛利用，尤

其是放射性同位素和射线装置应用最为广泛。此外，核军工企业现场积存有大量的放射性废物，特别是长期贮存的放射性废液对环境安全造成极大的威胁，安全形势依然严峻。此外，研究设施的退役与污染整治项目进展缓慢，废物处置能力、去污与环境整治技术能力远不能满足工程需要，技术标准和现行法规的要求还有相当大的差距。

作为更长远的考虑，我国还积极开展快堆和高温气冷堆的研究开发工作。清华大学在建成了 1 万 kW 高温气冷实验堆的基础上正抓紧 20 万 kW 模块式高温气冷堆示范核电站的建设工作。该堆与大型先进压水堆一起列入了《国家中长期科学和技术发展纲要》中的 16 个重大专项之一。此外，核工业集团所属中国原子能科学研究院的 6.5 万 kW 中国实验快堆正在建设中，目前已进入安装阶段。

（2）核与辐射安全状况

全国辐射环境质量状况总体保持在良好的状态，各种介质中的放射性水平与 1983—1990 年间开展的全国环境天然放射性水平大调查的结果相比无明显变化。但室内氡的水平有明显上升；军工核设施存在一定程度的污染，大量的核设施等待退役，废物有待安全处理处置。铀矿山周围环境介质中存在一定的污染，大规模的伴生放射性矿产资源开发和利用中的环境污染问题日益严重，缺乏完善的辐射环境监测体系。核技术应用中存在安全问题，人为活动引起天然辐射水平升高。

2. 核与辐射安全未来发展趋势

根据国家核能发展规划，到 2020 年将建成 4 000 万 kW 核电装机，1 800 万 kW 在建，利用放射性物质的核技术应用也在迅猛发展。核电和核技术应用的快速发展，使得放射性污染的潜在风险增加。而从目前的形势来看，核电的发展会进一步加快，核与辐射安全形势严峻。

二、当前和未来我国环境要素保护面临的机遇和挑战

（一）新时期我国环境要素保护面临的机遇

当前，党中央、国务院高度重视环境保护工作，将改善环境质量作为落实科学发展观、构建社会主义和谐社会的重要内容。国务院总理温家宝在 2006 年召开的第六次全国环保大会上指出，做好新形势下的环保工作关键是要加快实现“三个转变”。“三个转变”强调经济发展和环境保护的并重、环境保护与经济发展同步，以及综合运用各种手段解决环境问题。“三个转变”的重要思想给出了新时期环境保护的总路线，给环境保护工作带来了难得的发展机遇。具体来讲包括以下几个方面：

1. 经济实力的不断增强，为生态与环境保护提供了坚实的物质基础

经济的快速发展增强了综合国力。中国进入到以全面、协调、可持续发展为指导、以“五个统筹”为原则的新发展时期。随着经济实力的增强，人民对高质量生态环境的渴望，形成了生态环境保护的巨大驱动力。

2. 党中央、国务院高度重视环境保护问题，生态文明和科学发展观更加深入人心

我国提出了建设环境友好型、资源节约型社会的战略决策，为环境保护开拓了广阔的空间；国家成立了环境保护部，使环境保护的综合决策能力有了组织基础，为环境保护管理水平的全面提高具有体制和机制保障；通过学习落实科学发展观，提升了经济与环境协调发展的思想认识，为强化环境保护工作开创了机遇。

3. 决策科学化和科技创新为生态环境保护提供强有力的支持

目前我国正大力推行环境优化经济发展，大力开展流域（区域）产业结构调整优化社会经济发展模式，综合评价我国环境和经济可持续发展的质量和水平。由此，再将当地环境质量优劣纳入干部政绩考核体系。生态与环境科技创新体系正在不断完善，为正确地阐明我国生态破坏和环境污染问题成因、特征和危害，采用高技术保育、修复受损生态系统和加强环境污染监控提供了科技支撑。

中国水污染问题已经十分突出，“水体污染控制与治理”重大专项为水环境保护提供了机遇，“水专项”为重点解决制约经济社会发展的水污染瓶颈问题将提供技术支撑和工程示范。

4. 国家批准实施的重点流域水污染防治规划，能力建设不断加强

“十一五”期间，坚持不懈地推进“三河”、“三湖”、三峡库区及其上游、南水北调水源地及沿线水污染治理，组织实施松花江、黄河小浪底库区及其上游的水污染治理。重点流域大中城市集中式饮用水水源地得到治理和保护，完成重点城市污水处理和重点工业污染源的治理任务，重点污染隐患得到有效治理和监控，主要污染物排放总量得到有效控制，流域水环境监管及水污染预警和应急处置能力显著增强。

国家提出了污染物减排“三大体系”建设：一是建立和完善科学的减排指标体系；二是建立和完善准确的减排监测体系；三是建立和完善严格的减排考核体系。通过三大体系建设有利于采取针对性的污染治理措施，有利于污染减排的环境经济政策出台，有利于提高各级政府水环境管理能力，改善水环境质量。

国家正在全面推进的资源节约型和环境友好型社会建设，为解决我国全面建设小康社会面临的资源约束和环境压力问题，促进经济社会可持续发展。国务院印发了《关于做好建设

节约型社会近期重点工作的通知》（国发[2005]21 号），为大力开展环境保护工作提供了社会基础。

5．国务院高度重视节能减排工作

党中央、国务院高度重视节能减排工作，为环境要素保护提供了重要机遇和保障；出台了关于印发节能减排综合性工作方案（2007 年 6 月 5 日），说明中国政府已清楚地认识到经济增长必须与环境保护同步。《中华人民共和国国民经济和社会发展第十一个五年规划纲要》中首次明确提出节能减排的约束性指标，即资源利用效率显著提高，单位国内生产总值能源消耗比“十五”期末降低 20%，主要污染物排放总量减少 10%。2007 年 6 月 5 日，国务院印发了关于节能减排综合性工作方案；这些充分表明中国政府决心解决能源和环境问题，更加关注在推进经济社会发展的同时，加强对环境和生态的保护。

（二）环境要素保护面临的挑战

1．我国经济社会持续发展对环境要素保护的压力

环境问题同社会经济发展紧密相连，我国城镇化快速发展，进入工业化中期，2020 年要实现人均 GDP 翻两番的目标，资源消耗和污染排放将面临非常严峻的社会经济压力，主要表现在：① 人口增长和对良好环境的要求将对环境保护工作提出更高的要求；② 经济快速增长和资源、能源相对短缺的矛盾对环境形成巨大压力；③ 城镇化进程加快和社会主义新农村建设对城市和农村环境保护提出新的挑战；④ 资源和能源结构不合理导致区域性环境风险和压力加大；⑤ 产业结构与工业布局不合理，生产工艺相对落后；⑥ 全球与区域环境问题影响日益凸显，国际履约任务重，绿色贸易壁垒是我们今后必须逾越的障碍。

按照我国的国民经济“十一五”规划，“十一五”期间我国的 GDP 年均增长水平为 8%左右。回顾我国经济发展的历程，自改革开放以来，我国的经济一直持续高速增长，2005 年实现了比改革开放初 1978 年的 GDP 增长近 12 倍，中国共产党第十六次代表大会确定的发展目标，即 2001—2020 年 GDP 年均增长 7.2%的目标不仅能够实现，而且很可能超过。得出这一结论主要基于对中国经济长期发展趋势的判断：

（1）中国经济已经进入重化工发展阶段，投资主导型经济增长的特征仍将延续

20 世纪 90 年代末期以来，中国经济增长进入了一个新的历史阶段，即工业化和城市化加快的阶段。根据各国工业化经验，这一时期也是重化工业加速发展的时期。在此期间，中国投资仍将保持较高增长速度，投资率维持在 35%～40%的水平上。

（2）消费结构升级成为拉动中国经济增长的重要力量之一

随着收入水平的逐步提高，中国已经进入大众消费时代，需求结构将发生重要变化。中

国居民在达到总体小康以后，消费水平开始从千元级产品向万元级产品升级，新一代家用电器、轿车与住宅成为城市居民新的消费热点，消费需求有加快增长的趋势。

（3）地方政府面临越来越大的经济发展压力

长期以来积累的各种社会矛盾使中国地方政府发展经济的压力不断增大。在各省市的“十一五”经济社会发展规划中，对 GDP 增长速度的规划均比国家“十一五”经济社会发展规划的 GDP 增长速度快。这也是推动“十一五”期间中国经济快速增长的一个重要因素。

2. 人口增长和对良好环境的要求将对生态与环境形成巨大的挑战

我国人口众多，资源有限，以占世界不到 10%的耕地、6%的可更新水资源、3%～4%的森林资源、养活 22%的世界人口，已对生态环境造成巨大的压力，而到 2020 年我国人口预计达到 14.5 亿～14.9 亿人，达到环境承载力极限。如果继续延续传统的发展模式和不合理的利用方式，将进一步加剧资源短缺程度，使人均资源占有量持续下降，人均资源消耗量显著增加，对资源、环境、就业、城市化和社会保障形成巨大的压力。同时，随着建设小康社会进程的加快，区域经济发展与资源分布的不协调加剧了我国人与资源的矛盾，必然对生态与环境质量的不断提高提出新的挑战，将成为我国今后发展的重大制约因素。

3. 经济的快速增长和资源、能源的相对短缺及结构不合理形成巨大矛盾

（1）我国资源、能源的相对短缺，污染排放量大大超过环境容量

到 2020 年，预计经济总量将达到 35 万亿～36 万亿元，年均增长约 7.2%，如果继续延续传统发展模式，环境负荷（资源消费量、污染物排放量）将是 2000 年的 3.6 倍，大大超过环境容量。我国以煤为主的能源结构近期难以改变，2007 煤炭消费量 25.9 亿吨，2008 年 27.4 亿吨，产生的二氧化碳将大大超过环境承载能力。另外我国资源分配不均，易造成资源浪费和环境压力，如约 82%的水资源集中在长江及其以南地区；64%的耕地集中在北方地区；70%的煤炭资源集中在晋陕蒙地区。同时一个突出的问题是战略性资源短缺，2003 年我国石油的进口依存度已超过 30%，预计 2020 年将超过 50%。因此，如何使用有限的资源、保护好脆弱的生态环境，支持快速经济发展和人民群众日益增长的物质文化生活需要，是必须认真思考的重大问题。

（2）资源和能源结构不合理

由于我国的水资源短缺、时空分布不均，北方地区的水资源短缺与南方城市水质性缺水的现象将进一步加剧，跨流域调水将进一步引起新的生态环境问题。即使采取强化的措施，我国以煤为主的能源结构和地区性能源短缺在今后 15 年仍难有大的改观，由此带来 SO_2 和细粒子等污染物削减的巨大压力；能源品种的分布不均同样带来交通运输的压力和资源的损耗。土地资源的短缺导致对土地的高强度开发难以缓解，进一步加剧土地退化。上述资源、生态、

环境的区域差异直接导致区域性的生态与环境问题的加重。

4. 快速城市化以及社会主义新农村建设对环境保护提出新的挑战

伴随着工业化和农村剩余劳动力的转移，今后几十年中国的城镇化水平将迅速提高，2020年将超过 50%。城镇化一方面致使地面硬化、湖滨石岸化、河道渠化、物种单一化、植被人工化、景观简单化，导致城镇生态系统的自我调节能力下降，服务功能减弱，还将增加水环境和生态系统的压力，造成城区的自然水系、植被格局和物种组成发生明显变化，农田和保护区面积减少，导致区域生态系统的调节能力下降，维护费用提高；同时，城镇污染物排放将大量增加，全国城市生活污水和垃圾产生量将比 2000 年分别增长约 1.3 倍和 2 倍，到 2030 年，中国工业用水的需求将增至 5 倍以上。如果不能及时提高机动车燃料品质和尾气排放标准，2010 年，城市机动车污染物排放量将会比 2000 年上升 1 倍，城市大气污染暴露人口（PEP）将达 4 亿多人，城市化的发展将使城市群区域性的环境问题更为突出。另一方面，随着城市化进程的加快，农村可耕地的日趋减小，对农业生产力和农村环境保护提出新的挑战，为提高单位土地的生产力，大量农药化肥和转基因食品的使用，将进一步加重农村的氮、磷污染强度、食品安全、饮用水安全、生态安全乃至国家安全。城镇化进程的加速对肉类食品需求大增，集约化养殖场的不断增多，畜禽粪便污染已成为农村面源污染的主要来源之一。随着大规模城镇化，一些大中城市把污染严重的生产项目转移到小城镇，从而进一步加剧了农村环境保护的压力。

5. 国际履约任务重，绿色贸易壁垒是我们今后必须逾越的障碍

我国是一个发展中环境大国，已签署和批准了 30 多项国际环境公约，履约任务十分繁重。目前，我国消耗臭氧层物质（ODS）和二氧化硫年排放量居世界第一位，二氧化碳排放量仍呈不断增长趋势。以减排温室气体为例，目前气候变暖正困扰着人类社会，随着地球气温的升高，整个气候系统会随之改变，会带来气候异常，导致极端气候事件增多，影响农业生产；使冰雪融化、海平面上升，危及岛屿和沿海地区居民的生存；对自然生态系统以及生物多样性产生严重影响；会使雪地和冰川缩小，直接危及很多河流的水源等。政府间气候变化专业委员会预测，21 世纪末海平面最高将上升 0.88 m，据专家预测，我国最高将达到 0.7 m。气候变化对各国影响不同，科学家认为对我国的影响是弊大于利。

国际社会于 1992 年达成了《联合国气候变化框架公约》，为人类社会共同应对气候变化制定了原则。1997 年达成的《京都协定书》规定，到 2012 年发达国家应在 1990 年基础上将温室气体排放水平平均减少 5%。我国是全球二氧化碳排放大国，已批准签署了《联合国气候变化框架公约》和《京都协定书》。尽管我国现阶段不承担温室气体减排义务，但是，美国、欧盟等坚持在 2012 年以后发展中国家承担减限排义务，我国将面临巨大压力。

跨界环境摩擦上升。我国存在与日本、韩国之间的酸雨污染和沙尘暴越境转移问题，与韩国的黄海污染问题，与俄罗斯、中亚、东南亚等国家的跨界河流污染和水资源开发问题，与蒙古之间野生动物越境保护问题，与东南亚国家野生动物跨境贸易、木材贸易、砍伐热带雨林等。我们面临着履约承诺、树立国际形象和争取发展空间的严峻挑战。

国际贸易领域的环境问题越来越引起人们的关注。一方面，发达国家绿色消费潮流客观上形成了绿色贸易“门槛”。据联合国统计署提供的调查资料，84%的荷兰人、89%的美国人、90%的德国人在购物时会考虑消费品的环保标准；另一方面，有些发达国家以环境保护为名，行贸易保护之实，在贸易领域设置绿色壁垒。我国贸易领域相关的环境标准不健全，贸易的环境保护措施和相应的科学技术亟待加强。

三、中国未来环境要素保护战略目标、任务和保障措施

（一）各环境要素保护战略目标和任务

1．加强水环境保护，保障水环境安全和水生态系统健康

为改善我国水环境质量，保障水生态系统健康和水资源安全，大幅降低水环境中常规污染物和有毒有害污染物的浓度。

到 2020 年实现重点流域水环境质量改善和重点城市饮用水安全。地表水达到优于Ⅴ类水质标准以上的比例大于 85%；实现重点城市集中式饮用水水源地水质 100%达标，农村饮用水达标率达到 85%。

2030 年实现全国流域水环境质量全面改善、确保饮用水安全，解决水质性缺水问题。在 2020 年的基础上，地表水断面中Ⅲ～劣Ⅴ类断面至少提高一个级别。地下水环境质量趋于改善；实现地级以上城市饮用水水源地水质达标率达到 100%，农村饮用水达标率达到 90%。

2050 年实现全国流域水环境质量按功能区全面达标，饮用水安全得到保障、水生态系统健康（全面提升阶段）。全国流域水环境整体水质全面改善。饮用水安全和人体健康全面得到保障。常规污染物、总氮、总磷、有毒有害污染物、新型污染物得到全面控制，90%以上地表水体达到Ⅲ类水标准。

为使我国水环境质量达到阶段性目标，从而保障总体目标的实现，我国的水环境保护，需要完成水环境保护法律法规和经济政策体系的构建、水环境基准标准体系的建立、清洁生产的推广等重大战略任务。

（1）加强饮用水水源地保护，优先保障饮用水安全

开展全国饮用水水源地大调查，并进行饮用水水源地风险评估；科学划定水源保护区，制定城市和农村水源地保护规划；开展以保护饮用水水源为主要内容的综合整治；开展保障群众健康的环保专项行动，依法取缔饮用水水源保护区内的排污口；对超标企业限期治理，开展集中式饮用水水源地环境保护规划和综合整治工作，加强监督管理，禁止有毒有害物质通过各种方式进入集中式饮用水水源保护区；强化水土保持、径流调节、面源污染综合防治，构建饮用水水源地健康生态系统，保障饮用水水源地水质安全。

重点解决饮用水源中高藻、高氨氮、高有机污染物和石油类、重金属、痕量内分泌干扰物等特征污染物的水质净化问题，升级改造给水处理设施，提升不同水源水质特征的水厂净化处理和制水工艺，确保供水管网的安全输水和优化布局。针对农村饮用水安全问题，重点保护分散式地下水水源、高氟水、苦咸水等饮水安全问题。完善水厂及输配水系统综合监控、建立饮用水水源地监控、水质监测网络、预警预报、事故应急体系，确保人民群众饮用水安全。

（2）落实大江大河流域水污染防治规划，改善流域水环境质量和水生态系统健康

针对当前我国水环境管理技术体系不健全的紧迫问题，结合国家污染物减排“三大体系”建设的技术需求，系统地开展流域水生态环境功能区划，建立水生态环境功能区划分指标体系，阐明流域生态功能和环境承载力，按照水生态系统健康的要求提出流域水环境质量目标管理系统；系统开展我国湖泊营养物生态分区，建立不同分区营养物基准和富营养化控制标准。建立水环境质量管理技术平台，建立污染源排放限值和最佳技术评估技术体系、污水分散处理技术评估平台，实施流域水环境质量目标管理。

落实大江大河流域水污染防治规划，对重点流域划分上游、工业、城市、农业和下游河口湿地不同类型控制单元，开展水污染防治与管理综合示范，削减流域污染负荷，改善流域水环境质量和水生态系统健康。

（3）系统削减入湖污染负荷，逐步开展湖泊生态修复，加强流域生态建设，控制湖库富营养化和蓝藻水华暴发

结合水体污染控制与治理重大专项第一阶段实施的重点，选择大型富营养化湖泊太湖、巢湖和滇池，以及富营养化初期、草型湖泊等不同类型湖泊，以污染源控制和综合治理为重点，科学建立湖泊富营养化控制标准，建设湖泊富营养化控制与治理工程，强化湖泊流域水污染控制重点工程与产业化技术推广平台建设，改善我国大型湖泊、草型湖泊与富营养化初期污染湖泊水环境质量，控制富营养化，逐步恢复其良性生态系统，有效控制蓝藻水华暴发，保障湖泊生态安全和饮用水安全。

具体任务包括：开展我国湖泊富营养化大调查，摸清家底，完成湖泊营养盐三级生态区划，构建湖泊营养盐基准、富营养化控制标准体系和不同分区湖泊营养物削减国家策略，完

善湖泊水环境和水生态监控预警系统，实现重点湖库的实时监控预警，防止蓝藻大面积暴发等水生态灾难的发生。严格控制太湖、滇池、巢湖等重污染湖泊的富营养化和沼泽化，重点整治入湖河道、控制流域面源污染、大力推广脱氮除磷设施、加强重污染区环保疏浚，有效削减受污染湖泊流域入湖污染负荷和内源污染负荷，清除湖泊蓝藻水华，严防乌梁素海、白洋淀等草型湖泊沼泽化。保护未污染湖泊流域生态系统健康和水环境质量；按照清水产流机制的要求，恢复重要湖泊流域的植被，防止水土流失，完成湖滨带生态修复与缓冲区建设，恢复富营养化初期污染的湖泊洱海、三峡库区等湖库水体的自净能力，完善湖泊生态系统和生境结构，保育抚仙湖、兴凯湖等淡水湖泊重要的战略水资源，确保湖泊饮用水水源地安全、生态系统健康。

（4）严格控制超采地下水，防治地下水污染

开展地下水污染状况大调查，摸清我国地下水超采、污染状况、发展趋势；采用物理—化学—生物—生态系统控制和修复受污染地下水，开展地下水污染全过程控制和风险评估，建设地下水污染最佳阻断工程，建立地下水安全保障体系。针对填埋场、石油污染场地等对地下水的严重污染状况，开展典型场地地下水污染控制和修复；严格控制有毒有害污染物对地下水的污染和环境影响。形成地下水污染修复过程的系统最优化管理综合决策系统，实现地下水安全有序管理。严格控制地下水开采，避免地下水开采引起的地面沉降，防止地下水开采对生态环境的破坏，保障生态需水和地下水环境的稳定；建设地表水、地下水污染协同控制工程和系统管理体系，实现水环境质量的总体改善。

（5）加强海洋环境保护，改善海域水质，保障海洋生态系统健康

加强海洋环境管理，保障海洋生态系统健康。推行流域、区域、海域一体化的海洋环境保护，进行陆海综合规划，建立海陆协调约束机制，使海洋环境保护向流域纵深方向发展。进行海岸带综合管理和环境综合整治。综合考虑海岸带开发利用、海洋环境保护、海洋生态建设之间的关系，科学管理，适度进行海岸带开发利用，以实现合理利用海洋资源、保护海洋环境的目的。尽快建立涉海机构和部门之间的合作机制，形成中央与地方结合，多部门参与合作的管理体制。环保、海洋、渔业、海事等有关部门按照统筹规划、统一目标、协商一致、系统设计、资源共享的原则，依法行政，加强协调，团结协作，密切配合，共同进行海洋环境管理。建立健全海洋环境监控体系，逐步严格控制海洋的有毒有害污染物、放射性物质、富营养化、底栖生物、生物多样性、重要生物栖息地以及气候变化影响等，完善海洋环境监测系统，优化海洋环境监测布局和功能，加强质量监督和管理。加强海洋环境监测的信息化建设，实现海洋环境监测工作统一规划，部门实施，数据共享；建立我国海洋环境监测数据网络应用中央平台；加强海洋应急监测能力建设。

（6）严格控制有毒有害物质污染，保障流域水环境安全

实施水环境风险管理策略，积极防范有毒有害物质的水环境风险，从目前重点控制和管

理常规污染物，逐步向关注过量营养盐和有毒有害物质的风险管理转变。以水体污染控制与治理专项的启动和实施为契机，围绕国家水环境重大决策和需求，统筹流域水环境承载力和经济社会发展要求，构建保护水生态健康、体现“预防为主”原则的流域水环境风险管理模式。创新水环境风险管理体制、机制，规范水环境风险评价步骤和程序。从传统的主要控制水体化学指标，向水环境风险管理模式转变，制定流域、区域、城市或工业的水环境风险管理规划和水环境风险应急预案。

2. 控制区域大气环境污染，改善大气环境质量

通过大气污染综合防治，大幅度降低环境空气中各种污染物的浓度，城市和重点地区的大气环境质量得到明显改善，全面达到国家空气质量标准，基本实现世界卫生组织（WHO）环境空气质量浓度指导值，满足保护公众健康和生态安全的要求。在目标时段内，大气环境保护逐步达到不同的质量标准限值和 WHO 环境空气质量浓度阶段目标值。

2020 年 95%以上的城市达到国家二级空气质量标准，经济发达城市达到 WHO 指导值的第二阶段目标值；酸沉降超临界负荷的面积比 2005 年下降 50%。

为实现上述目标，SO_2 排放量在 2005 年水平上降低 30%；NO_x 排放量在“十二五”期间保持在 2010 年的水平，到 2020 年比 2010 年降低 10%；可吸入颗粒物排放量在 2005 年水平上降低 20%；挥发性有机污染物的控制与 NO_x 的控制基本同步。

2030 年 80%以上的城市达到 WHO 指导值的第三阶段目标值；酸沉降超临界负荷的面积下降 80%以上。

为实现上述目标，SO_2 排放量需在 2005 年水平上降低 50%；NO_x 排放量需在 2005 年的水平上降低 20%；可吸入颗粒物排放量在 2005 年水平上降低 30%；挥发性有机污染物控制和 NO_x 的控制基本同步。除上述污染物外，从“十二五”开始将有毒有害物质逐步纳入大气污染控制的目标污染物范围。

为实现上述目标，需要尽早实现能源结构转型、调整能源消费布局、加强机动车污染控制等 5 大战略任务。

（1）大力推进产业结构调整和能源结构优化

通过不断调整经济结构，降低高耗能行业和高能耗产品的比例，完善产业发展政策，将能源效率指标作为产业发展政策的重要量化指标，落实到产业发展战略、规划和工程设计、验收指标体系中。在未来产业发展过程中，要保证包括引进项目在内的新建项目的能源效率指标达到国际先进水平，提升引进技术的门槛，倡导一流、高效技术的引进，推动产业技术水平向有利于可持续性发展的方向转变，从源头上提高能源利用效率水平，降低能源消费。从科学合理的可持续消费需求出发，研究和规划好产业结构调整问题，从市场信号和政策法规两方面引导产业结构的调整。

改变以煤为主的能源结构，大力发展核能和可再生能源，以促进高耗能行业走出去、加快陆上油气进口管道建设等方式提高能源安全，到 2030 年实现我国煤炭的“三个降低”，即煤炭资源消费总量降低到能源消费总量的 50%以下，终端煤炭消费量降低到煤炭消费总量的 20%以下，同时将煤电比重降低到总发电量的 60%以下，以消除煤炭消费量的快速持续增长带来的环境压力，为我国未来大气污染控制工作创造必要的条件。

（2）发展清洁能源，调整能源消费布局，提高能源效率

充分挖掘油、气等低碳能源和核电、水电及其他无碳能源的供应能力。了解国际市场供应信息，落实油气进口，核电、风电等要定位为重要的替代能源，从现在开始大力发展核电、风电等技术较为成熟的无碳能源。同时，应把发展水电作为促进我国能源结构向清洁低碳化方向发展的重要措施。积极推进核电建设，把核能作为国家能源战略的重要组成部分。大力发展煤层气产业，最大限度地减少煤炭生产过程中的能源浪费和甲烷排放。以生物质发电、沼气、生物质固体成型燃料和液体燃料为重点，大力推进生物质能源的开发和利用。积极扶持风能、太阳能、地热能、海洋能等的开发和利用。争取到 2030 年，我国一次能源结构中，水电维持在 7%（按发电煤耗计算）以上，天然气达到 7%以上，核电接近 7%，可再生能源资源的开发利用量达到 9%以上（按发电煤耗计算），煤炭的比例降低到 50%左右。

重视高效洁净煤技术的开发、引进和推广利用工作，应加大投入力度，优先发展高效洁净煤技术。近期，要把发展超临界、超超临界等大容量、高效、低污染煤炭直接燃烧发电技术放在优先位置，以满足电力快速增长的需求；中远期，将以煤气化为基础的多联产技术作为战略选择，在发电同时，联产合成气、液体燃料以及氢等产品，为保障石油安全提供替代技术储备，未来还可实现“CO_2封存”和近零排放，从而走出一条有中国特色的煤炭利用道路。

明确实现节能降耗的目标任务和总体要求，调整和优化经济结构，全面实施重点工程，加快技术开发和推广，完善政策激励和约束机制，提高全民节约意识。完善向节能倾斜的价格、财政、税收、信贷等政策，引导和激励企业和社会的节能行为。

加紧研究能源消费税的可行性，适时推行。要尽快实施和完善燃油税。制订节能产品鼓励目录，对生产和使用目录的产品、企业实行减免税政策。探索采用先进、高效的节能设备，实行特别加速折旧的政策。学习国外经验，研究实施可以在生产和消费领域推动节能的税收优惠政策。指导国家政策性银行为节能项目提供贴息贷款，引导商业银行向节能领域投资。倡导地方政府建立节能发展专项资金（或基金），支持节能技术的研发和推广、节能工程的示范及相关的能力建设。

（3）加强机动车污染控制

从规划层面上，应大力发展公共交通。各城市应根据城市规模和发展阶段，确立以公共交通为导向的城市发展模式，构建以轨道交通和快速公交系统（BRT）为主，道路公共交通为辅，私人机动交通为补充，合理发展自行车交通的城市绿色交通模式；从技术手段上，通

过设置公交专用道、配套建设交叉口公交优先通行控制系统、改善各种交通方式衔接换乘条件，努力引导城市交通出行方式向公共交通转移；从政策体制上，通过实行公交补贴、公交体制改革、合理制定换乘优惠政策等方式，促进交通系统提高服务水平和运行效率，加强公共交通出行吸引力。

在近期，重点完善我国的机动车排放标准体系，制定轻型车国家第Ⅴ阶段排放标准、重型车排放控制系统耐久性要求以及摩托车第Ⅳ阶段排放标准等，并加快国Ⅳ、国Ⅴ标准的推进步伐；同时，制定完善非道路机械发动机、船舶以及飞机等非道路交通及设备的排放标准体系，实现交通系统排放标准的全方位管理。中长期以制定并实施国家第Ⅵ阶段机动车排放标准工作为核心，全面提升我国机动车排放控制水平。同步实施非道路机械的排放标准，全面加强移动源源头污染控制力度，实现与国际先进水平接轨。

加快国家车用燃料低硫化的推进步伐，以新车排放标准的实施进度为指导，综合考虑我国炼化企业实际情况，通过制订国家清洁车用燃料发展计划，尽快明确我国车用油品质量的发展方向。根据车用油品质量的发展规划，制定并实施国家各阶段车用燃料质量标准规范，实现我国车用油品质量的中长期管理。在标准实施过程中，给石化部门预留充足的准备时间，制订油品改进计划，稳步改善油品质量，以适应新车排放标准不断严化的需求。

合理利用经济杠杆，从一定程度上限制车辆使用，提高车辆出行效率，减少车辆空驶率，引导购车者改变消费模式，鼓励低能耗车辆的生产和使用；以在用车排放标志化管理为手段，通过机动车排污收费等方式，严格要求在用车辆根据排放水平征收排污费，补偿机动车排放造成的环境外部成本损失，促进老旧高污染车辆的更新淘汰，鼓励低排放车辆的使用；结合环境友好型车辆的财税优惠政策，鼓励汽车生产企业开发和生产低能耗和低排放车辆，引导汽车生产和消费模式的转变。

通过制定清洁能源汽车中长期规划等方式，设计不同类型清洁能源车辆的发展路线图，确定各阶段发展目标，以指导企业做好研发和生产准备，促进清洁能源汽车的市场推广和技术成熟。清洁能源汽车进入规模化发展以后，必须建立一套清洁能源汽车产品的标准化管理体系，以合理评估车辆的减排效果，系统评价车辆的可靠性、耐久性等相关指标，使清洁能源汽车市场尽快步入规范化管理的正轨。采取一定的财税优惠等激励手段，以加大清洁能源汽车的市场推广力度，鼓励清洁能源汽车的长期发展。

（4）严格控制常规大气污染物和挥发性有机物排放

及时修订现行的《大气污染防治法》，从法律层面对 NO_x 的排放和控制进行规定，促进 NO_x 的减排工作；将臭氧纳入环境质量考核体系，以臭氧控制为切入点控制 NO_x 的排放，逐步建立健全我国 NO_x 控制法规和标准体系，有效控制我国主要城市大气污染不断加重的趋势。同时，加快制定挥发性有机物的法律、法规，编制和发布须进行控制的挥发性名录，制定挥发性有机物的环境空气质量标准、源排放限值标准和溶剂挥发性有机物排放的产品标准，因地制宜地制定相关政策和规划以推动挥发性有机物的控制。

为降低全社会的污染控制成本，在不提高排放标准的前提下，寻求减少特定时间段内区域污染物排放总量以提高区域环境质量的污染控制政策。因此，我国在 NO_x 的控制上，应采取首先推进达标控制，在此基础上首先在重点行业（钢铁、电力、水泥）逐步推进总量控制的策略。

严格控制新建电厂的二氧化硫排放量，进一步完善和落实火电脱硫政策。同时，以清洁生产为主要控制措施，在生产工艺过程中加强硫的回收，并使之资源化；淘汰高能耗、重污染的各类工业炉窑，积极发展低能耗、轻污染或无污染的炉窑，推广使用清洁能源。对现役燃煤锅炉实施低 NO_x 燃烧技术改造；强化火电厂的 NO_x 排污收费政策，并逐步提高收费标准，通过发展绿色交通模式，加强机动车 NO_x 的排放控制。通过制定积极的产业政策和结构调整，对一次颗粒物排放量较大的行业实施清洁生产和污染物排放的全过程控制，加大投资力度，对重点行业锅炉加装高效除尘装置，严格控制一次颗粒物的排放量，加强面源排放二氧化硫和颗粒物的控制力度，减少大气面源污染物排放量。采取相关技术和管理措施，防止石油化工、汽车涂装等有机废气污染，防治工业溶剂和民用设施使用过程挥发性有机物的逸散，加强机动车 VOCs 的排放控制。

实施更加严格的排污收费政策，使污染物执行的排污收费标准与其相应的排放控制成本相当或更高，推动排污企业自律进行二氧化硫和氮氧化物的排放控制。对二氧化硫和氮氧化物实施排污权有偿使用，修订相应的法律法规，进一步明确总量控制措施的法律地位。建立针对氮氧化物排放的上网电价优惠政策以及燃煤机组脱硫成本计入电价的政策，积极利用绿色税收、绿色信贷和绿色证券等经济手段鼓励排污企业降低 NO_x 排放及促进脱硝技术国产化。

（5）进行大气复合污染控制和开展有毒有害大气污染物控制

针对区域复合大气污染中的关键问题，以保护人体健康和生态环境为核心，研究制定系统、科学、动态的空气质量标准和目标，推动从单一污染物治理向以臭氧和细粒子为核心的多污染物综合控制转变；开展复合大气污染区域协调机制和管理模式的研究，在北京及周边省市、长江三角洲、珠江三角洲率先展开示范，以有效组织跨行政单元的大气污染控制的区域协调和决策。

加快开展有毒有害物质汞的全面系统调研工作，加强汞污染基础研究和能力建设，研究制定大气汞污染物排放标准，建立我国大气汞污染物的标准体系；通过减少燃煤的汞排放和工艺过程汞排放的研究，开发推广大气汞污染治理技术，减少人为大气汞排放；将汞污染控制纳入环境影响评价、“三同时”、总量控制、排污许可证等环境管理制度，制定相关行业的汞排放控制技术政策和经济政策；建立我国汞污染的管理体系和预警体系。

3. 构建国家生态环境安全保障体系，实现生态系统结构稳定、功能完善

为保护生态系统结构和功能完整、保障国家生态安全，国家急需加强生态保护与生态建设，提升支撑经济社会可持续发展的生态服务功能。高度重视生态保护科技支撑能力建设，倡导社会广泛参与，加大生态保育、生态修复及生态建设力度，促使生态系统结构不断优化，生态系统过程逐步合理，生态质量得到全面改善，形成生态保护与经济社会协调发展、良性互动的良好格局。

力争2020年保障国家生态安全的生态系统格局基本形成，生态系统服务功能得到提升，总体生态压力得到缓减，生态退化趋势得到遏制，部分区域生态质量明显改善。自然保护区、生态脆弱区、生态功能区的建设初见成效，管理能力得到提高。生态补偿机制基本建立，生态文明得到长足发展，初步建立起适应我国生态保护需要的协调管理体制和机制，初步建立起覆盖全国的生态监测网络体系。2030年构建起较为完善的国家生态安全体系，生态系统结构得到进一步优化，生态服务功能得到大幅提升，生态恶化趋势得到总体控制，全国各地生态质量得到明显改善。生态保护管理体制与机制基本完善，生态文明深入人心，形成生态保护与经济社会协调发展的态势。2050年生态系统结构趋于稳定，各类生态系统的生态服务功能全面提升，全国生态环境质量良好。生态保护管理体制与机制成熟完善，生态文明的社会风尚蔚然成风，生态保护与经济社会发展和谐共生。

（1）战略任务

为实现生态保护的总体和分阶段目标，必须坚持源头控制、过程监管、末端治理，坚持生态保护和生态建设并重的原则，切实完成以下3项任务：

① 以自然保护区为核心，全面构建国家生态安全框架。

抓紧完善并实施全国自然保护区发展规划，以国家级自然保护区建设为重点，加强自然保护区网络体系建设。积极实施自然保护区建设工程，优化空间布局，提高保护区建设质量和水平，促进保护区由数量型向质量型转变，由面积型向功能型转变，由速度型向效益型转变。坚持重点突破和全面推进相结合的方针，在巩固原有保护区建设成果的基础上，将西南高山峡谷区、中南西部山地丘陵区和我国管辖海域区等生物多样性丰富地区以及目前自然保护区建设相对薄弱的地区作为重点建设区域，建立区域布局合理、类型多样、典型示范作用强的自然保护区体系。

全面加强各级自然保护区管理机构建设。优先建设国家级自然保护区管理机构，逐步实现所有自然保护区建成职能部门健全的管理机构。优化自然保护区管理人员、专业技术人员的配置。摒弃部门利益，创新自然保护区的管理体制，以国家级自然保护区为重点，探索建立自然保护区的直接管理机制。

健全自然保护区法规体系，完善规范化管理制度。完成自然保护区主要技术标准编制；

制定并颁布实施《自然遗产法》；修订完善自然保护区土地管理办法，明确土地权属解决模式；完善自然保护区评审制度，修订自然保护区评审标准；制定有关涉及自然保护区的开发建设项目环境管理办法，构建生态补偿机制，明确管理措施和方法；制定自然保护区总体规划编制、基础设施建设、功能分区、资源调查方法及资源质量评价、技术岗位职责、生态监测技术、可持续旅游等国家标准或行业标准。

全面完成自然保护区科学考察，建立基于计算机技术、地理信息技术和网络技术的综合信息化平台。逐步建立由生态系统、重点保护野生动植物物种和重要自然遗迹构成的自然保护区监测网络。定期开展全国自然保护区质量调查与评估，建立健全自然保护区升降级制度和分类管理指导机制。

② 强化重要生态功能区保护与建设，大力提升国家生态系统服务功能。

尽快实施国家重点生态功能区规划纲要，以恢复和提升区域生态系统服务功能为目的，选择对区域、流域、地方和国家生态安全具有重要作用的区域，建立重要生态功能区。重点建设大、小兴安岭森林、长白山森林、川滇森林、秦巴山地森林、藏东南山地森林、阿尔泰山地森林、三江源湿地、塔里木河荒漠、阿尔金草原荒漠、藏西北羌塘高原荒漠、三江平原湿地、苏北沿海湿地、若尔盖湿地、玛曲湿地、川滇干热河谷、呼伦贝尔草原、科尔沁沙地、浑善达克沙地、毛乌素沙地、黄土高原、大别山山地、西南喀斯特山地等重要生态功能区。

对严重退化的森林、草原、湿地等重要生态系统实施休养生息战略，对严重超出生态承载力的地区实施生态移民，确保其生态功能的恢复与提升。

对重要生态系统内不符合要求的产业实行退出机制。发展有益于区域主导生态功能发挥、资源环境可承载的特色产业，积极发展生态旅游、生态林业、沙产业、避洪经济、生态养殖、生态农业等生态产业；限制损害区域生态功能的产业扩张，区域资源开发活动必须依法得到有关部门的批准，关闭破坏生态系统的产业；推广清洁能源，积极应用沼气、风能、小水电、太阳能、地热能及其他清洁能源，加快新能源替代，减少对自然生态系统的破坏。

遵循先急后缓、突出重点，保护优先、积极治理，因地制宜、因害设防的原则，结合已实施或规划实施的生态治理工程，综合协调退耕还林、天然林保护、水土保持、防风固沙等各项生态建设和保护工程，加大区域自然生态系统的保护和恢复力度，构建区域生态安全格局，提高水源涵养能力，恢复水土保持功能，增强防风固沙功能，提高洪水调蓄能力，增强生物多样性维护功能，保护重要物种资源，提升区域生态功能和物种资源的服务能力。

③ 加强物种资源保护，全力维护国家生物多样性。

开展全国大规模的物种资源本底调查工作，加强生物物种及遗传资源的调查和编目，真正摸清我国物种资源的本底。建立物种资源监测与预警系统，在现有各部门分散监测设施和网络的基础上，打造一个内容综合、部门协调一致和高水平的物种监测网络；同时建立外来入侵种、有害病原微生物及动物疫源疫病的监测预警体系。

完善物种资源保护体系，确立物种资源保护的立法体系框架，加强物种及遗传资源保护与惠益分享的法规建设，健全生物安全、外来种防治、传统知识保护等方面的国家立法，加快地方物种资源保护立法。修改和完善《植物新品种保护条例》，调整植物新品种的保护范围、保护期限、农民特权等，以适应发展的现实需要。建立生物遗传资源相关传统知识保护与惠益分享的特殊制度，考虑引入生物资源来源证书制度。建立适合我国基本国情的生物遗传资源知识产权的政策体系，制定鼓励知识创新的政策、动植物新品种保护与激励政策、转基因生物风险评估和安全管理政策、扶持知识创新的资金信贷政策、规范国际合作防止生物遗传资源流失的政策与措施，严厉打击物种走私、生物剽窃和侵权等各类不法行为。

建立全国植物园、动物园等生物多样性保护规划，制定国家中长期生物多样性保护战略。规划在全国重点建设 4～6 个大型植物园和树木园、3～4 个大型动物园、2～3 个大型水族馆，迁地保存全国 80%的植物种、60%哺乳动物种的圈养种群以及大量的水生生物种类。规划建立保存遗传资源和基因库。

提供《生物多样性公约》与《联合国气候变化框架公约》之间协同增效的科技支撑能力和应对能力，通过建立自然保护区，保护、恢复和重建能够提供重要产品和服务的生物多样性生态系统。

（2）生态保护对策

① 推进资源开发环境影响评价，理顺生态与经济协调发展过程。

逐步探索把与资源开发、利用相关的政策、法规的环境影响评价纳入《中华人民共和国环境影响评价法》。完善战略环境影响评价的审批与考核验收制度，大力推进影响资源开发利用的高层次战略环境影响评价。加强流域、区域性矿产开发规划环评，统筹区域资源利用。将规划环评列入国家矿产资源开发管理的有关规定，确保规划环评与矿产资源规划同步进行。打破行政界限，依据区域、流域环境承载能力，统筹矿产资源开发，逐步形成国家、省、市和县 4 级矿产资源规划环评监管体系，重点加强国家规划矿区，煤、铁、石灰等对国民经济具有重要价值矿区和钨、锑、锡、金、离子型稀土等保护性开采的特定矿种开发的规划环评工作。强化流域、区域性重点行业规划环评，优化流域资源开发。从流域、区域的角度加强钢铁、石化、电力、造纸和煤化工等重点行业的规划环境影响评价，依据流域整体水、土等资源和环境承载能力，合理确定流域重点行业发展布局，规范各地重点行业的发展规模，优化流域资源开发利用格局。加强资源开发领域战略环评、规划环评和项目环评的后续环境管理，建立相关的环境跟踪评价技术标准与管理体系，逐步规范资源开发过程中的环境跟踪评价工作，积极促进资源开发过程中环保措施的落实与有效运行，确保资源的合理开发与持续利用。

② 以生态功能为导向，以生态系统健康为目标实施重大生态工程整合。

分区分类推进生态工程建设。继续推进天然林保护、退耕还林还草、水土流失治理等重大生态工程建设，积极推进草原生态化转型。条件成熟时，从生态系统的结构与功能等深层次出发，充分发挥林业、农业、水利、环保等各部门的力量，在统一的规划和协调下，充分发挥各部门的优势，整合原有和现有的生态工程资源，逐步实现相同和不同生态建设的重大生态工程整合。探索建立统筹规划机制，避免新建工程的重复计算、重复建设，实现拟建生态工程的整合。建立生态工程的跟踪评估制度，责任追究制度，促进区域重大生态工程的整合。

尽快拯救生态危急区（额济纳绿洲、甘肃民勤等地区土地沙化严重）的生态系统结构与功能。调整产业结构，发展节水型生态产业。并综合生物和工程措施，加强水土流失治理。实施开发性生态移民工程，减轻生态压力。继续巩固青藏高原水源涵养区、黄土高原水土流失区、西南山地石漠化区、京津上游风沙源区等重点保护区域的生态治理；重视呼伦贝尔草原区、大兴安岭原始林区生态和川西北水源区等生态良好区的生态保育；密切关注、监控三峡水库和南水北调等重大工程区对生态系统可能产生的干扰。

③ 以生态资产为核心，建立国家生态监测与预警体系。

围绕生态系统结构、过程与功能，整合现有分散于各部门的监测站点，加强生态监测网络建设，建立全国统一的国家、区域、站点三级监测网。从宏观与微观多个尺度为生态质量评估提供数据基础，主要包括以开展生态质量的宏观动态监测和微观重点监测为主的国家级生态监测中心；以承担区域（流域）的宏观质量资产监测和重点区域调查为主的区域、流域性生态监测分中心和以承担各类生态因子的长期定位监测为主要任务的生态监测站点，三级机构在信息和技术上互为支持。加强对生态监测的指标、方法和技术的研究工作，制定全国统一的生态监测标准和技术规范。最终形成以卫星遥感监测和地面定位监测相结合，覆盖全国范围、针对各类生态系统和生态问题的完整的生态监测体系。

完善生态评估的制度和技术体系，形成以生态质量评估为基础，生态资产评估、生态风险评估、生态安全评估等相结合的生态评估体系。全面开展生态质量评估的指标体系、测定技术、评估理论及评估方法研究，尽快形成完善的生态质量评估技术方法和标准。首先在重要生态功能保护区、生态脆弱区等重点区域开展生态质量评估活动。逐步形成完善的生态质量评估制度，定期开展生态质量评价分析，同时建立生态质量公报制度，及时向公众报告生态质量状况的基本信息。

重点关注“气候变化、生物多样性、生态脆弱性、生态承载能力、水土保持能力、水源涵养功能、生态格局”等的变化情况，并针对可能出现的不良后果及时予以警示。环保、农、林、水等部门共同协作，明确各部门的职责与任务，在各部门间实现业务流程与信息的互通与共享，形成一整套切实可行的生态评估、管理、处置的相互协调联动机制。最终完善国家生态安全评估和监测预警体系。

④ 分层次实施生态补偿制度，逐步建立区域生态公平机制。

建立和完善生态环境成本核算制度，作为确定原料产品的生态环境价格成本的基本方法，完善我国资源产品的价格机制，将资源开发造成的生态破坏的恢复成本纳入资源产品的价格。建立企业环境保护与生态恢复的保证金制度。建立环境资源与生态占用的有偿使用制度，将排污权等环境资源与土地森林等生态占用作为生产要素，纳入产品成本，并通过阶梯价格和市场交易制度，激励企业开展环境友好型的生产经营方式以持续减少环境资源消耗与生态占用。

增加对限制开发区、禁止开发区的财政转移支付，在国家安排的国债资金建设项目要优先用于限制开发区和禁止开发区的公共服务基础设施建设和生态环境保护。实施生态优先的政绩考核体系，对限制开发区域，要突出生态环境保护的评价，弱化经济增长、城镇化水平的评价；对禁止开发区域，主要评价生态环境保护的绩效。以限制开发区为平台整合现有的生态建设项目，建立生态功能保护区建设协调机制，在各级政府的组织下，农、林、水、土、环保等部门各司其职，各项生态建设工程优先在生态功能保护区开展。

流域生态补偿应该以水质和水量控制为核心，上下游地区的政府及利益相关者通过协商建立流域环境协议，明确流域不同河段水质和水量要求，同时明确达标的补偿责任与不达标的赔偿责任。上下游地区之间通过实施财政转移支付、产业结构调整、项目发展扶持、异地开发、流域综合治理和环境服务付费等进行生态补偿。

⑤ 以生态文明为核心，大力构建国家生态和谐社会氛围。

制定科学的生产和消费政策，引导生产要素向有利于生态保护的产业流动，积极推进生态产业发展。在农业领域，鼓励发展生态农业、有机农业等体现生态理念的新型农业。在工业领域，综合运用法律、经济和行政手段，推行清洁生产，鼓励发展循环经济，促进资源的高效利用。在消费领域，提倡“绿色消费”、“适度消费”理念，培育和引导生态导向的消费行为。在区域政策方面，要将产业布局与人口、资源与生态环境综合考虑，建立促进区域经济协调发展的政策体系，减少区域发展不平衡造成的贫困和生态破坏。在投融资领域，要优化投资结构，保证生态环境保护投资与经济建设投资相协调，通过利率和税收杠杆调节投资结构，促使资金倾斜到有利于资源持续利用、生态保护和建设的领域。

倡导有利于生态环境和人类自身发展的适度消费和绿色消费。要形成爱护自然环境，人与自然和谐相处，融入自然的生活理念，在日常生活中，热爱自然、尊重自然、保护自然。从“资源节约”的理念出发，大力进行消费观念的宣传教育，抵制奢华浪费，倡导节约适度消费，逐步改变过去那种高消费、高享受消费理念和生活方式，形成以勤俭节约为荣、以骄奢淫逸为耻的社会新风尚。

⑥ 以遗传资源惠益分享为平台，完善国家物种资源保护机制。

以科学发展观为指导，以物种资源保护为主导，切实加强生态系统和遗传资源的保护；

强化管理，提高效率，为生态文明社会建立、经济发展保障提供自然物质基础。建立生物遗传资源惠益分享的特殊制度。尽快出台针对生物资源、生物材料和具有品种权的植物进出境管理的法律法规，遏制生物遗传资源大量流失的现象。逐步完善我国生物遗传资源及相关传统知识的知识产权保护及惠益分享制度。必须充分认识生物遗传资源知识产权与国家生物技术发展战略、国家生物资源安全、生态安全和粮食安全之间的战略关系。加强转基因生物安全管理，建立外来入侵生物的预警与监测网络。

4．构建固体废物综合防治技术和管理体系，实现固体废物资源化、无害化和减量化

固体废物环境保护的总体目标是：通过建设固体废物全过程管理体系和发展合理有效的循环经济体系，以固体废物为控制节点，完成人类社会和自然生态中完善、合理的物质循环，保证人类社会发展与资源保障的平衡，维护人类社会与生态环境的和谐共存。安全、合理地再生利用、生态还原和暂时处置固体废物，避免人体健康和生态环境在这一过程中受到危害；建立健康合理的生活方式和生产模式，最大限度地发挥能源和资源的效应，减少固体废物的产生。

2020 年基本建立固体废物源头减量和污染防控体系，进一步降低固体废物产生量，继续提高处理处置率和资源循环利用率。

基本掌握并控制全国固体废物的产生和管理；城市生活垃圾人均产生量降低到 2010 年的 90%，无害化处置率达到 100%，资源回收利用率达到 35%；农村和乡镇生活垃圾集中清扫率达到 80%，无害化处置率达到 50%，农业固体废物循环利用率达到 60%；工业固体废物产生总量维持在 2010 年水平，资源循环率达到 80%；危险废物产生总量控制在 2010 年水平，危险废物控制率达到 60%，资源循环率达到 70%，无害化处置率达到 30%，其中最终处置（填埋）率为 10%。

2030 年建立完善的固体废物处理处置技术系统和管理体系，固废处置率和资源循环利用率在 2020 年的基础上得到进一步提高。

2050 年全面掌握和控制全国固体废物的产生和管理；城市生活垃圾人均产生量降低到 2010 年的 80%，无害化处置率达到 100%，资源回收利用率达到 45%；农村和乡镇生活垃圾集中清扫率达到 100%，无害化处置率达到 80%，农业固体废物循环利用率达到 80%；工业固体废物产生总量维持在 2010 年水平，资源循环利用率达到 85%；危险废物产生总量降低到 2010 年的 80%，危险废物控制率达到 80%，资源循环利用率达到 80%，无害化处置率达到 20%，其中最终处置（填埋）率达到 10%。

为确保固体废物环境保护总体目标和分阶段目标的实现，需完成以下 4 大战略任务。

（1）完善固体废物污染控制相关法律体系

开展有关我国固体废物产生、污染特性以及固体废物管理与我国社会、经济发展现状的

适应性研究，建立符合我国国情和固体废物管理规律的固体废物分类体系，提出适合我国国情的“生产者延伸责任制”和污染治理责任主体确认机制，以及固体废物回收与再生的市场与补偿机制等。在充分的前期研究基础上，借鉴发达国家经验教训，制定我国以再生循环为基本方针的固体废物管理法律体系和专门法律框架。

由法律、固体废物、污染控制技术循环经济等方面研究专家共同开展固体废物管理法规体系研究，提出适合我国国情和固体废物管理规律的固体废物管理法规体系框架。根据这一体系框架，修订现有法律，制定专门法律、法规；梳理现有法律、法规，对互相矛盾、错误、无法实施的内容以及由于形势发生变化而不适应的内容进行统一修订。

（2）建立强有力的固体废物污染控制技术和管理队伍

在国家环境保护部的框架组织下设立“资源循环与固体废物管理局”，整合目前各个部委的固体废物管理职能，统一行使国家固体废物管理职能。其中包括制定促进固体废物源头减量、资源化再生、合理处置以及全过程无害化管理的经济、技术政策、法规、标准、规范等。

在国家和地方设立“固体废物管理中心”，配备足够的人力和物力，统一实施各种固体废物管理制度并实施有效的监督管理，如处置与循环再生技术的评价与审定、固体废物管理相关的审批，特别是相关政策制定的前期准备和研究及实施后效果的评估，开展相关培训和宣传，以及有关的科学研究与技术开发等。管理重点在各种固体废物的源头减量和资源循环，以及全过程的无害化控制；组织固体废物再生循环和处理处置企业的专业行业协会，统一协调行业内技术发展、资源配置，并作为企业与政府的沟通渠道。

（3）建立固体废物管理投资体制和管理机制

为保证城市和乡村生活垃圾处置设施的建设满足战略目标的实现，建立国家和地方财政共同投入的机制，通过规定城市生活垃圾处置费在城市基础设施运行维护费用或者城市财政总支出中的最低比例，保障固废处理设施的正常运转。同时，国家应建立贫困地区城市、乡镇生活垃圾和农村生活垃圾的处置费用补贴制度，积极探索不同条件下农村生活垃圾管理机制和城市生活垃圾国家建设、市场运行的管理机制，通过开展“固体废物产生者责任制”和“生产者延伸责任制”的试点与示范，鼓励社会投资工业固体废物和危险废物再生利用和合理处置行业；通过市场整合，促进建设大型专业化固体废物管理企业，鼓励各种固体废物区域性集中分类再生利用和处置，对各种固体废物的再生循环企业实行有效的税收优惠，同时，国家对农业固体废物的循环再生（包括秸秆还田、燃烧发电、堆肥处理、产沼民用等）实行政策性补贴制度，保证农业固体废物的循环再生和农业的可持续发展。

（4）构建科学合理的固体废物管理目标体系

制定国家和地方固体废物管理规划，明确提出各种固体废物源头减量、再生循环和无害化管理的阶段性和长远目标，并将固体废物再生资源（能源）开发纳入国家和地区性资源（能源）发展计划；将固体废物管理指标纳入国家和地方环境保护指标中，如在节能减排指标体系中增加工业固体废物和危险废物减量率，并将这一指标体系作为考核中央和地方政府及其主管官员的政绩考核指标之一。开展全国性和地区性循环经济建设，促进固体废物的合理利用。

5. 防治土壤环境污染，改善土壤环境质量，保障食品安全

以维护土壤生态功能、改善土壤环境质量，保障农业生产、食物安全和人体健康为目标，查明全国土壤资源数量和质量状况，提高土壤肥力和净化功能，有效避免、遏制或消除土壤资源退化和土壤环境污染；积极推进土壤科技创新，发展土壤圈层理论和研究方法，建立土壤退化和土壤污染的控制修复技术应用体系，创新现代土壤科学，促进土壤科技进步和专业队伍建设；不断完善中国土壤保护法制、体制和机制，提升土壤质量监管能力，逐步健全国家土壤保护体系。

到 2020 年，建立和健全我国土壤保护法制、体制和机制，初步建立国家土壤保护体系，实现土壤资源数量和质量的有效监管；进一步摸清全国土壤资源数量和质量状况，提升土壤保护科技研究水平；使土壤污染退化趋势总体得到有效遏制，对食物安全、饮用水资源和人群健康构成重大隐患的土壤污染区得到有效治理，生态环境脆弱区和农业主产区的土壤保护取得阶段性成效。

到 2030 年，进一步完善国家土壤保护体系，健全土壤保护监管体系，全面提升国家土壤科技研究和教育水平；基本遏制区域土壤资源退化和环境污染趋势，修复具有不可接受的高风险土壤污染区，使全国土壤环境质量状况明显改善。

到 2050 年，基本消除土壤污染区，总体稳定土壤退化区；全面改善土壤生态功能和土壤环境质量；健全国家土壤保护体系与科学技术支撑体系；土壤资源持续利用和生态环境保护工作整体进入与国家社会经济发展水平相适应、符合生态文明要求的良性循环阶段。

以保障与促进农业发展的土壤环境保护、保护生态与人体健康的土壤污染防治、生态环境脆弱区土壤退化修复和重要生态功能区的土壤保护治理为基本任务，以土壤环境科技和土壤环境管理为完成土壤环境保护战略任务的两大基点。

（1）保障与促进农业健康发展的土壤环境保护战略任务

土壤是农业生产的物质基础，要从土壤资源数量和质量两个方面保证农业的发展。开展全面、系统、准确的全国土壤资源数量与质量以及污染源的动态普查，掌握我国土壤资源数量、质量动态变化状况和突出环境问题，建立全国土壤资源和土壤质量数据信息系统，科学制定土壤环境质量基准。加强新农村环境保护，切实加大对农业主产区基本农田的土壤保护力度，严格管理化肥、农药、污泥和农业废弃物的使用，提高土壤肥力，保护土壤环境。

（2）保护人体与生态系统健康的土壤污染防治战略任务

针对各类土壤污染源，采取有效控制措施，从源头上防止土壤污染。建立基于风险的土壤环境质量评估与管理体系，有计划、分步骤地综合整治城乡土壤污染，有效修复和基本消

除高风险的土壤污染区，保护农产品与食品安全，加强城乡人居环境安全与居民健康保护工作。

（3）生态环境脆弱区土壤退化修复战略任务

实施生态环境脆弱区的土壤保护，进一步加大区域水土流失、沙尘暴源头区和退化土壤的治理力度，使全国水土流失、草地退化、沙漠化、盐碱化和石漠化面积扩大趋势得到有效控制，退化区得到明显治理恢复。

（4）加强重要功能区保护的土壤保护治理战略任务

实施重要功能区的土壤保护。加强重要水源涵养区、洪水调蓄区、防风固沙区、水土保持区及重要物种资源集中分布区等重要生态保护功能区和自然保护区的土壤保护和治理，使土壤环境质量达到满足生物保护和水质保护的标准。

（5）提升土壤环境科技水平战略任务

土壤环境科技是土壤环境保护工作的重要组成部分，具有先导性、基础性、支撑性和保障性的作用。做好土壤环境科技工作，就能夯实土壤环保工作的技术基础，提高土壤环保决策的科学性，是建设环境友好型社会的重要支撑。

实施三大土壤环保科技战略任务：即实施国家土壤环境科技创新任务、土壤环保标准体系建设任务和土壤环境技术管理体系建设任务。开展基础理论、环境标准和高新技术推广应用研究，形成一个有机联系的土壤环境科技创新体系。加强长期、稳定的土壤科学研究和关键技术开发，针对性地系统研究全国性和区域性土壤保护科学问题，认识和掌握土壤障碍问题成因与质量演变规律；科学地系统研究和建立土壤质量基准和保护标准体系；在土壤环境监测、水土流失、草地退化、土壤荒漠化和石漠化综合防控，土壤环境点源和面源污染控制和修复，耕层土壤保护，土壤次生盐碱化防治以及土壤肥力平衡等技术与设备方面，形成适合国情的自主创新研发体系。

（6）土壤环境科学管理战略任务

建立和完善土壤保护法制、体制和机制，构建基于风险的我国土壤保护体系。研究并颁布土壤保护国家法律和地方法规，制定相关政策，实施土壤环境质量标准战略；建立严格的土壤保护责任制度、经济补偿制度和投入机制、毁损和污染土壤的经济、刑事惩罚制度和行政问责制度等；建立生态补偿制度和管理机制；完善国家和地方土壤保护监管机构，建立有效的土壤监测与修复网络；培育土壤保护的市场经济机制，加强土壤保护宣传教育，提高人民群众的土壤保护意识和生态文明程度。

6. 加强噪声与振动污染控制，实施低噪声化战略，实现我国环境噪声与振动污染状况的明显改善

噪声与振动污染控制总体目标：建立起权威的噪声管理政府架构，实施统一和有效的噪

声管理；建立具有先进性和可行性的环境噪声法规和标准体系，并具备完善的监督实施保障体系；强化和落实我国城市声环境规划和土地功能合理利用的战略，并得到实施；加强声源控制，对我国主要环境噪声源实施低噪声化战略；提高我国噪声与振动污染防治工程水平，使之能满足和适应我国噪声与振动污染防治需求。2020 年实现我国环境噪声与振动污染的发展趋势得到抑制；2030 年实现我国环境噪声与振动污染状况的明显改善。

我国环境噪声与振动污染防治的总体战略目标是以科学发展观为指导，以建设和谐社会和提高城乡人民的生活质量为目的，以人为本，以降低人的噪声暴露为重点，加强噪声污染和噪声控制的宏观管理，努力建设安静舒适的城乡声环境。

2020 年，主要环境噪声源得到有效管理和控制，基本解决环境噪声导致的群体性事件。

2030 年，我国环境噪声与振动污染的发展趋势得到抑制，城市声环境稳定改善。

2050 年，我国环境噪声与振动污染状况得到明显改善，实现“安静中国”战略目标。

噪声与振动的 5 大战略任务：

（1）加强环境噪声与振动监督和管理战略

建立和完善噪声与振动管理政府架构。环境噪声与振动管理是一个系统工程，涉及规划、建设、交通、公安、城管等多部门和多领域，针对噪声管理涉及多部门多领域的特点，应明确各部门的权力和责任，实行各部门通力协作，齐抓共管，加大管理力度，提高管理效率。为此，必须加强各级环境保护部门的监督管理作用，明确其权力和职责，建立完善的噪声管理政府架构和统一的噪声管理体制，实现噪声污染和噪声治理方面的有力监督和高效管理。目前迫切需要解决和落实的是明确关于环境噪声投诉、社会生活噪声、声源控制相关各部门的权力和责任。

完善我国环境噪声与振动法规和标准体系。根据我国环境噪声与振动污染的现状，修订《环境噪声污染防治法》以满足环境噪声与振动管理工作的需要，包括进一步加强对交通运输噪声、社会生活噪声的管理，突出预防为主原则，重视噪声源头控制，各职能部门的协同管理与各负其责等内容。完善建立包括对受体保护的声环境质量标准、针对高噪声活动或场所的噪声排放（或控制）标准、针对高噪声产品的噪声辐射标准三个层次的环境噪声标准体系。加强有关技术导则、指南等应用基础和共用技术标准和规范的制定。

加强噪声与振动管理和监督的软、硬件建设。在国家、省和县三级环保行政管理部门，设置专门的环境噪声与振动管理机构，做到有班子、有编制、有人员，并明确其职能和职责。对中心城市声环境实行网络化、数字化管理。建立城市声环境管理网络平台，对声环境现状分析、各种噪声污染治理办法、治理效果预测、管理方式等资源实现共享，为政府部门和市民了解噪声等级、明确管理目标提供便利。建设先进的、完善的环境噪声监测体系，推进监测站标准化建设，优化完善噪声监测网络，建设城市噪声动态监控网，对噪声污染源进行实时监测；建立突发噪声与振动污染事件响应应急机制。根据国家环境噪声法规和标准，对不同的噪声源，有明确的噪声污染防治的主体和责任；对不同的噪声污染事件，有明确的法规和标准处理依据；对不同的噪声投诉事件，有明确的处理模式。在主要环境保护城市应逐步推广和应用噪声地图技术，在吸取发达国家的经验基础上，重点强化噪声地图技术在环境噪声管理和控制中的应用，包括为城市声环境规划、建设和交通规划、敏感建筑物建筑防护、缓解环境噪声投诉等方面的服务。

加强环境噪声和振动污染防治工程的监督管理。我国的环境噪声国情决定，环境噪声和振动污染防治工程将仍然是一项重要措施。针对一些治理工程缺少必要的设计指标要求和科学、准确的验收程序以及工程监理，使得一些治理项目未能得到既定的环境效益。应加强我国有关噪声产业和防治工程的基础和共用技术工作，包括有关设计、工程应用、检测、验收等标准、导则、指南、规范等，以加强环境噪声和振动污染防治工程的监督管理。

（2）强化我国城市声环境规划

实现声环境规划与城市规划的协调与统一。声环境规划应列为城乡建设规划中的必要内容，通过科学合理的区域规划，注重区域功能布局，从空间地域上避免噪声对可能影响对象的污染，应作为今后噪声污染防治的首选措施，这样可以消除很多因规划布局不合理带来的噪声污染后遗症及难点问题。区域环境影响评价中也应把噪声功能区的合理规划纳入其中，作为重要的环境影响评价内容之一。在城市区域发展规划中，明确不同区域的声环境功能，不同区域要分开，区域与区域之间要有噪声缓冲区，使区域与区域之间互不干扰。根据所确定的城市建设分区的总体状况，完成城市用地的功能分区、景观分区，从功能、交通和声环境等各个方面综合考虑各功能区的布局。从功能、交通流组织、噪声源降低规划等多角度综合考虑中长期的声环境规划。

城市功能区布局与土地合理利用。注意城市功能区的设置与布局优化，合理利用土地，优化城市用地布局，科学配置资源，包括高密度人员暴露区域与噪声源布局的合理性，声景观规划，是一种特殊环境规划。在城市交通噪声规划与声环境规划中，注意干线道路走向的合理规划、发展地堑式道路结构和道路两侧合理布局等。城市规划部门在确定建设布局时，应当根据国家声环境质量和民用建筑隔声设计规范，合理规定建筑物与交通干线的防噪声距离，并提出相应的规划设计要求；应根据声环境功能区划的要求，合理布局工业、商业、居住等种类建筑的规划布局。

建立有关声环境和土地利用、建筑功能的相容性体系。吸收国外经验，在声环境规划和噪声地图的基础上，由环境保护部门颁发有关不同声级下的土地使用规定和不同建筑的允许使用条件的规范，包括住宅区、公共使用区、商业区、制造和生产区、娱乐区等不同功能建筑可以、不可以和有条件建设的规定，有条件建设是指建筑物隔声指标的要求。

（3）实施强化声源控制战略

实施强制性声源控制标准和（或）噪声标牌制度。对主要环境噪声源进行研究识别，对主要环境噪声源实施更加严格的强制性声源控制标准和噪声标牌制度。加强主要环境噪声源管理，明确国家环境保护部门和质量监督部门的权力和责任。加强噪声源分析和识别技术和设备和低噪声设计开发软件和专家系统基础工作，提高我国声源控制技术水平。

建立环境噪声源的中、长期控制降噪目标规划路线图。建立噪声源控制的中长期规划，根据各类噪声源降低的潜能，确定各种噪声源中、长期控制限值的目标值以及发展规划。提出公路、铁路以及航空噪声等主要环境噪声源降噪路线图，明确不同阶段的降噪目标和控制技术。在此基础上，组织开展系统化、系列化的研究，以确定未来切实可行的环境噪声源降噪规划路线图。

加强声源控制技术研究开发。根据我国声源控制水平和发达国家有较大差距的实际情况，集成我国有关技术资源，加强声源控制技术研究开发，目前阶段应以对环境影响较大的噪声源为重点，包括各类机动车辆、工程机械和建筑机械、有轨车辆、建筑服务设备等。有关部门应对这类研究开发项目予以支持。对低噪声设备，应给予一定的经济政策支持。

提高噪声和振动源配套控制设备水平。提高以主要环境噪声源，包括汽车、建筑施工机械、工程机械、空调设备、热、水、等供给系统、室外移动高噪声设备和建筑服务设备的噪声与振动控制装备水平，从声源上降低噪声源排放水平，基本达到和接近国际水平。

（4）加强噪声与振动控制技术的研究开发与投入战略

加强噪声与振动控制技术研究开发，我国噪声振动控制技术研究开发水平和发达国家有较大差距，远远不能满足我国环境噪声与振动防治的需求，在近阶段重点加强的噪声振动控制技术研究开发领域包括：声环境规划和土地合理利用、环境噪声数据库和预测方法、城市环境噪声地图技术、城市环境噪声综合评价方法、以汽车、轨道车辆和建筑施工机械、建筑服务设施为重点的声源控制技术等。同时加强研究开发和防治工程投入，必须认识到我国是一个人口众多，城市化速度快，土地紧张的国家。从噪声影响来说，是一个噪声污染的大国，只有较大的投入，才能较为有效的防治噪声污染。

7. 加强核安全能力建设、提升监管水平，保障核与辐射环境的安全

核与辐射环境安全总体目标：通过建立完善核与辐射安全法规体系和监管体系，利用先进的科学技术，使核燃料循环装置的“三废”处理设施得到配套和完善；形成完整的科研管理机制，建立一批核安全与辐射安全研究国家重点实验室；完成全国辐射环境监测网络建设，形成完整的核事故预警、应急响应和事故评价系统，建立健全应急监测能力；核与辐射安全总体达到国际先进水平，放射性废物管理进入良性循环。2020 年至 2050 年，分阶段完成以下战略目标：

2020 年，建立完善核与辐射安全的法规体系和监管机制，全面推进放射性废物的安全管理；初步完成早期核工业核设施退役和“三废”治理，加强能力建设，形成完整的核事故预

警、应急响应和事故评价系统，建立健全应急监测能力。

2030 年，核与辐射安全总体达到国际水平，进一步完善核与辐射安全的法规体系和监管机制，放射性废物管理进入良性循环阶段。

2050 年，根据国家能源发展的情况，以及当时国际上核与辐射安全的进展，继续保持我国核与辐射安全监管水平始终与国际同步，对于新型核能发展带来的安全问题具备相应的对策，特别是应对核聚变能力的研究进展，对其安全保持有效的监管；建成高放废物地质处置库，高放废物分离嬗变实现工程实施。

通过加强核安全能力建设、提升监管水平，保障核与辐射环境的安全，根据分阶段目标和总体目标的要求，我国面临着 6 大战略任务：

（1）积极发展核电，加强核科技研究，提高核与辐射安全防护水平

在当前核电大发展的形势下，采取加强核科技研究、采用先进技术，提高核与辐射设施的安全水平的战略任务体现在以下几个方面：

一是不断改进现有的“二代加”反应堆的安全水平，现阶段继续批量建设一批二代加电站。引进、消化、吸收、再创新三代核电技术，形成我国未来核电主力堆型和有自主知识产权的核心技术。积极开展快堆和高温气冷堆技术研发。

二是自主开发与引进相结合，全面提高我国核燃料循环设施的安全水平（适当扩展，和核电发展规模相适应，协调发展）。

三是加快淘汰危险性大的老旧 I 类、II 类放射源应用设施，采用新技术和新工艺促进潜在危险性较大的辐照加工和工业探伤等核技术应用行业的技术更新换代；加强科学研究，解决废放射源的处理处置问题。

（2）实施核电发展与放射性废物安全管理并重的发展战略

核电及燃料循环设施必须在设计、建造、运行和退役过程中体现废物最小化的原则；对于核设施运行和退役产生的中低放射性水平固体废物处置，建立有效的财务保障机制，保证放射性废物的处理处置顺利进行；编制和颁布放射性固体废物处置场选址规划，理顺管理体制，建立处置收费制度，促进中低放废物区域处置政策的落实；制定总体规划，落实管理体制，促进高放废物地质处置的进程，在 2020 年前建立以地下实验室为核心的国家高放废物地质处置研究平台。开展高放废液处理技术研究。

（3）加强人才培养，强化政府监管，完善公众参与机制

加强高等教育系统的核相关专业的人才培养，为核工业输送合格的人才；核设施营运单位和有关专业培训机构要加大对员工的在职专业技术和技能的培训和再培训；加强核与辐射安全监管部门法规建设、队伍能力建设、提高技术手段，加强对核与辐射安全的监督管理，依法行政，严格执法。要建立和完善国家辐射环境监测体系，对核与辐射设施进行监督性监测，对全国辐射环境质量进行监测，并对各类核与辐射事件和事故进行预警和应急监测；加

强公众教育和宣传，完善公众参与制度，逐步使核与辐射安全置于公众的监督之下。

（4）控制人为活动造成的天然放射性水平和公众辐射照射剂量

尽快制定或修订相关法规条例，如制定放射性伴生矿管理条例。按照法规要求，对现有的建筑材料、室内氡钍射气限制和铀（钍）与伴生放射性矿防治标准进行清理、修订和补充，完善我国天然辐射照射控制管理法规标准体系。

在环保部门对环境安全实施统一的外部监管前提下，行业主管部门及其企业应建立内部监管体系，内外监管结合，完善天然辐射照射监管体制和运行机制，加强监督管理。

制定天然辐射数据标志和交换标准，建立全国统一的数据中心和天然辐射数据平台，在各个行业和单位之间有效地交换数据，加强数据共享和交流，达到数据最大限度的共享。根据现有数据，编制全国的氡潜势图，为国家氡危害防治政策的制定和各地采取防氡措施提供依据。

尽快组织开展对各种矿产资源开发利用中放射性环境污染、废物产生和职业照射现状进行全面调查，明确监管范围制定伴生矿名录，研究制定切实可行的管理手段和技术措施，加大资源综合利用和环境保护，加大环保投入，并加强对进口伴有放射性矿产品的监督管理。

加强建筑装饰材料的控制管理，尽快完善、落实措施并严格执行与天然放射性有关的建筑质量标准，促使建筑、装饰部门重视对天然辐射照射的控制，加强公众宣传，妥善处理由此引发的各种问题；在医学诊断中尽可能用非放射性的方法代替放射检查，尽可能用低剂量放射检查的方法代替高剂量检查方法，加强诊疗新技术的开发应用；加强受检者和患者的防护，特别对孕妇和儿童的防护，加强质量控制，保证放射设备在最佳状态下运行。

（5）加强核与辐射应急，核保安与反恐

对于核与辐射的应急处置，应按照《突发事件应对法》的要求强化核应急基础能力建设，提高除核电厂外的其他核设施（特别是早期建成的军用核设施）的应急准备与响应能力；进一步完善核应急法规、标准体系，加快《核电厂核事故应急管理条例》的修订，以适应对核与辐射突发事件的要求；加大核应急科研的投入，尽快开展的科研项目包括核设施威胁分类与威胁评估研究，核与辐射监测及核事故辐射后果评价技术研究，以及医学救治与公众防护技术研究等。

在核保安和反恐方面，与核应急积极兼容，优化防范核与辐射恐怖事件的应急准备和响应的管理体制；加强核设施、核材料和放射源的保安能力；加强核与辐射恐怖事件预防、预警与处置技术的研究开发，目前需要优先安排预防、预警与处置技术的研究，包括城镇人口密集地区放射性物质转移模式的研究，辐射监测仪表的研究开发（包括放射性物质和核材料的监测、确认、定位、评价及核素鉴别技术等），航测技术的研究开发，公众心理、社会影响的研究以及放射性去污技术和标准的研究。

（6）制定辐射环境综合整治战略，促进历史遗留问题的解决

随着对核设施退役和放射性废物治理工作的进一步深入和工作实践中经验教训的积累，迫切需要出台一个全面的放射性废物管理政策。除对中低放废物管理进一步明确外，还需对核设施退役及环境整治，高放废物和α废物处理处置，核技术应用废物管理，放射源管理，铀钍伴生矿放射性废物管理政策，放射性废物管理体制，经费渠道以及低中放废物区域处置政策的进一步实施等均需提出明确的技术要求和管理政策。通过这样的管理政策，从辐射环境监管的角度促进核军工历史遗留问题的解决。

为加快推进实施核工业遗留放射性污染治理工作，在核行业发展部门的组织协调和领导下，对有关的大型核基地的退役“三废”治理进行全面的规划，建立专业化的放射性污染治理队伍，采取激励性措施，加速核工业遗留放射性污染治理。对于核工业建设早期选址在江河水系上游，环境风险比较大的核设施，要加快放射性“三废”治理和退役工作的进程。

（二）保障措施

为按时完成各环境要素的阶段性目标和总体目标，全面提升我国水、大气、噪声等环境要素的质量水平，根据各环境要素面临的主要战略任务，结合现阶段和未来我国环境要素的整体走向和发展趋势，需全面构建保障我国环境质量水平整体提升的管理体制、科技水平、投入和能力建设等方面的保障措施。

1. 管理体制机制保障，即构建科学的环境管理体制和长效运行机制，保障法律法规执行效力

抓住政府机构改革的时机，强化环保部门的管理职能，明确管理权限。横向上明确界定环保部门与其他资源管理部门的管理权限，强化环保部门统一监管职能；纵向上强化中央的宏观调控，以地方环境管理体制改革为突破，通过推行市以下环保部门垂直管理体制，实现管理队伍统一调动，资源有效共享，从而提高环境管理效率。

环境问题的综合性、广泛性和潜在性决定了环境管理要采取系统化、规范化的统一管理模式。目前，以行政单元分割的各自为政地方管理体制已经不能满足解决跨区域环境问题的需求，需要设立跨区域垂直管理的环境组织机构和环境仲裁机构，加强地方政府间的环境合作协商制度，建立发达地区与欠发达地区、上下游地区、不同行政区之间的决策协商与对话机制，减弱或消除管理中存在的冲突和摩擦，提高环境管理效果。

加强立法和执法，尽快完善我国环境保护法规体系，制定一部系统全面的环境保护法，统一协调全社会的力量，共同保护环境。针对我国环境标准整体宽松的实际情况，逐步加以提高、补充、完善，逐步实现与国际接轨。针对目前违法成本低、守法成本高的局面，加快完善现有法律体系，增强环保法律体系的可操作性，对环境法律法规中义务性条款均要设置

相应的法律责任和处罚条款，同时要加大处罚力度，将超标违法罚款标准提高到企业难以承受的价位，从而促使企业、个人调整行为。赋予环保部门必要的强制执法手段，如查封、扣押、没收等，落实对违法排污企业停产整顿和超标排污企业的限制治理权等。

完善和创新环境执法监督机制，需要建立和创新内部监督、层级监督和外部监督相结合的监督机制，以实现国家监察有效、地方监管有力、单位负责有方。国家要加强地方环保工作的指导、支持和监督，健全区域环境督察派出机构，要充分发挥法律监督、民主监督、舆论监督和群众监督的作用，推行政务公开，确保公众的知情权、申辩权，加强社会和舆论的监督。

建立健全领导干部综合考核机制，要把辖区环境质量是否得到改善作为衡量领导干部政绩的突出标准；把环保目标完成和履行环保法律职责情况纳入领导干部考核的指标体系中，对党政领导实行环境质量一票否决制，避免一些地方干部片面追求 GDP 增长，忽视环境保护的发展理念。坚持和完善地方各级人民政府环境目标责任制，对环境保护主要任务和指标实行年度目标考核制，定期进行考核，并公布考核结果。落实领导干部环保责任追究制度，切实解决地方保护主义干预环境执法的问题，对严重干扰正常环境执法的领导干部和公职人员，要依法追究责任。

2．科技保障，大力推动环境科技、环境标准，为环境质量持续改善提供科技支撑

加强基础研究和前沿技术研究。我国环境污染问题的复杂性是独特的，需要组织具有创新能力的原创性基础研究和技术研发，深刻把握我国环境污染的本质特征和未来发展趋势，形成科学高效的污染控制策略和防治技术体系。

加强能力建设，建设科技支撑体系。围绕前沿领域，设立跨领域的科研项目，培养跨领域的科学家及其团队，创造积极的科研气氛。对于这些探索性前沿领域，通过跨学科、跨单位乃至跨部门组成科学家研究小组，通过相关政策，引导科学家在前沿领域的研究竞争和自由创新，最大限度地调动科学家的主观能动性。同时，注重环境管理技术支撑体系建设，进一步改善观测、测试系统及其设备更新，并完善大型设备共用机制；提高测试数据的准确性、可靠性、可比性与可溯源性，进一步提高环境整体战略研究水平。

大力加强我国环境污染控制产业和各行业的节能减排技术研发，加快建立以企业为主体、市场为导向、产学研相结合的技术创新体系。以环境保护目标为前提，以污染物削减最佳可行技术（BAT）体系为核心，做到科学性和实用性的统一，可操作性和前瞻性的统一。统筹考虑我国现阶段环境污染的主要特点，在评估和应用现有技术的同时，鼓励技术创新，从而促进环境管理目标的实现。

3. 投入保障，解决环境投融资问题，大力提高环境污染治理投入

目前环境保护单靠政府投入增加环境投资是无法满足改善环境质量要求的，必须使投资主体向多元化发展，培育包括政府、私营企业和外资为主的多元化的环境投资主体。改变目前我国环境投资主体单一的局面，是环境投融资和环保产业真正实现市场化发展必不可少的前提。环境投资公司作为社会资本、国际资本的代言人进入环境投资领域，它既可以进行环境基础设施的建设与运营，也可以通过协议投资于排污企业的环境治理设施建设与运营，政府可参照同期银行长期贷款利率的标准，并根据国家现行政策，全面开征城市污水处理费、垃圾处理费和危险废物处置费，并逐步提高收费标准，设定投资回报参考标准，保证社会资本、国际资本稳定的投资收益。

环境问题的新趋势已经对政府在环境保护中的作用提出了新的要求，增强政府保护环境、控制和解决重大环境问题的财政能力已经刻不容缓。中央财政应该设立专门的环境保护支出账户，从每年新增的财政收入中安排，以保证长期、稳定的环境保护投入。

政府作为环境资源的管理者，必须充分利用法律法规和经济杠杆对企业和社会公众的环境行为进行监督管理和科学引导。依据相关环境法规标准和经济政策，制定透明的行业政策，规范污染治理市场，形成企业治理污染、社会保护环境的自觉行为。在实施强制性法规和标准的基础上，安排各种与市场机制相沟通的经济制度，将会更有效发挥环境投资的效益。

加强排污企业的环境投资或环境付费。在健全的环境管理制度之下，排污企业承担着污染成本内在化的义务和责任，在某种意义上可以说是政府强制下的环境投资者。环境管理中的经济手段柔化了这种强制的色彩，目的是通过经济刺激，迫使污染者从自身利益出发选择更有利于环境保护的生产经营方式或污染治理模式。实现企业的环保行为与企业的商誉结合起来，使企业的环保行为通过得到社会的认可而成为企业无形资产的一部分，将企业的经济效益与环境效益组成一个有机的整体，最终提高企业产品的市场占有率。

随着我国市场经济的建立、发展和不断完善，基于市场的融资手段，如商业银行信贷、基金、股票市场，债券市场等在中国经济发展的各领域得到了广泛的应用，而环境投资的资金却依然主要来自于 1984 年《关于环境保护资金渠道的规定的通知》所规定的八条渠道，基于市场手段的融资渠道的拓展还有很大的空间。政府、排污企业可以积极引进股份合作制、BOT（建设—运营—移交）、BLT（建设—租赁—转让）等融资模式，鼓励社会资本、国际资本进入环境投资领域。

4. 能力保障，提高环境监控能力和环保系统队伍建设

研究国家级、省市级环境保护信息网络的功能和内容，配套建立相应的数据监测、处理、分析、传输、统计、公布的能力。为保证公众知情权、参与权及对环境信息的需求，发挥其

制衡作用，建立保证信息公开化的管理、技术方法和政策保障体系，逐步实现环境信息公开化、制度化与规范化。

构建环境信息处理和管理的技术框架、方法和体系以及相应的政策；建立环境基础数据共享平台、保障措施，满足有效实施统一监督管理、环境综合决策和环境政策制定以及社会服务的环境保护基础数据需求，为数字环保和先进的环境管理提供全面的科技支撑，实现环境资源、环境科技资源的优化配置和信息化管理。

针对目前基层环保机构缺位，地方的水环境、大气环境等污染问题突出，环保政策落实不到位，环境管理效率低下的局面，要加强县级以下基层环境管理机构建设，在乡镇一级建立环保分支机构，落实职能、编制和经费，加强基层管理人员培训，提高管理人员素质。

5．经济政策保障，运用税收等经济手段，保障环境与经济协调发展

“外部不经济性”是产生环境问题的重要经济根源。我国在控制污染排放、实施环境外部成本内部化方面应采取的基本战略为：以促进能源与环境协调发展为核心，以补充制定必要的外部成本内部化政策制度和全面提高收费额度为主要手段，按照“谁污染，谁付费；谁受益，谁补偿”的原则，采取循序渐进的方式，推动主要污染物排放逐步实现外部成本内部化，形成企业将节能减排作为自身发展内在要求的局面。

试行排放指标有偿分配是树立“环境是资源、资源有价值”社会理念的有效手段。国家应根据经济发展和污染物减排工作需求，制订我国排污权有偿取得方案，确定实行排污权有偿取得的主要污染物因子，提出排污权有偿取得的模式和价格形成机制，推动企业污染治理行为转变，从源头上杜绝企业“囤积”总量指标的行为，为污染轻、效益好的企业发展腾出更多环境空间。

综合运用经济手段，促进重污染企业退出，包括实施差别电价、水价等，推动重污染企业退出；实施严格的重污染企业信贷风险评价，给重污染企业发展断粮；严格实施排污费等税费政策，加大重污染企业生存的成本；建立补偿机制，激励重污染企业退出，要给予合规退出企业合理的经济补偿；给退出企业提供技术支持，帮助重污染企业转型。政府开展技术扶持，帮助重污染企业实现产业转型，提供就业培训和再就业等，减轻企业负担，实施土地等优惠政策，鼓励重污染企业转型。

加大关税、出口税等环境调节措施，降低我国出口贸易的巨大“生态逆差”。采取扩大出口关税征收范围，加征高污染产品出口环境关税；完善基于资源环境保护目的的市场准入准出制度，侧重从市场准入方面强化资源环境保护政策手段的运用；实施更加有利于资源环境保护的产业政策，对“两高一资”行业，以配额、许可、限价、信贷等贸易调控手段加以抑制；将环境影响评价制度延伸至国际贸易活动领域，针对贸易协定、贸易政策乃至具体订单等，实施不同层级的环评措施，实行包括禁止进出口、限制进出口、鼓励进出口在内的分级

分类管理，逐步完善利于我国节能减排的绿色贸易体系。

四、重大政策建议

（一）推行我国水环境风险管理模式

从目前总量控制中控制单一污染物和常规污染物，逐步向关注营养盐过量和有毒有害物质的风险管理转变，坚决推行水环境风险管理。创新水环境风险管理的体制、机制、政策，从控制单一和常规污染物管理模式向控制多种污染物和有毒有害物质的风险管理模式转变，确立以防为主的管理政策和模式，将污染防治的端口前移。

统筹流域水生物区系、物理生境、水质等，实行基于流域水环境承载力的水生态分区、分单元风险管理；规范水环境风险评价步骤和程序，进行科学的风险源项识别，开展污染物暴露—效应关系和栖息地—效应关系评估，进行暴露风险评价和风险表征，建立风险评价指标、标准和定量评估技术方法；尽快制定流域、区域、城市或工业的水环境风险管理规划和水环境风险的应急预案。使我国的水环境管理尽快适应实际需要，并为新形势下解决复杂水环境问题提供科学的管理和决策支持。把中国的水环境保护和经济社会和谐发展提升到一个新的水平、新的阶段。

（二）加速环境保护重大工程项目的立项与实施

紧紧围绕我国饮用水和大气环境问题突出，生态环境形势严峻等问题，启动有利于污染防治和环境保护的重大工程项目。首先，在饮用水水源地保护上，为保证人民群众能喝上干净的水，急需制订并推行城乡饮用水水源地安全保障工程计划，切实加大饮用水水源地安全保障工程投入。开展重大工程的前期科学研究，并阐明其对饮用水水源地的环境影响，建立饮用水水源地生态补偿机制，最大限度地规避重大工程对饮用水水源地可能产生的风险；随着新形势下农村经济社会的快速发展，农村土地流转加快，带来了许多新的环保问题，应采取行动尽快消除农村农业面源、养殖污染对饮用水水源地安全的威胁。

其次，分区分类推进生态工程建设，实施重大生态工程整合。在巩固青藏高原水源涵养区、黄土高原水土流失区、西南山地石漠化区、京津上游风沙源区等重点区域生态治理成果的基础上，加大生态危急区的生态保护与建设力度。

最后，坚持生态建设与生态保护并重，在开展生态建设的同时，继续推进天然林保护、陡坡地退耕和草原生态转型 3 大生态保护工程，加强全国生态保护力度。建立国家生态安全预警机制，尽快规划设计针对重要生态保护地和重大生态问题的全国生态安全预警体系，建立覆盖全国、迅捷有效的生态灾害救助体系，切实维护国家生态与经济社会运行安全；依据区域生态适宜性评估，加大西部地区产业结构调整力度，明确区域资源开发与产业发展的主要限制因素，通过生态补偿机制等形式，尽快建立与西部生态承载力相适应的产业结构，最大限度地从源头上减轻西部生态压力，逆转生态退化趋势，恢复生态功能。

（三）制订环境保护行动计划及国家对策

紧紧围绕今后 20～50 年内必须解决的城市大气环境质量、复合大气污染以及区域污染与气候变化等重大问题，制订国家清洁空气行动计划。以我国典型城市群地区的大气污染防治为核心，根据典型区域的大气污染控制的需要，组织开展系统的技术研究开发和工程示范，形成我国大气污染控制核心技术的研究开发基地和自主创新体系。建立全国区域大气环境质量管理的机制和体系，推动大气污染控制产业的技术进步和技术创新，带动全国国民经济部门的行业技术向节能减排和绿色化的方向发展。

根据各河口、海域的突出环境、资源和生态问题，综合考虑环境、生态系统、地区社会经济可持续发展对河口（海湾、海域）的要求、制订我国国家河口计划和国家碧海行动计划，建议优先启动重点河口计划、海域环境保护行动计划，继续推进《渤海碧海行动计划》的实施；实施《长江口及毗邻海域碧海行动计划》和《珠江口综合整治与生态建设》。

制订城市、城郊和农村土壤环境污染控制和修复行动计划，综合治理修复受污染的耕地土壤和工矿企业搬迁遗留场地土壤；全面开展大型湖泊、河流流域和水利工程辐射区土壤环境点源和面源污染综合防治与修复工作。

环境保护的国家对策，要推行国家清水产流机制，保障清水输送通道和受纳水体的水质及生态系统健康得以有效改善；以循环经济（循环型社会）为基本框架，将固体废物管理和循环经济有机地结合在一起，建立有效、合理的固体废物管理体系；实施强化声源控制战略，实施强制性声源控制标准，建立环境噪声源的中、长期控制降噪目标规划路线图，加强声源控制技术的研发，从声源上降低噪声源排放水平，基本达到和接近国际水平；加强全国辐射环境监测网的建设，在“十二五”期间全面建成全国辐射环境质量监测和重点核设施环境监测站点，并形成网络。

第二章
主要环境领域保护战略课题组综述报告

中国环境宏观战略研究第三课题“重大领域的环境保护战略”由工业污染防治、城市环境保护、农村环境保护、国家环境与健康、能源与温室气体控制以及全球和区域环境 6 大专题组成，涵盖了我国环境与经济的主要领域，涉及面广、综合性强，且各有侧重。本课题综合报告在各专题研究的基础上，以我国未来社会经济发展的长期变化大趋势为背景，试图以更宏观、更系统的角度综合和提炼各专题的主要观点和重要结论，探讨和推测未来中国环境变化的总体趋势、主要问题和应对战略，为中国环境宏观政策发展和走向提供有益的决策支持。

改革开放以来，我国经济持续快速发展，成绩斐然。从 1978 年到 2008 年，我国国内生产总值（GDP）年均增长 9.7%，人均 GDP 从不足 200 美元增加到超过 3 000 美元（当年价）。工业增加值增长超过 20 倍，化学纤维、乙烯、塑料、水泥和钢材等主要工业产品分别增长了 84 倍、25 倍、45 倍、20 倍和 25 倍；城镇化水平从 17.9%上升到 45.7%，建制市的数量由 193 个增加到 655 个，城市规模也在不断扩大；农业综合生产能力大幅度提高，成功地以占世界约 9%的耕地解决了世界约 1/5 人口对农产品的基本需要，主要农产品人均占有量达到世界平均水平，部分农产品达到或者接近发达国家水平。

连续 30 年的经济高速发展，这期间工业化、城镇化和农业现代化外延型的发展模式也给我国带来了一系列生态与环境问题：湖泊富营养化、地下水硝酸盐污染、大气复合型污染、酸雨、生态系统功能退化等，发达国家上百年、分阶段出现的环境问题在中国短期内集中出现，环境质量急剧恶化，环境与发展的矛盾日益尖锐、突出。

目前，我国正处在工业化中期，民族振兴的道路还任重道远。在未来相当长的一段时期内，加快实现工业化、提高工业现代化水平、促进城镇化发展、保障粮食安全仍是我国一项十分艰巨的历史性任务。由于我国人口总量将在 2030 年左右达到高峰，在未来 40 余年，如果继续维持现有的经济增长方式和环境管理模式，将不可避免地带来资源耗竭和大规模不可逆转的环境恶化，给我国人民的健康和福祉以及未来经济社会发展能力带来深远的、战略性的不利影响。与此同时，我们也正处于一个充满机遇和挑战的大变革时代，经济全球化深入发展，科技革命加速推进，生产要素流动和产业转移日益加快，全球和区域合作方兴未艾，新思想、新理念、新模式、新方法、新技术层出不穷。

因此，本研究旨在通过分析我国环境保护在未来经济社会发展过程中所面对的机遇和挑战，以期抓住当前发展中的战略契机，化解约束，快速推动我国经济优化升级，从而迎来经济和能源资源环境共赢的发展局势，从根本上促进中国经济社会的可持续发展。

一、中国当前环境形势和未来发展趋势

本部分系统分析了我国未来环境变化的宏观驱动力，以及主要领域的环境形势和未来的发展趋势。

（一）中国环境变化的驱动力

2008 年，我国人口超过 13 亿人，人均 GDP 超过 3 000 美元（当年价），第二产业增加值占 GDP 比重达到 48.6%，城镇化率超过 40%，已经进入工业化中期和城镇化的快速发展阶段，开始了新一轮的消费结构和产业结构升级。今后，我国将进入经济和社会结构快速变革和转型的重要时期，这些变化是我国环境质量变化的直接驱动力。

1. 人口

人口规模是环境最直接的压力。中国是世界上人口最多的发展中国家，人口问题一直是制约中国经济发展、导致中国环境恶化的首要因素。目前，我国的人口总数已经超过了 13 亿人，约占世界总人口的 20%，且每年仍在以近 1 000 万人的数量持续增长。

庞大的人口数量是导致我国资源紧缺和污染排放量巨大的直接因素。一方面，由于人口的除数效应，虽然我国各类资源总量在世界各国中位于前列，但是耕地、淡水、森林、石油、天然气以及环境容量等重要资源的人均占有量均低于世界平均水平，铁、铜、铝等重要矿产的国内保障程度很低（图 2-3-1）。

另一方面，人口的巨大需求驱动了生产规模的扩大，大量废水、废物和废气的排放量不断突破不同水平的环境承载力阈值，导致环境质量的急速恶化。虽然我国人均污染（温室气体）排放量与世界平均水平相比差距不大，某些指标甚至远远低于世界平均水平，但是由于人口的乘数效应，我国污染物的总排放量庞大，给环境带来了巨大的压力（表 2-3-1）。

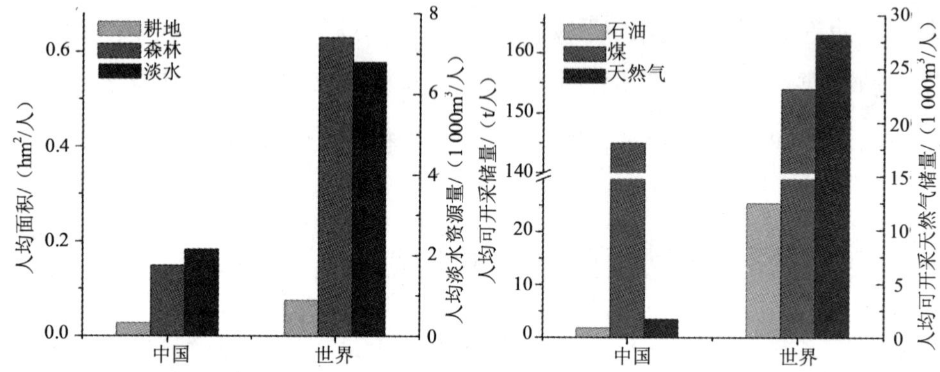

图 2-3-1 我国重要资源人均量与世界平均水平比较

资料来源：来自 World Bank，2006. 人均耕地面积、人均森林面积和人均淡水资源量为 2005 年数据；其余数据为 2004 年数据，来自国家统计局，2007

表 2-3-1　　我国主要污染物人均排放量的国际比较

国家/地区	有机污染物排放量			CO_2 排放量		
	总量/		人均量/	总量/		人均量/
	万 t	排名	kg/（人·a）	亿 t	排名	t/（人·a）
中国	222.2	1	1.7	41.4	2	3.2
法国	20.6		3.4	3.7		6.2
德国	35.3		4.3	8.1		9.8
日本	43.2		3.4	12.3		9.6
英国	12.1		2.0	5.6		9.4
美国	65.9		2.3	57.9	1	19.9
高收入国家				267.5		4.3
世界				127.4		12.8

资料来源：World Bank，2006，其中有机污染物为 2004 年数据，CO_2 排放量为 2003 年数据。

综合联合国人口司（UN），国际粮食与农业组织（FAO）、国家统计局等多种研究和规划结果表明，我国人口将在 2030 年前后达到高峰（15 亿～16 亿人），此后缓慢减少，到 2050 年下降到 14 亿人左右（国务院，1994；国务院新闻办公室，2000；国家统计局，1996；UN，2004；国家人口发展战略研究课题组，2007；FAO，2008）。也就是说，未来 20 年我国人口规模还要比目前增加 2 亿～3 亿人，这一增量将会非线性地显著放大我国未来人口与资源环境的矛盾，使我国来自人口增长的环境压力在 2030 年左右处于高峰期。

2. 经济发展

改革开放 30 年以来，我国人均国内生产总值（GDP）的年均增长速度超过 8%，是同期世界上经济增长速度最快的国家之一。进入 21 世纪以来，我国迈入以房地产和汽车为代表产业的经济高位增长阶段，2001—2008 年我国人均 GDP 年均增长 10.4%，经济总量已经超过英国，跃居世界第 3 位，仅排在美国和日本之后。这一阶段也是我国由农业社会向工业社会的重要转型时期，伴随着对农业和其他资源开发力度的加大和大机器工业的崛起，我国资源消耗速率开始超过再生速率，污染物排放量的增长也更为迅猛，在新增污染物排放量和历史累计污染负荷的双重压力下，我国环境安全的警报不断拉响。以 2005 年的资源消耗为例，如果按照汇率法计算，我国 GDP 占世界 GDP 的比重只有 5%，按照购买力平价计算，也只占世界 GDP 的 9.7%，但是许多重要资源消耗所占的比重都远远超过 GDP 所占的比重（表 2-3-2）。

表 2-3-2　　2005 年我国部分重要资源消耗占世界资源消耗的比重

资源	中国	世界	中国占世界的比重/%
石油/亿 t	3.27	38.37	8.5
原煤/亿 t 标准油当量	10.82	29.30	36.9
钢铁/亿 t	4.10	12.30	33.4
铁矿石/亿 t	5.24	17.00	30.8
氧化铝/万 t	1 560.8	6 153.4	25.4
水泥/亿 t	10.69	22.44	47.6

资料来源：许宪春，2008。其中石油和原煤数据来自英国石油（BP）集团的年度统计报告；钢铁和铁矿石数据来自国际钢铁协会（The International Iron and Steel Institute）的年度报告；氧化铝和水泥的数据来自英国商品研究所（CRU）的年度报告。

受产业链特征和旺盛的潜在需求影响，以房地产和汽车为代表的产业发展对整个经济增长具有广泛和持久的推动力，我国未来经济总量仍将稳步增加。相关研究表明，在整个工业化中后期阶段，我国经济仍将保持每年 7%左右的增长，并按照十六大提出的目标，到 2020 年实现 GDP 总量比 2000 年翻两番的目标，达到 5.1 万亿美元（2000 年不变价），人均 GDP 将达到约 3 500 美元（1990 年不变价），跻身世界中等收入国家之列（表 2-3-3）。

表 2-3-3　　中国经济增长率预测

研究者	增长率预测/%		
	2020 年	2030 年	2050 年
王晓鲁等（2000）	6.2～6.6	—	—
李京文（2000）	6.4～8.1	4.9	4.3～5.9
潘文卿等（2001）	5.5～7.0	—	—
贺菊煌（2001）	4.3～6.5	—	—
许宪春（2002）	6.5～7.5	5.5	3.5～4.5
林毅夫等（2003）	7.1～8.7	—	—
中国科学院可持续发展研究组（2004）	6.5～7.5	5.5	3.0～4.5
曹东等（2005）	6.5～7.7	—	—
国务院发展研究中心课题组（2005）	6.8～7.5	—	—

资料来源：王晓鲁和樊纲，2000；林毅夫等，2003；曹东等，2005；国务院发展研究中心课题组，2005；贺菊煌，2001；李京文，2000；潘文卿等，2001；许宪春，2002；中国科学院可持续发展研究组，2004。

2020 年之后，我国将进入完成工业化和进入知识经济之间的过渡期。在该时期，我国经济将发生重大结构调整和模式转型，因此仍然能够较快增长，增长率将保持在 6%左右。到 2030 年，我国 GDP 总量将超过 9 万亿美元（1990 年不变价），最晚在本阶段末超过日本，成为世界第二大经济体，人均 GDP 将在 2030 年达到 6 000 美元左右（2000 年不变价），在中等收入国家中处于较高水平。

2030 年之后，我国将逐渐迈出工业经济发展阶段，进入知识经济时期。在该阶段，知识产业逐渐成为最重要的产业，我国开始全面实现现代化。由于工业经济向知识经济的转型避免了资本边际报酬递减效应，经济长期稳定增长得到保障，经济增长率将保持 4%～5%的水平。到 2050 年我国 GDP 总量将达到 18.2 万亿美元（2000 年不变价），并有可能超过美国，成为世界第一大经济体，人均 GDP 将超过 13 000 美元（2000 年不变价），跻身高收入国家行列。

根据国际经验，在整个工业化时期，经济增长对环境的负面影响将超过期望的影响，GDP 增长与污染物排放和环境质量恶化都呈强烈的正相关，因此随着我国逐渐进入工业化中后期，经济发展带来的环境压力将继续日渐加剧。在我国工业化完成之后，随着我国经济结构日渐由劳动密集型和资本密集型转变为知识密集型以及服务业成为经济主导产业，经济增长对环境的正面效应将逐渐显示出来①，因此，如果现阶段不能从根本上转变我国的消费结构（包括居民的消费偏好）和产业结构，并解决重要产业层次低下、技术含量低、布局不合理等问题，我国来自经济增长的环境压力在 2030 年左右将处于高峰阶段。

3．消费结构升级

在经济增长的过程中，随着居民收入水平的提高，人们的消费从基本满足需要向较高层次转化，而消费结构的变化也必然引起产业结构的变化。目前，中国的居民消费结构正向发展型、享受型升级，汽车、住宅等过去的奢侈品将可能转变为居民的必需品。

根据国际经验，人均 GDP 超过 1 000 美元时，住宅和汽车等代表资产和财富的商品的消费需求将大幅度上升，并刺激产业结构向支持房地产、汽车制造及其相关基础设施建设的钢铁、水泥、材料、金属、化工等重化工业主导的模式转变，同时也刺激服务业的发展，经济发展进入新一轮的增长期。这个转变过程持续时间长，对经济的推动力大，当人均 GDP 在 3 000～5 000 美元水平时，即便此时轿车的千人拥有量达到 100 辆水平，汽车需求也将会一直呈上升趋势，而居民对房地产的消费需求要延续到人均 GDP 13 000 美元的水平才会出现下降。

① 经济对环境的正面效应包括：规模效应、结构效应、技术效应或者减排效应，以及产品效应。规模效应是指经济规模增加导致的组织、运输、产品和服务分配效率增加减少经济发展的环境影响。结构效应是指生产和消费活动构成和区位上的转变导致环境条件发生变化，例如国际市场对环境资产的正确评估迫使企业环境成本内部化，产生的正面效应。技术效应或者减排效应是指经济发展和全球化导致的创新和新技术体制的传播带来的资源利用效率的提高和污染物的减排。产品效应是指经济发展促进消费者环境意识增长，消费对环境有利的货物和服务产生正效应。

21 世纪以来，我国人均收入水平的提高和工业化、城镇化、市场化进程的加快，推动了中国居民消费结构的升级。2003 年我国人均 GDP 超过 1 000 美元（当年价），居民消费结构由满足温饱需求的“吃、穿、用”阶段向满足小康需求的“住、行”阶段升级，由百元、千元的小型、中型耐用消费品向万元、十万元的大型耐用消费品升级，消费结构的升级推动了产业结构的升级，我国进入了以房地产和汽车为代表的新一轮经济发展阶段，即以工业，尤其是重化工业带动经济增长的发展阶段。

由于我国人均 GDP 刚超过 3 000 美元（当年价），工业化和城镇化进程正在加快，对房地产（特别是住宅）和汽车的需求巨大，会在将来进一步促进它们的发展，因此房地产和汽车将在未来相当长的一段时期驱动我国经济的发展。

在之前相当长的一段时期，我国建筑和房地产正在经历着前所未有的繁荣，每年新增商用和民用建筑达 20 亿 m^2。在城市人口和人均居住面积快速增长的带动下，城市居民的居住面积从 2000 年的 93 亿 m^2 增加到了 2005 年的近 140 亿 m^2，增幅达到 50%。2005 年中国城市居民的人均居住面积为 26 m^2，比 2000 年增加了 6 m^2，但是其离建设部设定的“小康社会”的标准尚有距离（城市居民人均住房面积达到 30 m^2）①。从住宅的潜在需求看，根据有关估算②，如果要满足未来 20 年（2010—2030 年）城市居民的人均住宅面积达到“小康社会”标准，我国将需要建筑住宅共 76 亿 m^2，平均每年需 3.8 亿 m^2；如果考虑城镇人口每年 0.8%的增加，则未来 20 年将需要建筑住宅 181 亿 m^2，平均每年需 9.0 亿 m^2；再考虑城镇拆迁、危房改造等，则每年需要建设住宅可能超过 10 亿 m^2，是目前建设水平的近 2 倍（5 亿～6 亿 m^2）。

2006 年，中国机动车保有量达到 5 100 万辆③，比 1990 年增加了近 9 倍，其中增幅最大的是轿车，从 2000 年到 2006 年，轿车销量的年均增长率为 37%，到 2006 年达到 440 万辆。目前，中国人均汽车保有量尚低（每 1 000 人 17 辆），因此随着个人收入和基础设施的发展，中国机动车，尤其是轿车保有量仍然有很大的增长空间。根据国际能源署（IEA）的估计，2030 年中国公路上的机动车总量将达到 2.7 亿辆，轻型车辆将从 2 200 万辆增加到 2 亿辆以上，在新增车中占绝对比重。在 2015 年左右，中国将取代美国成为全球第一大轿车市场（图 2-3-2）。从轿车的潜在需求看，如果遵循美国的消费模式④，而且今后中国的人均收入以每年 6%的速度增长，在未来 15 年中国每年将购置 1 000 万辆轿车，如果中国年均 6%的经济增长能够持续到 2030 年，轿车的收入弹性不变，中国对轿车的年需求量将达到 4 500 万辆，相当于目前全球轿车的保有量和购买量。如果中国真的依照美国的模式发展而城市、交通和环境管理手段不发生变革，中国以房地产、汽车为主的消费结构至少将一直持续到 2030 年，这就意味着

① 全面建设小康社会的住房目标为，到 2020 年城市居民人均居住面积达到 35 m^2，农村居民人均居住面积达 40 m^2。

② 《中国战略机遇期的经济发展研究报告（2005—2020）》，转引自王国刚执笔（中国社会科学院金融研究所住宅金融课题组）：《提高供给能力，推进房地产市场健康发展》，2005。

③ 该数据不包括目前上路的 6 000 多万辆摩托车。

④ 美国人均收入与中国当前人均收入近似时期（1910—1970 年）对轿车的收入弹性为 2.6。

我国以重工业为主的经济结构在这之前不会得到根本转变，而且会再加剧。同时中国也将丧失大片的土地，城市交通和城市环境将面临着全球历史上前所未有的压力。

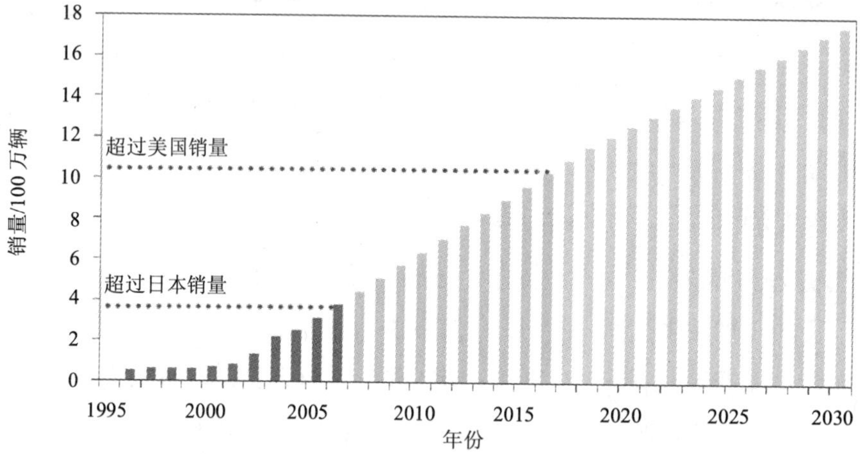

图 2-3-2 中国机动车新车销量预测

资料来源：国际能源署，2008。

与此同时，尽管中国居民电器保有量的增速在变缓，但其消费需求仍然没有达到饱和，仍将继续稳步增长。IEA 预计，中国城市居民的电器保有量在 2020 年左右达到饱和，农村地区则在 2030 年左右达到饱和，届时每百户家庭的洗衣机保有量预计将达到 100 台，电冰箱保有量将达到 83 台（图 2-3-3）。在这种消费需求的推动下，我国电器制造业在未来 20～30 年内将继续稳步发展。

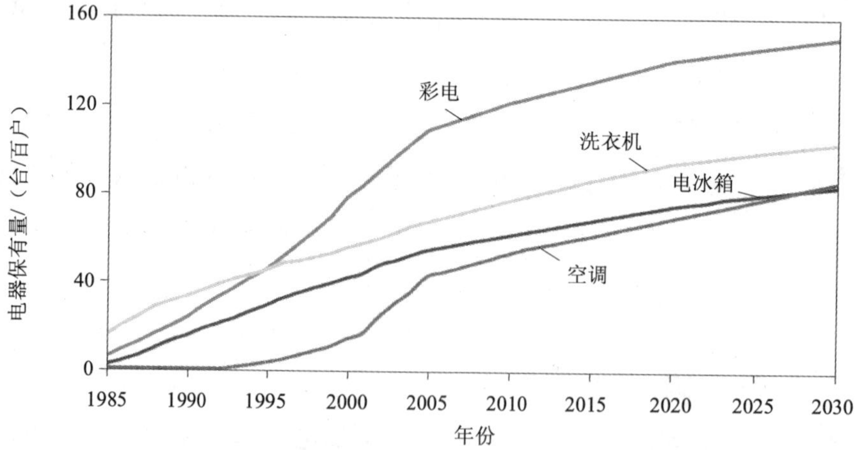

图 2-3-3 1985 年到 2030 年中国的主要电器保有量

资料来源：国际能源署，2008。

总之，在 2030 年之前，中国居民电器、汽车和房地产的消费需求仍将持续增加，并推动着经济的持续发展。这种消费结构下发展的产业结构具有典型高能耗、高物耗的特征，将给中国环境带来持续增加的环境压力。另外，由于西方消费主义的兴起，中国社会的消费理念有着非理性化和物质化的趋势，居民消费欲望膨胀，挥霍型、浪费型和炫耀型的消费增加，会推动经济结构的畸形发展，也会大大增加对资源的掠夺和环境恶化。

4．工业化

国际经验表明，工业化是实现现代化的必由之路。目前世界上的发达国家都已经完成了工业化过程，成为以第三产业、高新技术和信息技术主导的经济体。

如果以改革开放开始为基准，我国的工业化过程已经历时 30 年。在这 30 年中，我国第二产业增加值年均增长 11.5%，第三产业年均增长 10.7%。到 2006 年，我国第二产业和第三产业的增加值占 GDP 的比重分别为 48.9%和 39.4%，其中工业增加值占第二产业增加值的比重为 88.6%，重化工业占全部工业增加值的 61.4%。工业，尤其是重化工业在国民经济发展中起着主导作用，我国成功完成了由农业大国到工业大国的转变。

发达国家的工业化过程往往历时近百年，而目前我国人均 GDP 刚超过 3 000 美元，开始进入工业化发展的中期阶段（表 2-3-4）。即便在最理想的情况下，我国工业化至少也要到 2020 年才能完成。因此，在今后很长一段时间内，我国经济发展的基本任务仍然是推进工业化、促进由工业经济大国向工业经济强国转变。

表 2-3-4　　主要工业化国家的工业化历程

国家	工业化起步阶段	工业化基本完成
英国	18 世纪 70 年代	19 世纪 70 年代
法国	18 世纪末	19 世纪末 20 世纪初期
德国	18 世纪末 19 世纪初期	19 世纪末 20 世纪初期
美国	19 世纪初期	19 世纪末 20 世纪初期
俄国	19 世纪 60 年代	20 世纪 60 年代
日本	19 世纪 70 年代	20 世纪 60～70 年代

资料来源：鲁勇，2007。

如果我国的经济发展能够保持 7%的增长速度，到 2020 年，我国将基本实现工业化，届时我国第一产业增加值占 GDP 的比重将稳步降低到 10%以下，第二产业增加值占 GDP 的比重将达到历史峰值（50%左右），第三产业增加值占 GDP 的比重将缓慢增长到超过 40%。因此，在 2020 年前的工业化中后期，第二产业将是我国 GDP 的主要贡献部门，也是拉动 GDP 增长的主要部门，在国民经济中的重要地位将进一步强化。由于第二产业内部两种趋势并存，即重化工业深化发展和信息化带动作用凸显，虽然我国工业发展仍然以重化工业为主体，但是通过发挥比较优势，利用信息化技术优化产业结构，改组改造传统产业和发展特色产业，促进高技术、高附加值产业的发展，在形成新的产业竞争优势中，有减缓环境压力的可能。

在较理想的状况下，2020 年之后我国将进入工业经济向知识经济的转型时期。到 2030 年，我国第一产业增加值占 GDP 的比重将进一步降低到 8%以下；第二产业总量将稳定增长，但增加值占 GDP 的比重开始回落，到 2030 年降为 45%左右；第三产业快速发展，增加值占 GDP 的比重将增长到超过 47%，成为 GDP 最主要的贡献部门。而在第二产业内部，重化工业比重开始下降，汽车、房地产相关的产业链比重开始稳步下降，到 2030 年，新工业产业体系开始逐渐替代传统工业体系。在这个时期，我国环境压力来自工业增长的新增压力将变缓，在 2030 年左右迈过峰值后开始缓慢下降。

2030 年之后，我国进入知识经济发展阶段。到 2050 年，第一产业增加值占 GDP 的比重到 2050 年将下降到 5%左右，第二产业增加值比重将逐步下降到 40%左右，第三产业将迅速发展到 55%左右。新工业产业体系飞速发展，将逐步取代传统工业部门成为新的经济增长点。我国在国际产业分工格局中，不仅作为重要的制造业中心，也将逐步成为重要的创新和研发中心。这个时期，由于我国的经济开始转变为知识密集型，服务业成为主导产业，环境压力将进一步降低。

5. 城镇化

城镇化是推动经济和社会变化的重要力量。1978 年以来，我国城镇化率年均增长 0.92%，我国城镇化进入了快速发展时期。到 2005 年，虽然我国城镇化率达到 40%，仍有近 60%的人口生活在农村，城镇化过程落后于工业化过程，这在一定程度上制约了我国经济的增长和工业化的完成（表 2-3-5）。

表 2-3-5 中国城镇化水平的国际比较

城镇化率	1980 年[a]	2001 年[a]	2005 年[b]
世界平均	39	47	49
低收入国家平均	24	31	30
中等收入国家平均	38	52	54
中低收入国家平均	31	46	50
中高收入国家平均	64	77	72
高收入国家平均	75	78	78
中国[c]	20	37	40
美国	74	77	81
日本	76	79	66
德国	83	88	75

资料来源：a. 鲁勇，2007，转引自 World Bank，2003；b. World Bank，2003；c. 为便于比较此处选用世界银行提供的数据，与中国统计年鉴数据口径上有差异。

研究表明，城镇化每增长 1%，将驱动 0.5%～0.9%的 GDP 增长和 25%～43%的投资，是经济发展的最重要力量。但是由于城镇化带来大规模的基础设施建设和居民消费结构的转变，它也是驱动我国环境质量变化的重要根源之一。未来我国城镇化的发展特征主要表现在三个方面，现分述如下。

（1）城市化速度

中国正处于快速城市化的进程之中，但是我国当前的城市化模式大多是在地方政府贪大贪快的短视利益驱动下的盲目扩张，以及在人口和经济压力之下的无序被动蔓延。数据表明，目前我国人均城市建设用地高达 130m^2，远高于发达国家（82.4m^2）和发展中国家的平均水平（88.3m^2），甚至高于世界上最繁华的城市（112.5m^2）。这种以低密度、散点分布为特征的城市扩展模式不仅导致大量耕地流失，威胁国家粮食安全，而且吞噬大量绿地、林地和基本生态用地，从而破坏了我国整体生态环境系统的稳定。

相关预测表明，到 2030 年之前我国城镇化将继续维持高速发展水平，到 2020 年和 2030 年城镇化率将分别超过 50%和 60%，年均增长率分别为 0.9%和 0.6%。随后，城镇化发展速度将逐渐变缓，年均增长约 0.4%，到 2050 年我国城镇化率将超过 70%，达到中等发达国家目前的水平，城镇化将进入成熟阶段。因此在 2030 年之前，我国城镇化速度仍将十分迅速，将给环境和资源造成巨大压力。

（2）城市规模

从城市规模上看，改革开放以来我国初步形成了以大城市为中心，中小城市为骨干，小城镇为基础的多层次城镇体系。如果按照人口统计，全国现有超大城市（市区和近郊区非农人口 200 万人以上）22 个，特大城市（人口 100 万～200 万）33 个，大城市（人口 50 万～100 万）85 个，中等城市（人口 20 万～50 万）230 个，小城市（人口 20 万人以下）285 个（表 2-3-6）。

表 2-3-6　　1988—2006 年不同规模城市数量变动

城市规模	1988		1993		1998		2002		2006	
	数量/个	比重/%	数量/个	比重/%	数量/个	比重/%	数量/个	比重/%	数量/个	比重/%
超大城市	9	2.1	10	1.8	13	1.9	15	2.3	22	3.4
特大城市	19	4.4	22	3.9	24	3.6	30	4.5	33	5.0
大城市	30	6.9	36	6.3	48	7.2	64	9.7	85	13.0
中等城市	110	25.3	159	27.9	205	30.7	225	34.1	230	35.1
小城市	266	61.3	343	60.2	378	56.6	326	49.4	285	43.5
合计	424	100	570	100	668	100	660	100	655	100

资料来源：鲁勇，2007；国家统计局，1999，2004，2008。

1998 年以后我国放宽了对城市发展的限制，超大、特大以及大城市数量和非农人口不断增加，其数量和比重也在迅速上升，而小城市的数量和人口规模则呈现下降趋势（表 2-3-7）。

表 2-3-7　　1988—2006 年不同规模城市非农人口变动

城市规模	1988年		1993年		1998年		2002年		2005年	
	人口万人	比重%	人口万人	比重%	人口万人	比重%	人口万人	比重%	人口万人	比重%
超大城市	3 335	23.7	3 807	21.5	4 830	22.4	6 079	24.1	7 829	21.8
特大城市	2 415	17.1	2 870	16.2	3 090	14.2	4 132	16.4	5 504	15.3
大城市	2 079	14.8	2 464	13.9	3 134	14.4	4 198	16.6	6 139	17.1
中等城市	3 321	23.7	4 733	26.7	6 272	28.8	6 854	27.2	6 852	19.1
小城市	2 909	20.7	3 836	21.7	4 409	20.2	3 959	15.7	9 598	26.7
合计	14 059	100	17 709	100	21 776	100	25 222	100	35 923	100

资料来源：鲁勇，2007；国家统计局，1999，2004；建设部，2006。

随着城市扩张的规模效应日益显示出来，我国中小城市的扩张也将不可避免。鉴于现阶段中国城市化进程仍然处于以聚集为主的发展阶段，并实施以大城市和中心城市为主导的发展战略，未来 10 年将是中国城市加速发展的重要机遇期，城市数量将不断增加，城市的平均规模也将不断扩大。相关预测表明，2020 年左右，中国将有 20 余个超大城市，40 余个特大城市，100 余个大城市，300 余个中等城市，500 余个小城市，城市总数量将达到 1 000 多座，并拥有 8 个人口超过千万的巨型城市——北京、上海、广州、深圳、天津、武汉、重庆、成都。其他预测则表明，到中国城镇化完成之时（2050 年左右），中国特大城市数量还将继续增加，并出现 500 个中等城市，1 500 座小城市和千座小城镇。

城市规模的持续扩大，特别是超大和特大城市的发展，意味着更大规模、更高强度的能流、物流和废物流在有限空间尺度的集聚，城市内部和城市节点周边将面临更大的环境压力，其生态系统更为脆弱，生态环境安全风险将显著放大。

（3）城市区域分布

中国城镇化存在着明显的地域差异，“东密西疏”的布局十分明显。目前，中国城镇和城镇人口相对集中在东部地区，东部沿海地区城镇化水平高、城镇密度大，而中西部地区的城镇化则表现为极化形态，城市数量少，城乡分割的二元结构明显。中国 660 多座城市，平均每万平方公里国土面积设建制市 0.7 座，若以云南省腾冲至黑龙江省爱辉之间的直线为界（腾冲—爱辉线），则西北部地区每万平方公里设市 0.12 座，东南部地区设市 1.40 座，二者之比为 1∶12。

受到自然禀赋、社会经济发展水平、区位交通等因素的影响，在市场机制的驱动下，中国区域城镇化发展不平衡的状况仍将长期存在，城市发展和人口分布不平衡在 2020 年之前还将加剧，东部地区仍然是中国人口城镇化的主要区域和城市发展的重心区域。在东部地区产业向中西部地区扩散和中西部城市对农村剩余劳动力吸引力增强的双重影响下，中西部地区城镇化速度将随之加快，但城镇数量和城镇人口从东到西梯度分布的特征将始终存在。

由于城镇化发展的不平衡，京津沪三大直辖市将率先实现城市化，进入城市化成熟阶段。

广东、浙江、江苏、福建、山东等东南沿海发达省份在2020—2030年将以高于全国平均速度推进城市化，并继三大直辖市地区之后成为中国较早实现城镇化的地区。辽宁、吉林、黑龙江东北三省城镇化基础条件好、起点高，也可能在这段时间实现城镇化。湖北、四川、河北、河南、湖南、安徽、陕西、广西、江西等人口大省则可能要在2050年左右完成城市化。云南、西藏、贵州、甘肃、内蒙古、新疆等其他西部省市区受自然条件和经济社会发展制约，实现城镇化需要更长的时间。

由于东、中部地区产业规模庞大、交通便利，大城市对中小城市的带动力和影响力强，因此东、中部地区城市发展将主要采取以大城市为重心的城市群或大都市圈模式。西部地区地广人稀，交通不便，城市发展相对独立，中心城市对周边城市的辐射有限，因此其城市发展主要采取中等规模城市独立发展的模式，但在交通干线沿线及人口相对稠密的地区也将发展城市集群。

到2020年，我国将主要形成长三角（沪宁杭）、珠三角（穗深港）和京津三个大都市圈和辽中（沈阳）、西安、成渝（成都、重庆）和武汉四个都市圈。

到2030年，中国则将形成20个城市群或者都市圈，分别是：哈尔滨都市圈、齐大都市圈（齐齐哈尔、大庆）、长春都市圈、沈大都市圈（沈阳、大连）、京津都市圈（北京、天津）、石邯都市圈（石家庄、邯郸）、青烟都市圈（青岛、烟台）、济潍都市圈（济南、潍坊）、郑州都市圈、徐州都市圈、盐连都市圈（盐城、连云港）、驻信都市圈（驻马店、信阳）、南京都市圈、上海都市圈、武汉都市圈、南昌都市圈、长沙都市圈、珠三角都市圈（广州、深圳、香港）、南宁都市圈、成渝都市圈（成都、重庆）。

由于工业的空间布局和城市的区域分布具有耦合性，因此，在工业和城市发展的双重压力之下，我国未来20～30年的环境压力和风险将主要集中在东部和中部。特别是中部，由于发展阶段滞后，这一区域将有可能承担着我国EKC曲线的最重要峰值部分，同时由于这一区域处于东部的流域上游，其所承受的环境压力将更具有风险性，也更易于将环境危害传播扩大。因此，中部地区将会成为决定我国环境发展是否可逆的战略决战之地。

6．粮食安全

粮食安全是工业化和城镇化推进过程中面临的最重大的压力，也是我国农业生产最基本的目标。根据相关人口预测、国家统计局提出的我国粮食消费标准和农业部等有关部门的研究，2020年达到小康水平时，我国人均粮食需求量应为420 kg，全国粮食需求总量为5.88亿t；2030年人均粮食需求量应为440 kg，全国粮食需求总量为7.04亿t。如果粮食完全自给，在现有水、气、温和技术条件下，我国必须至少保有19.2亿亩（1.28亿hm^2）和19.5亿亩（1.30亿hm^2）的耕地面积；如果粮食95%自给，则分别需要耕地18.2亿亩（1.21亿hm^2）和18.5亿亩（1.23亿hm^2）。

另外，我国目前正处于居民饮食结构变化的重要时期。人均肉类消耗量为 54 kg，人均牛奶消费为 21.7 kg，均低于世界平均水平尤其是发达国家的水平。随着居民生活水平的提高，居民对畜类产品的消费将大大增加，从而间接刺激对粮食需求量的增加。目前，我国耕地只有 1.2 亿 hm^2，因此我国必须依靠增加单产来保障粮食安全，即必须加大对单位土地的投入。因此若不考虑技术进步的影响，我国土地投入强度在可预期的 20～30 年内不会下降，反而会上升，并在人口达到峰值时达到高峰。

最后，我国农业生产的空间特征十分明显。种植业主要集中在河南、山东、江苏、河北、湖北、安徽、四川、湖南和广东等省，这些省区化肥施用量高，流失风险大。畜牧业中，除了羊主要集中在在内蒙古、新疆、西藏、青海、宁夏等西部牧区之外，大牲畜、生猪和禽类都大多集中于山东、河南、四川、湖南、河北、吉林等中部地区；规模化养殖的空间分布则更加集中，主要分布在东南沿海、华北和中部地区。从污染压力看，中部地区虽然种植和养殖总量较大，但农地多，能在很大程度上缓冲农业生产的环境影响，而东部地区城市化速度快，农地少，农业集约化程度高，将面临着更强的来自农业生产的污染风险。由于种植业主要受制于自然地理条件、养殖业受制于产品的终端需求，除非出现生产和储存技术的根本性变革，未来我国种植和养殖的空间格局不会发生太大变化。也就是说，未来我国农业污染排放的高强地区也将是我国工业和城市经济发展最为迅速的地区，这种不同污染源的空间叠加致使这些地区不得不面临着工业污染、城市污染和农业污染的三重压力，不仅加大了这些地区环境治理的困难，也将大大制约这些地区的可持续发展。

7. 全球化

在日益国际化和全球化的今天，世界各国市场互相开放、政策性贸易壁垒逐渐降低、产品自由流通，彻底改变了世界经济的模式，并给全球和区域环境带来了深远的影响。经济全球化是信息和要素的全球流动，它可以大大强化技术和市场的力量，促进世界各国在开放的条件下能够有效地利用全球的技术、资源、资金和管理，并加速发展中国家的经济转轨和经济结构调整，为经济发展模式向环境友好型转型提供外部资源和发展机会。同时，经济全球化的实质是全球利益和资源的重新分配，这种分配从来不是一个平等的过程，它会强化没有技术、制度、市场等比较优势的国家输出资源和接受环境污染，使该国在国际分工中成为发达国家的“污染天堂”，不得不承受较大的环境风险和生态风险。另外，在经济全球化的推动下，环境问题全球化的趋势日渐明显。全球和区域环境问题的解决，需要国际社会广泛和深入的合作，因此全球化也是推动世界各国经济“绿化”和环境治理的重要力量。

改革开放以来，中国积极参与到经济全球化的进程中，积极促进对外贸易的快速发展，并接纳了为数众多的以外商直接投资为主体的全球产业转移。目前，我国已成为世界第三大贸易大国，1979—2006 年累计外商直接投资（FDI）14 858 亿元，是发展中国家接受 FDI 最多的国家。对外贸易和经济全球化已经对我国的国民经济增长，尤其对推动工业化进程产生了重要影响。据统计，2006 年，我国经济的外贸依存度高达 65%，规模以上工业企业外商投资企业占 10.5%，外商投资企业工业增加值占全国工业增加值的近 30%，中国经济是一个典型的外部依赖型经济，尤其是制造业经济已经具备了高度开放的特征（石良平，2008）。

然而，由于中国处于全球产业链的低端，在国际分工地位中处于国际加工制造环节，不得不面对全球高消耗、高排放的产业转移和资源消耗型的产品出口，这大大增加了我国的资源能源消耗和污染排放。目前，中国是全球制造业转移的主要承接国，2006 年制造业接纳的 FDI 占总 FDI 的 61%（图 2-3-4）。而从中国进出口商品的结构来看，20 世纪 90 年代以来，中国初级产品和工业制成品的出口总量均快速增加，但是初级产品出口量的增速仍然大于工业制成品（2006 年分别是 1990 年的 18.0 倍和 13.9 倍）；而进口则仍以工业制成品为主，且工业制成品进口的增长速度远远大于初级产品进口（2006 年初级产品和工业制成品进口量分别是 1990 年的 3.3 倍和 19.8 倍），工业制成品的进口中主要以机械、运输设备等高附加值产品为主（占工业制成品进口的 49.8%）（图 2-3-5）。中国依赖初级产品和资源换取国外高技术和高附加值产品进口的局面并未改变，国际市场开放和资本流动将大大增加中国资源和环境的压力。

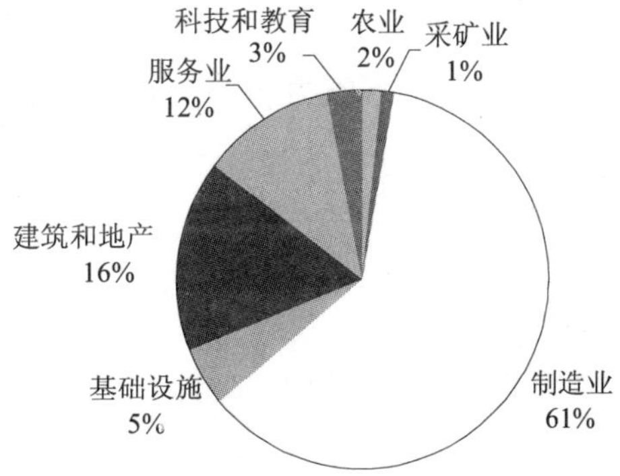

图 2-3-4 2006 年中国外商直接投资的结构

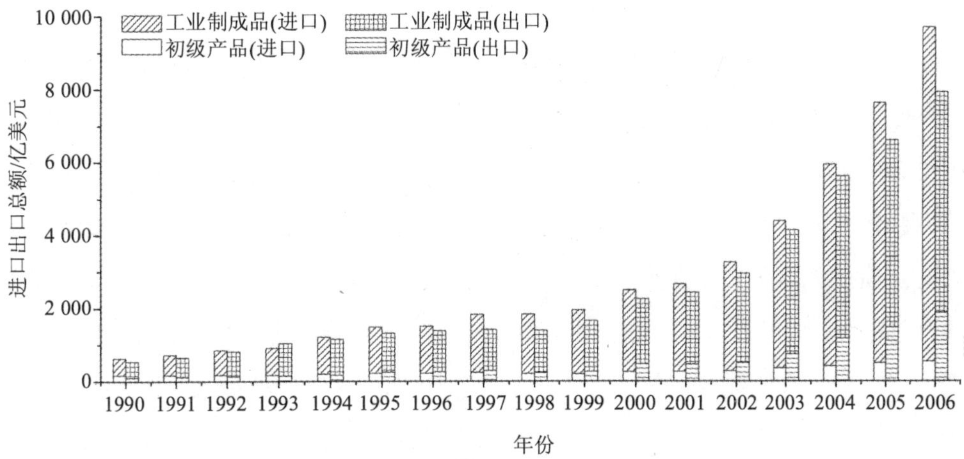

图 2-3-5 1990—2006 年中国进出口总额及其构成

经济全球化的趋势不可逆转。据估计今后到 2010 年左右中国经济的对外依存度还将增加（刘卫东等，2007），中国与世界的联系在未来将更加紧密。中国在工业化的过程中，其制造业大国的地位不会改变，由于在城市化未完成之前中国劳动力成本低廉的优势将长期存在，劳动密集型仍将是其比较优势产业，随着国家对装备制造业的重视，如果现有的产业发展模式不改变，对全球化的参与将加大中国的资源和环境压力。

另外，国际环境浪潮风起云涌，国际社会对国际环境问题日益关注。环境问题的全球化推动着世界各国的环境治理，也会对中国未来的环境变化带来较大的积极影响。

8. 中国环境变化驱动力的阶段性特征

根据我国经济现在所处的历史时期，参照现代化理论和工业发展阶段理论，对照经济合作与发展组织（OECD）国家和世界主要发达国家的经济发展历史，并综合现有的研究成果，可以将我国未来 50 年（2050 年）的发展划分为工业化中后期、过渡时期和知识经济 3 个历史阶段。各阶段的人口、经济规模、经济结构可以见表 2-3-8，它们将直接决定我国经济和社会发展的环境特征。

按照表 2-3-8 经济增长速度预期和对经济增长阶段的划分可以推断出，未来我国人均 GDP、城市化率以及工业仍将持续增长，人口在 2030 年之前持续增长，随后跨过高峰开始缓慢下降（图 2-3-6）。2020 年我国人均 GDP 超过 3 500 美元（1990 年不变价），工业化阶段基本完成，届时第二产业仍是经济主导产业，但是它对 GDP 的贡献率已经下降到 50%，城镇化率达到 56%左右。2030 年我国完成过渡时期，届时我国人均 GDP 超过 6 000 美元（1990 年不变价），经济发展水平达到发达国家的初期阶段，此时人口在 2030 年左右跨过峰值开始缓慢下降，城市化增长速度也在减慢，城镇化率到 2030 年达到 62%。2030 年之后，我国经济开始进入知识经济阶段，在这一时期，第三产业快速增长，它对 GDP 的贡献率将超过 50%，城镇化速度变慢，到 2050 年达到 70%。

与世界其他国家的比较可以看出，由于我国在工业化的过程中处于国际分工的下游，因此具有较大的后发劣势。首先，我国经济和居民生活水平与世界发达国家会逐渐缩小，但是由于经济起点低、人口基数大，我国未来的经济水平与发达国家的差距仍然巨大。即便我国经济在未来 50 年持续稳定高速发展，到 2050 年我国人均 GDP 也仅仅能达到 13 000 美元左右（1990 年不变价），这仍然远低于发达国家如今的人均 GDP 水平（23 000～31 000 美元，1990 年不变价），而发达国家只要能够保持目前的增长速度，到 2050 年它们的人均 GDP 就是当年中国人均 GDP 的 3～4 倍（38 000～50 000 美元，1990 年不变价）（图 2-3-7）。

表 2-3-8　　　　中国未来人口与经济发展预测

指　标	基准期		工业化后期（2010—2020 年）	过渡时期（2021—2030 年）	知识经济（2031—2050 年）
	2000 年	2001—2007 年			
期末人口（亿）[a]	12.6[a]	13.2[a]	14.5[d]	15[d]	～14
GDP 增长率（%）	8.6[a]	10.5[a]	7[d]	5[d]	4[d]
期末 GDP 总量（万亿美元，2000 年不变价）	1.1[b]	2.3	5.1	9.0	18.2
期末人均 GDP（美元，2000 年不变价）	949[b]	1 795	3 500	6 000	13 000
期末第一产业增加值比重（%）	15.1[a]	11.3[a]	<10	<8	5
期末第二产业增加值比重（%）	45.9[a]	48.6[a]	～50	45	40
期末第三产业增加值比重（%）	39.0[a]	40.1[a]	＞40	＞45	55
期末城镇化率（%）	36.2[a]	44.9[a]	＞55	＞60	＞70
能源需求增长率（%）	2.4[a]	9.0[a]	4.4	1.8	1.1
GDP 能源需求弹性（%）	0.29[a]	0.86[a]	0.56	0.5	0.29
期末人均能耗（吨油当量/人）	0.9[b]	1.4[a]	2.1[d]	1.8～2.0[c]	
期末人均碳排放（吨/人）	2.2[b]			1.4～1.7[c]	

资料来源：a.国家统计局，2008；b. World Bank，2006；c. 安格斯·麦迪森，2008；d. 中国环境规划院与国家信息中心，2008；王晓鲁和樊纲，2000；林毅夫等，2003。

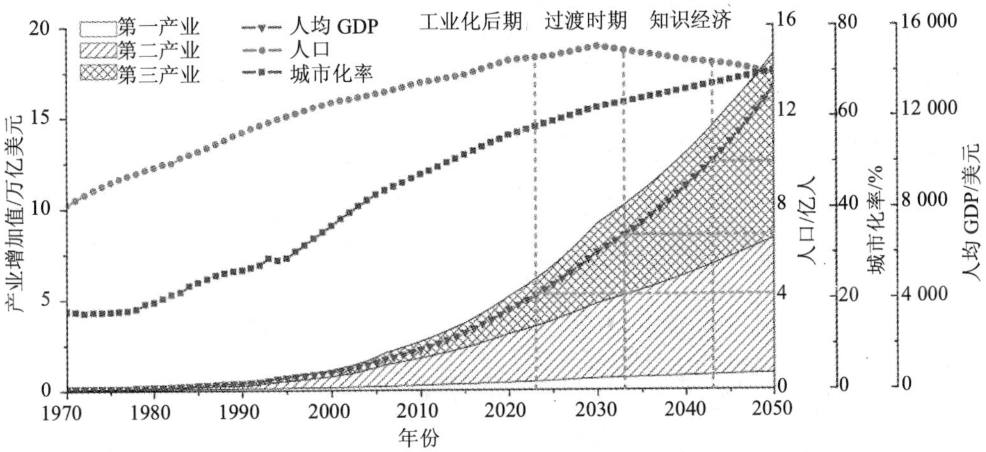

图 2-3-6　1970—2050 年我国经济发展历程

注：美元以 1990 年不变价计。

这种经济水平决定了在未来，我国可能仍将处于国际分工的下游，经济结构在向知识密集型转变的过程中会受到发达国家的限制和制约，并不得不继续承接发达国家经济发展带来的负面环境影响。进一步分析，从我国单位土地第二产业的增加值来看（图 2-3-7），我国工业化过程带来的环境压力将远远大于发达国家工业化过程曾经有过的环境压力，这种压力也是人类历史发展进程中所未曾有的，在这种压力下，我国工业化的产业结构和生产方式必须进行重大变革，否则经济、环境和社会发展将难以为继。

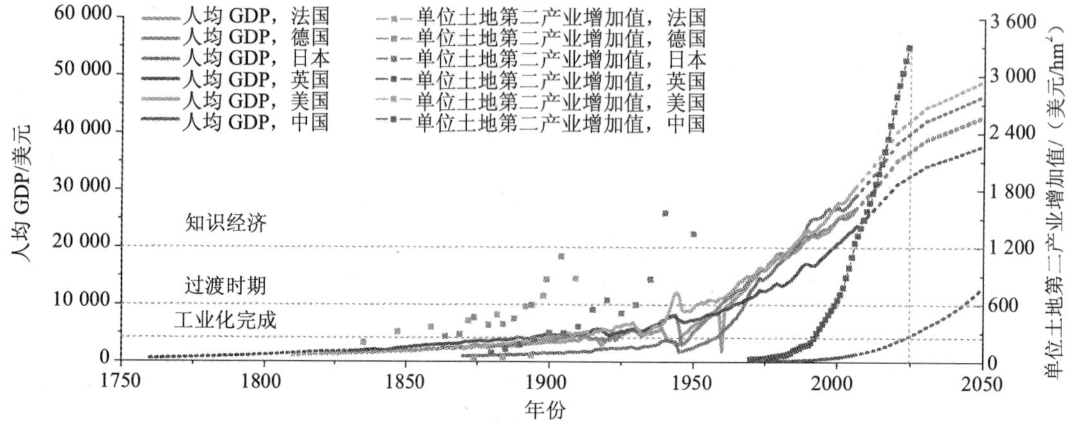

图 2-3-7 1750—2050 年我国与发达国家的经济发展历程

其次，我国在工业化发展过程中第二产业对资源的压力过大。法国、德国、英国、美国、日本等西方发达国家在工业化的过程中，都依靠开拓海外殖民地来掠夺资源和转嫁国内工业生产带来的环境风险，此时它们资源承载的第二产业增加值都较低（图 2-3-7）。当它们工业化完成，经济结构成功转型、对环境的影响大幅减小之后，资源能够承载的第二产业增长能力大大增加，资源承载的第二产业增加值直线上升。而中国由于在国际竞争中失去先机，在工业化过程中资源承载的第二产业增加值就开始直线上升，目前已经超过了发达国家工业化发展过程中的最高水平，在工业化完成时则可能增加到发达国家的 2～3 倍。

（二）中国主要环境领域的环境形势及其发展趋势

在各专题研究的基础上，本节总结了我国主要领域的环境形势及其发展趋势。

1. 工业环境保护取得积极进展，但形势依然严峻

工业环境保护历来是我国环境保护工作的重点。经过 30 多年的不懈努力，我国的工业环境保护已经取得了一定进展，工业“三废”和污染物的排放增长速度明显低于经济增长速度、污染排放强度明显降低（图 2-3-8，图 2-3-9）。

目前我国正处于工业化和城市化加速发展的阶段，也正处于经济增长和环境保护矛盾十分突出的时期，环境污染形势依然十分严峻，主要体现在以下几个方面：

第一，主要工业污染物总量减排任务依然艰巨。虽然单位 GDP 主要工业污染物的排放强度有所下降，但是工业废水、二氧化硫排放量、工业固体废物产生总量仍在增加，且其增长速度仍处于较高水平，工业废水、化学需氧量、氨氮、二氧化硫和烟尘排放量仍占全国总排放量比重的 45%、38%、30%、80%和 79%，工业污染的减排任务仍然十分艰巨。与发达国家相比，我国工业污染控制仍处于较低水平。以二氧化硫为例，目前我国单位 GDP 二氧化硫排

放量是美国的 6.0 倍、德国的 26.4 倍、日本的 68.7 倍（范恒山，2004），其中重工业的污染排放强度更大，化学工业单位产值二氧化硫、工业粉尘和污水中悬浮物的排放量分别是美国的 9.2 倍、5.4 倍和 78.1 倍。

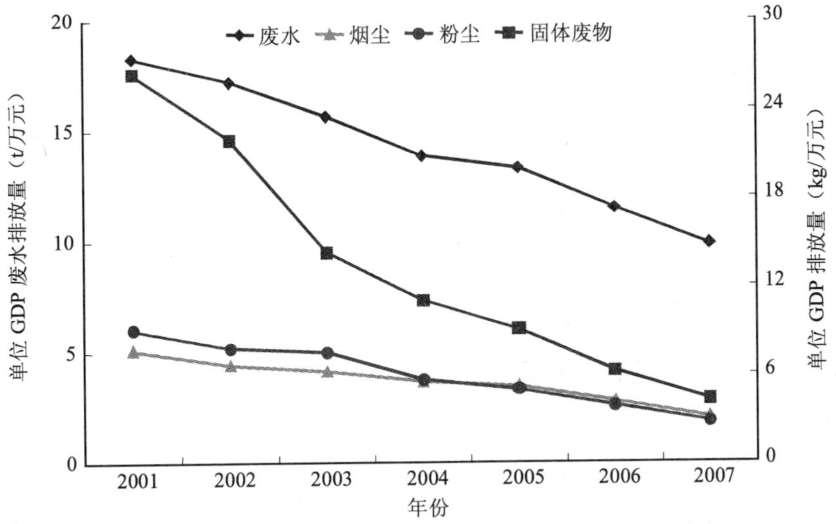

图 2-3-8　单位 GDP 工业废水、废气和废物排放量

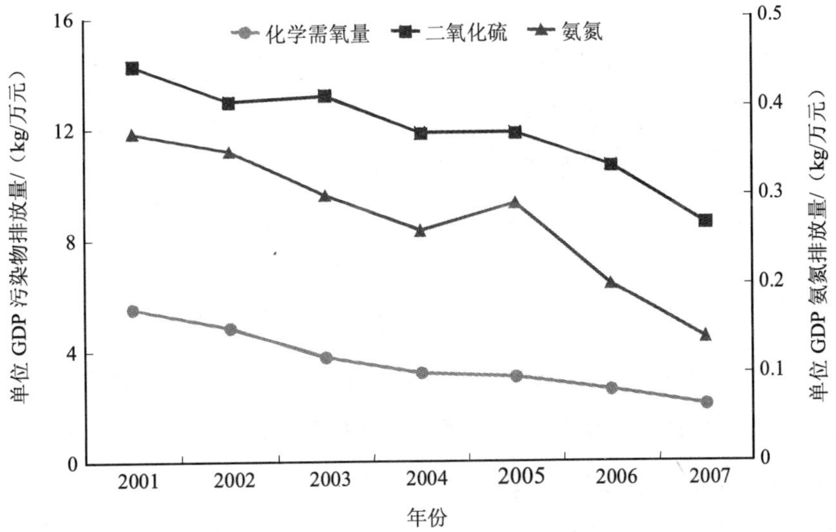

图 2-3-9　单位 GDP 工业污染物排放量

第二，污染的结构型特点突出，重点行业，尤其是重化工业，对工业污染排放的总量贡献十分突出。在 2006 年统计的 39 个行业中，61.6%的工业废水排放来自造纸、化学原料及化学制品制造、电力热力的生产和供应、纺织、黑色金属冶炼及压延加工 5 个行业；84.3%的工业二氧化硫排放来自电力热力的生产和供应、非金属矿物制品、黑色金属冶炼及压延加工、

化学原料及化学制品制造、有色金属冶炼及压延加工 5 个行业；77.2%的工业固废的产生量来自黑色金属冶炼及压延加工、电力热力的生产和供应、煤炭开采和洗涤、有色金属矿采选、黑色金属矿采选 5 个行业；全国化石燃料二氧化碳排放的 70%来自电力、钢铁、化工、石化和建材 5 个行业。

第三，工业有毒有害等非常规污染物对环境构成明显威胁，随工业废水、废气和废渣一起排放的持久性有机物（POPs）、持久性有毒污染物（PTS）和重金属对水体和土壤的污染已经显现，并有加重趋势。

第四，工业企业污染物排放长期处于较低的达标水平。据有关行业专家估计，我国染料行业废水排放达标率约 67%，废气排放达标率约 56%，废渣平均治理率约 55%；焦化企业中化学需氧量、二氧化硫总体排放达标率约 31%，其中国有大型企业的达标率也只有 50%左右；颗粒物、苯并芘[B(*a*)P]、苯可溶物等行业特征污染物排放达标率约 25%，其中国有大型企业的达标率为 40%左右。

由于我国正处于重化工业化的发展阶段，高能耗和高污染产业的发展仍将十分迅速，我国工业的飞速发展将日益加剧工业发展与资源、能源和环境之间的矛盾，从而使工业节能减排面临着巨大的压力。

2. 城市发展带来日益增加的资源和环境压力

经过 30 多年的实践和探索，中国通过城市布局的不断优化、能源结构的不断调整、城市基础设施建设的加强和城市环境管理的不断完善，大大推动了中国城市环境质量的改善。但是，由于我国正处于城市化发展的加速期，城市发展带来的资源和环境压力将日渐增加，城市各类资源和环境问题也是中国环境保护的焦点和重点。目前，我国城市环境问题主要体现在两个方面：

第一，城市环境污染与生态破坏严重。2007 年，全国仍有 39.5%的城市（地级及以上城市，含地、州、盟首府所在地）环境空气质量未达到国家二级标准；仍有近 90%流经城市的河段受到严重污染，城市内湖水水质普遍较差，且约有一半城市市区的地下水污染严重；全国城市生活垃圾累积堆存量 60 亿 t，并仍以 4.8%的速度持续增长，目前这些垃圾堆放需占地超过 2 万 hm^2，近 2/3 的城市陷入垃圾重围；近 1/3 的城市区域噪声处于轻度污染或者中度污染状态。

第二，资源短缺与资源浪费并存，集中体现在水、土地和交通三个方面。

据统计，目前全国 600 多个城市中有 300 多个城市缺水、100 多个城市严重缺水，其中以华北和西北城市最为突出。由于地下水超量开采，全国范围内已经形成了 164 个地下水超采区，部分地面出现地面下沉、地下水位下降和海水入侵等问题。与水资源短缺的严峻形势不相称的是，我国用水效率很低，单位耗水量产出的 GDP 不到发达国家的 10%，即便按购买力平价计算，也只有发达国家的 20%～50%。

城市土地粗放使用的现象也十分常见，截至 2004 年 6 月，全国共有各级各类开发区 6 866 个，规划用地面积 3.75 万 km^2，超过了全国现有城镇建设用地总面积（3.15 万 km^2），而通过 2004 年的清理整改，全国可撤销的开发区 4 813 个，核减开发区规划用地面积 2.49 万 km^2，占原有规划面积的 64.4%。

随着机动车拥有量的增加，我国大城市交通供需矛盾日益尖锐，交通拥堵在时空上都呈现蔓延扩展之势。目前，我国大城市中心区的行程车速仅约为每小时 20km。

今后，中国将迎来城市化、市场化、国际化和现代化的加速期，中国城市发展带来的资源和环境压力将日渐增加。按目前的发展标准，全国城镇化率每增加 1%需增加 3 亿～4 亿 m^2 的住房，1 000 多 km^2 土地，14 000 万 m^3 生活用水，3 000 亿元基础设施投资，城市生活污水和垃圾产生量也会大大增加，因此如果以现有模式进行城市化，我国的土地、水和环境容量资源都将不堪重负。另外，快速城市化也将加剧复合型环境污染，环境问题日益复杂和综合，呈现出多介质、多界面的特点。

3. 农村环境问题将成为可持续发展新的制约因素

在我国快速城市化和工业化的背景下，我国农村环境呈现“点源与面源污染共存，生活污染、工业污染和农村污染叠加，各种新旧污染相互交织”的局面，并将成为我国可持续发展新的制约因素。目前，我国农村面临的主要环境问题包括：

第一，农村水环境恶化趋势总体加剧，农村饮用水安全得不到保障。我国的水污染正在由东部向西部发展，从干流向支流延伸，从城市向农村蔓延，从地表向地下渗透，从区域向流域扩散，致使农村水环境面临巨大压力。由于我国农村用水的保障优先性低于城市和工业用水、农村供水设施严重不足，农村饮水安全问题日益突出。目前，全国仍有 3 亿多农村人口饮水达不到安全标准，其中因污染造成饮用水不安全人口达 9 000 多万人，饮水不安全导致一些农村地区疾病流行，给农村居民的健康带来巨大危害。

第二，农用化学品使用量高，利用率低。中国已经成为世界上化肥、农药使用量最大的国家，化肥和农药年施用量分别达 4 700 万 t 和 130 多万 t，而利用率仅为 30%左右，流失的化肥和农药给水环境和土壤环境都带来了很大压力。

第三，农村生活污染严重影响村镇环境卫生和人体健康。目前，我国小城镇和乡村聚居点的基础设施十分落后，绝大部分村镇和农村生活污水未经处理直接排入河道，多数村庄垃圾随意堆放，给环境带来沉重压力。农村污水、垃圾和人类排泄物的处理不当，将严重影响村镇卫生和人体健康。

第四，畜禽养殖业将成为重要的农业污染源。近年来，随着我国集约化畜禽养殖的蓬勃发展，畜禽养殖废弃物产生量逐年增加，由于养殖场布局不当、缺乏足够的污染处理设施，畜禽养殖造成的污染日益严重。

第五，工业和城市污染日益向农村蔓延。目前我国有 4 000 余万家乡镇企业分布在广大农村地区，这些乡镇企业一些主要污染物排放量已占工业污染物排放总量的 50%以上。但是，由于企业布局不合理，缺乏监管，乡镇企业的污染排放给农村地区带来了很大的环境问题。另外，随着城市环境监管的加强和乡村旅游业的兴起，大量的污染正在由城市转移向农村。

第六，土壤污染严重威胁着我国的食品安全，据不完全调查，目前全国受污染的耕地约有 1.5 亿亩（1 000 万 hm^2），占耕地总面积的 1/10 以上，其中多数集中在经济较发达地区。土壤污染降低了耕地质量，影响食品安全，威胁人体健康，也降低了我国出口农产品的国际竞争力。

为了保障日益增长人口的粮食需求和应对未来居民的饮食结构变化带来的农业生产压力，伴随着快速的城市化和工业化进程，我国的农村环境将承受着越来越大的来自农业系统内部和外部的环境压力。

4．环境问题对人类健康的影响日益突出

在过去的 30 年中，随着基础卫生设施、医疗卫生服务、人群营养状况的改善，我国居民健康水平大幅改善，预期寿命大大提高。同时，由于快速工业化导致的环境污染形势日益严峻，环境污染对居民健康的负面影响逐渐增强，与环境污染相关的疾病发病率增加（如恶性肿瘤、呼吸系统疾病和出生缺陷等），一些地区与环境污染相关的健康损害（如癌症村、区域镉污染等）问题十分突出。

目前，我国已进入环境健康危害的高发期，具体表现在：

首先，水环境污染已经成为威胁农村居民人体健康的重要因素之一。由于地表水和地下水环境的恶化，我国饮用水水源中“致癌、致畸、致突变”的污染物日益增加，且在水体中不易降解、难以被常规处理工艺去除、易在生物体内富集，对人体健康带来巨大威胁，甚至成为一些地区消化道癌症高发的重要原因。在我国农村地区，约有 8 亿人口饮水存在安全隐患，农村地区介水传染病（例如感染性腹泻、伤寒、甲型肝炎等）时有发生。

其次，大气环境污染正危害着城市居民的人体健康。目前，我国城市大气污染正由燃煤型向燃油型和燃煤、燃油混合型转变，居民同时暴露在三种不同类型的大气污染之下，是城市居民早死率、呼吸系统疾病患病率和肺癌死亡率增加的重要原因。随着家庭小轿车的普及，汽车尾气中的细颗粒物、一氧化碳、氮氧化物、烃类以及铅化合物也成为高血压、神经衰弱、慢性结膜炎、慢性咽炎等疾病患病率和死亡率增加的潜在原因。

再次，我国土壤环境形势严峻，给城乡居民健康带来巨大的潜在风险。近 20 年来，我国土壤质量和土壤污染问题日益突出，目前我国土壤污染以重金属污染为主，有机污染（包括持久性有机污染物）问题也逐渐突出。由于土壤污染危及食品安全，具有隐蔽性、潜伏性和

长期性，对人体健康的危害不易察觉，具有巨大的潜在风险。

最后，环境内分泌干扰物（EEDs）、持久性有机污染物（POPs）以及新材料和新化学污染物的健康损害问题已经成为全球热点，但国内的调查和研究较少，其潜在健康损害难以估量。

在今后二三十年，随着人口的继续增加和经济总量不断上升，我国环境保护压力越来越大，环境污染引发的人群健康问题也将越来越突出。

5. 能源消费增加，温室气体减排压力不断增加

中国是能源和温室气体排放大国。随着中国经济的飞速发展，中国能源的生产和消费量也呈现快速上升的态势。虽然中国人均能源消费量仅为世界平均水平的 70%，仅为经济合作与发展组织（OECD）国家人均水平的 26%，但 2006 年中国的能源消费强度是世界平均水平的 2.8 倍、美国的 3.6 倍、英国的 6.6 倍、日本的 5.3 倍甚至是印度的 1.4 倍。目前，中国能源弹性系数已经远远高于世界平均水平，且仍呈现上升趋势。

由于在能源生产和消费中煤炭长期以来一直占主要地位（一次能源消费中煤炭的比例为 70%），结构较为单一，因此中国的能源生产和消费结构具有典型的高碳特征。另外，由于能源技术低，中国的能源效率与发达国家相比还存在很大差距。2005 年，中国的能源效率约为 36%，比世界先进水平低 8%，仅相当于欧洲 20 世纪 90 年代的水平，日本 1975 年的水平，乙烯、合成氨等重要产品的综合能耗与世界先进水平也存在较大差距，这进一步强化了中国能源消费的高碳特征。

近几年来，中国的温室气体排放量随着经济发展急速增加。虽然中国每年人均二氧化碳排放量仅为 3.89 t，仅为世界平均水平的 92.1%，美国的 19.8%，但排放总量位居世界前列。随着世界经济向低碳模式进行转型，作为全球温室气体排放最多的国家之一，中国面临着来自国际社会较大的政治经济压力。

从长期经济发展趋势上看，中国目前处于工业化和城市化的发展阶段，基础设施建设仍未完成，且随着经济的发展，城市居民住房、交通等消费水平将迅速上升，从而进一步增加能源需求并驱动二氧化碳排放的较快增长。

6. 应对全球与区域环境问题机遇与挑战并存

目前，全球环境问题有四个发展特征和趋势，即全球环境总体状况恶化，环境问题的地区及社会分布失衡加剧；少数全球或者区域性环境问题取得积极进步，多数进展缓慢或者改善乏力；各种全球环境问题相互影响，复杂性不断增强。从现在到 21 世纪中叶是决定全球环境变化走向的关键时期，在这一时期，中国的机遇与挑战并存。

在全球 5 大类十多种全球环境问题中，包括气候变化、臭氧层破坏、酸雨、持久性有机

污染和危险废物越境转移、生物多样性减少、森林退化、土地荒漠化、海洋污染等，我国既是原发地之一，又受到其严重影响，且种种迹象表明全球环境问题对我国的不利影响在不断加剧。这就要求，为了自身的利益，我国必须切实应对全球环境问题，减缓不利影响。

在过去的 20 年，我国积极推动重大国际环境协议的形成，并认真推行各大环境条约的国内履约，为全球环境治理作出了积极贡献，受到了国际社会的广泛赞誉。然而，由于我国处于经济快速发展时期，作为温室气体排放大国、二氧化硫排放大国、臭氧层消耗物质的重要生产和消费国、化学品生产大国、木材进口大国等，面临着来自国际社会的重大责任和压力。这种责任和压力将随着我国工业化城镇化程度的加深而日益增大。我国目前和将来主要面临三类全球环境问题：第一类问题危害严重、影响直接，但应对措施的复杂性相对较低且见效较快，包括持久性有机污染和危险废物越境转移问题；第二类问题危害巨大、影响深远广泛、应对措施非常复杂且见效慢，主要是气候变化问题，臭氧层保护问题；第三类问题介于第一类和第二类之间，包括生物多样性破坏、土地荒漠化和海洋污染。

另外，由于我国是世界上拥有邻国最多的国家，周边国家多达 28 个，其中直接接壤的就有 15 个，我国也面临一些严峻的区域（双边）环境问题，主要包括：① 跨界河流水量和水质问题，主要问题包括东北地区的中俄界河黑龙江、中朝界河鸭绿江和图们江的水环境质量问题，西北地区的中哈界河额尔齐斯河和伊犁河、西南地区的湄公河水资源利用矛盾。② 陆源污染造成的海洋污染争端。③ 东亚酸雨问题。④ 东北亚沙尘暴问题。⑤ 东亚光化学烟雾问题。⑥ 汞污染问题。

二、中国主要环境领域面临的主要问题和机遇

本节总结了我国重要环境领域面临的主要问题和重大机遇。

（一）中国主要环境领域面临的主要问题

我国主要环境领域面临的主要问题主要包括以下几个方面：

1. 战略定位问题

从宏观层面而言，目前我国在工业发展、城市建设和管理、农村发展的思路上，对相关环境问题的性质、科学发展、可持续发展的认识虽然日渐深刻，但是整体而言环境保护在整个国民经济发展过程中的战略地位仍然不够。中国改革开放 30 年来，环境保护在整个国民经济发展过程中的战略地位一直低于经济发展，中央和地方在工业生产、农业生产和城市发展常常将区域的资源禀赋和环境条件置于次要地位，热衷促进 GDP 增长，热衷于上大项目、搞大发展，并未摆脱资源高消耗、环境重污染的粗放型发展模式，中国的环境长期承受着来自

经济粗放发展、城镇和产业空间不合理布局和规划，以及不适宜宏观政策所带来的环境影响。

从微观层面而言，环境危机产生的根源在于人类生产、消费、管理等方面中的失范，因此对人类自身活动进行自觉的规范和限制、树立正确的观念（包括生产观念、消费观念、发展观念、管理观念等）、培养各方面的环境优先意识是从根本上解决环境危机的最终途径。然而，环境优先意识远未深入人心，尤其是在农村地区。居民和管理者环境保护意识不强，对生活、生活污染的环境危害认识不足，没有形成良好的行为规范（包括生产行为、消费行为、生活行为和管理行为），在很大程度上加剧了伴随着发展的环境恶化。

2. 结构问题

中国的环境问题带有极强的结构性特点，它主要体现在以下几个方面：

首先，城乡二元结构是城市发展区域失调和农村环境恶化最根本的原因。中国的城乡二元结构体现在各个方面，从城市发展规划角度而言，中国城市发展只注重城区而忽视区域协调，大城市低密度开发模式挤占周边农田、绿地、农地，严重破坏城市周边生态系统，给农村和城乡结合地带带来很多环境问题。从环境管理角度而言，中国环境管理注重工业和城市，忽视农村，农村环境保护得不到应有的关注和重视，地位低、基础差，基本处于失控状态。伴随着城市环境监管力度不断加大，农村反而成为“污染天堂”，污染企业不断向农村迁移，大大加剧了农村环境的压力。

其次，从经济结构来看，中国目前仍以第二产业为主，工业严重依赖于重化工业部门，产业结构本身就具有高投入、高消耗、高污染、低效益“三高一低”的特点。从行业内部结构看，多数工业企业未从根本上摆脱粗放经营的方式，技术装备落后的生产能力占很大比重。例如，目前落后生铁产能占当年生铁产能的 20%，落后的立窑水泥产能占水泥产能的 51%，平板玻璃的落后产能占总产能的 18%。近几年钢铁、有色金属、水泥、化工和造纸各行业发展“失控”，落后产能迅速增长，带来众多的资源环境问题。

再次，从贸易结构来看，中国在国际产业分工体系中仍位于产业链的低端，出口产品附加值较低且资源和能源密集型产品出口占有较大比例，而中国经济目前对世界经济的依赖使得它不得不被锁定在高能耗、高物耗、高排放的产业结构上。

最后，从能源资源禀赋结构上，以煤为主的能源结构是中国大气环境质量恶化和温室气体排放量增加的主要原因。煤炭的单位消耗排放系数在主要的矿物能源中最高，2006 年全球一次能源消费构成中煤炭仅占 28%，而中国的煤炭比例高达 70%。这在很大程度上加大了中国控制大气污染和温室气体排放的难度。

3. 系统规划与布局问题

目前，我国工业、城市、农村和能源消费的发展缺乏系统性规划，各个规划之间目标、方法和措施脱节，没有起到在源头上优化资源、解决环境问题的作用。以城市规划为例，我国城市规划缺乏系统性、持续性和区域性，现有城市规划更多考虑城市人口规模和用地规模的匹配，很少考虑城市的资源环境制约和区域城乡之间的协调，导致城市规划不能与城市建设和发展同步、城市发展与城市基础设施（尤其是环境基础设施）不匹配，带来诸多环境问题。工业布局不能与其他规划衔接，盲目建设工业园，工业选址不考虑环境因素，在人口密集、生态敏感的地带建设高污染行业，加大了工业对环境和人体健康的影响。农村环境保护和环境与健康甚至缺少系统的中长期规划。

另外，规划缺乏权威性，各类规划目标设定不科学，过多体现长官意志，这一点在城市规划方面体现最为突出。虽然早在 1989 年，《中华人民共和国城市规划法》就用法律形式确立了城市规划的地位和作用，并将城市规划纳入到法治的轨道，但是由于城市规划在设计和执行过程中缺少监督和问责机制，其法律地位并未落实。城市规划的权威性常常被践踏，"一任领导一任规划"，领导盲目拔高城市定位，导致城市发展规模不顾地区实际盲目求大，大拆大建、重复建设现象严重，是一系列城市和农村环境问题产生的重要根源。

4. 技术问题

我国的技术、工艺、控制和环境监管水平与世界先进水平尚存在巨大差距。

从工业上看，目前我国工业一部分生产工艺技术比较落后，单位产品的能耗物耗和污染物产生量都相对较高；废水、废气处理技术和工艺与发达国家相比也还有很大差距，企业，尤其是中小型企业的污染治理技术普及率和合格率普遍偏低。总体上，我国工业污染防治技术相当于工业化国家 20 世纪 70 年代的水平，个别技术达到 80 年代初的水平，比工业化国家大约要落后 20 年。以工业废水处理技术为例，我国印染、化工、石化、冶金、煤化工等行业难降解有机废水尚无实用处理技术；电镀、皮革、有色冶金等行业尚无含铬、镉、汞等重金属污水的实用处理回用技术；工业发达国家高浓度、难生物降解有机废水处理技术在国内未实现大规模产业化。另外，我国的工业环境监控技术也非常落后，与发达国家的连续化、自动化和网络化监测相差甚远，环保处理装置与生产装置尚未实现一体化的运行控制，与发达国家存在明显差距。

从农村地区看，我国大部分地区农村工业化实际上是一种以低技术含量的粗放经营为特征、以牺牲环境为代价的工业化。农村乡镇企业和工矿企业大多规模小，布局分散，工艺落后，耗能高，污染严重，农村环境保护科技支撑薄弱，农业和环境实用技术缺乏，属于工业领域的落后产能。另外，目前农村环境保护多是直接套用城市环境保护的技术路线，缺乏足够的科学技术支撑，农村环保适用技术的开发和推广成为农村环境保护工作的薄弱环节。

从能源技术上看，中国的整体能源利用效率和能源技术水平较低，与发达国家相比还存在很大差距。能源效率和能源技术水平的低下，不仅造成能源的浪费，更会带来巨大的温室气体排放量。更为重要的是，截止到目前，我国的技术体系仍然依赖的是发达国家的传统技术路径，在过去差距缩短的大趋势下，重新洗牌，有拉大差距、加大依赖的风险。

5．法律问题

目前，我国工业和城市的环境保护法规相对健全，环境管理体系也相对完善。但是我国现有的法律体系分类指导和可操作性较差，执行力度不够。

我国现有的法律大多数没有分行业的排放标准，没有专门制定和实施专门的预处理制度和标准，没有完全实行颁发排放许可证制度，环境技术管理体系也尚未建立。污染物也只注重常规污染物的控制，对特殊污染物和各种新型污染物（例如持久性有机污染物等）的关注较少。

在农村环境保护领域，我国相关法律落后于农村环境保护的要求，相关法规政策体系不健全，对农村许多环境新问题缺乏有效的法律支持。此外，一些重要法规对生态环境保护和补偿的规范不到位，尤其缺乏针对农村环境污染特征、能够调节农村居民行为的机制和政策手段。

6．体制和监管问题

目前，我国环境管理体制不顺畅、环境监管以行政命令为主的局面并未改变，由于缺乏有效的经济政策手段，环境部门对企业的监管缺乏长效机制。由于现行的环境管理体制和机制等原因，我国工业、城市、农村、环境健康、能源污染防治相应的责权规定不明确，环境保护部门的能力与其承担的责任极其不匹配。从“条条”看，对于特定事务的管理分散在各个职能部门，领导多头，导致若干政策在执行过程中缺乏协调与配合，环境问题之间的联系被割裂，缺乏统一的规划、管理和人财物保障。从“块块”看，地方发展主体的确定调动了地区发展的积极性，但也使地区间竞争愈演愈烈，缺乏分工协调。由于政府目前仍然对资源的配置发挥相当大的作用，在地方保护主义严重的地区，政府甚至成为企业环境违法行为的保护伞，地方“以权代法”、“以言代法”的现象时有发生。从中央和地方的关系上看，在许多跨行政区域的环境管理上中央缺位，致使地方之间的环境管理缺少协调和配合，环境问题的自然属性经常被割裂，导致管理低效。

7．投资和基础设施问题

我国各主要领域的环境保护普遍存在投资不足的问题。

在工业领域，目前我国环境污染治理投资总额占 GDP 的比重小于 1.5%，工业污染治理投资占 GDP 的比重小于 0.25%，国内企业工业污染治理投入远低于跨国公司，工业污染治理投入与工业化进程很不适应。

在城市领域，不同地区的环境基础设施投资水平严重不平衡，许多地区，尤其是中西部地区和各中小城市、小城镇，因环境投资不足导致城市环境基础设施建设滞后的现象十分普遍。据统计，2005 年全国 500 多个城市中生活污水集中处理率平均仅为 29.4%，城市生活污水集中处理率为 0 的城市有 178 个，占城市总数的 34.8%；生活垃圾无害化处理率为 0 的城市有 130 个，占 25.6%。即便在发达的城市内部，环境基础设施投资也主要集中在城市中心区域，对周边区县的投入很少。

在农业领域，由于缺乏有效的投入机制，没有固定的投资渠道和明确的投入政策，农业和农村环保投入严重不足，致使农村环保基础设施建设总体处于空白状态，成为污染治理的盲区和死角。

在环境与健康领域，经费缺乏已经成为环境与健康工作全面萎缩的主要原因。由于缺乏经费保障，各级疾病预防控制单位技术人员流失严重，条件设备老化，环境与健康的常规监测和管理几乎停止。

（二）中国未来环境发展面临的机遇

尽管面对如此严峻的问题和环境形势，中国的环境保护也面临着前所未有的机遇。

1. 中国崛起与和平发展

改革开放以来，中国依靠体制改革释放出来的国内发展力和对外开放利用国际资源的潜力，启动了崛起及和平发展的进程，并已经取得了崛起道路上的历史性进步。中国作为一个越来越庞大的经济体，已经成为现存经济体一个最重要的部分，并与世界的发展进程融合在一起。中国的经济崛起，即中国经济实力的增强，将大大增强中国应对国内环境和国际环境危机的能力。中国的政治崛起，则将大大增强中国在国际环境事务中的话语权，也将在很大程度上增强中国利用国际资源、环境、技术、资本和市场的能力，从而在一定程度上能够缓解中国经济社会发展与资源环境之间的尖锐矛盾。另外，中国为了实现政治经济文化的崛起及和平发展的历史重任，也必然要在国际社会上树立“负责任的大国”形象，在环境保护方面必然要承担与国际能力相符合的大国责任，从而“以外促内”，大力推动本国环境治理能力和危机应对能力的提高。

2. 全球化

全球化是经济变化的最主要驱动力之一，它会与环境在各个层面发生互动，给环境发展带来新的挑战和机遇。

首先，全球国际贸易的自由化将更有效地配置全球资源，促进国家经济增长，并增加福利。全球化促进国际大分工，使生产更加集约化和规模化，从而具有巨大的规模效益，将大大提高资源和能源的利用效率，减少污染排放。经济全球化促进了中国大规模的产业结构升级，加速从资源粗放利用、环境破坏严重、管理粗放、技术落后的传统经济增长模式，向资源节约、环境友好、管理科学、技术先进的新兴发展模式转变。另外，发达国家的环境壁垒也将促进发展中国家因贸易利益进行的产业升级。经济全球化促进了技术的全球扩散和发达国家向发展中国家的技术转让，技术的飞跃将帮助中国突破经济发展的资源和环境“瓶颈”，大大推动中国的跨越式发展，减少现有经济对资源和能源的依赖。经济全球化促进了生产要素较大规模的跨国流动，能够有效地解决中国的资源环境问题，通过自由贸易进口大量稀缺资源和高环境成本的产品，可以有效地缓解本国资源的巨大压力。

总之，在全球化的背景下，中国工业化过程面临着与发达国家工业化过程中截然不同的产业特征和技术特点，中国工业化道路不能再简单重复发达国家走过的产业平面转移、依次提升的老路，而应该摆脱传统模式，发挥后发优势，实现各产业的综合提升和产业结构的跨越式发展。

3．技术进步和技术创新

目前，当今世界现代生物技术，信息技术、新材料技术和新能源技术日新月异，因此技术进步和技术创新将是中国实现可持续发展和突破国内外环境困境的最终路径依靠，从而成为中国经济和环境发展一个前所未有的历史机遇。

在农业领域，现代生物技术可以对高产、优质、抗虫害等问题的作物进行设计和改良，从而在土地和资源约束下高效解决粮食安全问题，并减少化肥农药的利用。在能源领域，各种能源减排、新能源和清洁能源技术，将实现未来30%左右的二氧化碳减排目标，而另外70%的减排则通过现有技术的完善、推广和普及来实现。而在环境领域，各种污染处理、生物修复和生态恢复技术也具有十分广阔的前景，这些技术一旦成熟并得以推广将大大推动中国的环境治理、资源回收利用和环境的修复。

信息技术的发展则使需求和供给之间的关系更为紧密，各种信息传递更加快捷，从而实现技术、资本、需求、资源和劳动的高效率配置，从而大大降低资源消耗和环境污染。而生产的过程控制、定量管理和危机处理，能够快速识别出工艺资源、能源损耗高的因素和生产环节并快速进行优化，从而有效减少资源、能源的消耗和污染物的排放；危机处理能力的提高，能够大大减少各种事故发生的频率并减轻事故后果，从而减少生产对环境、安全和居民健康可能带来的危害。另外，信息技术改变了居民的生活方式，使得城市由传统工业化过程中聚合型转变为非聚合式，这种非聚合式的组织方式能够大大缓解城市交通压力，从而实现能源和资源的节约。而信息技术推动的逆城市化发展，能够消除城乡二元结构，促使居民“就地城市化”，减少城市发展的压力。

4．可持续发展理念

发展是人类的永恒追求，但是人类对经济发展的认识，已经经历了由增长到发展，再由发展到可持续发展的转变。实现经济、环境、社会、文化的和谐和持续发展，已经成为当今世界的主流。在此背景下，世界各国在积极思索可持续发展的实现路径，提出了生态经济、循环经济、低碳经济等许多促进环境与社会经济协调发展的新理念，试图利用新的理念和经济模式来重构全球经济，并促进人们观念的根本变革。

国际社会可持续发展浪潮风起云涌，也将我国引领到这场革命之中，这场革命将推动我国以新型的生产模式、经济制度、生活方式来替代传统的生产和生活方式，最大程度地降低我国经济增长和人民生活水平提高对环境造成的不利影响，促进人与自然的和谐。我国如果能够抓住这个机遇，利用各种制度、法规和市场对现有经济模式进行彻底改造，则能摆脱发达国家发展的老路，而新的可持续产业，例如新能源行业（太阳能、氢能、新兴燃料电池制造）、回收再利用行业、回用型产品设计和制造行业等，则会逐渐出现、兴起和壮大。在可持续发展的指引下，城市发展模式和城市化进程也会发生彻底改变，新的城市能源供给系统、水供给系统和排水系统会更加符合生态和持续原则，对自然资源依赖更小。

（三）环境压力的趋势分析

中国目前正处于人均 GDP 2 000～4 000 美元的工业化中期的爬坡阶段，在今后相当长的一段时期如果没有技术的突破性变革和发展模式的根本转变，中国由汽车和房地产驱动的经济高速增长至少还可以维持 20～30 年，因此环境库兹涅茨曲线（Kuznet Curve）仍然处于上升阶段。在这种情况下，可以预计，在 2030 年之前，由于我国人口持续增长并达到峰值、工业化和城市化过程的快速推进以及汽车和房地产主导的产业特征决定了我国经济在这一时期仍具有高能耗、高物耗、高污染的环境特征，我国的环境污染、资源消耗和温室气体排放总量与增量都将是惊人的。2030 年之后，当人口开始缓慢减少，经济增长变缓，如果经济结构能够成功向技术密集型转变，我国的常规污染物排放将出现拐点，但是具有长期累积特征的特殊污染物 2050 年仍然可能持续上升，危害进一步加大（图 2-3-10）。

根据其他课题和第三课题各专题的研究结果，本报告将不同环境介质未来的环境质量变化、主要污染物的排放趋势、污染重点控制区域和主要污染源作了总结，如表 2-3-9 所示。

以污染物和污染介质而言，我国常规污染物，例如有机污染物、氮、磷、颗粒物、二氧化硫和氮氧化物等在 2030 年左右随着人口高峰的过去会有所降低，但是温室气体、重金属、持久性有机污染物等累积性污染物的污染程度即便在 2030 年之后也将有所增加，但是增速会有所减缓。与此对应，我国水环境质量在 2030 年之后可能会略有改善，大气环境质量会有较大好转，土壤环境的污染范围和程度则一直加深，但是扩展速度将大大降低。以污染的重点区域而言，中东部地区始终是我国各类环境污染控制的重点区域，但是不同区域由于自然和社会经济条件的差异，会有不同的侧重。以污染的来源来看，工业和城市生活是大气环境和土壤环境最主要的污染源。水环境的状况则略有不同，随着对点源污染控制的加强和农业生产规模的日益增加，2030 年之后农业将成为我国水环境污染控制的重点污染源。因此，在未来 20 年，我国环境压力仍然较大，环境管理的形势依然十分严峻。

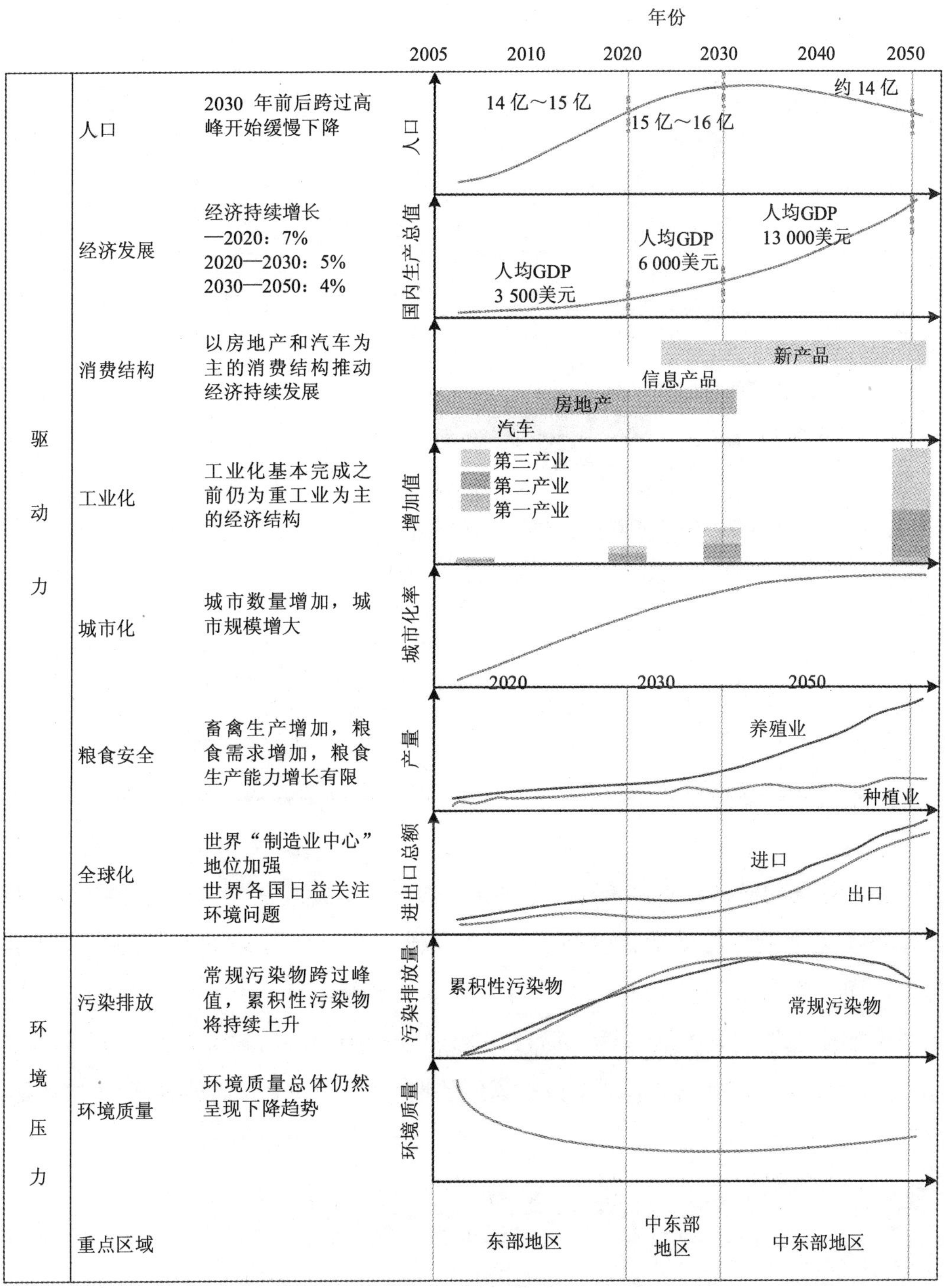

图 2-3-10 我国未来的环境压力

表 2-3-9　　我国不同环境介质的质量变化趋势

介质类型	环境质量			污染物				重点区域			重点污染源		
	2020	2030	2050	类型	2020	2030	2050	2020	2030	2050	2020	2030	2050
水环境	总体恶化	恶化趋势得到遏制，局部改善	总体改善	有机污染	增加	下降	下降	中部地区和部分西南省份	中部地区和部分西南省份	中部地区和部分西南省份	工业、城市生活	农业、城市生活	农业
				氮磷	增加	增加，增速下降	下降						
				持久性有机污染物	增加	增加	降低						
				重金属	增加	增加	降低						
大气环境	总体略有改善	总体改善	总体改善	颗粒物	下降	下降，主要为细颗粒物	下降	东部	中部	西部	工业	工业和生活	生活
				二氧化硫	下降	下降	下降						
				氮氧化物	增加	增速降低	下降						
				温室气体	增加	增加	理想情况下减少						
土壤环境	污染范围扩大，程度加深	污染扩张速度得到控制	总体改善	重金属	增加	增加	降低	东南沿海与中部地区	东南沿海与中部地区	东南沿海与中部地区	工业、城市生活	工业、城市生活	工业、城市生活
				持久性有机污染物	增加	增加	降低						

根据我国未来经济的发展形势和 Kaya 公式（公式 3.1 至公式 3.3），结合已有预测和研究成果，可以得到考虑常规性技术变化的情况下①，我国未来常规污染物排放的发展趋势（图 2-3-11）。据此，可以将未来 50 年（—2050 年）我国资源环境压力划分为三个时期，即与工业化中后期对应的压力持续增大期（第 I 阶段，2020 年之前），与过渡期对应的压力增长放缓期（第 II 阶段，2020—2030 年），以及与知识经济时期对应的压力逐渐缓解期（第III阶段，2030—2050 年）。

$$CO_2\text{排放量}=\frac{CO_2\text{排放量}}{GDP}\times\frac{GDP}{\text{人口}}\times\text{人口} \qquad \text{（公式 3.1）}$$

$$SO_2\text{排放量}=\frac{SO_2\text{排放量}}{GDP}\times\frac{GDP}{\text{人口}}\times\text{人口} \qquad \text{（公式 3.2）}$$

① 渐进式技术变化，即不会导致单位 GDP 各类污染物的排放量发生突变的技术变化，而是逐渐减少。

$$\text{COD排放量} = \frac{\text{COD排放量}}{\text{GDP}} \times \frac{\text{GDP}}{\text{人口}} \times \text{人口} \qquad \text{（公式 3.3）}$$

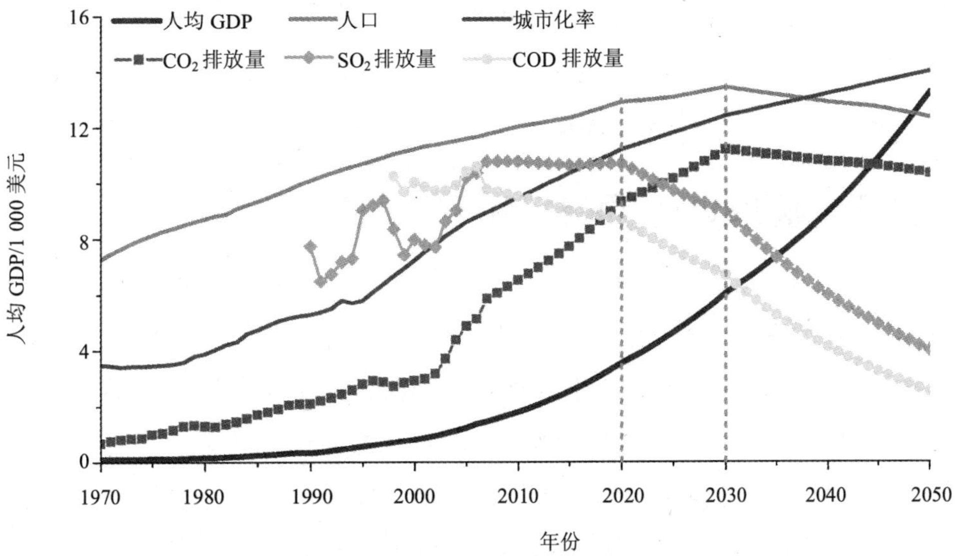

图 2-3-11 中国环境形势的趋势分析

在第 I 阶段，我国人均 GDP 低于 4 000 美元，经济处于工业化的中后期，城市化发展速度十分迅速，因此各种污染将呈现增加的趋势。这一阶段的污染增量主要由各种结构变化导致，例如消费结构变化、城乡结构变化、工业结构变化（继续加重）等。因此，在这一阶段，我国大气和水污染的常规污染物排放量有略微降低，温室气体的排放量将急速增加，带来较大的国内国外的治理压力。由于这一阶段尚无力进行累积性污染物的治理，累积性污染物在各种介质中的浓度仍然持续上升。

在第 II 阶段，我国人口达到峰值，人均 GDP 达到 4 000～6 000 美元的水平，工业化过程在这一阶段基本完成，但消费结构和产业结构的转型刚刚开始，城市化发展速度仍然十分迅速，但慢于第 I 阶段，因此各种污染将继续呈现增加的趋势。但是随着国内国际压力的增加和城市化发展速度趋缓，这一阶段我国大气和水常规性污染物的排放量将急速降低，温室气体排放的增加速度与第 I 阶段相比趋缓。但是随着常规污染物控制的日益严格，累积性污染物的问题逐渐凸显，因此这一阶段环境更为脆弱，也是最危险的时期。考虑到污染的时滞效应，我国环境质量的拐点可能会延后到 2040 年出现。

在第III阶段，我国人口越过峰值开始缓慢减少，人均 GDP 逐渐增长到 12 000 美元，达到中等发达国家的水平，消费结构和产业结构逐渐转型，但远未完成，城市化发展速度趋于缓慢，大气和水污染的常规污染物继续迅速下降，温室气体排放量的拐点出现。在这一阶段，随着累积性污染物的问题得到日益重视和逐步治理，环境质量总体好转。

三、中国主要环境领域保护战略

人口增加、经济高速发展、工业化和城市化进程的加快，加快了我国各类污染物排放量的增长速度，我国未来的环境压力将日渐增加，问题更加严峻。通过我国未来环境压力的定性分析，本部分将提出我国环境保护战略。

（一）中国环境保护战略的思想、目标和思路

1. 战略思想

我国主要领域的环境战略应该用科学发展观和构建社会主义和谐社会两大战略思想统领环境污染控制工作，以提升产业和技术升级、提高资源能源使用效率、控制污染排放、增强可持续发展能力为目标，努力构筑稳定、经济、清洁、安全的能源、资源利用和污染排放控制体系。以培养节约和保护环境的意识为基础，以法律、规划、体制和投资作为抓手，以保障人体健康、节约资源能源、优化经济结构同时加强生态保护和建设为重点，以科学技术进步为支撑，不断提高应对环境变化的能力，以资源能源的可持续利用与污染的有效控制支持我国经济社会可持续发展。

2. 战略思路

压力持续增大期（今后到 2020 年），污染总量的遏制和控制阶段。以保障人体健康和环境安全作为环境管理的首要目标，重点控制主要污染物的排放增长，避免因环境污染带来的食品安全、饮用水安全和公共安全问题，避免大规模、恶性的环境损害造成的健康问题，减少环境事故风险。

压力增长放缓期（2020—2030 年），环境质量恶化遏制的关键期。以促进环境改善为主要目标，常规污染物的排放总量得到全面控制，重点流域的水质开始出现好转，人体健康得到有效保障。

压力逐渐缓解期（2030—2050 年），环境质量恶化和改善的交织期。以人类健康为首要目标，但是兼顾环境质量和生态目标。各种常规污染物的排放总量逐渐减少，特殊污染物也得到有效控制，逐渐进行环境修复，促进环境质量的全面改善和生态系统的全面稳定。

（二）中国环境保护的国家战略

国家战略是在国家宏观层面利用各种法律、法规调整个人、企业的行为，保护环境。它包括以下六个方面的内容：

全民教育战略，环境保护的长期战略要从改变全民的价值观和行为入手，变革现有教育体系，在幼儿教育、基础教育、大学教育、专业教育中增加环境教育的内容，灌输环境保护的价值观。在对环境教育的培养思路上，也应该从环境保护的道德内涵向环境保护的危机内涵扩展，即培养公民的环境危机意识，让他们从小认识到资源的稀缺性，崇尚节俭的生活习惯，自觉减少对资源的消耗，抵制浪费。

结构调整战略，即针对我国环境污染是结构调整驱动的特征，以结构调整来加速经济和环境的协调发展，包括产业结构调整和消费结构调整。虽然我国处在工业化发展的中期，但由国情决定要尽量弱化重化工业或者压缩重化工业发展的过程，积极转变经济增长方式。要加速淘汰生产工艺落后、能耗高、污染大的“低、小、散”企业，积极扶持低能耗、低污染、技术含量高的高新企业、新兴行业和环保产业。消费结构调整是指积极引导居民消费，减少一次性商品的消费，倡导适度消费，培养节水、节能意识，减少奢侈性消费和浪费；培养居民的环保意识和环境参与能力，使之能够自觉购买污染小、损耗少、废弃少的产品。

区域统筹发展战略，即考虑环境问题的区域性，打破行政界限，进行区域综合规划和开展区域国际合作，促进城市群的发展。将行业规划纳入城市和区域规划之中，优化区域的行业规模和行业布局，并在城市和区域规划中优先考虑环境因素，建立与环境协调的城市和区域空间发展格局，实现城市布局与主体功能区划和资源环境承载力相协调。提倡城市集约化用地和适度分散并举，避免城市过大导致的城市病和城市环境问题。

协同建设战略，即在环境战略中要协调工业与农业、城市与农村、环境与健康、国际与国内四大关系。在环境战略中不能搞城乡二元结构，而且应该着重解决农业和农村的环境问题，包括农村饮用水问题，农村面源污染问题和农村基础设施建设的问题。将农村地区的规划纳入区域规划，减少城市扩张和不合理的土地利益给农村地区带来的影响，努力实现工农和城乡的环境保护一体化发展。环境战略的制定以保障居民健康为首要目标，兼顾生态等其他环境目标，处理国内经济与发展的同时，积极应对国际的环境压力，并积极利用国际技术转移促进本国产业升级和技术进步。

综合管理战略，即通过综合立法和综合管理手段来推动中国环境战略的实施。不断构建和完善现有环境法律、法规、污染物排放标准、环境技术标准体系以及相关的产品标准，努力减少法规、政策间的不协调、交叉和矛盾。强化综合立法，协调经济、行业发展与环境之间的关系，促进清洁生产、生态工业和循环经济推行。利用法律、行政、市场、信息支持、自愿等手段进行环境管理，最大程度地调动全面的环境保护力量，刺激企业自觉地采取环境友好的行为。为了实现这个目标，要加快推进水、电、石油、天然气等各类资源性产品甚至环境容量的价格市场化进程，建立反映资源稀缺程度的价格形成机制，充分发挥市场配置资源的基础性作用。

技术支撑战略，即积极开发和推广资源节约和综合利用技术，加快资源节约新技术、新产品和新材料的推广应用。加强研发和推广节能降耗技术、减排技术、环保技术，修复技术、处理技术，增加资金投入，大力促进技术合作和转让。

（三）中国主要环境领域的战略思路

1．工业环境保护

针对我国工业污染的结构和技术特征，我国的工业环境保护战略将遵循“结构调整、技术进步、源头预防、过程控制、末端治理、回收利用、机制高效、依法治污”的思路，改变、摒弃难以为继的传统工业发展方式，加快污染物排放由浓度控制向浓度控制和总量控制相结合转变，加快污染物排放由末端治理向全过程控制转变，切实发挥后发优势，走一条“科技含量高、经济效益好、资源消耗低、环境污染少、人力资源优势得到充分发挥”的有中国特色新型工业化道路，大幅度减少工业污染物的产生和排放，实现国民经济的又快又好发展，实现“穿越式”发展。

2010 年之前，以淘汰落后和污染末端治理为重点，下大力气淘汰落后生产力，对不符合排放标准、生产工艺落后的技术和装备，一律淘汰。

2020 年，治理与预防并重，通过完善法规、标准、提高行业准入门槛，严格执法，继续淘汰不能满足新要求的技术和装备，同时注重从源头上削减和全过程控制，改变单纯的“末端治理”模式。

2020 年之后，力争进入“以污染防治为主”的阶段，即预防、全过程控制和循环经济阶段。工业生产进入工业高加工度化阶段，由大变强，上下游之间形成工业生态产业链，实现废弃物的减量、回收和资源化。

2．城市环境保护

针对社会主义初期阶段和城市化快速发展时期城市环境问题的特点，贯彻科学发展观和“建设生态文明”，“建设资源节约型、环境友好型社会”的国家战略，以控制城市污染、推进城市生态建设、提高城市人居环境适宜度为重点，系统协调城市资源、环境、生态与社会经济关系，从空间布局、消费结构、设施建设和管理体系四方面促进城市节能减排和环境改善，实现城市的可持续发展。

2020 年，与全面实现小康社会的发展目标相适应，大力促进城市环境污染的源头治理，从根本上遏制城市生态环境恶化趋势，主要污染物排放得到有效控制，城市环境质量和生态状况恶化趋势基本遏制，城市环境安全得到有效保障；资源和能源的使用效率显著提高，能源节约效果显著；城市环境管理协调机制、城市环境预警与污染事件应急机制、生态环境补偿机制逐步完善，环境管理水平显著提升；以循环经济支撑的生态城市达到相当比例，条件较好的城市或城市群率先建设资源节约型、环境友好型社会，生态文明观念在全社会牢固树立。

2030 年，城市污染物排放总量得到全面控制，应对环境危机、解决环境问题的能力得到显著增强，较大比例城市建设资源节约型、环境友好型社会，城市环境质量和生态状况全面改善，人居环境显著提升，基本实现城市环境的良性循环。

2050 年，全国城市普遍实现以循环经济为支撑，污染物排放总量和浓度均控制在区域可承受范围之内，大部分城市产业结构、经济增长方式、消费模式符合“资源节约型、环境友好型”社会建设战略要求，城市生态系统高度稳定，生态文明建设成绩显著。

3．农村环境保护

为了尽快应对日益严峻的农村环境保护的形式，我国农村环境保护战略应以科学发展观为指导，按照建设资源节约型和环境友好型社会的要求，坚持以人为本、城乡统筹，建立农村环境污染长效防控机制，在农村推广普及文明健康、环境友好的生产生活方式，实现自然和谐的村镇人居环境，农村生态文明牢固树立，实现农村地区经济社会和环境全面、协调、可持续发展。

2020 年，农村环境质量恶化趋势得到初步遏制，部分地区农村环境质量获得改善。农村环保基础工作得到加强，村镇生活污水和生活垃圾的收集处理体系逐步建立健全，农村环境保护法律法规得到完善，生态环境意识深入人心，农村突出的环境问题得到控制，城乡环境保护二元结构问题得到缓解，全国农村环境面貌明显改观。

2030 年，农村环境质量恶化趋势基本遏制，大部分地区农村环境质量获得改善和提高。城乡环保一体化格局基本形成，村镇环境基础设施健全完善，农村地区落后的生产生活方式发生根本转变。

2050 年，农村环境质量全面改善，人与自然高度和谐。农村生态文明牢固树立，国家粮食安全、食品安全、环境安全得到有效保障，农村经济、社会、环境协调发展。

4．环境与健康

按照全面建设小康社会、构建社会主义和谐社会以及十六大以来提出的“以人为本”、“改善民生”的要求，我国的环境与健康战略必须以促进环境保护工作重点向公共服务转移为出发点，建立一套以人体健康为根本出发点和根本目的的国家环境与健康管理与干预体系，确立“预防为主、风险管理”的工作思路，逐步建立和完善国家环境与健康的预防、预警、应急和救助能力，加强环境健康公共服务的能力和水平，保护人民群众的身体健康和生命安全。

2010 年，全面建立环境与健康工作协作机制，制定促进环境与健康工作协调开展的相关制度和环境污染健康危害风险评估制度；完成对现有环境与健康相关法律法规及标准的综合评估，提出法律法规和标准体系建设的需求；完成国家环境与健康现状调查及对环境与健康检测网络实施方案的研究论证；加强环境污染与健康安全评估科学研究。

2020 年，开展环境与健康相关法律法规的研究、制定和修订工作，完善环境与健康标准体系，基本建成环境与健康监测网络和信息共享系统，有效实现环境因素与健康影响监测的整合以及监测信息共享，基本实现社会各方面参与环境与健康工作的良好局面。

2030 年，环境保护事业实现以人体健康为核心任务的历史性转变。环境与健康工作全面展开，各项制度基本完善。

2050 年，多年来环境与健康基础工作和干预措施的成效全面显现，环境与健康风险逐渐降低。环境与健康工作成为一项常规性的工作，健康人居环境作为一项基本公共服务基本实现均等化。

5. 能源与温室气体

能源与温室气体的战略思路应该以科学发展观和构建社会主义和谐社会两大战略思想统领，以大力发展可再生能源、控制温室气体排放、增强可持续发展能力为目标，努力构筑稳定、经济、清洁的能源体系，坚持节约资源和保护环境的基本国策，以保障经济发展为核心，以节约能源、优化能源结构、加强生态保护和建设为重点，以提高能源使用效率，发展低碳技术为支撑，不断提高应对气候变化的能力，提高人民群众生活环境质量，为保护全球气候作出新的贡献，以能源的可持续发展与温室气体的有效控制支持我国经济社会可持续发展。

2020 年，积极调整能源结构，控制能源消费总量的增长，缩短各类产品能耗与发达国家之间的差距，并有效改善国内企业之间的技术先进与落后的二元结构。

2030 年，进一步降低煤炭在能源消费中的比重，提高可再生能源的比重，更严格地控制能源消费总量增长，进一步降低各项能耗指标，提高能源利用效率和技术研发能力，大大缩小国内与国际的技术差距。

2050 年，提高可再生能源比重，严格控制不可再生能源的消费总量，各项技术能效指标达到中等发达国家水平，能源消耗和温室气体排放逐渐减小和稳定。

6. 全球与区域环境

新形势下，我国开展环境国际合作、应对全球和区域环境问题的战略方针应遵循十七大提出的十二字方针，即“相互帮助、协力推进、共同呵护人类赖以生存的地球家园”。

在十二字战略方针中，“相互帮助”是态度，“协力推进”是方法，“共同呵护”是目的。根据十二字战略方针的要求，我国环境保护国际合作的指导思想需要进行三个战略调整：一是由过去在全球环境事务中侧重强调“有区别的责任”原则，向既坚持“有区别的责任”，又重视“共同的责任和义务”的原则转变；二是由过去被动地应对全球环境问题带来的各种压力，向“共同责任，积极参与”转变；三是由单纯的环境受援国，向在继续接受援助促进我国和区域的生态环境保护的同时，又提倡“相互帮助、协力推进”，为发展中国家提供力所能及的援助，共同呵护地球家园转变。

总之，与过去相比，新形势下我国应对全球和区域环境问题与开展国际环境合作的方针和指导思想的核心将主要体现为：“态度更加积极、行动更加务实、强调统筹共赢、展示中国责任”。

（四）各个重要环境领域的战略任务

1. 工业环境保护

工业环境保护领域主要完成以下五大战略任务：

第一，淘汰落后产能，促进工业结构和布局优化。

定期更新强制淘汰和限制高排放、高消耗的落后生产能力、工艺、设备和产品目录，重点调整淘汰冶金、建材、石化、化工、电力、机械、轻纺等行业的落后产能。调整进出口结构，重点控制高能耗、高污染和资源型（“两高一资”）产品的出口，主要禁止生铁、废钢和钢坯等产品的出口，严格限制煤炭、原油、金属砂矿等资源性产品以及氧化铝、低附加值钢材、国内紧缺的薄板和铬铁、锰铁、金属锰等严重依赖国外资源的铁合金产品出口，限制化工产品尿素、纯碱、烧碱和黄磷等的出口，限制水泥产品的出口增长。科学制定并认真实施充分考虑环境保护要求的重点工业产业发展规划，利用政府宏观调控手段合理有序地进行产业规模和布局的调整，避免产能增长过快、发展失控以及布局不合理。不断提高行业准入门槛，严格环境准入，把好环境法规、土地、信贷三个闸门和“区域限批”等制度，有效引导和合理控制行业发展。

第二，强化环境监督管理，促进企业稳定达标排放。

明确发展改革、建设、国土、工商、安全生产监督等各部门的环境监管职责，完善环境联合执法协调查处机制，加强部门联动。健全国家监察、地方监管、单位负责的环境监管体制，恢复和完善企业和行业监测、监督体系，健全国家和地方工业污染两级环境监控网络。健康建设重点污染企业自动在线连续监测系统并加强管理、维护，加强对所有企业污染物排放、环境保护设施运行的监督管理，依法处罚环境违法企业，关闭不治理或整理后达标无望的企业，取缔使用落后生产工艺的企业，并定期向社会公布违法企业名单。

第三，依靠科技进步，推动绿色工业化进程。

积极开发和应用工业污染防治的共性关键技术、清洁生产和绿色制造技术，形成自主核心技术。重点在源头控制、过程控制和精华处理、末端治理和资源有效利用，开发和应用新工艺及技术。落实人力、财力、物力做好新工艺及技术的开发和应用。发展环保产业，培育新的经济增长点，加快污染防治的共性关键技术、清洁生产和绿色制造技术的科研成果转化，推进工业污染防治新工艺及技术的设备国产化，促进生产方式向资源节约型、环境友好型方向转变，力求“绿色生产”。

第四，发展循环经济，促进工业发展的资源节约和环境友好。

建设生态工业园区，在钢铁、有色金属、电力、化工、建材、机械等重点行业、重点地区规划建设若干体现循环经济的工业生态园区，促进重点行业间的耦合和生态连接，使上游企业的废气、废热、废水等废物成为下游企业的原料和能源，实现污染“零排放”。全面实施清洁生产，多渠道、多方式支持企业开展清洁生产审核，增加清洁生产项目投资，采取清洁生产技术，实现污染全过程控制。此外，发展再生能源产业，提高矿产资源、国土废弃物的综合再生利用率，提高工业“三废”集中处理水平。

第五，倡导企业自律，提高企业环保水平。

进一步明确企业是环境污染防治的主体，要求企业采取有效措施加强建设项目“三同时”的落实和已有项目的环境污染治理，切实承担削减污染物排放量的责任。组织行业协会和有实力的企业积极参与环境保护政策、法规、标准和清洁生产指标的制定，组织建立和完善资源节约、污染防治的信息统计、分析及发布制度。充分依靠行业协会和有实力的企业（集团）的研发力量，加强对环保新设备、新工艺的研究，建立典型示范生产线，引导行业技术进步。

2. 城市环境保护

城市环境保护主要完成以下六大战略任务：

第一，推行集约化的城市发展模式和推进城市的绿色建设与管理。

根据城市主体功能区划要求、城市环境容量和资源承载力对城市发展进行综合定位，在合理规划的基础上，合理控制城市规模和布局，避免城市盲目发展带来的土地浪费和城市布局过分集中形成格局性问题。以绿色建设和管理的理念，改善城市机体运行的能流和物流，减少工农业生产和日常消费中，尤其是建筑开发和交通运输领域，不合理能源资源消耗，促进能源资源的高效利用。在城市经济发展的过程中，逐步调整城市经济结构，转变城市经济增长方式，发展循环经济，促进城市生态建设，逐步推动城市建设目标与城市环境目标的统一、城市发展与城市生态协调，并逐步解决城市发展过程中环境遗留问题，促进城市的可持续发展。

第二，优化城市规划体系，落实城市规划的法律地位和城市环境管理责任。

优化城市规划体系，将环境和资源环境承载力作为城市发展方向、规模、总量、布局的决定因素和经济社会发展的基础性、先导性、长期性约束条件。加快规划环评相关的立法，体现强制规划环评的要求，对包括城乡规划在内的各类相关规划实施可能的环境影响进行分析、预测和评估，并提出预防或者减轻不良环境影响的对策和措施。落实各级城市人民政府对本辖区环境质量的主要责任，建立包括污染减排、环境质量改善，绿色 GDP 指标在内的环境导向的官员政绩考核体系，将环境保护指标作为约束性指标、严格实行环境保护“一票否决”和末位淘汰制度。切实落实城市规划和环境规划的法律地位，在城市规划编制—决策—执行—监管全过程环节落实城市规划的权威性和延续性。利用城市规划明确土地功能，改善城市内部的空间格局，避免工业区、商业区和生活区混杂布局。严禁在城市建成区发展高污染行业，大力推进工业园区建设，逐步实现新建项目的全部园区管理。在城市规划中统筹考虑城市、乡镇和乡村规划，用城市资金、技术和人才等优势，改善城市周边地区尤其是城乡结合部的环境质量，避免城市恶性扩张以及不合理的土地利用给城市与周边地区带来的污染。

第三，促进与发展水平相适应的环境基础设施建设，提高处理能力和设施运营水平。

各级城市政府发挥主导作用，加快包括生活污水集中处理、生活垃圾无害化处理和危险废物医疗废物处理处置设施在内的环境保护基础设施建设，提高基础设施运营水平与处理能力。将城市环境基础设施列为最优先的公共财政投入领域，采取多元化的投资渠道，推进合理收费。把提高基础设施运营水平放在与建设基础设施同等重要的位置，加强运营监管。通过推行环境基础设施的市场化运营，提高设施的实际处理能力、运营效率和水平，同时加强运营监管，确保基础设施持续稳定发挥环境效益。

第四，提升环境管理能力，强化城市环境管理分类化。

强化城市环境管理的分类指导，出台针对不同类型城市的环境分类管理指导意见。给西部城市留出发展空间，提高东部城市环境质量要求，并逐步实施环境优先的发展战略。大城市突出机动车污染、环境基础设施建设、城市生态功能恢复等问题，强调城市合理规划和布局，利用城市交通系统带动郊区和城市农村的环境保护工作。中小城镇要加大对工业和农业的污染控制，加快城市基础设施建设，促进城乡协调发展。资源型城市注重更新产业结构、发展多元化经济、实施生态重建。

第五，维护城市生态系统健康，增强城市的自我调节修复能力。

构筑城市生态框架，保护好城市水源地、河道、绿地、湿地等城市生态系统敏感点。加强城市河湖水系治理，增加生态环境用水，维持自然生态功能；建设公园绿地、环城绿化带、社区居住区绿地、企业绿地和风景林地，围绕城市交通干线和城市水系等建设绿色走廊。增强城市中自然生态系统的抗干扰和自我修复能力。实施城市生物多样性策略，利用生态系统调节机制，增加自然生态系统的承载能力和环境容量。疏通城市自然系统的物流、能流、信息流，改善城市生态要素间的功能耦合网络关系，扩大生物多样性的保存能力和环境承载容量，借此提高以光合作用为核心的自然生产力和对城市废弃物的降解。此外，在城乡结合部，不能放松生态系统维护工作，以避免重蹈中心城区的覆辙。

第六，保护城市文化。

谨慎实施历史文化名城的旧城改造和危旧房改造，在规划层面秉承保护文化遗产的理念，在实际操作中避免“推平头”式拆迁，避免盲目地在旧城区内兴建高层建筑，使文化遗产遭到严重破坏。注重对中心城区老旧房屋的定期维护修缮，保留古建筑、街道和小区的原有风貌。

3. 农村环境保护

农村环境保护领域着重推动四大战略任务。

第一，加强农村饮用水水源地保护，保障农村饮水安全。

科学划分全国农村饮用水水源保护区。按有关规范要求，完成饮用水水源保护区划定和调整，确定保护区等级和界限，设立警示标志；优先划定人口密集村镇集中式饮用水水源保护区，调整或重新划分不能满足保护水源地环境要求的饮用水水源保护区。把水源保护区与各级各类保护区建设结合，明确保护目标和管理责任，加强保护区水土保持和水源涵养，因地制宜地进行农村分散式饮用水水源地的管理。

建立全国农村水源地水质监测和评价网络。完善饮用水水源水质监测、评价标准和技术规范，及时掌握水源水质变化情况，加强饮用水水源地环境监测能力建设，积极提升县级环保部门对饮用水水源水质常规指标的监测能力。定期对集中式饮用水水源地进行水质全分析监测，及时掌握水源水质变化情况并及时公布环境状况。健全饮用水水源安全预警制度，制订突发污染事故的应急预案。

严格农村水源地环境监管，开展重点区域治理。科学规划区域产业发展布局，严格限制在饮用水水源保护区上游建设污染严重的化工、造纸、印染等企业。定期开展饮用水水源地环境保护专项执法检查，重点推动饮用水环境安全受到严重威胁地区、重点流域和区域的饮用水水源地专项治理工作。

第二，积极开展农村生态环境综合整治，改善农村人居环境。

制定全国村庄环境综合整治规划。尽快研究制定《村庄环境综合整治技术规范》。结合村庄的建设需求、人文特征、产业特点，合理划分村域功能布局，强化环境规划内容的前置约束作用，提高村庄环境综合整治规划的针对性与可操作性，制订村庄污染治理和生态保护等具体实施方案。

强化农村生活污染治理。加强重点流域、区域，特别是饮用水水源地上游地区农村生活污水的收集与处理。在人口集中、经济发达、排污量大、污染比较严重的村镇建设污水集中处理设施，位于城市污水处理厂合理范围内的村镇，污水可纳入城市污水收集管网，与城市污水共同处理。对居住分散、经济条件较差村庄的生活污水采用低成本的分散处理。将农村净化沼气池建设与改厕、改厨、改圈结合，逐步提高农村生活垃圾的无害化处理水平。

推广农村清洁能源。因地制宜，建设不同类型的农村清洁能源工程，逐步改善农村能源结构。大力发展农村沼气，综合利用作物秸秆和畜禽废物，推广能源生态模式。

第三，开展面源、土壤和养殖业污染防治，实现农业生产污染减排。

加强面源污染防治。开展农村面源污染现状调查，明确不同区域面源污染的原因和特征。加强化肥、农药使用的环境安全管理，在粮食主产区和重点流域普及推广测土配方施肥技术，优化肥料结构，发展适合不同土壤和作物的专用肥、缓释肥；引导和鼓励农民使用高效、低毒、低残留农药，推广病虫草害综合防治、生物防治和精准施药等技术。建立健全农药生产和使用的废弃物回收及无害化处置体系。在粮食主产区及污染治理重点流域和区域，开展农村面源污染综合治理的试点、示范。

开展土壤污染综合治理与修复示范。重点推动长三角、珠三角、环渤海湾地区、东北老工业基地、成渝地区、渭河平原以及主要矿产资源型城市的土壤污染现状调查。全面调查全国范围的土壤污染现状、范围、程度和主要污染物，建立完善全国土壤环境监测网络，以及土壤环境监测技术规范、方法标准和质量管理体系。在重点城市和流域，针对不同土壤类型开展土壤修复试点。

治理畜禽和水产养殖污染。根据相关法律和规范，对畜禽养殖业发展进行合理规划布局，科学划定畜禽养殖禁养区、限养区、宜养区。加强畜禽养殖废弃物的综合利用，筛选推广一批适用的污染防治和废弃物综合利用技术。把畜禽养殖业发展与绿色食品、有机食品生产结合，遵循“以地定畜、种养结合”的原则，形成生态养殖—沼气—有机肥料—种植的循环经济模式。开展水产养殖污染状况调查，根据水体承载能力，确定水产养殖方式，控制水库、湖泊网箱养殖规模。加强水产养殖污染的监管，积极推广生态水产养殖技术。

第四，优化农村工业发展布局与产业结构，加强对农村工业化的环境管理。

优化农村工业发展布局与产业结构。在农村工业聚集的中东部地区，强化农村地区工业污染防治工作。通过规划影响评价积极推进农村工业发展的合理布局，并引导企业适当集中，对污染源进行集中控制。优化农村产业结构，鼓励发展少污染的行业和产品，严格控制重污染的行业和产品的发展。在矿产资源开发规模较大地区，加强矿山污染治理与生态恢复，改善矿区生态环境质量。

严格环境监管，防止污染向农村地区转移。加大农村工业企业污染监管和治理力度，禁止工业固体废物、危险废物、城镇垃圾及其他污染物从城市向农村地区转移，禁止污染严重企业向西部和落后农村地区转移。提高农村地区工业企业准入门槛，严格执行国家产业政策、污染物排放标准以及总量控制制度，淘汰污染严重和落后的生产项目、工艺、设备。以造纸、酿造、化工、纺织、印染行业为重点，加大农村工业污染治理和技术改造力度。

4. 环境与健康

环境与健康领域主要完成以下六大战略任务：

第一，完善环境与健康管理体制。

借鉴国际经验，重新划分环境保护部、卫生部、国家发展与改革委员会、财政部和科技部五个核心部门在环境与健康管理中的政府职能和分工。由中央政府牵头，建立各部门广泛参与的国家环境与健康管理协作机制，促进部门之间以及中央和地方之间的协作和相互支持。建立促进公共参与的信息沟通机制，健全对重大环境问题导致的健康风险的公益诉讼、法律援助和听证制度。

第二，建立环境与健康的预防体系。

根据环境与健康工作需要，结合具体国情，统筹协调和加强相关标准的制定和修订工作，完善标准体系。研究并确定不同地区的优先污染物名录和重点控制污染物名录，有针对性地开展环境与健康的预防工作。从保障人体健康的角度改革和完善现有的环境准入制度，对可能对人体健康造成严重损害的污染物要严格禁止或者限制其生产、使用和排放。

第三，建立和健全环境与健康的监测体系。

根据环境与健康工作实际需要，制定统一的国家监测方案和监测规范，在充分利用现有各部门相关监测网络、监测工作和监测力量的基础上，进一步加强监测设施设备和人员队伍建设，不断充实和优化监测内容，逐步建立和完善包括环境质量监测与健康影响监测的国家环境与健康监测网络，开展长期的环境与健康监测和研究，获取丰富的基础数据和成果，系统地掌握主要环境污染物水平和人群健康影响状况与发展变化趋势，为科学指导环境保护和健康保护工作提供强有力的技术支持。

第四，建立环境与健康的风险管理与预警机制。

基于环境与健康监测的数据，通过开展环境与健康风险评估，进行环境与健康风险预测，实施环境与健康风险预警，并及时采取措施避免或降低环境污染对健康造成重大危害。

第五，完善环境与健康管理的应急机制。

根据国家有关法律、法规的规定，制定突发事件应急处置工作制度及突发事件、重大事件通报机制和环境与健康突发事件处置规范。加强突发事件现场快速诊断和控制处理措施、技术和方法研究，加强应急队伍技术培训、技术演练和现场演习，规范应急处置行为，提高现场处置能力和水平；开展突发事件事后现场环境调查、健康影响追踪监测及应急处置效果评估，指导现场环境修复和健康损害预防救治工作，促进应急处置预案、物资设备保障以及管理制度和决策的进一步完善。进一步完善突发环境事件导致健康损害救助机制，对环境污染导致的健康损害给予及时有效的疾病防控指导，防止损害发展，降低损害负担，切实维护受害人生命健康权益。

第六，加强环境与健康管理的技术支持体系。

加强科技支撑能力建设，进一步完善环境与健康管理技术支撑体系，提高科技对环境与健康管理的支撑作用。加强环境与健康基础科研能力、监测能力、实验室装备、标准体系开发能力、人才培养等方面的能力建设，充实专业技术人员队伍。开展主要环境因素及环境所致健康损害调查，弄清中国环境污染所致健康损害的种类、程度、性质及分布情况，掌握环境污染所致疾病谱，为环境与健康行动的实施提供科学依据。

5. 能源与温室气体

在能源与温室气体领域，主要完成四大战略任务：

第一，创造低碳竞争力战略。

推广低碳经济背景下的新的“竞争力”概念，将能源、气候因素纳入核心竞争力范畴，以控制温室气体排放、增强可持续发展能力为目标，以保障经济发展为核心，以节约能源、优化能源结构为重点，以科学技术进步为支撑，以提高国家在国际政治经济体系中的综合竞争力为主线，确保国家在从传统经济形态向未来新的低碳经济形态过渡过程中，保持综合竞争力的不断提升。大力推动产业结构调整，转变传统的经济增长方式和贸易模式，大力发展低能耗低排放的第三产业，特别是高新技术产业，重点进行电力、冶金、建材、化工、交通、建筑等行业的技术升级和调整，加速淘汰高能耗、高排放的落后产能。调整和改善能源结构，大力发展低碳能源。加快发展风能、生物质能和太阳能，在保护生态的基础上适度发展水电，在确保安全的前提下积极发展核电，提高清洁能源的比重。扩大煤炭洗选比重，大力发展洁净煤技术，努力提高能源清洁利用的程度，从根本上改变能源利用方式，减少温室气体排放。

第二，多种污染物协同控制的温室气体控排战略。

以“节能减排”为突破口，将提高能效作为控制我国温室气体排放的首要手段；进一步明确我国节能减排的重点行业和中长期减排目标；积极推进电力、冶金、建材、化工、交通和建筑节能，对行业的技术现状进行全面审查，了解各种技术在行业内部的配置状况、行业新兴技术的发展潜力，及其未来的应用前景，并在此基础上制定实现控制成本最小化、环境经济效益最大化的具体的行业节能减排技术战略。加强体制建设，建立适应中国国情的支持低碳经济的市场体系和政策体系。

第三，生态系统减源增汇战略。

继续实施植树造林、退耕还林还草、天然林资源保护、农田基本建设等政策措施和重点工程建设，扩大绿化面积；扩大自然保护区的数量和面积，保护原始林、天然次生林和森林生物多样性，增强碳汇功能；加强碳的减源增汇科学技术的研究推广和国际合作交流。

第四，低碳技术开发与扩散战略。

积极跟踪和研究具有战略意义的能源和减排技术，由政府相关部门协调，提出统一的国家节能减排技术战略路线图，确定战略储备技术研发重点；以市场体制为基础制定低碳技术发展的相关激励政策和措施，推动提高可再生能源及新能源、煤的清洁高效利用、油气资源和煤层气的勘探开发、二氧化碳捕获与埋存等技术的开发和利用，建立低碳能源系统、低碳产业结构和低碳技术体系；推动建立自主创新体系和关于技术开发与转让的国际合作新机制，尝试与发达国家在技术开发、转让、扩散与部署等各个环节上形成合作，借此缩短与发达国家间的技术差距，获取核心技术，实现技术赶超。

6．全球与区域环境

总体上，应对全球和区域环境问题的战略任务可以分为国内行动与国际合作两部分。对我国目前面临的大多数全球和区域环境问题而言，国内行动是根本，是缓解和解决问题的实质性手段；国际合作是缓解压力、争取理解、维护利益、赢得时间、谋求空间和寻求支持，是辅助手段；二者相互交叉，相辅相成，同等重要，国际合作往往提出国内行动的重点和方向，国内行动需要国际合作提供时间和资源等方面的支持并为国际合作目标和任务提供基本保障。

在国内行动方面，我国应对全球和区域环境战略有六大战略任务。

第一，解决好中俄、中哈、大湄公河次区域、中朝等跨界河流的水污染防治和水资源利用问题，消除我国与周边国家和地区的环境纠纷隐患；并逐步减缓东亚酸雨和有关长距离污染输送问题。

第二，建立和完善相关法律法规和管理制度，减轻持久性有机污染和危险废物越境转移对我国环境和人体健康的危害。

第三，全面提升国际环境公约履约能力，在应对气候变化、臭氧层消耗、生物多样性减少等全球环境问题方面作出新贡献。

第四，通过调整进出口产品结构、贸易规模及质量，转变贸易增长方式，降低对外贸易的资源环境代价。

第五，在加大对外投资力度的同时，加强对外投资的环境管理，以环境友好的方式利用国际资源。

第六，对汞污染和大气棕色云等新型全球和区域环境问题开展系统和超前研究，做好应对的技术储备。

在国际合作方面，根据国家外交战略总体部署，未来中国环境国际合作和应对全球及区域环境问题要落实四大战略任务，并遵循相应的原则。

第一，对发达国家（大国）加强战略对话，增进互信，深化合作，推动相互关系长期稳定健康发展。首先，有重点地推进与各主要大国和国家集团的环境合作，从战略高度巩固与我国有传统合作关系大国的环境合作，重点包括中俄、中美、中日、中欧、中德等大国双边合作；其次，积极发展和开拓与我国有共同利益、有相近立场、有潜在合作机遇大国的环境合作，包括中意、中印、中巴（西）等。大国合作对象的选择既要考虑环境合作自身的需要，也要考虑服务国家政治经济外交战略的需要，特别是当处于政治敏感时期时，与大国的环境合作既不能‘冒进’，也不宜骤然结冰。

第二，推动与周边国家和区域、次区域的合作，实现“睦邻、安邻和富邻”和“与邻为善、以邻为伴”。从我国面临的周边环境问题的优先程度看，与邻国的双边环境合作应以中俄、中日和中哈为重点，密切关注并适时加强中蒙、中朝、中印合作；区域合作以湄公河次区域和中国—东盟（东盟—中日韩）为重点，加强上海合作组织和中亚合作，跟进中日韩和东北亚合作机制；谨防东亚酸雨网和有关长距离污染输送问题的区域合作进程对我国的潜在不利影响；对汞污染和大气棕色云等新型区域问题开展系统和超前研究。

第三，对发展中国家，继续扩大团结合作，深化传统友谊，扩大务实合作，提供力所能及的援助，维护发展中国家的正当要求和共同利益。在双边方面加强对话交流，加强与印度、巴西等发展中大国的合作；在多边场合积极协调立场，加强中非务实合作，与亚洲发展中国家的合作可以纳入周边合作框架之中加以深化。将环境保护纳入我国对外援助工作的总体框架，适时对发展中国家提供力所能及的环境援助，开拓环保产业市场，实施环保走出战略。研究出台对外援助和投资绿色指南等指导性文件，规范我国对外投资企业的环境行为，树立良好的国际环境形象。

第四，多边环境合作的具体任务有四条：一是积极参与多边环境进程，在国际环境规则制定中发挥建设性的作用，推动国际环境合作继续朝着更加合理公正的方向发展，维护我国和广大发展中国家的核心利益；二是在“共同但有区别的责任”原则下，承担相应的国际义务，树立积极的国家形象；三是加强与联合国环境署等联合国系统以及其他重要国际组织的环境合作，逐步提高我国对这些国际组织的资金贡献，提升我国对这些国际组织的决策影响；四是切实做好国际环境公约的各项履约行动，建立完善履约机制、管理体系和政策法规，树立负责任的国际形象。从所受环境影响、环境责任、对策效果和政治影响看，我国应对全球环境问题的优先序，应该是持久性有机污染、危险废物越境转移、气候变化、臭氧层保护、生物多样性等。

四、重大政策建议

在对各专题的政策措施和意见建议总结的基础上，为了实现我国环境保护战略，本课题特提出以下政策思路的转变：

第一，将我国现有以总量控制为主线的环境管理模式转变为以质量控制和风险控制相结合的环境管理模式。即一方面在现有的总量控制政策基础上，在国家层面上向以质量控制为核心转变，积极制定相关法规，建立环境质量监管体系，简化监管环节，强化监管内容，将可管的管起来，将不可管的坚决放掉，提高监管效率和成效，调动多方积极性，更好地因地制宜，建立与环境容量相衔接的污染控制体系；另一方面大力促进污染物排放的风险管理，减少极端环境事件和累积性的环境风险，并由此建立和完善适合新管理模式的环境管理体制、政策、手段和措施。

第二，从“调整两个结构，优化两种空间布局”入手，即调整产业结构，调整消费结构，优化产业布局，优化城市布局。扶植能耗资源消耗少、污染排放低的产业，推进绿色、节约消费模式，结合当地气候、地理和经济等条件，兼顾环境和经济目标优化产业和城市的空间布局，从而在源头上减缓和解决未来我国环境污染的结构性问题。

第三，大力推动全民建立生态文明理念，并大力培育和提升“建设生态文明”的科技支撑能力。通过生态文明观念在全社会的宣传、教育、普及和传播，提高全民的环境意识，提升全民环境伦理道德水平，培育人与自然和谐相处的世界观和核心价值观念。并通过推动科技进步，加强清洁生产、资源可持续利用和低耗工艺等方面的科技攻关，促进产业优化升级，转变粗放型的经济增长方式，从根本上解决我国经济发展与资源环境之间的矛盾，实现“建设生态文明”的目标。

第四，强化地方政府环境管理责任的法律约束，促进经济手段在环境管理中的运用，推动环境综合管理。通过强化地方政府的环境责任，实现宏观环境目标与地方利益的统一，推动地方政府自觉自愿地发挥对环境管理活动的规划、组织、领导和监督作用。促进环境成本的“内部化”，系统设计适合中国国情的环境经济管理手段，并使之与行政、法律、自愿等管理手段有效结合，形成环境问题的综合管理和防治。

与各专题的具体情况结合，主要建议如下：

① 转变发展思路，改变先污染后治理、边治理边破坏的现状，做到环境保护与经济发展同步，在环境中求发展。将循环经济、清洁生产、低碳经济等相关理念和相关配套政策逐步完全渗透到国家的规划、政策体系和管理之中。

② 完善工业污染防治机制，促进现有法规和政策之间的协调和一致，根据国情适时更改排放标准并增加对非常规污染物的控制标准。加强环保部门对工业企业的监管，并分阶段公布淘汰和限制的产能目录和时间表以及鼓励发展的新工业和技术的名录，对能源利用强度和排污不达标的企业依法限期整顿，并提供污染治理的资金和政策支持。

③ 利用取消资源性产品的出口退税等经济手段，调整出口结构，控制高能耗、高物耗、高污染和资源性产品的出口，并通过相关政策促进资源性产品的进口和适用低耗技术的转移。对高能耗、高资源消耗和高污染而又对国计民生重要的行业，应制定系统规划，利用政府宏观调控手段合理有序地进行产业规模和布局的调整，促进它们以最优规模进行生产。

④ 国家应该积极研究城市化的区域特征和人口的跨区域流动，制定全国城市发展的系统规划，并通过国家宏观调控手段和大区域间基础设施建设积极引导全国城市布局。

⑤ 将现有的城市规划转变为区域规划，协调城乡关系，确定并进一步强化规划的法律地位，强调规划的长期性和持续性，改变一任领导一轮规划、城市建设沦为政绩体现工具的现状，避免城市的重复建设。并以资源节约型和环境友好型的城市考核目标替代现状仅以经济

指标考核城市发展的现状。

⑥ 在城市中推广绿色消费观念，促进绿色产品生产，大力推进绿色能源、绿色工艺、绿色产品、绿色交通、绿色建筑的使用和推广，控制不合理的城市资源能源消耗，促进循环型城市建设。通过电视、报纸等媒体宣传手段，逐步让市民接受绿色消费观念，树立资源节约和环境友好的价值观，自觉减少过度消费和浪费。

⑦ 改变在环境保护和基础设施建设等方面城乡二元的状况，从区域的角度协调农村环境和城市环境保护，推进农村基础设施建设，加强城乡污水处理、水资源利用与保护设施、防洪设施等的整体协调，形成城乡一体的生态环境综合保护与建设新格局。

⑧ 将农村环境保护纳入到常规的环境保护工作之中，完善城乡一体的环境管理体制。摸清农村环境状况，开展农业、土壤和农村饮用水水源地环境状况的调查和普查，建立农业农村环境监测和预警体系，并形成全覆盖、网络化的环境保护省、市、县三级监管体系。

⑨ 推动农业最佳管理实践和污染防治技术的研究、开发、示范和推广，建立农业农村生产和生活清洁技术、实践和相关环境数据的信息平台。

⑩ 在环境压力越过高峰期前要逐步将“以人体健康为本”作为环境管理的基本目标，开展与健康损害预防密切相关的环境污染和环境监测和监控，完善以人体健康为基本目标的环境管理目标、干预重点、监测体系、准入标准和绩效评估体系，并建立一套分工明确、协调高效的管理体制和制度，采取有效干预措施，最大限度地减少因环境污染导致的健康损害。

⑪ 从保护国内和全球环境的角度，优化贸易增长方式，加强对外投资的环境管理。充分利用我国的贸易顺差，进口高能源资源含量的产品和技术，减少相关产品出口。对进入我国的原材料产品的主要供应链全面实施综合性环境影响评价，包括诸如大豆、食用油、鱼、棉花、木材、生物燃料以及矿产品等，逐步消除非法木材贸易和其他相关进出口贸易及其负面的环境影响。运用 WTO 框架下“环境例外”条款，限制对国内环境影响较大的废旧资源和奢侈品等产品的进口贸易，保护国内环境。建立健全我国对外投资的环境管理政策与机制，以环境友好的方式利用国际资源。

⑫ 积极参与全球环境进程，推动国际环境合作朝着更加合理公正的方向发展，维护发展中国家的正当要求和共同利益；在“共同但有区别责任”的原则下，在可持续发展框架内，为保护全球环境作出力所能及的积极贡献，树立负责任的大国形象。将应对全球和区域环境问题及其国际环境合作工作纳入国家相关规划当中，统一部署，协同推进。

参考文献

[1] Food and Agriculture Organization of the United Nations（FAO）. Faostat Database. http：//faostat.fao.org.

[2] United Nations. Department of Economic and Social Affairs，Population Division. World Population Prospects. http：

//www.unpopulation.org.

[3] United Nations. Department of Economic and Social Affairs，Population Division. World Urbanization Prospects：The 2003 Revision（Data Tables and Highlights）. New York：UN，2004. http：//www.unpopulation.org.

[4] World Bank，World Development Indicators. Washington D. C.：World Bank，2003.

[5] World Bank，World Development Indicators. Washington D. C.：World Bank，2006.

[6] 安格斯·麦迪森. 中国经济的长期表现（公元960—2030年）.上海：上海人民出版社，2008.

[7] 曹东，於方，高树婷，等. 经济与环境：中国2020. 北京：中国环境科学出版社，2005.

[8] 国际能源署（IEA）. 世界能源展望2007：中国选粹. 国际能源署，2008.

[9] 国家统计局. 新中国城市五十年. 北京：新华出版社，1999.

[10] 国家统计局. 中国城市统计年鉴2003. 北京：中国统计出版社，2004.

[11] 国家统计局. 中国城市统计年鉴2007. 北京：中国统计出版社，2008.

[12] 国家统计局. 中国经济年鉴. 北京：中国统计出版社，2007.

[13] 国家统计局. 中国统计摘要. 北京：中国统计出版社，2008.

[14] 国家统计局人口与就业统计司. 中国人口统计年鉴. 北京：中国统计出版社，1996.

[15] 国务院. 中国21世纪议程：中国21世纪人口、环境与发展白皮书. 北京：中国环境科学出版社，1994.

[16] 国务院发展研究中心课题组. 中国经济增长的前景分析.决策与信息，2005（8）.

[17] 国务院新闻办公室. 中国21世纪人口与发展白皮书. 人民日报，2000-12-02.

[18] 国家人口发展战略研究课题组. 国家人口发展战略研究报告（简介）. [2007-01-11]. http：//www.chinapop.gov.cn/cms/export/sites/chinapop/fzzlbg/bjzl/t20070111_171011372.html.

[19] 贺菊煌. 中国人口与经济长期预测模型. 数量经济技术经济研究，2001（9）.

[20] 建设部综合财务司. 中国城市建设统计年报2005. 北京：中国建筑工业出版社，2006.

[21] 李京文. 21世纪中国经济长期预测（2000—2050年）. 冶金经济与管理，2000（3）.

[22] 林毅夫. 中国经济的长期增长与展望（讨论稿）. 北京大学中国经济研究中心，2003.

[23] 刘卫东，张国钦，宋周莺. 经济全球化背景下中国经济发展空间格局的演变趋势研究. 地理科学，2007，27（5）：609-616.

[24] 鲁勇. 和谐发展论：新型工业化与新型城镇化契合. 北京：清华大学出版社，2007.

[25] 潘文卿，李子奈，张伟. 21世纪前20年中国经济增长前景展望——基于供给导向模型与需求导向模型的对比分析. 预测，2001（3）.

[26] 石良平. 全球经济衰退趋势下的中国经济策略调整. 中国统计，2008（4）.

[27] 王晓鲁，樊纲. 中国经济增长的可持续性. 北京：经济科学出版社，2000.

[28] 许宪春. 中国未来经济增长及其国际经济地位展望. 经济研究，2002（3）.

[29] 许宪春. 中国经济平稳较快增长的动因考察. 经济科学，2008（6）.

[30] 中国环境规划院与国家信息中心. 2008—2020年我国环境经济形势分析与预测（研究报告）.

[31] 中国科学院可持续发展研究组. 2004 中国可持续发展战略报告. 北京：科学出版社，2004.

[32] 中国土地资源生产能力及人口承载量研究课题组. 中国土地资源生产能力及人口承载量研究. 北京：中国人民大学出版社，1992.

第三章
战略保障课题组综述报告

中国环境宏观战略研究第四课题“战略保障”由区划、法制、体制、环境经济政策、环境规划与投入、环境影响评价、环境执法、科技、公众参与及人力资源、环境信息 10 个专题组成，涵盖了我国环境管理的主要方面。本课题在各专题研究成果基础上，全面总结了环境保护支持保障工作取得的进展，分析了存在的主要问题、面临的挑战，提出了今后改革思路及政策措施。

现将 10 个专题研究的主要成果综述如下。

一、环境保护的支持保障工作取得积极进展

30 多年来，我国环保事业经历了从无到有、从小到大的发展壮大过程。为了促进我国经济、社会与环境的协调发展，我国先后制定并实施了一系列重大措施加强环境保护。20 世纪 80 年代，将环境保护确立为一项基本国策，制定经济建设、城乡建设和环境建设同步规划、同步实施、同步发展，实现经济效益、社会效益、环境效益相统一的指导方针，实行“预防为主，防治结合”、“谁污染谁治理”和“强化环境管理”三大政策和与之配套的八项环境管理制度；到 90 年代，把可持续发展战略提升为国家战略；21 世纪初，国家又提出树立和落实科学发展观，构建社会主义和谐社会，把保护环境作为落实科学发展观，构建社会主义和谐社会的一个重要方面。环境保护的支持保障措施不断强化、丰富和发展，支撑了我国环保事业的发展和进步。

（一）环境法制不断健全

1. 初步建立了符合国情的环境保护法律体系

1978 年《宪法》第十一条规定“国家保护环境和自然资源，防治污染和其他公害”，首次将环境保护列入国家根本大法。1979 年，我国第一部环境法律《中华人民共和国环境保护法（试行）》的颁布，标志着我国环境保护开始步入依法管理的轨道。目前形成了以宪法为基

础，以环境保护基本法为核心，其他相关部门法关于环境保护的规定为补充，由环境保护法律、法规、规章、标准以及国际条约所组成的环境保护法律体系。

迄今为止，我国已经制定了 10 部环境保护法律、15 部自然资源法律，制定颁布了环境保护行政法规 50 余项，部门规章和规范性文件近 200 件，军队环保法规和规章 10 余件，批准和签署多边国际环境条约 50 余项，各地方人大和政府制定的地方性环境法规和地方政府规章共 1 600 余件。

国家有关法律中加大了对环境犯罪的打击力度。1997 年《刑法》修订中，增设了“破坏环境资源保护罪”规定，对一些污染环境、破坏资源的行为规定了刑事处罚。2006 年，最高人民法院出台《关于审理环境污染刑事案件具体应用法律若干问题的解释》，对《刑法》中规定的环境犯罪的定罪量刑标准进行了细化，使环境刑事责任追究更具有可操作性。1998 年 7 月 17 日，山西省运城市天马文化用纸厂法定代表人杨军武因特大环境污染案被判有期徒刑两年，并处罚金 5 万元，成为《刑法》修改实施后，因破坏环境资源保护罪被判刑的第一案。

环境保护标准体系不断完善，种类日益丰富、数量不断增加，标准的科学性和制（修）订工作的公开性不断提高。从 20 世纪 70 年代初第一个环保标准《工业“三废”排放试行标准》发展至今，我国基本建立了以环境质量标准和污染物排放（控制）标准为主体，其他环境保护标准相配套的国家环境保护标准体系。自 2005 年起国家环境保护标准进入快速发展时期，每年出台的国家环境保护标准超过 100 项。目前现行国家环境保护标准已经超过 1 200 项。北京、上海、天津、重庆、山东、广东、辽宁等地也制定了一批重要的地方污染物排放标准。

加快完善国家污染物排放（控制）标准体系。开展了太湖等环境敏感地区国家环境保护标准制（修）订工作。开展了 60 余项重点行业国家污染物排放标准制（修）订工作。对现行国家排放标准体系进行了重大改进。在对现有企业和建设项目分别提出排放控制要求的基础上，增加了水污染物特别排放限值的规定，体现了在特殊地区环境保护优先的原则，大幅度提高区域环境准入和退出门槛。制定了《煤层气（煤矿瓦斯）排放标准（暂行）》，在国际上首次提出控制温室气体排放的强制措施。

2. 环境执法得到强化

环境执法监督工作经历了探索起步（1986 年前）、试点（1986—1995 年）、发展（1996—2001 年）、深化改革（2002 年至今）四个阶段。目前环境执法监督工作从排污费征收逐步扩展到环境保护日常现场监督执法的各个领域，执法队伍不断发展壮大，形成了以日常监督执法为基础，以环境监察执法稽查为保证，以集中执法检查活动为推动，以公众和舆论监督为支持的现场监督执法工作机制。打击环境违法行为的力度不断加大，连续 5 年开展环境执法专项行动，平均每年查处 2 万多起环境违法案件。2006 年，监察部、原国家环保总局发布了《环境保护违法违纪行为处分暂行规定》，加大了对国家公职人员环保不作为、乱作为的惩治力度，推动建立环境保护行政执法责任制度。环境执法在促进环保法律法规贯彻实施、促进产业结构调整和经济发展方式转变、解决突出环境污染问题、维护公众环境权益等方面发挥了重要作用。

（二）环境管理体制不断完善，环保部门机构和能力不断增强

建立了由全国人民代表大会立法监督，各级政府对当地环境质量负责，环境保护行政主管部门统一监督管理，各有关部门依照法律规定实施监督管理的环境管理体制。

环保部门机构和能力不断增强。从 1974 年国务院环境保护领导小组下设办公室，成立专门的环保机构开始，30 多年来，我国环境保护机构的地位发生了重大变化。在历次政府机构改革中，环保机构地位不断提升。1982 年成立了城乡建设环境保护部，内设环境保护局。1984 年，城乡建设环境保护部下属的环境保护局改名为国家环境保护局。1988 年，国家环保局从城乡建设环境保护部分离出来。1998 年，国家环境保护局升格为国家环境保护总局（正部级）；作为国务院主管环境保护工作的直属机构，负责对环境保护工作实施统一监管。2001 年，国务院建立由环保部门牵头的“全国环境保护部际联席会议”，恢复了原国务院环委会办公室的部分职能，增强了部门协调能力。2003 年机构改革，国务院保留国家环保总局，并在机构、编制和职能上得到进一步加强，增设了环境监察局，明确了国家环保总局在生物物种资源管理工作中的牵头地位，对外来物种入侵管理职责进行了分解，同时明确了环保部门对放射源的统一监管职责。为加大环境政策、规划和重大问题的统筹协调力度，2008 年 3 月，国家组建环境保护部。环保机构发生的重大变化，充分表明了党中央、国务院对环境保护的高度重视和深入贯彻落实科学发展观的坚定决心，表明环保工作开始进入了国家政治经济社会生活的主干线、主战场和大舞台。

环境监管体制不断完善。组建了 6 个区域环保督察中心，形成了以环境保护部环境监察局为龙头，应急中心和督察中心组成的“国家监察”体系，提高了环境监督执法能力；构建了国家、省、市、县 4 级环境执法监督网络，环境执法队伍管理逐步规范。

（三）环境影响评价制度不断改革、创新

1973 年第一次全国环保大会召开后，环境影响评价的概念引入我国。1979 年《中华人民共和国环境保护法（试行）》中确立了环境影响评价制度；1981 年颁布的《基本建设项目环境保护管理办法》对环境影响评价的范围、内容、程序以及管理等做了具体规定；1986 年颁布的《建设项目环境保护管理办法》对评价的范围进行了扩展，从原来的基本建设项目扩大到所有对环境有影响的建设项目，并对评价内容、程序、法律责任等作了修改和补充；1998 年，国务院颁布《建设项目环境保护管理条例》，对环境影响评价内容、程序、法律责任等进

行修改和完善；2003 年 9 月，《中华人民共和国环境影响评价法》颁布实施，进一步强化了我国环境影响评价的法律地位，并将规划环境影响评价纳入法律范畴。

近年来，国家把环境准入作为宏观调控的重要手段，一方面提高了电力、钢铁、石化等 13 个高耗能、高排放行业建设项目的环境准入条件，坚持“以新带老”、“上大压小”，否决了一批违法违规项目；另一方面，对环境污染严重、环境违法突出的行业和地区，果断采取“区域限批”、“流域限批”措施。2007 年原国家环保总局暂停 10 市、2 县、5 个开发区和 4 个电力集团的环评审批，极大地震慑了环境违法行为。同时，积极开展规划环评，努力从经济发展的源头防范环境污染和生态破坏。针对典型行政区、重点行业和专项规划等开展的环评试点达 100 多个。规范环评审批行为，增加工作的透明度，发布了《环境影响评价公众参与暂行办法》，为保障公众的环境知情权、参与权和监督权提供了新的平台。

经过近 30 年的发展，环境影响评价制度逐步完善，在推动节能减排、调整产业结构和布局、优化经济增长等方面发挥了重要作用。2007 年，全国环评审批建设项目共 27.79 万个，在严格控制新污染的基础上，通过“以新带老”、“上大关小”、“区域削减”等措施，削减 COD 排放量 534.53 万 t、SO_2 排放量 1 239.63 万 t。通过环境影响评价优化选址、选线，原国家环保总局审批的生态类建设项目共减少占地 778hm^2，避绕自然保护区 25 处、湿地 1 处、风景名胜区 6 处、文物保护单位 20 处，有效地节约了土地资源，防止生态的破坏。

（四）环境区划、规划体系初步形成

在过去 50 多年里，我国先后开展了自然环境要素/部门区划、综合自然区划、生态区划、社会经济区划、环境保护和治理区划等一系列区划工作，这些区划结果为实现分区管理、分类指导奠定了科学基础，许多区划成果为政府和社会提供了决策的建议和科学依据，产生了巨大的经济效益和社会效益，在国家和地区的建设中，尤其是农业生产条件分析、国土调查和规划、资源调查和开发规划、生产力布局、环境整治、区域规划和城市规划、自然保护区建设等方面起到了独特而重要的作用，同时也大大地提高了区划研究的应用价值和科学水平，推动了相关分支学科的发展。近年来我国从中央到地方的区域发展规划、城市发展规划，以及土地资源的详查、减灾方案的设计和制订、城乡信息管理系统的建设等各种报告和方案中，都体现了区划的研究成果。2008 年，原国家环保总局和中国科学院共同发布了《中国生态功能区划》。这是我国继自然区划、农业区划等工作之后，在生态保护与建设领域的重要基础性工作，为有效管理生态系统提供了基础和手段，是国家主体功能区划分的重要依据。

环境规划工作经历了孕育（1973—1980 年）、尝试（1981—1985 年）、发展（1986—1995 年）、转变提高（1996—2005 年）阶段，环境规划逐步纳入国民经济和社会发展计划，规划的指导性和可操作性不断提高。从“九五”开始，我国环境规划推出两项重大举措，即“九五”期间全国主要污染物排放总量控制计划和中国跨世纪绿色工程规划，是对“七五”、“八五”等历次环保计划的创新和突破。2005 年以后环境规划进入约束规划阶段。“十一五”国家国民经济和社会发展规划，将 GDP 增长指标作为指导性指标，首次提出环境保护方面的两项约束性指标。国家“十一五”环境保护规划第一次以国务院文件形式颁布，总量控制指标作为国民经济和社会发展的约束性指标，污染减排成为环境保护的主要任务和全社会的共同关注点，环境规划实施评估和考核被提上日程，环境保护相关内容和要求开始成为各级政府的中心工作。环境规划明确了一定时期国家环境保护建设的方向，规定了环境保护的基本目标和政策、措施以及资金投入，在保障环保活动纳入国民经济和社会发展规划，合理分配排污削减量、规划和谋划各项环保活动，促进环境与经济、社会可持续发展，有效实现科学管理等方面发挥了重要作用。

（五）环保投入逐年增加，环境经济政策逐步完善

1．环境保护投入逐年增加

1978 年以来，我国环境保护投资总量逐年增加，机制和渠道逐步建立。“六五”期间，全国环境保护投资 166.23 亿元，占同期 GDP 的比例为 0.5%。“七五”到“九五”，环境保护投资基本保持 2.7 倍的速度递增。1999 年环境保护投资占 GDP 的比重首次突破 1.0%（按照经济普查调整后的 GDP 计算，首次突破 1.0%实际发生在 2000 年）。1991 年，全国环境保护投资为 170.12 亿元，占 GDP 的 0.78%。此后的 15 年间，每年投资总额逐年增加，2006 年达到 2 566 亿元，是 1991 年的 15.1 倍，占 GDP 的比例达到 1.22%。2007 年，我国环境保护投资总额为 3 384.3 亿元，占当年 GDP 的 1.36%。

环保投资效果逐步显现。随着国家对环境保护投资力度的逐步加大，在经济快速增长的情况下，环境保护投资已经在污染物处置能力、工业污染治理水平、主要污染物总量控制以及环境质量改善等方面开始逐步发挥效益，对实现环境保护规划目标提供了重要的物质保障，起到积极的推进作用。

2．环境经济政策逐步完善

一是绿色信贷进展良好。环境保护成为信贷的重要依据之一。环保部门向人民银行征信系统提供了 4 万多条企业环境违法信息，商业银行据此采取停贷或限贷措施。二是绿色保险试点工作稳步推进。在生产、经营、储存、运输、使用危险化学品企业，易发生污染事故的石油化工企业和危险废物处置企业，特别是近年来发生重大污染事故的企业和行业等开展了试点工作。目前江苏出台了船舶污染责任保险，湖北、湖南、宁波等省市环保部门与保险机构协调配合，推出了环境污染责任保险产品。湖南试点中已出现全国首例环境污染责任保险赔偿。三是加快完善绿色税收政策。对资源综合利用产品实行税收优惠；对符合条件的环境

保护项目享受企业所得税优惠、企业购置环保专用设备投资额的 10%抵免企业所得税；对木制一次性筷子、实木地板、大排量汽车、燃油等加征消费税；取消或降低“两高一资”产品出口退税。财政部和国家税务总局先后两批取消了近 600 种“两高一资”产品出口退税。四是积极推行绿色证券。以上市公司环保核查制度和环境信息披露为核心，阻止重污染项目融资，推动企业履行社会责任。五是完善生态补偿政策。山西等地开展了煤炭等矿产资源开发的生态补偿政策试点，浙江、福建、辽宁、江西等省开展了对饮用水水源地、重要江河上游等重要生态功能区生态补偿试点，江苏、河北等省率先在全国按照河流交界断面水质、水量情况进行补偿。六是加快环境价格和收费制度改革。现有完成脱硫的燃煤机组，其上网电量在现行上网电价基础上每千瓦时加价 1.5 分。2003 年开始，实行排污收费制度改革，引入污染物排放总量收费，提高了排污费征收标准。加大污水处理费征收力度等政策；全面推行生活垃圾处理收费制度。七是实行政府绿色采购。发布了“关于环境标志产品政府采购实施的意见”和“环境标志产品政府采购清单”。八是一些地区开展了排污权交易试点。

（六）环境科技和环保产业支撑能力逐步增强

基本建立门类比较齐全的环境科技体系。基本形成了从基础研究、技术研究、应用技术研究、产品开发到工程实施相互衔接、相互促进的科研队伍体系。国家相继开展了环境容量、土壤背景值、酸雨、水污染防治、湖泊富营养化防治、固体废物污染防治等系列国家科技攻关项目。研究成果广泛应用到环境保护工作中，促进了我国环境管理制度的建立和完善，提高了环境管理能力和科学决策水平。环境资源领域成为国家“973”计划（国家为加强基础研究和科技工作而实施的重大计划）的重要支持领域。国家先后启动了《湖泊富营养化过程与蓝藻水华暴发机理研究》、《持久性有机污染物的环境安全、演变趋势与控制原理》、《长江流域生物多样性变化、可持续利用与区域生态安全》等重大基础研究（973）项目，这些项目研究阐明了区域典型污染物的变化机理，科学地揭示了某些污染物的环境行为和污染规律，显著提高了部分前沿科学基础问题的认识水平。2006 年，国家启动了环境保护公益性行业科研专项，开展行业应用基础研究、行业重大公益性技术前期预研、行业实用技术研究开发、国家标准和行业重要技术标准以及计量、检验检测技术等研究。针对我国环境保护的“瓶颈”问题，国家先后组织实施了《重大环境问题对策与关键支撑技术研究》、《水安全保障技术研究》、《三峡库区生态环境安全及生态经济系统重建关键技术研究与示范》等一批科技支撑计划项目，为环境管理与决策提供了有效科技支撑。2007 年，国务院批准实施的《水体污染控制与治理》重大科技专项，选择典型流域开展水污染控制与水环境保护的综合示范，立足于解决我国水污染控制和治理关键科技问题。

强化了关键技术研发与应用，解决污染治理技术“瓶颈”。“十五”期间首次将资源环境技术领域作为国家“863”计划发展重点，国家先后组织实施了 567 项资源环境领域的“863”

计划项目。通过技术研发与工程示范，初步掌握了一批先进生产工艺和关键装备制造技术，开发了一批水和大气治理、土壤污染修复、固体废弃物处理、湖泊污染控制与生态修复等关键技术，提高了燃煤、机动车尾气、污水治理、城市生活垃圾处置等污染控制能力，缩小了与国际先进水平的差距，推进了我国部分区域（流域）环境质量的改善。

环保产业规模迅速扩大，领域不断拓展，结构逐步调整，整体水平明显提升。初步形成了包括环保装备制造、环境工程咨询、环境技术咨询、环保设施运营、资源回收利用以及洁净产品开发等领域的研发、生产、建设、运营服务产业体系。“十五”以来，在国家市场经济和环保产业政策的鼓励推动下，我国环保产业以年均 15%的增长速度快速发展，环保设施运营服务业呈现加快发展态势，产业的组织机构开始向集团化、大型化发展，环保投资多元化、污染处理设施运营市场化开始形成，一些有实力的环保公司开始采用基础设施特许权（BOT）模式操作环保项目。据测算，2008 年，我国环保产品和环境工程建设与服务业从业人数近 200 万人，产值约 2 500 亿元。

（七）环境监测和环境信息能力逐步提高

我国环境监测工作起步于 20 世纪 70 年代中期。在“六五”和“七五”期间，环境监测机构快速发展，从中央到省、市、县都建立了监测站。从“七五”末期到“八五”期间，我国监测工作逐步完善，初步形成了以环境质量为核心的监测网络。各部门的环境监测工作也取得积极进展。水利、海洋、气象、国土资源等部门分别建立了有关水文水质、海洋、酸雨、地下水水质等监测网络；农业、林业、海洋和中国科学院分别建立了有关生态监测或研究网络。目前我国环境监测工作已初步形成组织机构网络化和监测分析技术系统化的雏形。2008 年，全国地级以上城市建成了 1 309 套空气自动监测系统，519 个城市开展了城市空气质量监测（其中 324 个地级以上城市每日开展空气质量监测），477 个城市进行了酸雨监测；全国重点流域建设了 300 多套水质自动监测系统，对长江黄河等七大水系及浙闽、西北、西南诸河的 387 条河流，593 个监测断面每月进行监测；对 113 个环保重点城市的 410 个饮用水水源地水质每月进行监测。在 301 个近岸海域国控站位开展了近岸海域水质监测；开展了城市区域环境噪声、交通噪声、功能区噪声监测；开展了电离辐射、电磁辐射的监测。依法发布各类环境质量报告。发布《中国环境状况公报》、城市空气质量日报预报、水质自动监测周报、地表水水质月报、重点城市饮用水水源地水质公报、全国生态环境状况报告、中国环境统计年报、全国环境质量报告书等各类环境状况报告。

我国的环境信息化建设从“九五”开始起步。经过十多年的努力，特别是“十五”期间通过一系列重大建设项目的实施，初步建立了国家级、省级、地市级三层架构的环境信息化组织管理体系，直接为各级环境保护主管部门提供信息化支持。推进全国环境信息机构规范化建设。启动了环境信息化标准体系建设，编制了一系列环境信息标准规范，已颁布 5 项环境信息标准。信息传输网络建设初具规模，2005 年底，连接全国各省级环保厅（局）和计划单列市环保局的全国环境保护电子政务外网建成。“十五”期间，50%的省环保厅（局）已建成省辖范围内的宽带环保专网。环境管理业务应用开发不断深入，紧密围绕环境管理需求，以环境管理办公自动化应用为契机，以环境管理数据库开发为基础，以环境管理应用系统建设为核心，开展了一系列环境管理应用系统的开发与建设，使环境信息资源开发与利用水平得到逐步提高。环境信息服务得到明显加强，各地通过环境保护政府网站建设，为社会公众提供信息服务，促进了政务公开，提升了政府形象。环境信息化人才队伍初步形成。

（八）环境宣传教育力度不断加大，公众参与环保进展明显

在中宣部、教育部、原国家环保局制定的《全国环境宣传教育行动纲要（1996—2010）》基础上，三部委又先后制定《2001—2005 年全国环境宣传教育工作纲要》和《关于做好“十一五”时期环境宣传教育工作的意见》，指导开展全国环境宣传教育工作。2001 年开始实施的国家第四个五年普法规划，把环境保护法律法规的宣传教育列为全民法制宣传教育的重要内容，并把环境保护法律法规纳入年度法制教育计划。开展了绿色社区、绿色学校、绿色家庭的创建活动。通过“保护母亲河”、“绿色承诺”、“天天环保”等实践活动，对广大青少年进行环境道德教育。新闻媒体加强了对环境保护的宣传报道。加强对领导干部、重点企业负责人的环保培训，提高其依法行政和守法经营意识。随着环境问题的凸显，环境文化的理念开始深入人心，人们开始越来越注重环境保护，同时环境意识的提高也使得更多的人在生产生活中更加崇尚绿色价值观和绿色生活方式。

国家出台了一系列措施推动公众参与环保。《环境影响评价法》对公众参与作出制度性规定，要求对可能造成不良影响的规划或建设项目，应通过论证会、听证会或采取其他形式，征求有关单位、专家和公众对环境影响评价报告书的意见。2005 年，原国家环保总局就社会广泛关注的圆明园环境整治工程的环境影响举行了公开听证。2006 年，为进一步拓宽环保公众参与民主决策的渠道，发布了《环境影响评价公众参与暂行办法》，详细规定了公众参与环境影响评价的范围、程序、组织形式等内容。2007 年，原国家环保总局出台了《环境信息公开办法（试行）》，为更深层次的环保公众参与奠定了基础。在参与形式和参与内容上，公众参与环保已经不再局限于社会环保宣传活动，而是逐步发展为参政议政、为环境保护建言献策。民间环保团体利用媒体、环保读物宣传环保理念，开展环保调研和环保实践活动，在很大程度上推动了公众环保意识的不断提高。

二、环境保护的支持和保障领域存在的主要问题及今后改革思路

我国环境保护的各项支持保障措施为环保事业发展作出了历史性贡献，这是不容置疑的。

但是，随着社会主义市场经济体制的完善、依法治国方略的实施、环境管理的深化，环境保护在保障措施上也还存在一些问题，还不能很好地适应新的形势、新的发展和新的要求，环境保护的保障措施面临着新的挑战。

（一）存在的问题

1. 环境法制体系尚需进一步加强

一是环境立法中还存在许多空白，不少重要领域尚无法可依。在土壤污染、化学物质污染、生态保护、遗传资源、生物安全、臭氧层保护、核安全、环境损害赔偿和环境监测等方面，还没有制定法律或行政法规；环境规划存在法律缺位，环境规划的实施缺乏法律依据。

二是环境法律存在制度设计缺陷。现行环境法律对政府环境行为规范不够，对相应的责任和约束性规定薄弱，缺乏法律监督制度和制约机制。

三是环境违法刑事制裁不够，公民环境权益保障不足。我国刑法关于环境和自然资源方面的罪名大部分都是自然资源方面的，对环境违法的刑事制裁力度不够。尚未建立环境公益诉讼制度。

四是环保违法惩罚力度弱，造成企业违法成本低。尤其是对“私设暗管”偷排，用稀释手段“达标”排放等恶意违法行为缺乏有威慑力的处罚手段。

五是环保社会监督的法律机制尚不健全，公众参与环境决策、环境监督以及自身环境权益维护等方面，缺乏法定的程序和渠道。

六是环境标准体系尚需进一步完善。环保标准科研基础薄弱，投入不足。环境基准体系研究刚刚起步，缺乏统一的研究方法和数据库，尚未建立系统的污染物排放标准以及达标技术支撑体系。环境管理技术基础薄弱，排放标准在制定时的环境效应及技术经济可行性论证尚需加强。环境标准编制经费过低，排放标准的实施评估、复审机制亟待建立。环境保护标准体系的完善性、权威性和协调性尚待加强。

七是环境执法不到位。环保部门缺乏查封、冻结、扣押、强制划拨权等行政强制手段，处罚手段弱，执行周期长、程序复杂等问题，导致对环境违法行为难查处、难执行、难追究责任。环境执法主体林立、权责分散，部门协调难，执法成本高，效能低下。一些地方受地方保护主义干扰，环境执法工作难以作为。区域性、流域性环境问题日益突出，而条块分割执法割裂了区域环境问题的整体性，跨界污染纠纷难以处理。执法机制不健全，对相关环境违法责任追究力度不够，部门联动协调机制尚不完善。

2. 环境管理体制不顺

一是不能适应政府职能转变的需要。环保部门要由统一监管向强化综合协调、加强公共服务转变，现有的环境管理体制还不能够适应政府职能转变的需要。二是中央与地方事权不明晰、部门职责交叉严重。环境保护涉及领域广，我国环保工作起步晚、起点低，有关法律对环境管理体制、部门职责的规定过于抽象，环保职能配置分散、部门职责交叉、责权不一致的问题较为突出。三是监督考核机制不健全。对相关部门监督机制尚未建立，环保部门组织协调各部门开展环境保护工作存在很大困难；对地方政府考核力度不够，对地方环保部门缺乏约束力，难以克服地方保护主义对环保的不当行政干预，统一监管难以到位。四是综合调控能力薄弱。部门间高层次的议事协调机制不健全，目前环境保护部际联席会议机制作用难以有效发挥；区域监管能力薄弱，虽设有区域环保督察派出机构，但作为事业单位，执法主体地位不明确，执法权威不够。五是人员编制严重不足。当前环境形势十分严峻，环保任务日益艰巨，但环保部门人员编制明显偏少，已经影响到环保行政执行力的有效发挥。

3．环境影响评价制度执行力度不够

一是环境影响评价制度的实施还存在阻力。一些地方重经济轻环保，行政干预环评审批的现象比较明显，“先上车，后买票”、“上车不买票”、“越级审批”，以及环评报告技术审查和行政审批走过场等现象还比较突出。项目多头管理，部门职能分割，“肢解”环境影响评价的现象还很严重。二是环境影响制度本身不完善。《环境影响评价法》规定的环境影响评价的约束范围不全面，政策、法规和部分规划尚未纳入其中，且规划环评条款过于原则，缺乏可操作的、切实可行的细则和规定。公众参与环评体系不完善，缺乏具体明确的法律支持，参与形式单一，信息公开滞后。三是执行机制、体制不健全。一些地方环保部门对项目环评审批后的“三同时”执行情况缺乏有效监管，“重审批、轻验收”现象较为普遍。一些地方把关不严，“漏管”、“漏批”的现象比较突出。四是环评市场体系还不健全，市场监管有待加强。一些环评机构与建设单位之间存在着不正常的关系，不重质量重利益，使得环评报告质量不高，不能客观公正地反映实际环境状况。

4．区划和环境规划基础性作用尚未充分发挥

一是环境区划发挥的作用有限。大多数区划仅仅从自然要素出发，或者仅仅从经济要素出发进行区域划分，没有综合统筹考虑经济、资源和环境问题。区划还没有深入研究和反映人类活动的影响及其反馈。一些区划偏离客观实际，过分侧重于部门利益。二是环境规划的约束性不强。缺乏具有法律意义的环境规划，一些环境规划仍然处于“墙上挂挂”的局面。环境规划实施的责任机制和监督考核机制有待进一步完善。三是重规划编制、轻规划实施的局面仍然存在。规划实施效果受制于其他多个部门，规划投资难以落实。规划实施评估未实现制度化和规范化，实施主体和责任不明确。规划的编制与实施脱节。四是不同层次规划有待进一步协调统一。环境保护规划缺乏与其他领域规划实质性的衔接协调，国家环境规划与

省级、地方环境规划，以及环境专项规划等都存在一定的纵向和横向不协调的问题，地方规划难以体现国家总体规划的目标和要求。五是部分规划目标偏高。某些规划提出的目标缺乏足够的科学依据，对污染治理的长期性、艰巨性、复杂性和治理难度估计不足，目标、指标、任务、措施、投资内在关系和可达性分析不够。一些环境规划目标指标未充分体现区域间的差异性和特征性。环境规划指标较多地涉及污染防治，对于生态系统和人体健康涉及较少。

5. 环保投资总量不足，尚未形成稳定可靠的投入机制及渠道

一是投资总量不足。前些年环保投资绝对量增速趋缓。2006 年按照当年价增速仅为 7.45%。环保投资占 GDP 的比重波动大，随机性较强，1994—1996 年与 2005—2006 年两个时段集中出现了环保投资增长率小于同年 GDP 增长率的现象，环保投资弹性系数变化起伏较大。环保投资增长率小于固定资产增长率，环保投资中新建项目“三同时”环保投资占全社会固定资产投资比重偏低。环保投资口径不清，造成环保投资失真。环保资金缺口逐年增加，资金保障程度差。规划确定的资金难以落实，环境保护重点工程项目资金难以保障，影响了规划目标的实现。

二是缺乏稳定、约束和制度性的投资渠道保障，环境保护投资仍然处于“一事一议”、“一时一策”的应急性状态。传统发展模式和财税制度使环保投资缺口大、基数少、保障难，环保投资增长率与 GDP、财政收入、固定资产投资之间也没有建立长期均衡关系。环保投资渠道不畅、相对单一，一些传统渠道已经逐渐萎缩、失效，新的渠道尚未建立。大多数投资渠道没有约束性，缺乏持续、稳定的资金供给。约束性的环境保护目标没有约束性的环保投入保障，难以支撑我国环保事业的稳定、快速发展。环境保护投融资机制长期不健全，经济激励制度体系也很不完善。

三是政府间环保事权财权不匹配，稳定的财政投入保障机制远未建立。中央和地方政府环境事权与财权分配格局不匹配，地方政府环境责任和财税支持条件不对等，财政投入尤其是地方财政投入不到位。另外，由于政府职能“越位”、“缺位”，引起财政支出的“越位”、“缺位”，财政支出方向与资金需求重点不一致。环保资金供给上缺乏稳定有效的财政制度保障。

四是环保投资缺乏监管，环保投资效率不高。由于缺乏预算约束机制、治污工程全过程技术管理的意识、有效监管制度、持续运行资金投入、持续运行的机制政策等，我国在投资总量不足的同时，还存在环保投资管理不当、资金绩效不高等问题，在客观上也进一步加大了环保投资资金供给的压力。

6. 过多使用行政手段，缺乏环境保护激励和约束的长效机制

长期以来，我国环保工作主要依赖行政手段，市场手段不健全，经济政策手段尚未形成体系，缺乏环境保护激励和约束的长效机制。行政手段虽然在短时间内立竿见影，但长期效

果却十分有限。过多地运用行政手段治理污染，污染易反弹，行政成本高，容易激发社会矛盾，难以有效遏制污染转移，也加剧了市场的不公平竞争。

一是现行环境税费体系对环境保护的激励作用不足，环保调控作用相对比较弱。与国外相对完善的环境税收体系相比，我国缺少直接针对污染排放和生态破坏行为课征的独立环境税，限制了税收对污染、破坏环境行为的调控力度，弱化了税收的环境保护作用。现行环境税收体系中的部分税种，如资源税、消费税、增值税、企业所得税和进出口税收等，虽然通过增加环境资源的使用成本，刺激环境资源的节约利用，在一定程度上减少了污染排放，但环境保护的要求体现还不够充分，对环境保护的激励不足。

二是在资源和环境定价方面，还不能充分反映资源的稀缺性和环境成本，资源和环境的廉价不利于节约资源和保护环境，难以形成长效机制。生态补偿部门色彩明显、缺乏统一的政策框架和实施规划，补偿主体、补偿标准和资金渠道等问题一直得不到很好的解决。

三是资本市场环境监管刚刚起步，还面临着提高认识、夯实基础和完善信息共享等多重制约。相当多的中小型污染企业采取民间融资或者自筹资金，绿色信贷对这些量大面广的污染企业尚不能发挥制约作用。加之目前还缺少具体的绿色信贷指导目录、环境风险评级标准等，商业银行难以制定相关的监管措施及内部实施细则，降低了“绿色信贷”措施的可操作性。企业上市环境核查尚待进一步完善。

四是绿色贸易政策还远远没有体现环境保护的要求。一些“高污染、高环境风险产品”大量出口国外，造成了“污染留在国内，产品大量出口”的现象。我国对外投资和海外援助的环境保护问题引起国际社会的高度关注。

五是环境经济政策基础研究薄弱，能力滞后，难以满足需要。相关基础研究薄弱，缺乏可供政策实施的禁止、限制、鼓励类的产品、设备、工艺等配套名录以及相关标准，政策的实施缺乏具体、可操作的依据；环境经济政策研究队伍能力滞后，缺乏一支既懂经济又懂环保的专家队伍；国家与地方尚未形成合力，地方环境经济政策研究刚刚起步，还未引起足够的重视。

7. 科技保障支撑能力有待提高

我国环境科研基本处于被动跟踪状态，缺乏系统的、基于国情的重大生态环境问题的研究和关键技术开发。环境科技的发展不能满足经济社会快速发展的需求，对新的环境问题缺少应对理论和技术储备。环境科研对环境与发展的决策支撑力度明显不足。除少数研究外，我国在环境科学领域的研究缺少基础性、战略性、原创性研究，缺乏为相关产业和产品的发展提供科技支撑的创新性能力。环境污染控制技术与设备水平低，集成创新不足。我国环境治理技术研发创新不足、目标分散、技术与设备集成和实用化水平低；一些关键领域缺乏有效的污染治理技术，设备国产化率较低；在大量引进国外技术与设备的同时，消化吸收不够，尚未形成具有自主知识产权的环保成套技术和设备，不能提供有效治理技术和服务。环境科技投入量和投入效率有待提高，公益性科研机构缺乏必要的扶持。国家环境科技创新体系尚未形成，环境科研创新基础能力薄弱，人才缺乏。缺乏科学有效的环境技术评估与示范推广机制，无技术可用、有技术不用、技术含量不高、污染治理设施低水平重复建设、企业排污不稳定达标等问题突出。

环保产业总体规模小，产业组织集中度较低，综合发展能力弱。我国环保产业从业单位绝大部分是小型微型企业，引领产业发展，具有研发、生产、服务一体化的大型骨干企业和企业集团较少。“群体大、个体弱”的局面仍没有大的改变，企业市场综合竞争能力不强。环境服务业发展滞后。环保技术与装备自主创新能力不强。

8．环境保护能力建设相对滞后

环境监测体系建设亟须加快。环境监测法律地位不明确，缺乏统一监督管理，部门间任务交叉，工作重复。全国尚无统一的环境监测网，缺乏统一规划。各部门的环境监测网根据自身的需要进行能力建设，不仅加重了国家和地方的财政负担，而且造成严重的低水平重复建设，以及人力、物力和资源的浪费。缺乏科学统一的环境监测技术体系，环境监测数据缺乏可比性。各部门的环境监测体系都仅服务于本部门的管理需要，监测技术标准、监测数据上报制度等存在较大差异，造成各环境监测系统信息无法进行整合，严重影响政府科学决策。因多头发布环境监测信息，导致环境监测信息混乱，造成严重不良社会影响。环境监测资金投入不固定，缺乏长效保障机制。各级监测站的能力不足，特别是大量承担监测任务的城市站和县级站，在中西部地区尤为突出。许多市、县监测站尚不能按规范要求全面完成常规监测任务。

环境信息保障及服务能力不足。环境信息基础支撑及信息服务能力不足。环境信息采集缺乏规范性约束，环境信息及时响应能力薄弱，环境保护参与综合决策的信息支撑能力不足，环境信息对宏观管理和决策的支撑和保障不足。环境管理核心业务缺少有效的信息技术应用，业务化应用创新严重滞后于业务模式发展，使得环境管理业务信息化应用困难重重。目前环境信息支撑电子政务的信息服务能力还很薄弱。环境信息化自身基础和保障体系薄弱。无论是环境信息化网络覆盖能力、环境信息硬件设施，还是其他信息化基础条件也都很薄弱，难以满足工作的需要。环境信息标准规范建设滞后，环境信息开发应用水平层次较低，资源的共享和利用成为“瓶颈”，组织机构不健全，人才队伍匮乏，环境信息化工作缺少稳定的资金投入。环保政府网站建设也还需进一步加强，为公众服务水平有待进一步提高。

9．环境信息公开和公众参与亟待加强

环境信息公开的制度和机制还不够健全，环境信息公开的内容相对单一，难以满足公众对环境知情权的需求。企业环境信息公开的法律规范不够，公众难以及时准确地获取企业环

境信息，企业违法排污行为得不到公众有效监督。随着我国环保事业进一步发展，公众对于环境保护的重要性、必要性、责任感和紧迫感均有显著提升，但公众主动了解环保知识、参与环保活动、监督政府和企业环境行为还很不足。公众参与环保层次不高，仍停留在环境污染、生态破坏等违法行为危及自身利益时才向环保部门讨说法的水平上，没有充分发挥其从源头上发现和制止违法行为的普遍监督作用。民间环境保护组织的力量仍然非常有限。由于公众环境意识、自身素质、传统文化、体制缺陷等多种原因，公众参与机制尚未普遍建立。现行法律法规有关公众参与环境保护的规定，过于原则和抽象，缺乏可操作性。

（二）面临的挑战

1．与科学发展观的要求不适应

与科学发展观的要求相比较，环境保护法制、政策、制度建设、能力建设等还不适应形势的需要。目前环境监管的常规措施主要是针对技术相对先进、环境管理相对完善、符合国家产业政策的大中型企业及城镇地区，而对那些技术落后、污染严重的小企业及农村地区监管不力，环境监管与国家的科学发展相脱离。虽然环境管理体制不断健全，但符合科学发展的环境管理体制还十分薄弱，环境与发展综合决策机制尚未形成，环境标准、执法等尚需加强，环境监测还不能如实反映环境质量，难以为科学的环境决策提供强有力的技术支撑。

2．与建设法治政府的要求不适应

建设法治政府要求建立完善的法律制度体系，规范行政执法行为，强化监督制约机制，推进依法行政。虽然环境法制建设取得很大进展，但目前有法不依、执法不严、违法不究的问题没有完全解决；有令不行、有禁不止等现象突出，侵害人民群众合法环境权益的现象在一些地方时有发生。一些立法领域存在空白或法律依据不足，一定程度上存在无法可依的情况；缺乏对政府环境行为约束的法律制度；现有法律法规偏软，环保部门缺乏强制执法权，对一些违法行为的震慑力不足；环保行政执法队伍的素质状况还不适应规范执法的需要，行政执法的监督机制还不适应从严治政的需要；环保行政复议能力建设还不适应依法化解社会矛盾的需要。

3．与完善社会主义市场经济体制不适应

改革开放 30 年来，我国经济领域基本上完成了由计划经济向社会主义市场经济体制的转型，但是，目前的环境政策体系仍带有计划经济时代“烙印”，行政手段一直是环境政策体系的“主角”，没有形成适应社会主义市场经济要求的环境政策体系。政府在环境管理中有时不计成本，大包大揽，影响了效率和效益；政府在发挥政策引导作用时，还没有形成将环境成

本内部化的政策体系，对企业和公众的环境行为的激励和约束作用不强，还不能适应市场经济的需要。迫切需要利用市场手段配置具有公共物品属性的环境资源，从主要用行政办法转变为综合运用行政、经济、技术和信息等手段解决环境问题，形成有利于环境保护的长效政策机制。

4. 与艰巨的环境管理任务不适应

目前我国环境问题已发生深刻变化，处于多种环境问题并存的转型期，对生态系统、人体健康、经济发展乃至国家安全的影响和风险都在明显加大，主要表现在：从常规的点源污染物转向面源与点源相结合的复合污染；由单纯的工业污染过渡到工业和生活污染并存；传统污染物尚未得到全面控制，新的污染物不断增加；长距离跨界污染日趋严重；污染型产业由发达地区向落后地区转移的趋势明显；生态问题日益突出和扩大，已经影响到区域、流域的生态安全和可持续发展；环境健康问题提上议事日程，清洁的空气、卫生的饮水和食品安全问题越来越受到公众的关注。发达国家上百年分阶段出现的环境问题，在我国 30 年的快速发展过程中集中出现，呈现压缩型、复合型和结构型特点，环境问题变得更为复杂，环境保护的任务更为艰巨。面对如此艰巨的环境管理任务，仅靠常规的工作思路和简单的就环境论环境的政策和措施，远远无法解决日益突出的环境问题。当前对环境问题的认识还很不到位，还不能充分意识到环境问题的长期性、艰巨性和复杂性；与复杂的环境管理任务相比，环境监管能力和人员素质还存在很大差距。

5. 与全球环境保护形势与挑战不适应

当前全球气候变化、越境空气污染问题、生物多样性问题等日益引起国际社会的高度关注，环境问题已经成为影响国际政治经济关系的重要因素。在国际环境履约谈判中，一些发达国家既从环境利益出发，推动国家环境履约，又受经济利益驱动，左右谈判走势，使全球环境保护的形势异常复杂；在全球产业结构调整中，发达国家把污染严重的产业转移到发展中国家，通过进口生产过程中对环境有较大污染的廉价产品，实行低价消费，又通过绿色壁垒，深刻影响国际贸易的发展。我国是一个发展中的环境大国，既要面对国际环境公约履约压力，又要维护国家的发展权益和利益，而目前我国应对和谈判的基础性和技术性支撑不够，难以做到主动和有效的应对；我们既要借鉴国际经验，又要坚持一切从实际出发，制定符合国情的政策措施，而目前引进国外先进理念的多，与国情结合、制定有针对性和可操作性的政策少，环境管理与国际上的差距还很大。

6. 金融危机对环境保护带来严峻挑战

为积极应对国际金融危机，中央采取了调结构、扩内需、保增长等重大措施，将加强环境保护作为扩大内需的重要措施，环保投入进一步加大。但是，环境保护也面临新的挑战。一方面，金融危机使很多企业利润减少，资金流动性下降，企业污染治理设施建设和正常运行的难度加大，偷排漏排等违法排污风险增加；另一方面，一些地方实施的经济刺激计划没有充分考虑环境保护的要求，一些“两高一资”企业可能卷土重来，一些已经淘汰的落后产能、设备和企业可能死灰复燃，污染可能出现反弹。同时，国内经济走出低谷后的强劲反弹，也将给环境保护带来更大压力。

（三）改革的总体思路

环境保护支持保障措施的改革和完善，要以科学发展观为指导，坚持环保历史性转变的指导思想，坚持完善法制、发挥市场机制作用、依靠科技进步、加大公众参与力度，注重效率、强调公平、强化基础，进一步提高我国环境保护的支持保障水平，为实现环境保护的战略目标提供强有力支撑。

1．坚持历史性转变的指导思想

要加快推进从重经济增长轻环境保护转变为保护环境与经济增长并重，从环境保护滞后于经济发展转变为环境保护和经济发展同步，从主要用行政办法保护环境转变为综合运用法律、经济、技术和必要的行政办法解决环境问题。要坚持把环境保护摆上更加突出的战略位置，与经济社会发展统筹考虑、统一安排、同时部署；坚持环保规划先行，与产业规划、土地规划、城市规划相协调、相统一，以环保规划优化经济社会发展；坚持把环保要求全面融入经济社会发展的政策中，形成有利于环境保护的政策氛围；坚持改革创新，加快重点领域和关键环节改革步伐，构建充满生机、富有效率、更加开放、有利于历史性转变的体制机制，进一步增强环保工作的动力和活力。

2．坚持依法管理，完善环境法治

要完善环境法律法规，健全环境法律制度。从完善体制、机制和制度入手，着力规范和约束行政权力，强化法律责任，严格责任追究。要高度重视人民群众的监督，自觉接受权力机关的监督，加大信息公开，促进公众参与。加强环境执法，确保环境保护法律、法规、规章和标准得到全面实施，使公民、法人和其他组织合法的环境权益得到切实保护，环境违法行为得到严厉的制裁。强化行政监督，要及时纠正违法和不当的行政行为。

3．转变政府职能，完善体制机制

要按照建设服务型政府的要求，加快环保部门职能转变。环保部门要由统一监管向强化综合协调、加强公共服务转变，环保部门要为公众参与做好服务，为治污和生态保护做好服务。要突出加强环境综合管理，积极探索大部委环境管理体制，解决部门职责交叉、权责脱节和效率不高的问题，团结和动员各方面的力量，形成环保工作合力。环保部门要以转变职能为核心，将体制改革、机制改革、制度改革与职能转变相协调。要加大行政资源整合力度，进一步理顺关系，合理划分中央、地方事权，充分发挥中央和地方两方面的作用。

4．与社会主义市场经济体制相适应，完善环境经济政策体系

要坚持从再生产的全过程制定环境经济政策，将环境保护贯穿于生产、流通、分配、消费的各个环节。要通过市场手段调节企业和社会的环境行为和利益，为治理污染和生态保护提供政策上的支持，不断完善环境保护的激励和约束机制，努力提高环境建设的效率和效益。要在环境税费、资源和环境价格改革上进行重大突破，将企业环境外部成本内部化，以此带动企业技术进步和产业升级，推动企业自觉遵守环境法律法规。

5．积极应对国际金融危机，加快调整经济结构和产业结构

要努力把应对金融危机当做转变传统发展模式、推动科学发展、调整经济产业结构的重大机遇，力争在化危为机上见实效。既要立足当前，保持我国经济平稳较快增长，也要从战略和长远出发，加快结构调整和发展方式转变。金融危机导致我国外需大量减少，客观上为我们转变发展方式、调整经济结构提供了巨大的“倒逼机制”压力。要通过严格的环境标准和政策法规，促进产业升级换代和产业合理布局，改善投资结构，防止重复建设，淘汰落后产能，推动建立可持续的生产体系。

三、环境保护支持保障措施改革建议

（一）完善环境法制体系

1．加强环境法制建设

一是修改《环境保护法》，加强对政府环境行为的制约和监督。围绕落实“地方政府对环境质量负总责”的要求，重点解决地方政府干扰环境执法问题，切实落实主要领导是环保第一责任人、分管领导是直接责任人的要求，创建和强化一批重要的环境管理制度。

二是填补法律空白领域，修订现行环境法律。抓紧拟订有关土壤污染、化学物质污染、生态保护和环境监测等方面的法律法规草案，尽快填补环境立法的空白点。对法律法规的原则性规定，制定与其配套的法规、规章、标准、导则和名录，增强法律的可操作性。对我国缔结或者参加的国际履约，制定配套的法律法规。

三是健全和完善环境管理制度。对现行的环境管理手段进行一次系统地甄别和评估，有效整合、改进，通过“整合一批、改进一批、新建一批”，形成一个吸收了国际先进环境管理经验又能够在我国国情下得到有效实施的环境管理制度体系。“整合一批”：将现行环境管理制度中性质相同或相近甚至功能重叠交叉的制度整合起来。“改进一批”：根据新形势对环境管理的要求，改进原有环境管理制度。“新建一批”：根据我国深化改革、法制建设和环境管理的新情况、新经验，建立一批新的制度。

四是推进国家法律生态化。推进刑法、民法、物权法、行政法、资源法、经济法等国家重要法律对环境保护的支持，形成体现科学发展观和生态文明观的国家法律体系。

2．完善环境保护标准体系

为确保环保标准制定的完整性、协调性和权威性，建立以环境质量达标为核心的环境管理体系。制定体现国家环境保护目标的环境质量标准和污染物排放标准及生态保护标准，完善与此相配套的标准体系和环境技术管理体系，开展基准研究。开展排放标准体系及其实施效果评估，包括对标准制订计划的评估、标准实施效果评估等，将评估信息整理、提炼、公开并纳入决策依据范畴。加大环保标准研制工作的投入力度，将必要的调研、咨询、研究等费用纳入标准编制工作经费。

（二）加强环境系统管理，推进综合协调管理体制的建立

切实转变职能，建立适应优化经济发展的环境管理体制。强化综合管理、宏观调控、监督执法和公共服务等职能，逐步解决环境管理职能分散、交叉等问题，实现责、权统一。分阶段完善国家环境管理体制，逐步推进统一监管和分部门负责的“大部制”改革。近期的改革目标是横向上减少环保职能交叉，适当归并环保职能，提高环境行政管理效率。纵向上进一步下放职能，科学划分中央和地方的环保事权，加强地方尤其是基层环保机构能力建设。做实国家核安全局，做大环境监察体系，做强环境支撑体系。中期改革目标是统筹整合相关部委的生态保护职能，由国家环境保护行政主管部门统筹协调和监督管理国家环境事务和生态保护工作。赋予环保派出机构更多环境管理职能，明确其行政地位，充分发挥其区域环境管理能力。研究建立环境监察专员制度，切实建立健全“国家监察、地方监管、单位负责”的环境监管体制。远期的改革目标是借鉴发达国家大部制改革经验，加快推进大部制改革，重点解决好生态保护、核与辐射安全、环境监察、环境监测等体制和职能问题。

成立独立于环境保护部之外的国家环境质量委员会，负责监督、协调环境战略、环境质量有关工作，为中央决策提供环境政策方面的咨询。加强生态文明建设，建议国务院成立生态文明建设领导小组，组长由国务院领导担任，各部门负责人作为成员，办公室设在环境保护部。

（三）完善环境影响评价制度

加强和完善战略环境影响评价制度建设。建立环境影响评价综合决策机制，提高战略（规划）环境影响评价的权威和地位。推动战略环境影响评价法规建设和战略环境影响评价管理机制建设。逐步建立从单一的项目环境影响评价到战略环境影响评价、规划环境影响评价和项目环境影响评价整体配套的环境影响评价体系。加快从单纯调整企业行为向综合调整政府、企业、公众行为的转变，从控制物质生产环节向全过程控制转变。充分发挥战略环境影响评价综合决策平台的作用。建立战略环境影响评价审批和监督委员会；继续推进公众参与，进一步加大和规范信息公开制度，提高公众参与环境影响评价的有效性。建立独立的环境影响评价审查委员会和第三方后评估制度。

加强项目环境影响评价制度。完善环境影响评价执行机制。积极开展环境影响后评估，落实重大项目的跟踪评价制度，制定环境影响评价考核、激励、问责机制；实现环境影响评价全程监控；提高环境影响评价制度的效率；扩大公众参与环境影响评价的广度和深度；加大处罚力度，对于违法或不严格履行环境影响评价制度给予严厉的处罚，促进环境影响评价的有效执行。

（四）强化环境区划和规划的约束作用

一是开展环境区划，以环境区划落实主体功能区环境要求。以青藏高原环境功能区划为试点，探索基于多环境要素相互作用考虑的综合环境功能区划，研究提出跨省界区划方案或者大区域性的环境功能区划，实现要素功能区划方案向综合环境管理区划融合集成，实施分区管理，分类指导。以宏观综合管理为主、兼顾区域要素控制，提出配套环境政策，建立相关专项区划协调机制，建立区划实施政府责任考核机制和区划实施的动态评估机制。以统一环境功能区划为龙头，实现环境保护规划的统一。以民生为本，确保人体健康和生态系统安全。

二是进一步强化环境规划的约束性。编制具有法律效力的中长期环境规划，体现环境规划的先导性，为制定经济社会发展规划提供依据。改变规划编制和实施 “两张皮”状态，规划目标、任务、手段、措施要力求匹配，约束性环境保护目标必须要有约束性的环保投资相匹配。尽快建立规划实施技术平台，强化环境保护规划实施与经济社会的联动预警分析，建立并完善环境规划的实施评估机制。根据不同功能区的生态环境特点，建立合理的考核体系，将区域的生态保护和环境治理目标列入政府考核项目，实施环境规划执行的行政问责制度。

三是构建合理有序的规划体系。继承“横向+纵向”的规划体系，增加要素规划的覆盖面，试点编制复合型污染的环境规划；构建合理的国家环境规划体系；以环境目标体系为核心着力加强环境规划体系相互衔接，实现环境总体规划与要素规划、国家环境规划与区域/地方环境规划、中长期规划与短期实施计划的三统一；理清各层级环境规划的重点和差异；强化目标指标的可达性分析和关联度；实现总体规划和要素规划的有机互补。

四是力争若干环境规划创新。编制全面、可达的“十二五”总量控制实施规划；着手编制重大预算项目战略规划；编制统一的重点流域水污染防治规划。“十三五”或更长一段时间内逐步扩展到编制全国水污染防治规划，规定省界断面和国控断面考核目标，强调国家事权；在要素规划质量导向的基础上，试行人体健康和生态系统的规划战略重点转移。

（五）完善环境经济政策，全面推进生产、流通、分配、消费领域的环境保护

1. 推动绿色税收政策

一是推进独立型环境税改革。研究建立针对污染排放和二氧化碳排放的独立型环境税。二是落实企业所得税环保优惠政策，制定符合条件的、享受所得税优惠的环境保护项目和环保专用设备目录，鼓励企业治理污染和购置环保专用设备。三是继续开展高污染、高环境风险产品目录制定并提出有关取消出口退税的建议，环保要求与出口管理尽量接口，实行差别税率。四是加大消费税改革的力度，将部分严重污染环境、大量消耗资源的产品纳入消费税征收范围。五是研究将环境服务业纳入营业税优惠范围。

2. 推进资源环境价格和收费政策改革

一是逐步理顺煤炭、石油、天然气、水等资源价格成本构成机制，构建基于市场的环境资源全成本定价机制，充分考虑生态破坏、污染治理和生态恢复等成本；完善促进电厂脱硫的价格政策。二是落实污染者付费的政策，完善排污收费政策，全面开征城市污水处理费，提高垃圾处理收费标准等。三是利用价格和收费政策促进资源回收利用，鼓励资源再利用、发展可再生能源、垃圾焚烧、生产使用再生水、抑制过度包装等。

3. 建立生态补偿机制

研究制定生态补偿政策框架和实施规划，加大力度推进重点流域、国家重要生态功能区、自然保护区和矿产资源开发四大领域的生态补偿政策试点工作。开展重污染企业退出补偿、西部生态屏障和资源枯竭型城市的补偿机制研究和试点，并推进相关政策出台。

4. 积极推进绿色金融完善资本市场政策

一是加强环保部门与金融系统间信息沟通和披露机制，构建国家、省、市、县等各个级别的环保部门和金融系统的信息沟通平台，逐步建立通畅的信息沟通渠道；引进世界银行国际金融公司发起的“赤道原则”，建立绿色信贷的技术评估规范和相关导则，指导银行、投资

机构在项目融资过程中识别环境风险、加强投资项目的环境保护。二是继续推行上市公司环境信息公开和环境绩效评估制度。建立拟上市公司环境审核与监管标准、编制并发布中国证券市场环境绩效指数，对没有严格执行环境政策要求的公司在上市融资和上市后进行严格限制，对有利于环保和产业结构绿色升级的企业的上市融资进行鼓励。

5. 积极稳妥地推进绿色保险制度

一是推动相关领域的立法，明确环境污染责任保险的法律地位；二是国家在 6 个领域开展环境污染责任保险试点：储存运输危险化学品的企业、易发生污染事故的企业、危险废物处置企业、垃圾填埋场、污水处理厂和各类工业园区；三是积极推动地方开展试点，研究、设计和实施符合实际需求的保险产品、评价规范和监管体系，为全国范围内的大面积推行提供经验。

6. 扩大和深化绿色外贸政策

以差别关税税率、出口退税、直接补贴、纳入政府采购计划等措施，限制高污染产品出口，鼓励环境标志产品出口，引导我国企业的海外绿色投资，推动绿色贸易。

7. 继续扩大政府绿色采购，积极引导绿色消费，大力推动绿色生产

制定和完善政府绿色采购的法律法规，全面推行政府绿色采购制度。选择优先领域、优先行业、优先产品分别制定相关标准，不断完善政府绿色采购的标准体系。建立对清单产品的优先采购机制。及时调整、更新绿色清单信息，实时动态管理。公布政府采购信息，完善监督机制。

8. 积极探索排污指标的有偿使用和交易机制

研究排污权有偿使用和交易政策，启动国家电力行业排污交易试点，因地制宜地引导地方开展水污染物排放指标有偿使用和排污交易试点。鼓励基于自愿的温室气体排放贸易试点和其他具有环境权益的产品的交易；继续鼓励能效等优先领域 CDM 项目开发。

（六）建立稳定的环境保护投资机制与渠道

1. 完善环境公共财政体系，提高环境保护投资绩效

合理界定中央政府与地方政府环境保护的事权财权，实施政府环保“一级财权一级事权”的公共财政制度。要制定有关环境保护预算和投入的专项规定，形成各级政府环保财政预算的硬约束，确保最基本的财政投入底线，着力形成机制、建立渠道、明确基数，并将其作为

环境保护法修改的重要内容。做实 211 环境保护科目，各级政府新增财力要向环保投资倾斜，逐步提高政府预算中环保投入的比重，明确环保投入占 GDP 的比例，确保环保公共财政支出增幅高于 GDP 和财政收入的增长速度。建立健全落实政府环保职责和公共服务功能的稳定、机制化的财政渠道，促使地方政府的 211 环境保护科目“有渠有水”、“水源充足”。中央政府在每年新增财政收入中按照 5%～10%的比例专项用于环境保护，成立国家环境保护专项资金（含核与辐射安全资金）。国家财政转移支付应加大环境保护的权重，制定积极的国家环保公共投资政策，将环境服务均等化作为公共财政保障重点。

2. 积极引导、推动社会力量加大对环保的投入

进一步完善环境服务收费制度，强化市场监管，明确所有制、开放市场、制定收费政策和税收优惠政策等内容，保障城市污水和垃圾处理市场化的健康有序发展。通过改革和完善相关机制，成立国家环保投资公司、财政担保公司，发行市政环保债券，充分利用信贷、债券、信托投资和银行贷款等多渠道的商业融资手段，为社会资本进入环保领域疏通渠道，筹措环保资金。建立国家财政资金跟踪问效机制，完善监督管理机制，努力提高环保投资实施效果。

（七）加强环境科技和环保产业支撑能力

完善环保科学决策机制，提升环境科技发展内在驱动力；深化环境科技体制改革，加强公益性环境科研机构建设和流域、区域综合观测研究能力建设以及及早发现重大环境问题的调查能力建设。

建立政府为主导、企业为主体、市场为导向、产学研相结合的环境技术创新体系。充分发挥企业作为环保技术投入的主体地位，引导企业开展环保技术创新和对引进先进技术的消化吸收与再创新。要大力开发污染控制与生态保护的高新技术、关键技术和共性技术，通过与企业的紧密结合，迅速将相关技术成果转化为商品化和产业化的生产能力，直接为环境污染控制、生态保护和环境质量改善服务。

建立环境科技的区域创新体系。区域创新体系是指在区域层次上集聚和整合各类创新要素所构成的社会化网络。中国科学院、中国工程院、相关高等院校、环保系统国家科研院所要与地方科研院所紧密协作，就区域性、流域性重大环境问题进行联合攻关。要将中央和地方科技力量有机结合，促进区域内科技资源的合理配置和高效利用。要以建立和完善区域创新体系、提高区域科技创新能力为主线，实施区域环保技术体系建设战略、中心城市科技创新辐射带动战略和集群创新战略。

建立环境科技中介服务体系，尤其加强公益性环境科研院所的现代化建设。要针对当前科技中介服务行业规模小、功能单一、服务能力薄弱等突出问题，大力培育和发展各类环境

科技中介服务机构，加强环保先进适用技术推广应用。引导科技中介服务机构向专业化、规模化和规范化方向发展。要充分发挥高等院校、科研院所和各类社团在科技中介服务中的重要作用。发挥各类环保产业协会、环境科学学会以及行业协会在咨询服务、技术转化和推广、环境科普、学术交流中的作用。加快发展环保服务业，推进环境咨询市场化。

加强公益性科研院所的现代化建设。进一步深入公益性科研院所管理体制改革，建立健全人事管理制度、收入分配制度等，完善绩效评估、考核和激励机制。加强学科建设、基础性工作和队伍建设，加强基础理论研究、高新技术以及应用开发和技术推广，为国家环境管理提供强有力的技术支撑。同时，也要加强地方环保科研院所建设。

建立环保产业与环境保护协调发展机制，强化市场监管，引导环保产业健康发展。积极引导企业参与环境科技创新，鼓励国家优势科研单位多学科交叉，参与环境科技的创新。调整优化产业结构，加速环境服务业发展。应把结构调整作为环保产业宏观调控的重点，通过财政、信贷、税收等政策，实现资源合理流动与优化配置。加快环境服务业发展，积极推动环境咨询、环境工程技术咨询、环保设施运营、环境监测与分析等市场的发展。提升环保产业规模经济水平，形成产业内适度集中、企业间充分竞争和协调发展的格局，实施骨干企业和企业集团发展战略，提高市场集中度。

（八）建设完备的环境执法监督体系

树立服务科学发展的理念，着力解决影响可持续发展和人民群众生产生活的突出环境问题；树立生态系统执法的理念，整合环境执法监督资源；树立公平正义的理念，保障人民群众环境权益；树立执法效能的先进的环境执法监督理念。到 2020 年努力建成“权责明确、行为规范、监督有力、运转高效”的环境执法监督体系。

一是改革环境执法监督体制。通过立法明确环境执法监督机构的执法地位和工作职责，将环境执法监督人员纳入公务员序列，研究探索建立环境警察队伍；合理界定和调整行政法规执法权限，逐步整合优化环境执法资源，实现行政审批权、行政许可权与执法监督权的相对分离，整合环保部门内各职能部门的现场执法监督权并由环境执法监督机构统一行使；按照“国家监察、地方监管、单位负责”的总体要求，合理划分层级事权，理顺环境执法监督组织管理体系；建设规范权威的环境执法监督机构，成立副部级的国家环境监察局，统一管理全国环境执法监督工作，归口管理和业务指导区域派出机构执法监督业务工作。在国家现有派出机构的基础上，结合区域生态特征和行政区划，重新规划、调整派出机构的设置，完善其职能；远期将整合优化分散于国务院有关部门的生态环境执法监督职能，并加强地方环境执法监督机构建设。

二是创新环境执法监督工作机制。形成协调有序的内部执法监督机制，包括建立和完善内部信息交流和沟通协调制度、建立重大案件集体审理制度、健全岗位目标管理责任制和考核奖惩制度、完善执法过错责任追究制度。建立上下联动机制，包括健全巡查制度、强化直查制度、完善案件备案和统计制度、完善稽查制度、建立年度考核制度。健全区域、流域环境执法监督协作机制，包括建立信息共享制度、联合检查制度、环境事件协同处置制度。建立和完善环境执法监督部门联动机制，包括完善部际联席会议制度、环境案件移交移送制度、建立执法信息通报制度。建立广泛的社会监督机制，包括完善环境执法监督信息公开制度、健全环境投诉举报制度、建立社会环境监督员制度、完善环境听证制度、建立重大环境违法案件新闻发布制度；建立引导企业自律的机制，包括全面推进企业环境监督员制度、建立企业年度环境报告制度、完善企业环境行为信用评价制度、建立企业环境风险等级制度。完善对政府及相关部门履行环保职责的监督检查机制，包括建立个案监督检查制度、健全挂牌督办制度、建立环境监察建议书制度。

三是提高环境执法监督能力。加强环境执法人才队伍建设。建设一支数量与任务匹配的环境执法监督队伍；实行科学管理，加强环境执法监督人才培养和继续教育；继续推进环境监察标准化建设，东部及有条件的中西部城市环境执法监督机构率先实现现代化，提升环境执法装备水平；提高环境执法信息化水平，建设污染源自动监控系统、环境违法行为举报投诉信息管理系统、污染源现场执法信息管理系统、生态环境遥感与地理信息监测系统、环境污染事故应急指挥系统；建立企业环境监督员制度，设立法律援助机构、污染损害评估机构等社会中介机构，充分发挥这些机构对环境执法的服务作用。

（九）加强环境监测和信息能力建设

1. 加强环境监测能力建设

优化升级国家环境质量监测网，加快推进地市级以上城市空气质量自动监测网、大江大河等重点流域国控和省界水质自动监测网，以及沙尘暴、酸沉降、近岸海域等国家自动环境监测网络建设。增强污染源和应急、监测与预警能力，国控重点污染源要全部安装自动监控设备，加强污染源监督性监测。根据环保工作需要，将 POPs，光化学烟雾、细粒子等污染物纳入常规监测。有针对性地开展前瞻性环境问题研究，逐步开展全球气候变化、生物多样性、臭氧层保护、持久性有机污染物、温室效应、危险废物越境迁移等监测。加强环境监测基础研究和应用技术研究，加快环境监测科技成果转化，强化科技创新对建设先进的环境监测预警体系的促进作用，提高环境监测预警体系的科技含量。

2. 加强环境信息能力建设

启动实施“金环工程”和“数字环保”工程建设，促进信息化与环保工作的融合，全面提升环境监管的效能和水平。整合环境信息资源，建立合理的交换与共享机制，建设“环境信息枢纽”，建立环境信息共享网站和环境数据库，加快环境保护现代化、信息化建设，提高环境信息资源的综合利用和服务水平。加强环境信息化机构和队伍建设，完善环境信息安全保障体系，实施环境信息化标准规范建设工程，努力提高环境信息化建设与运行水平。

（十）提高全民环境意识，维护公众环境权益，推动公众参与环境监督

完善环境信息公开制度，保证公众知情权；畅通参与渠道，推动公众参与环境监督。探索实行社区环境圆桌对话机制，建立政府、企业、公众定期沟通、平等对话、协商解决的机制和平台。扩大公众环境知情权和监督权，健全重大环境政策、立法、环评审批等听证制度，完善立法听证程序，促进环境决策民主化。研究并逐步完善环境公益诉讼制度。实行环境污染有奖举报，鼓励公众对违法企业的揭发检举。充分发挥环境非政府组织在普及环境知识和倡导公众参与方面的重要作用，引导环境非政府组织（NGO）支持我国环境保护工作。加强面向不同社会群体的环境教育与培训，特别要加大对各级决策者和企业的环境教育与培训，积极促进生态文明观念在社会上的牢固树立和普及；完善环境新闻宣传管理机制，积极发挥新闻媒体的舆论引导和监督作用。

加强环境文化建设，创新环境文化表现形式，建立良好的环境文化发展机制，营造环境文化社会氛围，积极引导环境公益活动；加强国际环境文化交流与合作；加强环境社会宣传，加大环境社会宣传资金投入力度，发挥环境社会宣传机构和环境图书出版在社会宣传中的重要作用。

（十一）建立环境政策评估制度

建立环境政策评估制度，推动环境政策评估的理论与实践，完善环境政策执行机制和提高环境政策执行水平。制定环境政策评估管理办法，规定包括形成独立于环保部门的环境政策评估机制，加强专家学者与公众的参与，将环境政策评估结论作为决定重大环境政策延续或革新的重要依据。研究开发环境政策评估的方法与技术指南。研究内容包括环境政策评估的模式、环境政策评估的程序与技术规范、环境政策评估的模型库、参数库与案例库等。

开展重大环境政策的实施评估。开展总量控制、排放标准、环境监测、排污许可证、排污权交易等重大环境政策的实施评估，总结其经验与教训，为研究建立环境政策评估制度提供实践支撑。